ZEITSCHRIFT FÜR ANGEWANDTE MATHEMATIK UND MECHANIK

INGENIEURWISSENSCHAFTLICHE FORSCHUNGSARBEITEN

BAND 54 1974 HEFT 4

INHALT:

THEORIA CUM PRAXI

AKADEMIE-VERLAG GMBH · BERLIN

ZAMM Bd. 54 Heft 4 Seite T1 bis T 252 Berlin, 1974

M 18,—

INHALT:

Band 54 Sonderheft

Bericht zum vorliegenden ZAMM-Sonderheft GAMM-Tagung München 1973

Die wissenschaftliche Jahrestagung 1973 der Gesellschaft für Angewandte Mathematik und Mechanik hat wie vorgesehen vom 2. bis 6. April 1973 in München in den Räumen des Mathematischen Instituts der Ludwig-Maximilians-Universität stattgefunden. Die örtliche Tagungsleitung lag in den Händen von Prof. Dr. G. Hämmerlin. Mit seinen Mitarbeitern hat er durch eine hervorragende Organisation für einen harmonischen und reibungslosen Verlauf der Tagung Sorge getragen. Die Eröffnung der Tagung erfolgte am Vormittag des 3. April durch den Präsidenten der GAMM, Prof. Dr. Dr. h. c. E. Stiefel, Zürich.

Das wissenschaftliche Programm umfaßte eine große Anzahl von Kurzvorträgen, die auf die acht Sektionen

Mechanik starrer Körper
Elasto- und Plastomechanik
Fluidmechanik
Spezial- und Randgebiete der Mechanik
Angewandte Analysis und Mathematische Physik
Numerische Analysis
Informatik
Unternehmensforschung und Angewandte Statistik

aufgeteilt waren, und — auf Einladung der Tagungsleitung — die folgenden Hauptvorträge:

R. Leis,	Rand- und Eigenwertaufgaben in der Theorie elektromagnetischer Schwingungen
J. Wittenburg,	Stand und Entwicklungstendenzen der Mechanik rotierender Körper
P. J. Laurent,	Stability und Duality in Convex Minimization Problems
W. Velte,	Komplementäre Extremalprobleme
P. Carrière,	Progrès et tendances actuelles de la Recherche en Aérodynamique appliquée
P. Kall,	Stochastische Programmierung
I. Babuška,	Numerische Lösung von elliptischen Randwertaufgaben
K. Eggers,	Durch Körper erzeugte Wasserwellen
G. Fichera,	Existence Theorems in Linear and Semilinear Elasticity
N. Bazley,	Numerische Probleme bei nichtlinearen Randwertaufgaben

Soweit die Vorträge zur Veröffentlichung eingereicht worden sind, sind sie oder Hinweise auf die Veröffentlichung an anderer Stelle in dem vorliegenden ZAMM-Sonderheft enthalten. Die Aufteilung der Kurzvorträge auf die einzelnen Sektionen folgt dem Tagungsprogramm. Die Hauptvorträge sind ebenso wie die Kurzvorträge in den einzelnen Sektionen alphabetisch nach den Verfassern geordnet.

Der Herausgeber
H. Heinrich

HAUPTVORTRÄGE

ZAMM 54, T 3 – T 10 (1974)

I. Babuška

Numerical Solution of Partial Differential Equations[1])

1. Introduction

The numerical solution of partial differential equations, where the desired solution is a function, follows necessarily the following pattern:

PROBLEM OF PDE: $A\,u = f$. (1)

↓

Parametrization of u: The approximate expression of u by a finite number of parameters — $u \approx (c_1, \ldots, c_n) = \boldsymbol{C}$. (2)

↓

Formulation of the associate problem for the vector $\boldsymbol{C}$:$B\,\boldsymbol{C} = \boldsymbol{g}$, with computation of all entries of the matrix B. (3)

↓

Determining the vector $\boldsymbol{C}$. (4)

↓

Interpretation of the results. (5)

The evolution of the size of the problem solved is roughly speaking the following:

Year 1960: (2) Dimension of vector $\boldsymbol{C}$: $n = 50$—100 was considered large.
(3) Formulation and preparation mainly by hand.
(4) Computed by computers.
(5) Made by hand.

Year 1973: (2) Dimension of vector $\boldsymbol{C}$: n up to a few hundred thousand
(3) — (5) Fully computerized.

Typical proportions of the work done in solving large problems may be seen from the next table.

Table 1.1. Percentage of Production Effort

	Production effort	
	Manpower %	Machine time %
Data preparing, Data checking	50	40
Solution phaze	10	50
Interpretation	40	10

The determining of the vector $\boldsymbol{C}$, point (4), from a large system (say linear algebraic) of equations is a smaller part of the computer usage. Very expensive and complex software for solving partial differential equations in engineering has been developed. See e. g. [28].

In recent years big progress has been made in the theory and implementations of the numerical solution of partial differential equations. Unfortunately, progress in the mathematical theory and progress in the implementation does not always go together.

One of the most effective methods, in use and theory, is the *Finite Element Method* in all of its different versions. For theoretical aspects of this method we refer the reader to [1], all papers in [2], and [3], [4], [5]. Because of the time limitations we will bring out only some ideas which in our opinion are essential and discuss additionaly some aspects which are not mentioned in the above papers.

---

1) Partly supported by the Atomic Energy Commission under Contract no. AEC AT (40—1) 3443.

2. The approximation problem

The problems of computation have brought a special kind of approximation under consideration. Let us assume that our problem is a linear one. Then the operator B in (3) could be a matrix of order up to $10^5 \times 10^5$ [i. e. it has 10^{10} coefficients]. Obviously matrices of this size may be used only if they are very sparse. This sparseness requirement is related to the local property of the approximation, i. e. to the requirement that a change of one single parameter c_j changes the function u (defined by $C = (c_1, \ldots, c_n)$) only on a small subdomain.

The problem of approximation is related to the problem of approximation in some spaces. The main role is here played by the HILBERT scale of SOBOLEV spaces.

Let Ω be a domain with reasonable boundary $\Omega^{\cdot}$. Let $E(\bar{\Omega})$ be the set of all infinitely differentiable functions [up to $\Omega^{\cdot}$]. For $l \geqq 0$, l integral, we define $H^l(\Omega)$ as the closure of $E(\bar{\Omega})$ in the norm

$$||u||^2_{H^l(\Omega)} = \sum_{0 \leq |\alpha| \leq l} ||D^\alpha u||^2_{H^0(\Omega)} \tag{2.1}$$

where

$$D^\alpha = \frac{\partial^{\alpha_1 + \alpha_2 + \cdots + \alpha_n}}{\partial x_1^{\alpha_1} \cdots \partial x_n^{\alpha_n}} \tag{2.2}$$

and

$$||v||^2_{H^0(\Omega)} = \int_\Omega v^2 \, dx \,. \tag{2.3}$$

For $l \geqq 0$, but not integral, we define the space $H^l(\Omega)$ by interpolation (HILBERT scale). For more about this see e. g. [1], [6], [7], and [8].

For $l \leqq 0$ we define $H^l(\Omega)$ as the closure of $E(\bar{\Omega})$ in the norm

$$||u||_{H^l(\Omega)} = \sup_{v \in E(\bar{\Omega})} \frac{\int_\Omega u\, v\, dx}{||v||_{H^{-l}(\Omega)}} \,. \tag{2.4}$$

In an analogous way the spaces $H^l(\Omega^{\cdot})$ may be introduced when $\Omega^{\cdot}$ is sufficiently smooth.

In the Finite Element method, systems of functions $S_h^{t,k}(\Omega)$ play an essential role.

We assume that for every $0 < h < 1$ we are given a finite dimensional system of functions φ defined on Ω. This system will be called a *t, k-system* and will be denoted by $S_h^{t,k}(\Omega)$, $(t > k \geqq 0)$ if the following conditions are satified

(i) $S_h^{t,k}(\Omega) \subset H^k(\Omega)$

(ii) for every $g \in H^l(\Omega)$, $l \geqq 0$ and $0 \leqq s \leqq \min(l, k)$ there exists a $\varphi \in S_h^{t,k}$ such that

$$||g - \varphi||_{H^s(\Omega)} \leqq C\, h^\mu \, ||g||_{H^l(\Omega)} \tag{2.5}$$

where

$$\mu = \min(t - s, l - s) \tag{2.6}$$

and the constant C in (2.5) is independent of g and h. The function φ depends on g and may be different for different s. A t, k-system $S_h^{t,k}(\Omega)$, $k > 0$ will be called a *t, k-regular system* if the function φ in (2.5) can be chosen independently of s so that (2.5) holds for all s, with $0 \leqq s \leqq \min(l, k)$.

In a similar way the systems $S_h^{t,k}(\Omega^{\cdot})$ may be introduced.

It is worthwhile to introduce the systems which satisfy a so called inverse or local assumption. However we cannot go into these details here. For more about it see [1]. Many interesting and important theorems about such systems may be proven.

During recent years a considerable effort has been devoted to the practical construction of such systems. The most important are systems, sometimes called systems of ZLAMAL-type. [See [9]]. These systems are a generalization of piecewise linear functions.

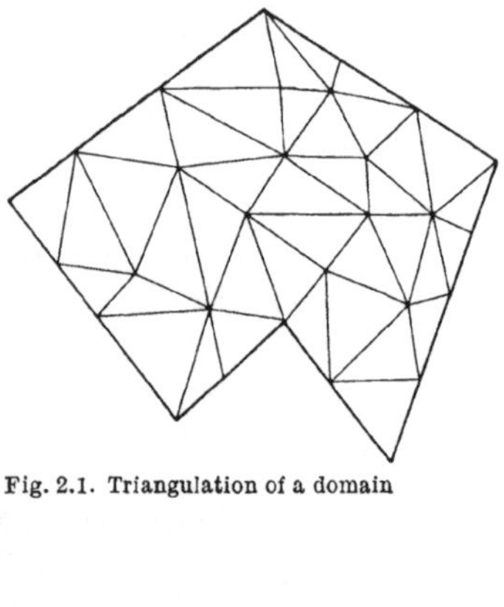

Fig. 2.1. Triangulation of a domain

Let us introduce an example. Let Ω be a polygon. (See figure 2.1). Let a triangulation be given such that the maximal side of all triangles is h and the minimal angle is bounded from below independently of h. Let Φ be a system of continuous functions which are linear on every triangle. Obviously this system is characterized by the values of the functions on the vertices of the triangles. It can be shown that this system Φ is t, k-regular system with any $k < 3/2$ and $t = 2$. Systems of this type and its generalization are used the most in practice.

The other type of important system is based on the use of splines. The theory of splines has been developed in great detail in the one dimensional situation. Especially in this connection see many of the papers of I. J. SCHOENBERG. Systems using the spline type functions create $S_h^{t,k}(\Omega)$ systems. See e. g. [1], [10], [11], [12], [13], and others.

3. The variational principle

The variational principle plays an essential role in the Finite Element approach. In practice the variational principle is used as a principle of stationary point only.

The mathematical essence of such a principle may be formulated as follows:

Theorem 3.1. I. *H_1 and H_2 are two real Hilbert spaces with scalar product $(\cdot\,,\cdot)_{H_1}$ and $(\cdot\,,\cdot)_{H_2}$ respectively.* II. *$B(u, v)$ is a bilinear form on $H_1 \times H_2$, $u \in H_1$, $v \in H_2$ such that*

$$|B(u, v)| \leqq C_1 \|u\|_{H_1} \|v\|_{H_2}, \tag{3.1}$$

$$\inf_{\substack{u \in H_1 \\ \|u\|_{H_1}=1}} \sup_{\substack{v \in H_2 \\ \|v\|_{H_2}\leqq 1}} |B(u, v)| \geqq C_2 > 0, \tag{3.2}$$

$$\sup_{u \in H_1} |B(u, v)| > 0, \qquad v \neq 0 \tag{3.3}$$

where $C_1 < \infty$. III. *$F \in H_2'$ i. e. F is a linear functional on H_2. Then* IV. *there exists a unique element $u_0 \in H_1$ such that*

$$B(u_0, v) = F(v) \tag{3.4}$$

and

$$\|u_0\|_{H_1} \leqq \frac{\|F\|_{H_2'}}{C_2}. \tag{3.5}$$

For the proof and references see e. g. [1], [14].

The problems of elliptic equations may be related to this principle.

Let us show two examples.

Example 3.1. Let us be interested in the problem

$$-\Delta u - c\,u = f \tag{3.6}$$

with boundary conditions

$$\frac{\partial u}{\partial n} = 0 \tag{3.7}$$

and $c > 0$ be not an eigenvalue.

Let us take $H_1 = H_2 = H^1(\Omega)$,

$$B(u, v) = \int_\Omega \left[\frac{\partial u}{\partial x_1}\frac{\partial v}{\partial x_1} + \frac{\partial u}{\partial x_2}\frac{\partial v}{\partial x_2} - c\,u\,v\right] dx, \tag{3.8}$$

$$F(v) = \int_\Omega f\,v\,dx. \tag{3.9}$$

The bilinear form (3.8) is not positive definite but satisfies all assumptions of Theorem 3.1. The function u_0 in (3.4) is the solution of (3.6) and (3.7).

Example 3.2. Let us be interested in solving (3.6) with boundary condition

$$u = 0 \quad \text{on } \Omega^{\cdot}. \tag{3.10}$$

Using the well known Dirichlet principle together with the Lagrangean multiplier principle to respect the constraint (3.10) we obtain the following principle (for $\Omega^{\cdot}$ smooth). Take $H_1 = H^1(\Omega) \times H^{-1/2}(\Omega^{\cdot}) = H_2$, $(u, \lambda) \in H_1$, $(v, \mu) \in H_2$, and

$$B[(u, \lambda), (v, \mu)] = \int_\Omega \left[\frac{\partial u}{\partial x_1}\frac{\partial v}{\partial x_1} + \frac{\partial u}{\partial x_2}\frac{\partial v}{\partial x_2} - c\,u\,v\right] dx - \oint_{\Omega^{\cdot}} (\mu\,u + v\,\lambda)\,dS, \tag{3.11}$$

$$F[(v, \mu)] = \int_\Omega f\,v\,dx. \tag{3.12}$$

We obtain a variational principle in the sense of the Theorem 3.1 and the element (u_0, λ_0) satisfying (3.4) is related to the solution w of (3.6) and (3.10) in the following manner: $u_0 = w$, $\lambda_0 = \frac{\partial w}{\partial n}$. For more details see [1] and [15].

There are many other variational principles related to the problem (3.6) with boundary conditions (3.7) or (3.10). We refer the reader e. g. to [1].

All these principles may be used for approximate solution. The basis of its use is the following theorem.

Theorem 3.2. I. *The hypothesis of Theorem* 3.1 *holds*

II. *$M_1 \subset H_1$ and $M_2 \subset H_2$ are given linear closed subspaces such that*

$$\inf_{\substack{u \in M_1 \\ \|u\|_{H_1}=1}} \sup_{\substack{v \in M_2 \\ \|v\|_{H_2}\leqq 1}} |B(u, v)| \geqq d_2(M_1, M_2) > 0$$

and for every $v \in M_2$, $v \neq 0$

$$\sup_{u \in M_1} |B(u, v)| > 0 . \tag{3.14}$$

III. *For given* $F \in H_2$, u_0 *denotes the unique element such that*

$$B(u_0, v) = F(v), \qquad \forall\, v \in H_2 . \tag{3.15}$$

(The existence of such u_0 is assured by Theorem 3.1.)

IV. *There exists* $\omega \in M_1$ *such that*

$$\|u_0 - \omega\|_{H_1} \leqq \vartheta . \tag{3.16}$$

V. $\bar{u}_0 \in M_1$ *is such that*

$$B(\bar{u}_0, v) = F(v), \qquad \forall\, v \in M_2 \tag{3.17}$$

(The existence and uniqueness is guaranted by Theorem 3.1.)

Then VI.

$$\|u_0 - \bar{u}_0\|_{H_1} \leqq \left[1 + \frac{C_1}{d_2\,(M_1, M_2)}\right] \vartheta . \tag{3.18}$$

For the proof see [1] or [14].

Let us show a typical use of Theorem 3.1 and 3.2 on the problem of Example 3.1. Let us take $M_1 = M_2 = S_h^{t,k}(\Omega)$, with $k \geqq 1$ and $t > 1$. Denote by u_0 the solution of (3.6) and (3.7) and assume that $u_0 \in H^l(\Omega)$. Then

$$\|\bar{u}_0 - u_0\|_{H^1} \leqq C\, h^{\mu}\, \|u_0\|_{H^l}, \qquad h < h_0 \tag{3.19}$$

where

$$\mu = \min\,(t - 1, l - 1), \tag{3.20}$$

and C does not depend on h. The function $\bar{u}_0$ may be determined from (3.17) by solving a system of linear algebraic equation. The example 3.2 may be approached in a similar way although it must be done in a more sophisticated manner. See e. g. [15] and [1].

4. The character of the error

Let us solve the problem (3.6) and (3.7) in the one dimensional case (for the sake of simplicity), namely let us study a particular boundary value problem

$$-\,u'' + \frac{1}{4}\,u - = \sin\left(x - \frac{\pi}{2}\right) \tag{4.1}$$

with the boundary conditions

$$u'(0) = u'(\pi) = 0 . \tag{4.2}$$

In Figure 4.1 a.b. we see the error function $\varepsilon = (u_0 - \bar{u}_0)$ in the case that $t = 5, 6$ and splines are used for the construction of the system $S_h^{t,k}(\Omega)$ with h being the mesh size [see [16]]. Fig. 4.1 a. and 4.2 b. show the graph of the solution of (4.1) and (4.2), too. The scale of it is given on the right hand side. The error has a very oscillatory character. This is a typical feature of the Finite Element method. We cannot go into further details here. We refer the reader again to [1].

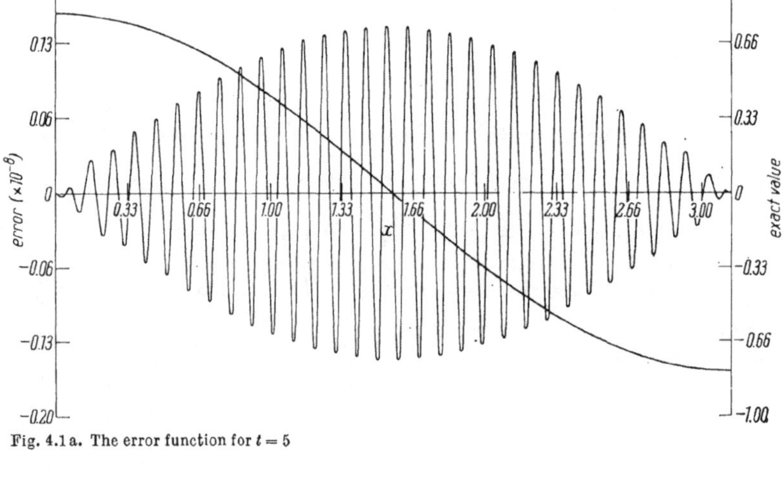

Fig. 4.1 a. The error function for $t = 5$

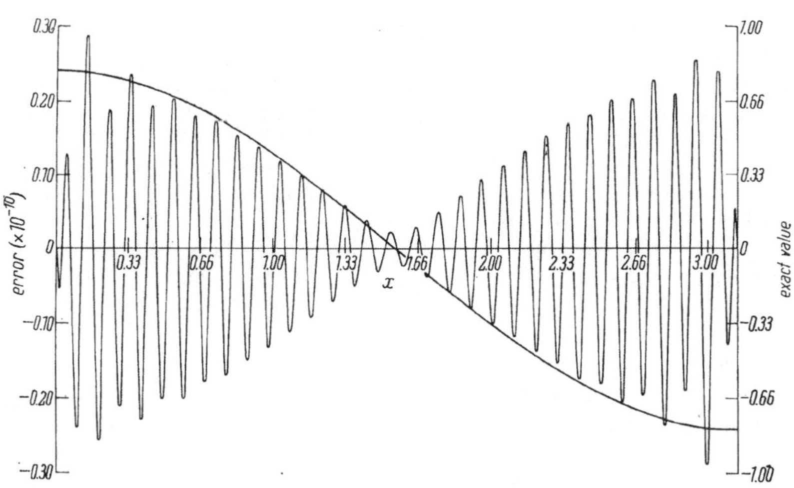

Fig. 4.1b. The error function for $t = 6$

From Figure 4.1a. b. we see that the error has a very regular character inside, along with some boundary layer type behavior. The obvious question is whether this very special character can be used, e. g. by computing the approximative solution in special points to get higher accuracy. Very recently it has been proven that by proper averaging of the approximate solution we may increase the rate of accuracy inside the domain.[3])

We saw in Section 3 that the smoothness of the solution plays an essential role in the rate of convergence. In most practical cases the large smoothness is not present because of the presence of corners and interfaces. Let us illustrate this situation in the following example.

Example 4.1. Let Ω be the square, $\Omega = \{(x_1, x_2) | \, |x_1| < 1/2, |x_2| < 1/2\}$. Let us be interested in the problem

$$-\left[\frac{\partial}{\partial x_1} p \frac{\partial u}{\partial x_1} + \frac{\partial}{\partial x_2} p \frac{\partial u}{\partial x_2}\right] = 1 \qquad \text{on } \Omega \tag{4.3}$$

$$u = 0 \qquad \text{on } \Omega^{\cdot} . \tag{4.4}$$

Let us assume that p is piecewise constant function $p = \varphi \geqq 1$ on $\Omega_1 = \{(x_1, x_2) | \, 0 < x_1 < 1/2, 0 < x_2 < 1/2\}$ and $p = 1$ on $\Omega_2 = \Omega - \Omega_1$; the case $\varphi = \infty$ is the case of an L shape domain Ω_2. We may show for $\varphi = 1$ that $u \in H^2(\Omega)$. For $\varphi > 1$, $u \in H^1(\Omega)$, $u \in H^{1+\alpha(\varphi)-\varepsilon}(\Omega_1)$ and $u \in H^{1+\alpha(\varphi)-\varepsilon}(\Omega_2)$ for any $\varepsilon > 0$; the coefficient $\alpha(\varphi)$ is given in the following table.

Let us solve this problem by the use of piecewise linear functions on a regular triangulation with mesh size h as shown in Figure 4.2.

Then one may show that $\|u_0 - \bar{u}_h\|_{H^1(\Omega)} \geqq C\, h^{\alpha(\varphi)}$ [see [17]] and $\|u_0 - \bar{u}_h\|_{H_1(\Omega)} \leqq C\, h^{\alpha(\varphi)}$. In the C norm we also have $\|u - \bar{u}_h\|_c \geqq C\, h^{\alpha(\varphi)}$[4]) and $\|u - \bar{u}_h\|_c \leqq C\, h^{\alpha(\varphi)-\varepsilon}$ for $\varepsilon > 0$ arbitrary [see [18], [19]]. The constant C is a generic constant

Table 4.1.
The function $\alpha(\varphi)$

φ	$\alpha(\varphi)$
$1 + 0$	1.000
2	0.8934
4	0.8060
6	0.7675
10	0.7317
100	0.6739
∞	0.6666

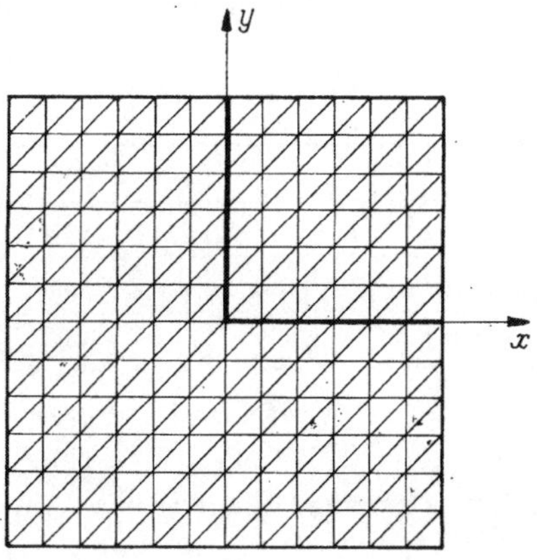

Fig. 4.2. Used triangulation

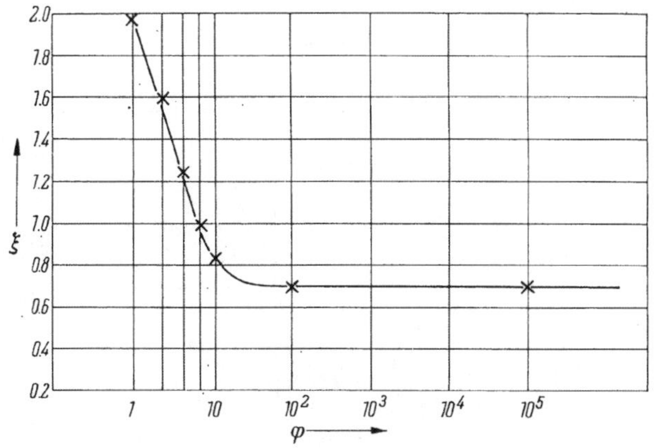

Fig. 4.3. The effective rate of convergence for 1% accuracy

[3]) Private communication of J. H. Bramble

[4]) $\|u\|_c = \max |u|$

which does not depend on h. Practically, the above expresses very well the behavior of the error for small h. In practice it may happen that it is not necessary to use such small h, where $\alpha(\varphi)$ will characterize the error for different h. Let us introduce a number $\xi(\varphi)$ which expresses the *effective* $\alpha(\varphi)$ for an h when the error is 1% of the max $|u|$. By an *effective* $\alpha(\varphi)$ i. e. $\zeta(\varphi)$, we mean the rate of increase of accuracy when the mesh size is halved. For more about this we refer the reader to [20]. In Figure 4.3[5]) we see the effective rate $\zeta(\varphi)$ for 1% accuracy as a function of φ. We see that for large φ the rate is close to 2/3, and for smaller φ the approximate solution behaves practically better than it would follow from the asymptotic estimates. The question how to deal with such behavior has yet to be solved.

For large φ it is very useful to use special approaches to increase the accuracy. We refer here to the refinement of the meshes around the singularity or to the so called special function approach. For more about this see e. g. [21], [22] and [1]. A selfadaptive approach to solve these problems has so far not been developed.

5. The global solution of singularities

In the previous section we discussed the influence of singularities on the accuracy. There are many practical problems where we are faced with so many interfaces that technically it is impossible to respect them all. One typical case is the cross section of a power reactor. [See e. g. [23], p. 255.] The domain is created by many cells which are similar in structure. Let us show a simple model problem of such character. Let us be interested in solving the equation

$$-\left(\frac{\partial}{\partial x_1} p_H \frac{\partial u_H}{\partial x_1} + \frac{\partial}{\partial x_2} p_H \frac{\partial u_H}{\partial x_2}\right) + q_H\, u_H = f \tag{5.1}$$

on the rectangle shown in Figure 5.1 and assume that this rectangle is composed of cells with side H. Let the function p_H and q_H be identical in every cell. Further denoting by (ξ_i, η_i) the midpoint of the cell we will assume that

$$p_H\left(\frac{x_1-\xi_i}{H}, \frac{x_2-\eta_i}{H}\right) = p_1(x_1, x_2) \tag{5.2}$$

and similarly with q_1. Hence p_1 and q_1 is the structure of a unit cell. Further assume that $p_1 > 0$ and $q_1 \geqq 0$ and both are piecewise constant as it is in the case of a reactor. Let us be interested in the boundary conditions $u_H = 0$ on $\Omega^{\cdot}$.

Since the structure of p_1 and q_1 is complicated and we may have hundreds of cells, an obvious question arises. Does the solution u_H converge to a limit solution for $H \to 0$ in some norm? The answer is positive. Let us formulate it as

Theorem 5.1. *The solution $u_H \to u_0$ in $H^0(\Omega)$ (i. e. in $L_2(\Omega)$, for $H \to 0$ and for f smooth,*

$$\|u_H - u_0\|_{H^0(\Omega)} \leqq C\,H$$

with C independent of H. The function u_0 is the solution of the differential equation

$$-\left(p^{[1]}\frac{\partial^2 u}{\partial x_1^2} + p^{[2]}\frac{\partial^2 u}{\partial x_2^2} + p^{[3]}\frac{\partial^2 u}{\partial x_1\,\partial x_2}\right) + q\,u = f. \tag{5.3}$$

For the proof see [24] where a sharper version is proved. The solution u_H does not converge in $H^1(\Omega)$.

It is also possible to understand the function u_0 as the zero term in the asymptotic expansion of the solution in the powers of H.

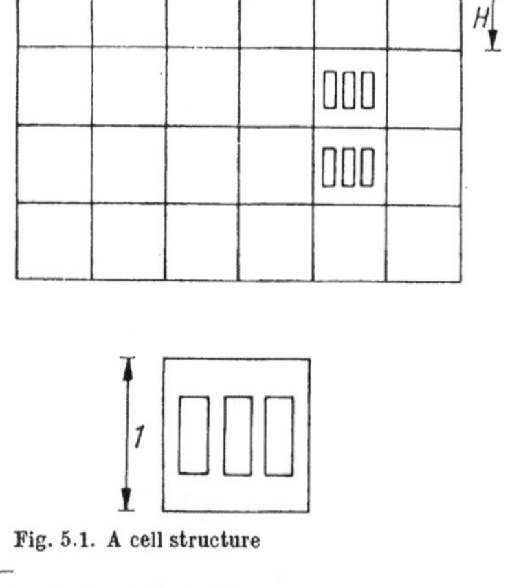

Fig. 5.1. A cell structure

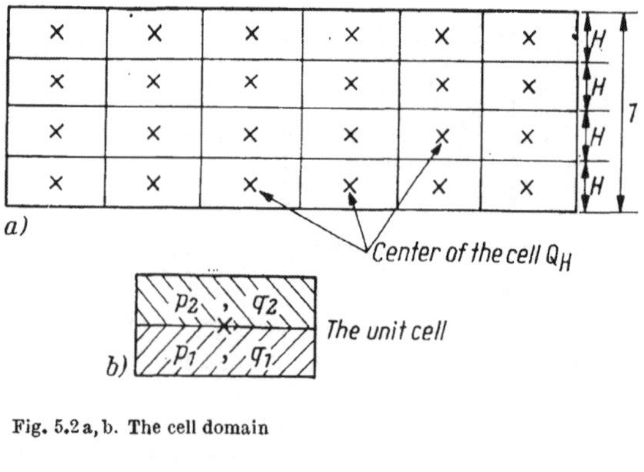

Fig. 5.2a, b. The cell domain

[5]) Computed numerically

The coefficients $p^{[i]}$, and q may be found by a detailed analysis of a single cell. Let us remark that although p_H is the same in both terms of (5.1) the limit values $p^{[1]}$, $p^{[2]}$ may be different and the mixed term may be present, too.

The approach we have explained is used in the reactor technique and was analysed on simple model examples, see e. g. [25], [26], [27] and others. The function u_0 is called the homogenized solution.

Let us introduce an example which is close to the case analysed in [25].

Example 5.1. Let p_H and q_H be piecewise constant and independent of x_1. See Figure 5.2. Then

$$p^{[1]} = \frac{p_1 + p_2}{2}, \qquad p^{[2]} = \left[\frac{1}{2}\left(\frac{1}{p_1} + \frac{1}{p_2}\right)\right]^{-1}, \qquad p^{[3]} = 0,$$

$$q = \frac{q_1 + q_2}{2}.$$

Let us perform the calculation for the case of a periodic solution on a strip with

$$f = 0, \frac{\partial u_H}{\partial x_2} = 0 \text{ for } x_2 = 0 \quad \text{and} \quad p_H \frac{\partial u_H}{\partial y_2} + \frac{1}{2} u_H = \sin x_1.$$

Let us use the following values in the computation: $p_1 = 1$, $p_2 = 10$, $q_1 = 0.1$, $q_2 = 0.2$. The exact solution and limiting solution u_0 may be easily computed. We see in Figure 5.3 the solution for different $N = 1/H$.

In the general case the coefficients of the limiting equation depends on the structure of the cell in a much more complicated manner and the differential equations for single cells have to be solved. We cannot go into detail here. We refer the reader to [20] and [24].

We introduce here another example as an illustration.

Example 5.2. Let the unit cell will be as in the example 4.1 In the Table 5.1 we introduce the limiting coefficients in the dependence of φ. Because of the symmetry we have $p^{[1]} = p^{[2]} = p^{[0]}$ and $p^{[3]} = 0$. Together with the value $p^{[0]}$ we introduce the value $\bar{p} = \left[\int_\Omega \frac{1}{p} dx\right]^{-1}$ and $\bar{\bar{p}} = \int p \, dx$ which are sometimes used in analogy with the previous case.

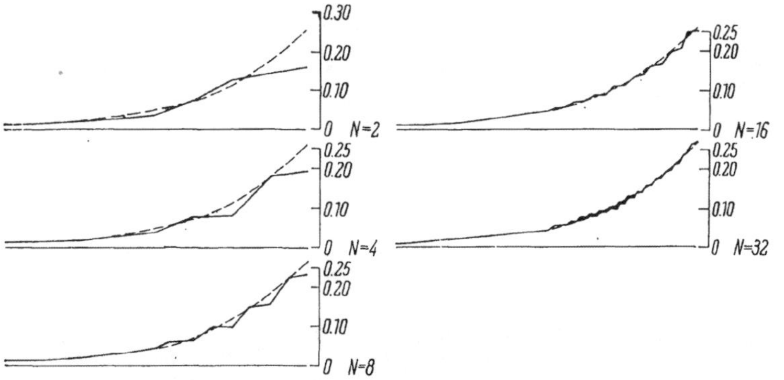

Fig. 5.3. The solution of the cell problem

As we said the homogenized solution is the zero approximation which can be improved by the single cell solution, so that the error will be of order H in the norm $H^1(\Omega)$. For more details see [24]. It is possible to find the next terms in the asymptotic form. For the numerical solution of the homogenized equation we use the Finite Element method (smooth solution) and for the single cell computation we use Finite Element method, treating the singularities as explained in the previous section.

Table 5.1. The homogenized diffusion coefficients

φ	$p^{[0]}$	$\bar{p}$	$\bar{\bar{p}}$
1	1	1	1
2	1.1822	1.1428	1.25
4	1.3622	1.2307	1.75
6	1.4522	1.2631	2.25
10	1.5434	1.2903	3.25
100	1.7084	1.3289	25.75
10000	1.7308	1.3332	2500.75

6. Final comments

In the previous sections we outlined some ideas and results related to the numerical solution of partial differential equations. We could not go into any detail, and we did not mention many other important problems, such as the problem of a-posterior error bounds, eigenvalue problems, boundary layers problems, nonlinear problems, etc. All of these problems are very important, and theoretical and practical progress has been made in all of these fields.

References

1 Babuška, I., Aziz, K., Survey Lectures on the Mathematical Foundations of the Finite Element Method, The Mathematical Foundations of the Finite Element Method with Applications to Partial Differential Equations, edited by A. K. Aziz, Academic Press, 1972, pp. 1—363.

2 The Mathematical Foundations of the Finite Element Method with Applications to Partial Differential Equations, edited by A. K. Aziz, Academic Press, 1972.
3 STRANG, G., FIX, G., An Analysis of the Finite Element Method, Prentice Hall, New Jersey, 1973.
4 AUBIN, J. P., Approximation of Elliptic Boundary Value Problems, Wiley-Interscience, New York, 1972.
5 SCHULTZ, M. H., Spline Analysis, Prentice Hall, New Jersey, 1973.
6 LIONS, J. L., MAGENES, E., Problemes aux Limites Non Homogenes et Applications, Vol. I, Dunod, Paris, 1968.
7 BUTZER, P. L., BERENS, H., Semi-Groups of Operators and Approximation, Springer, New York, 1967.
8 KREIN, S. G., PETUNIN, YU. I., Scales of Banach Spaces, Russian Math. Surveys **21**, No. 2., pp. 85–160 (1966).
9 VARGA, R. S., Functional Analysis and Approximation Theory in Numerical Analysis, SIAM (Reg. Conf. Series in Applied Math.), Philadelphia, 1971.
10 BABUŠKA, I., Approximation by Hill Functions, Comment Math., Univ. Carolinae **II, 4**, pp. 787–811 (1970).
11 BABUŠKA, I., Approximation by Hill Functions II, Comment Math, Univ. Carolinae **13**, I, pp. 1–22 (1972).
12 DE BOOR, C., FIX, G., Spline Approximation by Quasi-Interpolants, to appear in J. Approximation Theory.
13 STRANG, G., FIX, G., A Fourier Analysis of the Finite Element Method, Proceeding of CIME Conference, Sicily, 1971, to appear.
14 BABUŠKA, I., Error-Bounds for Finite Element Method, Num. Math. **16**, pp. 322–333 (1971).
15 BABUŠKA, I., The Finite Element Method with Lagrangian Multipliers, Numer. Math. **20**, pp. 179–192 (1973).
16 BABUŠKA, I., SEGETHOVA, J., SEGETH, K., Numerical Experiments with Finite Element Method, Tech. Note BN-669, (August 1970), Institute for Fluid Dynamics and Applied Mathematics, University of Maryland.
17 BABUŠKA, I., ROSENZWEIG, M., A Finite Element Scheme for Domains with Corners, Num. Math. **20**, pp. 1–21 (1972).
18 LAASONEN, P., On the Degree of Convergence of Discrete Approximation for the Solution of the Dirichlet Problem, Ann. Acad. Sci. Finn. Ser. A-1, 246 (1957).
19 LAASONEN, P., On the Truncation error of Discrete Approximations into the Solution of Dirichlet Problems in a Domain with Corners, Journal Assoc. Comp. Math. **5**, pp. 32–38 (1958).
20 BABUŠKA, I., KELLOGG, B., Mathematical and Computational Problems in Reactor Calculations, Proc. Conf. Mathematical Models and Computational Techniques for Analysis of Nuclear Systems, Ann Arbor, Michigan 1973, Univ. of Michigan, pp. VII-67–VII-94.
21 BABUŠKA, I., KELLOGG, R. B., Numerical Solution of the Neutron Diffusion Equation in the Presence of Corners and Interfaces, Numerical Reactor Calculations, Int. Atomic Agency, Vienna, 1972, pp. 473–486.
22 BABUŠKA, I., Finite Element Method for Domains with Corners, Computing **6**, pp. 264–273 (1970).
23 DIETRICH, J. R., ZINN, W. H., Solid Fuel Reactors, Addison-Wesley Pub. Co., Reading, Massachusetts, 1958.
24 BABUŠKA, I., Numerical Solution of Interfaces Problems by Homogenization Principle, Tech. Note, Institute for Fluid Dynamics and Applied Mathematics, University of Maryland, to appear.
25 SHEVELEV, YA V., Neutron Diffusion in a One-Dimensional Uranium Water Lattice, Journal Nuclear Energy **II**, pp. 132 to 141 (1957).
26 SEIJI UKAI, A Study on Approximate Method for Calculating the Neutron Flux in a Heterogenous Reactor, Journal Nuclear Energy **24**, pp. 479–491 (1970).
27 Naval Reactor Physics Handbook, Edited by A. Radkowsky, 1964, Naval Reactor, Division of Reactor Development, United States Atomic Energy Commission.
28 Finite Elemente in der Statik, Verlag von Wilhelm Ernst & Sohn, Berlin, München, Düsseldorf 1973.

Additional References

a. Books of Applied Character

29 ZIENKIEWICZ, O. C., The Finite Element Method in Engineering Sciences, McGraw Hill, 1971.
30 ODEN, J. T., Finite Elements of Nonlinear Continua, McGraw Hill, 1972.
31 Recent Advances in Matrix Methods of Structural Analysis and Design, University of Alabama Press, 1971.
32 Proc. of the Second Japan-U.S. Symposium on Matrix Methods in Structural Mechanics, University of Alabama, 1972.

b. Bibliography

33 ABIN, J. E., FENTON, D. L., STODDART, W. C. T., The Finite Element Method- A Bibliography of its Theory and Applications, Report EM 72-1, Dept. of Eng. Mech., The University of Tennessee, Knoxville, Trennessee, 1971.
34 WHITEMAN, J. R., A Bibliography for Finite Element Method, Brunel University Report TR/9, Dept. of Mathematics, Oxbridge.

c. Theory of the Finite Element Method

35 RAVIART, P. A., Lecture Notes (in French), University of Paris VI.

d. Theory of Partial Differential Equation — Singularity of the Solution

36 KONDRATEV, V. A., Boundary Problems for Elliptic Equations with Conical or Angular Points, Trans. Moscow Math. Soc., 1967, pp. 227–313.
37 GRISVARD, P., Probleme de Dirichlet Dans un Cone, Ricerche Mat **20**, pp. 175–192 (1971).
38 KELLOGG, R. B., On the Poisson Equation with Intersecting Interfaces, to appear in Applicable Analysis.

Anschrift: Ivo BABUŠKA, Research Professor, Institute for Fluid Dynamics and Applied Mathematics, University of Maryland, College Park 20742, USA

ZAMM 54, T 11 – T 19 (1974)

P. Carrière

Progrès et tendances actuelles de la recherche en Aérodynamique appliquée

Introduction

Je vais essayer de donner un aperçu des progrès réalisés depuis quelques années en aérodynamique appliquée et de dégager les tendances actuelles de la Recherche dans ce domaine.

M'adressant ici à un auditoire trés averti en mécanique théorique et expérimentale, mais non uniquement composé d'aérodynamiciens, j'exposerai surtout les aspects généraux de l'évolution de nos connaissances en prenant pour exemple les problèmes du vol subsonique rapide, qui — après la crise hypersonique — sont revenus au centre des préoccupations de l'industrie aéronautique, avec les projets du type Airbus.

Les progrès de l'informatique se sont traduits en aérodynamique par des améliorations considérables des méthodes de calcul et d'essai.

Les bureaux d'étude abandonnent progressivement les procédés empiriques antérieurs et s'appuient de plus en plus sur des calculs d'optimisation avant de soumettre chaque projet à des essais très détaillés sur maquette en soufflerie: les délais et les dépenses s'en trouvent réduits, la qualité des résultats est accrue.

1. Aperçus theoriques

1.1. Calculs d'écoulements non visqueux transsoniques

Considérons tout d'abord les aspects théoriques des problèmes qui intéressent les gros avions de transport actuels ou prochains: les vitesses de vol se situant au voisinage immédiat de la vitesse du son, les méthodes classiques de calcul ont dû être révisées pour tenir compte plus correctement des effets de compressibilité.

Le cas le plus simple est celui de l'écoulement *subcritique* de fluide non visqueux autour d'un profil d'aile: ce problème est bidimensionnel et comme, par définition, en aucun point du champ l'écoulement ne dépasse la vitesse du son, il s'agit d'un problème elliptique. Sa solution numérique peut être considérée comme désormais acquise, après les travaux de Sells (1968).

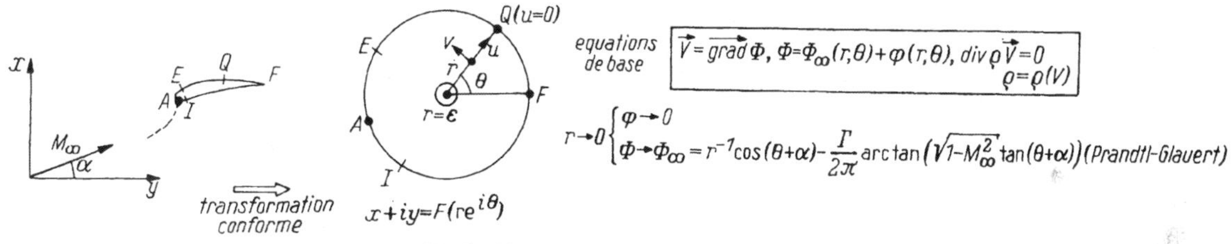

Fig. 1. Méthode de calcul d'un profil subcritique

La figure 1 en résume le processus:

- On opère tout d'abord une transformation conforme du domaine *extérieur* au profil dans le plan (x, y) sur le domaine *intérieur* au cercle unitaire, de manière que le centre de ce cercle représente l'infini du plan (x, y); on choisit les paramètres de la transformation pour étaler largement sur le cercle l'image des régions de bord d'attaque et de bord de fuite où les gradients des vitesses de l'écoulement sont très élevés.
- L'écoulement dépend par hypothèse d'un potentiel des vitesses Φ obéissant à l'équation de continuité; l'équation de l'énergie donne a priori l'expression de la masse volumique ϱ en fonction du module de la vitesse V.
- On discrétise alors l'équation en Φ sur un réseau régulier Δr, $\Delta\theta$ suivant le schéma classique centré, valable pour les problèmes elliptiques.
- On affiche comme conditions aux limites:

$\Phi_r = u = 0$, condition de contact sur le profil et $\Phi = \Phi_\infty(\varepsilon, \theta)$ sur le cercle $r = \varepsilon$, pour une valeur arbitraire de la circulation Γ, car on connaît a priori le comportement de Φ à l'infini du plan physique.

Sans entrer dans le détail maintenant classique de la méthode d'intégration, je me contenterai d'indiquer que le calcul procède par itérations sur Γ de manière à satisfaire finalement à la condition de Joukowski au bord de fuite Γ.

Le calcul de la transformation conforme est effectué une fois pour toutes, en quelques minutes sur un ordinateur moyen (CII IRIS 80 par exemple). Puis, chaque couple (M_∞, α) peut être traité en une minute, en procédant de proche en proche par valeurs croissantes de M_∞, à partir de la solution incompressible $M_\infty = 0$. On atteint ainsi une valeur M_∞ critique telle qu'un point sonique $M = 1$ apparaisse sur le profil: la méthode cesse alors d'être applicable.

Pour $M_\infty > M_\infty$ critique, le problème se complique, comme le rappelle la figure 2, du fait:

1° — de la présence simultanée dans le champ. d'une zone elliptique ($M < 1$) et d'une zone hyperbolique ($M > 1$) de part de d'autre de la ligne sonique;

2° — de l'existence en général dans le domaine supersonique d'ondes de choc — c'est-à-dire de lignes de discontinuités — justiciables d'un traitement local spécial par les équations D'HUGONIOT.

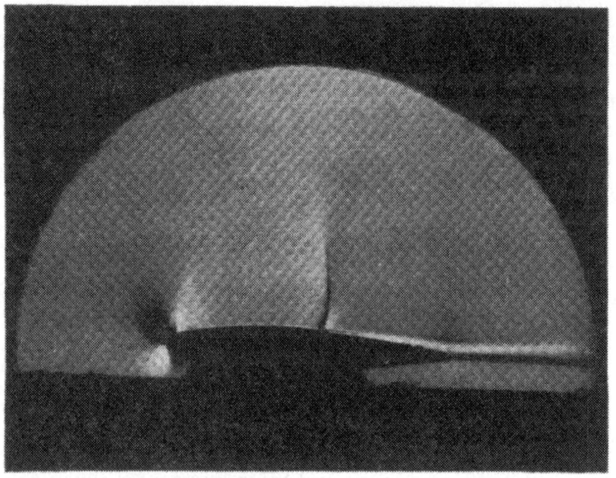

Fig. 2. Exemple d'écoulement supercritique sur un profil

Les premières solutions apportées au problème *supercritique* ont été obtenues par un *processus instationnaire*, dont le principe schématisé figure 3 consiste à intégrer pas à pas dans le temps les équations générales de l'écoulement instationnaire (x, y, t) autour du profil considéré à partir d'une distribution initiale ($t = 0$) arbitraire des fonctions inconnues. Quand t croît indéfiniment, les données aux limites restant fixes, l'écoulement tend asymptotiquement vers l'état stationnaire cherché.

L'avantage principal de la méthode est de rendre le problème hyperbolique: l'état en un point quelconque $Q(x, y, t + \Delta t)$ ne dépend que des données connues, sur la trace, dans le plan t, du cône de MACH acoustique de sommet Q.

En fait la méthode généralement adoptée consiste à intégrer globalement dans le plan $t + \Delta t$ par une méthode de différences finies, à condition de respecter le critère de COURANT-FRIEDRICHS dans le choix du pas Δt sur un réseau Δx, Δy donné. De plus, on introduit au second membre des termes de viscosité artificielle destinés à transformer les ondes de choc en zones de variation rapide mais continue des inconnues. Pour garantir cependant que les conditions D'HUGONIOT sont satisfaites par ces pseudo-ondes de choc, on opère la discrétisation sur les équations générales écrites *sous forme conservative.*

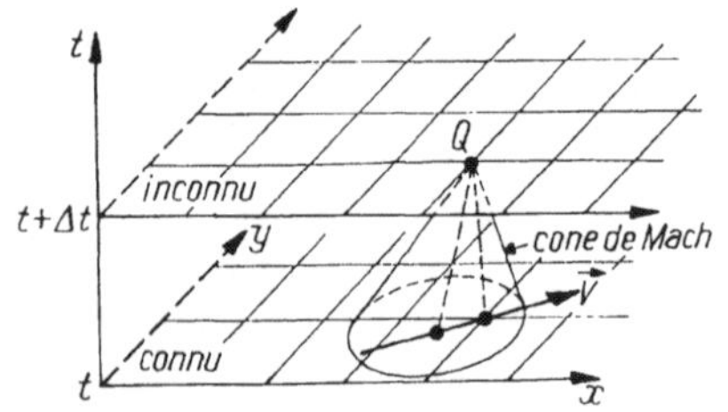

$$\frac{\partial A}{\partial t} + \frac{\partial B}{\partial x} + \frac{\partial C}{\partial y} = [\text{terme de viscosité artificielle}]$$

$$A = \begin{bmatrix} \rho \\ \rho u \\ \rho v \\ \rho e \end{bmatrix} \quad B = \begin{bmatrix} \rho u \\ p + \rho u^2 \\ \rho u v \\ \rho u h \end{bmatrix} \quad C = \begin{bmatrix} \rho v \\ \rho u v \\ p + \rho v^2 \\ \rho v h \end{bmatrix}$$

+ *équations d'état:* $h(p, \rho)$, $e(p, \rho)$

Fig. 3. Méthode instationnaire de calcul d'un écoulement supercritique

Quelles que soient les variantes de ces méthodes, leurs défauts majeurs sont:

— la durée de calcul très élevée (par exemple une heure de calcul sur une machine très puissante);
— la production parasite d'entropie par les termes de viscosité artificielle en dehors des zones de pseudo-choc, où leur présence reste nécessaire pour stabiliser le calcul.

La figure 4 donne un exemple d'application de cette méthode effectuée à l'ONERA pour contribuer à la discussion du problème fort important des corrections de paroi dans les souffleries transsoniques. Le cas traité est relatif à un profil symétrique sans incidence. On fera sur cette quelques remarques intéressantes:

- On notera d'abord sur les courbes calculées l'effet d'étalement de l'onde de choc, dû à la viscosité artificielle;
- on notera ensuite la bonne coïncidence des calculs et de l'expérience dans le cas $R = 0$ des parois imperméables jusqu'au pied du choc: cette coïncidence est significative car au nombre de REYNOLDS élevé de l'essai, les effects de déplacement de la couche limite sont négligeables en amont du choc. Il n'en est pas de même en aval du choc;
- on notera enfin l'influence théorique très importante du taux de porosité R des parois sur la distribution des pressions.

Signalons au passage des variantes plus rapides des méthodes instationnaires basées sur la remarque qu'à la limite $t \to \infty$, les termes instationnaires s'annulent dans la méthode exacte. On peut donc les remplacer par des expressions simplifiées assurant une progression plus rapide des calculs, ceux-ci ne prenant un sens physique qu'à la limite (méthodes pseudo-instationnaires).

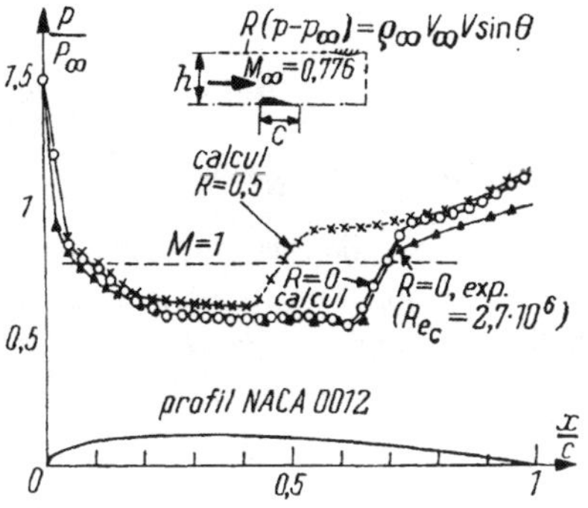

Fig. 4. Exemple de calcul d'écoulement supercritique bidimensionnel par une méthode instationnaire, dans un canal à perméabilité R variable

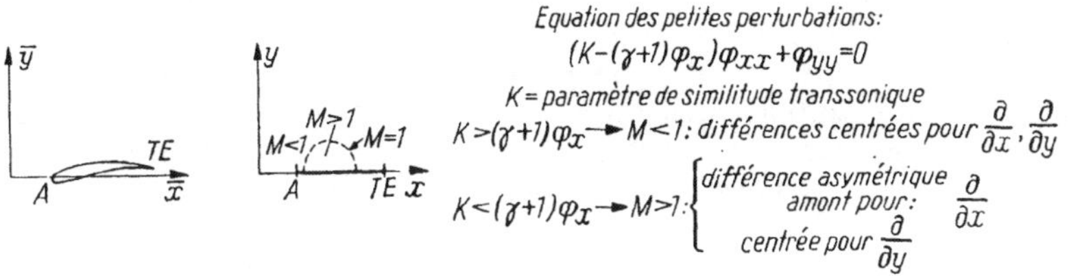

Fig. 5. Méthode des petites perturbations transsoniques (MURMAN et COLE)

Un progrès très marqué vient d'être apporté à la solution pratique des problèmes de profils supercritiques par MURMAN, COLE et KRUPP (1971). Les auteurs ont mis au point une technique d'intégration numérique applicable à un *écoulement mixte* grâce à l'emploi de schémas de discrétisation appropriés (fig. 5):

— l'un au domaine subsonique (schéma centré);

— l'autre au domaine supersonique (schéma asymétrique).

En outre, des artifices numériques sont nécessaires à la traversée de la ligne sonique dont la position doit évidemment être identifiée pour appliquer le schéma de discrétisation convenable.

Pour résoudre le système matriciel compliqué qui résulte de cette discrétisation et assurer la convergence rapide des calculs, les auteurs ont adapté à l'ordinateur le procédé de *relaxation* — inspiré de la méthode proposée par SOUTHWELL il y a une trentaine d'années pour les calculs manuels.

A titre de simplification, la méthode a été appliquée d'abord à l'équation potentielle des petites perturbations transsoniques.

La figure 6 due à CHATTOT (ONERA) montre un exemple d'application au calcul d'un profil portant dans un canal à parois pleines, par comparaison avec le cas du même profil en atmosphère illimitée.

Dans cette méthode, l'étalement du choc est assuré par les erreurs de troncature du second ordre qui jouent le rôle d'une viscosité.

Ce calcul nécessite quelques minutes sur une IRIS 80 CII.

GARABEDIAN et KORN (1972) ont adapté le schéma de MURMAN et COLE au traitement de l'équation exacte du potentiel des vitesses, après transformation conforme du profil sur un cercle pour la commodité des calculs dont la durée est alors à peine plus grande que dans le cas précédent.

Mais, dans un cas comme dans l'autre, l'utilisation de l'équation au potentiel pour traiter un écoulement avec onde de choc est en principe inacceptable. Pratiquement, si le nombre de MACH sur la face amont de l'onde de choc est assez voisin de un ($M_{\max} \sim 1{,}2$ par exemple), l'erreur sur la distribution des pressions est très faible.

Le progrès décisif qui reste donc à accomplir pour que le problème bidimensionnel supercritique puisse être considéré comme résolu est maintenant de lever cette restriction.

Le problème du calcul des écoulements *tridimensionnels transsoniques* est beaucoup moins avancé: les bureaux d'études en sont encore réduits pour leurs calculs à l'utilisation de méthodes approximatives d'écoulements par tranche, dont la validité n'est à peu près satisfaisante que pour des incidences faibles.

On doit observer cependant que les méthodes de MURMAN et COLE ou de GARABEDIAN et KORN sont en principe applicables: la véritable difficulté réside dans le volume du calcul. La figure 7 montre un exemple d'application à une demi aile en flèche, de l'intégration de l'équation des petites perturbations transsoniques (NASA, 1972).

Ce résultat très remarquable a été obtenu en utilisant un réseau de 200000 points environ ($82\times49\times49$).

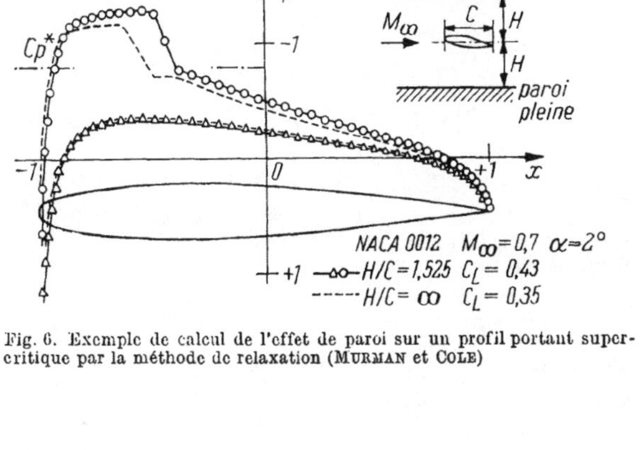

Fig. 6. Exemple de calcul de l'effet de paroi sur un profil portant supercritique par la méthode de relaxation (MURMAN et COLE)

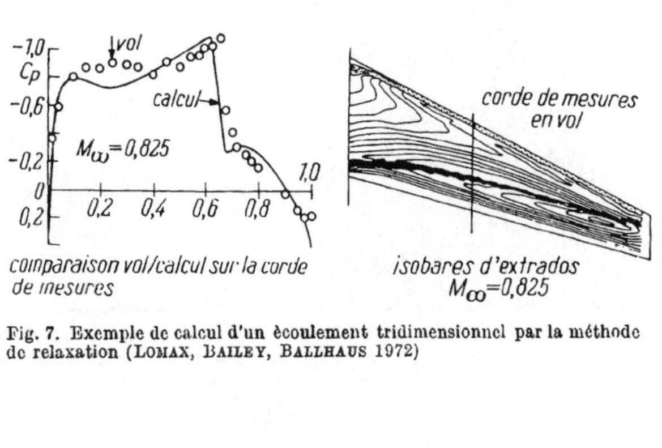

Fig. 7. Exemple de calcul d'un écoulement tridimensionnel par la méthode de relaxation (LOMAX, BAILEY, BALLHAUS 1972)

1.2. Calcul des couches limites non décollées

Le problème du calcul de la partie laminaire d'une couche limite sur un obstacle peut être considéré comme résolu du point de vue des applications numériques, par intégration pas à pas des équations de PRANDTL, par différences finies. E. KRAUSE (1973) a récemment décrit la méthode à suivre, dans le cas tridimensionnel.

Les problèmes majeurs de la recherche fondamentale actuelle concernent la prévision de la transition et l'amélioration des connaissances sur la structure de la couche limite turbulente. P. BRADSHAW (1972) a discuté la situation actuelle de nos connaissances de base sur la turbulence et montré combien elle était encore loin d'être satisfaisante. Il faut cependant reconnaître que les méthodes nouvelles de calcul permettent de traiter avec une précision raisonnable des problèmes d'application inaccessibles par les méthodes intégrales anciennes, beaucoup trop empiriques.

Les nouvelles méthodes utilisent pour représenter la tension turbulente τ_t un schéma amélioré de longueur de mélange, dans lequel cette longueur l varie en fonction de la distance à la paroi et est affectée d'un coefficient d'amortissement F pour traduire la présence de la sous-couche laminaire

$$\tau = \mu \frac{\partial u}{\partial y} + \tau_t, \qquad \tau_t = \varrho F^2 l^2 \left(\frac{\partial u}{\partial y}\right)^2.$$

Dans l'approximation la plus simple, la loi de longueur mélange adoptée. $l(y/\delta)$ correspond à des mesures effectuées sur des couches limites de plaque plane. Elle n'est donc valable que pour des écoulements faiblement accélérés ou ralentis. De même, F est exprimé en fonction de τ_t (MICHEL, 1972).

Dans une approximation plus générale, on relie par des considérations phénoménologiques la longueur de mélange à l'énergie cinétique turbulente q^2, dont l'évolution est décrite par une relation intégrale dans laquelle interviennent des termes de production et de convection internes à la couche limite ainsi qu'un terme de source E correspondant aux fluctuations turbulentes et acoustiques de l'écoulement extérieur. On applique les mêmes considérations au cas de la couche limite tridimensionnelle (figure 8). Ayant ainsi exprimé la tension turbulente, le problème peut se résoudre par différences finies, comme le problème laminaire. En fait, cette méthode est inacceptable parce que trop lourde, dans les applications techniques. C'est pourquoi R. MICHEL et ses collègues (1972) l'ont utilisée pour effectuer des *expériences numériques* sur des familles d'écoulement convenablement choisies; ils en ont déduit des formules de corrélation entre les divers paramètres de forme qui interviennent dans les équations intégrales classiques, beaucoup plus faciles à manier. Ce procédé est particulièrement avantageux dans le cas des couches limites tridimensionnelles.

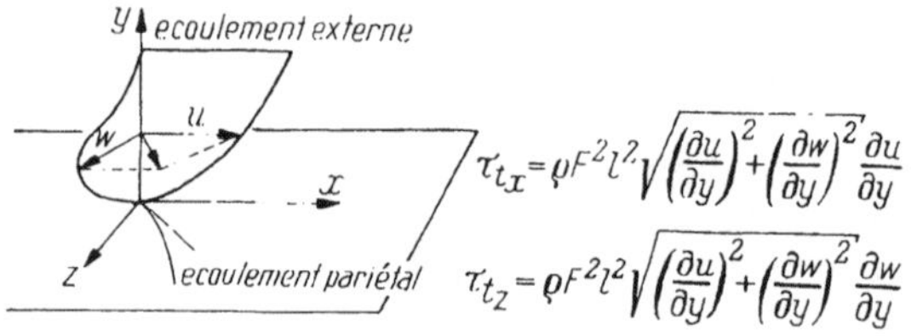

Fig. 8. Frottement turbulent dans une couche limite tridimensionnelle

La figure 9 montre l'évolution des lignes de courant pariétales visualisées en soufflerie sur une aile en flèche à grande incidence et permet de les comparer à celles qui ont été calculées par la méthode de R. MICHEL: la concordance est très satisfaisante. En particulier, cette méthode permet de prévoir la ligne de décollement d'une nappe tourbillonnaire, d'après la condensation des lignes de courant pariétales.

Dans le calcul pas à pas de la couche limite depuis le bord d'attaque, il est nécessaire de décrire *la transition* du régime laminaire au régime turbulent. Ce problème extrêmement difficile est encore très loin d'être résolu, malgré la contribution fondamentale de TOLLMIEN et SCHLICHTING.

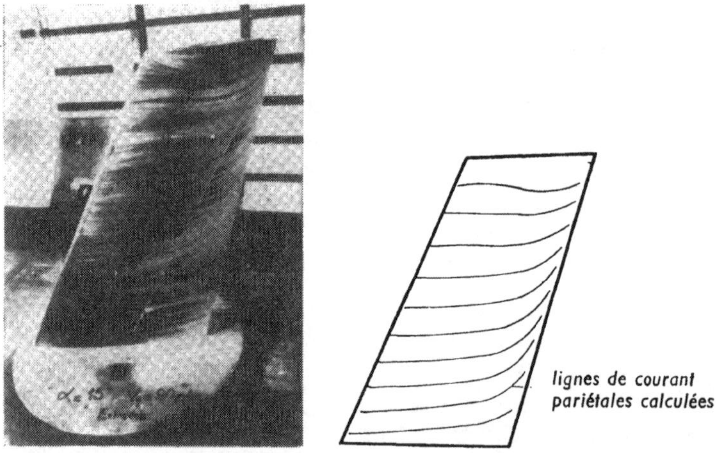

Fig. 9. Lignes de courant pariétales observées et calculées sur un modèle ONERA de bout d'aile à $R_{ec} = 4 \cdot 10^{-6}$; $\varphi = 30°$; $\bar{c} = 0{,}63$ m; $b = 1{,}2$ m lignes de courant pariétales calculées

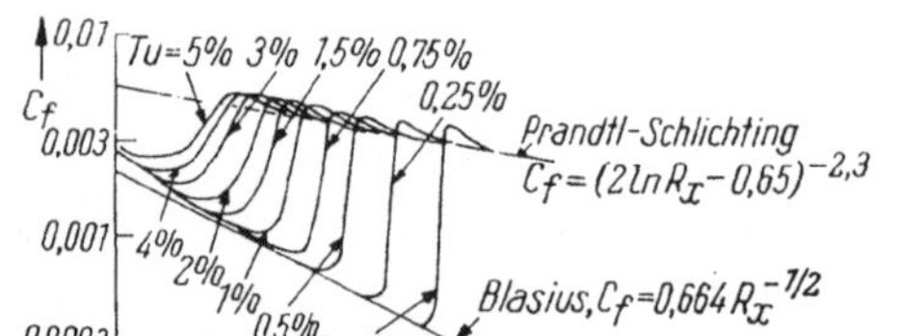

Fig. 10. Prédiction de l'effet de la turbulence extérieure sur le frottement pariétal (McDONALD, 1972)

Je me contenterai ici de mentionner une méthode pratique intéressante suggérée récemment par McDONALD (1972): elle consiste à traiter la couche limite dès le départ comme si elle était déjà turbulente, en utilisant la formulation du frottement turbulent que j'ai évoquée il y a un instant: on a vu en effet que dans l'équation de transfert de l'énergie cinétique turbulente figurent des termes E traduisant l'apport turbulent de l'écoulement extérieur; cette formulation comporte aussi un terme d'amortissement de q^2 qui est prépondérant dans la phase initiale du calcul, de sorte que la couche limite garde un caractère laminaire traduit sur la figure 10 par l'évolution du coefficient de frottement. Le terme d'amortissement tend ensuite vers zéro et l'effet des fluctuations de l'écoulement extérieur finit par l'emporter. On reconnaît sur la figure ainsi construite par McDONALD l'allure caractéristique de la transition et l'influence considérable de la turbulence extérieure sur la phénomène.

Malgré ces résultats encourageants, il faut espérer que les recherches fondamentales, qui se poursuivent sur ce sujet permettront d'élaborer un modèle mathématique de turbulence moins arbitraire que celui que nous venons d'évoquer.

1.3. Calcul des nappes de décollement

On sait que toute configuration portante placée à incidence fixe dans un écoulement stationnaire engendre au moins une nappe tourbillonnaire dont le comportement joue un rôle essentiel en régime subsonique pour déterminer la distribution des pressions sur la surface portante.

La figure 11 rappelle la schématisation classique de PRANDTL, suivant laquelle cette nappe émise par le bord de fuite est constituée de tourbillons libres parallèles à la vitesse non perturbée. Ce schéma n'est approximativement valable que pour des incidences faibles en raison de l'enroulement de la nappe réelle.

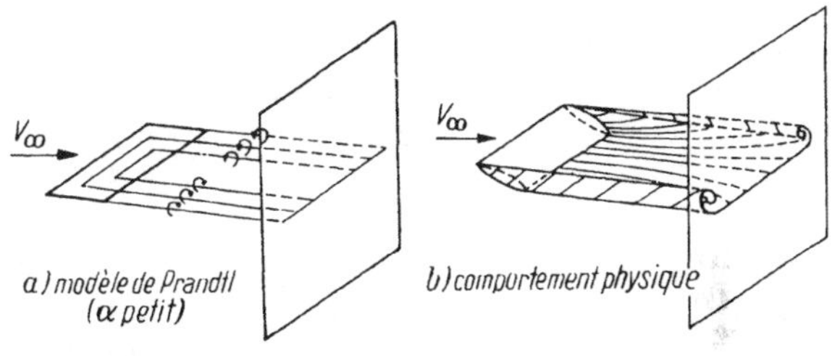

Fig. 11. Couches tourbillonnaires

Toutefois, si on conserve pour décrire cette nappe la décomposition en lanières tourbillons, émises par une certaine ligne de décollement sur la surface portante, on sait depuis longtemps (formules de POINCARÉ) calculer les actions réciproques de ces lanières et par conséquent, déterminer leur position d'équilibre, compte tenu d'une distribution de tourbillons liés à l'intérieur de l'aile. Le principe du calcul est classique, mais n'a pu être mis en oeuvre que depuis l'apparition des ordinateurs modernes. (PERRIER, VITTE 1970).

La figure 12a, due à REHBACH (1973), décrit l'enroulement théorique d'une nappe émise par une aile mince rectangulaire.

La figure 12b montre la remarquable coïncidence des résultats de ce calcul et des mesures de portance, de moment et de trainée induite de SCHOLZ. Elle montre le progrès réalisé par rapport à l'approximation de GERSTEN, proposée à une époque où les calculs exacts étaient encore impossibles.

Mais de telles nappes peuvent se détacher sur des lignes indéterminées a priori, notamment lorsque n'existe aucune arête sur la surface de l'aile: cette visualisation de H. WERLÉ donne ainsi un exemple de décollement qui se produit au cours du contournement par la couche limite d' un bout d'aile arrondi (figure 13a). La figure 13b rappelle l'exemple classique de l'aile delta.

Il est clair, d'après ce qui précède, que cette nappe joue un rôle essentiel sur la distribution des pressions sur l'aile et que cette distribution à son tour détermine le comportement de la couche limite et par conséquent, la ligne de décollement, d'où la nécessité d'un calcul couplé des deux phénomènes (R. LEGENDRE, 1972).

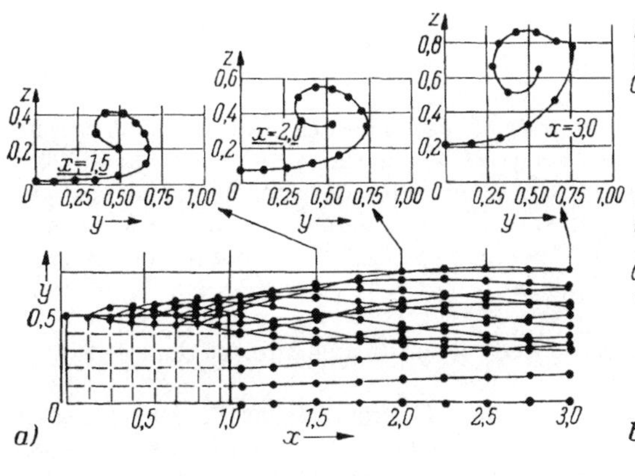

Fig. 12a. Calcul ONERA de l'enroulement de la nappe tourbillonnaire (aile rectangulaire AR = 1)

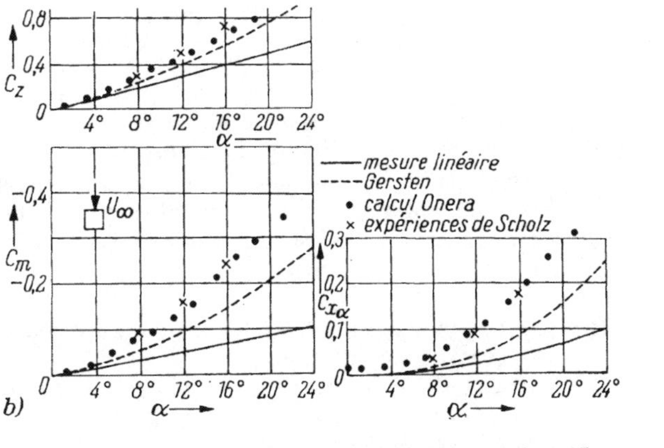

Fig. 12b. Coefficients aérodynamiques de l'aile rectangulaire AR = 1

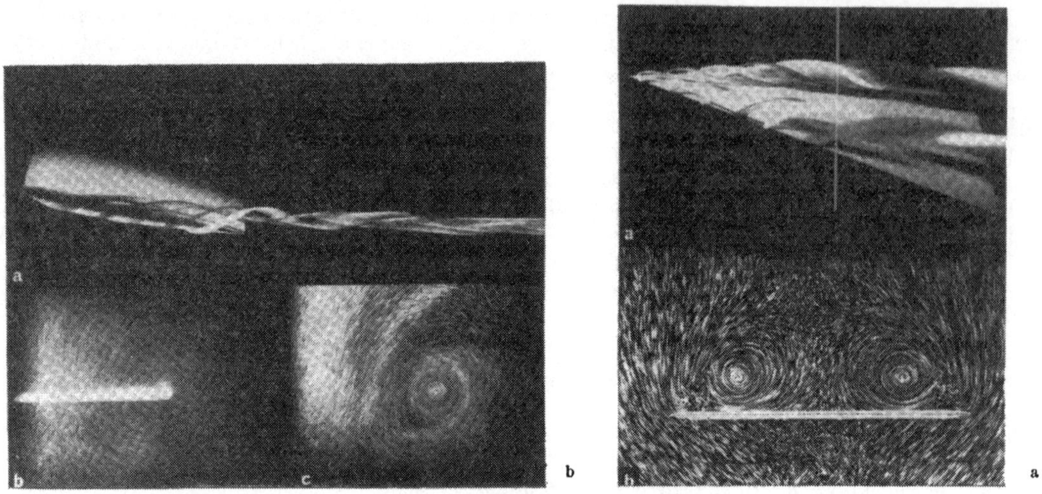

Fig. 13a et b. Autres exemples d'enroulement de nappes tourbillonnaires (Werlé, ONERA):
a) contournement de bout d'aile; b) aile delta

Un simple regard sur la visualisation des lignes de courant pariétales (figure 14) observées à l'extrados d'une aile en flèche dans un essai en incidence à la soufflerie S2 de Modane suffit pour se convaincre de la difficulté de ce problème, pourtant d'un très grand intérêt pratique.

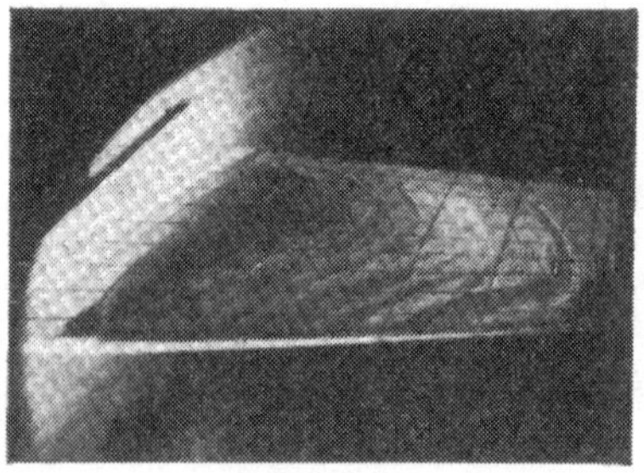

Fig. 14. Bout d'aile M6 — ONERA à S2 Modane. $R_{eL} = 2{,}5 \times 10^6$ — Mach 0,84 — $\alpha = 12°$

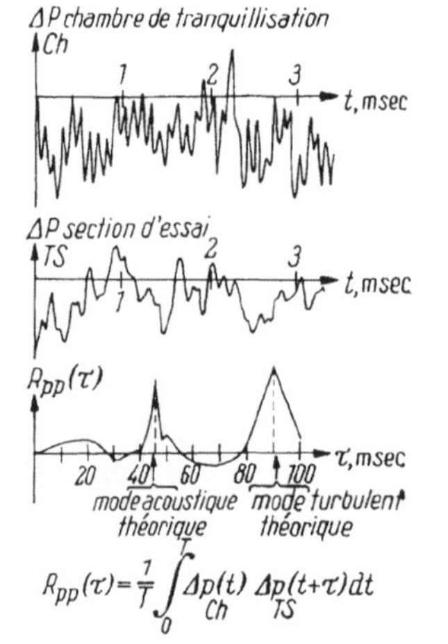

Fig. 15. Exemple d'utilisation de la corrélation croisée en soufflerie (Crites et Heckart, 1970)

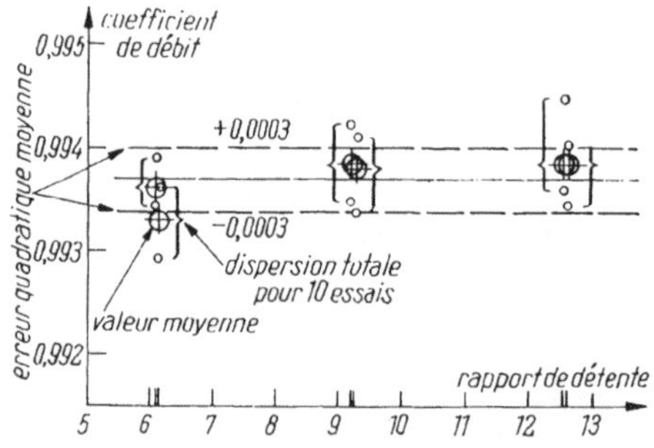

Fig. 16. Dispersion des mesures de débit d'une tuyère amorcée $M = 2$ à Modane

2. Aperçus expérimentaux

2.1. Progrès dans les méthodes de mesure

Je vais maintenant montrer sur quelques exemples typiques les bénéfices que l'aérodynamique expérimentale a pu tirer de la rapide évolution de l'informatique.

Tout d'abord, les nouvelles méthodes de traitement des données expérimentales aléatoires sont devenues de pratique courante, en soufflerie. La figure 15 montre un exemple cité par Crites et Heckart (1970) de corrélation croisée entre les fluctuations de pressions mesurées dans la chambre de tranquillisation et dans la section d'essai d'une soufflerie. Cette corrélation permet de discerner d'une manière évidente les effets acoustiques qui se propagent à la vitesse du son par rapport au fluide, des effects de turbulence qui se déplacent avec la vitesse du fluide; les deux durées $\tau' = 45{,}5$ ms et $\tau'' = 91{,}2$ ms correspondent à 1% près aux durées théoriques.

Des progrès analogues ont été acquis dans les mesures de dérivées instationnaires et dans l'étude des problèmes de vibration de structures.

Corrélativement, la *précision* des mesures s'est beaucoup accrue. La figure 16 en donne un exemple frappant: il concerne les mesures de débit effectuées à Modane sur maquettes de tuyères du CONCORDE. On voit que la dispersion d'une série de dix mesures est de l'ordre de $\pm\, 3 \cdot 10^{-4}$ et que les valeurs moyennes de six séries d'essai effectuées à pression variable, restent comprises dans cette marge d'erreur. Cette précision est d'ailleurs indispensable pour des essais d'optimisation sur des projets d'avions commerciaux supersoniques pour lesquels une erreur de 1% sur la consommation spécifique entraîne une erreur de 10% sur la charge marchande.

Enfin, il est maintenant possible de connaître en temps réel les résultats les plus significatifs d'un essai en soufflerie. La figure 17 en donne une image prise dans une des souffleries de MODANE. L'ingénieur d'essai peut ainsi piloter le déroulement des mesures et prendre sans perte de temps les initiatives qui s'imposent.

Même dans un essai industriel, on peut maintenant définir avec une très grande finesse de détails les propriétés aérodynamiques d'un écoulement complexe: la figure 18a montre une demi-aile hypersustentée essayée à la paroi de la grande soufflerie S1 de MODANE. Cette aile était équipée de sondes exploratrices permettant de connaître de manière très détaillée — comme le montre la figure 18b — l'écoulement complexe constitué par les couches limites d'extrados, les sillages des éléments hypersustentateurs et les débits transférés de l'intrados vers l'extrados à travers les fentes.

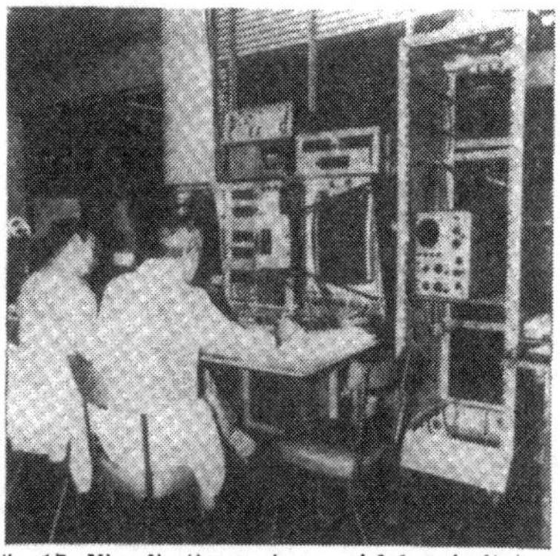

Fig. 17. Visualisation en temps réel des résultats d'essai à MODANE

On conçoit aisément la richesse d'enseignement d'une telle expérience et le progrès qu'elle présente sur l'unique mesure de la portance globale fournie directement par une balance de paroi — comme on aurait dû de contenter de le faire il y a encore quelques années.

Ces quelques exemples suffisent à montrer l'évolution des techniques actuelles de l'aérodynamique appliquée. La figure 19 en montre les conséquences sur la productivité des souffleries industrielles telles que S1 ou S2 de MODANE sous forme d'une courbe donnant l'accroissement intervenu dans le nombre de résultats unitaires fournis annuellement (l'unité portée en ordonnée représente l'ensemble des données élémentaires nécessaires pour déterminer un point de mesure. Cette unité correspond en fait parfois à un nombre très considérable d'information élémentaires).

a

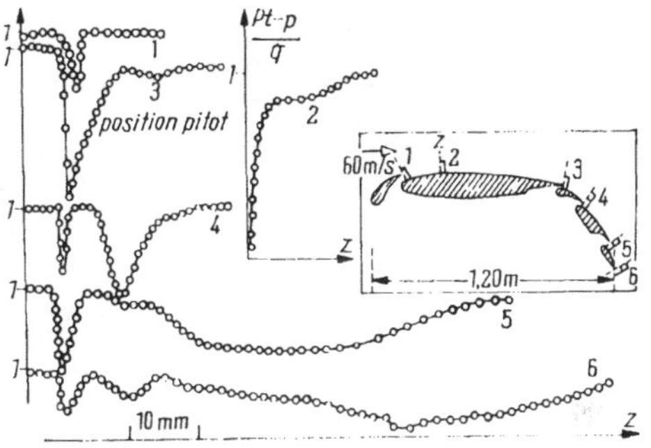

b

Fig. 18a et b. Essai d'une aile hypersustentée à S1 MODANE:
a) Aile dans la veine;
b) Analyse PITOT de l'écoulement près de la paroi

2.2. Moyens d'essais subsoniques et transsoniques

Ces progrès gigantesques de la métrologie aérodynamique n'ont pas été accompagnés malheureusement d'un renouvellement suffisant des souffleries elles mêmes. Les souffleries actuelles sont conçues généralement depuis vingt ans et plus.

La figure 20 montre l'accroissement régulier des nombres de REYNOLDS des avions de transport depuis quinze ans et la stagnation à cet égard des moyens d'essai disponibles.

En outre, la qualité des écoulements—spécialement en subsonique élevé—n'est plus à la hauteur des exigences.

On voit sur la figure 21 une conséquence grave de l'insuffisance des nombres de REYNOLDS de souffleries: l'écart entre les distributions des pressions mesurées sur l'aile du C141 en soufflerie et en vol se traduit par une erreur de centrage de l'avion remettant en cause plusieurs éléments du projet. Une telle erreur sur un gros avion représente une véritable catastrophe financière (C. BORE, 1971).

Parmi les nombreux artifices proposés pour atténuer de telles erreurs, on peut citer la méthode de fixation de la transition par des rugosités comme le montre la figure 22 (X. VAUCHERET, 1967). On réussit bien ainsi à provoquer la transition dans la région où elle se produira en vol; mais les rugosités exercent une action incontrôlable sur l'écoulement non visqueux, dans une zone où, comme on le sait, une simple variation de courbure de profil peut jouer un rôle considérable; de plus, rien ne garantit qu'en aval de ces rugosités la couche limite se comportera comme elle le ferait en vol.

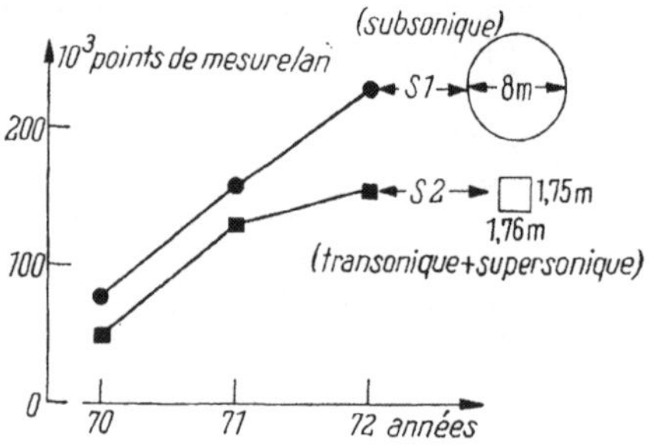

Fig. 19. Progrès de productivité dans les souffleries de MODANE

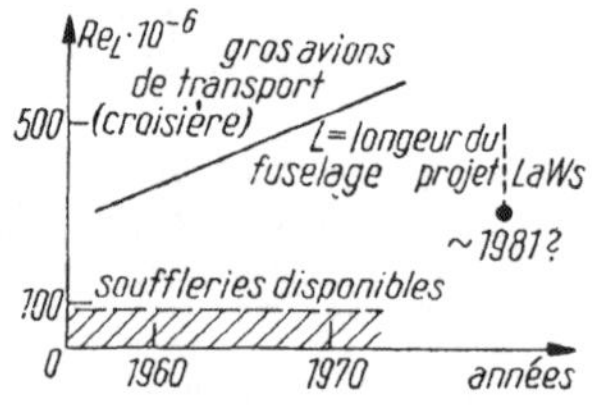

Fig. 20. Evolution au cours des dernières années du nombre de REYNOLDS des gros avions de transport et de celui des souffleries disponibles

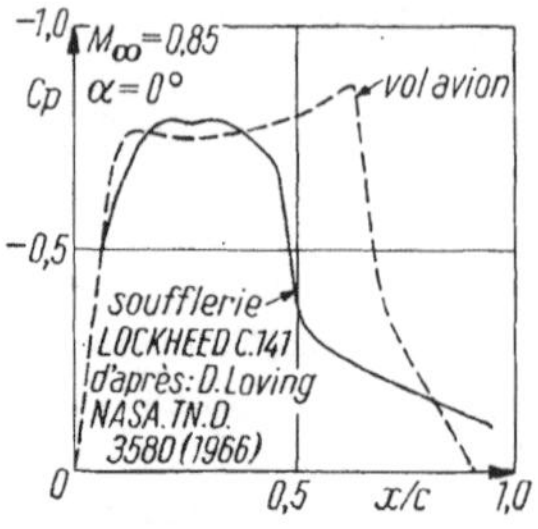

Fig. 21. Desaccords vol/soufflerie sur la distribution de pression

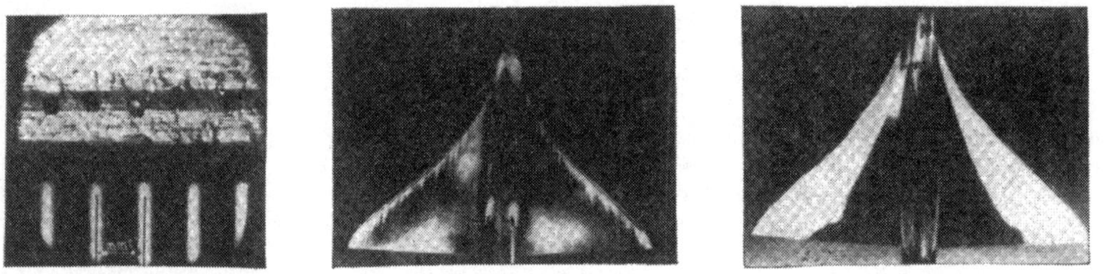

Fig. 22. Fixation de la transition par rugosités à MODANE

En présence de cette situation, un mouvement de réaction vient de s'amorcer, sous l'égide de l'AGARD: un groupe de travail LaWs (**La**rge **W**indtunnel**s**) a été constitué sous la présidence de D. KÜCHEMANN pour tenter de définir un programme concerté d'action sur le plan européen.

Les premiers travaux de ce groupe ont permis de dégager les spécifications que voici pour la construction d'une soufflerie transsonique européenne de type intermittent (pour réduire la dépense qui pourtant s'élèverait ainsi à 240.10^6 F.F.).

Type: rafales
durée minimale: 10 s, chambre d'essai: 5 m × 4,2 m, pression génératrice: 6 à 11 bars,
nombres de MACH: 0,6 à 1,3, nombre d'essais par heure: 5.

La figure 20 montre le progrès qui en résulterait vers 1981 — au plus tôt — du point de vue du niveau accessible en nombre de REYNOLDS.

Mais pour garantir que ce projet marquera un réel progrès, il faut d'abord que la *qualité* de l'écoulement autour du modèle soit assurée. Le facteur essentiel à cet égard est le niveau du bruit et de la turbulence interne *dans la veine*.

Or les dispositifs transsoniques des souffleries actuelles, constitués par des parois à fentes ou à trous sont de véritables générateurs de bruit, dès que la vitesse de l'écoulement approche celle du son (figure 23). Il peut en résulter des erreurs considérables dans les mesures.

La figure 24 due à MABEY montre par exemple que l'apparition du buffeting quand l'incidence augmente est décallée de plus d'un degré suivant que l'on met en oeuvre ou non les fentes de la soufflerie.

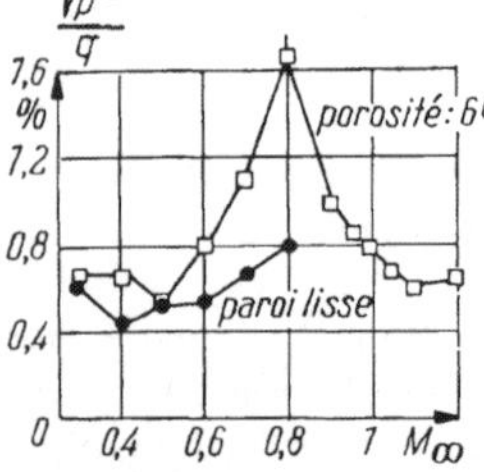

Fig. 23. Exemple du niveau acoustique dans une soufflerie transsonique (mesure des fluctuations de pression sur l'axe de la veine de la soufflerie VKF — 4T (OP. CREDLE)

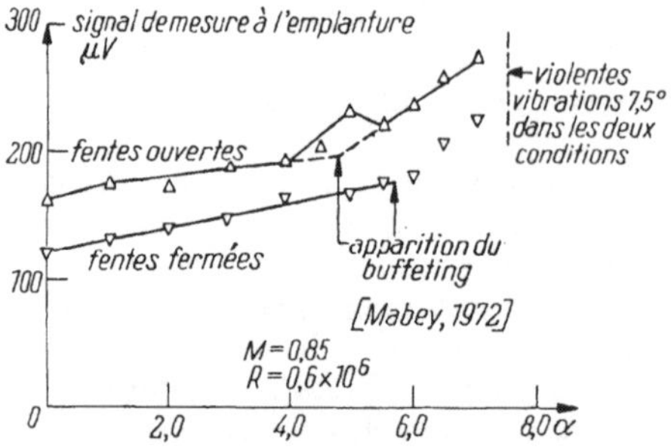

Fig. 24. Influence des instabilités de la soufflerie sur le buffeting d'une aile d'avion de combat

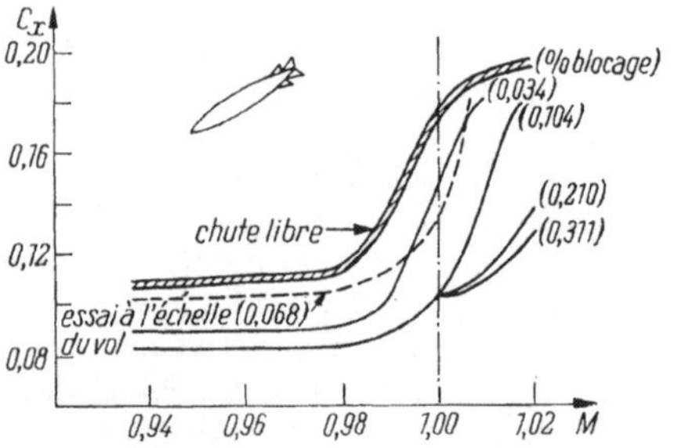

Fig. 25. Effets des parois (LANGLEY 16' W.T.) sur la traînée de corps en transsonique

Le même auteur conclut que pour assurer des mesures correctes à cet égard, le niveau des fluctuations de pression doit être maintenu au niveau de 1/1000 à 2/1000 de la pression cinétique, c'est-à-dire celui que l'on observe au mieux en parois pleines.

Enfin, il reste encore à résoudre de manière satisfaisante le problème de la correction des effets de paroi sur les résultats de soufflerie.

Les méthodes actuelles de correction sont inapplicables dès que le régime d'écoulement devient supercritique. La méthode générale consiste pour le moment à réduire la taille relative des modèles pour diminuer ces corrections. Mais on diminue ainsi le nombre de REYNOLDS et à l'approche de $M_\infty = 1$, les erreurs deviennent considérables, même pour un taux de blocage très faible comme le montre la figure 25 (exemple cité par LUCKAZIEWICZ — 1972).

Conclusions

Les méthodes d'analyse numérique applicables à la solution de nombreux problèmes pratiques d'aérodynamique transsonique ont effectué de considérables progrès depuis quelques années, spécialement en ce qui concerne les écoulements de fluides parfaits.

Dans le domaine de la couche limite turbulente, les idées nouvelles qui se sont fait jour ont permis de se dégager partiellement de l'empirisme des anciennes méthodes; le calcul d'une couche limite tridimensionnelle est maintenant possible avec une approximation acceptable. Certains cas assez simples de décollements tridimensionnels sont devenus accessibles au calcul. Mais les recherches fondamentales doivent se poursuivre très activement pour préciser et améliorer encore les modèles mathématiques très arbitraires et très imparfaits utilisés dans les calculs actuels.

Les techniques de mesure se sont améliorées de manière très satisfaisante et ont ouvert des possibilités nouvelles d'analyse expérimentale très approfondie.

Par contre, la situation actuelle des moyens d'essai transsonique est unanimement reconnue comme tout à fait insuffisante. Un effort financier considérable est indispensable pour y réussir. Mais cet effort serait vain s'il n'était pas associé à des progrès marqués des techniques d'essais transsoniques.

L'amélioration de nos connaissances de base et des méthodes pratiques de résolution de tous ces difficiles problèmes sera facilitée si la coopération étroite qui vient de s'amorcer sur le plan européen est poursuivie et développée énergiquement. L'avenir de notre industrie aéronautique en est l'enjeu.

Bibliographie

ABBOTT, I. H., Some factors contributing to scale effect at supersonic speeds, AGARD Memo. AG8/M4 (Sept. 1953).
AGARD Lecture Series n° 64, Advances in numerical fluid dynamics (March 1973).
BAILEY, F., BALLHAUS, W., LOMAX, H., On the numerical simulation of three dimensional transonic flows with applications ot the C141 Airplane, NASA TN-D-6393 (1972).
BRADSHAW, P., Das Verstehen und die Vorhersage turbulenter Strömung, Reynolds Prandtl Vorlesung (Munich 14. 4. 1972).
COUSTEIX, J., MICHEL, R., QUEMARD, C., Couches limites bi et tridimensionnelles, La Recherche Aérospatiale, 1972-1.
CREDLE, O. P., Perforated wall noise in the AEDC transonic W. T. AEDC TR 71-216 (1971).
MC. DONALD, H., Practical calculations of transitional boundary layers, AGARD Mtg Boundary layers in turbomachines, Paris (1972).
DROUGGE, G., EAST, L. F., KRAUSE, E., MICHEL, R., VAN DEN BERG, B., European Research program on viscous flows. RAE TM Aero 1437, (1972).
ERARD, M., LAVAL, P., Calcul des effets de paroi perméable en écoulement supercritique, N. T. ONERA n° 211, (1973) (a paraître).
GARABEDIAN, P. R., KORN, D. G., Analysis of transonic airfoils, Comm. Pure Appl. Math. 24, 845—851 (1971).
GERSTEN, K., Nichtlineare Tragflächentheorie für Rechteckflügel bei inkompressibler Strömung, Z. Flugw. 5, n° 9 (1957).
KRUPP, J., MURMAN, E., The numerical calculation of steady transonic flows past thin lifting airfoils and slender bodies, AIAA Pap. 71—566 (1971).
LEGENDRE, R., La condition de Joukovski en écoulement tridimensionnel, La Recherche Aérospatiale 1972—5, pp. 241—248, T. P. ONERA n° 1156.
LUCKAZIEWICZ, J., Aerodynamic test simulation: lessons from the past and future prospects, AGARD Rep. n° 603 (197.).
PERRIER, P., VITTE, W., Eléments de calcul d'aérodynamique tridimensionnelle en fluide parfait, 7ème Collogue d'aérodynamique Appliquèe (AFITAE) (Lyon 1970).
REHBACH, C., Calcul d'écoulement autour d'ailes sans épaisseur avec nappes tourbillonnaires évolutives, La Recherche Aérospatiale (à paraître en 1973).
SCHOLZ, N., Kraft und Druckverteilungsmessungen an Tragflächen kleiner Streckung, Forsch. Ing. W-16, n° 3, S. 85—91 (1949—1950).
SELLS, C. C., Plane subcritical flow past a lifting airfoil, Proc. Roy. Soc. A308, pp. 377—401 (1968).
VAUCHERET, X., Déclenchement artificiel de la transition en supersonique, La Recherche Aérospatiale n° 120 (1967).

Anschrift: PIERRE CARRIÈRE, Directeur Scientifique Central, Office National d'Etudes et de Recherches Aérospatiales (O.N.E.R.A.), 29, Avenue de la Dioisson Leclere - 92320 Chatillon, France

ZAMM 54, T 20 – T 24 (1974)

K. Eggers

Von Körpern erzeugte Wasserwellen

Herrn Professor Dr. J. Weissinger zum 60. Geburtstag gewidmet

Wegen der einfachen Möglichkeit der Wellenerzeugung bietet das Wasser dem Menschen jederzeit Gelegenheit zum Spielen, zum systematischen Experimentieren und zum Konstruieren nützlicher Einrichtungen. Für den Mathematiker, gleich welchen Niveaus, ist das Gebiet der Wasserwellen ähnlich ergiebig, wobei zwischen Spielen und Experimentieren wohl kaum unterschieden werden kann. Es gibt kaum einen Zweig der Analysis, der hier noch keine Anwendung fand, und zu manchen Begriffssystemen wurde sogar der Keim gelegt bei Betrachtungen über Wasserwellen. Dies zeigt die erste Arbeit von Cauchy „Sur la propagation des ondes a la surface de une fluide pesante", welche dem damals Zweiundzwanzigjährigen den großen Preis der Académie Française erbrachte. Cauchy machte schon ausführlich Gebrauch von Fourier-Transformationen, und in einem Anhang führte er als *Hilfsmittel* die Funktionen einer komplexen Variablen ein. Einen von zahlreichen weiteren Anhängen widmete Cauchy einem „realen" Problem: der Erzeugung von Wellen durch ein fallendes hyperbolisches Paraboloid, — die Vorstellung, daß auch Fragen der Praxis mit dem hier entwickelten Werkzeug gemeistert werden könnten, lag im Jahre 1815 offenbar noch sehr fern —.

Ich beschränke mich hier auf Wellen, die von Körpern erzeugt werden, — nicht durch Wind, Gezeiten oder Gefälle —, und zwar (i) ebene Wellen, d. h. Wellen mit geradlinigen parallelen Kämmen, (ii) Ringwellen und (iii) Fahrtwellen, wie sie in begrenztem Winkelbereich hinter einem horizontal bewegten Gegenstand entstehen. Der zweite Typ ist dem ersten in formaler Beschreibung ähnlich, da Ringwellen sich durch Superposition ebener Wellen gleicher Amplitude und Phase, aber verschiedener Richtung darstellen lassen. Wir werden sehen, daß zwischen stationären Fahrtwellen und instationären ebenen Wellen eine ähnliche Analogie besteht.

Wasserwellen sind für uns interessant durch die Erscheinung der Dispersion. Die Geschwindigkeit der Wellenkämme, die *Phasengeschwindigkeit* c, ist keine universelle Konstante und wird nicht durch lokale Eigenschaften des Mediums determiniert wie beim Schall. Sie hängt vielmehr primär ab von der Wellenlänge, — daneben wird bei steileren Wellen auch eine amplitudenabhängige Dispersion wirksam—, welche mit der frequenzbedingten in Wettbewerb tritt und damit erst die von Levi-Civita 1925 aufgezeigte Existenz formbeständiger Wellen ermöglicht.

Die Ausbreitung dispersiver Wellen wird beschrieben mittels des Begriffs der Gruppengeschwindigkeit U, der von Witham und Lighthill [1] erweitert wurde auf den Fall von Wellen nicht mehr kleiner Amplitude auch in inhomogenen und anisotropen Medien. Witham betrachtet Systeme, die sich infolge der Dispersion so stark entmischt haben, daß sich Abstände und Amplituden benachbarter Wellenkämme nur wenig unterscheiden, die also *im Kleinen periodisch* sind. Dort läßt sich U einführen als Ausbreitungsgeschwindigkeit lokal definierter Mittelwerte, etwa der Zahl k der Wellenkämme pro Länge oder der Zahl ω von Oszillationen pro Zeit, oder des Mittelwertes der Differenz L von kinetischer und potentieller Energie (Lagrangesche Funktion), der allerdings für infinitesimale Wellen von höherer Ordnung verschwindet. Witham gewinnt partielle Differentialgleichungen für die Verteilung von k und ω aus der Variation eines Zeitintegrals über L, welche für infinitesimale Wellen zu einem parabolischen System degenerieren. Im hyperbolischen Fall kann eine Mehrdeutigkeit von U auftreten, im elliptischen Fall sind die Lösungen instabil, so auch die stationären Wellen von Levi-Civita.

Da infolge der Entwicklung i. a. keine Wellenkämme neu entstehen oder vernichtet werden, läßt sich ein Erhaltungssatz der Wellenzahl formulieren als $k_t + \omega_x = 0$; dabei ist angenommen, daß k und ω sich als Funktion von Ort x und Zeit t darstellen lassen. Hängt ω nur von k ab, so können wir dafür mit $U = d\omega/dk$ schreiben $k_t + U\, k_x = 0$, d. h. ein mit U bewegter Beobachter findet keine Änderung von k — wegen $\omega = c \cdot k$ gilt $U = c$ nur mit $dc/dk \doteq 0$ —. Hängt ω nicht nur von k ab, sondern auch von der örtlichen Wassertiefe und der Wellenhöhe, d. h. von x, so wandert doch ein Bereich konstanter *Frequenz* mit U, falls wir U allgemeiner definieren als $\partial\omega/\partial k$ bei konstantem x. Das folgt aus Multiplikationen der ersten Gleichung mit $\partial\omega/\partial k$. Die Bahnen in der x-t-Ebene sind dann i. allg. gekrümmt.

Es läßt sich für dispersive Wellen auch eine Geschwindigkeit des Energietransports definieren, welche für kleine Amplituden mit U identisch ist. Es ist nicht evident, daß für einen monochromatischen Wellenzug, der durch eine diskrete Wellenzahl charakterisiert ist, die Variation der Wellenzahl mit der Frequenz den Energietransport bestimmen soll. Aber der Wellenzug ist zu betrachten als Grenzzustand einer Anfangsstörung *endlicher* Ausdehnung, die somit eine Fourier Integraldarstellung mit *kontinuierlichem* Spektrum der Form $\zeta = \int_{-\infty}^{\infty} h(k) \exp\left(i\,\psi(k)\right) dk$ gestattet mit Phase $\psi = k\,x - \omega\,t$, $\omega(-k) = -\omega(k)$, falls wir eine Ausbreitung nur in $+\,x$-Richtung annehmen.

Ist auf einem Weg $x = x(t)$ für kein einziges k die Phase stationär, d. h. stets $d\psi/dk \neq 0$, so geht hier ζ mindestens so stark gegen null wie $1/t$, die Wellen löschen sich aus durch Interferenz. Ist jedoch auf dem ganzen

Weg $d\psi/dk = 0$, etwa für $k = k_1$, so ergibt sich bei Integration nach ψ statt nach k eine Wurzelsingularität im Nenner, und damit klingt der Beitrag dieses k-Bereiches nur vom gleichen Grade ab, d. h. wie $\sqrt{t}$. Bei einer einfachen Nullstelle gilt nämlich

$$\zeta(x, t) \sim h(k_1) \exp\left(i\,\psi(k_1) + i\,\pi/4 \operatorname{sign}(\psi'')\right) / \sqrt{|\psi''|} \tag{1}$$

mit

$$\psi'' = d^2\psi/dk^2 = -\,t\,d^2\omega/dk^2 \quad \text{für} \quad k = k_1\,.$$

Die Phase bleibt aber dann und nur dann stationär, wenn $x = U(k_1)\,t$ bleibt. Ist U eine monotone Funktion von k, so gibt es für jedes Wertepaar x, t höchstens eine Wellenzahl k_1, für welche ψ stationär ist, und der Bereich, in dem k_1 dominiert, wandert mit $U(k_1)$.

Läßt sich nun im Fernfeld eine Energiedichte definieren durch $\partial E/\partial x - dE/dk \cdot \partial k/\partial x$, welche quadratisch von der Amplitude, d. h. von $h(k)\,/\sqrt{|\psi''|}$, abhängt, und beachten wir, daß der Abstand von Gebieten benachbarter Wellenzahlen sich wegen verschiedener Werte von U linear mit t vergrößert, so bleibt die Energie eines Gebietes mit $k \approx k_1$ konstant. WITHAM hat durch dynamische Betrachtungen allgemeiner auch für nichtlineare Systeme höherer Dimension gezeigt, daß der Gradient der Frequenz im Raum der Wellenzahlvektoren bei festgehaltenem Zeitintegral von L über eine Periode als Amplitudenmaß die Energieausbreitung beschreibt.

Wird die Phase ψ für mehr als einen k-Wert stationär, so baut sich das Fernfeld additiv aus entsprechenden Komponenten auf. Im Falle mehrfacher Nullstellen von $d\psi/dk$ gibt es i. a. eine Berührung benachbarter Wege in der x-t-Ebene, auf den Grenzkurven klingt ζ schwächer ab, z. B. nur wie $1/\sqrt[3]{t}$ im Falle einer doppelten Nullstelle. Die stärksten Nullstellen von $d\psi/dk$ bestimmen das Abklingen des Fernfeldes und seine Periodizität.

Betrachten wir jetzt ein Schiff, das sich in einer horizontalen x-y-Ebene mit konstanter Geschwindigkeit V in $-\,x$-Richtung bewegt. Seien r und α Polarkoordinaten in einem schiffsfesten Bezugssystem, so läßt sich eine schräge Wellenkomponente mit Wellenzahl k und Winkel θ ihrer Fortschrittsrichtung gegen die x-Achse darstellen durch

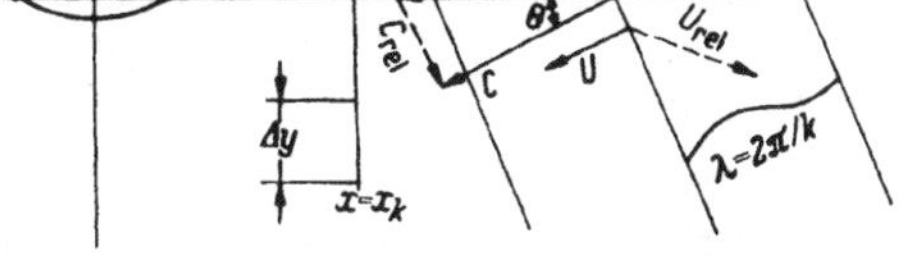

Bild 1, Koordinaten und Beziehungen für Fahrtwellen

$$\zeta = h(\theta) \exp\left(i\,\psi(\theta)\right) \quad \text{mit} \quad \psi(\theta) = k\,r \cos(\theta - \alpha) = u\,x + v\,y\,, \tag{2}$$

falls wir die induzierten Wellenzahlen $u = k \cos\theta$ und $v = k \sin\theta$ einführen. Damit diese Welle im schiffsfesten System verankert ist, muß gelten $c(\theta) = V \cos\theta$, andererseits gilt für Wasserwellen das Dispersionsgesetz $c = \sqrt{g/k \tanh(k\,d)}$, wenn g die Gravitationskonstante, d die Wassertiefe ist. Mit $\omega = c\,k = \sqrt{g\,k \tanh(k\,d)}$ wird damit für tiefes Wasser (große $k\,d$) $c = g/k$, $U = d\omega/dk = c/2$. Daraus ergibt sich für stationäre Fahrtwellen eine Verknüpfung von k und θ in der Form $k = k_0/\cos^2\theta$, wenn $k_0 = g/V^2$ die Wellenzahl für $\theta = 0$ ist. Ausgedrückt durch u und v ergibt das die Beziehung

$$D(u, v) = u^2 - k_0 \sqrt{u^2 + v^2} = 0\,, \tag{3}$$

welche bei Fahrtwellen anstelle der Relation $\omega = \sqrt{g/k} = 0$ auftritt. Mit diesem Quasi-Dispersionsgesetz besteht die eingangs erwähnte Analogie zwischen den Größen

$$x, t, k, \omega \quad \text{und} \quad x, y, u, v\,.$$

Aus der FOURIERdarstellung eines *Systems* solcher Fahrtwellen

$$\zeta = \int_{-\infty}^{\infty} h(v) \exp(i\,u\,x + i\,v\,y)\,dv = \int_{-\infty}^{\infty} h(v) \exp\left(i\,\psi(v)\right) dv\,, \tag{4}$$

in dem u und v verknüpft seien durch $D(u, v) = 0$, finden wir für große r

$$\zeta \approx \sum_{\nu} h(v_\nu) \exp\left(i\,\psi(v_\nu) + i\,\pi/4 \operatorname{sign}(\psi'')\right) / \sqrt{|\psi''|} + O(1/r)\,, \tag{5}$$

mit $\psi'' = d^2\psi/dv^2$, linear in r. Die Wertepaare u_ν, v_ν, über die hier summiert wird, sollen $D(u, v) = 0$ und $d\,(u\,x + v\,y)/dv = 0$, d. h. $x\,\partial D/\partial v - y\,\partial D/\partial u = 0$ genügen, die hieraus resultierende quadratische Gleichung hat zwei reelle Wurzeln nur, falls $|y| \leq |x|/\sqrt{8}$, d. h. wenn der Polarkoordinatenwinkel α im Betrag kleiner ist als der *Kelvin*sche Wellenöffnungswinkel, der für tiefes Wasser unabhängig ist von der Fahrtgeschwindigkeit V. — Es ist nicht sachgemäß, nach der exakten Lage der Spitze des Keils zu fragen, in dem ζ schwächer abklingt als $1/r$ —, sie variiert mit der Wahl des Koordinatenursprungs zur Beschreibung von (4). Wenn (4) für alle x und y gälte, müßte sich der Keil auch nach vorn erstrecken. Ein von LIGHTHILL präzisiertes Prinzip sagt jedoch, daß eine Störung nur in solchen Bereichen ein Fernfeld mit dominierender Wellenzahl k ausbilden kann, wo der Vektor der zugeordneten Gruppengeschwindigkeit eine Komponente in der Richtung weg von der Störung besitzt. Für reine Fahrtwellen folgt daraus, daß — naheliegend — nur hinter dem Schiff ein Fernfeld entsteht, relativ zum Schiff hat die Gruppengeschwindigkeit stets eine Komponente in $+\,x$-Richtung.

Sei nun durch $x = x_K$ eine raumfeste vertikale Kontrollfläche hinter dem Schiff gegeben. Die Energie E des Bereichs $x < x_K$ erfährt nun durch die Mitwanderung des Wellensystems eine Änderung $dE/dt = V \int (\partial^2 E/\partial x \partial y)\,dy$, sie wird i. allg. abhängen von x_K, t und kann schon deshalb nicht der zeitlich *konstanten*

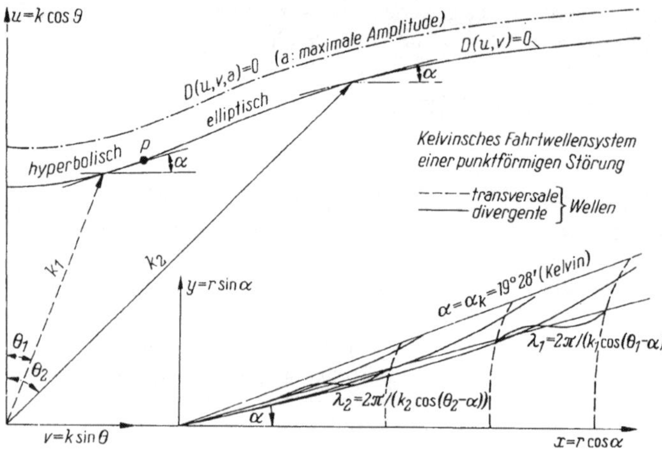

Bild 2.

Leistung $R\,V$ zur Überwindung des *Wellenwiderstandes* R gleich sein. Vielmehr schiebt jede Wellenkomponente mit Geschwindigkeit $U\cos\theta = V\cos^2\theta/2$ ihre (mittlere) Energie durch die Kontrollfläche. Für eine Einzelwelle $\zeta = h\cos\psi$ gilt nun, bis auf $O(h^3)$, als Summe der Beiträge von kinetischer und potentieller Energie $\partial^2 E/\partial x\,\partial y = \varrho\,g\,h^2/4 + \varrho\,g\,h^2\cos^2\psi/2$, d. h. im Mittel $\overline{\partial^2 E/\partial x\,\partial y} = \varrho\,g\,h^2/2$ (ϱ = Dichte). Der mittlere Energiezuwachs in einem Streifen der Breite Δy des Bereichs $x < x_K$ ist dann $\Delta E = \Delta y\,V\,g\,\varrho\,h^2/2$, die Welle trägt dazu bei mit $\Delta E\cos^2\theta/2$, der Rest entfällt auf die Antriebsleistung des Schiffes.

Betrachten wir nun das kontinuierliche Wellensystem (4) als Grenzwert einer Summe $\zeta = \sum h(v)_\nu \times \exp(i\,\psi(v_\nu))\,\Delta v$, mit $v_\nu = \nu\,\Delta v$, $\nu = 0, \pm 1, \ldots$, mit i. a. komplexer Amplitude h, und wählen wir speziell $\Delta v = \pi/\Delta y$, so folgt für den Widerstand

$$R = \lim_{\Delta v \to 0} \Delta y \cdot \varrho\,g/2 \sum_\nu |h(v_\nu)\,\Delta v|^2 \left(1 - \cos^2\theta(v_\nu)/2\right) = \varrho\,g\,\pi/2 \int_{-\infty}^{\infty} |h(v)|^2 \left(1 - U(v)/c(v)\cos^2\theta\right) dv. \quad (6)$$

Mit dem so gefundenen Zusammenhang zwischen Widerstand R und Fernwellenspektrum $h(v)$ stellt sich die Frage nach der Abhängigkeit beider von der Formgebung des Schiffes. Wenn wir Zähigkeitseffekte und damit die Rotation der Flüssigkeit vernachlässigen, geht es dabei um ein Randwertproblem für das Geschwindigkeitspotential φ mit Randbedingungen auch auf der freien Oberfläche, deren Erhebung $z = \zeta(x, y)$ a priori unbekannt ist. (z sei positiv nach oben gewählt, so daß für die ungestörte Wasserfläche $z = 0$ gilt.) Neben Bedingungen für die Normalableitung von φ an festen Randflächen, der *Kontinuitätsgleichung* $\varphi_{xx} + \varphi_{yy} + \varphi_{zz} = 0$ und einer Abstrahlbedingung der Form $\sqrt{|x|}\,\varphi_x \to 0$ für $x \to -\infty$, müssen auf $z = \zeta(x, y)$ die dynamische und die kinematische Randbedingung

$$p/\varrho_x = V\,\varphi_x - (\varphi_x^2 + \varphi_y^2 + \varphi_z^2)/2 - g\,\zeta = \text{const.} \quad \text{und} \quad \varphi_z + V\,\zeta_x - \varphi_x\,\zeta_x - \varphi_y\,\zeta_y = 0$$

erfüllt sein. Die dadurch bedingte Verkoppelung von φ und ζ kann unter Kleinheitsannahmen für beide vereinfacht werden zu

$$\zeta = -V\,\varphi_x/g \quad \text{und} \quad \varphi_z = -V\,\zeta_x \quad \text{und damit} \quad \varphi_{xx} + k_0\,\varphi_z = 0 \quad (7)$$

auf der ungestörten Fläche $z = 0$. Über die Kontinuitätsgleichung folgt daraus für ζ die *notwendige* Differentialgleichung

$$\zeta_{xxxx} - k_0^2\,(\zeta_{xx} + \zeta_{yy}) = 0\,, \quad (8)$$

welche für einzelne Fahrtwellen mit $D(u, v) = 0$ erfüllt ist.

Zur Lösung setzt man Entwicklungen von φ und ζ nach Potenzen eines als klein betrachteten Störparameters an, etwa des Breiten/Längen-Verhältnisses B/L eines Schiffes, deren Terme sich dann formal rekursiv berechnen lassen. Die damit implizit verbundene Annahme einer räumlich gleichgradigen Annäherung kann jedoch zumindest in Staupunktnähe nicht erfüllt werden, da hier Stör- und Fahrtgeschwindigkeit von gleicher Größenordnung sein müssen. Dieser Bereich ist jedoch für völlige Schiffe mit stumpfem Bug von entscheidendem Einfluß auf den Widerstand. Damit ist die Situation gegeben für die Anwendung von ‚matched asymptotic expansions' im Sinne von Cole und van Dyke [2]. Man führt im Nahfeld, wo Verdrängungseffekte überwiegen, derart eine Koordinatenverzerrung gegenüber dem gravitationsbeherrschten Fernfeld ein, daß im Nahfeld der Einfluß der Schwere in erster Annäherung ganz verschwindet, dann werden Terme der Entwicklungen von Nah- und Fernfeld schrittweise miteinander abgeglichen.

Auch so konnten jedoch bisher keine befriedigenden Ansätze zur Berechnung der Vorschiffsumströmung gefunden werden. Damit bleibt insbesondere der ebenfalls gravitationsbedingte Wellenbrechungswiderstand durch Spritzer am Vorschiff der quantitativen Vorhersage unzugänglich. Im Gegensatz dazu kann die Erzeugung von Wellen durch *oszillierende* Bewegungen einschließlich aller Kraftwirkungen durch einen regulären Störungsansatz für das Potential auch zahlenmäßig gut vorhergesagt werden.

Im letzten Jahrzehnt gewann eine andere Frage Bedeutung: Läßt sich der Wellenwiderstand experimentell aus dem Wellenbild beim Schleppversuch ermitteln, präziser: Kann aus geeignet gewählter Information über das Wellenbild eines Schiffsmodells ein Wellenspektrum $h(v)$ und damit ein Wellenwiderstand R mit ausreichender Invarianz durch Meßverfahren definiert werden?

Bisher wurde R nur indirekt ermittelt, indem vom gemessenen Gesamtwiderstand ein halbempirisch ermittelter zähigkeitsbedingter Widerstand in Abzug gebracht wurde, unter der Annahme, ein dimensionsloser Gesamtwiderstand setze sich additiv zusammen aus einem Teil, der von der REYNOLDSzahl, und einem anderen, der von der FROUDEzahl $F_n = 1/\sqrt{k_0}\,L$ abhängt. Um den Modellwiderstand hin zu den immer größer werdenden Schiffen auf See extrapolieren zu können, bedarf es jedoch feinerer Methoden zur Trennung dieser Komponenten.

Die Frage nach der Möglichkeit einer ‚Wellenanalyse' zur Bestimmung des Wellenwiderstands führt zu Grundsatzfragen, welche inzwischen mit analytischen, numerischen und experimentellen Untersuchungen positiv beantwortet werden konnten:

(I) Gibt es, wenn wir Zähigkeitseffekte vernachlässigen, für beliebige stationär fortschreitende Störung der Wasseroberfläche außerhalb einer genügend großen Umgebung der Störung stets eine Darstellung des Wellenfeldes durch Elementarwellen, etwa in der Form (4), deren induzierte Wellenzahlen u und v durch $D(u, v) = 0$ verknüpft sind?

(II) Ist so ein Bereich, indem nicht nur alle nicht-linearen Effekte abgeklungen sind, sondern auch eine Doppel-FOURIER-Integraldarstellung des Wellenfeldes zu einem einfachen Integral (4) degeneriert ist, in nicht zu großer Entfernung vom Schiffsmodell anzutreffen?

(III) Sind Zähigkeitseffekte schwach genug, so daß im vorher definierten Bereich Methoden zur Bestimmung des Wellenspektrums oder zumindest des Wellenwiderstandes invariant sind gegenüber der Wahl der Meßpunkte?

Inzwischen ist in verschiedenen Ländern eine Reihe von Verfahren der Wellenanalyse entwickelt worden [3]. Sie unterscheiden sich in vielerlei Hinsicht:

(I) nach dem Bereich, in dem die Wellen vermessen werden: Schnitte quer, parallel oder schräg zur Fahrtrichtung oder Radialschnitte vom Schiff aus;

(II) nach der zu messenden Größe: Wellenhöhe, Wellenneigung oder Kraftwirkung der Welle;

(III) nach den instrumentellen Hilfsmitteln: stereographische Kameras, akustische oder kapazitive Wellensonden, Kraftaufnehmer.

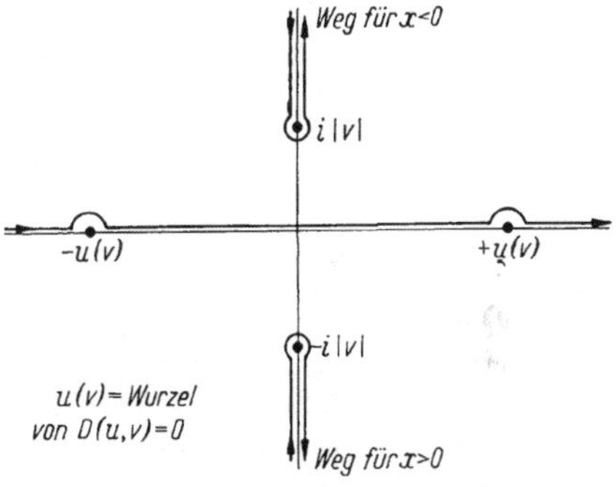

Bild 3. Komplexe Integration in der u-Ebene (Formeln (9) und (10))

Die Berechtigung und Kompatibilität all dieser Verfahren konnte erst systematisch analysiert werden, nachdem ein allgemeingültiges mathematisches Modell des Wellenbildes gefunden war, das durch alternative asymptotische Auswertung die Voraussetzungen der verschiedenen Methoden fixiert.

Potentialtheoretische Überlegungen führten auf einen formalen Ansatz

$$\zeta(x, y) = \int_{-\infty}^{\infty} J(u, v) \exp\left(i(u\,x + v\,y)\right)/D(u, v)\,du\,dv$$

mit einer unbekannten Funktion $J(u, v)$, deren Wertevorrat allein für $D(u, v) = 0$ das Fernfeldwellenspektrum und damit den Widerstand bestimmt. Konvergenz der Integration wird nur außerhalb eines finiten Bereichs der Variablen x, y, oder $r = \sqrt{x^2 + y^2}$ gefordert, Eindeutigkeit der Integration erreicht durch Festlegung der Integrationsreihenfolge und Deutung des äußeren Integrals durch Wege in einer komplexen Ebene; das Fernfeld erscheint dann als Beitrag der Residuen bei Verlagerung des Integrationsweges auf eine imaginäre Achse derart, daß der Integrand bezüglich einer Koordinate (x, y oder r) exponentiell abklingt. So erhält man z. B. zur Begründung eines Querschnittsverfahren

$$\zeta = 2\,\mathrm{sign}\,(x) \int_{-\infty}^{\infty}\int_{|v|}^{\infty} J(i\,w\,\mathrm{sign}(x), v) \exp\left(-|w|\,x + i\,u\,y\right)/D(i\,w, v)\,dw\,dv +$$

$$+ \pi \int_{-\infty}^{\infty} (1 + \mathrm{sign}(x))\,J(u, v) \exp\left(i\,u\,x + i\,v\,y\right)/(\partial D/\partial u)\,dv\,. \tag{10}$$

Der zweite Term, der nur *hinter* dem Schiff von null verschieden ist, entspricht einem Wellensystem (4), u und v sind durch $D(u, v) = 0$ verknüpft. Die Amplitudenfunktion $h(v)$ und damit der Widerstand (6) kann durch FOURIERtransformation bezüglich y gefunden werden, wenn mindestens zwei Querschnittsprofile vorliegen. — Eine asymptotische Auswertung von (10) ergibt für $\alpha = |\arctan(y/x)| < 1/\sqrt{8}$

$$\zeta(r, \alpha) = \frac{\sqrt{2\pi/r}\,4\pi}{\sqrt[4]{1 - 9\sin^2\alpha}} \sum_{\nu=1}^{2} J(u_\nu, v_\nu)\,\frac{\exp\left(i\,k_\nu\,r\cos(\theta_\nu - \alpha) + i\,\pi\,(2\,\nu - 3)/4\right)}{\cos^{3/2}(\theta_\nu)} + O(r^{-1}) \tag{11}$$

in Analogie zu (5), wobei k_ν und θ_ν sich durch $u_\nu = k_\nu \cos \theta_\nu$, $v_\nu = k_\nu \sin \theta_\nu$ aus (5) herleiten. Diese Formel liefert die Grundlage zu Radialschnittverfahren.

Vielseitige experimentelle Anwendungen der Wellenanalyse haben inzwischen die Brauchbarkeit des obigen Modells erwiesen, eine gleichzeitige Anwendung von Längs- und Querschnittsverfahren ließ jedoch systematisch eine Phasenverschiebung des Spektrums erkennen, welche vermuten läßt, daß infolge endlicher Wellenamplitude die Zuordnung $D(u, v) = 0$ nicht mehr adäquat ist. Der Effekt läßt sich möglicherweise durch die Ansätze von LIGHTHILL und WITHAM erklären, andererseits bieten stationäre Schiffswellen ein Modell zur experimentellen Klärung der Grenzen dieser Ansätze, etwa bezüglich der Mehrdeutigkeit der Gruppengeschwindigkeit, der Superposition von zwei Fernfeldern und deren Instabilitäten, wie es LIGTHILL einmal angeregt hat.

Literatur

1 LIGHTHILL, J. M. A., Discussion on nonlinear Theory of Wave Propagation in dispersive Systems, Proc. Roy. Sos., A 229, p. 1—154 (1967).
2 COLE, J. D., Perturbation Methods in Applied Mathematics, Blaisdell Publ. Comp., Waltham/Toronto/London 1968.
3 EGGERS, K. W. H., SHARMA, S. D. and WARD, L. W., An Assessment of some experimental Methods for Determining the Wave Making Characteristics of a Ship Form, Transact. Soc. Nav. Arch. 75, p. 112—157 (1967).

Anschrift: Prof. Dr. rer. nat. KLAUS EGGERS, 2 Hamburg 67, Horstlooge 16, BRD

ZAMM 54, T 24 – T 36 (1974)

G. FICHERA

Existence Theorems in Linear and Semi-Linear Elasticity

Existence theorems are of prominent interest in problems of Mechanics and Physics, since they provide a rational tool for proving, independently of any physical plausibility and experimental evidence, the consistency of a theory which brings into a mathematical scheme facts and phenomena of the physical world. Unfortunately they very often constitute the most difficult part of the theory.

We wish to survey in this paper the main results which have been obtained, from the beginning of this century, in the existence theory for the classical linear elasticity and, much more recently, in the domain of unilateral problems for linear elasticity, which we briefly denote as "semilinear elasticity". We shall be mainly concerned with three-dimensional problems. Methods which have been used in the three-dimensional case can be used also for two -dimensional problems. On the other hand the latter take advantage of procedures which have not a counterpart in the three-dimensional case, as, for instance, methods founded on complex variable theory. For the application of the complex variable method to two-dimensional elasticity we refer to the outstanding monographs of N. I. MUSKHELISHVILI [1], [2].

Let A be a bounded domain of the 3-dimensional cartesian space and suppose that A represents the natural configuration of a homogeneous, elastic isotropic body. Let us denote by λ and μ the LAMÉ constants of the body and set

$$\nu = \frac{\lambda + \mu}{\mu}.$$

In classical linear elasticity we have the following three boundary value problems (B. V. P.):

1st B. V. P.

$$\Delta_2 u + \nu \operatorname{grad} \operatorname{div} u + f = 0 \qquad \text{in } A \tag{1}$$

$$u = \varphi \qquad \text{on } \partial A. \tag{2}$$

2nd B. V. P.

$$\Delta_2 u + \nu \operatorname{grad} \operatorname{div} u + f = 0 \qquad \text{in } A \tag{1}$$

$$t\,u \equiv (\nu - 1) \operatorname{div} u\, n + 2\frac{\partial u}{\partial n} + (n \wedge \operatorname{curl} u) = \psi \qquad \text{on } \partial A \tag{3}$$

(n is the inward normal unit vector to ∂A).

3rd B.V.P.

$$\Delta_2 u + \nu \operatorname{grad} \operatorname{div} u + f = 0 \qquad \text{in } A \tag{1}$$

$$u = \varphi \quad \text{on } \partial_1 A; \qquad t\,u = \psi \qquad \text{on } \partial_2 A \tag{4, 5}$$

$$(\partial A = \overline{\partial_1 A} \cup \overline{\partial_2 A}; \qquad \partial_1 A \cap \partial_2 A = \emptyset).$$

The 1st B. V. P. occurs when the body forces f are given in A and the displacement u is known on ∂A. The 2nd B. V. P. occurs when in every part of ∂A is known the surface traction which is expressed (in terms of the displacement vector u) by means of the vector $t\,u$. The 3rd B. V. P. (*mixed* B. V. P.), which corresponds to the most usual situation in the applications, occurs when on one part of the boundary $\partial_1 A$ the displacements are given and on the remaining part $\partial_2 A$ the surface tractions are known. The parameter ν is assumed to be such that $\nu > 1/3$. This corresponds to the fact that the *elastic potential*

$$\varepsilon_{ih}\,\varepsilon_{ih} + 2^{-1}(\nu - 1)\,\varepsilon_{ii}\,\varepsilon_{hh}$$

is a positive quadratic form in the six variables ε_{ih} ($\varepsilon_{ih} = \varepsilon_{hi}$) which represent the linearized strain components. Given the displacement u, we set

$$\varepsilon_{ik}(u) = \frac{1}{2}(u_{i|k} + u_{k|i})\,.$$

In the sequel we shall denote briefly by $L\,u$ the differential operator of classical elasticity, i. e. $L\,u \equiv \Delta_2 u + \nu$ grad div u.

From the very beginning of the analytic theory of the vector differential equation (1), it seemed natural to mathematicians to try to extend to the above problems the techniques used in a much simpler situation: the one corresponding to the Laplace operator, relative to a scalar function, or, at least, to test first, in this simpler case, methods and approaches devised for solving the problems of elasticity. In the case of Laplace operator instead of the boundary operator $t\,u$, the familiar normal derivative operator $\partial u/\partial n$ is considered.

There are strong reasons for using the Laplace operator and the corresponding B. V. P's as tests for elasticity. In fact much of the formalism connected with the Laplace operator may be transferred to elasticity. For instance we have in elasticity a counterpart of the classical Green formulas for the Laplacean, i. e.,

$$\int_{\partial A}\left(u\frac{\partial v}{\partial n} - v\frac{\partial u}{\partial n}\right)d\sigma + \int_A (u\,\Delta_2 v - v\,\Delta_2 u)\,dx = 0 \tag{6}$$

$$\int_{\partial A} u\frac{\partial v}{\partial n}\,d\sigma + \int_A u\,\Delta_2 v\,dx + \int_A u_{x_i}\,v_{x_i}\,dx = 0\,. \tag{7}$$

To (6) it corresponds the fundamental Betti reciprocity theorem

$$\int_{\partial A}(u\,t\,v - v\,t\,u)\,d\sigma + \int_A (u\,L\,v - v\,L\,u)\,dx = 0 \tag{8}$$

and to (7) the well known Clapeyron theorem which is expressed by the integral identity

$$\int_{\partial A} u\,t\,v\,d\sigma + \int_A u\,L\,v\,dx + \int_A \left\{\varepsilon_{ih}(u)\,\varepsilon_{ih}(v) + \frac{1}{2}(\nu - 1)\,\varepsilon_{ii}(u)\,\varepsilon_{hh}(v)\right\}dx = 0\,. \tag{9}$$

On the other hand, to the classical *fundamental solution* for the Laplace operator

$$\frac{1}{|x - y|}\,,$$

there corresponds the *fundamental solution matrix* discovered by Lord Kelvin [3] and rediscovered by Somigliana [4]

$$\left\{\frac{\delta_{ij}}{|x - y|} - \frac{\nu}{2(1 + \nu)}\frac{\partial^2 |x - y|}{\partial x_i\,\partial x_j}\right\} \qquad (i, j = 1, 2, 3)\,. \tag{10}$$

If we denote by $s_i(x - y)$ the vector of the i-th row of the matrix (10) and if f is a vector function Hölder continuous in A, then the vector function

$$v_i(x) = \frac{1}{4\pi}\int_A f(y)\,s_i(x - y)\,dy$$

is a C^2 solution of the equation (1). That permits to assume $f \equiv 0$ in dealing with the B. V. P.'s of elasticity.

The classical approach to the existence theorem for the Dirichlet problem for the Laplace equation $\Delta_2 u = 0$ in a domain with a Liapounov boundary (i. e. a boundary with a uniformly Hölder continuous normal field), via the Fredholm's integral equations, consists in representing the unknown function u by a double layer potential

$$u(x) = \int_{\partial A}\mu(y)\frac{\partial}{\partial n_y}\frac{1}{|x - y|}\,d\sigma_y\,.$$

If we denote by φ the continuous function representing the prescribed boundary value for u, by using the classical jump relations of potential theory, we are led to the integral equation

$$\varphi(x) = 2\pi\,\mu(x) + \int_{\partial A} \mu(y) \frac{\partial}{\partial n_y} \frac{1}{|x-y|}\, d\sigma_y\,. \tag{11}$$

Being ∂A a LIAPOUNOV boundary of class $C^{1+\alpha}$, we have for $x, y \in \partial A$,

$$\frac{\partial}{\partial n_y} \frac{1}{|x-y|} = O\left(\frac{1}{|x-y|^{2-\alpha}}\right).$$

Then Eq. (11) is a FREDHOLM integral equation. Since 1 is *not* an eigenvalue for the kernel

$$\frac{1}{2\pi} \frac{\partial}{\partial n_y} \frac{1}{|x-y|}\,,$$

we have a unique solution μ of (11), which is continuous on ∂A.

A similar approach can be used for the DIRICHLET problem (1st B. V. P.) of the mathematical theory of elasticity (with $f \equiv 0$).

The following vector, represented by surface integrals, can be assumed in elasticity as the analogous of the double-layer potential

$$u_i(x) = \int_{\partial A} \mu(y) \left\{\frac{\nu^2-\nu}{\nu+2} \operatorname{div}_y s_i(x-y)\, n(y) + \frac{2(\nu+1)}{\nu+2} \frac{\partial}{\partial n_y} s_i(x-y) + \right.$$
$$\left. + \frac{\nu}{\nu+2} [n(y) \wedge \operatorname{curl}_y s_i(x-y)]\right\} d\sigma_y\,. \tag{12}$$

Remark that for $\nu = 0$ we get the classical double layer potential. The jump relations can be extended to the integrals (12) (see [5], [6]) and one gets the following system of integral equations:

$$\varphi_i(x) = 2\pi\,\mu_i(x) + \int_{\partial A} \mu(y) \left\{\frac{\nu^2-\nu}{\nu+2} \operatorname{div}_y s_i(x-y)\, n(y) + \frac{2(\nu+1)}{\nu+2} \frac{\partial}{\partial n_y} s_i(x-y) + \right.$$
$$\left. + \frac{\nu}{\nu+2} [n(y) \wedge \operatorname{curl}_y s_i(x-y)]\right\} d\sigma_y\,.$$

It can be shown that

$$\frac{\nu^2-\nu}{\nu+2} \operatorname{div}_y s_i(x-y)\, n(y) + \frac{2(\nu+1)}{\nu+2} \frac{\partial}{\partial n_y} s_i(x-y) + \frac{\nu}{\nu+2} [n(y) \wedge \operatorname{curl}_y s_i(x-y)]$$
$$= O\left(\frac{1}{|x-y|^{2-\alpha}}\right)$$

and moreover that the homogeneous integral system associated to (12) has no eigensolutions, if we assume $\nu > -1$ and suppose ∂A to be connected.

Thus, from the FREDHOLM theory, the existence theorem for the 1st B. V. P. of elasticity follows.

This method for the 1st B. V. P. of elasticity was first introduced by FREDHOLM in a celebrated paper [7]. The same method was later used by LAURICELLA [5], MARCOLONGO [8] and LICHTENSTEIN [9].

Real difficulties arise when one tries to use the FREDHOLM method for the 2nd B. V. P. of elasticity for vanishing body-forces. Following the analogy with harmonic functions, one would represent the solution as a "potential of simple layer", just as it is done in the 2nd B. V. P. for harmonic function (NEUMANN's problem):

$$u_i(x) = \int_{\partial A} \mu(y)\, s_i(x-y)\, d\sigma_y\,.$$

Imposing upon u the boundary condition

$$t\,u = \psi$$

one gets on ∂A the integral equations

$$\psi_i(x) = -2\pi\,\mu_i(x) + \int_{\partial A} \mu(y)\, t_x [s_i(x-y)]\, d\sigma_y \tag{13}$$

provided one considers the integral on the right as a Cauchy singular integral.

To this end, if we are not willing to accept that (13) must hold almost everywhere on ∂A, we have to seek μ in a suitable function class, for instance the class of HÖLDER-continuous vector functions on ∂A.

Some authors [10], [11], have erroneously considered (13) as a system of FREDHOLM integral equations and applied the FREDHOLM theorems to them. This procedure, which is not mathematically justified, still happens to lead to correct results. In fact, as it was shown later, using the profound theory of multidimensional singular integral equations due to MICHLIN [12], by MICHLIN himself [12] and by KUPRADZE [13], the system (13) can be reduced to an equivalent system of FREDHOLM integral equations and, in consequence, it is possible to prove that the FREDHOLM theorems still hold for the system (13).

From the above considerations it follows that the analogy of the 2nd B. V. P. of elasticity with the NEUMANN problem of potential theory is misleading. In fact, if we wish to find in potential theory a problem analogous to the 2nd B. V. P. of elasticity, we need to consider, rather than the NEUMANN problem, the *regular oblique derivative* problem for harmonic functions.

We wish to spend a few more words on this phenomenon.

Let us consider in connection with the operator of elasticity L the boundary operator

$$t(u;\tilde{\lambda}) = (\nu - \tilde{\lambda}) \operatorname{div} u \cdot n + (1 + \tilde{\lambda}) \frac{\partial u}{\partial n} + \tilde{\lambda}\, (n \wedge \operatorname{curl} u)$$

$\tilde{\lambda}$ is an arbitrary real parameter. For $\tilde{\lambda} = 1$ the operator $t(u;\tilde{\lambda})$ reduces to the surface operator $t\,u$ of elasticity. The BETTI reciprocity theorem (8) still holds if one replaces for $t\,u$ the more general operator $t(u;\tilde{\lambda})$. It must be remarked that from this more general reciprocity theorem, one deduces for $\nu = \tilde{\lambda} = 0$, the GREEN theorem (6). For deciding what is, for a fixed $\nu > 1/3$, the value of $\tilde{\lambda}$ which gives, for the elasticity, an operator which has the right to be considered as the extension to elasticity of the *normal derivative operator* $\frac{\partial u}{\partial n}$, it seems reasonable to seek the values of $\tilde{\lambda}$ such that

$$t_x[s_i\,(x-y);\tilde{\lambda}] = O\left(\frac{1}{|x-y|^{2-\alpha}}\right) \qquad (i = 1, 2, 3)\,.$$

A computation carried out by LAURICELLA [5] shows that this happens, for every $\nu > -1$, when and only when

$$\tilde{\lambda} = \frac{\nu}{\nu + 2}\,.$$

Unfortunately the operator $t(u;\tilde{\lambda})$ for such value of $\tilde{\lambda}$ has no physical meaning. LAURICELLA [5] denotes the operator

$$t\left[u, \frac{\nu}{\nu+2}\right]$$

as the *pseudo-tension* operator and he solves the corresponding boundary value problem. That can be done by only using FREDHOLM integral equations.

The result is interesting only from an analytical point of view, since it has no physical meaning.

It must be remarked that the 2nd B. V. P. of elasticity was studied by KORN in a very long paper [14] where he uses integral equation in a very complicated approach. For the first time he introduces the inequalities nowadays known as KORN's inequalities. The central role these inequalities play in elasticity will be specified later.

A few years later H. WEYL [15] tried to study the 2nd B. V. P. of elasticity by using FREDHOLM integral equations obtained by means of the so-called antenna potential. However a certain hypothesis which he assumes for carrying out his approach has not been proved to hold in general. However WEYL's paper is of fundamental interest in elasticity since he gives the asymptotic distribution of eigenvalues in problems of elasticity.

For long time the theory of B. V. P. of three-dimensional elasticity made no substantial progresses. On the other hand, bi-dimensional problems were deeply investigated by MUSKHELISHVILI, I. N. VEKUA and the Georgian school, by complex methods and the theory of singular integral equation on a curve (for exstensive bibliography see [1]).

In 1947 FRIEDRICHS published an important paper [16] on r-dimensional problems of elasticity. He gives a rigorous proof of KORN's second inequality (the proof of the first one is almost trivial) and new proofs of the existence theorems for the 1st and the 2nd B. V. P.'s of classical elasticity and for related eigenvalue problems. His method is founded on the variational approach (by the same method FRIEDRICHS had given in 1928 the existence theorem for a clamped plate [17]) and he succeeds in proving, by employing his technique of "mollifiers", the interior regularity of the solutions.

In 1950 appeared paper [6] in which, by use of methods of functional analysis, new proofs of the existence theorems for the 1st and the 2nd B. V. P. of elasticity were given, and for the first time the existence theorem for the 3rd B. V. P. (mixed B. V. P.) was obtained.

Although nowadays existence theorems for elasticity can be obtained by the more powerful and general methods of the modern theory of elliptic partial differential equations, it is worthwhile to recall here briefly the method used in [6] for the proof of the existence theorems of mixed boundary value problems, which as far as the generality of the boundary ∂A is concerned, gives less restrictive results with respect to other approaches. We shall consider for simplicity the case of the classical mixed DIRICHLET-NEUMANN boundary value problems for harmonic functions.

Let A be a bounded domain of the cartesian space X^r. Suppose that the boundary ∂A is a LIAPOUNOV boundary (i. e. $\partial A \in C^{1+\alpha}$) and it is decomposed into two open hypersurfaces Σ_1 and Σ_2 which have a common border $\partial\Sigma_1 = \partial\Sigma_2$ and no other points in common. We shall consider Σ_i ($i=1, 2$) as an open set respect to ∂A. Let us suppose that there exists a domain A' with a LIAPOUNOV boundary $\partial A'$ such that: i) $A' \supset A$; ii) $\partial A' \cap \partial A = \bar{\Sigma}_1$. Let H_{Σ_1} denote a subspace of the space $H_1(A)$ (space of L^2-functions in A with generalised L^2 first derivatives in A, endowed with the usual norm). H_{Σ_1} is defined as the closure in $H_1(A)$ of the linear manifold of all the real valued functions v such that $v \in C^1(\bar{A})$, spt $v \cap \bar{\Sigma}_1 = \emptyset$.

Let δ be a function uniformly HÖLDER-continuous on $\bar{\Sigma}_2$. We wish to prove that there exists one and only one function u such that

$$u \in H_{\Sigma_1} \cap C^2(A) \cap C^0(\bar{A} - \partial\Sigma_1) \cap C^1(A \cup \Sigma_2), \qquad \frac{\partial u}{\partial n} \in C^0(\bar{\Sigma}_2),$$

$$\int_A u_{|i}\, v_{|i}\, dx + \int_{\Sigma_2} v \frac{\partial u}{\partial n} d\sigma = 0 \quad \forall\, v \in H_{\Sigma_1},$$

$$\Delta_2 u = 0 \quad \text{in } A, \quad \frac{\partial u}{\partial n} = \delta \quad \text{on } \Sigma_2 .$$

Let $\tilde{u}$ be a function such that $\tilde{u} \in C^2(A) \cap C^1(\bar{A})$, $\Delta_2\tilde{u} = 0$ in A, $\dfrac{\partial\tilde{u}}{\partial n} = \delta$ on Σ_2. Such a function is easily obtained by suitably continuing δ on ∂A and solving the corresponding NEUMANN problem in A. Let us introduce in $H_1(A)$ the new scalar product

$$((u, v)) = \int_A u_{|i}\, v_{|i}\, dx$$

and, identifying two functions of $H_1(A)$ which differ by a constant, let us denote by $\mathcal{H}$ the corresponding HILBERT space. Considering H_{Σ_1} as a subspace of $\mathcal{H}$, let u be the orthogonal projection of $\tilde{u}$ on H_{Σ_1}. We have for every $v \in H_{\Sigma_1}$

$$\int_A u_{|i}\, v_{|i}\, dx = \int_A \tilde{u}_{|i}\, v_{|i}\, dx = -\int_{\Sigma_2} v\, \delta\, d\sigma . \tag{14}$$

If we take any $\varphi \in \overset{\circ}{C}{}^\infty(A')$ and put

$$v(x) = \int_{A'} G(x, y)\, \varphi(y)\, dy ,$$

where $G(x, y)$ is the GREEN function of the DIRICHLET problem for Δ_2 relative to A', we have

$$-\int_{\Sigma_2} v\, \delta\, d\sigma = \int_A u_{|i}\, v_{|i}\, dx = -\int_{\Sigma_2} u \frac{\partial v}{\partial n} d\sigma - \int_A u\, \varphi\, dx .$$

By the arbitrariness of φ we easily deduce that

$$\theta(y)\, u(y) = \int_{\Sigma_2} \delta(x)\, G(x, y)\, d\sigma_x - \int_{\Sigma_2} u(x) \frac{\partial}{\partial n_x} G(x, y)\, d\sigma_x \tag{15}$$

with $\theta(y) = 1$ if $y \in A$, $\theta(y) = 0$ if $y \in A' - \bar{A}$. From (15) it is easy to deduce, using standard arguments of potential theory (jump relations) that u is a solution of the problem.

If u^0 is another solution of the problem, since, for any $v \in H_{\Sigma_1}$ we have

$$\int_A u^0_{|i}\, v_{|i}\, dx = -\int_{\Sigma_2} v\, \delta\, d\sigma ,$$

from (14) we deduce

$$\int_A (u - u^0)_{|i}\, v_{|i}\, dx = 0$$

which implies, assuming $v = u - u^0$, $u \equiv u^0$.

The theory of B. V. P. for linear elliptic differential equations has received a strong impulse since 1953, after the paper [18] by GÅRDING appeared, and the discovery of the central role that the coerciveness inequalities play in the theory, was made.

We wish to review here some of the main aspects of the modern theory of elliptic partial differential equations, restricting ourselves to systems of second order partial differential equations, which are the ones mainly considered in elasticity. For more general results we refer to [19] and [20] and to the Bibliography quoted in these monographs.

Let us consider in the domain A of the cartesian space X^r a linear system of partial differential equations of the 2nd order with real coefficients which we write as follows

$$a_{ihjk}(x)\, u_{j|hk} + b_{ijk}\, u_{j|k} + c_{ij}\, u_j + f_i = 0\,.^{1)} \qquad (i = 1, \ldots, r) \tag{16}$$

1) We use the summation convention; $|k$ ($|h\,k$) means differentiation with respect to x_k (with respect to x_h and to x_k)

The system is said to be elliptic (in the sense of PETROVSKY) in the set A of X^r if for every real non-zero r-vector $\xi = (\xi_1, \ldots, \xi_r)$ and every $x \in A$ we have

$$\det \{a_{ihjk}(x)\, \xi_h\, \xi_k\} \neq 0\,. \tag{17}$$

Let us consider the classical operator of elasticity $L \equiv \Delta_2 + \nu$ grad div. If we write the vector equation (1) like the system (16), we have

$$u_{i|hh} + \nu\, u_{j|ij} + f_i = 0\,. \tag{1'}$$

Hence

$$a_{ihjk}(x) \equiv \delta_{ij}\, \delta_{hk} + \nu\, \delta_{ih}\, \delta_{jk}\,.$$

The PETROVSKY ellipticity condition becomes

$$\det \{\delta_{ij} |\xi|^2 + \nu\, \xi_i\, \xi_j\} \neq 0\,.$$

Considering the left hand side as a function of ν, $\varphi(\nu)$, it is easily seen that $\varphi''(\nu) \equiv 0$. Hence

$$\varphi(\nu) = \varphi(0) + \nu\, \varphi'(0) = (\nu + 1) |\xi|^{2r}\,.$$

Then the operator L is elliptic for any $\nu \neq -1$.

The system (16) is said to be strongly elliptic in A if for every real r-vector $\xi \neq 0$ and every real r-vector $\eta \neq 0$ we have in A

$$a_{ihjk}(x)\, \xi_h\, \xi_k\, \eta_i\, \eta_j \neq 0\,. \tag{18}$$

The strong ellipticity condition implies the ellipticity condition. In fact, if for fixed x and ξ, we consider the left hand side of (18) as a quadratic form on η, this must be either positive or negative definite. Hence condition (17) must be satisfied. It is evident that strong ellipticity is a much more restrictive condition than ellipticity. If we suppose that the coefficients are continuous in A and A is a connected domain, then there is no loss in assuming that if the system (16) is strongly elliptic in A, it is positive strongly elliptic, i. e.

$$a_{ihjk}(x)\, \xi_h\, \xi_k\, \eta_i\, \eta_j > 0 \tag{19}$$

for every $x \in A$, and every $\xi \neq 0$, $\eta \neq 0$. From now on strong ellipticity shall be understood as positive strong ellipticity.

In the case of the operator L the condition (19) is written

$$|\xi|^2\, |\eta|^2 + \nu (\xi\, \eta)^2 \equiv |\xi|^2\, |\eta|^2 - (\xi\, \eta)^2 + (\nu - 1)\, (\xi\, \eta)^2 > 0\,.$$

Then L is strongly elliptic if and only if $\nu > -1$. For $\nu < -1$, L gives an example of an operator which is elliptic, but not strongly elliptic (neither positive nor negative).

The approach to boundary value problems for a strongly elliptic system (16) considers two problems, first the proof of the existence and uniqueness of a weak solution, second the regularisation of the weak solution, i. e. the proof of regularity properties of the weak solution such that one can infer that this solution is a solution in the classical sense.

Let us suppose, for simplicity, that the coefficients of (16) are defined in the whole of X^r and are C^∞. Moreover the strong ellipticity condition (19) be satisfied in every point of X^r. Let A be a bounded domain of X^r. We can write the system (16), without any loss, in the following way:

$$\left(a_{ihjk}(x)\, u_{j|k}\right)_{|h} + b_{ijk}\, u_{j|k} + c_{ij}\, u_j + f_i = 0\,. \tag{16'}$$

A boundary value problem for the system (16') (with homogeneous boundary conditions) determines a subspace of $H_1(A)$ of "test functions". For instance, the DIRICHLET problem determines the subspace of $H_1(A)$ constituted by all the functions of $H_1(A)$ which vanish on ∂A (in the sense of the functions of $H_1(A)$). Such a subspace is denoted by $\mathring{H}_1(A)$. Let us consider, in general, a subspace V (i. e. a closed linear submanifold) of $H_1(A)$ such that $\mathring{H}_1(A) \subset V$. Set for every pair $u, v \in V$

$$B(u, v) = \int_A \left(a_{ihjk}(x)\, v_{i|h}\, u_{j|k} - b_{ijk}\, v_i\, u_{j|k} - c_{ij}\, v_i\, u_j\right) dx\,.$$

A weak solution of the B. V. P. determined by V is a function $u \in V$ such that for every $v \in V$ one has

$$B(u, v) = \int_A f\, v\, dx\,. \tag{20}$$

Such a setting of the problem is easily understood if we consider the case that the bilinear form $B(u, v)$ is symmetric in V, i. e.

$$B(u, v) = B(v, u) \qquad \forall\, u, v \in V\,.$$

Let us now consider the variational problem: "to minimize the functional

$$I(v) = \frac{1}{2} B(v, v) - F(v)\,,$$

where

$$F(v) = \int_A f\, v\, dx\,,$$

in the space V".

If a minimizing function exists it must satisfy Eq.'s (20).

Returning to the general case we can say that, using simple properties of HILBERT spaces, it is possible to prove that there exists one and only one u satisfying (20) if there exists a positive constant c such that

$$B(v, v) \geqq c\,\|v\|_1^2 \qquad \forall\, v \in V; \tag{21}$$

$\|v\|_1$ denotes the norm in the space $H_1(A)$ i. e.

$$\|v\|_1^2 = \int_A (v_{i|h}\, v_{i|h} + v_i\, v_i)\, dx\,.$$

When (21) holds, then one says that $B(v, v)$ is "coercive" on $\|v\|_1^2$.

A necessary condition for the above considered coerciveness is the strong ellipticity of the system (16') in $\bar{A}$. However strong ellipticity is not sufficient for coerciveness even in the simplest case when $V = \overset{\circ}{H}_1(A)$ and $b_{ijk} \equiv c_{ij} \equiv 0$. A counter-example is given in [21]. However, if the coefficients a_{ihjk} are constant (see [22]), or, at least, have a suitably small oscillation in A (see [21]), and the b_{ijk}, c_{ij} vanish identically, then strong ellipticity implies coerciveness in $\overset{\circ}{H}_m(A)$.

In the general case, from a fundamental theorem due to GÅRDING, it follows that strong ellipticity implies coerciveness in $\overset{\circ}{H}_m(A)$, provided the conditions

$$c_{ij} < -p \qquad (i, j = 1, \ldots, r)$$

are satisfied, being p a suitable positive number.

The regularization of the weak solution, which is the most delicate aspect of the theory is carried out in two steps. The first step, which is the easier, consists in the "interior regularity", i. e. in proving that in the neighborhood N_{x^0} of a point x^0 of A (such that $\bar{N}_{x^0} \subset A$) the weak solution u has a degree of regularity depending on the regularity of the given function f. For instance, if $f \in H_m(N_{x^0})$, then $f \in H_{m+2}(N_{x^0})$. Hence, if $f \in C^\infty(N_{x^0})$, then $u \in C^\infty(N_{x^0})$ and u is a solution of (16') in the classical sense. For proving results concerning the interior regularity of u, no coerciveness condition is needed, but the ellipticity of the system (16') and the fact that Eq.'s (20) are satisfied for every $v \in \overset{\circ}{H}_m(A)$.

The second step consists in proving that, provided f is regular up to the boundary, then u itself is suitably regular up to the boundary.

Results of such kind are obtained not only by using the coerciveness inequality (21) but also assuming suitable hypotheses on ∂A and on V.

The boundary ∂A is supposed, for instance, of class C^∞. The hypotheses on V are rather complicated to be stated here. We only mention that they are satisfied either if $V = \overset{\circ}{H}_1(A)$ or if $V = H_1(A)$. If we suppose that V is the subspace $H_\Sigma(A)$ of $H_1(A)$ formed by the functions which vanish on a hypersurfaces Σ contained on ∂A, the boundary regularization can be carried out for every point of ∂A not laying on the border of Σ. If the boundary regularization is possible, then it is easily seen that u satisfies certain boundary conditions depending on V. For instance when $V = \overset{\circ}{H}_1(A)$ it is obvious that the boundary conditions are the DIRICHLET boundary conditions $u = 0$ on ∂A. If $V = H_1(A)$ we have the following boundary conditions

$$a_{ihjk}(x)\, u_{j|k}\, n_h(x) = 0 \qquad (i = 1, \ldots, r)\,. \tag{22}$$

If $V = H_\Sigma(A)$, then we have the DIRICHLET boundary condition $u = 0$ on Σ and the boundary conditions (22) on $\partial A - \bar{\Sigma}$.

Let us now briefly consider applications to linear elasticity of the theory we have summarized. We assume that the elastic body has a "natural configuration" which is represented by the domain A of X^r [2]). Suppose that there exists an elastic potential

$$W(x, \varepsilon) = \frac{1}{2}\, a_{ihjk}(x)\, \varepsilon_{ih}(v)\, \varepsilon_{jk}(v)$$

where the coefficients (elasticities) satisfy the conditions

$$a_{ihjk}(x) \equiv a_{jkih}(x) \equiv a_{hijk}(x) \tag{23}$$

and are C^∞ in the whole space.

Since from (23) it follows

$$\frac{1}{2}\, a_{ihjk}\, \beta_{ih}\, \beta_{jk} = \frac{1}{2}\, a_{ihjk}\left[\frac{1}{2}\,(\beta_{ih} + \beta_{hi})\right]\left[\frac{1}{2}\,(\beta_{jk} + \beta_{kj})\right], \tag{24}$$

we can write $W(x, \varepsilon)$ as follows

$$W(x, \varepsilon) = \frac{1}{2}\, a_{ihjk}(x)\, v_{i|h}\, v_{j|k}\,.$$

---

[2]) The cases of physical interest are, of course, $r = 2$ and $r = 3$. It is convenient to consider r arbitrary in order to include both cases.

The corresponding differential system is

$$\frac{\partial}{\partial x_h}\left[a_{ihjk}(x)\frac{\partial u_j}{\partial x_k}\right] + f_i = 0\,. \tag{25}$$

We have the following condition that can be imposed upon the elasticities:

i) The quadratic form

$$\frac{1}{2}a_{ihjk}(x)\,\varepsilon_{ih}\,\varepsilon_{jk} \qquad (\varepsilon_{ih} = \varepsilon_{hi})$$

is positive definite for every $x \in \bar{A}$;

ii) The system (25) is strongly elliptic in $\bar{A}$;

iii) The system (25) is elliptic in $\bar{A}$.

We have that i) implies ii) and ii) implies — as we already know — iii). That i) implies ii) is a consequence of (24). In fact

$$a_{ihjk}\,\xi_h\,\xi_k\,\eta_i\,\eta_j = \frac{1}{2}a_{ihjk}\left[\frac{1}{2}(\xi_h\,\eta_i + \xi_i\,\eta_h)\right]\left[\frac{1}{2}(\xi_k\,\eta_j + \xi_j\,\eta_k)\right] > 0\,.$$

In the case of classical elasticity relative to an isotropic homogeneous body we have

$$W(\varepsilon) = \varepsilon_{ih}\,\varepsilon_{ih} + \frac{\nu - 1}{2}\varepsilon_{ii}\,\varepsilon_{hh}$$

hence

$$a_{ihjk} = \delta_{ij}\,\delta_{hk} + \delta_{ik}\,\delta_{hj} + (\nu - 1)\,\delta_{ih}\,\delta_{jk}\,. \tag{26}$$

The system (25) gives again the classical system of elasticity (1'). The system (1') is elliptic for $\nu \neq -1$ is strongly elliptic for $\nu > -1$. On the other hand $W(\varepsilon)$ is positive definite for $\nu > r^{-1}(r-2)$, as it is easy to prove.

We shall assume that condition i) is satisfied. Then we may apply the theory, provided we are able to prove coerciveness.

We have

$$B(v, v) = 2\int_A W(x, \varepsilon)\,dx$$

and for $x \in \bar{A}$

$$c_1\,\varepsilon_{ih}\,\varepsilon_{ih} \leqq W(x, \varepsilon) \leqq c_2\,\varepsilon_{ih}\,\varepsilon_{ih}$$

with $0 < c_1 \leqq c_2$. Then we have the coerciveness inequality (21), if and only if for every function $v \in V$ we have

$$\int_A \varepsilon_{ih}(v)\,\varepsilon_{ih}(v)\,dx \geqq c\,\|v\|_1^2\,. \tag{27}$$

Since we are interested in the three fundamental B. V. P.'s, we have to assume $V = \mathring{H}_1(A)$ (1st B. V. P.), $V = H_1(A)$ (2nd B. V. P.), $V = H_\Sigma(A)$ (3rd B. V. P.). It is obvious that, in the second case, (27) is false if we do not add to the left hand side a suitable extra term. Thus we write instead of (27) the following inequality

$$\int_A \varepsilon_{ih}(v)\,\varepsilon_{ih}(v)\,dx + \int_A |v|^2\,dx \geqq c\,\|v\|_1^2 \qquad \forall\, v \in H_1(A)\,. \tag{28}$$

Inequality (27) for $v \in \mathring{H}_1(A)$ is the "first KORN inequality". It can be easily demonstrated by using FOURIER series (or FOURIER integrals) and PARSEVAL identity.

The proof of (28) is anything but trivial. KORN [14] is supposed to have given the first proof of (28). In reality KORN considered the following inequality

$$\int_A v_{i|h}\,v_{i|h}\,dx \leqq c_0\int_A \varepsilon_{ih}(v)\,\varepsilon_{ih}(v)\,dx \qquad (c_0 > 0) \tag{29}$$

for test functions v satisfying the conditions

$$\int_A (v_{i|h} - v_{h|i})\,dx = 0\,. \tag{30}$$

It can be shown that (28) and (29)—(30) are equivalent (see [20] p. 384—385). The proof of KORN is lengthy and involved. FRIEDRICHS [16] citing the work of KORN, writes: "The author of the present paper has been unable to verify KORN's proof of the second case". BERNSTEIN and TOUPIN [23], after quoting FRIEDRICHS's statement write: "With him we confess unability to follow KORN's original treatment."

The first readable proof of KORN's 2nd inequality is due to FRIEDRICHS [16]. Many authors have considered, after FRIEDRICHS, KORN's second inequality. Besides the above cited paper by BERNSTEIN and TOUPIN, let us mention the work of CAMPANATO [24], [25] which is mainly interesting for the examples in which KORN's inequalities fail and a remarkable paper by PAYNE and WEINBERGER [26], where the best estimate for the

2nd KORN inequality, in the case of a sphere, is obtained and a new proof of this inequality provided for a class of domains. Unfortunately the results of the paper do not have so large of range of validity as the authors claim. The papers [27], [28] of GOBERT and NECAS-HLAVAČEK, respectively, also concerns KORN's inequalities. A reasonably simple proof of the 2nd KORN inequality for a large class of domain is given in [20] (pp. 382—384).

Once the KORN inequalitiess have been proved, one can apply the general theory and get existence theorems for the 1st, the 2nd and the 3rd B. V. P. of elasticity.

There is no problem as far as the 1st B. V. P. is concerned. However for the 2nd and the 3rd V. B. P.'s it must be remarked that the coerciveness inequality has been obtained in the form (28), which furnishes existence and uniqueness either for the 2nd or for the 3rd B. V. P. relative to the system

$$\frac{\partial}{\partial x_h}\left[a_{ihjk}(x)\frac{\partial u_j}{\partial x_k}\right] - u_i + f_i = 0 \tag{31}$$

rather than for the system of elasticity (25).

Let us now consider the linear mapping $u = G f$ which gives the solution of the 2nd B. V. P. relative to (31) in terms of f. Let us consider G as a linear operator from $L^2(A)$ into itself. It is not difficult to show that G is a symmetric compact operator. If we consider in connection with the system

$$\frac{\partial}{\partial x_h}\left[a_{ihjk}(x)\frac{\partial u_j}{\partial x_k}\right] - u_i + \lambda\, u_i + f_i = 0 \tag{32}$$

the 2nd B. V. P., we can see that setting

$$\frac{\partial}{\partial x_h}\left[a_{ihjk}(x)\frac{\partial u_j}{\partial x_k}\right] - u_i = -\varphi_i\,,$$

the 2nd B. V. P. relative to (32) is equivalent to the equation

$$\varphi + \lambda\, G\varphi + f = 0\,. \tag{33}$$

The RITZ-SCHAUDER theory for linear compact operators can be applied to equation (33) and we may deduce that the 2nd B. V. P. for the system (32) has a solution when and only when f is orthogonal to every eigensolution of the homogeneous equation

$$\varphi + \lambda\, G\,\varphi = 0\,,$$

i. e. to every eigensolution of the 2nd B. V. P. for the homogeneous system

$$\frac{\partial}{\partial x_h}\left[a_{ihjk}(x)\frac{\partial u_j}{\partial x_k}\right] + (1+\lambda)\, u_i = 0\,.$$

In the case of elasticity we have $\lambda = -1$. In this case the only eigensolutions are the infinitesimal rigid displacements.

In conclusion, the 2nd B. V. P. of elasticity has a solution if and only if f is orthogonal to every infinitesimal rigid displacement.

The same argument applies exactly to the 3rd B. V. P., with the only difference that now for $\lambda = -1$ we have no eigensolutions. Thus we get an existence and uniqueness theorem for the 3rd B. V. P. of elasticity.

The existence and uniqueness theorems which have been given for static elasticity provide a foundation for proving analogous theorems in eigenvalue, propagation and diffusion problems connected with linear elasticity as well as for integro-differential equations which arise in the study of linear elastic materials with memory (linear visco-elasticity). We refer the reader for these subjects, considered in the larger context of strongly elliptic differential systems, to the monographs [19], [20].

Before concluding our survey on existence theory for linear elasticity we have to mention some more work which has been done in this field.

One year later the publication of [6] a note of EIDUS [29] appeared on the mixed problem of elasticity. It must be remarked that Soviet mathematicians have been very active in the field of the existence theory of classical elasticity. Besides the above cited contributions of the Georgian school, the outstanding work of MICHLIN, obtained as application of his theory of multidimensional integrals, and the important results of KUPRADZE in this connection, we have to quote here the papers of S. L. SOBOLEV [30], MICHLIN [31], S. Y. KOGAN [32], E. N. NIKOLSKY [33] on the extension to elasticity of the SCHWARTZ alternating method. MICHLIN, besides his approach via singular integral equations, has considered problems of elasticity from several points of view. In his monograph [34] he considers also the variational approach and he reviews the results obtained in this field by Soviet mathematicians. However he does not seem to be aware of some of the work done in the western world.

We have also to mention the constributions by KUPRADZE on dynamic problems and on problems for heterogeneous media [13], [35].

The equilibrium problem for a heterogeneous elastic medium (an elastic body composed by two homogeneous isotropic bodies with different LAMÉ constants) was first posed by PICONE [36] who proposed a method or numerical solution. Papers by LIONS [37] and by CAMPANATO [38] are concerned with this problem. The case of anisotropic bodies with general elasticities is for the first time considered in [20]. The relevant eigenvalue problems are studied in [39].

M. P. Colautti in [40] deeply investigated the 1st B. V. P. and the relevant eigenvalue problem for an isotropic, homogeneous body subjected to the incompressibility condition. In this paper refined tools of the theory of exterior differential forms are used.

The classical 1st B. V. P. in a domain with a boundary having verteces and edges has been adroitly investigated by P. Castellani Rizzonelli in a recent paper [41].

We wish now to discuss more recent developments of the mathematical theory of elasticity, i. e. the existence theorems connected with elastostatics problems relative to solids which are abmitted to unilateral constraints. Although the elasticity which shall be considered is linear, the connected problems are non linear in the sense that the superposition principle is not valid in general. Thus we denote this chapter of elasticity as "semi-linear elasticity" and the relevant problems as "unilateral problems".

The existence theory for unilateral problems was started in 1963 by the paper [42] where a problem of semi-linear elasticity posed by Signorini [43], [44] was solved. Since then many authors, imitating and extending results of [42], have been interested in the domain of unilateral problems and nowadays the subject is one of the most important research field of analysis and applied mathematics. For extensive bibliography we refer to the monograph [45] and the book [46].

For introducing unilateral problems in a manner suitable to elasticity let us consider a bilinear form $B(u, v)$ as the one above introduced. However it is more convenient to assume that $B(u, v)$ is defined in $H \times H$, being H an abstract real Hilbert space. $B(u, v)$ is supposed to be continuous and symmetric. Let $F(u)$ be a bounded linear functional defined in H. Let V be a closed convex set of H. We consider the problem consisting in minimizing the functional

$$I(v) = \frac{1}{2} B(v, v) - F(v)$$

over V. In the particular case that V is a linear subspace of H, we have the kind of problem we considered before and if the minimizing vector exists, it must satisfy Eq.'s like (20) i. e.

$$B(u, v) = F(v) \qquad \forall\, v \in V .$$

In the general case, since V is convex, it is easily seen, using elementary calculus, that the minimizing vector must be solution of the following system of inequalities

$$B(u, v - u) \geqq F(v - u) \qquad \forall\, v \in V . \tag{34}$$

A problem like (34) will be denoted as an *abstract unilateral problem*.

Let us consider some examples arising from elasticity.

1. Signorini problem

Let A be the natural configuration of an elastic body, whose elastic potential is the one, $W(x, \varepsilon)$, we have introduced above. Suppose that $W(x, \varepsilon)$ satisfies conditions (23) and i). Let Σ be a part of the boundary of ∂A formed by pieces of regular hypersurfaces, which we suppose frictionless. Suppose that the body A rests on Σ in his natural configuration. Assume that the body is submitted to body forces represented by the vector function f defined — in A and by surface forces on $\partial A - \Sigma = \Sigma^*$, which we denote by g. Suppose that f and g are such that the body comes into an equilibrium position. Such an equilibrium configuration will be found by minimizing the energy functional

$$I(v) = \int_A W[x, \varepsilon(v)]\, dx - \int_A f\, v\, dx - \int_{\Sigma^*} g\, v\, d\sigma$$

in the class of all the admissible displacements which is defined by the condition

$$v_i\, n_i \geqq 0 \qquad \text{on } \Sigma . \tag{35}$$

Let us assume as H the space $H_1(A)$, as V the convex set of $H_1(A)$ defined by the condition (35). Set

$$B(u, v) = \int_A a_{ihjk}(x)\, \varepsilon_{ih}(u)\, \varepsilon_{jk}(v)\, dx$$

$$F(v) = \int_A f\, v\, dx + \int_{\Sigma^*} g\, v\, d\sigma .$$

The Signorini problem, after these assumptions, is a particular case of the abstract unilateral problem we have introduced above.

2. Membrane fixed along its boundary and stretched over an obstacle

Let A be a domain of X^2 representing a membrane fixed along its boundary. Suppose that the membrane is stretched over an obstacle represented by the analytic condition

$$v \geqq \varphi \qquad \text{in } A ; \tag{36}$$

φ is a given function defined in A non-positive on ∂A and satisfying suitable smoothness hypotheses. In this case we assume as H the space $\mathring{H}_1(A)$. V is the convex set defined by (36). Moreover

$$B(u, v) = \int_A u_{/i} v_{/i} \, dx , \qquad F(v) \equiv 0 .$$

The equilibrium configuration is obtained by minimizing $B(v, v)$ over V.

3. Elastic plastic torsion problem

This problem leads to a unilateral problem relative to a bounded domain A of X^2. Also in this case the bilinear form $B(u, v)$ is given as in the preceding example. H is again $\mathring{H}_1(A)$. The convex set V is defined by the condition $|v_{|i} v_{|i}| \leq a$, where a is a positive constant and

$$F(v) = b \int_A v \, dx$$

(b given constant).

4. Clamped plate partially supported on a subdomain

A is a bounded domain of X^2. The space H is the space $\mathring{H}_2(A)$ of scalar functions (space of L_2 scalar functions v with L_2 first and second generalized derivatives such that v and its first derivatives vanish on ∂A).

$$B(u, v) = \int_A \left(\frac{\partial^2 u}{\partial x_1^2} \frac{\partial^2 v}{\partial x_1^2} + 2 \frac{\partial^2 u}{\partial x_1 \partial x_2} \frac{\partial^2 v}{\partial x_1 \partial x_2} + \frac{\partial^2 u}{\partial x_2^2} \frac{\partial^2 v}{\partial x_2^2} \right) dx ,$$

$$F(v) = \int_A f v \, dx .$$

f represents the force acting on the plate. Let A_0 be a subdomain of A. V is defined by the condition $v \geq 0$ in A_0. The equilibrium configuration is a solution of the unilateral problem (34) in this particular case.

5. Elastic, perfectly locking body

$B(u, v)$ is defined as in the SIGNORINI problem. H is one of the following three spaces

$$\mathring{H}_1(A), \quad H_1(A), \quad H_\Sigma \equiv \{v;\, v \in H_1(A),\ v = 0 \text{ on } \Sigma\} .$$

(Σ is defined like in the SIGNORINI problem). Let $\varphi(\varepsilon)$ be a function depending on the symmetric tensor $\varepsilon \equiv \{\varepsilon_{ij}\}$ which is continuous for every ε, is convex functions of ε and is such that $\varphi(0) < 0$. Let V be the closed convex subset of H formed by all the functions v such that

$$\varphi[\ldots, 2^{-1}(v_{i/j} + v_{j/i}), \ldots] \leq 0 \qquad \text{in } A .$$

The problem consists in minimizing $B(v, v)$ on V. This problem, first formulated by PRAGER [47], leads to a particular unilateral problem where $F(v) \equiv 0$.

We want now to give a general existence theorem for the abstract unilateral problem (34) which is able to cover the applications to elasticity as, for instance, the above mentioned ones.

Let T be the linear operator from H to H such that

$$B(u, v) = (T u, v) \qquad \forall\, u, v \in H .$$

$(\ ,\ )$ denotes the scalar product in H. Let $N(T)$ be the kernel of the operator T i. e.

$$N(T) \equiv \{v;\, T v = 0\} .$$

Let Q be the orthogonal projector of H into $N(T)$ and set $P = I - Q$ (I = identity operator). We shall assume the following hypotheses

(I) Semi-coerciveness hypothesis:

$$B(v, v) \geq c \, \|P v\|^2 \qquad \forall\, v \in H \ (c > 0);$$

(II) $N(T)$ is finite dimensional.

If U is a point set of H containing some $u \neq 0$, let us consider for any $u \in U$, $u \neq 0$ the set of nonnegative numbers t such that $t\|u\|^{-1} u \in U$.

We shall denote by $p(u, U)$ the supremum of this set, i. e.

$$p(u, U) = \sup \{t;\, u \in U,\ u \neq 0,\ t \, \|u\|^{-1} u \in U\} .$$

Let $N(F)$ be the kernel of the functional F i. e. $N(F) = \{v;\, F(v) = 0\}$. Set $L = N(F) \cap N(T)$ $N(T) = L \oplus L_1$. Let $\tilde{Q}$ be the orthogonal projector of H onto L. Set $\tilde{P} = I - \tilde{Q}$. Let Q_1 be the orthogonal projector of H onto L_1.

The following **theorem** holds: *The functional $I(v)$ has an absolute minimum in V, i. e. the unilateral problem* (34) *has a solution if there exists $u_0 \in V$ such that the following conditions are satisfied:*

α) $F(\varrho) < 0$ *for* $\varrho \in N(T) \cap V(u_0)$,[3]) $p\{Q_1 \varrho, Q_1[N(T) \cap V(u_0)]\} = +\infty$;

β) *The set* $\tilde{P}[V(u_0)]$ *is closed.*

In the case of the Signorini problem condition α) and β) are satisfied if for every infinitesimal rigid displacement belonging to V we have

$$F(\varrho) \leqq 0$$

the sign $=$ holding when and only when $-\varrho$ belongs to V (see [45] pp. 407–408). It is possible to prove under suitable hypothesis on Σ that the stated condition on F is not only sufficient, but also necessary for the existence of a solution of the Signorini problem. In [45] it is shown that all the above considered unilateral problems have an existence theorem which can be deduced from the general theorem we have stated.

It is also shown in [45] that the conditions α) and β) of the theorem cannot be weakened.

The unilateral problem (34) can be considered also in the case that $B(u, v)$ is not symmetric. In this case the unilateral problem is no more connected with a variational problem.

A more general and sophisticated theorem can be given, which is able to handle the non symmetric case [45].

In the particular cases that we have considered before, it is natural to ask what degree of regularity have the solutions, provided the data are smooth. Different from the linear problems, the regularity of the solutions does not depend on the smoothness of the data. In other words no matter how smooth are the data, the solution cannot be "too regular". That of course is not surprising. Regularity problems have been studied and are intensively studied by several authors. In [45] certain regularity theorems are given for a large class of problems which include the Signorini problem. From these results it follows that the solution u of the Signorini problem satisfies the differential system (25) and on Σ^* the boundary condition of the 2nd B. V. P. of elasticity with datum g. On Σ, u satisfies the so-called *ambiguous boundary conditions*, i. e. in a point of Σ either $u_i n_i > 0$ and the surface tractions vanish, or $u_i n_i = 0$ and the normal component of the surface traction is nonnegative, while every tangential component of this traction vanishes. This depends on the fact that in its natural configuration the elastic body either still rests on some point of Σ, or has left, in this point, the supporting surface Σ. Of course it is not *a priori* known whether in a given point of Σ the first or the second condition is satisfied.[4])

References

1 Muskhelishvili, N. I., Singular integral equations, 2nd ed. Nordhoff, Groningen, 1959 and 3rd edition (in Russian) published by the State Publ. House for Physics-Mathematics Literature, Moscow, 1968.
2 Muskhelishvili, N. I., Some basic problems of the mathematical theory of elasticity, Nordhoff, Groningen, 1953.
3 Kelvin, Lord (W. Thomson), Cambridge and Dublin Math. J. (1848).
4 Somigliana, C., Nuovo Cimento **3** (1885).
5 Lauricella, G., Nuovo Cimento **13** (1907).
6 Fichera, G., Ann. Scuola Norm. Sup. Pisa **4** (1950).
7 Fredholm, J., Ark. Mat. Astron. Pys. **2**, 28 (1906).
8 Marcolongo, R., Rend. Acc. Naz. Lincei **16** (1907).
9 Lichtenstein, L., Math. Z. **20** (1924).
10 Boggio, T., Rend. Acc. Lincei **16** (1907).
11 Kinoshita, M. — Mura, T., Research Reports of the Fac. of Engin., Meiji Univ., N. 8, 1956.
12 Michlin, S. G., Multi-dimensional singular integrals and integral equations, Pergamon Press, Oxford, 1965.
13 Kupradze, V. D., Potential methods in the theory of elasticity, Israel Program for scientific Translation, Jerusalem, 1965.
14 Korn, A., Ann. Univ. Toulose, 1908.
15 Weyl, H., Rend. Circ. Mat. Palermo, 1915.
16 Friedrichs, K. O., Ann. of Math. **48** (1947).
17 Friedrichs, K. O., Math. Annalen, **98** (1928).
18 Gårding, L., Math. Scand. **1** (1953).
19 Fichera, G., Linear elliptic differential systems and eigenvalue problems., Lecture Notes in Mathem. N. 8, Springer, 1965.
20 Fichera, G., Handbuch der Physik, vol. VIa/2, pp. 347–389, Springer, 1972.
21 Fichera, G., Continuum Mech. and Related Problem of Anal., Moscow 1972, pp. 567–574.
22 Van Hove, L., Proc. Konikl. Nederl. Akd. Wet, **50**, 1 (1947).
23 Bernstein, B., Toupin, R. A., Arch. Rat. Mech. Anal. **6** (1960).
24 Campanato, S., Ann. Scuola Norm. Sup. Pisa, **13** (1959).
25 Campanato, S., Ann. Scuola Norm. Sup. Pisa, **16** (1962).
26 Payne, L. E., Weinberger, H. F., Arch. Rat. Mech. Anal. **8** (1961).
27 Gobert, J., Bull. Soc. Roy. Sci. Liège, **3–4** (1962).
28 Hlaváček, I., Nečas, J., Arch. Rat. Mech. Anal. **36** (1970).
29 Eidus, D. M., Dokl. Akad. Nauk USSR, **76** (1951).
30 Sobolev, S. L., Dokl. Akad. Nauk USSR, **4** (1936).
31 Michlin, S. G., Dokl. Akad. Nauk USSR. **77** (1951).
32 Kogan, S. Y., Izv. Akad. Nauk (Geophys. Ser.) **3** (1956).
33 Nikolski, E. N., Doklad. Akad. Nauk USSR, **135** (1960).

[3]) By $V(u_0)$ we denote the set of all v such that $v + u_0 \in V$.

[4]) This justifies the term *ambiguous boundary conditions*, introduced by Signorini.

34 Michlin, S. G., The problem of the minimum of a quadratic functional, Holden-Day, S. Francisco-London-Amsterdam, 1965.
35 Kupradze, V. D., Dynamical problems in elasticity (from Progress in solid Mechanics) vol. 3 North Holland, Amsterdam, 1963.
36 Picone, M., Colloque sur le eq. aux dér. part. CBRM, Bruxelles, 1954.
37 Lions, J. L., Ann. Matem. pura e appl. **16** (1955).
38 Campanato, S., Ricerche di Matem. VI (1957).
39 Fichera, G., Proc. of the Tbilisi Conference on Continuum Mech. and related problems of Anal. (1971) (to appear).
40 Colautti, M. P., Memorie Acc. Naz. Lincei, VIII (1967).
41 Castellani Rizzonelli, P., J. of Elasticity (to appear).
42 Fichera, G., Memorie Acc. Naz. Lincei, VII (1963).
43 Signorini, A., Atti Soc. Ital. Progresso Science, 1933.
44 Signorini, A., Rend. di Matem. e delle sue appl. **18** (1959)
45 Fichera, G., Handbuch der Physik, vol. VIa/2, Springer, 1972, pp. 391–424.
46 Lions, J. L., Quelque méthodes de résolution des problémes aux limites non linéaires, Dunod Gauthier-Villars, Paris, 1969.
47 Prager, W., Atti del Convegno Lagrangiano, Accad. Sci. Torino, 1963.

Anschrift: Prof. Gaetano Fichera, via Pietro Mascagni 7, I 00199 Roma, Italien

ZAMM 54, T 36 – T 40 (1974)

R. Leis

Rand- und Eigenwertaufgaben in der Theorie elektromagnetischer Schwingungen

In diesem Überblick soll eine Theorie der Rand- und Eigenwertaufgaben für die Maxwellschen Gleichungen dargestellt werden. Die zeitunabhängigen Maxwellschen Gleichungen lauten bekanntlich

$$\operatorname{rot} E - i\,\omega\,\mu\,H = J\,; \quad \operatorname{rot} H + i\,\omega\,\eta\,E = K\,. \tag{1}$$

Dabei sind E, H elektrische bzw. magnetische Feldstärken; J, K einfallende Felder; μ die Permeabilität, ε die Dielektrizität, σ die elektrische Leitfähigkeit und $\eta = \varepsilon + \dfrac{i\,\sigma}{\omega}$. Im allgemeinen anisotropen Fall sind ε und μ positiv definite Matrizen, und σ ist $\geqq 0$. Aus den Maxwellschen Gleichungen folgt durch Elimination von H

$$\operatorname{rot}\alpha\,\operatorname{rot} E - \omega^2\,\eta\,E = F \quad \text{mit} \quad \alpha = \mu^{-1} \quad \text{und} \quad F = i\,\omega K + \operatorname{rot}\alpha\,J\,. \tag{2}$$

Dazu kommt bei Beugungsproblemen im einfachsten Fall die Randbedingung $n \times E|\partial G = 0$. Dabei ist G ein Gebiet im R^3. Bei unbeschränkten Gebieten tritt außerdem noch eine Ausstrahlungsbedingung hinzu. Wenn man sich die Maxwellschen Gleichungen ansieht, bemerkt man sofort, daß sie für $\omega = 0$ zerfallen. In diesem Fall löst jeder Gradient einer Funktion mit kompaktem Träger die homogene Randwertaufgabe. Außerdem enthält die Randbedingung nur die Tangentialkomponenten von E. Es ist also nicht zu erwarten, daß sich die Ergebnisse aus der Theorie der Randwertaufgaben elliptischer Differentialgleichungen ohne weiteres übertragen lassen.

Die ersten Existenzsätze für Randwertaufgaben zu den Maxwellschen Gleichungen für beschränkte und unbeschränkte Gebiete stammen von C. Müller 1952. C. Müller behandelt homogene isotrope Medien und benutzt die aus der Potentialtheorie bekannte Integralgleichungsmethode. Das setzt natürlich einen glatten Rand voraus. Schwierigkeiten treten im Vergleich zur Potentialtheorie dadurch auf, daß in der Theorie der Maxwellschen Gleichungen das Analogon zum Dipolpotential eine stärkere Singularität aufweist. Die Methode von C. Müller wurde von H. Weyl auf den R^n und von P. Werner auf inhomogene isotrope Medien übertragen.

Will man den allgemeinen Fall inhomogener anisotroper Medien bei zunächst beliebigem Rand angehen, dann ist die Integralgleichungsmethode weniger geeignet, weil diese Methode zu sehr am glatten Rand und an der expliziten Kenntnis der Grundlösung hängt. Es liegt daher nahe, Hilbertraummethoden, die sich aus dem Dirichletschen Prinzip entwickelt haben, zu verwenden. Das soll hier geschehen. Dabei zeigt es sich, daß man den gedämpften Fall ($\sigma > 0$) relativ leicht behandeln kann. Beim interessanteren ungedämpften Fall tritt jedoch schon bei beschränkten Gebieten eine charakteristische Schwierigkeit auf. Weil die Maxwellschen Gleichungen nicht elliptisch sind, kann man nämlich nicht alle ersten Ableitungen der Lösungen abschätzen, und es fehlt deshalb ein Analogon zum Rellichschen Auswahlsatz. Ein solches Kompaktheitskriterium wird aber zum Nachweis der Existenz von Lösungen benötigt.

Man kann versuchen, diese Schwierigkeit dadurch zu umgehen, daß man in die Maxwellschen Gleichungen einen Term so einfügt, daß sie elliptisch werden. Aus den Maxwellschen Gleichungen kann man nämlich leicht die Divergenz der Lösung berechnen und wird so auf die elliptische Randwertaufgabe

$$\operatorname{rot}\alpha\,\operatorname{rot} E - \varepsilon\,\operatorname{grad}\operatorname{div}\varepsilon\,E - \omega^2\,\varepsilon\,E = F + \varepsilon\,\omega^{-2}\operatorname{grad}\operatorname{div} F\,,$$
$$n \times E \mid \partial G = 0 \quad \text{und} \quad \operatorname{div}\varepsilon\,E \mid \partial G = 0$$

geführt. Im wesentlichen wird das Problem damit auf die HELMHOLTZsche Schwingungsgleichung reduziert; die Lösungen dieser Aufgabe sind mit ihren ersten Ableitungen quadratintegrabel. Es zeigt sich aber, daß die Äquivalenz beider Probleme nur bei glattem Rand richtig ist. Bei nur stückweise glattem Rand gibt es vielmehr Lösungen der MAXWELLschen Gleichungen, deren erste Ableitungen in der Umgebung des Randes nicht mehr quadratintegrabel sind.

Im R^2 sieht man das leicht an folgendem Beispiel: Es sei $J_{2/3}(r)$ im Nullpunkt reguläre BESSELfunktion. Dann ist $u(r, \Phi) = J_{2/3}(r) \cos (2\,\Phi/3)$ in einer Umgebung der Ecke $0 \leqq \Phi \leqq 3\,\pi/2$ Lösung der Schwingungsgleichung. Es sei $E = (\partial_2 u, -\partial_1 u)$. Dann gilt $\operatorname{div} E = 0$; E löst in einer Umgebung der Ecke die MAXWELLschen Gleichungen und erfüllt die Randbedingung. E, $\operatorname{rot} E \sim \Delta u \sim u$ und $\operatorname{div} E$ sind quadratintegrabel, eine beliebige Ableitung von E aber nicht (wegen $J_{2/3}(r) \sim r^{2/3}$). Die zweite mit $N_{2/3}(r)$ analog gebildete Lösung ist selbst nicht mehr quadratintegrabel und tritt deshalb in einer L_2-Theorie nicht auf.

Zur Behebung dieser Schwierigkeit werden wir in diesem Aufbau die MAXWELLschen Gleichungen direkt angehen, also ohne Rückführung auf eine elliptische Gleichung, und einen Auswahlsatz an die Spitze stellen, der im wesentlichen besagt, daß man aus einer beschränkten Folge von Funktionen, die der Randbedingung genügen und deren Rotationen und Divergenzen ebenfalls beschränkt sind, eine konvergente Teilfolge auswählen kann.

Bei den Außenraumaufgaben kommt im ungedämpften Fall noch eine weitere Schwierigkeit hinzu. Die Lösungen und ihre Ableitungen sind nämlich außen nicht mehr quadratintegrabel und somit einer L_2-Theorie nicht direkt zugänglich. Wir behandeln diese Schwierigkeit hier mit der Methode der Grenzabsorption, d. h. wir bilden eine Folge $\{E_n\}$ von Lösungen gedämpfter Gleichungen und führen den Grenzübergang verschwindender Dämpfung durch. Für diese Methode werden wesentlich a priori-Abschätzungen über das asymptotische Verhalten der Lösungen außen benutzt. Ferner benötigt man zum Nachweis der Eindeutigkeit der Außenraumaufgaben das Prinzip von der eindeutigen Fortsetzbarkeit der Lösungen der MAXWELLschen Gleichungen. Aus dem asymptotischen Verhalten einer Lösung der homogenen Gleichung kann man nämlich schließen, daß sie genügend weit außen verschwindet. Man möchte dann beweisen, daß sie überall verschwindet. Wir zeigen die Gültigkeit des Prinzips der eindeutigen Fortsetzbarkeit für die MAXWELLschen Gleichungen mit einer Methode, die auf M. PROTTER zurückgeht.

1. Formulierung der Rand- und Eigenwertaufgaben

Es sei wie üblich $L_2(G)$ der HILBERTraum der im LEBESGUEschen Sinne über G quadratintegrablen Funktionen bzw. Felder; $\mathring{C}(G)$ sei der Raum der Testfunktionen bzw. Testfelder über G. Es sei ferner

$$(E, F)_r = (E, F) + (\operatorname{rot} E, \operatorname{rot} F); \quad \|E\|_r^2 = (E, E)_r .$$

Dann definieren wir den HIBERTraum $\mathring{R}$ als Vervollständigung der Testfelder unter dieser Norm. Aus dem GAUSSschen Satz

$$\int_G F \operatorname{rot} E \, dx = \int_G E \operatorname{rot} F \, dx + \int_{\partial G} F\,(n \times E)\, dO$$

folgt im Falle eines glatten Randes und stetig differenzierbarer E aus $E \in \mathring{R}$ auch $n \times E \mid \partial G = 0$.

Als DIRICHLETsche Form zu den MAXWELLschen Gleichungen wählen wir

$$B(\Phi, E) = (\operatorname{rot} \Phi, \alpha \operatorname{rot} E) - \omega^2(\Phi, \eta\, E) \tag{3}$$

und setzen dazu α und η als beschränkt und quadratintegrabel voraus. Wir unterscheiden nun zwei Fälle

Definition 1: Es sei entweder G beschränkt oder aber G unbeschränkt und $\sigma > 0$. Dann nennen wir $E \in \mathring{R}(G)$ schwache Lösung der Randwertaufgabe, wenn für alle $\Phi \in \mathring{C}(G)$

$$B(\Phi, E) = (\Phi, F) \tag{4}$$

gilt.

Es wird sich zeigen, daß dies der leichtere Fall ist. Im gedämpften Falle sind die Randwertaufgaben eindeutig lösbar, sonst gilt die FREDHOLMsche Alternative. Interessanter sind Außenraumaufgaben für Außengebiete mit verschwindender Dämpfung, also für Gebiete mit beschränktem Komplement und $\sigma = 0$. Zur Vereinfachung setzen wir in diesem Fall voraus, daß es ein R_0 so gibt, daß in $G_a = \{x \in G \mid |x| > R_0\}$

$$\mu_{ik} = \mu_0\, \delta_{ik}\,, \; \varepsilon_{ik} = \varepsilon_0\, \delta_{ik} \quad \text{und} \quad f = 0$$

ist mit positiven Zahlen μ_0 und ε_0. Als Lösungsraum wählen wir jetzt $\mathring{R}^*(G) = \{E \in L_2^{\text{loc}} \mid \exists\, \Phi_n \in \mathring{C}(G)$ mit $\|\Phi_n - E\|_r\,(G_R) \to 0$ für jedes feste $R\}$. Dabei sei $G_R = \{x \in G \mid |x| < R\}$. Wir definieren dann

Definition 2: Es sei G Außengebiet und $\sigma = 0$. Dann nennen wir $E \in \mathring{R}^*(G)$ schwache Lösung der Außenraumaufgabe, wenn für alle $\Phi \in \mathring{C}(G)$ Gln. (4) und

$$\|x_0 \times \operatorname{rot} E + i\,\varkappa\, E\|(G_a) < \infty \tag{5}$$

gelten. Dabei ist $x_0 = x/|x|$ und $\varkappa = \omega \sqrt{\varepsilon\,\mu}$.

Gleichung (5) ist die Ausstrahlungsbedingung. Wir werden zeigen, daß die Außenraumaufgaben eindeutig lösbar sind.

Um zu beweisen, daß die so definierten schwachen Lösungen auch Lösungen im üblichen Sinne darstellen, muß man voraussetzen, daß die Koeffizienten der Differentialgleichung und F genügend glatt sind, und Regularitätssätze anwenden. Das sei im folgenden vorausgesetzt; wir wollen auf diese Problematik hier nicht weiter eingehen.

Wenn G beschränkt ist und σ verschwindet, kann man auch Eigenwertaufgaben zu den Maxwellschen Gleichungen stellen. Es sei $\mathring{R}_0 = \{E \in \mathring{R} \mid \operatorname{div} \varepsilon E = 0\}$, dann definieren wir

Definition 3: Eine Zahl λ heißt Eigenwert zu den Maxwellschen Gleichungen, wenn es ein $E \in \mathring{R}_0$, $E \neq 0$ gibt mit

$$(\operatorname{rot} \Phi, \alpha \operatorname{rot} E) = \lambda(\Phi, \varepsilon E) \tag{7}$$

für alle $\Phi \in \mathring{C}(G)$. E heißt dann Eigenfeld zu λ.

2. Der gedämpfte Fall

Im gedämpften Fall ($\sigma > 0$) erhält man für beliebige Gebiete leicht die Abschätzung ($p > 0$)

$$|B(\Phi, \Phi)| \geqq p\, \|\Phi\|_r^2 \text{ für alle } \Phi \in \mathring{R}\,. \tag{6}$$

Aus dem Rieszschen Darstellungssatz, bzw. aus einer leichten Verallgemeinerung davon (Satz von Lax-Milgram) folgt dann die eindeutige Lösbarkeit der Randwertaufgabe. Es sei $M\colon L_2(G) \to \mathring{R}(G)$ der Lösungsoperator. Dann gilt $\|M F\|_r \leqq c\, \|F\|$ und

Satz 1: *Es sei G ein beliebiges Gebiet, $\sigma > 0$ und $F \in L_2(G)$. Dann ist die Randwertaufgabe eindeutig lösbar.*

Im letzten Abschnitt werden wir auf dieses Ergebnis zurückgreifen und den Grenzübergang verschwindender Dämpfung durchführen.

3. Der ungedämpfte Fall: Rand- und Eigenwertaufgaben für beschränkte Gebiete

Es sei jetzt G beschränkt und $\sigma = 0$. Dann gilt

$$B(\Phi, \Phi) \geqq p\, \|\Phi\|_r^2 - c\, \|\Phi\|^2 \text{ für alle } \Phi \in \mathring{R}\,. \tag{7}$$

In diesem Fall kann man nicht mehr auf die eindeutige Lösbarkeit der Randwertaufgabe schließen, vielmehr gilt jetzt die Fredholmsche Alternative. Als erstes zeigt man, daß man sich auf den Fall $\operatorname{div} F = 0$ beschränken kann, und geht dann wie bei elliptischen Gleichungen vor. Es sei $D_0 = \{E \in L_2 \mid \operatorname{div} \varepsilon E = 0\}$ und M der in § 2 eingeführte Lösungsoperator. Dann gilt $M\varepsilon\colon D_0 \to D_0$, und es muß bewiesen werden, daß diese Abbildung kompakt ist. Das folgt aus folgendem

Auswahlsatz: *Es sei $G_n \in \mathring{R}$, $\operatorname{div} \varepsilon G_n \in L_2$ und*

$$\|\operatorname{rot} G_n\|^2 + \|\operatorname{div} \varepsilon G_n\|^2 + \|G_n\|^2 \leqq 1.$$

Dann gibt es eine Teilfolge $\{G_{n'}\}$ und ein $G \in L_2$ mit $\|G_{n'} - G\| \to 0$.

Dieser Auswahlsatz läßt sich relativ leicht für Gebiete mit glattem Rand durch partielle Integrationen beweisen. Der Beweis läßt sich auf Gebiete übertragen, die man durch Spiegeln auf Gebiete mit glattem Rand zurückführen kann (z. B. Halbkugeln oder Würfel). Für allgemeinere Gebiete wird der Beweis schwieriger, und es ist noch nicht klar, in welcher Allgemeinheit er gilt. Der bisher am weitesten gehende Nachweis für kegelartige Gebiete stammt von N. Weck.

Im folgenden bedeute $G \in A$, daß für G der Auswahlsatz richtig ist. Dann gilt also

Satz 2: *Es sei G beschränkt, $G \in A$, $\sigma = 0$, $F \in L_2$ und $\operatorname{div} F \in L_2$. Dann gilt für die Randwertaufgabe die Fredholmsche Alternative, und die notwendige und hinreichende Lösungsbedingung lautet $(K, F) = 0$ für alle Lösungen der homogenen Gleichung.*

Wenn der Auswahlsatz einmal zur Verfügung steht und damit die Kompaktheit des Lösungsoperators klar ist, kann man analog zu den elliptischen Differentialgleichungen Eigenwertaufgaben lösen. Es gilt

Satz 3: *Es sei G beschränkt und $G \in A$. Dann besitzt die Eigenwertaufgabe abzählbar unendlich viele Eigenwerte, die sich im Endlichen nirgends häufen, und zugehörige Eigenfelder $E_i \in \mathring{R}_0$ mit $(E_i, \varepsilon E_j) = \delta_{ij}$ und*

$$(\operatorname{rot} \Phi, \alpha \operatorname{rot} E_i) = \lambda_i\, (\Phi, \varepsilon E_i) \quad \textit{für alle } \Phi \in \mathring{R}\,.$$

Es sei $F \in \mathring{R}_0$, $f_n = (F, \varepsilon E_n)$ und $G_n = F - \sum_{j=1}^{n} f_j E_j$. Dann gilt

$$\|G_n\|_r \to 0\,, \quad \sum_{j=1}^{\infty} f_j^2 = (F, \varepsilon F) \quad \textit{und} \quad \sum_{j=1}^{\infty} \lambda_j f_j^2 = (\operatorname{rot} F, \alpha \operatorname{rot} F)\,.$$

4. Das Prinzip der eindeutigen Fortsetzbarkeit

Zum Beweis des Eindeutigkeitssatzes für die Außenraumaufgaben benötigen wir das Prinzip von der eindeutigen Fortsetzbarkeit der Lösungen. Für analytische Funktionen ist eine solche Aussage klar; das Bemerkenswerte ist jedoch, daß sie auch für Lösungen von Differentialgleichungen mit nicht analytischen Koeffizienten richtig ist. Das Prinzip gilt ziemlich allgemein für Differentialgleichungen zweiter Ordnung, für Gleichungen höherer Ordnung bzw. Systeme gibt es jedoch Gegenbeispiele.

Zum Beweis des Prinzips von der eindeutigen Fortsetzbarkeit für die MAXWELLschen Gleichungen benutzen wir eine Abschätzung, die auf M. PROTTER zurückgeht, und erhalten

Satz 4: *Es seien $E, H \in C_1(G)$ zweimal stückweise stetig differenzierbare Lösungen der homogenen Maxwellschen Gleichungen, die in der Umgebung eines Punktes $x \in G$ verschwinden. Es seien $\varepsilon, \mu \in C_1(G)$. Dann verschwinden E und H überall in G.*

5. Das asymptotische Verhalten im Unendlichen

Zum Beweis des Existenzsatzes für die Außenraumaufgaben benötigen wir a-priori-Abschätzungen für das asymptotische Verhalten der Lösungen im Unendlichen. Es sei $k = \omega \sqrt{\mu\,\eta}$, $\Phi(x, y) = e^{ik|x-y|}/4\pi\,|x-y|$ und a ein beliebiger Vektor. Dann sind

$$H_1(a; x, y) = \nabla_x \times a\,\Phi(x, y) \quad \text{und} \quad E_1(a; x, y) = \frac{i}{\omega\,\eta} \nabla_x \times H_1(a; x, y)\,.$$

Grundlösungen (elektrische Dipole) zu den MAXWELLschen Gleichungen für homogene isotrope Medien. Es gilt nämlich

Lemma 1: *Bei festem y gilt*

$$\operatorname{rot} E_1(a; x, y) - i\,\omega\,\mu\,H_1(a; x, y) = \frac{i}{\omega\,\eta} \operatorname{rot} \alpha\,\delta\,(x - y)$$

und nach leichter Rechnung findet man für große x

Lemma 2: *Bei festem y und $x_0 = x/|x|$ gilt gleichmäßig in x_0 für* $|x| \to \infty$

$$H_1(a; x, y) = -\,i\,k\,(a \times x_0)\,\Phi + O\left(\frac{1}{|x|^2}\right); \quad E_1(a; x, y) = i\,\omega\,\mu\,x_0 \times (a \times x_0)\,\Phi + O\left(\frac{1}{|x|^2}\right)$$

$$\omega\,\eta\,(x_0 \times E_1) - k\,H_1 = O\left(\frac{1}{|x|^2}\right); \quad \omega\,\mu\,(x_0 \times H_1) + k\,E_1 = O\left(\frac{1}{|x|^2}\right).$$

Aus Lemma 1, 2 erhält man eine Darstellung der Lösungen im ganzen R^3 für homogene isotrope Medien.

Lemma 3: *Es seien $J, K \in \mathring{C}(R^3)$; $k = \omega \sqrt{\mu\,\eta}$ mit* $\operatorname{Re} k > 0$, $\operatorname{Im} k \geqq 0$ *und E Lösung der Maxwellschen Gleichungen mit*

$$\|x_0 \times \operatorname{rot} E + i\,k\,E\| < \infty\,.$$

Dann gilt

$$a\,E(x) = \frac{a\,K(x)}{i\,\omega\,\eta} + \int_{R^3} \{J(y)\,H_1(a; y, x) + K(y)\,E_1\,(a; y, x)\}\,dy$$

und

$$a \operatorname{rot} E(x) = i\,\omega\,\mu \int_{R^3} \left\{K(y)\,H_1\,(a; y, x) - \frac{\eta}{\mu}\,J(y)\,E_1(a; y, x)\right\} dy\,.$$

Aus Lemma 3 folgen die gewünschten a-priori-Abschätzungen für das asymptotische Verhalten der Lösungen im Unendlichen. Da wir später den Grenzübergang verschwindender Dämpfung durchführen wollen, lassen wir auch gedämpfte Medien zu und leiten die Abschätzungen gleichmäßig bez. σ her. Es sei G ein Außengebiet mit inhomogenem, anisotropem Medium. In G_a, d. h. für $|x| > R_0$, sei das Medium homogen und isotrop. E sei Lösung der Außenraumaufgabe mit $\|x_0 \times \operatorname{rot} E + i\,k\,E\|\,(G_a) < \infty$. Dabei sei $k = \omega \sqrt{\eta_0\,\mu_0}$ mit $\operatorname{Re} k = k_1 > 0$ und $\operatorname{Im} k \geqq 0$. Dann gilt

Satz 5: *Es sei $\varkappa = \omega \sqrt{\varepsilon_0\,\mu_0} > 0$, $c_0 > 0$, $R_1 > R_0$. Dann gibt es eine Konstante c und ein Kompaktum $Z \subset\subset G_a$, so daß für alle Lösungen E und für alle x mit $|x| \geqq R_1$ und für alle σ_0 mit $0 \leqq \sigma_0 \leqq c_0$ folgendes gilt*

1. $|E(x)| \leqq \dfrac{c}{|x|}\,\|E\|\,(Z)$

2. $|x_0 \times \operatorname{rot} E(x) + i\,k\,E(x)| \leqq \dfrac{c}{|x|^2}\,\|E\|\,(Z)\,.$

6. Der ungedämpfte Fall: Außenraumaufgaben

Nach den Vorbereitungen im letzten Abschnitt können wir nun folgenden Satz beweisen:

Satz 6: *Es sei G ein Außengebiet mit* $G_{R_0} \in A$, $\sigma = 0$ *und* $F \in L_2(G)$ *mit* $Trg\, F \in K(0, R_0)$ *und* $\operatorname{div} F \in L_2(G)$. *Dann ist die Außenraumaufgabe eindeutig lösbar.*

Die Eindeutigkeit folgt aus einem Ergebnis von Kupradze und Rellich. Zum Beweis der Existenz einer Lösung benötigt man

Lemma 4: *Es sei* $R_0 < R' < R$. *Dann gilt für alle* $E \in \mathring{R}^*$ *mit* $\operatorname{rot} \alpha \operatorname{rot} E \in L_2(G_R)$

$$||E||_r(G_{R'}) \leqq c\,\{||\operatorname{rot}\alpha \operatorname{rot} E||(G_R) + ||E||(G_R)\}.$$

Wir wählen dann eine positive Nullfolge $\{r_n\}$, setzen $\sigma_n = \omega\, \varepsilon\, r_n$ (dann ist $\eta_n = (1 + i\, r_n)\, \varepsilon$) und lösen

$$\operatorname{rot}\alpha \operatorname{rot} E_n - \omega^2\, \eta_n\, E_n = F$$

im schwachen Sinne in $\mathring{R}$. Wir wollen den Grenzübergang $r_n \to 0$ durchführen und so die gesuchte Lösung E erhalten. Da E sich im Unendlichen wie $|x|^{-1}$ verhält, also nicht zu $L_2(G)$ gehört, wählen wir dazu die Norm $|||E||| = ||E(x)/(1 + |x|)^{3/4}||(G)$ und können aus dem Auswahlsatz und Satz 5 die Existenz eines Grenzwertes E beweisen. E löst die Außenraumaufgabe.

Literatur

Agmon, S., Lectures on elliptic boundary value problems, Van Nostrand, Princeton 1965.

Leis, R., Vorlesungen über partielle Differentialgleichungen zweiter Ordnung. Bibl. Inst. Taschenbuch 165, Mannheim 1967.

Leis, R., Zur Theorie elektromagnetischer Schwingungen in anisotropen inhomogenen Medien, M. Z. 106, 213—224 (1968).

Leis, R., Über die eindeutige Fortsetzbarkeit der Lösungen der Maxwellschen Gleichungen in ansiotropen inhomogenen Medien, Bulletin of the Polytechnic Institute of Jassy XIV (XIII), Fasc. 3—4, 119—124 (1968).

Leis, R., Zur Theorie der zeitunabhängigen Maxwellschen Gleichungen, Berichte der Gesellschaft für Mathematik und Datenverarbeitung, Bonn, BMBW-GMD-50, (1971).

Leis, R., Über das Dirichletsche Prinzip, Überblicke Mathematik 1972, Bibl. Inst. Mannheim, S. 145—169.

Müller, C., Grundprobleme der mathematischen Theorie elektromagnetischer Schwingungen, Springer, Berlin 1957.

Müller, C. und Niemeyer, H., Greensche Tensoren und asymptotische Gesetze der elektromagnetischen Hohlraumschwingungen, Arch. Rat. Mech. Anal. 7, 305—348 (1961).

Protter, M. H., Unique continuation for elliptic equations, Trans. Amer. Soc. 95, 81—91 (1960).

Rellich, F., Über das asymptotische Verhalten der Lösungen von $\Delta U + \lambda U = 0$ in unendlichen Gebieten, Jber. dtsch. Math. Verein 53, 57—65 (1943).

Weck, N., Eine Lösungstheorie für die Maxwellschen Gleichungen auf Riemannschen Mannigfaltigkeiten mit nicht-glattem Rand, Habilitationsschrift, Bonn 1972.

Werner, P., Randwertprobleme für die zeitunabhängigen Maxwellschen Gleichungen mit variablen Koeffizienten, Arch. Rat. Mech. Anal. 18, 167—195 (1965).

Weyl, H., Die natürlichen Randwertaufgaben im Außenraum für Strahlungsfelder beliebiger Dimension und beliebigen Ranges, Math. Z. 56, 105—119 (1952).

Wienholtz, E., Zur Regularität schwacher Lösungen für elliptische Systeme partieller Differentialoperatoren, Math. Z. 83, 85—118 (1964).

Wilcox, C. H., The steady-state diffraction of electromagnetic radiation by an obstacle in an inhomogeneous anisotropic conducting medium, Arch. Rat. Mech. Anal. 14, 326—36 (1963).

Anschrift: Prof. Dr. R. Leis, Institut für Angewandte Mathematik und Informatik der Universität Bonn, 53 Bonn 1, Wegelerstr. 10, BRD

ZAMM 54, T 40 – T 45 (1974)

J. Wittenburg

Stand und Entwicklungstendenzen der Mechanik rotierender Körper

Die Kreiselmechanik nimmt unter den Disziplinen der Mechanik eine Außenseiterstellung ein. Das zeigt die ungewöhnlich spärliche Literatur in Buchform über dieses Thema, und das zeigt die geringe Anzahl von Vorlesungen an den Hochschulen. Wenn man von einigen jedermann bekannten Kreiselerscheinungen absieht, die z.B. im Maschinenbau eine Rolle spielen, dann kann man ohne große Übertreibung sagen, daß es sich bis vor zehn bis zwanzig Jahren vorwiegend um ein Interessengebiet einiger Physiker und Mathematiker und einer Gruppe von Ingenieuren handelte, die beim Bau von Meßgeräten die typischen dynamischen Eigenschaften eines rotierenden, starren Körpers ausnutzen. Ein Blick in die Literatur dieser Zeit zeigt, daß man es mit einer Sammlung voneinander mehr oder weniger isolierter Spezialprobleme zu tun hat. In der Mehrzahl sind physikalische Systeme, bei denen ein einzelner starrer Körper ein brauchbares Modell der Wirklichkeit ist. Bei Systemen, wo das nicht reicht, ist die Zahl der Freiheitsgrade auffallend gering. So gilt z.B. der kardanisch gelagerte Kreisel bei Berücksichtigung der Trägheit der beiden Kardanrahmen schon als ein kompliziertes System.

Einige Beispiele zeigen, daß es eine große Zahl technischer Probleme gibt, die nur gelöst werden können, wenn man die Mechanik rotierender Körper nach verschiedenen Richtungen wesentlich ausbaut. Mit Absicht wird von der Mechanik rotierender Körper und nicht von Kreiselmechanik gesprochen, um die mit dem Wort Kreisel verbundene Beschränkung auf ideal starre Körper aufzugeben. In der Tat hat man es z.B. bei Biegeschwingungen elastischer und elastisch gelagerter Rotoren mit Systemen zu tun, die ihr interessantes Verhalten dem Zusammenspiel elastischer und gyroskopischer Effekte verdanken. In dieselbe Gruppe gehören die Schwingungen rotierender Turbinenschaufeln und Hubschrauberrotoren und das Verhalten flexibler, rotierender Raumflugkörper. Ebenfalls nicht starr sind rotierende Körper mit flüssigkeitsgefüllten Hohlräumen wie Zentrifugen, Flugkörper u. a. Eine Betrachtung von Systemen mit sehr vielen Freiheitsgraden der Bewegung ist notwendig bei dem weiten und bisher fast unbeachteten Feld der Kinetik räumlicher Mechanismen. Im folgenden soll an einigen Beispielen unter Verzicht auf mathematische Einzelheiten erläutert werden, wie moderne Probleme in diesem Zweig der Mechanik aussehen und wie sie bearbeitet werden.

Das erste Beispiel stammt aus der Raumfahrttechnik, deren neuartige Probleme wesentlich zur Weiterentwicklung der Kreiselmechanik beigetragen haben. Im Jahre 1958 wurde der Satellit Explorer I gestartet, ein spinstabilisierter, langgestreckter, axialsymmetrischer Körper mit vier kurzen, flexiblen Antennen. Nach den Ergebnissen der klassischen Kreiselmechanik ist eine permanente Drehung um die Achse des kleinsten Hauptträgheitsmomentes stabil. Es war daher unerwartet, daß der Satellit eine Nutationsbewegung ausführte, bei der seine Figurenachse einen ständig größer werdenden Kegel beschrieb. Die Ursache dieser Instabilität wurde in der Energiedissipation entdeckt, die infolge mechanischer Hysterese bei Biegeschwingungen der Antennen auftritt. Das Beispiel zeigt, wie begrenzt gültig die klassische Modellvorstellung eines starren Körpers ist. Der Satellit muß als ein Mehrkörpersystem angesehen werden, bei dem Relativbewegungen der Einzelteile gegeneinander mit Energiedissipation verbunden sind. Auf eine einfachere, aber anfechtbare Weise kann die Instabilität mit dem sog. Energiesenkenverfahren wie folgt erklärt werden. Wenn der Körper tatsächlich starr wäre, dann wären in Abwesenheit äußerer Kräfte seine kinetische Energie T und ein anfänglich vorhandener, kleiner Nutationswinkel ϑ konstant, und zwischen ihnen bestünde die einfache Beziehung $T = c_1 + c_2\,(I_3 - I_1)\sin^2\vartheta$. Nun ist T aber nicht konstant. Vielmehr gilt $dT/dt = c_2(I_3 - I_1)\sin 2\vartheta \times \times (d\vartheta/dt) \leqq 0$. Daraus schließt man wegen $c_2 > 0$, daß der Nutationswinkel größer (kleiner) wird, wenn das Trägheitsmoment I_3 um die Figurenachse kleiner (größer) als das um die Querachse ist. Stabilität setzt also $I_3 = I_{\max}$ voraus. Die Fragwürdigkeit dieser Argumentation liegt darin, daß bei der Angabe der kinetischen Energie die für das Phänomen wesentlichen Freiheitsgrade der Relativbewegung im System gar nicht beachtet werden. Das ist sicher unzulässig, wenn die Relativbewegungen mit nicht vernachlässigbaren Massenkräften, elastischen Rückstellkräften usw. verbunden sind. Dann muß man z.B. bei elastischen Strukturen so vorgehen wie weiter unten geschildert wird.

Die an Explorer I festgestellte Instabilität ist ein schwieriges Hindernis für die Konstrukteure von Satelliten, weil der Raum in einer Trägerrakete durch schlanke Körper am besten ausgenutzt werden kann. Das Hindernis wurde erst einige Jahre später durch die Entdeckung überwunden, daß die Drehung um die Achse des kleinsten Hauptträgheitsmomentes stabilisiert wird, wenn man in Richtung dieser Achse einen Rotor in den Satelliten einbaut. Voraussetzung für die Stabilität ist, daß der Rotor und der Rest- oder Hüllkörper verschiedene Winkelgeschwindigkeiten haben und daß die innere Energiedissipation in dem langsamer rotierenden Teil größer ist als in dem schneller rotierenden, und zwar um ein Maß, das von den Trägheitsmomenten und Winkelgeschwindigkeiten beider Teile abhängt.

Das System Hüllkörper plus Rotor gehört in einen größeren Zusammenhang. In der Mechanik ideal starrer Körper, auf die wir uns vorübergehend wieder beschränken, spricht man bei einem System aus beliebig vielen Körpern von einem Gyrostat, wenn es die Eigenschaft hat, daß der Trägheitstensor des Gesamtsystems zeitlich invariabel ist. Das ist z.B. der Fall, wenn in einen Hüllkörper beliebig viele Rotoren mit beliebiger Achslage eingebaut sind. Für die meisten Fahrzeuge — Automobile, Flugzeuge, Raumfahrzeuge usw. — ist der Gyrostat ein besseres Modell der Wirklichkeit als ein starrer Körper, weil alle Fahrzeuge Rotoren enthalten. Technisch von Interesse sind vor allem zwei Betriebsbedingungen. Entweder ist die relative Winkelgeschwindigkeit eines Rotors gegenüber dem Hüllkörper eine gegebene Funktion der Zeit oder die axiale Komponente des am Rotor angreifenden Momentes ist eine gegebene Funktion der Zeit. Bei eingebauten Antriebsmotoren ist i. allg. eine dieser beiden Betriebsbedingungen erfüllt. Für die mathematische Theorie des Gyrostaten ist es bedeutsam, daß das System bei beliebig vielen Rotoren beider Arten durch eine einzige vektorielle Differentialgleichung der Form

$$\mathrm{I} \cdot \dot{\vec{\omega}} + \vec{\omega} \times \left(\mathrm{I} \cdot \vec{\omega} + \vec{h}(t)\right) = \vec{M} + \vec{M}^*(t)$$

sowie durch algebraische Integrale beschrieben werden kann. Die Gleichung unterscheidet sich von der EULERschen Gleichung für den starren Körper prinzipiell nur durch das Glied $\vec{h}(t)$, das eine vorgeschriebene Funktion der Zeit ist. Die anderen Größen sind eine konstante Trägheitsdyade I, die absolute Winkelgeschwindigkeit $\vec{\omega}$ des Hüllkörpers, das äußere Moment $\vec{M}$ und ein weiteres Moment $\vec{M}^*(t)$, das von der Bewegung der Rotoren herrührt und auch eine gegebene Funktion der Zeit ist. In einem Sonderfall läßt das System physikalisch interessante, exakte Lösungen zu (s. [7]). Wenn die Rotoren sich mit konstanten relativen Winkelgeschwindigkeiten oder ganz ohne Antriebsmoment nur unter dem Einfluß ihrer Trägheit bewegen, dann ist $\vec{h}(t)$ konstant, und $\vec{M}^*(t)$ ist identisch Null. Wenn darüber hinaus auch das äußere Moment $\vec{M}$ verschwindet, was bei Raumflugkörpern häufig der Fall ist, dann hat die Bewegungsgleichung eine Lösung, die viele Eigenschaften mit der bekannten Lösung von Poinsot für den starren Körper gemeinsam hat. Wie beim starren Körper gibt es ein Energie- und ein Drallellipsoid, deren Schnittlinien die sog. Polkurven sind, die den geometrischen Ort des Winkelgeschwindigkeitsvektors auf dem Körper darstellen. Beim starren Körper liefert die Schar aller Polkurven auf dem Energieellipsoid ein bekanntes Bild. Besondere Polkurven, nämlich singuläre Punkte, gehören zu den permanenten Drehungen um die drei Hauptträgheitsachsen. Ferner gibt es zwei Separatrizes, die von den instabilen permanenten Drehungen um die Achse des mittleren Hauptträgheitsmomentes ausgehen und die die Polkurven in verschiedene Scharen einteilen. Beim Gyrostaten sieht dieses Bild ganz anders aus. Zunächst gibt es nicht einfach sechs, permanente Drehungen darstellende, singuläre Punkte, sondern abhängig von den Parametern des Systems entweder sechs oder vier oder zwei. Sodann fallen die permanenten Drehachsen nicht mit den Hauptträgheitsachsen zusammen. Die Folge ist eine starke Verzerrung des Polkurvenverlaufs. In den Bildern 1a, b, c sieht man in axonometrischer Darstellung die Verläufe für drei Gyrostaten mit sechs bzw. vier bzw. zwei permanenten Drehachsen.

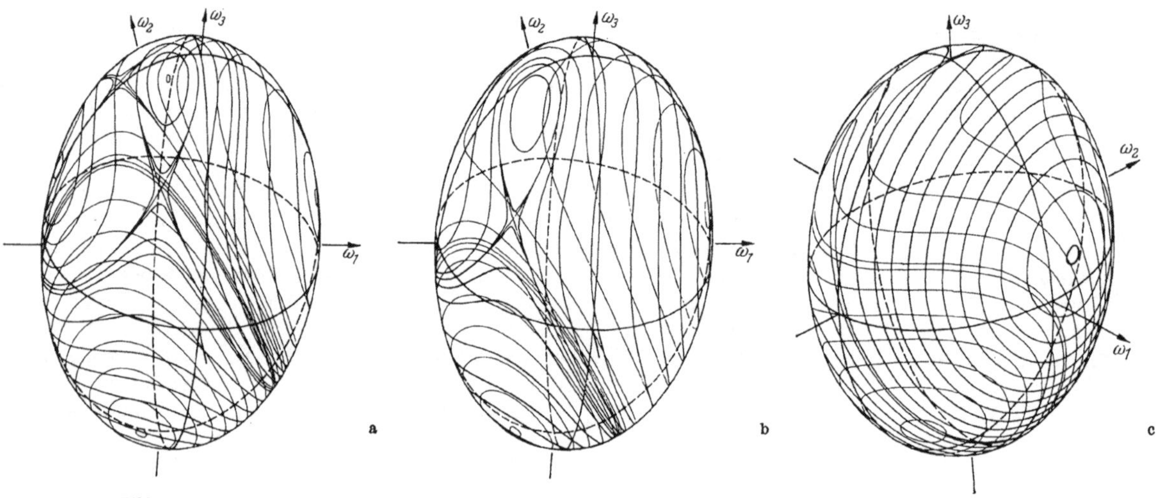

Bild 1

Die Antennen von Explorer I sind ein Beispiel für rotierende elastische Systeme. Nicht nur bei Raumfahrzeugen, sondern auch bei Schwingungen von Turbinenschaufeln, von Hubschrauberrotoren, von elastischen Wellen, von dünnwandigen Behältern in Zentrifugen und in anderen Gebieten des Maschinenbaus ist es nötig, die Wechselwirkung zwischen Rotation und elastischen Verformungen zu untersuchen. Die genannten Probleme sind von der Art, daß ein stationärer Zustand existiert, in dem das gesamte System sich als ein quasistarrer Körper mit konstanter Winkelgeschwindigkeit um eine feste Achse dreht, und daß diesem Zustand kleine Störungen der Winkelgeschwindigkeit und der elastischen Form des Systems überlagert sind. Die geometrische Form des Systems im stationären Zustand unter dem Einfluß einer zeitlich konstanten Zentrifugalkraftverteilung ist bestimmbar und wird als bekannt vorausgesetzt. Zur Beschreibung der Lage des Systems wird im quasistarren Körper ein Achsensystem fixiert. Bei kleinen Störungen bewegt es sich mit einer zeitlich variablen Winkelgeschwindigkeit. In diesem rotierenden Achsensystem werden die elastischen Verformungen gegenüber dem stationären Starrkörperzustand beschrieben. Dafür eignet sich das Verfahren der finiten Elemente. Als Koordinaten treten die Verschiebungen und Neigungen in den Knotenpunkten auf. Zusätzlich werden drei Winkel oder neun Richtungskosinus als Koordinaten zur Beschreibung der Lage des Achsensystems im Inertialraum verwendet. Dementsprechend erhält man eine linearisierte Differentialgleichung für die räumliche Kreiselbewegung des Gesamtsystems und lineare Bewegungsgleichungen für die elastischen Knotenverschiebungen. Letztere haben nicht die einfache Form

$$\boldsymbol{M}\ddot{\boldsymbol{x}} + \boldsymbol{K}\boldsymbol{x} = 0$$

mit einer symmetrischen Massenmatrix $\boldsymbol{M}$ und einer symmetrischen Steifigkeitsmatrix $\boldsymbol{K}$ wie sie von der Untersuchung nicht rotierender elastischer Systeme bekannt ist. Vielmehr hat die Winkelgeschwindigkeit zur Folge, daß die Gleichung

$$\boldsymbol{M}\ddot{\boldsymbol{x}} + \boldsymbol{G}\dot{\boldsymbol{x}} + (\boldsymbol{K} + \boldsymbol{K}')\boldsymbol{x} = 0$$

lautet. Darin sind $\boldsymbol{M}$, $\boldsymbol{K}$ und $\boldsymbol{K}'$ symmetrisch und $\boldsymbol{G}$ schiefsymmetrisch. Das Glied $\boldsymbol{G}\dot{\boldsymbol{x}}$ rührt von Coriolis-kräften her. Zu der elastischen Steifigkeitsmatrix $\boldsymbol{K}$ kommt eine Steifigkeitsmatrix $\boldsymbol{K}'$ hinzu, die ihre Entstehung Zentrifugalkräften verdankt. Diese Kräfte sorgen z.B. dafür, daß auch biegeschlaffe Seile in rotierenden Systemen eine Biegesteifigkeit erhalten. Die linearisierte Kreiselgleichung ist zu dem Differentialgleichungssystem durch Erweiterung der Matrizen um zusätzliche Zeilen und Spalten hinzuzufügen. Dadurch gelangt man zu einem Gleichungssystem derselben Form, das das dynamische Verhalten des mechanischen Systems vollständig beschreibt. Es ist Ausgangspunkt für Untersuchungen der Stabilität und Eigenschwingungen. LIKINS [2] hat die Bewegungen rotierender Raumfahrzeuge mit dem hier angedeuteten Verfahren untersucht und die Form der Matrizen $\boldsymbol{M}$, $\boldsymbol{G}$, $\boldsymbol{K}$ und $\boldsymbol{K}'$ angegeben.

Die zuletzt erhaltene Matrizendifferentialgleichung tritt in vielen Gebieten der Mechanik bei der Linearisierung von Bewegungsgleichungen auf. In noch allgemeinerer Form lautet sie

$$\boldsymbol{M}\ddot{\boldsymbol{x}} + (\boldsymbol{D} + \boldsymbol{G})\,\dot{\boldsymbol{x}} + (\boldsymbol{K} + \boldsymbol{N})\,\boldsymbol{x} = \boldsymbol{0}$$

mit einer hinzugefügten symmetrischen Dämpfungsmatrix $\boldsymbol{D}$ und einer schiefsymmetrischen Steifigkeitsmatrix $\boldsymbol{N}$. Ohne das spezielle mechanische System im Auge zu haben, das zu der Gleichung führt, kann man ihre einzelnen Glieder physikalisch als Massenkräfte, Dämpfungskräfte, gyroskopische Kräfte, elastische Rückstellkräfte und sog. zirkulatorische Kräfte typisieren. Das bekannteste mechanische System mit einer schiefsymmetrischen Matrix $\boldsymbol{N}$ bzw. mit zirkulatorischen Kräften $\boldsymbol{N}\boldsymbol{x}$ ist der Knickstab mit tangential mitgeführter Last. Im Zusammenhang mit der Matrix $\boldsymbol{N}$ ergeben sich besondere mathematische Probleme. Eines von ihnen besteht darin, daß es Systeme gibt, bei denen das Glied $\boldsymbol{N}\boldsymbol{x}$ durch eine reelle Transformation $\boldsymbol{x} = \boldsymbol{A}\,\boldsymbol{y}$ zum Verschwinden gebracht werden kann, d. h. in der neuen Gleichung für $\boldsymbol{y}$ haben $\ddot{\boldsymbol{y}}$ und $\boldsymbol{y}$ beide symmetrische Koeffizientenmatrizen. Bei anderen Systemen, z.B. bei dem erwähnten Knickstab, existiert keine derartige Transformation. Damit erhebt sich beim Erscheinen der Matrix $\boldsymbol{N}$ zuerst immer die Frage nach der Existenz dieser Transformation. Diese wichtige Frage hat MÜLLER [4] vollständig beantworten können. Er hat Beziehungen zwischen den Matrizen $\boldsymbol{M}$, $\boldsymbol{D}$, $\boldsymbol{G}$, $\boldsymbol{K}$ und $\boldsymbol{N}$ angegeben, deren Erfüllung eine notwendige und hinreichende Existenzbedingung ist. Wenn die Transformation existiert, läßt sich die Matrix $\boldsymbol{A}$ auch explizit angeben.

Die wichtigste Frage im Zusammenhang mit der Differentialgleichung ist die nach der Stabilität, d. h. nach dem Verhalten der Lösung für $t \to \infty$. Prinzipiell sind die Kriterien von ROUTH und HURWITZ geeignet, das Stabilitätsverhalten zu klären. Ihre praktische Anwendung ist aber bei nichtnumerischen Rechnungen wegen des großen Aufwandes auf Matrizen kleiner Zeilenzahl beschränkt. Der bekannte Satz von THOMSON, TAIT und CHETAEV weist einen viel einfacheren Weg. Er gilt für Systeme, bei denen erstens die Massenmatrix $\boldsymbol{M}$ und zweitens die Dämpfungsmatrix $\boldsymbol{D}$ positiv definit sind und bei denen drittens keine Matrix $\boldsymbol{N}$ vorkommt. Nach diesem Satz läßt sich die Stabilität aus der Stabilität des verkürzten Systems $\boldsymbol{M}\ddot{\boldsymbol{x}} + \boldsymbol{K}\boldsymbol{x} = \boldsymbol{0}$ ablesen. Diese wiederum ist allein durch die Vorzeichen der Eigenwerte der Matrix $\boldsymbol{K}$ bestimmt. Für die Untersuchung praktischer Probleme ist das ein außerordentlich wichtiger Satz. Eine Verallgemeinerung in drei verschiedenen Richtungen ist deshalb wünschenswert. Erstens wünscht man sich ein ähnlich einfaches Kriterium für den Fall, daß die Massenmatrix $\boldsymbol{M}$ nicht positiv definit ist. Das ist eine typische Eigenschaft nichtholonomer Systeme. In dieser Richtung sind erst einige Teilergebnisse bekannt. Zweitens wünscht man sich eine Erweiterung auf Systeme mit einer schiefsymmetrischen Matrix $\boldsymbol{N}$, die sich nicht durch eine Transformation beseitigen läßt. Auch in dieser Richtung sind erst einige Teilergebnisse bekannt. Schließlich wünscht man drittens eine Abschwächung der Bedingung, daß die Dämpfungsmatrix $\boldsymbol{D}$ positiv definit sein muß. Sehr häufig ist nämlich die Situation, daß in einem mechanischen System nur in einigen Freiheitsgraden Dämpfung existiert, daß die anderen Freiheitsgrade aber durch gyroskopische Glieder gekoppelt und damit indirekt auch gedämpft werden, obwohl die Matrix $\boldsymbol{D}$ nicht positiv definit ist. Man spricht anschaulich von durchdringender Dämpfung. Für diesen Fall hat MÜLLER [5] den Satz von THOMSON. TAIT und CHETAEV verallgemeinern können. Er bedient sich eines systemtheoretischen Konzepts der Regelungstechnik, und zwar des Begriffes der Steuerbarkeit. Die Differentialgleichung ohne Matrix $\boldsymbol{N}$ kann man in der Form

$$\boldsymbol{M}\ddot{\boldsymbol{x}} + \boldsymbol{G}\dot{\boldsymbol{x}} + \boldsymbol{K}\boldsymbol{x} = -\boldsymbol{D}\boldsymbol{u} \quad \text{mit } \boldsymbol{u} = \dot{\boldsymbol{x}}$$

schreiben und $\boldsymbol{u}$ als Steuerung auffassen. Durchdringende Dämpfung liegt dann vor, wenn das System vollständig steuerbar im Sinne der Regelungstechnik ist. Ausgehend von dieser Vorstellung wird mit Hilfe geeigneter LJAPUNOVscher Funktionen gezeigt, daß der Satz von THOMSON, TAIT und CHETAEV in seiner einfachen Form auch dann noch gilt, wenn die Dämpfung nicht positiv definit, sondern nur durchdringend ist (geringe Modifikationen s. in [5]). Es kommt also wieder nur auf die Eigenwerte der Matrix $\boldsymbol{K}$ an.

Mit dem letzten Thema kehren wir zur nichtlinearen Starrkörpermechanik zurück. Es wurde eingangs darauf hingewiesen, daß in der älteren Kreiselmechanik überhaupt keine nichtlinearen Systeme mit zahlreichen Freiheitsgraden der Bewegung vorkommen. Für eine Kinetik räumlicher Mechanismen fehlt also die Grundlage. Technisch interessante, räumliche Mechanismen treten in mannigfaltiger Gestalt auf. Man kann z.B. an Bewegungsabläufe in den komplizierten Hebelmechanismen einer Verpackungsmaschine denken oder an die Fortbewegung von Schreitmechanismen (Robotern) in unebenem Gelände oder an die Bewegung des menschlichen Körpers unmittelbar nach einem Autozusammenstoß. Zur Bewältigung derart vielseitiger Probleme braucht man ein nichtlineares Differentialgleichungssystem, das einerseits so anpassungsfähig ist, daß die Zahl der Körper eines Mechanismus, ihre Kopplungsstruktur und die kinematischen Eigenschaften der Gelenke frei wählbar sind, und das andererseits so weit vorbereitet ist, daß eine Festlegung all dieser Systemparameter nur noch die Zahlenwerte von Koeffizienten in der Gleichung berührt. Einen derart allgemeinen Formalismus haben HOOKER, MARGOULIS [1], ROBERSON und der Verfasser [6] 1965 veröffentlicht und seitdem zusammen mit anderen Autoren in verschiedenen Richtungen ausgebaut und auf spezielle Probleme angewendet. Er erfüllt alle genannten Bedingungen außer einer einzigen. Der Mechanismus muß Baumstruktur haben, d. h., es darf keinen geschlossenen Weg entlang einer Folge von Körpern und Gelenken in ihm geben. Das interessanteste Detail der mathematischen Entwicklung der Gleichungen ist die Beschreibung der Kopplungsstruktur mit graphentheoretischen Mitteln, die bei dieser Gelegenheit ihre erste Anwendung in der Mechanik finden. Bild 2 zeigt links ein physikalisches Sechs-Körpersystem und rechts den zugehörigen Systemgraph. Knoten symbolisieren die Körper und Kanten die Gelenke. Den Kanten sind Richtungen zugeordnet, um ausdrücken zu können, daß die in einem Gelenk wirkende Reaktionskraft mit verschiedenen Vorzeichen an den beiden benachbarten Körpern angreift. Man spricht von einem gerichteten Graph. Seine Struktur läßt sich eindeutig durch zwei rechteckige Matrizen beschreiben, deren Elemente Null, $+1$ oder -1 sind. Die Matrix $\boldsymbol{S}$ ist die sog. Inzidenzmatrix. Ihr Zeilenindex i entspricht dem Knotenindex im Graph, ihr Spaltenindex dem Kantenindex. Das Element S_{ij} ist $+1$, wenn die gerichtete Kante j am Knoten i beginnt, es ist -1, wenn sie dort endet und Null, wenn die Kante j nicht am Knoten i liegt. Dank dieser Definition enthält jede Spalte von $\boldsymbol{S}$ genau je ein Element $+1$ und -1. Die Elemente von $\boldsymbol{S}$ sind gerade die algebraischen Vorzeichen, mit denen man nach Anwendung des Schnittprinzips die Gelenkreaktionskräfte in die Bewegungsgleichungen der einzelnen Körper einzusetzen hat. Dabei erhält man je einen Satz von Gleichungen für die Translations- und Rotationsbewegungen. In der Matrix $\boldsymbol{T}$ entsprechen die Zeilen- und Spaltenindizes den Indizes der Kanten bzw. Scheitel (umgekehrt wie bei $\boldsymbol{S}$). Das Element T_{ij} ist $+1$, wenn die Kante i im Graph auf dem direkten Weg zwischen den Scheiteln 1 und j liegt. Andernfalls ist $T_{ij} = 0$. Das Matrizenprodukt $\boldsymbol{T}\,\boldsymbol{S}$ ist die Einheitsmatrix. Dies bemerkenswerte Beziehung ermöglicht die Elimination der Reaktionskräfte und damit die Gewinnung eines Differentialgleichungssystems, das nur Drehbewegungen beschreibt.

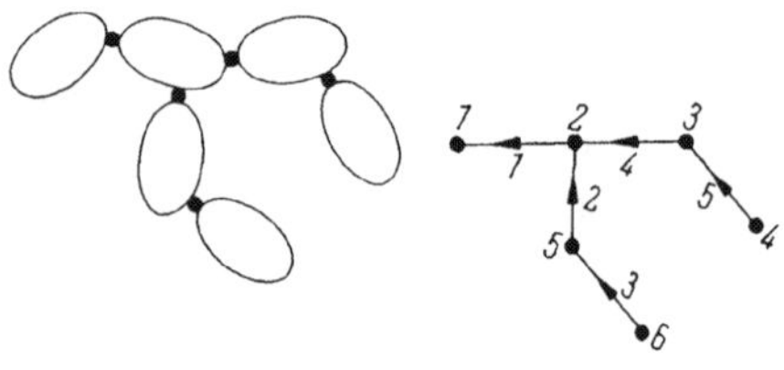

Bild 2

$$\boldsymbol{S} = \begin{bmatrix} -1 & \cdot & & & \cdot \\ +1 & -1 & & -1 & \cdot \\ & & & +1 & -1 \\ & \cdot & \cdot & & +1 \\ & +1 & -1 & & \cdot \\ & & +1 & & \cdot \end{bmatrix} \qquad \boldsymbol{T} = \begin{bmatrix} \cdot & 1 & 1 & 1 & 1 & 1 \\ \cdot & & & & 1 & 1 \\ \cdot & & \cdot & \cdot & & 1 \\ \cdot & & 1 & 1 & & \cdot \\ \cdot & & & 1 & & \cdot \end{bmatrix}$$

Die Beschränkung auf Graphen mit Baumstruktur ist notwendig, weil nur für sie in der beschriebenen Weise eine Linksinverse $\boldsymbol{T}$ zu $\boldsymbol{S}$ definiert werden kann. Hebelmechanismen in Maschinen zeichnen sich gerade durch eine Vielzahl geschlossener Kreise aus, die i. allg. dafür sorgen, daß das System insgesamt nur einen einzigen Freiheitsgrad besitzt. Eine elegante Formulierung der nichtlinearen Bewegungsgleichungen räumlicher Mechanismen dieser Art fehlt noch. Durch Anwendung des Schnittprinzips lassen sich die Kreise öffnen und ein System mit Baumstruktur herstellen. Die algebraischen, kinematischen Nebenbedingungen für die Schnittstellen enthalten komplizierte Funktionen der Lagenkoordinaten der Körper und lassen sich schlecht mit den Differentialgleichungen des aufgeschnittenen Systems zusammen verarbeiten.

Likins und Fleischer [3] haben den Formalismus für Baumstrukturen mit dem vorher erläuterten Finite-Elemente-Verfahren für rotierende elastische Kontinua kombiniert und dadurch Gleichungssysteme gewonnen, die das dynamische Verhalten von Systemen gelenkig gekoppelter, elastischer Körper beschrieben. Sie werden benutzt bei der Untersuchung der Stabilität der Bewegung von Satelliten, die aus mehreren flexiblen Teilen bestehen, die relativ zueinander rotieren wie z.B. die Rotoren im Hüllkörper eines Gyrostaten.

So wie man die Bewegungsgleichungen für Vielkörper-Mechanismen aufstellen kann, so kann man auch die Frage beantworten, wie ein Mechanismus auf einen Stoß reagiert. Man kann nun sogar Mechanismen mit geschlossenen Kreisen und mit Lagerungen zulassen, in denen einzelne Körper gelenkig von „außen", z.B. an einen Maschinenrahmen gefesselt sind. Durch Anwendung des Schnittprinzips lassen sich geschlossene Kreise und äußere Fesselungen beseitigen, wobei an den Schnittufern Reaktionsimpulse anzubringen sind. Man erhält dadurch die Aufgabe, die plötzliche Änderung des Bewegungszustandes eines Mechanismus der vorher betrachteten Art unter der gleichzeitigen Wirkung mehrerer Impulse und bei Beachtung kinematischer Schnittbedingungen (die nun lineare Gleichungen sind)zu ermitteln. Bei der Untersuchung ergibt sich als interessantestes Ergebnis eine Analogie zur Elastostatik. Für eine linear elastische Struktur gilt der Satz von Betti, demzufolge die Koeffizientenmatrix zwischen den Kräften an der Struktur und den elastischen Verformungen an den Kraftangriffsstellen symmetrisch ist. Es zeigt sich, daß bei einem Vielkörpermechanismus derselbe Satz für die Koeffizientenmatrix gilt, die die Impulse und die an den Impulsangriffspunkten auftretenden Geschwindigkeitssprünge verknüpft (s. [8]).

Literatur

1 Hooker, W. W./Margoulis, G., The Dynamical Attitude Equations for an n-Body Satellite, Report Philco Corp., Western Dev. Lab's, Palo Alto 1965.

2 Likins, P. W., Finite Element Appendage Equations for Hybrid Coordinate Dynamic Analysis, Int. J. Solids Structures 8, S. 709–731 (1972).

3 LIKINS, P. W./FLEISCHER, G. E., Large Deformation Modal Coordinates for Nonrigid Vehicle Dynamics, Tech. Rep. **32**-1565, JPL, Cal-Tech, 1972.
4 MÜLLER, P. C., Verallgemeinerung des Stabilitätssatzes von Thomson-Tait-Chetaev auf mechanische Systeme mit scheinbar nichtkonservativen Lagekräften, ZAMM **52**, T 65–67 (1972).
5 MÜLLER, P. C., Asymptotische Stabilität von linearen mechanischen Systemen mit positiv semidefiniter Dämpfungsmatrix, ZAMM **51**, T 197–198 (1971).
6 ROBERSON, R. E./WITTENBURG, J., A Dynamical Formalism for an Arbitrary Number of Inter-Connected Rigid Bodies, With Reference to the Problem of Satellite Attitude Control, 3rd IFAC-Congr., London 1966.
7 WITTENBURG, J., Beiträge zur Dynamik von Gyrostaten, Habil.-Schrift, T. U. Hannover 1972, erscheint in den Atti Acc. Lincei 1973 oder 1974.
8 WITTENBURG, J., Stoßvorgänge in räumlichen Mechanismen. Eine Analogie zwischen Kreiseldynamik und Elastostatik, Acta Mech. **14**, S. 309–330 (1972).

Anschrift: Dr.-Ing. JENS WITTENBURG, 3012 Langenhagen, Liebigstr. 7a, BRD

ZAMM **54**, T 45 (1974)

W. VELTE

Komplementäre Extremalprobleme

Erscheint unter dem gleichen Titel in „Methoden und Verfahren der Mathematischen Physik“.

KURZVORTRÄGE

MECHANIK STARRER KÖRPER

ZAMM 54, T 46 – T 47 (1974)

J. Brilla

Convolutional Variational Principles and Methods in Linear Viscoelasticity

The importance of variational principles in mathematical physics and the effectiveness of variational methods in theory and numerical analysis is highly estimated mainly due to finite element method.

The application of variational methods for elliptic equations is straightforward. There are different variational approaches for parabolic equations as the adjoint Ritz method, K-adjoint Ritz methods. etc. We shall deal with the convolutional variational principles and methods for quasiparabolic equations.

We consider the differential equation of viscoelastic plates

$$K_{ijkl}(D)\, w_{,ijkl} = L(D)\, q \quad \text{in} \quad \Omega\,, \tag{1}$$

where

$$K_{ijkl}\,(D) = \sum_{\nu=0}^{r} K_{ijkl}^{(\nu)} D^\nu\,, \qquad L(D) = \sum_{\mu=0}^{s} L_\mu D^\mu \tag{2}$$

are polynomials in $D = \frac{\partial}{\partial t}$. We use the usual indicial notation. Latin subscript have the range 1,2 and summation over repeated Latin subscripts is implied.

Simultaneously we consider the integrodifferential equation

$$\int_0^t G_{ijkl}\,(t-\tau)\,\frac{\partial}{\partial \tau}\, w_{,ijkl}\,(\tau)\, d\tau = q\,. \tag{3}$$

We assume

$$K_{ijkl}\,\varepsilon_{ij}\,\varepsilon_{kl} > 0\,, \quad G_{ijkl}(0)\,\varepsilon_{ij}\,\varepsilon_{kl} > 0 \tag{4}$$

for arbitrary values $\varepsilon_{ij} \neq 0$, K_{ijkl}, G_{ijkl} are symmetric and polynomials (2) have real negative roots.

In the class of slowly increasing functions the considered boundary value problems are equivalent to the problems of the minimization of the functional

$$2\,\tilde{V}(\tilde{w}) = (\tilde{K}\,\tilde{w}, \tilde{w}) - (\tilde{L}\,\tilde{q}, \tilde{w}) - (\tilde{w}, \tilde{L}\,\tilde{q})\,, \tag{5}$$

where tilde denotes Laplace transforms. We have proved [1] that for real positive values of the transform parameter p $(\tilde{K}\,\tilde{w}, \tilde{w}) \geqq \gamma^2\,||w||^2$ and according to a theorem on inverse transformation the solution of the problem under consideration exists and is unique. Applying theorem on convolutional product to the functional (5) one obtains convolutional variational principle, according to which the solution of the problems makes the convolutional functional

$$2\,V(w) = \int_0^t \left[\left(K\,w(\tau), w\,(t-\tau)\right) - 2\,\left(L\,q(\tau), w\,(t-\tau)\right)\right] d\tau \tag{6}$$

stationary.

Using this functional the convolutional variational methods were proposed and analysed.

Generalizing the Ritz method and seeking the solution in the form

$$w_n = a_\alpha(t)\,\varphi_\alpha \qquad (\alpha = 1, 2, \ldots, n) \tag{7}$$

we arrive at the system of ordinary differential equations

$$\sum_{\nu=0}^{r} a_\alpha^{(\nu)}(t)\,(K^{(\nu)}\varphi_\alpha, \varphi_\beta) - \left(Lq(t), \varphi_\beta\right) = 0 \qquad (\beta = 1, 2, \ldots, n) \tag{8}$$

with initial conditions

$$a_\alpha^{(\nu)}(0) = 0\,. \tag{9}$$

The finite element method can be generalized to the solution of quasiparabolic equations, too [2].

References

1 BRILLA, J., NÉMETHY, A., Variačné princípy v teórii väzkopružnosti. Institute of Construction and Architecture Report, Slovak Academy of Sciences, 1972, p. 114.
2 BRILLA, J., NÉMETHY, A., Riešenie väzkopružných anizotropických dosák metódou konečných prvkov, Stavebnícky časopis (In print).

Anschrift: Dr. Ing. J. BRILLA, DrSc., D. Sc., Institute of Construction and Architecture, Slovak Academy of Sciences, 885 46 Bratislava, Czechoslovakia

ZAMM 54, T 47 – T 48 (1974)

J. BRILLA

Finite Element Method in Linear Viscoelasticity

Consider quasistatic problems of viscoelastic plates. The generalized potential energy of a viscoelastic plate can be written in the form

$$\widetilde{V} = \iint_{\Omega} \left[\frac{h^3}{12} a(\widetilde{w})\, \widetilde{K}\, a^T(\widetilde{w}) - \widetilde{q}\, \widetilde{w}\right] d\Omega\,, \tag{1}$$

where $\widetilde{K}$ is the LAPLACE transform of a matrix of a viscoelastic operator, w — the deflection of a plate, q — the transverse loading, $a(\widetilde{w}) = (\widetilde{w}_{,11}, \widetilde{w}_{,22}, \widetilde{w}_{,12})$, Ω — the domain of the plate and tildes denote LAPLACE transforms.

In the case of simply supported and clamped plates we have proved that the operator $\widetilde{K}$ is positive definite for real positive values of the transform parameter p.

Thus similarly as in the case of an elastic plate LAPLACE transform of the solution can be sought in the form

$$\widetilde{w}_n(x, y, p) = \sum_{i=1}^{n} c_i(p)\, g_i(x, y)\,, \tag{2}$$

where $g_i(x, y)$ is a base function of the i-th element and the coefficients $c_i(p)$, in contradistinction of the elastic case, are functions of the transform parameter.

For fixed values p_k of p the elements of the matrix $\widetilde{K}$ assume constant values and $\widetilde{w}(x, y, p_k)$ can be obtained by the same procedure as in the case of an elastic plate.

Then the corresponding approximate solution $w(x, y, t)$ can be achieved by a convenient inverse transform. Denoting the value of $w(x, y, t)$ at a fixed point (x_k, y_k) by $w_k(t)$ we can write

$$w_k(t) = w_k + \Delta w_k(t)\,, \tag{3}$$

where $w_k = w_k(\infty)$. Then $\Delta w_k(t)$ can be approximated in the form

$$\Delta w_A(t) = \sum_{i=1}^{m} S_i \exp\left(-\frac{t}{\gamma_i}\right), \tag{4}$$

where γ_i can be choosen and S_i are to be determined by least squares method. The square error is given by

$$E^2 = \int_0^\infty \left[\Delta w_k(t) - \sum_{i=1}^{m} S_i \exp\left(-\frac{t}{\gamma_i}\right)\right]^2 dt\,. \tag{5}$$

By minimization of the square error one arrives at the formulas

$$\int_0^\infty \left[\Delta w_k(t) - \sum_{i=1}^{m} S_i \exp\left(-\frac{t}{\gamma_i}\right)\right] \exp\left(-\frac{t}{\gamma_j}\right) dt, \quad j = 1, 2, \ldots, m \tag{6}$$

which with respect to LAPLACE transform can be written in the form

$$\sum_{i=1}^{m} \frac{S_i}{1 + \frac{\gamma_j}{\gamma_i}} = [p\, \Delta\widetilde{w}_k(p)]_{p=\frac{1}{\gamma_j}}\,, \qquad j = 1, 2, \ldots, m\,, \tag{7}$$

where

$$p\, \Delta\widetilde{w}_k(p) = p\, \widetilde{w}_k(p) - w_k \tag{8}$$

and

$$w_k = \lim_{p \to 0} p\,\tilde{w}(p)\,. \tag{9}$$

Thus we have obtained a system of algebraic equations for determination of S_i. Similarly the inverse transform of $a_i(t)$ can be achieved.

The numerical solution is given in [1].

References

1 BRILLA, J., NÉMETHY, A., Riešenie väzkopružných anizotropických dosák metódou konečných prvkov, Stavebnícky časopis (in print).

Anschrift: Dr. Ing. J. BRILLA, DrSc., D. Sc., Institute of Construction and Architecture, Slovak Academy of Sciences, 855 46 Bratislava, Czechoslovakia

ZAMM 54, T 48 – T 49 (1974)

R. CRONJAEGER

Ein einfaches Modell für Zungenmusikinstrumente

Ein konstanter Luftstrom Q fließt in eine Öffnung eines starren Behälters (Bild 1a). Über einer zweiten Öffnung befindet sich eine massebehaftete, gefedert und gedämpft aufgehängte Scheibe, die sich ohne Spiel durch diese Öffnung führen läßt. Ich nehme vereinfachend an, daß

a) Feder und Dämpfer lineare Kennlinien besitzen,
b) die Zustandsänderungen der Luft im Behälter adiabatisch verlaufen und
c) die Abhängigkeit der Ausströmgeschwindigkeit w der Luft von der der Druckdifferenz Δp zwischen Innen- und Außendruck durch die Beziehung $\varrho\, w^2/2 = \Delta p$ beschrieben werden darf; ϱ Luftdichte.

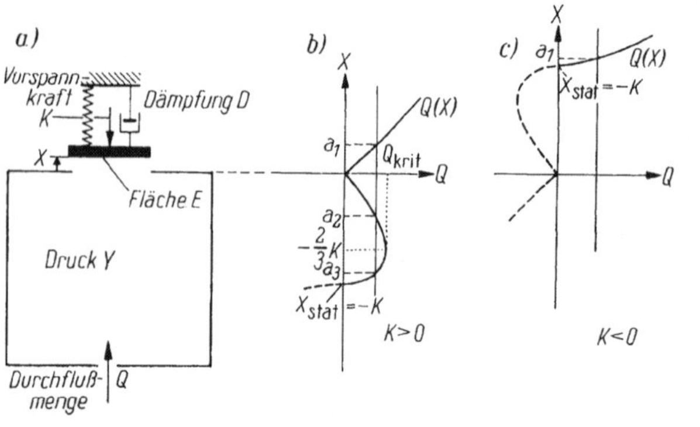

Bild 1. a) Modell, b), c) konstante Lösungen

Unter diesen Voraussetzungen erhält man als Bewegungsgleichungen ein Differentialgleichungssystem dritter Ordnung, das sich nach weiteren Vereinfachungen und Transformationen in der Form

$$X'' + D\,X' + X + K = E\,Y,$$
$$Y' = Q - |X|\,\sqrt{|Y|}\,\operatorname{sgn}(Y) - X' \quad (*)$$

anschreiben läßt. Dabei steht ′ für die Ableitung nach einer dimensionslosen Zeit, X ist die dimensionslose Wegkoordinate und Y die dimensionslose Druckdifferenz. E, K, Q, D sind die wesentlichen Parameter (qualitativ: E Scheibenfläche, K Vorspannkraft an der Feder, Q Durchflußmenge, D Dämpfung). Als statische Ruhelage definiere ich die Gleichgewichtslage der Scheibe bei verschwindender Durchflußmenge Q, also $X_{st} = -K$. Ist K positiv, so befindet sich die Scheibe in ihrer statischen Ruhelage im Inneren des Behälters, d. h. bei negativen X-Werten.

Konstante Lösungen, die der Bedingung X'', X', $Y' = 0$ genügen, errechnet man aus (*) zu

$$Q(X) = |X|\,\sqrt{|X + K|/E}\,\operatorname{sgn}(X + K)\,.$$

Aus den Bildern 1b und 1c ersieht man, daß zu jedem Q stets eine reelle konstante Lösung $X(Q) = a_1 > 0$ existiert. Bei positiver Vorspannkraft gibt es, solange $Q < Q_{krit} = (2/9)\sqrt{3\,K^3/E}$ ist, zwei weitere konstante Lösungen a_2, $a_3 < 0$.

Eine Stabilitätsuntersuchung des um diese Gleichgewichtslagen a_i linearisierten Differentialgleichungssystems liefert folgende Ergebnisse:

A) Bei negativer Vorspannkraft K (Bild 1c) verhält sich das System fast durchweg stabil mit Ausnahme der technisch weniger interessanten Parameterkonfigurationen ($E < 2$ mit $D \ll 1$ und $Q \gg 1$).
B) Bei positiver Vorspannkraft sind Lösungen a_3 stets stabil und Lösungen a_2 stets divergent instabil. Nur von der Lösung a_1 zweigen bei Instabilität periodische Lösungen ab.

Diese Ergebnisse lassen sich an einer Mundharmonika demonstrieren. Sie besteht — wie in Bild 2 skizziert — aus den zwei Systemen (B) (für Blasen) und (S) (für Saugen). Bläst man in das Instrument, so ist das System (S) relativ negativ vorgespannt und daher wegen A) nicht schwingungsfähig. Das System (B) dagegen kann — wie im folgenden beschrieben — schwingen. Ohne Luftstrom befindet sich die Scheibe in ihrer statischen Ruhelage. Bei steigendem Q bleibt die Scheibe zunächst in der stabilen Lage $X = a_3$ (Bild 1b). Um in das Einzugsgebiet periodischer Lösungen zu kommen, die von der konstanten Lösung a_1 abzweigen, muß man nun entweder das System hart anregen oder die Durchflußmenge über Q_{krit} hinaus erhöhen. Saugt man an der Mundharmonika, so vertauschen die beiden Systeme ihre Rollen: (S) ist nun schwingungsfähig und (B) bleibt stabil. Die soeben beschriebenen Vorgänge der Selbsterregung lassen sich besonders gut an einer Mundharmonika zeigen, deren Zungen stärker aufgebogen sind, weil damit die kritische Durchflußmenge steigt.

Im folgenden bespreche ich einige von der konstanten Lösung a_1 (Bild 1b) abgezweigte periodische Lösungen, die durch einen Fourierabgleich nach Urabe und Reiter [1] gewonnen wurden. In Bild 3 sind solche Lösungen — durch die Amplitude ihrer Grundharmonischen charakterisiert — über der Durchflußmenge Q aufgetragen. Bei realen Systemen ist Q frei variierbar, während die übrigen Parameter stofflich oder konstruktiv festgelegt sind.

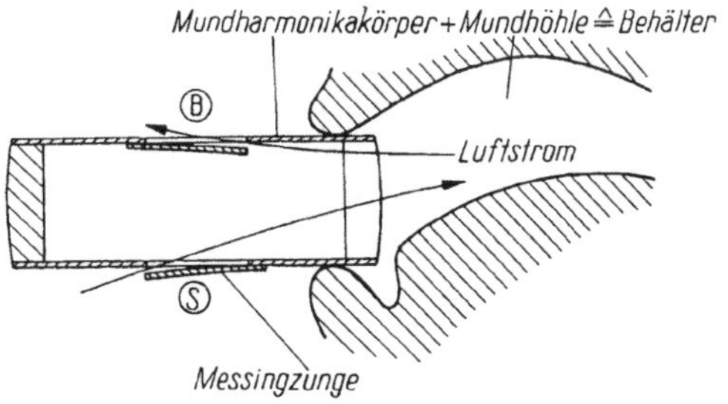

Bild 2. Schnitt durch eine Mundharmonika

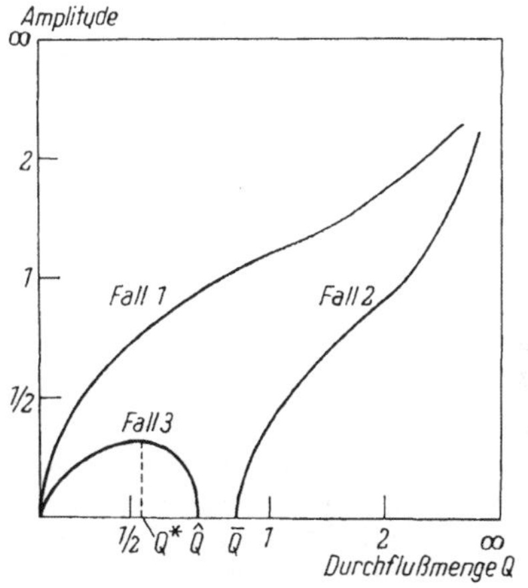

Bild 3. Periodische Lösungen

Ich unterscheide drei Fälle: Im ersten Fall existieren periodische Lösungen bereits bei geringen Durchflußmengen. Diesen Kurvenverlauf erhält man bei kleinen Scheibenflächen E, kleinen Dämpfungen D und kleiner Vorspannkraft K. Bei größerer Dämpfung setzen Schwingungen erst oberhalb eines bestimmten Wertes $\bar{Q}$ ein; wir haben den Fall 2. Technisch interessant ist der dritte Fall: Periodische Lösungen existieren schon bei kleinen Durchflußmengen, ihre Amplituden wachsen zunächst mit Q, solange $Q < Q^*$ ist. Dann nehmen die Amplituden ab und verschwinden oberhalb von $\hat{Q}$ schließlich ganz. Dieser Fall tritt bei großen Scheibenflächen E auf. Die Werte für Q^* und $\hat{Q}$ verschieben sich mit wachsender Dämpfung nach rechts. Auch dieses Verhalten läßt sich an einer Mundharmonika demonstrieren: Bläst man zu stark in das Instrument, so verstummt es, die Ausschläge bleiben begrenzt.

Mit diesem Modell kann man auf ähnliche Weise auch einige Phänomene bei Stimmbandschwingungen erklären.

Literatur

1 Urabe, M., Reiter, A., Numerical computation of nonlinear forced oscillations by Galerkin's procedure, Journal Math. Anal. Applic. **14**, S. 107–140 (1966).

2 Hilaire, A. O. St., Wilson, T. A., Beavers, G. S., Aerodynamic excitation of the harmonium reed, Journal Fluid Mechanics **49**, S. 803–816 (1971).

Anschrift: Ralf Cronjaeger, Lehrstuhl A für Mechanik, Technische Universität Braunschweig, D 3300 Braunschweig, BRD

ZAMM 54, T 50 – T 51 (1974)

M. Frik

Zur Stabilität parametererregter Satellitenschwingungen

Die Drehbewegungen eines Satelliten, der sich auf einer erdnahen, kreisförmigen Umlaufbahn befindet, werden vor allem durch das Gravitationsmoment und das aerodynamische Moment beeinflußt. Wegen der stets vorhandenen Luftdichteschwankungen kann der Satellit relativ zu einem bahnfesten Koordinatensystem nur dann im Gleichgewicht bleiben, wenn Gravitations- und aerodynamisches Moment gleichzeitig verschwinden. Als Gleichgewichtslagen kommen daher nur Orientierungen in Frage, bei denen die Hauptträgheitsachsen des Satelliten tangential zur Bahn, senkrecht zur Bahnebene und zum Gravitationszentrum gerichtet sind.

Für kleine Schwingungen um eine solche Gleichgewichtslage lauten die normierten Bewegungsgleichungen für die Roll-Gier Bewegung

$$\ddot{\alpha}_1 + \delta_1 \dot{\alpha}_1 - 4\lambda_1 \alpha_1 + (1+\lambda_1)\dot{\alpha}_3 = 0\,, \qquad (1)$$
$$\ddot{\alpha}_3 + \delta_3 \dot{\alpha}_3 + \lambda_3 \alpha_3 + (\lambda_3 - 1)\dot{\alpha}_1 = f_3(t)\,\alpha_3$$

und für die Nickbewegung

$$\ddot{\alpha}_2 + \delta_2 \dot{\alpha}_2 + 3\lambda_2 \alpha_2 = f_2(t)\,\alpha_2 \qquad (2)$$

mit

$$\lambda_1 = \frac{J_3 - J_2}{J_1}, \qquad \lambda_2 = \frac{J_1 - J_3}{J_2}, \qquad \lambda_3 = \frac{J_2 - J_1}{J_3},$$
$$f_k(t) = \frac{v^2}{\Omega^2}\frac{c_k}{J_k}\varrho(t) \qquad (k = 2, 3)\,, \qquad (3)$$

wobei $\alpha_1, \alpha_2, \alpha_3$ Roll-, Nick- und Gierwinkel bezeichnen; J_1, J_2, J_3 sind die Hauptträgheitsmomente, δ_1, δ_2, δ_3 Dämpfungskoeffizienten, v die Anströmgeschwindigkeit, Ω die Umlaufdrehgeschwindigkeit und $\varrho(t)$ die Luftdichte; c_2 und c_3 sind dimensionslose Momentenbeiwerte.

Die Stabilität der Gleichgewichtslage $\alpha_1 = \alpha_2 = \alpha_3 = 0$ hängt für einen gegebenen Satelliten bei gegebener Umlaufbahn vom Verlauf der Luftdichte $\varrho(t)$ ab. Da dieser Verlauf weitgehend unbekannt ist, wird $\varrho(t)$ durch

$$\varrho(t) = \varrho_0 + r(t) \qquad \text{mit} \qquad |r(t)| \leqq \Delta\varrho \qquad (4)$$

beschrieben, wobei ϱ_0 und $\Delta\varrho$ konstante Größen sind. Es soll untersucht werden, unter welchen Bedingungen die betrachtete Gleichgewichtslage für jeden beliebigen Verlauf von $\varrho(t)$, der (4) genügt, asymptotisch stabil ist.

Die Gleichungen für die Roll-Gier Bewegung (1) und für die Nickbewegung (2) können als Gleichungen eines Regelkreises interpretiert werden, der aus einem konstanten Teil mit der Übertragungsfunktion $F(s)$ und einer Rückführung mit dem veränderlichen Verstärkungsfaktor f_3 bzw. f_2 besteht. Für die Roll-Gier Bewegung ist

$$F(s) = \frac{-s^2 - s\,\delta_1 + 4\lambda_1}{s^4 + s^3(\delta_1+\delta_3) + s^2(\delta_1\delta_3 + 1 - 3\lambda_1 - \lambda_1\lambda_3) + s(\delta_1\lambda_3 - 4\delta_3\lambda_1) - 4\lambda_1\lambda_3}$$

und für die Nickbewegung gilt

$$F(s) = \frac{-1}{s^2 + s\,\delta_2 + 3\lambda_2}.$$

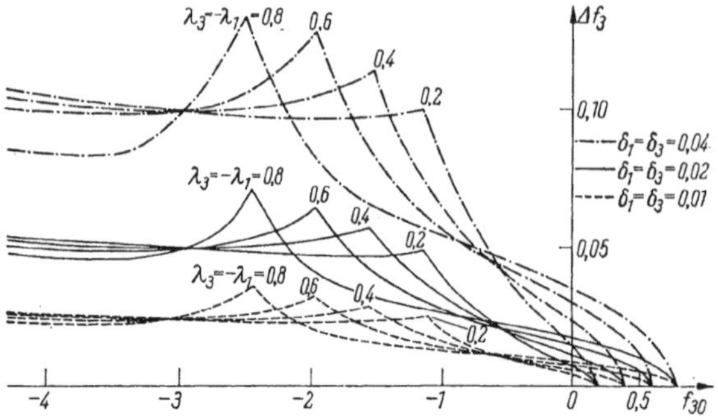

Bild 1. Stabilitätsgebiete Roll-Gier Bewegung, $J_1 = J_3 < J_2$

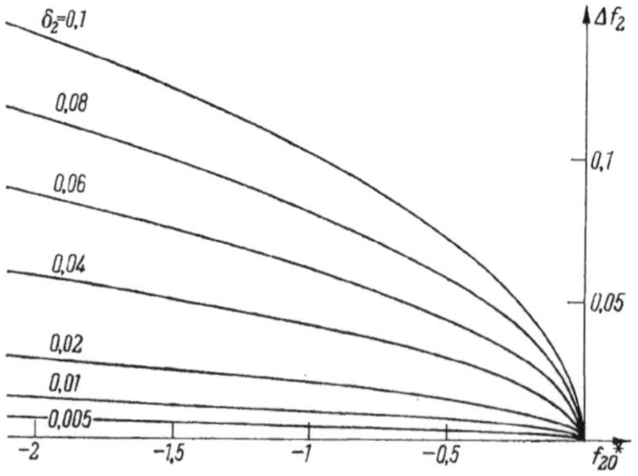

Bild 2. Stabilitätsgebiete Nickbewegung

Für solche Regelkreise lassen sich mit Hilfe des SANDBERG-Kriteriums [1] unter Verwendung der Ortskurve des Frequenzganges $F(i\omega)$ Schranken für $f_k(t)$ ($k = 2, 3$) so bestimmen, daß für einen beliebigen Verlauf von $f_k(t)$, der der Bedingung

$$f_{k0} - \Delta f_k \leqq f_k(t) \leqq f_{k0} + \Delta f_k$$

genügt, asymptotische Stabilität vorliegt. Die Größen f_{k0} und Δf_k folgen aus (3) für $\varrho = \varrho_0$ bzw. $\varrho = \Delta\varrho$.

Für Satelliten, die bezüglich der Nickachse eine symmetrische Massenverteilung haben, sind in Bild 1 die mit dem SANDBERG-Kriterium ermittelten maximal zulässigen Werte von Δf_3 über f_{30} für verschiedene Werte der Dämpfungskoeffizienten aufgetragen. Bild 2 zeigt Δf_2 in Abhängigkeit von $f_{20}^* = f_{20} - 3\lambda_2$ ebenfalls bei verschiedenen Dämpfungskoeffizienten.

Literatur

1 SANDBERG, I. W., A Frequency-Domain Condition for the Stability of Feedback Systems Containing a Single Time-Varying Nonlinear Element, Bell System Tech. J. **43**, pp. 1601–1608 (1964).

Anschrift: Privatdozent Dr.-Ing. MARTIN FRIK, Institut A für Mechanik der Universität, 7 Stuttgart 1, Keplerstr. 17, BRD

ZAMM 54, T 51 – T 52 (1974)

J. LÜCKEL*)

Verallgemeinerte Störgrößenaufschaltung bei linearen mehrdimensionalen Systemen

Es soll ein lineares, mehrdimensionales Regelsystem unter Wirkung von Störungen untersucht werden. Es wird beschrieben durch das Differentialgleichungssystem

$$\dot{x} = A\,x + B\,u + D\,w\,, \qquad (1)$$

$$y = C\,x\,.$$

Dabei ist x der $n \times 1$ Zustandsvektor, A die $n \times n$ Systemmatrix, B die $n \times r$ Steuereingangsmatrix, u der $r \times 1$ Steuervektor, D die $n \times p$ Störeingangsmatrix, w der $p \times 1$ Störvektor, C die $m \times n$ Meßmatrix und y der $m \times 1$ Meßvektor.

Gesucht wird ein Regelgesetz $u(t)$, das die Wirkung der Störung auf das System möglichst klein macht. Um eine effektive Regelung zu erhalten, ist die Identifizierung der am System angreifenden Störungen nötig, so wie es von C. D. JOHNSON, aufbauend auf Arbeitern von D. G. LUENBERGER [1], vorgeschlagen wird [2] [3]. Dazu wird das Differentialgleichungssystem (1) ergänzt durch ein (vereinfachtes) Modell der Störungen

$$\dot{w} = F\,w + \sigma(t)\,. \qquad (2)$$

Dabei ist F die $p \times p$ Systemmatrix des Störmodells und σ ein $p \times 1$ Vektor von am Störmodell angreifenden, völlig unbekannten zufälligen Impulsen.

Zur Durchführung der Vorkompensation spaltet man von der Steuerung $u(t)$ einen Anteil ab, der die verallgemeinerte Störgrößenaufschaltung bewirken soll:

$$u(t) = u_R(t) + u_w(t)\,. \qquad (3)$$

Bei völliger Kompensation muß die algebraische Bedingung

$$B\,u_w(t) = -\,D\,w(t) \qquad (4)$$

erfüllt sein. Wenn $\mathrm{Rg}[B \,\vdots\, D] = \mathrm{Rg}[B]$ und außerdem $\mathrm{Rg}[B] = r$, dann existiert ein Γ mit $D = B\,\Gamma$ und $\Gamma = (B^T B)^{-1} B^T D$.

Dann gilt bei einem linearen Regelgesetz zur Ausregelung von Anfangsbedingungen für die Steuerung

$$u(t) = K\,x(t) - \Gamma\,w(t)\,. \qquad (5)$$

Da aber sowohl Störungen als auch der volle Systemzustand nur als Schätzwerte bekannt sind, d. h.

$$\dot{x} = A\,x + B\,\hat{u} + D\,w \quad \text{mit} \quad \hat{u}(t) = K\,\hat{x}(t) - \Gamma\,\hat{w}(t)\,, \qquad (6)$$

erhält man für den Zustands- und Störbeobachter folgendes zusätzliches System:

$$\begin{bmatrix} \dot{\hat{x}} \\ \dot{\hat{w}} \end{bmatrix} = \begin{bmatrix} A + B\,K + K_1\,C & 0 \\ K_2\,C & F \end{bmatrix} \begin{bmatrix} \hat{x} \\ \hat{w} \end{bmatrix} - \begin{bmatrix} K_1 \\ K_2 \end{bmatrix} y\,. \qquad (7)$$

*) Institut B für Mechanik, TU München.

Für den vereinfachten Fall $F = 0$, d. h. die auftretenden Störungen werden als stückweise konstant angenommen, erhält man ein verallgemeinertes PID-Verhalten des Reglers.

Beispiel: Zur Demonstration des Verfahrens wird ein einfaches System 1. Ordnung untersucht:

$$\dot{x} = a\,x + \hat{u} + w \quad \text{mit} \quad \hat{u}(t) = -\,k_1\,\hat{x}(t) - \hat{w}(t)\,. \tag{8}$$

Das erweiterte System hat dann die Form

$$\begin{bmatrix} \dot{x} \\ \dot{\hat{x}} \\ \dot{\hat{w}} \end{bmatrix} = \begin{bmatrix} a & -\,k_1 & -\,1 \\ -\,K_1 & a - k_1 + K_1 & 0 \\ -\,k_2 & k_2 & 0 \end{bmatrix} \begin{bmatrix} x \\ \hat{x} \\ \hat{w} \end{bmatrix} + \begin{bmatrix} 1 \\ 0 \\ 0 \end{bmatrix} w(t)\,. \tag{9}$$

Daraus erhält man im Bildbereich der LAPLACEtransformation die Übertragungsfunktion

$$L\,x = \frac{s\,[s - (a - k_1 + K_1)]}{s^3 - s^2\,[2\,a - k_1 + K_1] + s\,[a\,(a - k_1 + K_1) - k_1\,K_1 - k_2] + k_2\,(a - k_1)}\,L\,w\,. \tag{10}$$

Bild 1 zeigt die Variation der Pole für verschiedene K_1 und k_2-Werte, Bild 2 die zugehörigen Amplitudenkurven.

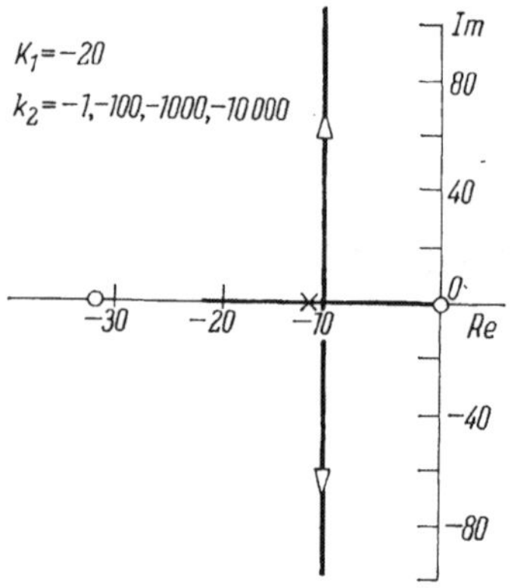

Bild 1

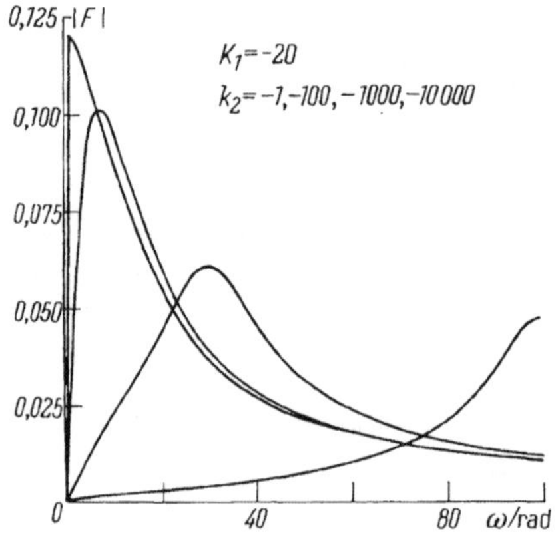

Bild 2

Literatur

1 LUENBERGER, D. G., Observers for Multivariable Systems, IEEE Trans. on automatic Control, Vol. **AC-11**, No. 2, April 1966.

2 JOHNSON, C. D., Accomodation of Disturbances in Linear Regulator and Servomechanism Problems, IEEE Trans. on Automatic Control, Vol. **AC-16**, December 1971.

3 JOHNSON, C. D., Accomodation of Disturbances in Optimal Control Problems, Int. J. Control **15**, No. 2, 1972.

Anschrift: Dr.-Ing. J. LÜCKEL, Lehrstuhl und Institut B für Mechanik, Technische Hochschule, 8000 München 2, Arcisstr. 21, BRD

ZAMM 54, T 52 – T 54 (1974)

R. LUNDERSTÄDT

Energieoptimale Regelung von Laufkranen

Die normierten Zustandsgleichungen für die eindimensionale Bewegung von Laufkranen lassen sich in der Normalform

$$\begin{bmatrix} x_1' \\ x_2' \\ x_3' \\ x_4' \end{bmatrix} = \begin{bmatrix} 0 & 1 & 0 & 0 \\ 0 & 0 & 0 & 0 \\ 0 & 0 & 0 & 1 \\ 0 & 0 & -1 & 0 \end{bmatrix} \begin{bmatrix} x_1 \\ x_2 \\ x_3 \\ x_4 \end{bmatrix} + \begin{bmatrix} 0 \\ 1 \\ 0 \\ 1 \end{bmatrix} u \tag{1}$$

angeben [1]. Dabei sind x_1 die Lage und x_2 die Geschwindigkeit der Laufkatze, x_3 der Winkel und x_4 die Winkelgeschwindigkeit der Last. Die Antriebskraft der Katze wird durch die Steuerfunktion u beschrieben, die der Beschränkung

$$-\,1 \leqq u \leqq 1 \tag{2}$$

unterliegt. In (1) sind alle Koordinaten x_i; $i = 1, \ldots, 4$ ebenso wie die Steuerfunktion u normiert. Außerdem liegt als unabhängige Variable eine dimensionslose Zeit τ zugrunde, wobei Ableitungen nach τ mit $d/d\tau = (')$ bezeichnet sind.

Es wird nun das Optimierungsproblem betrachtet, den Laufkran so zu steuern bzw. zu regeln, daß der Zustandsvektor $\boldsymbol{x}(\tau)$ ausgehend von den Anfangsbedingungen

$$\boldsymbol{x}(0) = [x_{10} \quad 0 \quad 0 \quad 0]^T \tag{3}$$

mit möglichst wenig Energieaufwand den Koordinatenursprung

$$\boldsymbol{x}(T) = [0 \quad 0 \quad 0 \quad 0 \quad 0]^T \tag{4}$$

erreicht.

a) Energieoptimale Steuerung

Im Fall der energieoptimalen Steuerung muß das Funktional

$$J = \frac{1}{2}\int_0^T u^2\, d\tau \tag{5}$$

minimiert werden, wobei T die fest vorgegebene Endzeit des Steuervorgangs ist. Bestimmt man die optimale Steuerfunktion $u_{\text{opt}}(\tau)$ mit Hilfe des Maximumprinzips [2], so ergibt sich

$$u_{\text{opt}}(\tau) = \begin{cases} 1 & \text{für} \quad p_2 + p_4 > 1 \\ p_2 + p_4 & \text{für} \quad -1 \leqq p_2 + p_4 \leqq 1 \\ -1 & \text{für} \quad p_2 + p_4 < -1\,. \end{cases} \tag{6}$$

In (6) sind p_2 und p_4 die zu x_2 und x_4 gehörenden adjungierten Funktionen.
Für diese gilt

$$\begin{aligned} p_2 &= p_{20} - p_{10}\,\tau\,, \\ p_4 &= -\,p_{30}\sin\tau + p_{40}\cos\tau\,. \end{aligned} \tag{7}$$

Beschränkt man sich auf den Fall, daß die optimale Steuerfunktion u_{opt} ihre Extremalwerte 1 bzw. -1 nicht erreicht, was mit der Forderung nach einer hinreichend großen Endzeit T identisch ist, so lassen sich in (7) die Integrationskonstanten p_{10} bis p_{40} analytisch aus dem bestehenden Randwertproblem ermitteln. Man erhält

$$\begin{aligned} p_{10}/p_{20} &= 2/T\,, \\ p_{30}/p_{20} &= (p_{10}/p_{20})\,\frac{T\,(1 + \cos T) - 2\sin T}{T - \sin T}\,, \\ p_{40}/p_{20} &= (p_{30}/p_{20})\,\frac{1 - \cos T}{\sin T}\,, \\ p_{20} &= \frac{6\,T\,(T - \sin T)\,x_{10}}{12\,[T\,(1 + \cos T) - 2\sin T]\left(T - 2\,\dfrac{1 - \cos T}{\sin T}\right) - T^3\,(T - \sin T)}\,. \end{aligned} \tag{8}$$

Mit (8) ist über (6) und (7) der Verlauf der optimalen Steuerfunktion $u_{\text{opt}}(\tau)$ bekannt. Damit ist aber nach erfolgter Integration von (1) das Optimierungsproblem vollständig gelöst.

b) Energieoptimale Regelung

Bei der Behandlung des energieoptimalen Regelproblems ist das zu minimierende Funktional durch

$$J = \frac{1}{2}\int_0^T (u^2 + \boldsymbol{x}^T\,\boldsymbol{\Gamma}\,\boldsymbol{x})\, d\tau \tag{9}$$

gegeben. In (9) ist die Regelzeit T jetzt offen. Die Matrix $\boldsymbol{\Gamma}$ ist eine positiv definite Diagonalmatrix mit den Elementen γ_{ii}; $i = 1, \ldots, 4$ als Gewichtsfaktoren. Die Erweiterung von J um die quadratische Form $\boldsymbol{x}^T\,\boldsymbol{\Gamma}\,\boldsymbol{x}$ bedeutet, daß die durch $\boldsymbol{x}$ ausgedrückte Regelabweichung für wachsende Werte von τ gegen Null strebt. Deshalb ist im vorliegenden Fall die Angabe von Endbedingungen überflüssig, und (4) entfällt.

Geht man wie beim optimalen Steuerproblem davon aus, daß für die Stellfunktion u_{opt} die Bedingung

$$|u_{\text{opt}}(\tau)| < 1\,, \quad 0 \leqq \tau \leqq T\,, \tag{10}$$

erfüllt ist, dann erhält man aus dem Maximumprinzip [2]

$$u_{\text{opt}}(\tau) = \boldsymbol{b}^T\,\boldsymbol{p}\,, \tag{11}$$

wobei $\boldsymbol{b}$ den Steuervektor von (1) bedeutet und $\boldsymbol{p}$ das zu $\boldsymbol{x}$ adjungierte System ist. Nach [3] kann $\boldsymbol{p}(\tau)$ durch

$$\boldsymbol{p}(\tau) = -\,\boldsymbol{R}(\tau)\,\boldsymbol{x}(\tau) \tag{12}$$

ausgedrückt werden. Die Matrix $\boldsymbol{R}(\tau)$ genügt dabei der Riccati-Matrizendifferentialgleichung

$$\boldsymbol{R}' = -\,\boldsymbol{R}\,\boldsymbol{A} - \boldsymbol{A}^T\,\boldsymbol{R} + \boldsymbol{R}\,\boldsymbol{b}\,\boldsymbol{b}^T\,\boldsymbol{R} - \boldsymbol{\Gamma}, \quad \boldsymbol{R}(T) = \boldsymbol{0}\,. \tag{13}$$

In (13) ist $\boldsymbol{A}$ die Koeffizientenmatrix von (1). Mit (1), (11) und (12) lautet die optimale Stellfunktion nun endgültig

$$u_{\text{opt}}(\tau) = -\boldsymbol{\beta}^T \boldsymbol{x} . \tag{14}$$

Der Vektor $\boldsymbol{\beta}$ in (14) stellt die Verstärkung des optimalen Reglers dar. Er besitzt die Komponenten $\beta_i = r_{i2} + r_{i4}$; $i = 1, \ldots, 4$, wobei die Funktionen r_{ij}; $i = 1, \ldots, 4$; $j = 2, 4$ Elemente von $\boldsymbol{R}(\tau)$ sind. Setzt man eine hinreichend große Regelzeit T voraus, dann läßt sich (13) algebraisieren, da $\boldsymbol{R}$ zeitunabhängig wird. In diesem Fall besteht zwischen den Gewichtsfaktoren γ_{ii} und den Verstärkungsfaktoren β_i; $i = 1, \ldots, 4$ der Zusammenhang

$$\gamma_{11} = \beta_1^2 , \qquad \gamma_{33} = \beta_3 (\beta_3 + 2) - 2 (\beta_1 \beta_3 + \beta_2 \beta_4) ,$$
$$\gamma_{22} = \beta_2^2 - 2 \beta_1 (1 + \beta_3) , \qquad \gamma_{44} = \beta_4^2 - 2 \beta_3 + 2 (\beta_1 \beta_3 + \beta_2 \beta_4) . \tag{15}$$

Zur Durchführung einer vollständigen Synthese müssen nach Vorgabe von γ_{ii} die Faktoren β_i; $i = 1, \ldots, 4$, aus (15) berechnet werden. Es ergeben sich dabei im allgemeinen zunächst mehrdeutige Lösungen. Mit diesen mehrdeutigen Lösungen geht man in die charakteristische Gleichung des geschlossenen Regelkreises

$$\lambda^4 + (\beta_2 + \beta_4) \lambda^3 + (1 + \beta_1 + \beta_3) \lambda^2 + \beta_2 \lambda + \beta_1 = 0 \tag{16}$$

und überprüft diese auf stabile Eigenwerte. Daraus läßt sich dann eine eindeutige Lösung für die Faktoren β_i; $i = 1, \ldots, 4$ festlegen. Setzt man schließlich die berechneten β_i; $i = 1, \ldots, 4$ in (14) ein und geht damit in die Zustandsdifferentialgleichung, so ergibt sich die vollständige Lösung des Optimierungsproblems wieder durch Integration von (1).

Literatur

1 Kuntze, H. B., Zur zeitoptimalen Steuerung und Regelung von Laufkranen, Wiss. Zeitschrift der Hochschule für Verkehrswesen „Friedrich List“ Dresden, S. 973–990 (1971).

2 Pontrjagin, L. S. u. a., Mathematische Theorie optimaler Prozesse, Oldenbourg Verlag, München, VEB Deutscher Verlag der Wissenschaften. Berlin 1967.

3 Athans, M., Falb, P. L., Optimal Control, McGraw-Hill, New York 1966.

Anschrift: Dr.-Ing. Reinhart Lunderstädt, Institut für Meß- und Regelungstechnik der Universität, 75 Karlsruhe 1, Richard-Willstädter Allee 2, BRD

ZAMM 54, T 54 – T 55 (1974)

K. Magnus

Zur Theorie der Keltischen Wackelsteine

Ein besonders reizvolles Beispiel für ein nichtholonomes System bilden die Keltischen Wackelsteine („celts“). Die Stabilität dieser verallgemeinerten Spielkreisel hängt nicht nur von der Drehgeschwindigkeit, sondern auch vom Drehsinn ab. Im klassischen Schrifttum (Übersicht s. [1]) ist dieser Effekt nur für den Fall des reinen Rollens der Steine auf der Unterlage theoretisch behandelt worden. Versuche zeigen jedoch, daß stets auch zumindest partiell ein Gleiten stattfindet. Damit ist die beim Spielkreisel ausführlich untersuchte Frage des Reibungsansatzes auch für die Wackelsteine von entscheidender Bedeutung. Nachdem die Theorie der Spielkreisel von Contensou durch einen hybriden Reibungsansatz (Überlagerung von Bohrreibung und Coulombscher Gleitreibung) vereinheitlicht werden konnte, lag es nahe, diesen Ansatz auch in die Theorie der Wackelsteine einzuführen.

Annahmen: Der Wackelstein W (Bild 1) sei starr, konvex und ohne Kanten; er soll die starre, ebene, horizontale Unterlage E im Gleichgewichtsfall im Punkte P_0 berühren. Die Vertikale durch P_0 und den Schwerpunkt S sei Hauptträgheitsachse des Steines (3-Achse). Die Achsen 1 und 2 werden parallel zu den Hauptkrümmungsrichtungen der Körperoberfläche im Punkte P_0 gewählt. Die Hauptkrümmungsradien r_1 und r_2 seien verschieden groß. Das Wesentliche für den Wackelsteineffekt ist die Tatsache, daß die 1- und 2-Achsen *nicht* zugleich auch Hauptträgheitsachsen sein dürfen. Wackelsteine besitzen also stets eine Unsymmetrie, entweder in der äußeren Form oder in der Massenverteilung.

Für die Berechnung stehen zur Verfügung: der Drallsatz, der Impulssatz, eine aus der Form des Steines folgende geometrische Gleichung und eine Beziehung für die zwischen Stein und Unterlage ausgeübte Reibungskraft F_i^R. Für diese in der Ebene E liegende Kraft wird nach dem Vorbild von Contensou der quasiviskose, aus einer Überlagerung von Bohr- und Gleitreibung resultierende Ansatz

$$F_i^R = -k\, v_i^P$$

gewählt. Darin ist v_i^P die absolute Geschwindigkeit desjenigen körperfesten Punktes, der gerade mit dem momentanen Berührungspunkt P zusammenfällt. Bei hinreichend großer Drehgeschwindigkeit gibt der Ansatz einen guten Mittelwert für die in der Berührungsfläche übertragenen Coulombschen Reibungskräfte.

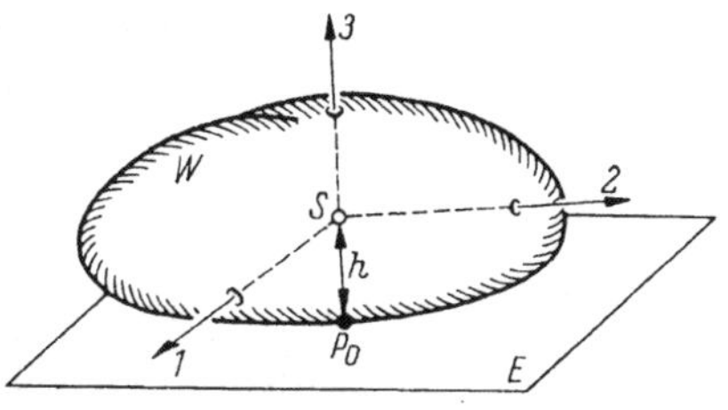

Bild 1. Wackelstein W auf horizontaler Ebene E

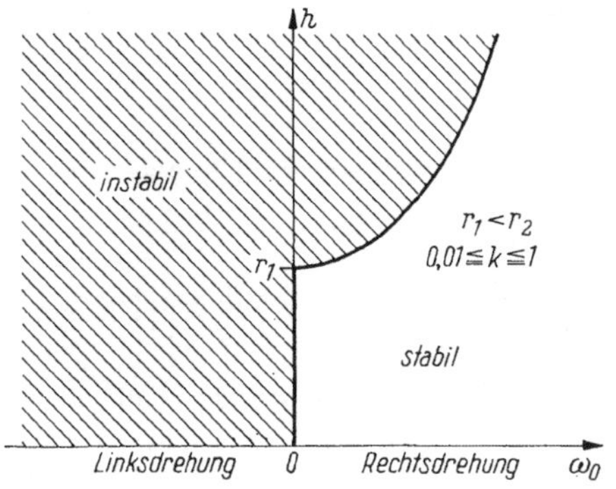

Bild 2. Stabilitätsdiagramm in der h, ω-Ebene ▶

Die Ausgangsgleichungen haben unter den zuvor genannten Voraussetzungen eine partikuläre Lösung, die einer Drehung um die vertikal stehende Hauptachse 3 mit der konstanten Winkelgeschwindigkeit ω_0 entspricht. Die Stabilität dieser Drehung läßt sich durch Untersuchen der Nachbarbewegungen nach bekannten Methoden bestimmen. Man wird dabei auf ein System von sechster Ordnung geführt, das zwar für Grenzfälle gelöst und diskutiert werden kann, das jedoch wegen der Vielzahl der eingehenden Parameter keine allgemeinen Aussagen zuläßt. Durch numerische Auswertung (Bild 2) kann jedoch gezeigt werden, daß der charakteristische Wackelsteineffekt fast unabhängig von der Größe des Reibungsbeiwertes k auftritt. Interessanterweise ergibt aber der Grenzübergang $k \to 0$ nicht die gleichen Ergebnisse, wie sie aus einer Betrachtung des reibungsfreien Falles ($k \equiv 0$) bekannt sind. Man hat also auch hier wieder ein System, bei dem sich die von ZIEGLER [2] beschriebenen „Spureneffekte" bemerkbar machen. Auch kleinste Reibungskräfte müssen demnach berücksichtigt werden, weil durch ihre Vernachlässigung die qualitative Struktur des beschreibenden Gleichungssystems in unzulässiger Weise verändert würde.

Literatur

1 MAGNUS, K., Die Stabilität der Drehbewegungen eines unsymmetrischen Körpers auf horizontaler Unterlage, Aus Theorie und Praxis der Ingenieurwissenschaften, Berlin, München, Düsseldorf, 1971, S. 19–23.
2 ZIEGLER, H., Trace effects in Stability, in „Instability of Continuous Systems, Berlin, Heidelberg, New York, 1971, S. 96–111.

Anschrift: Prof. Dr. KURT MAGNUS, Technische Universität München, 8 München 2, Arcisstraße 21, BRD

ZAMM 54, T 55 – T 56 (1974)

P. C. MÜLLER*)

Stabilität und Instabilität bei linearen, zeitinvarianten, dynamischen Systemen

Lineare, zeitinvariante, dynamische Systeme endlicher Ordnung n lassen sich im Zustandsraum durch n-dimensionale Vektorgleichungen beschreiben: im (zeit-) kontinuierlichen Fall durch

$$\dot{x}(t) = A\,x(t), \quad x(0) = x_0\,, \tag{1}$$

im (zeit-) diskreten Fall durch

$$x\,(k+1) = A\,x(k)\,, \quad x(0) = x_0\,. \tag{2}$$

In dieser Schreibweise sind z. B. die mechanischen Systeme mit f Freiheitsgraden enthalten, die sich durch

$$M\,\ddot{z} + P\,\dot{z} + Q\,z = 0 \tag{3}$$

($M = M^T > 0$) beschreiben lassen, wenn man $n = 2\,f$,

$$x = \begin{bmatrix} z \\ \dot{z} \end{bmatrix}, \quad A = \left[\begin{array}{c|c} 0 & E \\ \hline -M^{-1}Q & -M^{-1}P \end{array}\right] \tag{4}$$

setzt.

*) Institut B für Mechanik, Technische Universität München.

Die Stabilität der Gleichgewichtslage $x = 0$ von (1) bzw. von (2) wird durch die LJAPUNOVsche Matrizengleichung

$$A^T B + B A = - C \tag{5}$$

bzw. durch die STEINsche Matrizengleichung

$$A^T B A - B = - C \tag{6}$$

eindeutig gekennzeichnet. Das soll in den folgenden notwendigen und hinreichenden Stabilitäts- und Instabilitätssätzen nachgewiesen werden.

Stabilitätssatz: *Die Gleichgewichtslage $x = 0$ von (1) bzw. von (2) ist stabil im Sinne von Ljapunov genau dann, wenn für ein Matrizenpaar (B, C) mit $B = B^T > 0$ und $C = C^T \geqq 0$ die Beziehung (5) bzw. (6) erfüllt ist. Der Teilraum $X_{\text{as.st.}}$ der asymptotisch stabilen Trajektorien ist durch den Wertebereich der Beobachtbarkeitsmatrix*

$$Q(A, C) = [C \mid A^T C \mid \cdots \mid (A^T)^{n-1} C] \tag{7}$$

gegeben:

$$X_{\text{as.st.}} = \{x \mid x = Q(A, C)\, z\,, \quad z \text{ beliebiger } n^2 \times 1\text{-Vektor}\}. \tag{8}$$

Der grenzstabile Bewegungsraum $X_{\text{gr.st.}}$ ist durch

$$X_{\text{gr.st.}} = \{x \mid x^T Q(A, C) = 0\} \tag{9}$$

bestimmt.

Folgerung 1 (Asymptotische Stabilität): Die Gleichgewichtslage $x = 0$ von (1) bzw. von (2) ist genau dann asymptotisch stabil, wenn (5) bzw. (6) durch ein Matrizenpaar (B, C) mit $B = B^T > 0$, $C = C^T \geqq 0$ und $Rg\ Q(A, C) = n$ erfüllt wird.

Der bekannte Stabilitätssatz von LJAPUNOV mit $C = C^T > 0$ ist in Folgerung 1 als Spezialfall enthalten.

Der Stabilitätssatz gibt notwendige und hinreichende Bedingungen, eignet sich jedoch nicht für den Nachweis einer Instabilität. Es wird daher ein Instabilitätssatz angegeben, der im Gegensatz zu bisher bekannten Aussagen nicht nur hinreichenden, sondern auch notwendigen Charakter hat.

Instabilitätssatz: *Die Gleichgewichtslage $x = 0$ von (1) bzw. von (2) ist instabil im Sinne von Ljapunov genau dann, wenn für ein $C = C^T \geqq 0$ die Gleichung (5) bzw. (6) eine Lösung $B = B^T$ aufweist, so daß für mindestens ein $x = Q(A, C) z$ $x^T B x < 0$ ausfällt.*

Als Sonderfälle dieses Satzes seien zwei hinreichende Instabilitätsaussagen genannt.

Folgerung 2: Ist die Lösung $B = B^T$ von (5) bzw. von (6) für ein $C = C^T \geqq 0$ mit Rg $Q(A, C) = n$ nicht positiv definit, so ist die Gleichgewichtslage von (1) bzw. von (2) instabil.

Folgerung 3 (Instabilitätssatz von LJAPUNOV): Ist die Lösung $B = B^T$ von (5) bzw. von (6) für ein $C = C^T > 0$ nicht positiv definit, so ist $x = 0$ instabile Gleichgewichtslage.

Die aufgeführten Sätze lassen sich besonders gut für Stabilitätsuntersuchungen bei mechanischen, linearen, zeitinvarianten Systemen (3) verwenden. Durch sie kann der Einfluß einzelner Kräftearten auf das Stabilitätsverhalten qualitativ gekennzeichnet werden [1] — [5]. Ein bekanntes Beispiel hierfür ist der Satz von THOMSON-TAIT-CHETAEV und seine Verallgemeinerung auf Systeme mit durchdringender Dämpfung [4].

Literatur

1 MAGNUS, K., Der Einfluß verschiedener Kräftearten auf die Stabilität linearer Systeme, Z. Angew. Math. Phys. **21**, **4**, S. 523 bis 534 (1970).

2 MÜLLER, P. C., Matrizenmethoden der Stabilitätstheorie linearer Systeme, Symposium über „Systemtheoretische Probleme der Mechanik", Mathematisches Forschungsinstitut Oberwolfach, 6.—12. 8. 1972.

3 MÜLLER, P. C., Stability Theory of Linear Autonomous Mechanical Systems, XIIIth International Congress on Theoretical and Applied Mechanics, IUTAM, Moskau, 21.—26. 8. 1972.

4 MÜLLER, P. C., Asymptotische Stabilität von linearen mechanischen Systemen mit positiv semidefiniter Dämpfungsmatrix, ZAMM **51**, S. T 197—T 198 (1971).

5 MÜLLER, P. C., Zur Stabilitätstheorie linearer zeitinvarianter mechanischer Systeme, erscheint demnächst.

Anschrift: Dr. rer. nat. PETER C. MÜLLER, 8 München 40, Connollystr. 22/II, BRD

ZAMM 54, T 57 – T 58 (1974)

P. C. MÜLLER/J. LÜCKEL*)

Modale Maße für Steuerbarkeit, Beobachtbarkeit und Störbarkeit dynamischer Systeme

Die Beeinflussung der Bewegungen von Mehrkörpersystenen wie z. B. bei einer aktiven Automobilfederung oder einer Satellitenlageregelung führt häufig zu folgenden Fragen:

1. Wo sind die Stellglieder zur Beeinflussung des Mehrkörpersystems günstig anzubringen?
2. Bei welcher Anordnung von Meßsensoren erhält man möglichst viel Information über das System?
3. Wie empfindlich ist das System gegenüber Störungen?

Mit den Methoden der Regelungstheorie lassen sich durch Betrachtung von Steuerbarkeits-, Beobachtbarkeits- und Störbarkeitsstrukturen befriedigende Antworten finden. Von MÜLLER und WEBER [1] wurden für lineare dynamische Systeme Beurteilungsmaßstäbe für die Eingriffs- und Meßstrukturen diskutiert. Eine allgemeine Analyse dieser Fragen wird von den Autoren in [2] durchgeführt. Dabei stellen die hier behandelten modalen Maße einen wesentlichen Gesichtspunkt dar.

Betrachtet wird ein endlich-dimensionales, lineares, zeitinvariantes System, das sich im Zustandsraum durch

$$\dot{x} = A\,x + B\,u + D\,w \tag{1}$$

mit Zustandsvektor x, Steuervektor u und Störvektor w beschreiben läßt. Weiterhin ist die Meßgleichung

$$y = C\,x \tag{2}$$

mit dem Meßvektor y zu berücksichtigen.

Die Struktureigenschaften der Steuerbarkeit und der Störbarkeit sowie der Beobachtbarkeit bestimmen die Beeinflussung von (1) durch die Steuerung u und durch die Störung w sowie die Information über den Systemzustand durch die Messung y (2). Nach HAUTUS [3] werden diese Eigenschaften modal durch Eigenwerte λ_i sowie Links- und Rechtseigenvektoren $x_{i\,L}$ und $x_{i\,R}$ der Matrix A bezüglich der Matrizen B, C, D algebraisch gekennzeichnet. Diese Charakterisierungen können zu Aussagen über das quantitative Verhalten von (1), (2) herangezogen werden. Jeder Schwingungsform $\{\lambda_i, x_{i\,L}, x_{i\,R}\}$ wird ein modales Maß für die einzelnen Struktureigenschaften zugeordnet. Bei verschiedenen Eigenwerten $\lambda_i = \delta_i + i\,\omega_i$ definieren wir (mehrfache Eigenwerte s. [2]):

Modales Steuerbarkeitsmaß:

$$\varkappa_{i(B)} = \frac{x_{iL}^{*}\,B\,B^{T}\,x_{i\,L}}{x_{iL}^{*}\,x_{i\,L}}\,\mathrm{e}^{-2\,\delta_i}\,, \tag{3}$$

modales Beobachtbarkeitsmaß:

$$\varkappa_{i(C)} = \frac{x_{iR}^{*}\,C^{T}\,C\,x_{i\,R}}{x_{iR}^{*}\,x_{iR}}\,\mathrm{e}^{-2\,\delta_i}\,, \tag{4}$$

modales Störbarkeitsmaß:

$$\varkappa_{i(D)} = \frac{x_{iL}^{*}\,D\,D^{T}\,x_{i\,L}}{x_{iL}^{*}\,x_{i\,L}}\,\mathrm{e}^{+2\,\delta_i}\,. \tag{5}$$

Die nichtnegativen modalen Maße werden bezüglich normierter Eigenvektoren gebildet und werden entsprechend den Realteilen δ_i der Eigenwerte λ_i gewichtet. Diese letzte Maßnahme ist vom regelungstechnischen Standpunkt aus sinnvoll. So wird z. B. in (3) ausgedrückt, daß einer asymptotisch stabilen Eigenschwingung bei gleichem $x_{iL}^{*}\,B\,B^{T}\,x_{i\,L}$ ein größeres Steuerbarkeitsmaß zugeordnet wird (und sie damit als besser steuerbar erklärt wird) als einer instabilen, da eine Regelung im ersten Fall durch das Eigenverhalten unterstützt wird, im zweiten aber nicht. Entsprechend soll mit (5) eine sehr stabile Schwingung als geringer störbar aufgefaßt werden als eine weniger stabile.

Um aus den modalen Strukturmaßen eine Beurteilung des Gesamtsystems (1), (2) zu erhalten, bildet man geeignete Mittelwerte:

$$m_k = \left(\sum_{i=1}^{n} \frac{1}{n}\,\varkappa_i^{k}\right)^{1/k}. \tag{6}$$

Dabei ist für Steuer- und Beobachtbarkeitsuntersuchungen die Ordnung k nichtpositiv ($-\infty \leqq k \leqq 0$) und für die Störbarkeit positiv ($0 < k \leqq \infty$) zu wählen. Durch die Wahl der Ordnung k können die Maße (6) den gegebenen technischen Problemen geeignet angepaßt werden (siehe [1], [2]).

*) Institut B für Mechanik, Technische Universität München.

Definiert man das Störbarkeitsmaß (5) etwas anders, so kann man einen direkten Zusammenhang zu den entsprechenden Amplitudenfrequenzgängen des Systems finden [2]. Man geht davon aus, daß in dem Frequenzspektrum der Störung $w(t)$ die Frequenz ω vorherrscht. Dann kann anstelle von (5) auch

$$\sigma_i = \frac{1}{(\omega_i - \omega)^2 + \delta_i^2} \frac{x_{iL}^* D D^T x_{iL}}{x_{iL}^* x_{iL}} \tag{7}$$

als modales Störbarkeitsmaß eingeführt werden. Diese Maße können bei einem Reglerentwurf gemäß einem guten Störverhalten als Optimierungskriterien herangezogen werden [2].

Die Anwendbarkeit der hier definierten modalen Strukturmaße auf Schwingungs- und Regelungssysteme wird in Arbeiten von LÜCKEL [4] sowie von MÜLLER und LÜCKEL [5] gezeigt.

Literatur

1 MÜLLER, P. C. and WEBER, H. I., Analysis and Optimization of Certain Qualities of Controllability and Observability for Linear Dynamical Systems, Automatica 8, S. 237–246 (1972).
2 LÜCKEL, J. und MÜLLER, P. C., Analyse von Steuerbarkeits-, Beobachtbarkeits- und Störbarkeitsstrukturen linearer zeitinvarianter Systeme. Erscheint demnächst in Regelungstechnik und Prozeß-Datenverarbeitung.
3 HAUTUS, M. L. J., Controllability and Observability Conditions of Linear Autonomous Systems, Indagationes Mathematicae 31, S. 443–448 (1969).
4 LÜCKEL, J., Die aktive Dämpfung von Vertikalschwingungen bei Kraftfahrzeugen, Erscheint in Automobiltechnische Zeitschrift (ATZ) 1974.
5 MÜLLER, P. C. und LÜCKEL, J., Zur systemtheoretischen Analyse von Schwingungsvorgängen, erscheint demnächst.

Anschriften: Dr. rer. nat. PETER C. MÜLLER, 8 München 40, Connollystr. 22/II, BRD
Dr.-Ing. JOACHIM LÜCKEL, 7 Stuttgart 1, Straußweg 45, BRD

ZAMM 54, T 58 – T 59 (1974)

P. C. MÜLLER/K. POPP*)

Zur Theorie der ersten Integrale bei gesteuerten dynamischen Systemen

In der vorliegenden Arbeit soll auf den Zusammenhang zwischen der Theorie der ersten Integrale (siehe z. B. HAMEL [1]) und der Konzeption der Steuerbarkeit (siehe z. B. SCHWARZ [2]) bei gesteuerten dynamischen Systemen aufmerksam gemacht werden.

Das endlich-dimensionale gesteuerte dynamische System sei im Zustandsraum durch eine Vektordifferentialgleichung

$$\dot{x}(t) = f(x(t), u(t), t), \quad x(t_0) = x_0 \tag{1}$$

beschrieben (x: n-dim. Zustandsvektor, u: r-dim. Steuervektor).

Definition 1 (nach [1]): Unter einem ersten Integral des Systems (1) versteht man eine skalare Funktion

$$\varphi(x, t) = c, \tag{2}$$

die unabhängig von der Vielfalt der Steuerungen $u(t)$ längs jeder Trajektorie von (1) konstant ist, ohne selbst identisch konstant zu sein.

Definition 2 (nach [2]): Das System (1) heißt genau dann vollständig steuerbar in einem abgeschlossenen Zeitintervall $[t_0, t_e]$, wenn jeder Anfangszustand $x(t_0) = x_0$ mittels einer Steuerung $u(t)$ in jeden beliebigen Endzustand $x(t_e) = x_e$ übergeführt werden kann.

Aus den beiden Begriffsdefinitionen ergibt sich sofort ein Zusammenhang zwischen der Existenz eines ersten Integrals (2) und der Steuerbarkeit des Systems (1).

Satz 1: *Existiert für das System* (1) *ein erstes Integral* $\varphi(x, t) = c$, *so ist* (1) *nicht vollständig steuerbar und* $\varphi(x, t) = c$ *ist auch erstes Integral des ungesteuerten Systems* $\dot{x} = f(x, 0, t)$.

Die weitere Diskussion beschränkt sich auf zeitinvariante, lineare, gesteuerte, dynamische Systeme

$$\dot{x}(t) = A\, x(t) + B\, u(t), \quad x(0) = x_0 \tag{3}$$

mit zeitinvarianten ersten Integralen

$$\varphi(x) = c. \tag{4}$$

*) Institut B für Mechanik, Technische Universität München.

Satz 2: *Das System* (3) *weist ein erstes Integral* (4) *genau dann auf, wenn für alle* x

$$\left(\frac{\partial\varphi(x)}{\partial x}\right)^T A\,x \equiv 0\,, \qquad \left(\frac{\partial\varphi(x)}{\partial x}\right)^T B \equiv 0 \tag{5}$$

gilt. Das System (3) *ist dann wegen*

$$\left(\frac{\partial\varphi(x)}{\partial x}\right)^T [B \,\vdots\, A\,B \,\vdots\, A^2\,B \,\vdots \cdots \vdots\, A^{n-1}\,B] = 0 \tag{6}$$

nicht vollständig steuerbar.

Lineare erste Integrale: Der Ansatz

$$\varphi(x) = d^T x \tag{7}$$

führt nach Satz 2 auf

$$d^T A = 0\,, \quad d^T B = 0\,. \tag{8}$$

Lineare zeitinvariante Integrale (7) existieren damit genau dann, wenn die Systemmatrix A mindestens einen Nulleigenwert aufweist und ein zugehöriger Linkseigenvektor d orthogonal zu den Spalten der Steuermatrix B ist.

Quadratische erste Integrale: Der Ansatz

$$\varphi(x) = x^T D x\,, \quad D = D^T\,, \tag{9}$$

führt mit (5) auf $x^T DA\, x \equiv 0$, $x^T DB \equiv 0$ für alle x. Ein Integral (9) existiert demnach genau dann, wenn gilt

$$A^T D + DA = 0\,, \quad DB = 0\,. \tag{10}$$

Unter Berücksichtigung der Eigenschaften der in (10) auftretenden homogenen LJAPUNOVschen Matrizengleichung sowie der modalen Steuerbarkeitskriterien von HAUTUS [3] werden die Bedingungen (10) in [4] bezüglich der Eigenwerte und -vektoren formuliert. Die gewonnenen Ergebnisse lassen sich auf mechanische Systeme

$$M\,\ddot{z}(t) + (D + G)\,\dot{z}(t) + (K + N)\,z(t) = S\,u(t) \tag{11}$$

übertragen. Hierbei sind spezielle Integrale von besonderer Bedeutung: verallgemeinerte Impulse bei zyklischen Koordinaten und Energieintegrale. Anwendungsbeispiele hierfür finden sich in [4]. Der Fall zeitvariabler erster Integrale $\varphi(x, t) = c$ wird in [5] behandelt.

Literatur

1 HAMEL, G., Theoretische Mechanik, Berichtigter Nachdruck, Berlin-Heidelberg-New York 1967.
2 SCHWARZ, H., Mehrfachregelungen, Grundlagen einer Systemtheorie, 2. Band, Berlin-Heidelberg-New York 1971.
3 HAUTUS, M. L. J., Controllability and Observability Conditions of Linear Autonomous Systems, Indagationes Mathematicae 31, S. 443–448 (1969).
4 MÜLLER, P. C. und POPP, K., Zur Theorie der ersten Integrale bei gesteuerten mechanischen Systemen, erscheint demnächst.
5 POPP, K. und MÜLLER, P. C., First Integrals of Controlled Mechanical Systems, Euromech 38, Gyrodynamics, Louvain-la-Neuve, Belgium, Sept. 3–5, 1973.

Anschriften: Dr. rer. nat. PETER C. MÜLLER, 8 München 40, Connollystr. 22/II, BRD
Dr.-Ing. KARL POPP, 8 München 19, Schulstr. 44/I, BRD

ZAMM 54, T 59 – T 61 (1974)

K. POPP*)

Vergleich von passiver und aktiver Schwingungsdämpfung bei gravitationsstabilisierten Satelliten

1. Aufgabenstellung

Die Dämpfung der räumlichen Lagebewegungen von gravitationsstabilisierten Satelliten auf Kreisbahnen kann durch stabförmige Pendel-Ausleger P und Stellmechanismen S (Bild 1) entweder passiv (S: lineare Feder und viskoser Dämpfer) oder aktiv (S: linearer Regler mit Stellmotor) erfolgen. Beide Arten der Schwingungsdämpfung sollen optimal ausgelegt und kritisch miteinander verglichen werden.

*) Institut B für Mechanik, Technische Universität München.

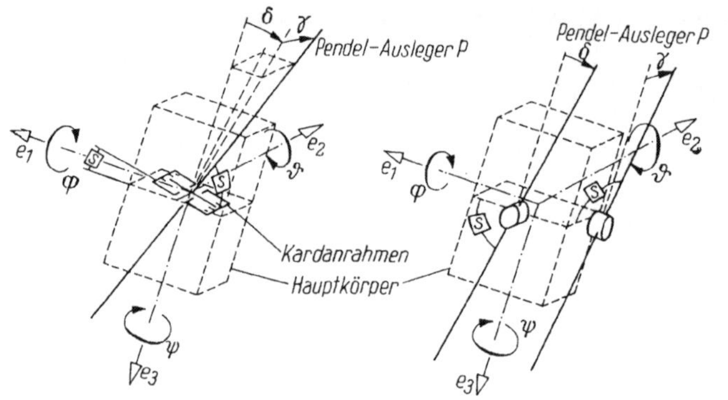

Bild 1. Ausführungsformen von gravitationsstabilisierten Satelliten mit stabförmigen Pendel-Auslegern

2. Bewegungsgleichungen

Die linearisierten Bewegungsgleichungen für Satelliten-Ausführungsformen nach Bild 1 lauten

$$\begin{aligned} &B\,\ddot{\vartheta} + A_p\,\ddot{\delta} + 3\,\Omega^2\,(A - C)\,\vartheta + 3\,\Omega^2\,A_p\,\delta &&= 0\,, \\ &A_p\,(\ddot{\delta} + \ddot{\vartheta}) + 3\,\Omega^2\,A_p\,(\delta + \vartheta) &&= u_4\,, \end{aligned} \tag{1}$$

$$\begin{aligned} &A\,\ddot{\varphi} + A_p\,\ddot{\gamma} - \Omega\,(A - B + C)\,\dot{\psi} + 4\,\Omega^2\,(B - C)\,\varphi + 4\,\Omega^2\,A_p\,\gamma &&= 0\,, \\ &C\,\ddot{\psi} \qquad + \Omega\,(A - B + C)\,\dot{\varphi} - \Omega^2\,(A - B)\,\psi &&= 0\,, \\ &A_p\,(\ddot{\gamma} + \ddot{\varphi}) \qquad + 4\,\Omega^2\,A_p\,(\gamma + \varphi) &&= u_6\,. \end{aligned} \tag{2}$$

Darin sind A, B, C die Hauptträgheitsmomente des gesamten Satelliten, A_p Hauptträgheitsmoment eines Auslegerstabes, Ω Bahnumlaufwinkelgeschwindigkeit und u_4, u_6 die Stellmomente von S. Mit Hilfe der Zustandsvektoren $x_4 = [\vartheta\ \delta\ \dot{\vartheta}\ \dot{\delta}]^T$ und $x_6 = [\varphi\ \psi\ \gamma\ \dot{\varphi}\ \dot{\psi}\ \dot{\gamma}]^T$ folgen aus (1) und (2) die Zustandsgleichungen ($n = 4$ Nicken, $n = 6$ Rollen, Gieren)

$$\dot{x}_n = F_n\,x_n + g_n\,u_n\,, \quad x_n(0) = x_{0\,n} \quad (n = 4,\ 6), \tag{3}$$

wobei g_n der $n \times 1$-Steuervektor und F_n die $n \times n$-Systemmatrix sind. Das Stellmoment u_n lautet bei passiver und aktiver Schwingungsdämpfung

$$u_n = -\,k_n^T\,x_n \quad (n = 4,\ 6)\,. \tag{4}$$

Der $n \times 1$-Rückführvektor k_n hat bei passiven Systemen nur zwei nichtverschwindende Elemente (Feder- und Dämpfungskonstante), während er bei aktiven Systemen durch die Reglerverstärkungen voll besetzt ist. Daraus folgt, daß alle Eigenschaften passiver Systeme stets auch mit aktiven Systemen erreichbar sind.

3. Optimierung der passiven und aktiven Systeme

Setzt man (4) in (3) ein, so folgt die Gleichung der rückgeführten Systeme

$$\dot{x}_n = (F_n - g_n\,k_n^T)\,x_n = \hat{F}_n(k_n)\,x_n\,, \quad x_n(0) = x_{0\,n} \quad (n = 4,\ 6)\,. \tag{5}$$

Die Vektoren k_n sollen so gewählt werden, daß (5) asymptotisch stabil und optimal im Sinne eines Gütekriteriums J ist. Hier wird für J die verallgemeinerte quadratische Regelfläche gewählt,

$$J = \int_0^\infty x_n^T\,Q_n\,x_n\,dt \to \text{Min}\,, \quad Q_n = Q_n^T \geqq 0\,, \quad (F_n,\ Q_n) \text{ vollständig beobachtbar.} \tag{6}$$

Für die passiven Systeme erhält man die optimalen Feder- und Dämpfungskonstanten und die zugehörigen Kriteriumswerte J_p^* mit Hilfe der numerischen Verfahren der Parameteroptimierung. Die Optimierung der aktiven Systeme geschieht durch Anwendung der Methode der Polvorgabe (pole assignment). Danach kann man genau dann, wenn das Paar $(F_n,\ g_n)$ vollständig steuerbar ist, für (3) eindeutig eine Zustandsrückkopplung (4) so finden, daß (5) beliebig vorgegebene Eigenwerte $\hat{\lambda}_i$ hat. Die optimale Eigenwertverteilung zum Gütekriterium (6) folgt nach [1] aus dem

Satz: *Wenn ein vollständig steuerbares System* (3) *mit dem linearen Rückführgesetz* (4) ($k_n \in R^n$) *optimal im Sinne des Gütekriteriums* (6) *ist, dann weisen die Eigenwerte* $\hat{\lambda}_i^*$ *des rückgeführten Systems* (5) *folgende Eigenschaften auf:*

1. *Alle n Eigenwerte haben negative Realteile.*
2. *Die* $m < n$ *dominanten Eigenwerte erfüllen die Gleichung*

$$g_n^T\,[\text{adj}\,(-\,E_n\,\hat{\lambda}^* - F_n)]^T\,Q_n\ \text{adj}\,(E_n\,\hat{\lambda}^* - F_n)\ g_n = 0\,.$$

3. *Die* $n - m$ *restlichen Eigenwerte sind unendlich groß und bilden eine stabile Butterworth-Konfiguration.*

Wegen 3. würden sich unendlich große Reglerverstärkungen ergeben. In [1] wird jedoch gezeigt, daß man die optimale Regelung (J_a^*) durch realisierbare Verstärkungen k_n sehr gut annähern kann, wenn man die endlichen Eigenwerte exakt realisiert und die unendlichen Eigenwerte in bestimmter Weise durch endliche approximiert.

4. Vergleich von aktiver und passiver Schwingungsdämpfung

Um beide Arten der Schwingungsdämpfung miteinander vergleichen zu können, wird aus den optimalen Kriteriumswerten J_a^* und J_p^* der Optimalitätsgrad η gebildet (SCHIEHLEN, POPP [2]),

$$\eta = \frac{J_a^*}{J_p^*}, \qquad 0 \leqq \eta \leqq 1 . \tag{7}$$

Das Maß η gibt an, wie gut das optimale passive System das entsprechende optimale aktive System annähert.

Für Satelliten nach Bild 1 mit $(B - C)/A = 5/6$, $(C - A)/B = 4/7$ sind in Bild 2 die Optimalitätsgrade η_4, η_6 über der Pendel-Auslegergröße A_p/A dargestellt. Für den technisch interessanten Wert $A_p/A \approx 0.8$ liegen die Optimalitätsgrade η_6 nahe bei eins und damit beträchtlich höher als die vergleichbaren Werte η_4. Für die Roll-Gier-bewegung ist in diesem Fall eine passive Schwingungsdämpfung ausreichend, während für die Nickbewegung eine aktive Dämpfung lohnend erscheint.

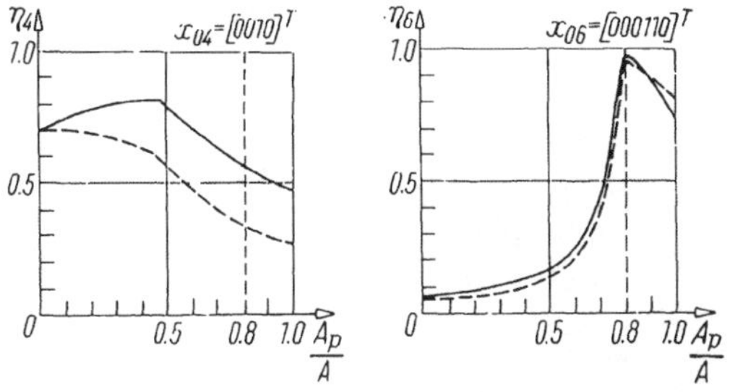

Bild 2. Optimalitätsgrade η_n (n = 4 Nicken, n = 6 Rollen, Gieren) über der Pendel-Auslegergröße A_p/A für $Q_n = E_n$ (——) und $Q_n = \begin{bmatrix} E_{n/2} & 0 \\ 0 & 0 \end{bmatrix}$ (– – –)

Literatur

1 POPP, K., Zur passiven und aktiven Satelliten-Lageregelung mit stabförmigen Drehpendeln, Diss. TU München, 1972.
2 SCHIEHLEN, W. und POPP, K., Optimalitätsuntersuchung mechanischer Systeme, Institut B für Mechanik, Bericht 10, TU München, 1972.

Anschrift: Dr.-Ing. KARL POPP, 8 München 19, Schulstr. 44/I, BRD

ZAMM 54, T 61 – T 63 (1974)

D. RAŠKOVIĆ*)

Die Verteilung des Ruckvektors im Falle der Zentralbewegung

Die Beschleunigungen höherer Ordnung spielen heute eine große Rolle in der Mechanik, besonders in der modernen Getriebetechnik und Atomphysik [1], [2], [3].

Es ist bekannt, daß bei Einführung einer allgemeinen Basis von Grundvektoren $\{g_i\}$ und Maßzahlen q^i, die metrische Fundamentalform, der Geschwindigkeitsvektor und der Beschleunigungsvektor [4] dann

$$ds^2 = (dr)\{dr\} = g_{ik}\, dq^i\, dq^k; \quad \boldsymbol{v} = \dot q^i\, \boldsymbol{g}_i = \dot q^i A_i \boldsymbol{T}_i; \quad \boldsymbol{a} = \ddot q^i \boldsymbol{g}_i + \frac{\partial \boldsymbol{g}_i}{\partial q^k} \dot q^i \dot q^k \tag{1}$$

lauten.

Die physikalischen, kovarianten und kontravarianten Koordinaten des Beschleunigungsvektors sind

$$a_{(i)} = \frac{a_i}{\sqrt{g_{ii}}} = \frac{a_i}{A_i}, \quad a^i = \ddot q^i + \begin{Bmatrix} i \\ j\,k \end{Bmatrix} \dot q^j \dot q^k, \quad a_i = g_{ik} \ddot q^k + [j\,k, i]\, \dot q^j \dot q^k , \tag{2}$$

wobei man zur Vereinfachung der Schreibweise die CHRISTOFFELschen Symbole erster und zweiter Art (Dreiindizessymbole) benutzt [5] und die EINSTEINsche Konvention berücksichtigt.

Bei der Ausführung der Differentiation des Beschleunigungsvektors ergibt sich die Beschleunigung zweiter Ordnung (Ruck, Rucken, jerk, pulse)

$$\boldsymbol{w} = \dddot q^i\, \boldsymbol{g}_i + 3 \frac{\partial \boldsymbol{g}_i}{\partial q^k} \ddot q^i \dot q^k + \frac{\partial^2 \boldsymbol{g}_i}{\partial q^k\, \partial q^l} \dot q^i \dot q^k \dot q^l . \tag{3}$$

Natürlich können die beiden Gattungen der Ruckkoordinaten auch durch Anwendung der BIANCHIschen absoluten Zeitableitungen (nach dem Zeitparameter) hergeleitet werden

$$w^i = \frac{Da^i}{Dt} = \frac{da^i}{dt} + \begin{Bmatrix} i \\ j\,k \end{Bmatrix} a^j \dot q^k; \quad w_i = \frac{Da_i}{Dt} = \frac{da_i}{dt} - \begin{Bmatrix} j \\ i\,k \end{Bmatrix} a_j \dot q^k , \tag{4}$$

---

*) Mašinski fakultet Sarajevo-Odeljenje u Mostaru, Mostar, Jugoslawien

wobei das Symbol d/dt nur eine gewöhnliche Ableitung nach t darstellt. Die physikalischen Koordinaten sind unmittelbar nach (4) gegeben.

Wenn die Polarkoordinaten eines bewegten Punktes r und φ sind, führt die zweimalige Differentiation des Ortsvektors $\boldsymbol{r} = r\, \boldsymbol{r}_0$ auf den folgenden Ausdruck für den Ruck:

$$\boldsymbol{w} = w_r \boldsymbol{r}_0 + w_c \boldsymbol{c}_0 = (\dddot{r} - 3\,\dot{r}\,\dot{\varphi}^2 - 3\,r\,\dot{\varphi}\,\ddot{\varphi})\,\boldsymbol{r}_0 + (3\,\ddot{r}\,\dot{\varphi} - r\,\dot{\varphi}^3 + 3\,\dot{r}\,\ddot{\varphi} + r\,\dddot{\varphi})\,\boldsymbol{c}_0\,, \tag{5}$$

wobei $\boldsymbol{r}_0$ und $\boldsymbol{c}_0$ die Einheitsvektoren sind. Alle drei Gattungen der Ruckkoordinaten sind

$$\begin{aligned} &w^1 = \dot{a}_r - a_c\,\dot{\varphi} = \dddot{r} - 3\,\dot{r}\,\dot{\varphi}^2 - 3\,r\,\dot{\varphi}\,\ddot{\varphi}\,, \qquad \left\{\begin{matrix}1\\2\,2\end{matrix}\right\} = -\,r\,,\\ &w^2 = r^{-1}\,(\dot{a}_c + a_r\,\dot{\varphi}) = (\dddot{\varphi} - \dot{\varphi}^3) + 3\,r^{-1}\,(\ddot{r}\,\dot{\varphi} + \dot{r}\,\ddot{\varphi})\,, \qquad \left\{\begin{matrix}2\\1\,2\end{matrix}\right\} = \left\{\begin{matrix}2\\2\,1\end{matrix}\right\} = r^{-1}\,,\\ &w_r = w_{(1)} = g_{11}\,w^1 = w^1\,, \quad w_c = w_{(2)} = g_{22}\,w^2 = r\,w^2\,. \end{aligned} \tag{6}$$

Die Zentralbewegungen sind von der besonderen Bedeutung für die Geschichte der Mechanik und Astronomie gewesen, da an diese anschließend die mannigfaltigen Methoden angeknüpft wurden, die dann das große Gebäude der modernen analytischen Mechanik ausmachen. Für die Bewegung in der Sinusspirale (die Bewegungen der Elektronen um die Atomkerne) folgt aus der BINETschen Gleichung für die Zentralbeschleunigung die Gleichung für den Ruck

$$\begin{aligned} &r^n = u^{-n} = c^n \sin n\,\varphi\,, \quad \boldsymbol{a}_r = -\,\lambda\,r^{-(2n+3)}\,\boldsymbol{r}_0\,, \quad \lambda = C^2\,c^{2n}\,(n+1)\,,\\ &\boldsymbol{w} = \lambda\,(2\,n+3)\,r^{-(2n+4)}\,\dot{r}\,\boldsymbol{r}_0 - \lambda\,r^2\,\dot{\varphi}\,r^{-(2n+5)}\,\boldsymbol{c}_0\,, \quad r^2\,\dot{\varphi} = 2\,S_z = C\,,\\ &w_r = \lambda\,C\,c^n\,(2\,n+3)\,r^{-(3n+5)}\cos n\,\varphi = \lambda\,C\,c^n\,(2\,n+3)\,r^{-(3n+5)}\sqrt{1-(r/c)^{2n}}\,,\\ &w_c = -\,\lambda\,C\,r^{-(2n+5)}\,, \quad w_r = w^1 = \dot{a}_r\,, \quad w^2 = w_c\,r^{-1} = C\,a_r\,r^{-3}\,. \end{aligned} \tag{7}$$

Man muß beachten, daß dieser Vektor die beiden Komponenten (radial und zirkular-transversal) hat.

Zur Illustration der vorangehenden Überlegungen seien als Beispiel diese Koordinaten für die parabolische Bewegung aufgestellt:

$$\begin{aligned} &r = 2\,c\,(1-\cos\varphi)^{-1}\,, \quad a_r = -\,\lambda\,r^{-2}\,, \quad \boldsymbol{w} = 2\,\lambda\,\dot{r}\;r^{-3}\,\boldsymbol{r}_0 - \lambda\,C\,r^{-4}\,\boldsymbol{c}_0\,,\\ &w_r = C^3\,c^{-3/2}\,r^{-7/2}\cos(\varphi/2)\,, \quad w_c = -\,\lambda\,C\,r^{-4} = -\,C^3\,(2\,c\,r^4)^{-1}\,, \quad \lambda = C^2\,(2\,c)^{-1}\,. \end{aligned} \tag{8}$$

Für andere Sinuspiralen sind die Angaben in Form einer Tabelle gegeben.

Tabelle
$\lambda = C^2\,c^{2n}\,(n+1)$, $\quad k = C\,c^n$, $\quad \nu = c^n\,(n+1)^{-1}$, $\quad \psi = c^{-n}$

Spirale	n	$r^n = c^n \sin n\,\varphi$	v	a_r	R_f	p	w_r	w_c
Halbkreis	1	$r = c\sin\varphi$	$k\,r^{-2}$	$-\,\lambda\,r^{-5}$	ν	$\psi\,r^2$	$10\,C^3\,c^3\,r^{-8}\cos\varphi$	$-\,2\,C^3\,c^2\,r^{-7}$
Lemniskate	2	$r^2 = c^2\sin 2\varphi$	$k\,r^{-3}$	$-\,\lambda\,r^{-7}$	$\nu\,r^{-1}$	$\psi\,r^3$	$21\,C^3\,c^6\,r^{-11}\cos 2\,\varphi$	$-\,3\,C^3\,c^4\,r^{-9}$
Kardioide	1/2	$2\,r = c\,(1-\cos\varphi)$	$k\,r^{-3/2}$	$-\,\lambda\,r^{-4}$	$\nu\,r^{1/2}$	$\psi\,r^{3/2}$	$6\,C^3 c^{3/2}\,r^{-13/2}\cos(\varphi/2)$	$-\,3\,C^3\,c^3(2\,r^6)^{-1}$
Gleichseitige Hyperbel	-2	$r^2\sin(\pi+2\varphi) = c^2$	$k\,r$	$-\,\lambda\,r^{-1}$	$\nu\,r^3$	$\psi\,r^{-1}$	$C^3\,c^{-6}\,r\cos 2\,\varphi$	$C^3\,(c^4\,r)^{-1}$
Parabel	$-1/2$	$r\,(1-\cos\varphi) = 2\,c$	$k\,r^{-1/2}$	$-\lambda\,r^{-2}$	$\nu\,r^{3/2}$	$\psi\,r^{1/2}$	$C^3\,c^{-3/2}\,r^{-7/2}\cos(\varphi/2)$	$-\,C^3\,(2\,c\,r^4)^{-1}$

Nach SIACCI [6] kann man die Zerlegung des Beschleunigungsvektors in zwei anderen Richtungen (tangential und radial) vornehmen:

$$\begin{aligned} &\boldsymbol{a} = a_T\,\boldsymbol{T} + a_r\,\boldsymbol{r}_0\,, \quad h = p\,v = 2\,S_z = 2\,S\,,\\ &a_T = \dot{v} + \frac{v^2}{R_f}\frac{r}{p}\frac{dr}{ds} = v\frac{dv}{ds}\frac{v^2}{p}\frac{dp}{ds} = \frac{h}{p^2}\frac{dh}{ds} = \frac{4\,S}{p^2}\frac{dS}{ds} = \frac{2\,\dot{S}}{v}\,,\\ &a_r = -\frac{v^2}{R_f}\frac{r}{p} = -\frac{h^2}{p^3}\frac{r}{R_f} = -\frac{4\,S^2\,r}{p^3\,R_f}\,, \end{aligned} \tag{9}$$

wobei S die Flächengeschwindigkeit ist. Wenn diese Geschwindigkeit konstant ist, können wir mit Hilfe der BINETschen Gleichung den Ausdruck für den Beschleunigungsvektor umformen und erhalten

$$a_T = 0\,, \quad \boldsymbol{a} = a_r\,\boldsymbol{r}_0 = (\ddot{r} - r\,\dot{\varphi}^2)\;\boldsymbol{r}_0 = -\,C^2\,r\,(p^3\,R_f)^{-1}\;\boldsymbol{r}_0 = -\,C^2\,u^2\,(u'' + u)\,\boldsymbol{r}_0\,. \tag{10}$$

Dann erhält man für die Sinusspiralen eine sehr einfache Relation für den Abstand der Bahntangente vom Anziehungszentrum:

$$p = C\,v^{-1} = c^{-n}\,r^{n+1}\,. \tag{11}$$

Bei Einführung der HAMILTONschen Quaternionen kann man den Ruck in Quaternionenschreibweise wie folgt ausdrücken:

$$\mathfrak{Q} = \frac{\boldsymbol{a}}{\boldsymbol{v}}\,; \quad \boldsymbol{a} = \boldsymbol{v}\,\mathfrak{Q}, \quad \boldsymbol{w} = \boldsymbol{a}\,\mathfrak{Q} + \boldsymbol{v}\,\dot{\mathfrak{Q}}, \quad \boldsymbol{a} \wedge \boldsymbol{b} = -(\boldsymbol{a}, \boldsymbol{b}) + [\boldsymbol{a}, \boldsymbol{b}]\,. \tag{12}$$

Die APPELsche Beschleunigungsenergie [7] hat die Eigenschaft, daß die Beschleunigungsleistung gleich dem skalaren Produkt der Kraft und des Ruckvektors ist:

$$\mathfrak{A} = m\,(\boldsymbol{a}, \boldsymbol{a})/2 = m\,a_r^2/2 = m\,\lambda^2\,r^{-2(2n+3)}/2\,, \tag{13}$$

$$\dot{\mathfrak{A}} = \frac{\mathrm{d}\mathfrak{A}}{\mathrm{d}t} = m(\boldsymbol{a}, \boldsymbol{w}) = (\boldsymbol{F}, \boldsymbol{w}) = m\,(\boldsymbol{a}_r\,\boldsymbol{w}_r) = -\,m^2\,C\,c^n\,(2\,n + 3)\,r^{-(5n+8)}\,.$$

Die Ruckenergie und die Ruckleistung haben folgende Gleichungen

$$\mathfrak{W} = m\,(\boldsymbol{w}, \boldsymbol{w})/2 = m(w_r^2 + w_c^2)/2 = \mathfrak{A}\,\dot{\varphi}^2 + \dot{\mathfrak{A}}^2\,(4\,\mathfrak{A})^{-1}\,, \tag{14}$$

$$\dot{\mathfrak{W}} = m(\boldsymbol{w}, \dot{\boldsymbol{w}}) = (\dot{\boldsymbol{F}}, \dot{\boldsymbol{w}}) = m(w_r\,\dot{w}_r + w_c\,\dot{w}_c)\,.$$

Literatur

1 RAŠKOVIĆ, D., Mechanik, Teil II-Kinematik, 3. Aufl., Beograd (1967).
2 SKREINER, M., A study of the geometry and the kinematics of instantaneous spatial motion, J. Mechanisms I (1966).
3 LINDNER, H., Grundriß der Atom- und Kernphysik, Leipzig (1958).
4 RAŠKOVIĆ, D., Der Ruckvektor in verallgemeinerten Koordinaten, ZAMM 51, T 208–T 209 (1971).
5 ANDJELIĆ, T., Tensorkalkül nebst Anwendung, Math. Hilfsmittel des Ingenieurs, Teil **III**, Springer, (1969).
6 SIACCI, Atti della Real. Acc. di Torino **XIV**, p. 750 (1900).
7 APPEL, P., Journal für Math., **CXXI**, S. 310 (1900).

Anschrift: Prof. Dr.-Ing. Dipl. Math. DANILO RAŠKOVIĆ, Cara Dušana 20, YU 11000 Belgrad, Jugoslawien.

ZAMM 54, T 63 – T 64 (1974)

P. SAGIROW

Zeitoptimale Drehungen um eine körperfeste Achse

Die Drehbewegungen eines starren Körpers (Satelliten) genügen den EULERschen Gleichungen

$$I_i\,\dot{\omega}_i + (I_{i+2} - I_{i+1})\,\omega_{i+1}\,\omega_{i+2} = M_i, \quad i = 1, 2, 3. \tag{1}$$

Sollen die Momente M_i, $|M_i| \leqq M_{i0}$ so gewählt werden, daß die Drehung um eine körperfeste Achse mit den Richtungskosinus ν_i erfolgt, und ist x der Drehwinkel, so muß $\omega_i = \nu_i\,\dot{x}(t)$ sein. Nach Einsetzen in (1) erhält man mit neuen Bezeichnungen

$$\ddot{x} + \alpha_i\,\dot{x}^2 = u_i\,, \quad |u_i| \leqq u_{i0}, \quad i = 1, 2, 3. \tag{2}$$

Um die zeitoptimale Bewegung des Systems (2) aus dem Anfangszustand $x(0) = -\,x_0$, $\dot{x}(0) = 0$ in den Endzustand $x(T) = \dot{x}(T) = 0$ zu bestimmen, faßt man die drei Gleichungen (2) zu einer einzigen Gleichung zusammen:

$$\ddot{x} + \alpha(u)\,\dot{x}^2 = u\,, \quad \alpha(u_i) = \alpha_i\,, \quad u = u_1, u_2 \text{ oder } u_3 \tag{3}$$

und benutzt das Maximumprinzip [1]. Die HAMILTONfunktion lautet

$$H = p_1\,x_2 + p_2\,[-\,\alpha(u)\,x_2^2 + u]\,, \tag{4}$$

wobei $x_2 = \dot{x}_1$, $x_1 = x$ und p_1, p_2 die adjungierten Variablen sind. Aus dem Maximumprinzip folgt, daß der Ausdruck $-\alpha(u)\,x_2^2 + u = \ddot{x}$, d. h. die Beschleunigung während der optimalen Bewegung stets extremal zu sein hat. Die Extremwerte von $\ddot{x}$ lassen sich bestimmen, wenn man bedenkt, daß wegen (2) stets gilt

$$\begin{aligned} \ddot{x} &\leqq -\,\alpha_i\,\dot{x}^2 + u_{i0}\,, \\ \ddot{x} &\geqq -\,\alpha_i\,\dot{x}^2 - u_{i0}\,, \end{aligned} \qquad i = 1, 2, 3, \tag{5}$$

d. h. das Gebiet der zulässigen Werte $\dot{x}$, $\ddot{x}$ wird in der $\dot{x}$, $\ddot{x}$-Ebene durch drei Parabelpaare (5) beschränkt. Da $\ddot{x}$ stets extremal zu sein hat, erfolgt die optimale Bewegung auf dem Rand dieses Gebiets. Dabei kann es vorkommen, daß die zeitoptimale Bewegung sich aus

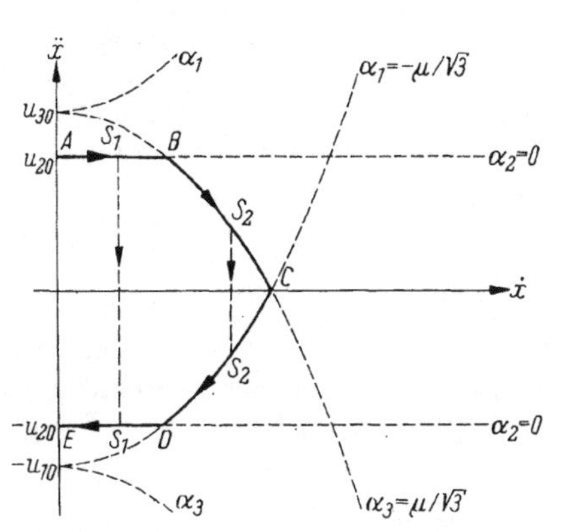

Bild 1. Das zulässige Bewegungsgebiet und die optimalen Bewegungen des Bildpunktes in der $\dot{x}$, $\ddot{x}$-Ebene

Teilbewegungen zusammensetzt, die verschiedenen Indizes i entsprechen. Diese Möglichkeit wurde in [2] offenbar übersehen und soll hier an einem Beispiel erläutert werden.

Beispiel: Für $\alpha_1 = -\mu/\sqrt{3}$, $\alpha_2 = 0$, $\alpha_3 = \mu/\sqrt{3}$ und $u_{10} = u_{30} = N$, $u_{20} = N/(1+\mu)$, $0 < \mu < 1$ ist das zulässige Bewegungsgebiet auf Bild 1 gezeigt. Die zeitoptimale Bewegung erfolgt auf dem Rand ABCDE; sie beginnt für $x(0) = -x_0 < 0$, $\dot{x}(0) = 0$ in A und läuft zunächst auf $A\,B$; die Bewegung endet in E. Eine nähere Untersuchung zeigt, daß dazwischen nur einmal geschaltet wird, wobei zwei Fälle möglich sind: 1. für $x_0 < \sqrt{3}$ erfolgt das Umschalten von $A\,B$ auf $D\,E$, z. B. $S_1\,S_1$, 2. für $x_0 > \sqrt{3}$ erfolgt das Umschalten von $B\,C$ auf $C\,D$, z. B. in $S_2\,S_2$. Im ersten Fall genügt es, bei der Optimierung nur die zweite Gleichung (2) zu betrachten, während durch die beiden anderen Gleichungen (2) lediglich die Momente u_1 und u_3 festgelegt werden. Im zweiten Fall müssen bei der Optimierung alle drei Gleichungen hintereinander berücksichtigt werden, denn es ist zunächst $u_2 = u_{20}$, dann $u_3 = u_{30}$, dann $u_1 = -u_{10}$ und schließlich $u_2 = -u_{20}$. Durch die jeweils unberücksichtigten Gleichungen werden die restlichen Momente festgelegt. Durch die in [2] angegebene zeitoptimale Lösung ist der zweite Fall nicht erfaßt.

Literatur

1 Pontryagin, L. S., Boltyanskii, V. G., Gamkrelidze, R. V., Mishchenko, E. F., The Mathematical Theory of Optimal Processes, Interscience Publishers, a division of John Wiley & Sons, Inc., New York–London, 1962

2 Petrov, B., Bodner, V., Aleksejev, K., Doklady Akad. Nauk, **192**, pp. 1235–38 (1970); engl. Übersetzung in Journ. of Appl. Math. and Mech., **15**, pp. 535–538 (1970).

Anschrift: Prof. Dr. P. Sagirow, Stuttgart, Keplerstr. 17, KG II, BRD

ZAMM 54, T 64 – T 65 (1974)

W. Schiehlen

Zur Untersuchung von Zufallsschwingungen*)

Lineare mechanische Schwingungssysteme lassen sich stets durch ihre Systemgleichung zweiter Ordnung

$$\ddot{z} + (D + G)\,\dot{z} + (K + N)\,z = S\,w \tag{1}$$

darstellen. Darin ist z der Zustandsvektor zweiter Ordnung, D die Dämpfungsmatrix, G die Kreiselmatrix, K die Rückstellmatrix und N die Matrix der nichtkonservativen Lagekräfte. Weiterhin charakterisiert w den Vektorprozeß der Erregung durch weißes Rauschen und S ist die Matrix der zufälligen Störkräfte. Für die weitere Untersuchung erweist sich auch die Darstellung durch die Systemgleichung erster Ordnung als zweckmäßig:

$$\begin{aligned} \dot{x} &= A\,x + B\,w\,, \\ w &\sim (0, Q)\,, \end{aligned} \qquad A = \left[\begin{array}{c|c} 0 & E \\ \hline -K-N & -D-G \end{array}\right], \qquad B = \left[\begin{array}{c} 0 \\ \hline S \end{array}\right]. \tag{2}$$

Dabei ist x der Zustandsvektor erster Ordnung, A ist die Systemmatrix und B die Störmatrix. Der Vektorprozeß w der Erregung ist durch den Mittelwert 0 und die Matrix der Spektraldichte Q gegeben. Die Dimension des Zustandsvektors x sei n und der Vektorprozeß w habe die Dimension r.

Infolge der Erregung durch weißes Rauschen ist die Bewegung des Schwingungssystems ein stochastischer Prozeß. Dieser Lösungsprozeß ist bei asymptotisch stabilen Systemen durch einen verschwindenden Mittelwert und eine konstante Kovarianzmatrix für $t \to \infty$ gekennzeichnet. Die Kovarianzmatrix P kann entweder mit Hilfe der Spektraldichte oder nach der Theorie stochastischer Differentialgleichungen bestimmt werden. Die erste Methode wurde von Crandall [1] in der Mechanik eingeführt. Danach gilt

$$P = \frac{1}{2\pi} \int_{-\infty}^{+\infty} (-i\,\omega\,E - A)^{-1}\,B\,Q\,B^T\,[(i\,\omega\,E - A)^{-1}]^T\,d\omega\,. \tag{3}$$

Zur Berechnung des Integrals (3) stehen Tabellen von James, Nichols und Phillips [2] zur Verfügung. Die Systemordnung ist in diesen Tabellen auf $n \leq 7$ beschränkt. Die zweite Methode hat vor allem in der Regelungstechnik eine weite Verbreitung gefunden. Nach Bucy und Joseph [3] genügt die Kovarianzmatrix P der algebraischen Matrizengleichung

$$A\,P + P\,A^T + B\,Q\,B^T = 0\,. \tag{4}$$

*) Diese Arbeit entstand während eines Forschungsaufenthaltes am Marshall Space Flight Center, Ala. mit Unterstützung des National Research Council, Washington, D.C.

Zur numerischen Auswertung der Gleichung (4) kann z. B. das Verfahren von CHEN und SHIEH [4] herangezogen werden.

Für mechanische Systeme läßt sich nun die Matrizengleichung (4) vereinfachen. Zu diesem Zweck wird die symmetrische Kovarianzmatrix P durch die Submatrizen P_{I}, P_{II}, P_{III} ersetzt:

$$P = \left[\begin{array}{c|c} P_{\mathrm{I}} & P_{\mathrm{II}} \\ \hline P_{\mathrm{II}}^T & P_{\mathrm{III}} \end{array}\right]. \tag{5}$$

Aus den Gleichungen (2), (4) und (5) folgen dann unmittelbar die drei Matrizengleichungen

$$P_{\mathrm{II}} + P_{\mathrm{II}}^T = 0 \,, \tag{6}$$

$$(K + N)\, P_{\mathrm{I}} + (D + G)\, P_{\mathrm{II}}^T + P_{\mathrm{III}} = 0 \,, \tag{7}$$

$$(K + N)\, P_{\mathrm{II}} + (D + G)\, P_{\mathrm{III}} + P_{\mathrm{II}}^T (K - N) + P_{\mathrm{III}} (D - G) - S\, Q\, S^T = 0 \,. \tag{8}$$

Dies bedeutet, daß die Submatrix P_{II} eine schiefsymmetrische Matrix ist. Damit reduziert sich die Zahl der wesentlichen Elemente der Kovarianzmatrix P von $\frac{n}{2}(n+1)$ auf $\frac{n}{4}\left(\frac{3}{2}n + 1\right)$, was die numerische Berechnung von P sehr erleichtert.

Zusammenfassend kann festgestellt werden, daß sich die Untersuchung von Zufallsschwingungen nach der Theorie stochastischer Differentialgleichungen gegenüber der Untersuchung mit Hilfe der Spektraldichte durch die computergerechten, algebraischen Matrizengleichungen auszeichnet. Dies gilt im besonderen für mechanische Systeme. Es wird aber auch im allgemeinen Fall durch die in der Arbeit [5] gewonnenen Erfahrungen bestätigt.

Literatur

1 CRANDALL, S. H., Random Vibrations, MIT Press, Cambridge 1963.
2 JAMES, H. M., NICHOLS, N. B. and PHILLIPS, R. S., Theory of Servomechanisms, McGraw Hill, New York 1947.
3 BUCY, R. S. and JOSEPH, P. D., Filtering for Stochastic Processes with Application to Guidance, John Wiley, New York 1968.
4 CHEN, C. F. and SHIEH, L. S., A Note on Expanding $P\,A + A\,P^T = -Q$, IEEE Trans. Aut. Contr., Vol. AC-13, No. 1, S. 122–123 (1968).
5 SCHIEHLEN, W., A Fine Pointing System for the Large Space Telescope, NASA TN-D, National Aeronautics and Space Administration, Washington, D.C. 1973.

Anschrift: Dr.-Ing. WERNER SCHIEHLEN, Institut B für Mechanik, Technische Universität, 8 München 2, Arcisstr. 21, BRD

ZAMM 54, T 65 – T 67 (1974)

J. WAUER

Eigenschwingungen von Systemen aus Kontinua und endlich vielen Starrkörpern

Probleme dieser Art werden häufig durch gekoppelte Integrodifferentialgleichungen beschrieben und die Erweiterung der bewährten Eigenwerttheorie auf derartige Mischsysteme ist wohl notwendig.

Dies soll an einer Aufgabe aus der Technik dargestellt werden. Bei der Messung von Stabbiegeschwingungen hat man mit Verfälschungen der Biegeeigenfrequenzen durch die mitschwingende Fundamentierung zu rechnen. Die Theorie dieser Verfälschungen von F. WEIDENHAMMER [1] liefert gewisse Hinweise auf die durchzuführende Abstimmung des aus Stab und Fundament gebildeten Schwingers, um die Stabfrequenzen möglichst unverfälscht zu erhalten.

Für ein etwas erweitertes System dieser Art werden im folgenden zunächst allgemeine, für die Eigenwerttheorie wichtige Eigenschaften angegeben, bevor abschließend auch einige technische Folgerungen gezogen werden, die die in [1] enthaltenen Überlegungen z. T. ergänzen.

Legt man ein starres Fundament mit einem horizontal eingespannten, biegeelastischen Stab konstanten Querschnitts gemäß Bild 1 zugrunde, so lassen sich die Bewegungsgleichungen für freie kleine Schwingungen um die statische Ruhelage in der Form

$$E\,I\,w_{xxxx} + \mu\,[y_{tt} + (a_1 + x)\,\varphi_{tt} + w_{tt}] = 0 \,, \tag{1.1}$$

$$\left(m_0 + \int_0^l \mu\,dx\right) y_{tt} + c\,y + \int_0^l [(a_1 + x)\,\varphi_{tt} + w_{tt}]\,dx = 0 \,, \tag{1.2}$$

$$\left\{J_0 + \int_0^l \mu\,[(a_1 + x)^2 + b_1^2]\,dx\right\} \varphi_{tt} + c\,d_1^2\,\varphi + \int_0^l \mu\,(a_1 + x)\,(y_{tt} + w_{tt})\,dx = 0 \tag{1.3}$$

angeben. Hinzu treten die Randbedingungen

$$w(0, t) = w_x(0, t) = w_{xx}(l, t) = w_{xxx}(l, t) = 0 \tag{2}$$

des einseitig fest eingespannten, am anderen Ende freien Stabes. Hierin bedeuten μ die konstante Stabmasse pro Längeneinheit, $E\,I$ die konstante Stabbiegesteife, l die Stablänge, m_0 die Fundamentmasse, J_0 die auf ihren Schwerpunkt S bezogene Fundamentdrehmasse, a_1, b_1, d_1 geometrische Fundamentabmessungen, c die Federkonstante der Fundamentabstützung und schließlich $y(t)$, $\varphi(t)$ sowie $w(x, t)$ die Bewegungskoordinaten des Systems. Tiefgestellte Indizes t und x kennzeichnen Ableitungen nach der Zeit t und der Ortskoordinate x. Mit den isochronen Ansätzen

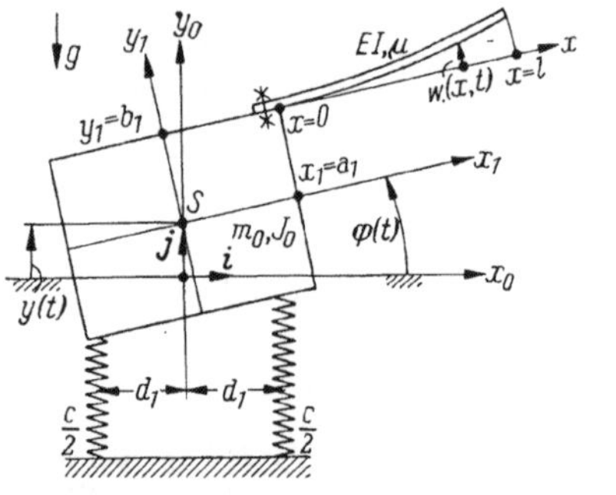

Bild 1. Fundament und Stab in ausgelenkter Lage

$$w(x, t) = W(x)\cos\omega t\,, \quad y(t) = Y_0 \cos\omega t\,,$$

$$\varphi(t) = \frac{Z_0}{l}\cos\omega t\,,$$

einer neuen Koordinate

$$\xi = \frac{x}{l}\,,$$

den Parametern

$$\lambda^4 = \frac{\mu\, l^4\, \omega^2}{E\,I}\,, \quad \beta^4 = \frac{c\,\mu\, l^4}{E\,I\left(m_0 + \int\limits_0^l \mu\, dx\right)}\,, \quad \gamma^4 = \frac{c\, d_1^2\, \mu\, l^4}{E\,I\left\{J_0 + \int\limits_0^l \mu\,[(a_1 + x)^2 + b_1^2]\, dx\right\}}\,,$$

$$m_1 = \frac{a_1}{l}\,, \qquad \varepsilon_1 = \frac{\int\limits_0^l \mu\, dx}{m_0 + \int\limits_0^l \mu\, dx}\,, \qquad \varepsilon_2 = \frac{l^2 \int\limits_0^l \mu\, dx}{J_0 + \int\limits_0^l \mu\,[(a_1 + x)^2 + b_1^2]\, dx}\,,$$

der Vektorfunktion

$$\boldsymbol{r} = (W(\xi),\, Y_0,\, Z_0)^{\mathrm{T}}$$

und den Operatormatrizen

$$\boldsymbol{\Phi} = \begin{pmatrix} \partial^4/\partial\xi^4 & 0 & 0 \\ 0 & \beta^4/\varepsilon_1 & 0 \\ 0 & 0 & \gamma^4/\varepsilon_2 \end{pmatrix}, \quad \boldsymbol{\Psi} = \begin{pmatrix} 1 & 1 & m_1 + \xi \\ \int\limits_0^1 \cdots d\xi & 1/\varepsilon_1 & \int\limits_0^1 (m_1 + \xi) \cdots d\xi \\ \int\limits_0^1 (m_1 + \xi) \cdots d\xi & \int\limits_0^1 (m_1 + \xi) \cdots d\xi & 1/\varepsilon_2 \end{pmatrix},$$

die sowohl Differential- als auch Integraloperatoren enthalten, erhält man für λ das dimensionslose Eigenwertproblem

$$\boldsymbol{\Phi}[\boldsymbol{r}] - \lambda^4\, \boldsymbol{\Psi}[\boldsymbol{r}] = 0\,, \tag{3}$$

$$W(0) = W'(0) = W''(1) = W'''(1) = 0\,, \tag{4}$$

wenn die Vektorfunktionen $\boldsymbol{\Phi}[\boldsymbol{r}]$ und $\boldsymbol{\Psi}[\boldsymbol{r}]$ durch Einwirken von $\boldsymbol{\Phi}$ und $\boldsymbol{\Psi}$ auf $\boldsymbol{r}$ nach den Regeln der Matrizenproduktbildung zu berechnen sind und Akzente Ableitungen nach ξ bedeuten.

Führt man schließlich die bekannte symbolische Schreibweise für das Skalarprodukt zweier Vektorfunktionen ein, so ist mit zwei Vergleichsfunktionen $\boldsymbol{u}, \boldsymbol{v}$ die Selbstadjungiertheit und Volldefinitheit der Eigenwertaufgabe (3) nach K. NIXDORFF [2] durch

$$(\boldsymbol{u}, \boldsymbol{\Phi}[\boldsymbol{v}] - \lambda^4\, \boldsymbol{\Psi}[\boldsymbol{v}]) = (\boldsymbol{v}, \boldsymbol{\Phi}[\boldsymbol{u}] - \lambda^4\, \boldsymbol{\Psi}[\boldsymbol{u}]) \tag{5}$$

und

$$(\boldsymbol{u}, \boldsymbol{\Phi}[\boldsymbol{u}]) > 0\,, \quad (\boldsymbol{u}, \boldsymbol{\Psi}[\boldsymbol{u}]) > 0 \tag{6}$$

erklärt, wenn man seine Definition auf Integrodifferentialgleichungssysteme ausdehnt. Unter Beachtung der Randbedingungen (4) läßt sich zeigen, daß das Eigenwertproblem (3) beide genannten Eigenschaften besitzt. Damit ist sichergestellt, daß sämtliche Eigenwerte positiv und von null verschieden sind. Gehören zu zwei verschiedenen Eigenwerten λ_i, λ_j $(i \neq j)$ die Eigenfunktionen $\boldsymbol{r}_i$ und $\boldsymbol{r}_j$, die selbstverständlich Vergleichsfunktionen sind, so lassen sich aus der auf die Eigenfunktionen angewendeten Definitionsgleichung der Selbstadjungiertheit (5) die „belasteten" Orthogonalitätsbeziehungen

$$\int\limits_0^1 [W_i + Y_{0i} + (m_1 + \xi)\, Z_{0i}]\,[W_j + Y_{0j} + (m_1 + \xi)\, Z_{0j}]\, d\xi + \frac{m_0}{\mu\, l}\, Y_{0i}\, Y_{0j} + \frac{J_0 + \mu\, l\, b_1^2}{\mu\, l^3}\, Z_{0i}\, Z_{0j} = 0\,,$$

$$\int\limits_0^1 W_i''\, W_j''\, d\xi + \frac{\beta^4}{\varepsilon_1}\, Y_{0i}\, Y_{0j} + \frac{\gamma^4}{\varepsilon_2}\, Z_{0i}\, Z_{0j} = 0\,, \quad (i \neq j)$$

herleiten, wenn auch hier die Randbedingungen (4) beachtet werden. Schließlich kann auch der RAYLEIGHsche Quotient

$$R(u) = \frac{(u, \Phi[u])}{(u, \Psi[u])}, \tag{7}$$

die Grundlage bewährter Näherungsverfahren zur Berechnung von Eigenschwingungen, angegeben werden.

Um einige technische Folgerungen ziehen zu können, werden die Eigenwerte λ aus dem RAYLEIGH-Quotienten mit dem RITZschen Verfahren näherungsweise berechnet. Die Ergebnisse sind offensichtlich brauchbar, denn für konstanten Stabquerschnitt ist die Eigenwertgleichung auch in Strenge herleitbar, und der Vergleich zeigt die außerordentliche Leistungsfähigkeit des genannten Näherungsverfahrens auch für die hier behandelten Mischsysteme.

Für den nicht einschränkenden Sonderfall $\varepsilon_1 = \varepsilon_2 = \varepsilon = 0{,}1$, $m_1 = 0{,}24$, $b_1 = 0$ sind in Bild 2 die normierten Eigenwerte $\nu_i = \lambda_i/\lambda_1^*$ $(i = 1, \ldots, n + 2)$ als Funktion des Verstimmungsparameters $q_1 = \beta/\lambda_1^*$ bei konstanter zweiter Verstimmungsgröße $q_2 = \gamma/\lambda_1^*$ dargestellt. λ_1^* ist dabei der tiefste Eigenwert eines starr in ruhender Umgebung eingespannten Stabes.

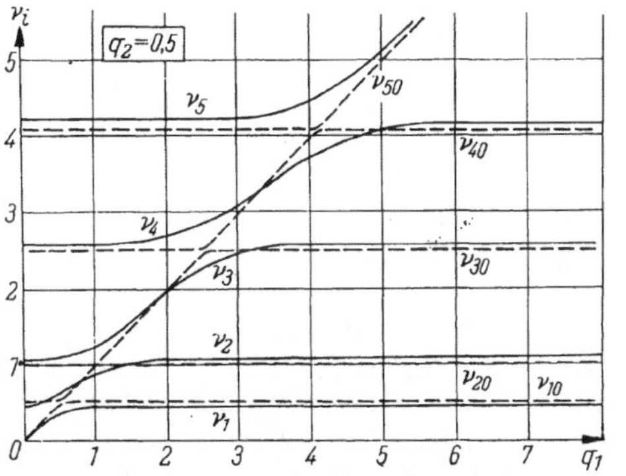

Bild 2. Normierte Eigenwerte ν_i als Funktion der Verstimmung q_1

Es zeigt sich, daß sich die vorher ungestörten Eigenwerte, die für $\varepsilon = 0$ auftreten, auseinanderdrücken. Die Abweichungen zwischen verfälschten und unverfälschten Eigenwerten ν_i und ν_{i0} sind für ε = konst. um so größer, je schwächer das System verstimmt wurde $(q_1 \approx \nu_{i0})$. Bei starker Verstimmung $q_1 \ll \nu_{i0}$ oder $q_1 \gg \nu_{i0}$ sind Annäherungen an die ungestörten Eigenwerte möglich. Es bleiben jedoch in der Regel stets endliche Abweichungen übrig. Nur für $q_1 \gg \nu_{i0}$ und $q_2 \ll \nu_{i0}$ streben diese auch für $\varepsilon \neq 0$ gegen null, wenn nur q_1 und q_2 genügend groß gemacht werden.

Sind also in der Praxis die Eigenschwingungen eines Stabes meßtechnisch zu untersuchen und die zwangsläufig mitschwingende Fundamentierung soll die Messung möglichst wenig verfälschen, ist das System stark zu verstimmen. Neben der stets realisierbaren Tiefabstimmung ist auch eine Hochabstimmung nach dem Gesagten sinnvoll oder gar vorzuziehen. Natürlich muß dann die Größenordnung des zu messenden höchsten Eigenwertes bekannt sein, um gegen ihn hoch abzustimmen.

Zusammenfassend läßt sich feststellen, daß die Eigenwerttheorie auch auf die vorgelegten Mischsysteme übertragbar ist und die auftretenden Effekte jenen ähnlich sind, die bei Koppelschwingungen von Systemen mit endlich oder unendlich vielen Freiheitsgraden allein auftreten.

Literatur

1 WEIDENHAMMER, F., Eigenfrequenzverfälschung im Schwingungsversuch durch mitschwingende Fundamentmasse, Konstruktion 23, S. 352–357 (1971).
2 NIXDORFF, K., Beiträge zur mathematischen Behandlung und physikalischen Deutung der Eigenwertaufgaben der Mechanik unter besonderer Berücksichtigung der Knickung verwundener Stäbe, Diss. Karlsruhe, 1967.

Anschrift: Dr.-Ing. JÖRG WAUER, 7501 Blankenloch-Büchig, Buchenring 27, BRD

ZAMM 54, T 67 – T 69 (1974)

H. I. WEBER*)

Improving of Mechanical Systems by Optimal and Suboptimal Control

The dynamical behaviour of a mechanical system can be improved by introduction of active control elements. They may substitute partially the springs and dampers of the system. Their control law is obtained by the methods of optimal control. In our work we are concerned with linear autonomous systems of the kind

$$M\,\ddot{x} + D\,\dot{x} + K\,x = B_1\,u + F_1\,w\,, \tag{1}$$

where x is the position vector, u the control vector and w the disturbance. Matrices M, D, K represent inertia, damping and spring forces respectively.

Two basic aspects have to be considered in the solution. First, the determination of the control vector u and second, the realization of the obtained control law. We will restrict to problems where the use of linear

*) COPPE, Universidade Federal do Rio de Janeiro.

controllers is desirable, that means the control law is proportional to the state vector. In terms of a first order system we may write system (1) as (without disturbances)

$$\dot{y} = A\,y + B\,u\,, \quad u = G\,y\,. \tag{2}$$

The elements of G are obtained after exhaustive investigation by one of the three following methods: direct estimation, pole assignment or by optimization of a quadratic cost functional. We used the last one and we will try to resume the most important steps in its application.

Minimizing the value of the cost functional

$$J = \int_0^\infty (y^T\,Q\,y + u^T\,R\,u)\,dt \tag{3}$$

for problem (2), gives the solution by solving the algebraic Riccati equation

$$A^T\,V + V\,A + Q - V\,B\,R^{-1}\,B^T\,V = 0\,, \quad G = -\,R^{-1}\,B^T\,V\,. \tag{4}$$

This is done by simple iterating methods. The big problem is a convenient choose for (Q, R). In literature normally one refers to physical meaning of these two matrices, but receives no more information. Their determination is in reality not an easy job, it is an iteration over the whole problem (3) and (4). In a systematic way of working we create an overcriterium of optimization, where the actual interest in the solution is taken account and as in the other methods of determination of G we have to use a searching process. The advantage in the quadratic criteria can be expressed as a preselection of good solutions. There are several possibilities in choosing overcriteria. It is essentially related to the physical problem. In a precedent work [1] we compared solutions minimizing the maximal deviation of a certain component of the state vector, maximizing the degree of stability and minimizing the control energy. These overcriteria have in common with the quadratic criterium (3) that they consider the undisturbed system $w = 0$, in (1). But it is also possible to consider as an overcriterium a characteristic of the frequency-amplitude diagram for a sinusoidal perturbation. In this way the resulting solution will guarantee good undisturbed and disturbed response.

These considerations were used in the determination of the control law for the active suspension of a vehicle. We assumed a two mass model resting on a spring. Between the masses another spring and the control element. The improving of the amplitude characteristic, from the diagram frequency-acceleration amplitude of the vehicle body, was obtained by reduction of the first natural frequency of the system. Simultaneously the elements of Q in cost functional (3) have values so as to guarantee a good response to initial condition perturbations in the undisturbed motion. The result was obtained in terms of a comparation between a passive system and an active system with same degree of stability. A considerable difference is achieved in the amplitude of acceleration in almost all frequencies, exception made to the neighborhood of the second resonance frequency. At this point no change is possible, as can be shown by the physics of the problem. To realize an optimal control the mentioned improving will be indeed restricted by the practical limit of the dynamic load on the wheel. However the method described above will offer a very systematic proceeding for the solution.

The other problem we are concerned with is the realization of u. The state vector has to be fully known when using the control of problem (2). But often in mechanical systems, it is the acceleration the easiest measurable quantity, so that we may ask if it is not possible to use it directly. We suggest the following equivalence

$$u = G\,y = \bar{G}\,\dot{y} \tag{5}$$

which for the nondisturbed system results in

$$\bar{G} = G\,(A + B\,G)^{-1} = (I_r + G\,A^{-1}\,B)^{-1}\,G\,A^{-1} \tag{6}$$

where r is the dimension of the control vector. For this equivalence being possible it is necessary that A is a regular matrix. In terms of mechanical systems, where

$$y = \begin{bmatrix} x \\ \dot{x} \end{bmatrix}, \quad A^{-1} = \begin{bmatrix} -\,K^{-1}\,D & -\,K^{-1}\,M \\ I & 0 \end{bmatrix} \tag{7}$$

this means that K must be nonsingular.

Due to equivalence (5) there is a difference when considering the disturbed equation. With $u = G\,y$ the closed loop system is

$$\dot{y} = (A + B\,G)\,y + F\,w \tag{8}$$

and with $u = \bar{G}\,\dot{y}$ it is

$$\dot{y} = (A + B\,G)\,y + (A + B\,G)\,A^{-1}\,F\,w\,. \tag{9}$$

In that way, it also could be possible to improve (9) compared to (8). For that we have to restrict G to values where the eigenvectors of $(A + B\,G)\,A^{-1}$ have their absolute value less than 1. But, due to equality

$$\det\left(\lambda\,I_n - (A + B\,G)\,A^{-1}\right) = (\lambda - 1)^{n-r}\det\left[(\lambda - 1)\,I_r - G\,A^{-1}\,B\right] = 0$$

there are only r arbitrary values of λ. In the sense of the quadratic optimization, to restrict $|\lambda| < 1$, implies in a restriction over Q. Carrying out the calculation for $r = 1$, this means that Q is nonadmissible in the sense of KREINDLER [2].

The same example referred above was investigated with the equivalent control but no restrictions were imposed over Q. We obtained only very slight differences in the frequency-amplitude characteristic, normally improving in a certain frequency range and getting worse in another part. But the amount of the difference is negligible so it is possible to simplify considerably the realization of the control law.

References

1 WEBER, H. I., Optimale Lageregelung von Satelliten mit simultan entdrallten Rotoren, Dissertation, T. U. München, 1971.
2 KREINDLER, E. and HEDRICK, J. K., On the Equivalence of Quadratic Loss Functions, Int. Jour. Control **11**, pp. 213–222 (1970).

Anschrift: Dr.-Ing. HANS I. WEBER, COPPE/UFRJ, Caixa Postal 1191, Rio de Janeiro, Brasil

ELASTO- UND PLASTOMECHANIK

ZAMM 54, T 70 – T 71 (1974)

D. BESDO*)

Einige Bemerkungen über Stoffgesetze der Plastomechanik Cosseratscher Kontinua

Der Zustand eines COSSERATschen Kontinuums wird einerseits durch die von den klassischen Kontinua bekannten Oberflächen-Spannungen $\underline{t} = \underline{\nu} \cdot \underline{\underline{\sigma}}$ ($\underline{\nu}$ = Normaleneinsvektor an einer beliebigen Schnitt- oder Oberfläche), durch Volumenkräfte f je Volumeneinheit, durch Geschwindigkeiten v und die Dichte ϱ beschrieben. In COSSERATschen Kontinua sind zusätzlich Oberflächenmomente $\underline{M} = \underline{\nu} \cdot \underline{\underline{\mu}}$, Volumenmomente $\underline{m}$, eine vom Feld der $\underline{v}$ unabhängige Winkelgeschwindigkeit $\underline{\omega}$ und ein Drehträgheitstensor $\underline{\underline{\vartheta}}$ (bezogen auf die Masseneinheit konstant) denkbar. Allerdings müssen nicht alle diese Größen auftreten, und es müssen auch nicht alle Momente und Drehträgheiten bei einer Leistungsbilanz mit der freien Winkelgeschwindigkeit $\underline{\omega}$ verknüpft sein, vielmehr ist es zumindest theoretisch zulässig, daß alle oder einige mit der vom Feld der $\underline{v}$ herrührenden Winkelgeschwindigkeit $\Omega = 1/2$ rot $\underline{v}$ verbunden sind. Das ergibt $3^3 = 27$ Kombinationsmöglichkeiten. In ein Stoffgesetz dieser 27 COSSERATschen Kontinua gehen alle Größen ein, die zur Beschreibung der inneren Leistung je Volumeneinheit als

$$l_{in} = S_{ij} \lambda_{ji} + \mu_{ij} \eta_{ji} \quad \text{(Summationskonvention, kartesische Koordinaten)}$$

benötigt werden. Das sind die je nach Art der Kombination unterschiedlichen Formänderungsgeschwindigkeiten

$$\lambda_{ji} = \begin{cases} v_{(j,i)} \\ v_{j,i} + \varepsilon_{ijk}\, \omega_k \end{cases} \quad \text{und} \quad \eta_{ji} = \begin{cases} \omega_{j,i} \\ \Omega_{j,i} \end{cases}$$

(ε_{ijk}: Permutationstensor) sowie die ebenso variablen statischen Größen

$$S_{ij} = \begin{cases} \sigma_{(ij)} \text{ oder } \sigma_{ij} \\ \sigma_{ij} + \text{Zusatzglieder} \\ \sigma_{(ij)} + \text{Zusatzglieder} \end{cases} \quad \text{und} \quad \mu_{ij},$$

sofern μ_{ij} und damit η_{ji} überhaupt auftreten. Die Zusatzglieder lauten $\pm\, 1/2\, \varepsilon_{ijk}\, m_k$ oder/und $\pm\, 1/2\, \varepsilon_{ijk}\, \mu_{mk,m}$ und treten nur auf, wenn beide Winkelgeschwindigkeiten, $\underline{\omega}$ und $\underline{\Omega}$, eine Rolle spielen. Übliche Stoffgesetze der Plastomechanik, erweitert auf die COSSERATschen Kontinua, bestehen dann aus dem Fließkriterium

$$f(\underline{\underline{S}}, \underline{\underline{\mu}}, Y, l, \ldots) \leqq 0$$

(Y, l: Stoffgrößen) und der Fließregel

$$\lambda_{ji} = \chi \frac{\partial f}{\partial S_{ij}}; \qquad \eta_{ji} = \chi \frac{\partial f}{\partial \mu_{ij}} \qquad (\chi \geqq 0)$$

(χ: zunächst unbekannter Faktor als Funktion des Ortes). Nach LIPPMANN [1] empfiehlt es sich, im Falle des Fließens mehrere Kriterien ${}^{\alpha}f = 0$ parallel zuzulassen. Besser scheint die Darstellung als

$$f = -\prod_{\alpha=1}^{n} (-{}^{\alpha}f), \quad \text{bei} \quad n = 2\colon\ f = -{}^{1}f\,{}^{2}f$$

mit der Nebenbedingung ${}^{\alpha}f \leqq 0$. Die Fließregel geht dabei in

$$\lambda_{ji} = \sum_{\alpha} {}^{\alpha}\chi \frac{\partial\, {}^{\alpha}f}{\partial S_{ij}}; \qquad \eta_{ji} = \sum_{\alpha} {}^{\alpha}\chi \frac{\partial\, {}^{\alpha}f}{\partial \mu_{ij}} \qquad ({}^{\alpha}\chi \geqq 0)$$

(${}^{\alpha}\chi = 0$ bei ${}^{\alpha}f < 0$) über. LIPPMANN bespricht in diesem Sinne den Spezialfall ${}^{1}f = {}^{2}f = 0$.

Unter entsprechenden Annahmen wurde für das „klassische" COSSERAT-Kontinuum (Ω spielt keine Rolle) der POYNTING-Effekt einer Kreiszylinderprobe untersucht. Es wurde festgestellt, daß bei allen klassischen Kontinua ein solcher Effekt vom Probenradius unabhängig wird, wenn man die bezogene Längenänderung $\Delta l/l_0$ über der Scherung γ_R an der Oberfläche der Probe aufträgt. Beim isotropen starrplastischen inkompressiblen COSSERAT-Kontinuum kann solch ein Effekt ebenfalls auftreten, wenn das Fließkriterium $f \leqq 0$ in einer

*) Lehrstuhl B für Mechanik, Technische Universität Braunschweig.

Reihenentwicklung nach Potenzen von S_{ij} und μ_{ij} Glieder der Art $\sigma_{ij}\mu_{ik}\mu_{jk}$ (σ_{ij}: ungerade Potenz, μ_{ij}: gerade Potenz) enthält. Der Effekt ist aber erheblich vom Radius der Probe abhängig, er ist in der beschriebenen Darstellung etwa proportional R^{-2}. Das eröffnet die Möglichkeit experimenteller Überprüfungen. Man muß jedoch beachten, daß die klassischen Effekte zusätzlich vorhanden sind und daß auch die Wärmeleitung einen Einfluß besitzt.

Literatur

1 Lippmann, H., Eine Cosserat-Theorie des plastischen Fließens, Acta Mechanica 8, S. 255—284 (1969).

Anschrift: Dr. D. Besdo, 3301 Rüningen, Goethestr. 1, BRD

ZAMM 54, T 71 – T 73 (1974)

R. Blum / M. Losch / E. Luz

Ein nichtlineares, zweidimensionales Stoffgesetz für eine hyperelastische Membran unter endlichen Verzerrungen

0. Einleitung

Es soll in diesem Aufsatz ein Stoffgesetz für eine zweidimensionale Gewebefolie aufgestellt werden. Die Gewebefolie besteht aus einem Gewebe aus Bündeln von Polyesterfäden, das zur Abdichtung auf beiden Seiten mit PVC beschichtet ist. In dem Gewebe unterscheidet man Kett- und Schußfäden. Das Material ist durch die Gewebeeinlagerung anisotrop, wobei noch bemerkt werden soll, daß die Steifigkeiten in Kett- und Schußrichtung verschieden sind. Über die Messungen und ihre Auswertung wird in [4] und [5] ausführlich berichtet. Hier soll ein Einblick in die theoretischen Überlegungen vermittelt und eine Approximation für das Stoffgesetz angegeben werden.

1. Geometrie

$\bar{R}$ soll der zweidimensionale Ortsvektor des Kontinuums in seiner Ausgangskonfiguration sein, $\bar{r}$ der in seiner verformten Konfiguration. Der Deformationsgradient $\underline{F}$ wird definiert durch

$$\underline{F} = \frac{\partial \bar{r}}{\partial \bar{R}} . \tag{1.1}$$

Aus $\underline{F}$ kann man durch $\underline{F}^T\,\underline{F} = \underline{c}$ den Cauchy-Greenschen Verzerrungstensor $\underline{c}$ berechnen.

Die undeformierte Kettrichtung werde durch die Angabe des Einheitsvektors $\bar{E}_1$, $|\bar{E}_1| = 1$, die Schußrichtung durch $\bar{E}_2$, $|\bar{E}_2| = 1$ beschrieben. Daraus lassen sich drei zweistufige symmetrische Tensoren

$$\underline{E} = \bar{E}_1 \otimes \bar{E}_1 , \quad \underline{E}' = \bar{E}_2 \otimes \bar{E}_2 , \quad \underline{E}^* = \frac{1}{2}(\bar{E}_1 \otimes \bar{E}_2 + \bar{E}_2 \otimes \bar{E}_1) \tag{1.2}$$

bilden, die man als Materialtensoren bezeichnen kann. Durch die Deformation gehen die Einheitsvektoren $\bar{E}_1$ und $\bar{E}_2$ über in

$$\bar{e}_1 = \underline{F}\,\bar{E}_1, \quad \bar{e}_2 = \underline{F}\,\bar{E}_2 . \tag{1.3}$$

Die Materialtensoren des deformierten Materials ergeben sich zu

$$\begin{aligned} \underline{e} &= \bar{e}_1 \otimes \bar{e}_1 = \underline{F}^T\,\underline{E}\,\underline{F} , \\ \underline{e}' &= \bar{e}_2 \otimes \bar{e}_2 = \underline{F}^T\,\underline{E}^*\,\underline{F} , \\ \underline{e}^* &= \frac{1}{2}(\bar{e}_1 \otimes \bar{e}_2 + \bar{e}_2 \otimes \bar{e}_1) = \underline{F}^T\,\underline{E}^*\,\underline{F} . \end{aligned} \tag{1.4}$$

Aus den 1. Invarianten Sp $\underline{e} = e$ von $\underline{e}$ und Sp $\underline{e}' = e'$ von $\underline{e}'$ kann man die Dehnungen ε, ε' in Kett- und Schuß richtung berechnen,

$$\varepsilon = \sqrt{e} - 1, \quad \varepsilon' = \sqrt{e'} - 1 , \tag{1.5}$$

während Sp $\underline{e}^* = e^*$ mit der Winkeländerung zwischen Kette und Schuß zusammenhängt.

Zum Schluß sollen die Eigenschaften des Materials durch seine Symmetriegruppe beschrieben werden. Die Symmetriegruppe besteht aus zwei Elementen: Der Drehung um π, σ_1 und der Drehung um 2π, σ_2. Es gilt

$$\sigma_1 = -\underline{1}\,, \quad \sigma_2 = \underline{1}\,. \tag{1.6}$$

Drehungen um $\pi/2$ gehören nach den Bemerkungen in der Einleitung nicht zur Symmetriegruppe.

2. Hyperelastisches Materialgesetz

Zur Ableitung des hyperelastischen Materialgesetzes soll von der inneren Energiedichte u, die in diesem Falle eine eindeutige Funktion von $\underline{c}$ ist, ausgegangen werden. Es gilt

$$\underline{S} = 2\,\varrho_0 \frac{\partial u}{\partial \underline{c}}\,, \tag{2.1}$$

wobei $\underline{S}$ der KIRCHHOFFsche Spannungstensor (PIOLA-KIRCHHOFFsche 2. Art) ist. Aus $\underline{S}$ kann man den EULERschen Spannungstensor $\underline{T}$ berechnen durch

$$\underline{T} = \frac{\varrho}{\varrho_0} \underline{F}^T \underline{S}\,\underline{F}\,. \tag{2.2}$$

Kennt man die Form von $u = u(\underline{c})$, so kann man daraus das Materialgesetz ableiten.

3. Form der inneren Energiedichte

$u = u(\underline{c})$ muß nun verschiedenen Invarianzbedingungen genügen. Zum ersten muß u unabhängig sein von einer dem aktuellen Verschiebungsfeld überlagerten starren Drehung (Bedingung der Objektivität). Durch den Ansatz $u = u(\underline{c})$ wird diese Bedingung erfüllt.

Des weiteren muß u gegenüber der Anwendung einer Drehung aus der Symmetriegruppe auf das unverformte Material invariant bleiben, d. h., es muß gelten

$$u(\underline{c}) = u(\underline{c}')\,, \tag{3.1}$$

wobei $\underline{c}' = \sigma\,\underline{c}\,\sigma$, σ Element der Symmetriegruppe. Es gilt also, die Invarianten von $\underline{c}$ unter σ zu finden. Da σ nur die Werte $\underline{1}$ und $-\underline{1}$ annimmt, ändert sich $\underline{c}$ bei dieser Operation nicht. Die Invarianten von $\underline{c}$ unter der Symmetriegruppe sind also die einzelnen Komponenten c_{11}, c_{12} und c_{22} von $\underline{c}$. Es gilt also

$$u = u\,(c_{11}, c_{12}, c_{22})\,. \tag{3.2}$$

Zum besseren Verständnis soll hier ein spezielles Koordinatensystem eingeführt werden, in dem $\overline{E}_1$ und $\overline{E}_2$ die Basisvektoren sein sollen. Dann werden die Komponenten des Verzerrungstensors

$$c_{11} = e\,, \quad c_{12} = e^*\,, \quad c_{22} = e'\,,$$

und es gilt

$$u = u\,(e, e', e^*)\,. \tag{3.3}$$

Daraus berechnet sich $\underline{S}$ zu

$$\underline{S} = 2\,\varrho_0 \frac{\partial u}{\partial \underline{c}} = 2\,\varrho_0 \left[\frac{\partial u}{\partial e}\underline{E} + \frac{\partial u}{\partial e'}\underline{E}' + \frac{\partial u}{\partial e^*}\underline{E}^*\right]. \tag{3.4}$$

Man macht für u einen Potenzreihenansatz in e, e' und e^* und erhält dann sofort das gewünschte Materialgesetz, wobei man natürlich die positive Definitheit von u berücksichtigen muß. Die Koeffizienten der Potenzreihenentwicklung müssen durch Messungen bestimmt werden.

Für den EULERschen Spannungstensor berechnet man

$$\underline{T} = 2\frac{\varrho}{\varrho_0}\left[\frac{\partial u}{\partial e}\underline{e} + \frac{\partial u}{\partial e'}\underline{e}' + \frac{\partial u}{\partial e^*}\underline{e}^*\right]. \tag{3.5}$$

4. Die Stoffkonstanten

Zur Messung und Auswertung wurde nun ein spezieller Ansatz für die Funktion u gemacht. u wurde als Polynom in den Größen ε, ε' (1.5) und $\varepsilon^* = e^* - \overline{E}_1\,\overline{E}_2$ angesetzt:

$$\begin{aligned}\varrho_0\,u = {} & A_1\,\varepsilon^2 + A_2\,\varepsilon'^2 + A_3\,\varepsilon^{*2} + A_4\,\varepsilon\,\varepsilon' + A_5\,\varepsilon\,\varepsilon^* + A_6\,\varepsilon'\,\varepsilon^* + A_7\,\varepsilon^3 + A_8\,\varepsilon'^3 + A_9\,\varepsilon^{*3} + \\ & + A_{10}\,\varepsilon^2\,\varepsilon' + A_{11}\,\varepsilon\,\varepsilon'^2 + A_{12}\,\varepsilon^2\,\varepsilon^* + A_{13}\,\varepsilon\,\varepsilon^{*2} + A_{14}\,\varepsilon'^2\,\varepsilon^* + A_{15}\,\varepsilon'\,\varepsilon^{*2} + A_{16}\,\varepsilon\,\varepsilon'\,\varepsilon^* + \\ & + A_{17}\,\varepsilon^4 + A_{18}\,\varepsilon'^4 + A_{19}\,\varepsilon^{*4}\,.\end{aligned} \tag{4.1}$$

Dann erhält man als Materialgesetz

$$\underline{S} = \frac{\partial u}{\partial \varepsilon}\frac{1}{1+\varepsilon}\underline{E} + \frac{\partial u}{\partial \varepsilon'}\frac{1}{1+\varepsilon'}\underline{E}' + 2\frac{\partial u}{\partial \varepsilon^*}\underline{E}^*\,. \tag{4.2}$$

Aus zweidimensionalen Spannungs-Dehnungsmessungen, die auf einer von M. LOSCH entwickelten Apparatur durchgeführt und im Rahmen einer Dissertation ausgewertet wurden, ergaben sich folgende Werte für die Konstanten A_1 bis A_{19} in kp/cm:

$$A_1 = 198,\; A_2 = 98,\; A_3 = 3,\; A_4 = 132,\; A_5 = -2,\; A_6 = 0,\; A_7 = 51,\; A_8 = -391,\; A_9 = 128,\; A_{10} = -972,$$
$$A_{11} = -503,\; A_{12} = 22,\; A_{13} = 264,\; A_{14} = -1,\; A_{15} = 44,\; A_{16} = 41,\; A_{17} = -919,\; A_{18} = 2952,\; A_{19} = -1110.$$

Weitere Approximationen und deren physikalische Deutung sind in [4] und [5] besprochen. Dort wird auch die genaue Ausführung der Apparatur beschrieben.

Literatur

1 HASHIN, Z., J. Mech. Phys. Solids 13, S. 119–134 (1965).
J. of Appl. Mech. 1964, S. 223–230.
2 JAGFELD, P., Melliand Textilberichte 3, S. 349–354 (1970).
3 NEUBER, H., Int. J. Solids Structures. 5, S. 1299/1310 (1969).
4 BLUM, R., LOSCH, M., LUZ, E., Beiträge zur Mechanik, Festschrift für Udo Wegner, Inst. f. Mech. (Bauwesen) Universität Stuttgart 1972.
5 LOSCH, M., Dissertation, Stuttgart 1972.

Anschrift: Dr.-Ing. RAINER BLUM, Dr.-Ing. MAX LOSCH, Dr.-Ing. EBERHARD LUZ, Institut für Mechanik (Bauw.) der Universität, D 7 Stuttgart 1, Postfach 560, BRD

ZAMM 54, T 73 – T 75 (1974)

O. BRUHNS/K. THERMANN

Stabilitätsprobleme elastoplastischer Kontinua

Wir betrachten einen Körper, der aus dem spannungsfreien Zustand heraus homogen deformiert wird. Zu einem beliebigen Zeitpunkt t seien der Spannungs- und Verzerrungszustand sowie das Geschwindigkeitsfeld, welches die homogenen Deformationen beschreibt, bekannt. Existiert nun zu diesem Zeitpunkt t ein weiteres Geschwindigkeitsfeld, welches auf inhomogene Deformationen führt, so liegt eine Verzweigung des Gleichgewichts vor.

Alle Maßzahlen der Tensoren[1]) seien auf ein raumfestes Koordinatensystem der Referenzkonfiguration zum betrachteten Zeitpunkt t bezogen. Ferner liegt den Betrachtungen ein inkompressibler elastoplastischer Werkstoff zugrunde. Elastisches Stoffverhalten wollen wir durch die Verknüpfung

$$\boldsymbol{D}^e = \frac{1}{2G}\overset{\circ}{\boldsymbol{T}} \tag{1}$$

beschreiben. Für den plastischen Anteil der Verzerrungsgeschwindigkeiten erhalten wir nach der Theorie des plastischen Potentials mit der Fließbedingung nach MISES

$$\boldsymbol{D}^p = \frac{1}{B}\frac{\mathrm{Sp}\,(\boldsymbol{T}\,\overset{\circ}{\boldsymbol{T}})}{\mathrm{Sp}\,(\boldsymbol{T}\,\boldsymbol{T})}\boldsymbol{T}. \tag{2}$$

Dabei sind G der Schubmodul und B ein Maß für die Verfestigung. Durch Verknüpfung von (1) und (2) läßt sich dann das Stoffverhalten eines elastoplastischen Materials beschreiben,

$$\boldsymbol{D} = \boldsymbol{D}^e + \boldsymbol{D}^p = \frac{1}{2G}\left[\overset{\circ}{\boldsymbol{T}} + \frac{2G}{B}\frac{\mathrm{Sp}\,(\boldsymbol{T}\,\overset{\circ}{\boldsymbol{T}})}{\mathrm{Sp}\,(\boldsymbol{T}\,\boldsymbol{T})}\boldsymbol{T}\right], \tag{3}$$

oder nach der Änderungsgeschwindigkeit des Spannungsdeviators aufgelöst,

$$\overset{\circ}{\boldsymbol{T}} = 2G\left[\boldsymbol{D} - \delta\frac{\mathrm{Sp}\,(\boldsymbol{T}\,\boldsymbol{D})}{\mathrm{Sp}\,(\boldsymbol{T}\,\boldsymbol{T})}\boldsymbol{T}\right], \tag{4}$$

mit

$$\delta = \frac{2G/B}{1 + (2G/B)}. \tag{5}$$

[1]) Unter Anlehnung an [1] bezeichnen wir dabei
- $\boldsymbol{S}$ Spannungstensor
- $\boldsymbol{T}$ Spannungsdeviator
- p hydrostatischer Druck
- $\boldsymbol{1}$ Einstensor mit $\boldsymbol{S} = \boldsymbol{T} - p\,\boldsymbol{1}$
- $\boldsymbol{D}$ Tensor der Verzerrungsgeschwindigkeit
- $\boldsymbol{W}$ Spintensor
- $\boldsymbol{U}$ Geschwindigkeitsgradient mit $\boldsymbol{W} = (1/2)\,(\boldsymbol{U} - \boldsymbol{U}^T)$, $\boldsymbol{D} = (1/2)\,(\boldsymbol{U} + \boldsymbol{U}^T)$
- $(\dot{\cdot})$ substantielle Zeitableitung
- $(\overset{\circ}{\cdot})$ kovariante Zeitableitung (JAUMANN) z.B. $\overset{\circ}{\boldsymbol{S}} = \dot{\boldsymbol{S}} - \boldsymbol{W}\boldsymbol{S} + \boldsymbol{S}\boldsymbol{W}$

Die Gleichgewichtsbedingung, die bei verschwindenden Massenkräften

$$\operatorname{Div} \boldsymbol{S} = 0 \tag{6}$$

fordert, muß für jeden Körperpunkt und zu allen Zeiten gelten, d. h. ihre substantielle Zeitableitung muß ebenfalls verschwinden. Das führt nach einiger Rechnung auf (s. [2])

$$\operatorname{Div} \dot{\boldsymbol{S}}_R = 0 \tag{7}$$

mit

$$\dot{\boldsymbol{S}}_R = \dot{\boldsymbol{S}} + \operatorname{Sp}(\boldsymbol{D})\,\boldsymbol{S} - \boldsymbol{W}\boldsymbol{S} - \boldsymbol{D}\boldsymbol{S} \tag{8}$$

und $\boldsymbol{S}_R$ als 1. PIOLA-KIRCHHOFF-Tensor, der bekanntlich Spannungen liefert, die auf die Ausgangsflächen in der Referenzkonfiguration bezogen sind. Durch Einsetzen von (8) und (4) in (7) erhalten wir schließlich die Bedingung, der alle möglichen Geschwindigkeitsfelder genügen müssen:

$$\operatorname{Div} \left\{ 2\,G\,\boldsymbol{D} - \dot{p}\,\boldsymbol{1} - 2\,G\,\delta\,\frac{\operatorname{Sp}(\boldsymbol{T}\,\boldsymbol{D})}{\operatorname{Sp}(\boldsymbol{T}\,\boldsymbol{T})}\,\boldsymbol{T} - \boldsymbol{D}\,\boldsymbol{S} - \boldsymbol{S}\,\boldsymbol{W} \right\} = 0\,. \tag{9}$$

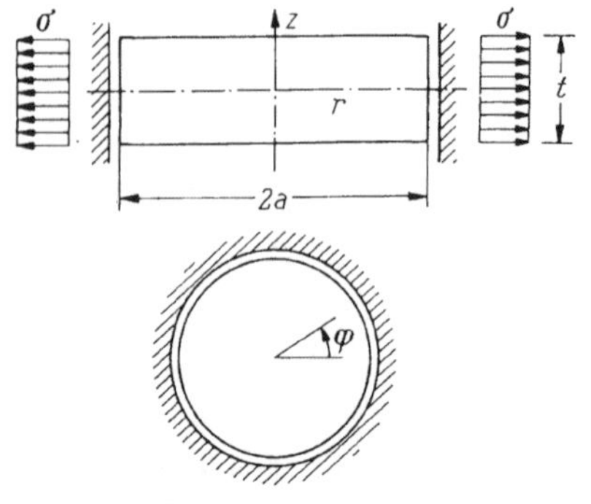

Bild 1. Kreisplatte unter radialer Belastung

Da der Spannungszustand im Körper zum betrachteten Zeitpunkt voraussetzungsgemäß bekannt ist, liefert uns das drei lineare homogene Gleichungen. Eine Verzweigung des Gleichgewichts liegt dann vor, wenn die Lösung dieser Gleichungen mehrdeutig wird, was im allgemeinen nur für diskrete „kritische" Werte der Spannungen der Fall sein wird.

Als Beispiel betrachten wir einen kreiszylindrischen Körper unter radialer Belastung. Nach einer homogenen Deformation hat dieser Körper den Radius a und die Dicke t (Bild 1). Unter Berücksichtigung des zugrunde gelegten Zylinderkoordinatensystems läßt sich der zugehörige homogene Spannungszustand beschreiben durch

$$\sigma^i_k = \sigma_{R\,k}^{\;i} = \begin{pmatrix} \sigma & 0 & 0 \\ 0 & \sigma & 0 \\ 0 & 0 & 0 \end{pmatrix}\,^{2)}\,. \tag{10}$$

Führen wir nun noch für den Geschwindigkeitsvektor $\boldsymbol{u}$ die Komponenten u, v und w ein, so lassen sich die Feldgleichungen (9) auswerten:

$$\begin{aligned} &\Delta u - \frac{2\,v^*}{r^3} - \frac{u}{r^2} + \delta w'^{+} - \theta\,(u^+ - w')^+ - q' = 0\,, \\ &\Delta v + \frac{2\,u^*}{r} - \frac{2\,v'}{r} + \delta w'^{*} - \theta\,(v^+ - w^*)^+ - q^* = 0\,, \\ &\Delta w - 2\,\delta\,w^{++} + \theta\,\Delta w - q^+ = 0\,. \end{aligned} \tag{11}$$

Hinzu tritt noch die Inkompressibilitätsbedingung

$$u' + \frac{u}{r} + \frac{v^*}{r^2} + w^+ = 0\,. \tag{12}$$

Zur Abkürzung sind dabei

$$\theta = \frac{\sigma}{2G}\,, \quad q = \frac{\dot{p}}{2G}\,, \quad (\cdots)' = \frac{\partial(\cdots)}{\partial r}\,, \quad (\cdots)^* = \frac{\partial(\cdots)}{\partial \varphi}\,, \quad (\cdots)^+ = \frac{\partial(\cdots)}{\partial z} \tag{13}$$

und

$$\Delta(\cdots) = (\cdots)'' + \frac{1}{r}(\cdots)' + \frac{1}{r^2}(\cdots)^{**} + (\cdots)^{++}\,.$$

eingeführt worden. Als Randbedingungen an den Rändern $z = t/2$ und $r = a$ führen wir (s. [2])

$$z = t/2: \quad \dot{\sigma}_R^{3j} = 0 \qquad (j = 1, 2, 3), \tag{14}$$

$$r = a: \qquad u = \text{const.}, \quad \dot{\sigma}_R^{1k} = 0 \quad (k = 2, 3) \tag{15}$$

ein, die sich mit Hilfe des Stoffgesetzes (4) durch die Geschwindigkeitskomponenten und durch q ausdrücken lassen. Eine Lösung dieses Systems linearer partieller Differentialgleichungen gelingt für einen Ansatz für das

2) σ^i_k, $\sigma_{R\,k}^{\;i}$ sind die Maßzahlen von $\boldsymbol{S}$, $\boldsymbol{S}_R$.

Geschwindigkeitsfeld der Form

$$u(r,\varphi,z)=\frac{1}{\nu}\left[J_{\mu-1}(\nu r)\,\Psi^+(z)-\frac{\mu}{\nu r}J_\mu(\nu r)\,\bigl(\Psi^+(z)+\Phi(z)\bigr)\right]\cos\mu\varphi\,,$$

$$v(r,\varphi,z)=\frac{r}{\nu}\left[J_{\mu-1}(\nu r)\,\Phi(z)-\frac{\mu}{\nu r}J_\mu(\nu r)\,\bigl(\Psi^+(z)+\Phi(z)\bigr)\right]\sin\mu\varphi\,, \tag{16}$$

$$w(r,\varphi,z)=J_\mu(\nu r)\,\Psi(z)\cos\mu\varphi\,.$$

Dabei gibt der Parameter μ die Anzahl der Wellen einer Lösung in Umfangsrichtung wieder, der Parameter ν wird durch die Randbedingungen am Rande $r = a$ bestimmt, die sich in der Form

$$J'_\mu(\nu a)=0 \tag{17}$$

zusammenfassen lassen.

Das verbleibende lineare Eigenwertproblem führt auf zwei Gleichungen zur Bestimmung des Eigenwertes θ und zwar für symmetrische und antimetrische Versagensmoden.

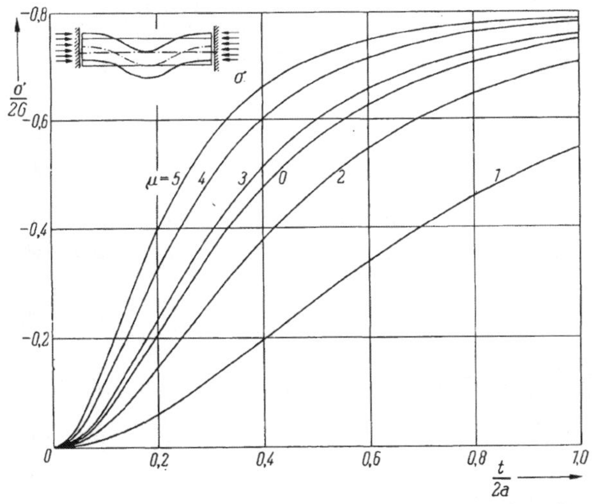

Bild 2. Verzweigungslast bei antimetrischem Versagensmodus ($\delta = 1/3$)

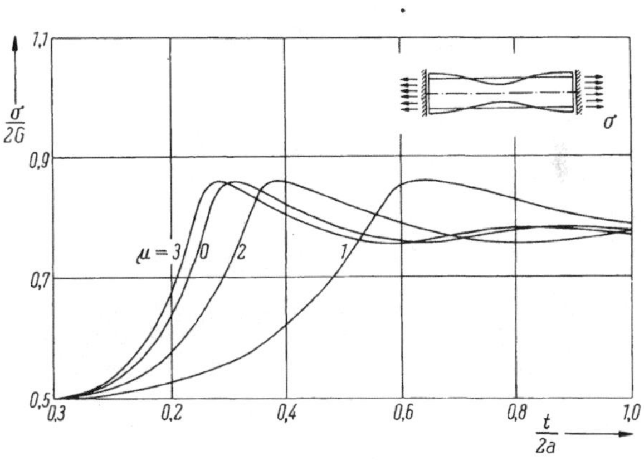

Bild 3. Verzweigungslast bei symmetrischem Versagensmodus ($\delta = 1$)

Eine numerische Auswertung dieser Beziehungen ist in den Bildern 2 bis 4 angegeben. Dabei ist zum einen bemerkenswert, daß neben dem bekannten antimetrischen Versagensmodus bei Druckkräften (Bild 2) ein weiterer — symmetrischer — Versagensmodus existiert, der sich bei Zugbeanspruchung einstellt (Bild 3). Zum anderen überrascht, daß sich die niedrigsten Verzweigungslasten für antimetrische wie auch für symmetrische Versagensmoden nicht bei rotationssymmetrischen Geschwindigkeitsfeldern ($\mu = 0$) einstellen, sondern bei Lösungen mit einer Welle in Umfangsrichtung ($\mu = 1$). Bild 4 gibt schließlich den Verlauf der antimetrischen Verzweigungslast als Funktion des Dicken-Durchmesserverhältnisses für unterschiedliche Werte der Werkstoffkenngröße δ wieder. Setzen wir $\delta = 0$, so beschreiben wir rein elastisches Werkstoffverhalten, für elastisch-idealplastisches Verhalten nimmt δ den Wert 1 an.

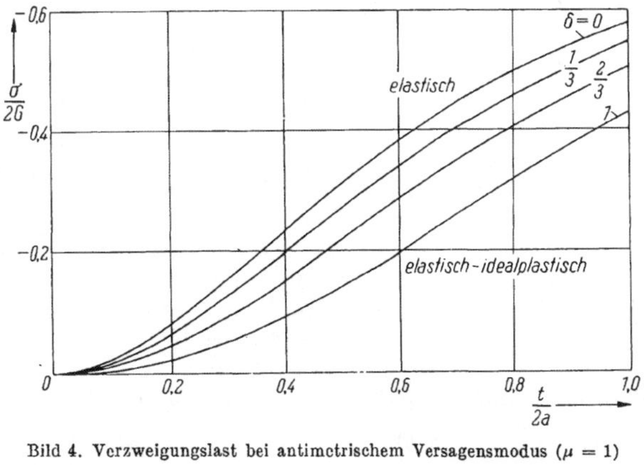

Bild 4. Verzweigungslast bei antimetrischem Versagensmodus ($\mu = 1$)

Literatur

1 Truesdell, C. und Noll, W., Nonlinear field-theories of mechanics, in „Handbuch der Physik" Bd. III, 3 (Hrsg. S. Flügge), Springer-Verlag 1965.

2 Bruhns, O. und Thermann, K., Verzweigungslasten elastoplastischer Kreisplatten, Acta Mechanica (erscheint demnächst).

Anschriften: Dr.-Ing. Otto Bruhns und Dr.-Ing. Klaus Thermann, Institut für Mechanik der Ruhr-Universität, D 4630 Bochum, Postfach 2148, BRD

ZAMM 54, T 76 – T 77 (1974)

G. Brunk

Rahmeninvarianz in der speziellen Relativitätstheorie

Inhalt: Das aus der Rationalen Mechanik bekannte Prinzip der Rahmeninvarianz der Materialgleichungen wird relativistisch verallgemeinert.

Die Methoden der Rationalen Mechanik haben 1966 Grot und Eringen [1] und kürzlich Alts und Müller [2] in der relativistischen Kontinuumsphysik angewendet. Beide Veröffentlichungen nennen die Invarianz gegen Lorentztransformationen zwischen *Inertialsystemen* als Gegenstück der klassischen Rahmeninvarianz. Da bei diesem Ansatz beliebig zeitabhängige Translationen nicht zu den zulässigen Transformationen gehören, tritt bei der Beschreibung von Flüssigkeiten auch die Absolutgeschwindigkeit als unabhängige Stoffvariable auf, während die klassische Theorie hier nur Relativbewegungen zuläßt. Da weiterhin die Rotationen der Lorentzgruppe zeitunabhängig sind, ist es nicht möglich, für Stoffe vom Gedächtnis- oder Ableitungstyp die bekannten Reduktionen der Materialgleichungen anzugeben, während dies beim elastischen Material gelingt [1]. Die Entwicklung des vorliegenden Konzeptes hat der Verfasser im vergangenen Jahr vorgeschlagen [3].

Die Stofftheorie der Rationalen Mechanik verlangt, daß Materialgleichungen wie z. B. die für den Spannungstensor

$$\underline{T}(\underset{\sim}{x}, t) = \mathcal{F}\{\underline{r}(\underset{\sim}{x}', t'), \underset{\sim}{x}, t\}, \quad -\infty < t' \leqq t, \quad P(\underset{\sim}{x}') \in U(\underset{\sim}{x}) \tag{1}$$

invariant gegen die Wahl des Zeitnullpunktes sowie gegen zeitabhängige Translationen und Rotationen des Bezugssystems sind.

Wenn die Bewegung hinreichend genau durch den materiellen Gradienten $\underline{F} := (\underset{\sim}{\nabla} \underline{r})^T$ beschrieben wird, so wird das Material „*einfach*" genannt. Die verlangte Invarianz gegen Rotationen führt dann auf das reduzierte Funktional

$$\underline{F}^T \cdot \underline{T} \cdot \underline{F} = \mathcal{F}^*\{\underline{F}^T \cdot \underline{F}\}, \quad 0 \leqq s < \infty \tag{2}$$

siehe beispielsweise bei Truesdell [4] oder Eringen [5].

In der *Relativitätstheorie* ist die Geschichte der unabhängigen Stoffvariablen im Ruhsystem zu beschreiben, insbesondere ist die Inertialzeit t durch die Eigenzeit τ zu ersetzen. Die Bewegungsvariable $\underline{r}(\underset{\sim}{x}', t) - \underline{r}(\underset{\sim}{x}, t)$ oder $\underline{F}(\underset{\sim}{x}, t)$ beschrieb im klassischen Fall die Änderung der räumlichen Geometrie des Materials in der Zeit. Für den relativistischen Fall wird daher vorgeschlagen, den raumartigen Anteil der entsprechenden vierdimensionalen Bewegungsvariablen als analoge unabhängige Stoffgröße anzunehmen. Zum Beispiel definieren wir für das einfache Material

$$\underline{F} = \underline{E}_u \cdot (\underset{\sim}{\nabla} \underline{r})^T \tag{3}$$

mit

$$\underline{E}_u = \underline{E} + \frac{1}{c^2} \underline{u}\,\underline{u}\,. \tag{4}$$

Dabei ist $\underline{u} = \dfrac{\partial r}{\partial \tau}$ mit $\underline{u} \cdot \underline{u} = -c^2$ (5)

die Vierergeschwindigkeit und $\underline{E}$ der Einstensor im ${}^4E$ oder ${}^4R$, $\underline{E}_u$ der Einstensor im zu $\underline{u}$ orthogonalen Unterraum. Für den mechanischen Spannungstensor $\underline{T}$, das ist der vollkommen raumartige Anteil des Impuls-Spannungs-Tensors $\underline{\Pi}$, gilt dann beispielsweise im Falle des einfachen homogenen Materials

$$\underline{T} \equiv -\underline{E}_u \cdot \underline{\Pi} \cdot \underline{E}_u = \mathcal{F}\{\underline{F}(\underset{\sim}{x}, \tau - s)\}, \quad 0 \leqq s < \infty\,. \tag{6}$$

Diese Stoffgleichung ist invariant gegen die Wahl des Eigenzeitnullpunktes

$$\hat{\tau} = \tau + T, \quad \hat{s} = s + T \tag{7}$$

und gegen lokale eigenzeitabhängige Translationen

$$\hat{\underline{r}}(\underset{\sim}{x}', \tau) = \underline{r}(\underset{\sim}{x}', \tau) + \underline{R}(\underset{\sim}{x}, \tau)\,. \tag{8}$$

Wir verlangen weiter, daß die Materialgleichungen invariant gegen lokale eigenzeitabhängige Rotationen im zur Vierergeschwindigkeit orthogonalen Unterraum sind, es soll also

$$\underline{Q} \cdot \underline{T} \cdot \underline{Q}^T = \mathcal{F}\{\underline{Q} \cdot \underline{F}\} \tag{9}$$

mit

$$\underline{Q}(\underset{\sim}{x}, \tau) \cdot \underline{Q}^T(\underset{\sim}{x}, \tau) = \underline{Q}^T(\underset{\sim}{x}, \tau) \cdot \underline{Q}(\underset{\sim}{x}, \tau) = \underline{E}_u \tag{10}$$

gelten. Diese Beziehung führt wieder auf die durch Gleichung (2) angegebene Reduktion.

Die lokalen Drehungen im zur Vierergeschwindigkeit orthogonalen Unterraum werden durch die Transformationen

$$\underline{u} \to \underline{u} \quad \text{der Vierergeschwindigkeit}$$

und

$$(\nabla \underset{\sim}{r}) \cdot \underline{E}_u \to (\nabla \underset{\sim}{r}) \cdot \underline{Q}^T \tag{11}$$

sowie

$$\nabla \underset{\sim}{x} \quad \to \underline{Q} \cdot \nabla \underset{\sim}{x}$$

der Bewegungsvariablen beschrieben. Raumartige Vektoren $\underline{z}$ und Tensoren $\underline{Z}$, für die unter diesen Transformationen

$$\underline{z} \to \underline{Q} \cdot \underline{z} \tag{12}$$

$$\underline{Z} \to \underline{Q} \cdot \underline{Z} \cdot \underline{Q}^T$$

gilt, sollen wie im klassischen Fall objektiv heißen. Objektive Größen sind beispielsweise die Deformationsgeschwindigkeit

$$\underline{D} = \frac{1}{2} \underline{E}_u \cdot \left(\nabla \underline{u} + (\nabla \underline{u})^T\right) \cdot \underline{E}_u \,, \tag{13}$$

die flächenbezogene materielle Zeitableitung eines objektiven raumartigen Vektors $\underline{z}$

$$\underline{z}' = \dot{\underline{z}} \cdot \underline{E}_u \, \underline{z} \cdot \nabla \underline{u} + \underline{z} \, \nabla \cdot \underline{u} \qquad \text{mit} \qquad \dot{\underline{z}} = \frac{\partial \underline{z}}{\partial \tau} \tag{14}$$

und das Vektorprodukt zweier objektiver raumartiger Vektoren $\underline{y}$ und $\underline{z}$

$$\underline{y} \times \underline{z} = - \underline{\mathscr{E}} \cdots \underline{y} \, \underline{z} \, \underline{u}/c \,. \tag{15}$$

Ein nichtobjektiver raumartiger Vektor ist z. B. die Viererbeschleunigung, die in sich selbst

$$\dot{\underline{u}} \to \dot{\underline{u}} \tag{16}$$

transformiert wird. Daraus ergibt sich eine Folgerung für die relativistische Rationale Thermodynamik. Wenn wir voraussetzen, daß die Entropieerzeugungsdichte rahmeninvariant ist, dann muß in der Entropiequelldichte ein Term $\underline{\varphi}_t \cdot \dot{\underline{u}}/\theta \, c^2$ enthalten sein — wobei θ die absolute Temperatur und $\underline{\varphi}_t$ der Wärmeflußvektor ist —, damit ein entsprechender Term, der durch Einsetzen des ersten Hauptsatzes in die CLAUSIUS-DUHEM-Ungleichung entsteht, kompensiert wird.

Anmerkung: Inzwischen hat der Verfasser Kenntnis von zwei weiteren Arbeiten erlangt, die BRAGG im Jahre 1965 und SÖDERHOLM 1970 veröffentlichten [6], [7]. Ausgehend von einer axiomatischen Begründung der relativistischen Kontinuumskinematik definieren die beiden Autoren „*scheinbar identische*" bzw. „*äquivalente Bewegungen*", für welche die abhängigen Stoffvariablen wie z. B. $\underline{T}$ gleiche Werte annehmen sollen. Für einfache Materiale führen diese Konzepte wieder auf die Reduktion gemäß Gleichung (2).

Literatur

1 GROT. R. A. and ERINGEN, A. C., Relativistic Continuum Mechanics, Int. J. Engng. Sci. **4**, 611 ff. (1966).
2 ALTS, T. and MÜLLER, I., Relativistic Thermodynamics of Simple Heat Conducting Fluids, Arch. Rational Mech. Anal., Vol. **48**, 245 ff. (1972).
3 BRUNK, G., Über die Äquivalenz von Lastensystemen und die mechanischen Wirkungen elektromagnetischer Felder. Dissertation, Technische Universität Berlin (1972).
4 TRUESDELL, C., The Elements of Continuum Mechanics, Berlin/Heidelberg, Springer, New York, 1966.
5 ERINGEN, C., Mechanics of Continua, New York/London, John Wiley, Sydney, 1967.
6 BRAGG, L. E., On Relativistic Worldlines and Motions, and on Non-Sentient-Response. Arch. Rational Mech. Anal., Vol. **18**, 127 ff. (1965).
7 SÖDERHOLM, L., A Principle of Objektivity for Relativistic Continuum Mechanics. Arch. Rational Mech. Anal., Vol. **39**, 89 ff. (1970).

Anschrift: Dr.-Ing. GERD BRUNK, D 1 Berlin 12, Charlottenburg, Technische Universität Berlin, Institut für Mechanik C, WB

P. G. GLOCKNER*) / D. J. MALCOLM**)

Cosserat Surface: A Model for Idealized Sandwich Shells***)

The aim of one of our recent research projects was the investigation of the nonlinear dynamic response of spherical sandwich shells. To this end not only were approximate nonlinear sandwich shell theories, which had been published [1], [2], [3] reviewed, but consideration was quickly turned to COSSERAT surface theory as a possible model for this problem, especially since much had been written about this theory [4], [5] and it had been shown that director deformations of COSSERAT surfaces could be interpreted as transverse shear and normal strain effects in thin shells. Although COSSERAT surface theory appears, after a brief period of reflection, as an attractive model for the analysis of "idealized" sandwich shells consisting of two similar membrane facings and a "weak" core with no in-plane stiffness, a possible correlation between this theory and such a physical model had not been considered nor suggested.

Attention in our work was first given to the dynamic equilibrium of an idealized sandwich shell element in its deformed state. The forces acting on each component of such an element were "shifted" to the midsurface and used to write vector equations of translational and rotational motion for the outer and inner facing and the core. By addition and subtraction, these equations were combined to obtain equations of motion for the overall sandwich element; most of these final equations were found to be identical in form to that of corresponding equations for a COSSERAT surface. This correspondence in form permitted the interpretation of the dynamic variables of COSSERAT surface theory in the light of idealized sandwich shells [6].

Using the concept of a deformable director field, the kinematics of nonlinear deformation of sandwich shells was considered next. Strain measures were introduced which were not only analogous to those of a COSSERAT surface, but which, in conjunction with the independently defined dynamic variables, were convenient and appropriate for the formulation of a virtual work principle [7]. Since finite transverse core deformations were admitted, special considerations were given to the continuity and smoothness of the facings. From such considerations an extended set of compatibility equations for nonlinear sandwich shell theory were obtained and compatibility conditions for nonlinear COSSERAT surface theory and classical thin shell theory reviewed and interpreted [7].

Finally, variational principles for an idealized sandwich shell, both in terms of EULERian and LAGRANGEan variables, were presented [8], [9]. It is concluded that the idealized sandwich element is one of the very few examples of a physical model of real structures in the description of which the interesting and challenging mathematical abstraction called COSSERAT surface finds useful and practical application.

References

1 WEMPNER, G. A., Theory for Moderately Large Deflections of Thin Sandwich Shells, Journal of Applied Mechanics, **32**, pp. 76–80 (1965).

2 WEMPNER, G. A., Theory for Moderately Large Deflections of Sandwich Shells with Dissimilar Facings, International Journal of Solids and Structures **3**, pp. 367–382 (1967).

3 REISSNER, E., Small Bending and Stretching of Sandwich-Type Shells, N. A. C. A. Technical Note No. 1832, March 1949.

4 GREEN, A. E., NAGHDI, P. M., and WAINWRIGHT, W. L., A General Theory of a Cosserat Surface, Archive for Rational Mechanics and Analysis **20**, pp. 287–308 (1965).

5 GREEN, A. E., and NAGHDI, P. M., The Linear Theory of an Elastic Cosserat Plate, Proceedings of the Cambridge Philosophical Society **63**, pp. 537–550 (1967).

6 MALCOLM, D. J., and GLOCKNER, P. G., Cosserat Surface and Sandwich Shell Equilibrium, Journal of the Engineering Mechanics Division, ASCE, Vol. **98**, No. EM5, Proc. Paper 9240, pp. 1075–1086 (1972).

7 MALCOLM, D. J., and GLOCKNER, P. G., Nonlinear Sandwich Shell and Cosserat Surface Theory, Journal of the Engineering Mechanics Division, ASCE, Vol. **98**, No. EM5, Proc. Paper 9244, pp. 1183–1203 (1972).

8 GLOCKNER, P. G., and MALCOLM, D. J., A Lagrangian Formulation of Sandwich Shell Theory, Journal of the Engineering Mechanics Division, ASCE, Vol. **99**, No. EM3, (1973).

9 MALCOLM, D. J., and GLOCKNER, P. G., Variational Principles for Idealized Sandwich Shells, Department of Civil Engineering, The University of Calgary, Research Report No. CE 73–3, (1973).

Anschrift: Prof. Dr. PETER G. GLOCKNER, The University of Calgary, Calgary, Alberta, Canada

*) Presently visiting Professor, Institut für Angewandte Mathematik der Albert-Ludwigs-Universität, Freiburg i. Br., West Germany

**) Post-Doctoral Fellow, Department of Civil Engineering, The University of Calgary, Calgary, Alberta, Canada.

***) The results outlined here were obtained in the course of research sponsored by the Defence Research Board of Canada and the National Research Council of Canada.

ZAMM 54, T 79 – T 80 (1974)

H. Grüters

Iterative Lösung von Lastspannungsproblemen in anisotropen Körpern

Wir betrachten eine homogene anisotrop-elastische Scheibe K^+ mit dem Rand S^+. Die elastischen Eigenschaften sind beschrieben durch den Tensor der Elastizitätskonstanten $\mathbf{c}^+$ bzw. durch den hierzu inversen Tensor der Elastizitätskoeffizienten $\mathbf{s}^+$. Es gilt also für den ,,Realkörper K^+" das verallgemeinerte Hookesche Gesetz

$$\boldsymbol{\sigma}^+ = \mathbf{c}^+ \cdot\cdot\, \boldsymbol{\varepsilon}^+, \quad \boldsymbol{\varepsilon}^+ = \mathbf{s}^+ \cdot\cdot\, \boldsymbol{\sigma}^+ .$$

Gegeben ist die Belastung — Volumenkraftdichte p und Randbelastung P — der Scheibe K^+. Gesucht ist das Dehnungsfeld $\boldsymbol{\varepsilon}^+$ und das Spannungsfeld $\boldsymbol{\sigma}^+$ im abgeschlossenen Gebiet K^+.

Das beschriebene Lastspannungsproblem im anisotropen Realkörper K^+ lösen wir durch eine Folge von Lastspannungsproblemen im ,,Grundkörper K^0" mit Rand $S^0 \equiv S^+$; seine Elastizitätskonstanten $\mathbf{c}^\circ$ sind z. B. die eines isotropen Körpers mit verschwindender Querkontraktion.

Durch den gegebenen Realkörper K^+ und den gewählten Grundkörper K° ist ein anisotroper ,,Differenzkörper K^-" definiert mit Rand $S^- \equiv S^+ \equiv S^0$ und den elastischen Eigenschaften

$$\mathbf{c}^- = \mathbf{c}^\circ - \mathbf{c}^+, \quad \mathbf{s}^- = \mathbf{s}^0 - \mathbf{s}^+ .$$

Wir setzen voraus, daß in K^+ und K^0 die elastische Energie positiv ist.

Die Belastung des Grundkörpers wird mit R, r, die Belastung des Differenzkörpers mit Q, q bezeichnet. Den Grundkörper K^0 belasten wir zunächst durch die vorgegebene Belastung P und p. Hierdurch wird in K^0 ein Dehnungsfeld $\boldsymbol{\varepsilon}^*$ erzeugt. Es gilt also die Gleichgewichtsbedingung

$$\mathrm{Div}\,(\mathbf{c}^0 \cdot\cdot\, \boldsymbol{\varepsilon}^*) = -\,p$$

und die Randbedingung

$$\mathfrak{n} \cdot (\mathbf{c}^0 \cdot\cdot\, \boldsymbol{\varepsilon}^*) = P .$$

Nun zwingen wir das Dehnungsfeld $\boldsymbol{\varepsilon}^*$ dem Differenzkörper K^- auf; hierzu sind in K^- Volumenkräfte

$$q^{(0)} = -\,\mathrm{Div}\,(\mathbf{c}^- \cdot\cdot\, \boldsymbol{\varepsilon}^*)$$

und Oberflächenkräfte

$$Q^{(0)} = n \cdot (\mathbf{c}^- \cdot\cdot\, \boldsymbol{\varepsilon}^*)$$

erforderlich. Dann wird K^0 durch $R^{(1)} = P + Q^{(0)}$ und $r^{(1)} = p + q^{(0)}$ belastet, wodurch ein Dehnungsfeld $\boldsymbol{\varepsilon}^{(1)}$ erzeugt wird mit

$$\mathrm{Div}\,(\mathbf{c}^0 \cdot\cdot\, \boldsymbol{\varepsilon}^{(1)}) = -\,r^{(1)} \quad \text{und} \quad \mathfrak{n} \cdot (\mathbf{c}^0 \cdot\cdot\, \boldsymbol{\varepsilon}^{(1)}) = R^{(1)} .$$

$\boldsymbol{\varepsilon}^{(1)}$ ist die erste Näherung für das gesuchte Dehnungsfeld $\boldsymbol{\varepsilon}^+$. $\boldsymbol{\varepsilon}^{(1)}$ wird nun wieder K^- aufgezwungen, wozu Kräfte $q^{(1)}$ und $Q^{(1)}$ erforderlich sind. Dann wird K^0 mit $r^{(2)} = p + q^{(1)}$ und $R^{(2)} = P + Q^{(1)}$ belastet; hierdurch wird in K_0 die zweite Näherung $\boldsymbol{\varepsilon}^{(2)}$ erzeugt.

Durch analoge weitere Iterationsschritte wird diejenige Belastung R und r von K^0 angenähert, die in K^0 das gleiche Dehnungsfeld erzeugt wie die Belastung P und p im vorgelegten Realkörper K^+.

Für

$$\limsup \left| \frac{\boldsymbol{\varepsilon} \cdot\cdot\, \mathbf{c}^- \cdot\cdot\, \boldsymbol{\varepsilon}}{\boldsymbol{\varepsilon} \cdot\cdot\, \mathbf{c}^0 \cdot\cdot\, \boldsymbol{\varepsilon}} \right| < 1$$

konvergiert das Verfahren [1].

Beispiel: Ein Kragarm aus Holz mit den Elastizitätskonstanten

$$\mathbf{c}^+ = \begin{pmatrix} 1.0298 & 0.5209 & 0 \\ 0{,}5209 & 6{,}0774 & 0 \\ 0 & 0 & 0{,}7812 \end{pmatrix}$$

wird durch eine Kraft P belastet. Gesucht ist das Dehnungsfeld ε^+. Für den isotropen Grundkörper wählen wir die Elastizitätskonstanten

$$\mathbf{c}^0 = \begin{pmatrix} 5 & 0 & 0 \\ 0 & 5 & 0 \\ 0 & 0 & 5 \end{pmatrix}.$$

Das Dehnungsfeld

$$\varepsilon_{xx}^{+} = A \frac{12 P}{h^3} x y, \qquad \varepsilon_{xy}^{+} = B \frac{P}{h}\left(\frac{3}{2} - 2\frac{y^2}{h^2}\right), \qquad \varepsilon_{yy}^{+} = C \frac{P}{h}\left(\frac{3}{2} - 2\frac{y^2}{h^2}\right)$$

(A, B, C Konstanten, h = Höhe des Kragarms)

wird durch das beschriebene Iterationsverfahren nach 10 Iterationsschritten mit einem maximalen Fehler von 30%, nach 30 Iterationsschritten mit einem maximalen Fehler von 0,5% angenähert.

Herrn Dipl.-Math. G. Selle danke ich für das Verlesen des Vortragsmanuskriptes.

Literatur

1 Rieder, G., Iterationsverfahren und Operatorgleichungen in der Elastizitätstheorie, Abh. Braunschweig. Wiss. Ges. 14, S. 109–243 (1962).

2 Grüters, H.. Berechnung des Spannungszustandes in homogenen anisotropen Scheiben mit Hilfe einer Integralgleichungsmethode, Dissertation Aachen 1971.

Anschrift: Dr.-Ing. Hugo Grüters, Institut für Technische Mechanik, Technische Hochschule, 51 Aachen, Templergraben 55, BRD

ZAMM 54, T 80 – T 82 (1974)

G. Haberl

Theoretische Bestimmung der Eigenschaften faserverstärkter Werkstoffe bei Belastung quer zur Faserrichtung

Faserverstärkte Werkstoffe weisen meist Fasern in mehreren Richtungen auf. Ein Laminat kann jedoch in einen Mehrschichtenverbund mit mehreren, der Zahl der Faserrichtungen entsprechenden, unidirektionalen Einzelschichten zerlegt werden. Die vorliegende Arbeit beschäftigt sich mit den Elastizitäts- und Festigkeitswerten der unidirektionalen Einzelschicht bei Belastung quer zur Faserrichtung, wobei für die Fasern ein anisotropes, elastisches und für das Harz ein nichtlinear-elastisches Werkstoffgesetz zugrunde gelegt wird.

Für ein mathematisch erfaßbares Modell werden folgende Annahmen getroffen:

1. Die Fasern haben kreisförmigen Querschnitt und liegen parallel zueinander;
2. Quadratische Packung;
3. Faser und Harz sind homogen und vollständig miteinander verbunden;
4. Ebener Verzerrungszustand.

Das anisotrope Werkstoffgesetz für die Fasern kann in derForm

$$\begin{aligned}
\varepsilon_x &= \left(\frac{1}{E_\perp} - \frac{\nu_{\parallel\perp}}{E_\parallel}\right)\sigma_x + \left(-\frac{\nu_{\parallel}}{E_\perp} - \frac{\nu_{\parallel\perp}^2}{E_\parallel}\right)\sigma_y, \\
\varepsilon_y &= \left(-\frac{\nu_{\parallel}}{E_\perp} - \frac{\nu_{\parallel\perp}^2}{E_\parallel}\right)\sigma_x + \left(\frac{1}{E_\perp} - \frac{\nu_{\parallel\perp}^2}{E_\parallel}\right)\sigma_y, \qquad (1)\\
\gamma_{xy} &= \frac{2(1+\nu_{\parallel})}{E_\perp}\tau_{xy}
\end{aligned}$$

angeschrieben werden, wobei der Index $_\parallel$ parallel zur Faserrichtung bedeutet und der Index $_\perp$ senkrecht dazu. Das nichtlineare Werkstoffgesetz für das Harz lautet [1]:

$$\begin{aligned}
\sigma_x &= K\,\varkappa(\varepsilon_0)\,(\varepsilon_x + \varepsilon_y) + \frac{2}{3} G\,\psi(\gamma_0^2)\,(\varepsilon_x - \varepsilon_y) \\
\sigma_y &= K\,\varkappa(\varepsilon_0)\,(\varepsilon_x + \varepsilon_y) + \frac{2}{3} G\,\psi(\gamma_0^2)\,(\varepsilon_y - \varepsilon_x) \qquad (2)\\
\tau_{xy} &= G\,\psi(\gamma_0^2)\,\gamma_{xy}\,.
\end{aligned}$$

Die Funktionen $\varkappa(\varepsilon_0)$ und $\psi(\gamma_0^2)$ können aus dem Versuch ermittelt werden. Setzt man (1) bzw. (2) in die Gleichgewichtsbedingungen ein, so erhält man die Verschiebungsgleichungen für die Fasern und das Harz.

Die Lösung dieser partiellen Differentialgleichungen erfolgt mit Hilfe finiter Differenzen, wobei die nichtlinearen Gleichungen für das Harz iterativ gelöst werden.

Ergebnisse

Die Lösung des linearen Gleichungssystems, das mit den finiten Differenzen erstellt wird, ergibt die Verschiebungen u und v an jedem Gitterpunkt. Da für das nichtlineare Werkstoffgesetz zuerst der lineare Fall gelöst werden muß, sollen die wichtigsten Ergebnisse dafür angegeben werden.

In Bild 1 ist die Normalspannung σ_x dargestellt. Der Maximalwert wird an der Grenzfläche erreicht, wo der Abstand zur nächsten Faser am kleinsten ist. An dieser Stelle ergibt sich für einen Faservolumenanteil von 60% und E-Glas eine Spannung σ_x, die 1,86 mal so groß ist, wie die am Rande angebrachte Spannung $\bar{\sigma}_x$.

Der Elastizitätsmodul bei Belastung senkrecht zur Faserrichtung ($E_\perp$) ist für Berechnungen in der Praxis von großem Interesse und wurde schon frühzeitig untersucht. In Bild 2 ist der Vergleich verschiedener Theorien und einiger Versuchswerte dargestellt.

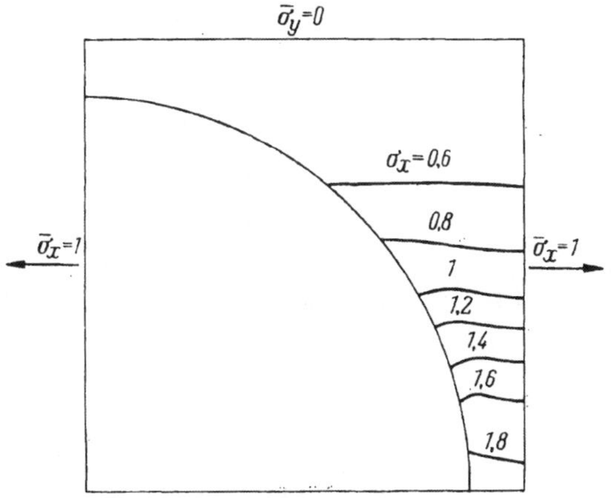

Bild 1. Normalspannung σ_x

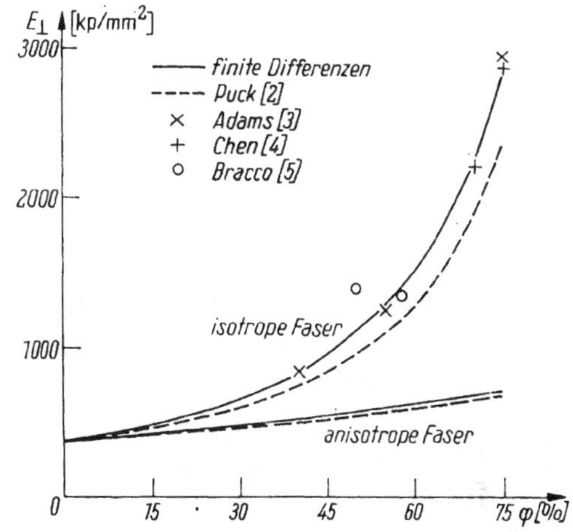

Bild 2. E-Modul senkrecht zur Faserrichtung

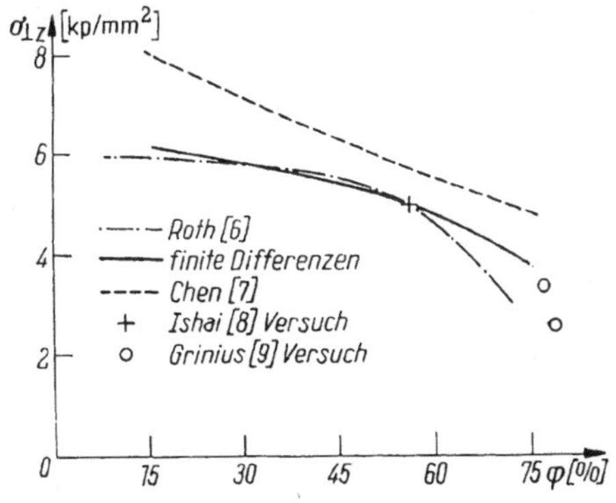

Bild 3. Querzugfestigkeit

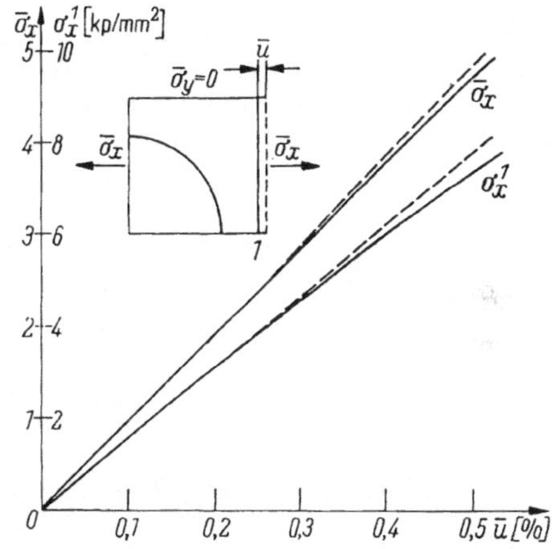

Bild 4. Lineare und nichtlineare Spannungs-Dehnungskurven

Das Querzugsversagen eines unidirektional verstärkten Werkstoffes kann im wesentlichen in zwei Versagensarten zusammengefaßt werden: Das Kohäsionsversagen im Harz und das Grenzflächenversagen in der Faser/Harz-Grenzfläche. Hier soll nur die erste Versagensart untersucht werden. Für das Harz wird die Hypothese der größten Normalspannung angenommen. Der Vergleich verschiedener Theorien und einiger Versuchswerte ist im Bild 3 dargestellt.

Spannungs-Dehnungskurven für den Verbundwerkstoff mit 45% Faservolumenanteil sind für lineares und nichtlineares Verhalten in Bild 4 dargestellt.

Der Einfluß der Nichtlinearität ist bei dem gewählten Harz relativ gering und beträgt 6,5%, wenn die Randverschiebung so gewählt wird, daß die auftretende Maximalspannung die Bruchspannung des Harzes erreicht. Verwendet man zum Beispiel Aluminium als Bettungsmasse, so werden die nichtlinearen Effekte wesentlich größer sein.

Literatur

1 KAUDERER, H., Nichtlineare Mechanik, Springer-Verlag 1958, S. 22.
2 PUCK, A., Zum Deformationsverhalten und Bruchmechanismus von unidirektionalem und orthogonalem Glasfaser/Kunststoff, Kunststoffe, Bd. 55, S. 913–918 (1965).

3 Adams, D. F., Doner, R. D., Transverse Normal Loading of a Unidirectional Composite, Journal of Composite Material, p. 152–164 (April 1967).
4 Chen, C. H., Rectangular or Square Array Fibrous Composite with Anisotropic or Isotropic Filament, Journal of Applied Mechanics, p. 710–712 (Sept. 1971).
5 Bracco, A., Mannone, G., Sattin, M., Elastic Constants Evaluation of a Reinforced Plastic Material, AGARD Proceedings No. 63 on Composite Materials, (1971).
6 Roth, S., Grüninger, G., Beitrag zur Deutung des Querzugversagens von Stranglaminaten. Kunststoffe **59**, S. 967–974 (1969).
7 Chen, P. E., Lin, J. M., Transverse Properties of Fibrous Composites, Materials Research & Standards, p. 29–33. (August 1969)
8 Ishai, O., Lavengood, R. E., Tensile Characteristics of Discontinous Unidirectional Glass-Epoxy Composites, SPI-Annual Conference, (Februar 1969).
9 Grinius, V. G., Micromechanics-Experimental and Analytical Studies, AFML-TR-67-148, April 1967.

Anschrift: Dr. Gerhard Haberl, Messerschmitt-Bölkow-Blohm GmbH, D-8012 Ottobrunn, BRD

ZAMM 54, T 82 – T 84 (1974)

U. Heise

Die Erzeugung von Singularitäten für Integralverfahren der Elastostatik

1. Überblick

Bei der Formulierung von Randwertproblemen der Elastostatik in Form von Integralgleichungen lassen sich die gesuchten Funktionen als Belegungen von Singularitäten auf der Oberfläche deuten. Zur Konstruktion geeigneter Singularitäten wird der Gradient des Verschiebungsvektors als Linearkombination von Funktionen mit dem gewünschten Abklingverhalten angesetzt und ein Teil der Koeffizienten so bestimmt, daß die Grundgleichungen der Elastizitätstheorie erfüllt sind [1]. Die Festlegung der restlichen Koeffizienten entscheidet darüber, ob die Kerne singulär oder regulär sind und ob die Integralgleichungen integralfreie Glieder enthalten oder nicht. Außerdem läßt sich die Lage der Häufungspunkte in den Spektren der Integraloperatoren beeinflussen. Um die Methode zu erproben, werden hier Singularitäten konstruiert, mit Hilfe derer sich das geometrische und das statische Randwertproblem der ebenen Elastizitätstheorie als reguläre Integralgleichungen formulieren lassen. Es ist geplant, auf diese Weise auch Integralgleichungen für räumliche Probleme zu formulieren.

2. Konstruktion einer Fundamentallösung

Das von der Singularität m hervorgerufene Distorsionstensorfeld $(U\,m)_{ij}(\xi, \eta)$ und Spannungstensorfeld $(\Pi\,m)_{ij}(\xi, \eta)$ sollen mit $1/\varrho$ ($\varrho^2 = \xi^2 + \eta^2$) abklingen. Wir machen deshalb den Ansatz

$$(U\,m)_{11} = \sum_{i=1}^{4} A_i f_i, \quad (U\,m)_{12} = \sum_{i=1}^{4} B_i f_i, \quad (U\,m)_{21} = \sum_{i=1}^{4} C_i f_i, \quad (U\,m)_{22} = \sum_{i=1}^{4} D_i f_i \tag{2.1}$$

mit

$$f_1 = \xi^3/\varrho^4, \; f_2 = \xi^2\,\eta/\varrho^4, \; f_3 = \xi\,\eta^2/\varrho^4, \; f_4 = \eta^3/\varrho^4 \tag{2.2}$$

und fordern, daß (2.1) die Kompatibilitäts-, die Gleichgewichtsbedingungen und das Hookesche Gesetz erfüllt. Es ergibt sich (siehe [1])

$$K = \nu/(1 - \nu)\,. \tag{2.5}$$

3. Formulierung der Integralgleichungen

Für das geometrische und statische Randwertproblem lassen sich Integralgleichungen folgender Form aufstellen

$$[U\,m]_{2j}\, m(s) + |\oint|\, (U\,m)_{2j}\, \big(\xi(s, \bar{s}), \eta(s, \bar{s})\big)\, m(\bar{s})\, \mathrm{d}\bar{s} = U_j(s)\,, \tag{3.1}$$

$$[\Pi\,m]_{1j}\, m(s) + |\oint|\, (\Pi\,m)_{1j}\, \big(\xi(s, \bar{s}), \eta(s, \bar{s})\big)\, m(\bar{s})\, \mathrm{d}\bar{s} = \Pi_j(s). \tag{3.2}$$

Dabei sind $\bar{s}$ und s die Bogenlängen von Quell- und Aufpunkt, ξ und η die Koordinaten des Aufpunktes in einem System mit dem Ursprung im Quellpunkt und den Achsen parallel zur Normalen und Tangente im Aufpunkt, U_j und Π_j die gegebenen Randwerte, m eine skalare Singularitätenbelegung, $(U\,m)_{2j}$ und $(\Pi\,m)_{1j}$ Kerne, die die Grundgleichungen der Elastizitätstheorie erfüllen müssen und $[U\,m]_{2j}$ und $[\Pi\,m]_{1j}$ konstante integralfreie Glieder. Wir arbeiten hier der einfacheren Darstellung wegen mit skalaren anstatt vektoriellen Singularitäten und müssen deshalb am Schluß zwei Integralgleichungen der Form (3.1) bzw. (3.2) kombinieren.

Die Integralgleichungen lassen sich auch folgendermaßen als Grenzwerte formulieren, wobei der Aufpunkt $\hat{s}$ jetzt auf einer zum Rand S äquidistanten Kurve $\hat{S}$ liegt, die im Grenzübergang in S übergeht:

$$\lim_{\hat{S}\to S} \oint (U\,m)_{2j}\,\big(\xi(\hat{s},\bar{s}),\,\eta(\hat{s},\bar{s})\big)\,m(\bar{s})\,d\bar{s} = U_j(s), \tag{3.3}$$

$$\lim_{\hat{S}\to S} \oint (\Pi\,m)_{1j}\,\big(\xi(\hat{s},\bar{s}),\,\eta(\hat{s},\bar{s})\big)\,m(\bar{s})\,d\bar{s} = \Pi_j(s)\,. \tag{3.4}$$

4. Reguläre Integralgleichungen

Wir verwenden (2.3) und (2.4) als Kerne. Bei Annäherung von Quell- und Aufpunkt divergiert die Ansatzfunktion f_4. Um für das geometrische bzw. statische Problem eine reguläre Integralgleichung zu erhalten, müssen die Koeffizienten von f_4 in $(U\,m)_{2j}$ bzw. $(\Pi\,m)_{1j}$ verschwinden, d.h.

$$A_1 = 0,\; A_4 = \frac{1}{2\,(K+1)}\,A_2 \;\text{ bzw. }\; A_1 = -\frac{K+1}{K}\,A_3\,, \quad (4.1),$$

$$A_4 = -\frac{K}{K+1}\,A_2\,. \tag{4.2}$$

5. Integralfreie Glieder

Den äquivalenten Formulierungen der linken Seiten der Integralgleichungen als Summen eines integralfreien Gliedes und Integrals (3.1), (3.2) und als Grenzwerte (3.3), (3.4) entspricht für die vier Ansatzfunktionen f_i die Beziehung

$$\alpha_i\,m(s) + |\oint|\,f_i(\xi,\eta)\,m(\bar{s})\,d\bar{s} = \lim_{\hat{S}\to S}\oint f_i\,(\xi,\eta)\,m(\bar{s})\,d\bar{s} \tag{5.1}$$

mit

$$\alpha_1 = \alpha_3 = -\pi/2, \qquad \alpha_2 = \alpha_4 = 0\,. \tag{5.2}$$

Mit (5.1), (5.2) und ((2.3) bzw. (2.4)) und ((4.1) bzw. (4.2)) ergibt sich

$$[U\,m]_{21} = \frac{\pi}{2}\,\frac{2K+3}{2\,(K+1)}\,A_2\,, \qquad [U\,m]_{22} = \frac{\pi}{2}\,\frac{2K+3}{2K+1}\,A_3 \tag{5.3}$$

bzw.

$$[\Pi\,m]_{11} = \frac{\pi}{2}\,\frac{2K+1}{K\,(1+\nu)}\,A_3\,,\; [\Pi\,m]_{12} = -\frac{\pi}{2}\,\frac{2K+1}{(K+1)\,(1+\nu)}\,A_2. \tag{5.4}$$

Wenn wir nun ($[U\,m]_{21}$ und $[U\,m]_{22}$) bzw. ($[\Pi\,m]_{11}$ und $[\Pi\,m]_{12}$) vorschreiben, können wir nach ((5.3) und (4.1)) bzw. ((5.4) und (4.2)) die Koeffizienten A_i bestimmen und in (2.3) und (2.4) einsetzen. Mit

$$[U\,m]_{21} = -1/2,\quad [U\,m]_{22} = 0; \qquad (5.5);$$

$$[U\,m]_{21} = 0,\quad [U\,m]_{22} = -1/2; \qquad (5.6);$$

$$[\Pi\,m]_{11} = 1/2,\quad [\Pi\,m]_{12} = 0; \qquad (5.7);$$

$$[\Pi\,m]_{11} = 0,\quad [\Pi\,m]_{12} = 1/2 \tag{5.8}$$

ergeben sich vier Fundamentallösungen. Jeweils zwei von ihnen lassen sich zu den Deformationsfeldern zusammenfassen, die von gewissen vektoriellen Singularitäten, Linearkombinationen von Kräften und Stufenversetzungen, hervorgerufen werden [2]. Die entsprechende Integralgleichung für das geometrische Problem ist in [2], die für das statische in [2] und [3] aufgeführt.

$$\begin{aligned}
(2K+1)\,(U\,m)_{11} &= (2K+1)\,A_1\,f_1 + (2K+1)\,A_2\,f_2 + (2K+1)\,A_3\,f_3 + (2K+1)\,A_4\,f_4\\
(2K+1)\,(U\,m)_{12} &= \{A_2 - 2\,(K+1)\,A_4\}\,f_1 + (2K\,A_1 + A_3)\,f_2 + \{2\,(K+1)\,A_2 - (4K+3)\,A_4\}\,f_3 + \{-A_1 + 2\,(K+1)\,A_3\}\,f_4\\
(2K+1)\,(U\,m)_{21} &= -(2K+1)\,A_2\,f_1 + (2K+1)\,(2\,A_1 - A_3)\,f_2 - (2K+1)\,A_4\,f_3 + (2K+1)\,A_1\,f_4\\
(2K+1)\,(U\,m)_{22} &= -(2K\,A_1 + A_3)\,f_1 - (2K\,A_2 + A_4)\,f_2 + \{A_1 - 2\,(K+1)\,A_3\}\,f_3 + \{A_2 - 2\,(K+1)\,A_4\}\,f_4
\end{aligned} \tag{2.3}$$

$$\begin{aligned}
(1+\nu)\,(2K+1)\,(\Pi\,m)_{11} &= \{(3K+1)\,A_1 - K\,A_3\}\,f_1 + \{(3K+1)\,A_2 - K\,A_4\}\,f_2 + \{K\,A_1 + (K+1)\,A_3\}\,f_3 + \{K\,A_2 + (K+1)\,A_4\}\,f_4\\
(1+\nu)\,(2K+1)\,(\Pi\,m)_{12} &= -\{K\,A_2 + (K+1)\,A_4\}\,f_1 + \{(3K+1)\,A_1 - K\,A_3\}\,f_2 + \{(K+1)\,A_2 - (3K+2)\,A_4\}\,f_3 + \{K\,A_1 + (K+1)\,A_3\}\,f_4\\
(1+\nu)\,(2K+1)\,(\Pi\,m)_{22} &= -\{K\,A_1 + (K+1)\,A_3\}\,f_1 - \{K\,A_2 + (K+1)\,A_4\}\,f_2 + \{(K+1)\,A_1 - (3K+2)\,A_3\}\,f_3 + \{(K+1)\,A_2 - (3K+2)\,A_4\}\,f_4\,.
\end{aligned} \tag{2.4}$$

Literatur

1 HEISE, U., Konstruktion der Kerne von Integralgleichungen für Randwertprobleme der ebenen Elastizitätstheorie, Proceedings of the XI Yugoslav Congress of Mechanics, Basko Pälje, 133–141 (1972).
2 RIEDER, G., Mechanische Deutung und Klassifizierung einiger Integralverfahren der ebenen Elastizitätstheorie I, II, Bull. Acad. Pol. Sci., Sér. Sci. Techn. **16**, 101–114 (1968).
3 MASSONNET, C., Résolution graphomécanique des problèmes géneraux de l'élasticité plane, Bull. CERES **4**, Liège, 3–183 (1949).

Anschrift: Dr.-Ing. ULRICH HEISE, 51 Aachen, Lehrstuhl für Technische Mechanik der Technischen Hochschule Aachen, BRD

ZAMM 54, T 84 – T 85 (1974)

B. D. JOVANOVIĆ

Einfluß von Momentenspannungen in der linearen Biegungstheorie dünner Platten

Das Material, aus welchem die dünne Platte zusammengesetzt ist, sei ein isotropes elastisches Material zweiter Ordnung, d. h. seine innere Energie sei vom Verschiebungsgradienten erster und zweiter Ordnung abhängig. Die Deformation sei infinitesimal so, daß die Grundgleichungen linearisierbar seien [3].

In diesem Fall sind die Materialgleichungen [1]

$$t^{(ij)} = 2\,G\left(e^{ij} + \frac{\nu}{1-2\,\nu}\,I_e\,\delta^{ij}\right), \tag{1}$$

$$\mu^{ji} = 4\,G\,l^2\,(k^{ij} + \eta\,k^{ji})\,. \tag{2}$$

$t^{(ij)}$ ist der symmetrische Teil des Spannungstensors, μ^{ji} der Momentenspannungstensor, $e_{ij} = u_{(i,j)}$ der lineare Deformationstensor, $k_{ij} = \omega_{i,j}$ der Rotationsgradient, $u_{i,j}$ der Verschiebungsgradient, $\omega^i = (1/2)\,\varepsilon^{ikl}\,u_{l,k}$ der Rotationsvektor, $I_e = \delta^{ij}\,e_{ij}$, G der Rutschmodul, ν der POISSONsche Koeffizient, η die dimensionslose materielle Konstante der Momentenspannung, l die charakteristische Länge des Materials, welche die Längendimension hat.

Wir setzen voraus, daß die x, y-Ebene die Mittelebene der dünnen Platte von der unveränderlichen Dicke h, und die z-Achse senkrecht zu ihr seien. Die Querverschiebungen der Plattenpunkte seien u_z.

In der nichtpolaren Theorie setzt man voraus: 1. Wenn die Dicke der Platte klein gegen andere Dimensionen ist, dann bleiben die Punkte einer zu der Mittelebene senkrechten Geraden an der Normale der deformierten Mittelebene, 2. Wenn die Durchbiegungen klein gegen die Dicke der Platte sind, dann sind die Deformationen in der Mittelebene der Platte vernachlässigbar klein. Daraus folgen die Verschiebungs-Ausdrücke in der x- und y-Richtung

$$u_x = -\,z\,\frac{\partial w}{\partial x}\,, \quad u_y = -\,z\,\frac{\partial w}{\partial y}\,. \tag{3}$$

Gleichzeitig vernachlässigt man die Normalspannung in der Querrichtung.

Wir werden dasselbe bei unserer dünnen Platte voraussetzen und erhalten aus (1), (2) und (3) für die Querverschiebung

$$u_z = w(x, y) + \frac{\nu}{1-\nu}\,\frac{z^2}{2}\,\Delta w\,, \quad \Delta w = \frac{\partial^2 w}{\partial x^2} + \frac{\partial^2 w}{\partial y^2}\,. \tag{4}$$

Die Koordinaten des Spannungs- und Momentenspannungstensors folgen aus (1), (2), (3) und (4)[1]).

Koordinaten von nichtsymmetrischen Teilen des Spannungstensors erhält man aus den Gleichgewichtsbedingungen für die Koordinatenachsen für das Plattenelement, welches zu den Koordinatenachsen parallele Kanten hat.

Die Schnittkräfte bekommt man durch Integration nach der Plattendicke in Schnittebenen, welche senkrecht zu der Mittelebene sind.

In ähnlicher Weise erhält man die Biege- und Torsionsmomente.

Das Plattenelement wird noch durch die Inertionskraft $\varrho\,\ddot{w}$, wobei ϱ die Dichte ist, in Richtung der z-Achse beansprucht.

Von den sechs Bewegungsgleichungen ist nur die eine in z-Richtung von Null verschieden, welche die Plattengleichung liefert:

$$\Delta\Delta\Delta w + \frac{1}{A}\,\Delta\Delta w = -\,\frac{1}{B^2}\,\frac{\partial^2 w}{\partial t^2}\,, \tag{5}$$

[1]) Aus technischen Gründen mußten hier und weiter alle ausführlichen Darstellungen der Ergebnisse weggelassen werden.

wobei

$$\frac{1}{A} = 24\frac{2-\nu}{\nu}\frac{1}{h^2} - \frac{1}{l^2}, \quad \frac{1}{B^2} = 4\frac{\varrho}{D\nu\, l^2}, \quad \text{und} \quad D = \frac{G\,h^3}{6\,(1-\nu)}$$

die Plattensteifigkeit, sind. Vergleicht man diese mit der klassischen Plattengleichung, so ist offensichtig, daß sich beide sowohl in Koeffizienten als auch in einem zusätzlichen Glied, bei dem ein Differentialoperator sechsten Grades steht, unterscheiden.

Um die Gleichung (5) zu lösen, wird folgender Ansatz gemacht:

$$w(x, y; t) = f(x, y)\, T(t)\,. \tag{6}$$

Nach M. Lévy [2] setzt man voraus, daß wir es jetzt mit einer rechteckigen Platte zu tun haben, welche an den Rändern $x = 0$ und $x = a$ frei aufgelagert sei. Die Gleichung (5) wird jetzt eine gewöhnliche Differentialgleichung. Nach der Auflösung erhält man die allgemeine Lösung

$$w(x, y; t) = \sum_{m=1}^{\infty} \alpha_m \cos(k_m B\, t - \beta_m)\, [C_{1m}\, e^{\sqrt{r_{m1}}\, y} + C_{2m}\, e^{-\sqrt{r_{m1}}\, y} + C_{3m}\, e^{\sqrt{r_{m2}}\, y} + C_{4m}\, e^{-\sqrt{r_{m2}}\, y} + $$
$$+ C_{5m}\, e^{\sqrt{r_{m3}}\, y} + C_{6m}\, e^{-\sqrt{r_{m3}}\, y}] \sin\frac{\pi m x}{a}\,.$$

Die Konstanten $C_{1m}, C_{2m}, \ldots, C_{6m}$ lassen an den Rändern $y = 0$ und $y = b$ die Befriedigung von je drei Randbedingungen zu, was einen Vorrang gegenüber der klassischen Theorie darstellt. Die Erhöhung des Ranges der Differentialgleichung, so daß man für jedes „m" je drei statt wie früher je zwei Eigenwerte erhält, bedeutet wieder einen Beitrag in Beziehung zu der klassischen Theorie.

Literatur

1 Biezeno, C. B., Grammel, R., Technische Dynamik, Springer-Verlag, Berlin 1953.
2 Lévy, M., Compt. rend. 129 (1899).
3 Naerlović-Veljković, N., Primena teorije polarnog kontinuuma na savijanje tankih ploča, Materijali i konstrukcije, 2 (1970).

Anschrift: Božidar D. Jovanović, 21000 Novi Sad, Bulevar Maršala Tita 20/I, Jugoslavija

ZAMM 54, T 85 – T 86 (1974)

H. J. Kärcher

Über die Anwendung eines Konjugierten-Gradienten-Verfahrens auf die Finit-Element-Berechnung nichtlinearer Strukturen

Bei der Finit-Element-Berechnung nichtlinearer Strukturen werden die entstehenden nichtlinearen Gleichungen meist mit Newton-Raphsonschen Iterationsverfahren gelöst, d. h., die Gleichungen werden in einen linearen Anteil und eine darübergestülpte nichtlineare Iteration zerlegt. Dies hat den Vorteil, daß für den linearen Teil wohlerprobte Eliminationsalgorithmen verwendet werden können. Das Auftreten dünn besetzter, speicherplatzextensiver Steifigkeitsmatrizen macht dabei bei größeren Problemen besondere Programmtechniken, wie Bandstrukturalgorithmen u. ä. notwendig.

Als Alternative dazu wird im folgenden die Anwendung eines von Fletcher, Reeves 1964 [1] entwickelten Konjugierten-Gradienten-Verfahrens gezeigt, bei dem sich das Vorkommen von Steifigkeitsmatrizen vollkommen vermeiden läßt. Dadurch ist das Verfahren in bezug auf Programmierung und Speicherplatzbedarf sehr vorteilhaft.

Ausgangspunkt ist die Darstellung als Minimalproblem des elastischen Potentials $\Pi(\boldsymbol{U})$. $\boldsymbol{U}$ sind die je nach Elementtyp definierten unbekannten diskreten Verschiebungsgrößen der Struktur. Die nichtlineare Steifigkeitsbeziehung der Struktur ergibt sich als Gradient des Potentials

$$G_A(\boldsymbol{U}) = \frac{\partial \Pi}{\partial \boldsymbol{U}_A} = F_A(\boldsymbol{U}) - \hat{F}_A = 0\,. \tag{1}$$

$\hat{F}_A$ ist die vorgegebene Belastung. Bei den Relaxationsverfahren sucht man die verbesserte Lösung $\boldsymbol{U}^{n+1}$, ausgehend vom alten Lösungspunkt $\boldsymbol{U}^n$, in der Relaxationsrichtung $\boldsymbol{D}^n$:

$$U_A^{n+1} = U_A^n + \lambda^n \cdot D_A^n\,. \tag{2}$$

Sie wird nach [1] als zur alten Richtung $\boldsymbol{D}^{n-1}$ konjugiert gewählt gemäß

$$D_A^n = -G_A^n + \frac{(\boldsymbol{G}^n)^2}{(\boldsymbol{G}^{n-1})^2} D_A^{n-1} . \tag{3}$$

In Relaxationsrichtung wird der neue Minimalpunkt aus der Orthogonalitätsbedingung

$$\frac{\partial \Pi}{\partial \lambda^n} = \sum_A G_A^{n+1}(\lambda^n)\, D_A^n = 0 \tag{4}$$

bestimmt. Diese nichtlineare Gleichung in einer Unbekannten λ^n läßt sich z. B. mit dem Sekantenverfahren lösen.

Damit ist der mathematische Teil des Konjugierten-Gradienten-Verfahrens beschrieben. Die eigentliche physikalische Problematik ist in der Berechnung des Potentialgradienten $\boldsymbol{G}$ enthalten. Bei den Finit-Element-Methoden ergibt er sich aus dem elastischen Potential zu

$$G_A(\boldsymbol{U}) = \sum_e \frac{\partial w_e}{\partial U_A} - \hat{F}_A . \tag{5}$$

Dabei ist w_e die gesamte innere Energie des Elementes e. Sie ergibt sich durch Integration aus der spezifischen inneren Energie e_e des Elementwerkstoffes:

$$w_e = \int_{V_e} e_e \cdot d\boldsymbol{V}_e . \tag{6}$$

Das Werkstoffgesetz des Elementwerkstoffes wird als Funktion $\boldsymbol{g}_e$ vorgegeben:

$$\boldsymbol{\sigma}_e = \frac{\partial e_e}{\partial \boldsymbol{\varepsilon}_e} = \boldsymbol{g}_e(\boldsymbol{\varepsilon}_e) . \tag{7}$$

Für den nichtlinearen Dehnungstensor $\boldsymbol{\varepsilon}_e$ ist seine Definition aus den diskreten Elementverschiebungsgrößen $\boldsymbol{u}_e$ bekannt:

$$\boldsymbol{\varepsilon}_e = \boldsymbol{\varepsilon}_e(\boldsymbol{u}_e) . \tag{8}$$

Über die Kontinuität der Struktur besteht zwischen Element- und Strukturverschiebungsgrößen ein bekannter linearer Zusammenhang:

$$u_{ae} = \sum_A T_{Aae}\, U_A . \tag{9}$$

Mit diesen Gleichungen läßt sich der Potentialgradient sehr einfach durch sukzessives Abarbeiten von hinten nach vorn berechnen. Dabei treten keinerlei dünn besetzte Matrizen auf.

Das geschilderte Verfahren besticht durch Einfachheit von Programmierung und Datenhaltung. In bezug auf Speicherplatz sind sehr große Beispiele ohne Benutzung von Externspeichern zu bewältigen. Diese Vorteile werden zum Teil durch Konvergenzschwierigkeiten bei schlecht konditionierten Beispielen erkauft. Bei großen Beispielen ist in der Nähe von Instabilitätszonen eine Konvergenzverbesserung durch „scaling" notwendig [2]. Eingehende Vergleichsrechnungen mit dem Newton-Raphson-Verfahren an Fachwerken werden vom Verfasser zur Zeit durchgeführt.

Literatur

1 Kowalik, J. and Osborne, M. R., Methods for Unconstrained Optimization Problems, Elsevier, New York 1968.
2 Fried, I., A Gradient Computational Procedure for the Solution of Large Problems Arising from the Finite Element Discretization Method, Int. J. num. Meth. Engng. 2, S. 477—494 (1970).

Anschrift: Dipl.-Ing. Hans Jürgen Kärcher, 61 Darmstadt, Fachgebiet Leichtbau, T. H. Darmstadt, Petersenstraße 18, Maschinenbaugebäude, BRD

ZAMM 54, T 87 – T 88 (1974)

Th. Kermanidis

Ein Beitrag zur Torsion prismatischer Stäbe

Das Torsionsproblem des prismatischen Stabes mit beliebigem Querschnitt wird mit Hilfe der Singularitätenmethode auf eine inhomogene Fredholmsche Integralgleichung zweiter Art für die Tangentialableitung der Verschiebung auf dem Querschnittsrand zurückgeführt. Die dabei verwendeten Grundsingularitäten sind die Schraubenversetzung und die mit Längskräften belegte Gerade [1].

Die Mantelfläche des ein- oder mehrfach zusammenhängenden unendlichen Zylinders sei parallel zur z-Achse, B sei der Querschnitt in der x, y-Ebene, $S = S_0 + S_1 + \cdots + S_n$ (n-fach zusammenhängender Querschnitt) der Rand von B mit der orientierten Bogenlänge s, $\vec{\varrho}_0$ ein fester, $\vec{\varrho}$ ein zum Kurvenpunkt mit der Bogenlänge s weisender Ortsvektor.

Das Torsionsproblem wird gelöst durch Ermittlung der Prandtlschen Spannungsfunktion $\Psi = \Psi(x, y)$, die in B der Poissonschen Differentialgleichung

$$\Delta\Psi = -2 \tag{1}$$

und auf dem Rand der Bedingung

$$\Psi = \Psi_\nu = \text{konst.}, \quad \nu = 1, 2, \ldots, n\,, \tag{2}$$

genügt. Bei bekannter Torsionsfunktion folgen dann die Schubspannungen in B, die folgende Randbedingung erfüllen:

$$\sigma_{nz} = G\,\Omega \frac{\partial\Psi}{\partial s} = 0 \quad \text{auf} \quad S\,. \tag{3}$$

Dabei ist G der Schubmodul, Ω die Verdrillung, n die Richtung der Randnormalen auf S.

Mit der Partikularlösung von (1)

$$\Psi_P = -\frac{1}{2}(\vec{\varrho} - \vec{\varrho}_0)^2 \tag{4}$$

kann für (3) geschrieben werden:

$$p(s) = -G\,\Omega \frac{\partial\Psi_P}{\partial s} = \frac{1}{2} G\,\Omega \frac{\partial}{\partial s}(\vec{\varrho} - \vec{\varrho}_0)^2\,. \tag{5}$$

Hier ist die rechte Seite nur eine Funktion der Bogenlänge s. Nun sei die Mantelfläche des Zylinders durch eine Flächenkräftebelegung entsprechend der rechten Seite von (5) belastet. Das zugehörige Verschiebungsfeld läßt sich mit Hilfe der Methode von Kupradze [2] bestimmen, d. h. für das Randwertproblem gegebener Kräfte eine Somigliana-Versetzung derart auf S anbringen, daß das Außengebiet spannungsfrei wird.

Wir denken uns die Mantelfläche des Zylinders in ein unendliches elastisches Medium (den Grundkörper K^0) eingebettet, so daß die gegebene Kräftebelegung auf S nicht mehr auf den ursprünglichen Zylinderkörper, sondern auf das ganze unendliche Medium einwirkt. Dabei stellt sich in B ein Spannungszustand ein, der mit dem gesuchten nicht übereinstimmt. Auf der Mantelfläche wird nun eine Belegung $C(s)$ von Schraubenversetzungen derart angebracht, daß die Verschiebung im Außengebiet (dem Differenzkörper K^-) bis auf n beliebige Konstanten für n-fach zusammenhängenden Querschnitt verschwindet. Diese Bedingung ist erfüllt, wenn für jedes $(x, y) \in \tilde{S}$

$$\frac{1}{2\pi} \oint\limits_{(S)} C(\bar{s})\,\tilde{\varphi}\,d\bar{s} - \frac{1}{2\pi G} \oint\limits_{(S)} p(\bar{s}) \ln \tilde{\varrho}\,d\bar{s} = 0 \tag{6}$$

gilt. $\tilde{S}$ ist eine S umschließende Kurve aus K^-. Das erste Integral gibt den Anteil der Verschiebung infolge der unbekannten Versetzungsbelegung, das zweite denjenigen der gegebenen Kräftebelegungen an, beide sollen sich auf $\tilde{S}$ zu Null ergänzen. Wir differenzieren (6) nach der Bodenlänge s und lassen $\tilde{S}$ stetig in S übergehen, dabei strebt das zweite Integral gegen den Cauchyschen Hauptwert, während sich vom ersten Integral ein Beitrag zum integralfreien Glied ergibt,

$$\frac{1}{2} C(s) + \frac{1}{2\pi} \oint\limits_{(S,\,\bar{s}\neq s)} C(\bar{s}) \frac{\cos\langle n, \vec{\tilde{\varrho}}\rangle}{\tilde{\varrho}}\,d\bar{s} = \frac{1}{2\pi G} \vdash\!\!\oint\limits_{(S)}\!\!\dashv p(\bar{s}) \frac{\sin\langle n, \vec{\tilde{\varrho}}\rangle}{\tilde{\varrho}}\,d\bar{s}\,. \tag{7}$$

$\vec{\tilde{\varrho}}$ ist der Vektor vom Quellpunkt zum Aufpunkt, $\tilde{\varphi}$ der Winkel des Vektors $\vec{\tilde{\varrho}}$ bezüglich der positiven x-Achse. $\langle n, \vec{\tilde{\varrho}}\rangle$ ist der Winkel zwischen der Normalen n im Aufpunkt und dem Vektor $\vec{\tilde{\varrho}}$. Dies ist für glattes S eine Fredholmsche Integralgleichung 2. Art; an Ecken wird der Integrand mit $1/\tilde{\varrho}$ singulär. Da nun die Art der

Singularität auf der rechten Seite bekannt ist — in der Ecke springt die Belastung $p = p(s)$ — läßt sich die Versetzungsbelegung auch bestimmen.

In (7) tritt als unbekannte Größe die Versetzungsbelegung $C(s)$ auf. Das Integral dieser Versetzungen über S gibt die Verschiebung bis auf einen konstanten Faktor, die negative Verdrillung an.

Die Integralgleichung wird mit Hilfe eines finiten Näherungsverfahrens numerisch gelöst.

Mit den nun bekannten Versetzungen $C(s)$ und der Partikularlösung (4) läßt sich das Spannungsfeld in B bestimmen:

$$\tau_{xz} = -G\,\Omega\left[\frac{1}{2\pi}\oint_{(S)} C(\bar{s})\,\frac{\cos\tilde{\varphi}}{\tilde{\varrho}}\,d\bar{s} + \frac{\partial\Psi_P}{\partial y}\right], \qquad \tau_{yz} = +G\,\Omega\left[\frac{1}{2\pi}\oint_{(S)} C(\bar{s})\,\frac{\sin\tilde{\varphi}}{\tilde{\varrho}}\,d\bar{s} + \frac{\partial\Psi_P}{\partial x}\right]. \tag{8}$$

Zur Genauigkeit der numerischen Lösung ist die Bestimmung der Torsionsschubspannung auf dem Querschnittsrand gemäß der Torsionsfunktion notwendig; diese läßt sich wie in (8) aus dem Anteil von Ψ_P und dem der Versetzungsbelegung bestimmen. Der zweite Anteil ergibt sich als Integral der Belegungen $C(s)$ über S.

Schließlich wird das Torsionsträgheitsmoment bestimmt durch folgendes Randintegral ($x, y \in S$)

$$I_T = \frac{1}{4}\oint_{(S)} (x^2 + y^2)\,[x\cos\langle n, x\rangle + y\cos\langle n, y\rangle + 2\,C(\bar{s})]\,d\bar{s}\,. \tag{9}$$

Die dargelegte Methode ist ohne Schwierigkeiten auf alle Querschnittsformen anzuwenden. Numerische Ergebnisse liegen vor.

Literatur

1 Rieder, G., Eine Variante zur Integralgleichung von Windisch für das Torsionsproblem, ZAMM 49, S. 351—358 (1969).
2 Kupradze, W. D., Über numerische Verfahren der Potential- und Elastizitätstheorie, ZAMM 49, S. 1—9 (1969).

Anschrift: Dr.-Ing. Theodor Kermanidis, Institut für Technische Mechanik, Technische Hochschule, 51 Aachen, Templergraben 55, BRD

ZAMM 54, T 88 — T 91 (1974)

G. Kuhn/M. Matczyński*)

Beitrag zum gemischten Randwertproblem am Streifen

1. Einleitung

In einer Reihe von Arbeiten [1], [2], [3] wurden gemischte Randwertaufgaben am elastischen Streifen mittels Integraltransformation durch Faktorisierung der Wiener-Hopf-Integralgleichung gelöst. Dabei stand die Ermittlung des Spannungsintensitätsfaktors an der Unstetigkeitsstelle der Randbedingung sowie die Berechnung der restlichen, unbekannten Randgrößen im Vordergrund. In der vorliegenden Arbeit wird darüber hinaus Wert auf eine vollständige Auswertmöglichkeit des Elastizitätszustandes im Inneren des Bereiches gelegt. Die in diesem Fall notwendige numerische Rücktransformation kann in der Regel nur entlang der reellen Achse sinnvoll ausgeführt werden. Dies bedingt jedoch die Erweiterung des Regularitätsstreifens bis zur reellen Achse. Unter Einbeziehung der Theorie der verallgemeinerten Funktionen gelingt diese Erweiterung und die numerische Rücktransformation kann entlang der reellen Achse erfolgen.

2. Problemformulierung

Die Untersuchung erfolgt für ebenen Formänderungszustand. Die Problemstellung ist aus Bild 1 zu ersehen.

Durch Einführung einer geeigneten Airyschen Spannungsfunktion $f(x, y)$

$$\Delta\,\Delta f(x, y) = 0 \quad \text{mit} \quad \Delta = \frac{\partial^2}{\partial x^2} + \frac{\partial^2}{\partial y^2} \tag{2.1}$$

folgen hieraus die Spannungen in der bekannten Form

$$\sigma_{xx} = \frac{\partial^2}{\partial y^2} f(x, y)\,, \quad \sigma_{yy} = \frac{\partial^2}{\partial x^2} f(x, y)\,, \quad \sigma_{xy} = -\frac{\partial^2}{\partial x\,\partial y} f(x, y)\,. \tag{2.2}$$

*) Der Zweitverfasser dankt der Alexander-von-Humboldt-Stiftung für die freundliche Unterstützung, die eine Durchführung der Arbeit ermöglichte.

Der Zusammenhang zwischen Verzerrungen (bzw. Verschiebungsableitungen) und den Spannungen wird über das linearelastische Stoffgesetz (HOOKE) hergestellt:

$$\varepsilon_x = \frac{\partial u}{\partial x} = \frac{1}{2G}[\sigma_{xx} - \nu(\sigma_{xx} + \sigma_{yy})] \quad \text{usw.} \quad G = \text{Schubmodul}, \quad \nu = \text{POISSONzahl}. \tag{2.3}$$

Die komplexe FOURIER-Transformation wird in bekannter Form (z. B. I. N. SNEDDON [4]) mit der Bezeichnungsweise

$$F(\alpha, y) = F^-(\alpha, y) + F^+(\alpha, y) \qquad \text{mit} \quad \alpha = \sigma + i\tau, \tag{2.4}$$

$$F^-(\alpha, y) = \frac{1}{\sqrt{2\pi}} \int_{-\infty}^{0} f(x, y)\, e^{i\alpha x}\, dx \qquad \text{regulär für } \operatorname{Im}\{\alpha\} < \tau_+,$$

$$F^+(\alpha, y) = \frac{1}{\sqrt{2\pi}} \int_{0}^{\infty} f(x, y)\, e^{i\alpha x}\, dx \qquad \text{regulär für } \operatorname{Im}\{\alpha\} > \tau_-$$

eingeführt, wobei $F(\alpha, y)$ eine im Regularitätsstreifen $\tau_- < \tau < \tau_+$ reguläre, analytische Funktion darstellt. Für jedes $\tau_0 \in (\tau_-, \tau_+)$ existiert die inverse FOURIER-Transformation

$$f(x, y) = \frac{1}{\sqrt{2\pi}} \int_{-\infty+i\tau_0}^{\infty+i\tau_0} F(\alpha, y)\, e^{-i\alpha x}\, d\alpha. \tag{2.5}$$

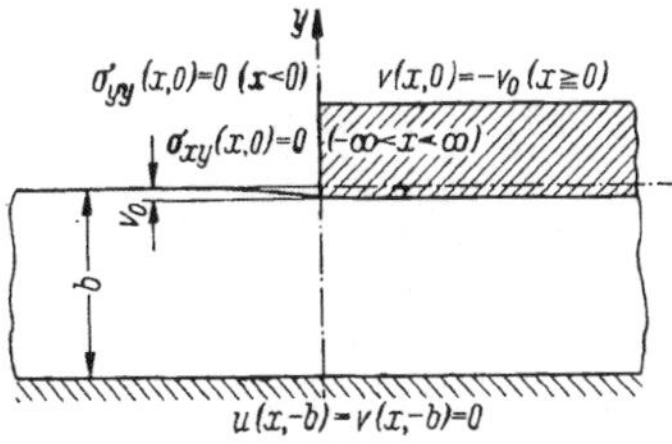

Bild 1

Damit lassen sich die partiellen Differentialgleichungen (2.1) bis (2.3) durch FOURIER-Transformation in gewöhnliche Differentialgleichungen überführen. Insbesondere liefert Gleichung (2.1) den Ausdruck

$$\left(\frac{d^4}{dy^4} - 2\alpha^2 \frac{d^2}{dy^2} + \alpha^4\right) F(\alpha, y) = 0 \tag{2.6}$$

für den der Lösungsansatz

$$F(\alpha, y) = \frac{1}{\alpha^2}\{[C_1(\alpha) + \alpha\, y\, C_2(\alpha)] \sinh \alpha y + [C_3(\alpha) + \alpha\, y\, C_4(\alpha)] \cosh \alpha y\} \tag{2.7}$$

gilt. Mit diesem Ansatz lassen sich nach einigen Umformungen die transformierten Spannungen und Verschiebungen nur noch als Funktionen der vier unbekannten Integrationsfunktionen $C_i(\alpha)$ darstellen. Die $C_i(\alpha)$ bestimmen sich aus den transformierten Randbedingungen, die sich entsprechend der Problemstellung in Bild 1 wie folgt ergeben:

$$U(\alpha, -b) = 0, \quad V(\alpha, -b) = 0, \quad \Sigma_{xy}(\alpha, 0) = 0, \quad V(\alpha, 0) = V^-(\alpha, 0) + V^+(\alpha, 0),$$
$$\Sigma_{yy}(\alpha, 0) = \Sigma^+_{yy}(\alpha, 0), \tag{2.8}$$

wobei

$$\Sigma^+_{yy}(\alpha, 0) = \frac{1}{\sqrt{2\pi}} \int_0^\infty \sigma_{yy}(x, 0)\, e^{i\alpha x}\, dx \qquad \text{regulär für } \operatorname{Im}\{\alpha\} > -\tau_1,$$

$$V^-(\alpha, 0) = \frac{1}{\sqrt{2\pi}} \int_{-\infty}^{0} v(x, 0)\, e^{i\alpha x}\, dx \qquad \text{regulär für } \operatorname{Im}\{\alpha\} < \tau_2$$

und

$$V^+(\alpha, 0) = -\frac{v_0}{\sqrt{2\pi}} \int_0^\infty e^{i\alpha x}\, dx = -\frac{v_0}{\sqrt{2\pi}} \begin{cases} \dfrac{i}{\alpha} & \text{für } \operatorname{Im}\{\alpha\} > 0 \\[2ex] \dfrac{i}{\sigma} + \pi\,\delta(\sigma) & \text{für } \operatorname{Im}\{\alpha\} = 0 \end{cases}$$

gilt. Mit τ_1 und τ_2 als beliebig kleine positive Größen folgt als Regularitätsstreifen im Bildraum zunächst $\tau_- = 0 < \operatorname{Im}\{\alpha\} < \tau_2 = \tau_+$. Verallgemeinert man die DIRAC-Deltafunktion auf die gesamte komplexe Ebene, so kann $V^+(\alpha, 0)$ zu einem Ausdruck zusammengefaßt und der Regularitätsstreifen bis auf den Punkt $\alpha = 0$ auf $0 \leqq \operatorname{Im}\{\alpha\} < \tau_+$ erweitert werden. Der Nullpunkt bleibt zunächst ausgeklammert und muß bei der Rücktransformation sorgfältig untersucht werden.

Aus den Randbedingungen $(2.8)_{1-4}$ ergeben sich die Integrationsfunktionen $C_i(\alpha)$ zunächst noch als Funktion der unbekannten Randspannung $\Sigma^+_{yy}(\alpha, 0)$. Durch Einsetzen dieser $C_i(\alpha)$ in $(2.8)_5$, bei Verwendung der neuen Bezeichnungen $\omega = \alpha\, b = \lambda + i\,\varepsilon$, $\Sigma^+_{yy}(\alpha, 0) = \Sigma^+_{yy}(\omega)$ und $V^-(\alpha, 0) = V^-(\omega)$, wird man auf eine Integralgleichung vom WIENER-HOPF-Typ geführt:

$$V^-(\omega) = \frac{b\,(1-\nu)}{G} H(\omega)\, \Sigma^+_{yy}(\omega) - V^+(\omega) \quad 0 < \operatorname{Im}\{\omega\} < \varepsilon_+ \tag{2.9}$$

mit

$$H(\omega) = \frac{(3-4\nu)\sinh\omega\cosh\omega - \omega}{\omega\,[(3-4\nu)\sinh^2\omega + \omega^2 + 4(1-\nu)^2]} \quad \text{und} \quad H(\omega) = H(-\omega),$$

die durch geeignete Faktorisierung die beiden unbekannten transformierten Randgrößen $V^-(\omega)$ und $\Sigma^+_{yy}(\omega)$ liefert.

Die Faktorisierung wird, einem Vorschlag von W. T. KOITER [5] folgend, für eine Approximationsfunktion[1])

$$\bar{H}(\omega) = \frac{H(\omega)}{H_1(\omega)} = \frac{1}{\sqrt{\omega^2 + A^2}} \tag{2.10}$$

vorgenommen. Mit $A = 2(1-\nu)^2/(1-2\nu)$ gilt $H_1(\omega) = 1$ für $|\omega| \to 0$ bzw. ∞ und nach B. NOBLE [6] kann die unbekannte Korrekturfunktion $H_1(\omega)$ in der Form

$$H_1(\omega) = \frac{H_1^+(\omega)}{H_1^-(\omega)} \quad \text{mit} \quad H_1^\pm(\omega) = 1 \quad \text{für} \quad |\omega| \to 0 \text{ bzw. } \infty \tag{2.11}$$

aufgespalten werden. Für die Approximationsfunktion $\bar{H}(\omega)$ gilt

$$\bar{H}(\omega) = K^+(\omega)\,K^-(\omega) \quad \text{mit} \quad K^\pm(\omega) = \frac{1}{\sqrt{\omega \pm i A}}. \tag{2.12}$$

Durch Einsetzen von (2.11) und (2.12) in (2.9) und Multiplikation mit $H_1^-(\omega)/K^-(\omega)$ folgt nach Faktorisierung des gemischten Ausdruckes auf der rechten Gleichungsseite $E(\omega) = [V^+(\omega)\,H_1^-(\omega)]/K^-(\omega)$ in der Form

$$E(\omega) = E^+(\omega) - E^-(\omega) \tag{2.13}$$

mit

$$E^+(\omega) = -\frac{v_0 b}{\sqrt{2\pi}}\left[\frac{i}{\omega} + \pi\,\delta(\omega)\right]\frac{H_1^-(0)}{K^-(0)} \qquad \text{regulär für } \operatorname{Im}\{\omega\} > 0\,,$$

$$E^-(\omega) = -\frac{v_0 b}{\sqrt{2\pi}}\left[\frac{i}{\omega} + \pi\,\delta(\omega)\right]\left[\frac{H_1^-(0)}{K^-(0)} - \frac{H_1^-(\omega)}{K^-(\omega)}\right] \qquad \text{regulär für } \operatorname{Im}\{\omega\} < \varepsilon_+$$

die Gleichung (2.9) in der faktorisierten Form

$$\frac{H_1^-(\omega)}{K^-(\omega)}\,V^-(\omega) - E^-(\omega) = \frac{b(1-\nu)}{G}\,K^+(\omega)\,H_1^+(\omega)\,\Sigma^+_{yy}(\omega) - E^+(\omega) = J(\omega) = 0\,. \tag{2.14}$$

Gleichung(2.14) definiert eine über die gesamte ω-Ebene beschränkte, analytische Funktion $J(\omega)$, die wegen des Satzes von LIOUVILLE nur null sein kann. Damit zerfällt Gleichung (2.14) in zwei Gleichungen, und es folgen die beiden unbekannten Funktionen

$$V^-(\omega) = \frac{E^-(\omega)\,K^-(\omega)}{H_1^-(\omega)}, \qquad \Sigma^+_{yy}(\omega) = \frac{G}{b(1-\nu)}\,\frac{E^+(\omega)}{K^+(\omega)\,H_1^+(\omega)}. \tag{2.15}$$

3. Spannungen und Verschiebungen im Originalraum

Die Rücktransformation der Randgrößen (2.15) erfolgt analytisch unter Verwendung der CAUCHY-Integralformel für einen Rücktransformationspfad $\varepsilon_0 \in (0, \varepsilon_+)$. Die unbekannte Korrekturfunktion $H_1^\pm(\omega)$ wird längs des Integrationsweges gleich eins gesetzt. Mit $\eta = y/b$ und $\xi = x/b$ folgt für die Randverschiebung $v(\xi, 0)$ im Bereich $\xi < 0$ und die Randspannung $\sigma_{yy}(\xi, 0)$ im Bereich $\xi \geqq 0$

$$v(\xi, 0) = -v_0 \operatorname{Erfc}\sqrt{-A\,\xi}\,, \quad \sigma_{yy}(\xi, 0) = -\frac{v_0 G\sqrt{2}}{\pi b\sqrt{1-2\nu}}\left[\frac{\sqrt{\pi}}{\sqrt{\xi}}\,e^{-A\xi} + \pi A \operatorname{erf}\sqrt{A\,\xi}\right]. \tag{3.1}$$

Das asymptotische Verhalten der Lösungen (3.1) für $\xi \to 0$ bzw. ∞ wird wegen der Satzes von ABEL (vgl. B. NOBLE [6], S. 36) exakt wiedergegeben, da auch deren FOURIER-Transformierten für $|\omega| \to 0$ bzw. ∞, wegen $H_1^\pm(\omega) = 1$ für $|\omega| \to 0$ bzw. ∞ als strenge Lösungen vorliegen. Es folgt

$$\sigma_{yy}(x, 0) = -\frac{2 v_0 G(1-\nu)}{b(1-2\nu)} \text{ für } x \to \infty$$

und

$$\sigma_{yy}(x, 0) = \frac{N}{\sqrt{x}} \text{ mit } N = -\frac{v_0 G\sqrt{2}}{\sqrt{\pi}\,b(1-2\nu)} \quad \text{für } x \to +0\,. \tag{3.2}$$

---

[1]) Auf eine genauere Approximation wird hier verzichtet und auf eine spätere Veröffentlichung verwiesen.

Die Rücktransformation des Spannungs- und Verschiebungszustandes im Inneren des Bereiches kann nun, wegen der Erweiterung des Regularitätsstreifens numerisch längs der reellen Achse entsprechend (2.5) erfolgen. Ein Teil der Integrale läßt sich wegen der DIRAC-Deltafunktion geschlossen integrieren. Die numerischen Integrale konvergieren im Bereich $-1 \leq \eta < 0$ sehr gut. Numerische Schwierigkeiten auf dem Rand lassen sich mittels der analytischen Lösungen (3.1) beheben. Abschließend sind in Bild 2 für $\nu = 0{,}25$ die Spannungen $\sigma_{yy}(\xi, \eta)$ längs Linien $\eta =$ konst. aufgetragen.

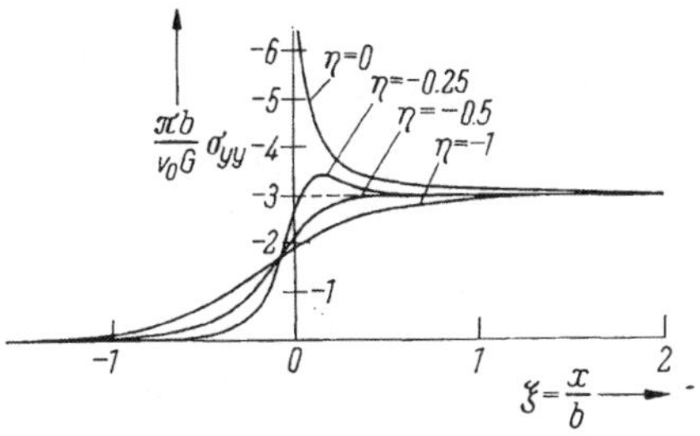

Bild 2

Literatur

1 MATCZYŃSKI, M., Plane State of Stress in a Plate Strip with Discontinuous Boundary Conditions, Bull. Acad. Polon. Sci., Série Sci. Tech. 7, 261–267 (1962).
2 SOKOLOWSKI, M., Stresses in a rigidly clamped plate strip, Arch. Mech. Stos. 2, 271–283 (1962).
3 Альперин, И. Г., Напряжения в бесконечной полосе равномерно сжамой на половине длины, Уч. Эап. Харковского Гос. Унив., т XXVIII (1950).
4 SNEDDON, I. N., Fourier Transforms, McGraw-Hill Book Company, Inc., New York-Toronto-London 1951.
5 KOITER, W. T., Approximate solutions of Wiener-Hopf type integral equations with applications, Proc. Kon. Ned. Acad. Wet. 5, 57 (1954).
6 NOBLE, B., Methods based on the Wiener-Hopf technique, Pergamon Press, London-New York-Paris-Los Angeles 1958.

Anschriften: Dr.-Ing. GÜNTHER KUHN, Lehrstuhl A für Mechanik der TU-München, D 8000 München 2, Arcisstraße 21, BRD. Dr. MAREK MATECZYŃSKI, Instytut Podstawowych Problemów Techniki, Polska Akademia Nauk, Warszawa, ul. Swiętokrzyska 21 (zur Zeit als Stipendiat der Alexander-von-Humboldt-Stiftung am Lehrstuhl A für Mechanik der TU-München).

ZAMM 54, T 91 – T 92 (1974)

R. KÜRKTSCHIEV

Über das Durchschlagproblem des Mises-Fachwerks

Im folgenden bedeuten: P: vertikale Kraft im Punkt C, M: Größe der konzentrierten Masse im Punkt C, F: Querschnitt der Stäbe, E: Elastizitätsmodul, g: Erdbeschleunigung und

$$G = M\,g, \qquad g_1 = \frac{P+G}{M}, \qquad \alpha = \frac{2\,E\,F}{M}, \qquad \bar{g} = \frac{g_1}{\alpha} \equiv \frac{P+G}{2\,E\,F}.$$

Das MISES-Fachwerk (Bild 1) befindet sich unter der Wirkung der vertikalen Kraft P. Die Kraft wird im mittleren Gelenk C plötzlich aufgebracht und bleibt weiterhin konstant. Wir suchen den genauen kritischen Wert von P, der das Durchschlagen des Fachwerks verursacht. Obwohl das dynamische Durchschlagproblem verschiedener Konstruktionen seit langem untersucht wird, ist diese relativ einfache Aufgabe noch nicht genau gelöst.

Die Differentialgleichung der Bewegung des Punktes C läßt sich mit Hilfe des D'ALEMBERTschen Prinzips aus der MISES-Formel [1]

$$P = 2\,E\,F\,\frac{h-f}{l}\left[\frac{l}{\sqrt{a^2+(h-f)^2}} - 1\right] \tag{1}$$

ableiten und zwar

$$\frac{d^2 f}{dt^2} \equiv \ddot{f} = g_1 - \alpha\,\frac{h-f}{l}\left[\frac{l}{\sqrt{a^2+(h-f)^2}} - 1\right]. \tag{2}$$

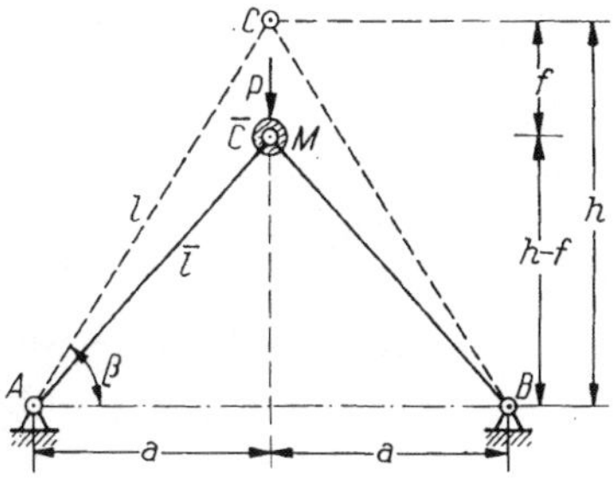

Bild 1

Nach einer Integration unter Berücksichtigung der Anfangs-Bedingungen

$$f_0 = f\,|_{t=0} = 0\,, \quad \dot{f}_0 = \dot{f}\,|_{t=0} = 0 \tag{3}$$

ergibt sich

$$\Phi \equiv (\dot{f})^2 = 2\,g_1\,f + 2\,\alpha\left[\sqrt{a^2+(h-f)^2} - l\right] - \frac{\alpha}{l}\left[(h-f^2) - h^2\right]. \tag{4}$$

Die kritische Last läßt sich durch die bekannten Relationen

$$\Phi(f_k) = 0\,, \qquad \left.\frac{d\Phi}{df}\right|_{f=f_k} = 0 \tag{5}$$

ermitteln. f_k ist diejenige Verschiebung des Punktes C, bei deren Erreichen das Durchschlagen des Systems stattfindet. Wir führen eine neue Variable

$$\bar{l} = \sqrt{a^2 + (h - f)^2}\,, \qquad \bar{l}_k = \sqrt{a^2 + (h - f_k)^2} \tag{6}$$

ein. $\bar{l}$ ist die Länge der Stäbe zu einem beliebigen Zeitpunkt der Bewegung. Nach einigen Umformungen erhält man aus den Gleichungen (5)

$$h\sqrt{\bar{l}_k^2 - a^2} = \frac{1}{2}\,\bar{l}_k\,(\bar{l}_k + l) - a^2 \equiv R(\bar{l}_k)\,. \tag{7}$$

In (7) verändert sich $\bar{l}_k$ im Intervall $(l > \bar{l}_k > a)$, wobei $R(\bar{l}_k)$ immer positiv ist. Das erlaubt uns, Gleichung (7) zu quadrieren, ohne dabei die ungültige Wurzel einzubeziehen. Die Quadrierung von (7) ergibt

$$(\bar{l}_k - l)\,(\bar{l}_k^3 + 3\,l\,\bar{l}_k^2 - 4\,a^2\,l) = 0 \quad (\bar{l}_k \neq l)\,. \tag{8}$$

Wir führen die Bezeichnung $\delta = \bar{l}_k/l$ ein und erhalten für δ die Gleichung

$$\delta^3 + 3\,\delta^2 - 4\cos^2\beta = 0\,. \tag{9}$$

Den Wert für δ setzen wir in Gleichung (1) ein, die in den neuen Bezeichnungen ausgedrückt ist, und ermitteln die kritische Last

$$\bar{g}_{KD} = \frac{P_{KD}}{2\,E\,F} = \frac{1-\delta}{\delta}\sqrt{\delta^2 - \cos^2\beta}\,. \tag{10}$$

Dieses Ergebnis ist zusammen mit dem klassischen Resultat für die statische kritische Last

$$\bar{g}_{KS} = \frac{P_{KS}}{2\,E\,F} = [1 - (\cos\beta)^{2/3}]^{3/2} \qquad (\text{Mises} - 1923) \tag{11}$$

in Bild 2 dargestellt. Die genäherte Lösung setzt voraus, daß

$$[a^2 + (h - f)]^{1/2} \gtrapprox a\left[1 + \frac{1}{2}\left(\frac{h-f}{a}\right)^2\right] \tag{12}$$

ist.

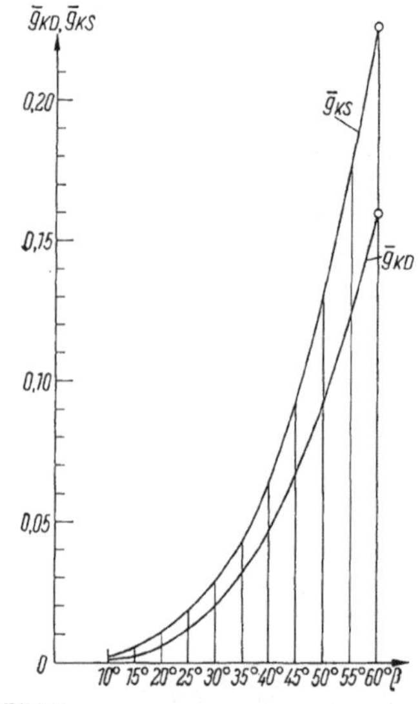

Bild 2

Diese Arbeit entstand während meines Aufenthaltes als Stipendiat der „Alexander von Humboldt"-Stiftung am Institut für Statik der TU Hannover, Prof. Dr.-Ing. habil. A. Pflüger.

Literatur

1 Pflüger, A., Stabilitätsprobleme der Elastostatik, 2. Auflage, Springer Verlag, Berlin/Heidelberg/New York 1964.
2 Huang, N. C., Vahidi, B., Dynamic Snap-through of an Elastic Imperfect Simple Shallow Truss, ZAMP 19, pp. 501–509 (1968) (s. auch das zugehörige Literatur-Verzeichnis).

Anschrift: Rumen Kürktschiev, Sofia, Positano Str. 34, Bulgarien

ZAMM 54, T 92 – T 93 (1974)

G. Mehlhorn

Anwendung eines potentialtheoretischen Analogieverfahrens in der Elastomechanik

Zur Ermittlung von Spannungs- und Verformungszuständen mechanisch beanspruchter Bauteile sind häufig Randwertaufgaben der Potentialtheorie zu lösen, d. h. die Bestimmung der Feldgröße φ, die der Potentialgleichung $\Delta\varphi = 0$ bei von Null verschiedenen Randwerten φ_R bzw. $\Delta\varphi = f(x, y)$ bei homogenen Randwerten $\varphi_R = 0$ genügen. Zur Lösung dieser Aufgabe sind verschiedene Verfahren bekannt, die je nach Art des vorliegenden Problems angewandt werden.

Das von mir verwendete Analogieverfahren stellt eine physikalische Analogie dar; sie beruht auf Erscheinungen der Feldtheorie. Das Verfahren ist zur Beschreibung eines zweidimensionalen Feldes $\varphi(x, y)$ geeignet, wobei φ der Laplaceschen Differentialgleichung genügen soll. Eine elektrische Ladung q erzeugt ein Spannungsfeld U, das in einem quellfreien Gebiet der mathematischen Beschreibung der analogen Potentialgleichung $\Delta U = 0$ genügt.

In Bild 1 ist in der x-y-Ebene ein einfach zusammenhängendes Gebiet $\mathfrak{B}$ dargestellt, das von einem Zylinder umgeben ist, der in $+z$- und $-z$-Richtung unbegrenzt ausgedehnt ist und mit einer nur von x und y abhängigen Ladungsbelegung versehen ist. Dieser Zylinder bildet sich in der x-y-Ebene als Kurve $\mathfrak{C}$ ab, die die laufende Koordinate s haben soll. Das Potential eines in $\mathfrak{B}$ liegenden Punktes $P(x, y)$ berechnet sich dann zu:

$$U_P = \oint_{(\mathfrak{C})} q(s) \ln r(s) \, ds \, .$$

Bei bekannter Ladungsbelegung läßt sich also U im gesamten Gebiet $\mathfrak{B}$, also auch am Rand, eindeutig bestimmen. Ein Randwertproblem darf also dann als gelöst angesehen werden, wenn es gelingt, die Ladungsbelegung $q(s)$ so zu bestimmen, daß die bekannten Randwerte U_R gerade erreicht werden.

Um die Ladungsbelegung $q(s)$ einfach berechnen zu können, müssen zunächst einmal sinnvolle Annahmen über die Verteilung der Ladungsbelegung getroffen werden. Als einfache Möglichkeiten bieten sich die linienförmige und die streifenförmige Ladungsbelegung an. Die unbekannten Belegungen lassen sich unter der Erfüllung der bekannten Randwerte aus einem linearen Gleichungssystem ermitteln.

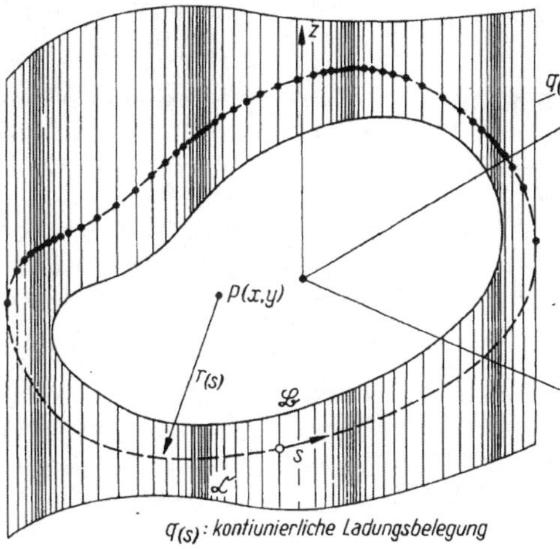

Bild 1. Zylindrisches Potential; Ladungsbelegung $q(s)$

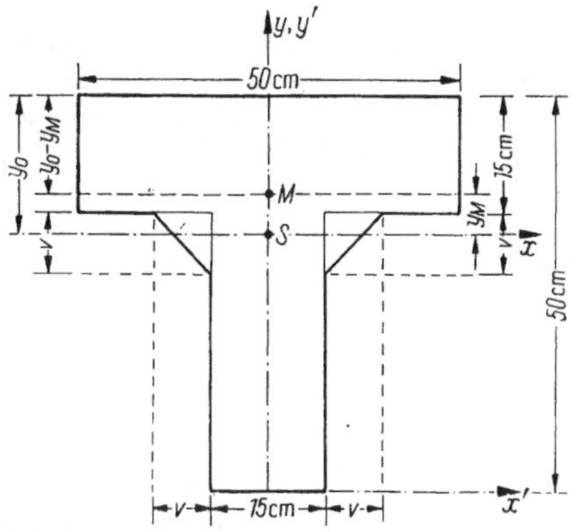

Bild 2. Querschnitt mit variabler Voutenbreite und -höhe v

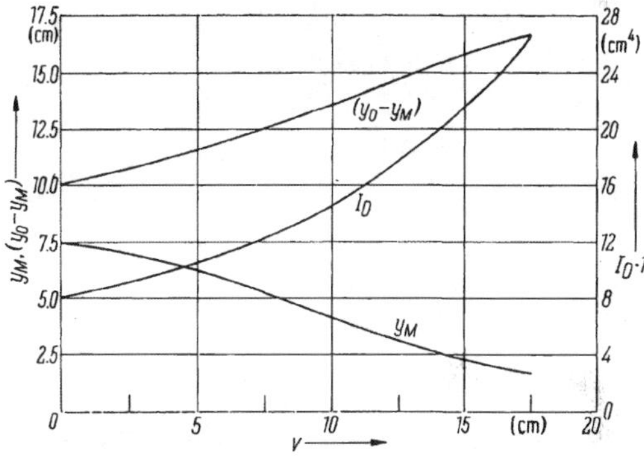

Bild 3. Abstand des Schubmittelpunktes vom Schwerpunkt y_M bzw. vom oberen Querschnittsrand ($y_0 - y_M$); Torsionswiderstand I_D

Die Anwendung des Verfahrens wird an Beispielen demonstriert. Für den in Bild 2 dargestellten Querschnitt mit variabler Voutenbreite und -höhe wurden die Lage des Schubmittelpunktes y_M und der Torsionswiderstand ermittelt; die Ergebnisse sind in Bild 3 angegeben.

Das Verfahren läßt sich auch für Stäbe anwenden, die aus Verbundwerkstoffen bestehen, bei denen über die Querschnittsfläche bereichsweise konstante Schubmoduln vorhanden sind. Hierbei erweist es sich allerdings als notwendig, für die Bereichsgrenzen Übergangsbedingungen zu formulieren.

Das Verfahren läßt sich auch für die Lösung von Problemen der Flächentragwerke anwenden. Für Platten mit NAVIERscher Lagerung und für Scheiben wurden im Vortrag Ergebnisse erläutert.

Anschrift: Prof. Dr.-Ing. GERHARD MEHLHORN, TH Darmstadt, Institut für Massivbau, 61 Darmstadt, Alexanderstr. 5, BRD

ZAMM 54, T 94 – T 95 (1974)

M. Mişicu

The Method of Parallel Transfer of Physical Fields on Mobile Manifolds; Application in View of Exact Solving Median-Type Elastic Problems

The exact procedure of solving spatial problems exposed below concerns, as final practical purpose, the theory of shells but it also can be transposed in other branches of mechanics. The basic ideas resort to an extension of the exact theory of plane plates developed in [1], initially attempted in [2] and consists in the use of finite expansions of quantities invariant with respect to coordinate transformations enjoying special properties. Effective solutions and numerical results are exposed in [3] for the case of plane plates and in subsequent papers [4], etc. for shells. The expansions can be power series or other ones.

Let $\{x\}$ be a n-dimensional space ($n = 3$). If T stands for a tensor defined in $\{x\}$, decomposable under the form $T = (T_0, \ldots, T_M) = \sum_0^M z^n T_n/n!$ so that $T_{p,n} = \partial T_p/\partial x_n = 0$, $(p = 0, 1, \ldots, M)$, $z = x_n$, it follows that $T_{,n}$ reduces to thed ecomposition $(T_1, \ldots, T_M, 0)$. This simple fact enables us to express the covariant derivative of a vector $V: V_i = (V_{i0}, \ldots, V_{iM})$ by means of the expansion $V_{i;n} = V_{i,n} - \Gamma^j_{in} V_j = (V_{il}, \ldots, V_{iM}, 0)$ since $V_p = g^i V_{ip}$, $g^i V_{ip;n} = V_{p,n} = 0$. g^i stand for the contravariant base vectors. We call T_p or V_p the components of a median decomposition along z. Successive derivation leads to the expansions $\partial^s V/\partial z^s = (V_s, \ldots, V_M, 0, \ldots, 0)$. The contravariant components are endowed with similar properties. The median decomposition is unique: if X_p, Y_p are two distinct sets of median components of a vector V then after successive derivation $\partial^p V/\partial z^p$ we obtain the conditions $(X_p - Y_p, \ldots, X_M - Y_M, 0, \ldots) = 0$, $(p = 0, 1, \ldots)$ so that $X_M = Y_M, \ldots, X_0 - Y_0 = 0$, by means of complete induction.

On the median surface $z = 0$ we have $V_p = U_p = a^i U_{ip}$ for $a_i = g_i|_{z=0}$. Hence if we denote $V_p = a^i W_{ip}$ and take into account the condition $V_{p,n} = 0$ or $W_{ip,n} = 0$, we obtain the relations $W = U$, $V_{ip} = \mu^j_i U_{jp}$ for $\mu^j_i = g_i a^j$. We observe that $\mu^j_{i;n} = 0$ since $g_{i;n} = 0$, $a_{i,n} = 0$. Similar correlations can be considered between spatial median components T and on a median surface defined components S of a tensor:

$$T_{ij..p} = \mu^k_i \mu^l_j \cdots S_{kl..p} .$$

In the frame of elasto-dynamics we deduce the following decomposed equations

$$\sigma^{i\alpha}_{p;\alpha} + \sigma^{i3}_{p+1} + p!\,\varrho\,(F - f)^i_p = 0, \quad \varepsilon_{ijk}\,\sigma^{jk}_p = 0, \quad (\alpha = 1, 2)$$

for

$$\sigma^{ij}_{p;3} = 0, \quad \sigma^{i\alpha}_{;\alpha} = \sigma^{i\alpha}_{,\alpha} + \Gamma^i_{j\alpha}\,\sigma^{j\alpha} + \Gamma^\alpha_{j\alpha}\,\sigma^{ij}, \quad \varepsilon_{\alpha\beta p} = (\varepsilon_{\alpha p;\beta} + \varepsilon_{\beta p;\alpha})/2, \quad \varepsilon_{3\alpha p} = (u_{\alpha\,p+1} + u_{3p;\alpha})/2,$$

$$\varepsilon_{33p} = u_{3\,p+1}, \quad u_{ip;3} = 0, \quad \sigma^{ij}_p = \lambda\,\theta^{ij}_p + 2\,\mu\,\varepsilon^{ij}_p, \quad \theta^{ij}_p = g^{ij}\,(g^{\alpha\beta}\,u_{\alpha p;\beta} + g^{33}\,u_{3\,p+1}) .$$

There are many ways to solve this system. We restrict ourselves to the representation $u_{\alpha p} = u_{3\,p-1;\alpha} + \Phi_{\alpha p}$ which furnishes for a finite decomposition the solutions valid for $g^{3\alpha} = 0_1$:

$$w = u_3 = \sum_0^N (-1/g^{33})^m \left(z^{2m}/(2m)!\right) \left(\Delta^m W_0 + m\,\Delta^{m-1}\,\Omega_0\right) +$$

$$+ \sum_1^N (-1/g^{33})^{m-1} \left(z^{2m-1}/(2m-1)!\right) \left(\Delta^{m-1} W_1 + (m-1)\,\Delta^{m-1}\,\Omega_1\right)$$

$$u_\alpha = u_{\alpha 0} + \sum_1^N (-1/g^{33})^{m-1} \left(z^{2m}/(2m)!\right) \left(\Delta^{m-1}\,(W_{1;\alpha} + \Phi_{\alpha 2}) + (m-1)\,\Delta^{m-2}\,\Omega_{1;\alpha}\right) +$$

$$+ \sum_0^N (-1/g^{33})^m \left(z^{2m+1}/(2m+1)!\right) \left(\Delta^m\,(W_{1;\alpha} + \Phi_{\alpha 1}) + m\,\Delta^{m-1}\,\Omega_{0;\alpha}\right), \; (\Delta^0 = 1,\ m > 0) .$$

Meanwhile we have $\Delta^{N+1} W_1 = 0$, $\Delta^{N+2} W_0 = 0$, $\nu = \lambda/2\,(\lambda + \mu)$, $\Omega_p = g^{\alpha\beta}\,\Phi_{\alpha\,p+1;\beta}/2\,(1 - \nu) + \left((1 - 2\,\nu)/2\,\mu\,(1 - \nu)\right)\varrho\,p!\,(F - f)^3$. An additional equation must also be considered corresponding to a plane-type problem

$$(\lambda + \mu)\,u^\beta_{0;\beta\alpha} + \mu\,\Delta u_{\alpha 0} + \varrho\,(F^* - f)_{\alpha 0} = 0$$

in which $\varrho\,F^*_0 = \varrho\,F_0 + g^{33}\left((\lambda + 2\,\mu)\,W_{1;\alpha} + \mu\,\Phi_{\alpha 2}\right)$.

If $N = 2$, $\sigma_{\alpha 3}\,(x_\alpha, \pm h/2) = 0$, $\sigma_{33} = \pi/2$, $\pi\,(x_\alpha, h/2) = \pi\,(x_\alpha, -h/2) = 2\,p(x_\alpha)$ we obtain the solutions

$$u_\alpha = -z\,W_{;\alpha} - \left(h^2 z/4 - (2 - \nu)\,z^3/6\right)\Delta W_{;\alpha}/(1 - \nu)\,g^{33} - \left((5 - 2\,\nu)\,(h/2)^4\,z/6\,(1 - \nu)^2 -\right.$$

$$\left. - (3 - 2\,\nu)\,(h/2)^2\,z^3/2\,(1 - \nu)^2\,3! + (3 - \nu)\,z^5/(1 - \nu)\,5!\right) p_{;\alpha}/D ,$$

$$w = W + \nu\,\Delta W\,z^2/2\,(1 - \nu)\,g^{33} + \left(h^2 z^2/16\,(1 - \nu) - (1 + \nu)\,z^4/4!\right) p/(1 - \nu)\,D .$$

W and satisfy the equations

$$D\,\Delta\,\Delta W/(g^{33})^2 = \pi,\ \Delta\pi = 0,\ (D = E\,I/(1-\nu)^2,\ I = h^3/12,\ E = 2\,\mu\,(1+\nu),\ \Delta = (\ )_{;\alpha}^{;\alpha})\,.$$

We observe that the boundary condition for σ_{33} are taken on mobile manifolds $z =$ const. and that π must be harmonic. Further developments and applications appear in [4] and subsequent papers.

References

1 Mişicu, M., Bending and torsion, Edit. Acad. R. S. R., 1973.
2 Mişicu, M., Theory of elastic mobility, Edit. Acad. R. S. R., 1972.
3 Mişicu, M., Mechanics of deformable media, Edit. Acad. R. S. R., 1967.
4 Mişicu, M., Exact theories of thick shells derived by means of the method of transversal mobility of physical fields and correlation with other theories, Rev. Roum. Sci. Techn.-sér. Méc. Appl. 18, 4, 663–682 (1973).

Anschrift: Dr. M. Mişicu, Head Dept. Elasticity, Plasticity, Rheology, Center Mechanics of Solids, str. C. Mille 15 Bukarest, Rumänien

ZAMM 54, T 95 – T 96 (1974)

H. Rothert

Repräsentation der freien Helmholtzschen Energie bei viskoelastischen Cosseratflächen

Seien σ der Flächeninhalt der von einer geschlossenen Raumkurve s begrenzten Fläche f während einer beliebigen Verformungsphase zum Zeitpunkt t, E die Summe aus innerer und kinetischer Energiedichte pro Masseneinheit, r die eingeprägte skalare Wärmequelle pro Massen- und Zeiteinheit, h der skalare Wärmefluß über s pro Längen- und Zeiteinheit, S die spezifische Entropie, ϱ die auf die Flächeneinheit bezogene Massendichte und T die absolute Temperatur, dann besagt der Erste Hauptsatz der Thermodynamik, daß die substantielle Änderung von innerer und kinetischer Energie gleich der mechanischen Arbeit aller Kräfte plus der über s einfließenden Wärme und der Zufuhr durch Wärmestrahlung ist:

$$\frac{D}{Dt}\int_\sigma \varrho\,E\,d\sigma - \int_\sigma \varrho(r + \boldsymbol{g}\cdot\boldsymbol{v} + \boldsymbol{l}\cdot\boldsymbol{w})\,d\sigma - \int_s (\boldsymbol{n}\cdot\boldsymbol{v} + \boldsymbol{m}\cdot\boldsymbol{w} - h)\,ds = 0\,. \tag{1}$$

Hierin bedeuten $\boldsymbol{v}$ bzw. $\boldsymbol{w}$ beliebige dreidimensionale Geschwindigkeitsfelder der Flächenpunkte bzw. der Direktoren des zweidimensionalen Cosseratkontinuums, $\boldsymbol{n}$ Kontaktkräfte, $\boldsymbol{g}$ Fernkräfte pro Masseneinheit von f, und $\boldsymbol{m}$ bzw. $\boldsymbol{l}$ sind die für die Cosserattheorie charakteristischen Kontaktmomente bzw. Fernmomente pro Masseneinheit von f. Durch die Anwendung des Prinzips der räumlichen Invarianz erhält man bei Berücksichtigung des Stokesschen Integralsatzes neben den Bewegungsgleichungen, den Symmetriebedingungen und dem Satz von der Erhaltung der Masse die modifizierte Beziehung (1) in der Form

$$\varrho\,(r - \dot{A} - \overline{S\,\dot{T}}) - h^{\alpha}|_\alpha + \dot{\gamma}_{\alpha\beta}\,(n^{\alpha\beta} - \hat{m}^\beta\,d^\alpha - m^{\varepsilon\beta}\,\lambda^{\alpha}_{.\varepsilon}) + \hat{m}^i\,\dot{d}_i + m^{\alpha i}\,\dot{\lambda}_{i\alpha} = 0\,, \tag{2}$$

wobei die materielle Zeitableitung durch $(\dot{\ .\ })$ angezeigt wird. Eliminiert man in (2) die skalare Wärmequelle r durch die Entropieproduktionsungleichung

$$\frac{D}{Dt}\int_\sigma \varrho\,S\,d\sigma - \int_\sigma \varrho\,\frac{r}{T}\,d\sigma + \int_s \frac{h}{T}\,ds \geqq 0 \tag{3}$$

und beschränkt sich im weiteren auf infinitesimale kinematische Größen (einschließlich ihrer zeitlichen und örtlichen Ableitungen), so lautet die auf die Metrik des unverformten Anfangszustands bezogene Ungleichung (2)

$$-\varrho\,\dot{A} - \varrho\,\dot{T}\,S + \dot{\gamma}_{\alpha\beta}\,\hat{n}^{\alpha\beta} + \dot{\delta}_i\,\hat{m}^i + \dot{\varkappa}_{i\alpha}\,m^{i\alpha} - \frac{h^\alpha}{T}\frac{\partial T}{\partial\theta^\alpha} \geqq 0\,. \tag{4}$$

In (4) bedeuten

$$\dot{\gamma}_{\alpha\beta} = \frac{1}{2}\,(v_{\alpha|\beta} + v_{\beta|\alpha}) - B_{\alpha\beta}\,v_3\,, \tag{5a}$$

$$\dot{\varkappa}_{\alpha\beta} = w_{\beta|\alpha} - B_{\beta\alpha}\,w_3 + v^{\lambda}_{.\beta}\,\Lambda_{\lambda\alpha} - \dot{C}_\alpha\,\Lambda_{3\beta}\,, \qquad \dot{\varkappa}_{3\alpha} = w_{3,\alpha} + B^{\lambda}_{\alpha}\,w_\lambda + \dot{C}^\lambda\,\Lambda_{\lambda\alpha}\,, \tag{5b, c}$$

$$\dot{\delta}_\alpha = w_\alpha - D_\lambda\,v^{\lambda}_{.\alpha} - \dot{C}_\alpha\,D^3\,, \qquad \dot{\delta}_3 = w_3 + \dot{C}^\alpha\,D_\alpha\,, \tag{5d, e}$$

$$\dot{C}_\alpha = -\,v_{3,\alpha} - B^{\lambda}_{\alpha}\,v_\lambda\,, \quad \Lambda_{i\alpha} = \boldsymbol{A}_i\cdot\boldsymbol{D}_{,\alpha}\,, \tag{5f, g}$$

wobei B_α^β der Krümmungstensor der unverformten Fläche und ein lotrechter Strich die kovariante Ableitung bezüglich des Metriktensors $A_{\alpha\beta}$ sind. Mit (4) ist die werkstoffunabhängige Ausgangsgleichung für alle weiteren Überlegungen gefunden.

Im folgenden sei eine thermo-viskoelastische COSSERATfläche gemäß (4) durch die für S, $\hat{n}^{\alpha\beta}$, $m^{i\alpha}$, $\hat{m}^i$, h^α und A zu jedem Zeitpunkt t gültige konstitutive Beziehung der Form

$$X(t) = \overline{X}\,[H^t(s),\, T^t(s),\, A_{\alpha\beta},\, \Lambda_{i\alpha},\, D_i] \tag{6}$$

charakterisiert, wobei $\boldsymbol{h}$ zusätzlich eine Funktion von grad T sei. Das Funktionenpaar $\{H^t, T^t\}$ in der Bedeutung

$$H^t(s) = \{\gamma^t_{\alpha\beta}(s),\, \varkappa^t_{i\alpha}(s),\, \delta^t_i(s)\} = H\,(t - s)\,, \qquad T^t(s) = T\,(t - s) \tag{7a, b}$$

beinhaltet mithin die gesamte Geschichte bis zum Zeitpunkt t. Es läßt sich zeigen, daß mit der Vorgabe konstitutiver Beziehungen für A und h^α auch die von S, $\hat{n}^{\alpha\beta}$, $m^{i\alpha}$ und $\hat{m}^i$ bestimmbar sind. Bezogen auf die freie HELMHOLTZsche Energie bedeutet dies beispielsweise, daß (4) für jeden beliebigen Wert von H^t und T^t erfüllt sein muß, wenn man vereinfachend eine explizite Abhängigkeit von $\Lambda_{i\alpha}$ und D_i ausschließt:

$$A(t) = \bar{A}\,[\gamma^t_{\alpha\beta}(s),\, \varkappa^t_{i\alpha}(s),\, \delta^t_i(s),\, T^t(s),\, A_{\alpha\beta}]\,. \tag{8}$$

Beschränkt man sich auf kontinuierlich verlaufende kinematische und thermische Geschichten im Rahmen einer linearen Theorie, so läßt sich die freie HELMHOLTZsche Energie, bezogen auf die Flächeneinheit des viskoelastischen zweidimendsionalen COSSERATkontinuums, durch lineare und quadratische Funktionale von H^t und T^t angeben:

$$A = A_0 + \frac{1}{\varrho}\int\limits_{-\infty}^{t} \{c_1(K_1)\,\dot{f}(\tau_1) + c_2(K_1)\,\dot{g}(\tau_1)\}\,d\tau_1 + \frac{1}{2\varrho}\int\limits_{-\infty}^{t}\int\limits_{-\infty}^{t}\{c_3(K_2)\,\dot{f}(\tau_1)\,\dot{f}(\tau_2) + 2\,c_4(K_2)\dot{f}(\tau_1)\dot{g}(\tau_2) + c_5(K_2)\,\dot{g}(\tau_1)\,\dot{g}(\tau_2)\}\,d\tau_1\,d\tau_2\,. \tag{9}$$

Hierin bedeuten ϱ die jetzt als konstant angenommene Massendichte, A_0 die freie HELMHOLTZsche Energie pro Flächeneinheit des Anfangszustands sowie $\dot{f}(\tau_1)$ und $\dot{g}(\tau_2)$ die partiellen zeitlichen Ableitungen von $H(\tau_1)$ und $T(\tau_2)$. Die Kerne $c_n(K_\alpha)$ beinhalten die Werkstoffeigenschaften des betrachteten Kontinuums, den Metriktensor und spezifische Querschnittswerte des unverformten Anfangszustands. Setzt man abschließend (7) in (9) ein, so ergibt sich beispielsweise für den ersten Integralausdruck:

$$\int\limits_{-\infty}^{t} c_1(K_1)\,\dot{f}(\tau_1)\,d\tau_1 = \int\limits_{-\infty}^{t} C_1^{\alpha\beta}\,(t - \tau_1)\,\frac{\partial\gamma_{\alpha\beta}(\tau_1)}{\partial\tau_1}\,d\tau_1 + \int\limits_{-\infty}^{t} C_2^{i\alpha}(t - \tau_1)\,\frac{\partial\varkappa_{i\alpha}(\tau_1)}{\partial\tau_1}\,d\tau_1 + \int\limits_{-\infty}^{t} C_3^{i}\,(t - \tau_1)\,\frac{\partial\delta_i(\tau_1)}{\partial\tau_1}\,d\tau_1\,. \tag{10}$$

Ganz entsprechend lassen sich auch die restlichen Terme in (9) deuten. Damit ist eine Möglichkeit der Repräsentation der freien HELMHOLTZschen Energie gefunden, die ohne jegliche Modellvorstellung auskommt und als Sonderfall der Ergebnisse von [1] bis [3] gedeutet werden kann. In Verbindung mit (4) erweist sie sich als besonders gut geeignet, die bei visloelastischen COSSERATflächen interessierenden konstitutiven Gleichungen für S, $\hat{n}^{\alpha\beta}$, $\hat{m}^i$ und $m^{i\alpha}$ zu bestimmen.

Literatur

1 CHRISTENSEN, R. M., NAGHDI, P. M., Linear non-isothermal viscoelastic solids. Acta Mechanica **3**, S. 1—12 (1967).
2 COLEMAN, B. D., Thermodynamics of materials with memory. Arch. Rat. Mech. Anal. **17**, S. 1—46 (1964).
3 COLEMAN, B. D., OWEN, D. R., On the thermodynamics of materials with memory. Arch. Rat. Mech. Anal. **36**, S. 245—269 (1970).

Anschrift: Prof. Dr.-Ing. HEINRICH ROTHERT, 2 Hamburg 71, Georg-Raloff-Ring 32, BRD

ZAMM 54, T 97 – T 98 (1974)

S. B. SAMLI*)

Über den Gleichgewichtszustand der Kragbalken (Konsolträger) und der beiderseits eingespannten Balken gleicher Festigkeit gegen Zug

Wir betrachten den Gleichgewichtszustand eines zweidimensionalen elastischen Gebietes G. Für einen Punkt dieses Gebietes setzen wir $z = x + i\,y$, wobei x, y die kartesischen Koordinaten dieses Punktes sind. Der Rand von G sei Γ und $\bar{G} = G \cup \Gamma$. Dann lassen sich die Komponenten des Spannungstensors in der Form

$$\sigma_x = \operatorname{Re}\left(2\,\varphi'(z) - \psi'(z) - \bar{z}\,\varphi''(z)\right)$$
$$\sigma_y = \operatorname{Re}\left(2\,\varphi'(z) + \psi'(z) + \bar{z}\,\varphi''(z)\right)$$
$$\tau = \operatorname{Im}\left(\psi'(z) + \bar{z}\,\varphi''(z)\right)$$

ansetzen, wobei $\varphi(z)$ und $\psi(z)$ zwei in $\bar{G}$ analytische Funktionen sind. Der resultierende Kraftvektor der längs des Kurvenstückes (c) mit den Endpunkten A, B $(c \in \bar{G})$ wirkenden Kräfte, sowie das Moment dieses Kraftvektors bezüglich des Anfangspunktes 0 sind

$$X + i\,Y = -\,i\,\{\varphi(z) + z\,\overline{\varphi'(z)} + \overline{\psi(z)}\}_A^B$$
$$M_0 = \operatorname{Re}\{-z\,\bar{z}\,\varphi'(z) - z\,\psi(z) + \chi(z)\}_A^B, \quad d\chi(z)/dz = \psi(z)\,.$$

Nun betrachten wir die ebenen elastischen Gebiete gleicher Festigkeit gegen Zug, die von zwei Kurven begrenzt sind. Auf beiden Rändern ist $\sigma_x + \sigma_y = 4\,\alpha = \text{const.}$

Man hat gezeigt [1], daß die vorstehend definierten elastischen Gebiete aus dem Streifengebiet $|\operatorname{Im} u| \leqq 1$ durch konforme Abbildung mit Hilfe der Abbildungsfunktion

$$z = \bar{\mathscr{H}}(\bar{u}) = H(u) \tag{1}$$

hervorgehen, wobei $\mathscr{H}(u)$ aus der Lösung der Funktionsgleichung

$$\mathscr{H}'\,(u - 2\,i) = \mathscr{H}'\,(u + 2\,i) \tag{1'}$$

zu entnehmen ist. Damit ergibt sich

$$\varphi'(z) = \alpha\,, \quad \psi'(z) = -\,2\,\alpha\,\frac{\mathscr{H}'\,(u - 2\,i)}{\bar{\mathscr{H}}'(\bar{u})} = -\,2\,\alpha\,\frac{\mathscr{H}'(u + 2\,i)}{\bar{\mathscr{H}}'(\bar{u})}\,. \tag{2}$$

I. Als Abbildungsfunktionensystem von (1) betrachten wir

$$z = H_j(u) = a_{0j} + a_j\,u - e^{-\frac{\pi}{2}(u - t_0)} \sum_{m=1}^{\infty} (-1)^{jm}\,\frac{e^{i\mu\frac{\pi}{4}}}{P_n(j\,m\,\pi)}\,e^{-jm\pi(u - t_0)} \quad (j = 1, 2, \ldots, l)\,, \tag{1.1}$$

wobei

$$a_{0j} = a_{0j}^{(1)} + i\,a_{0j}^{(2)}\,, \quad a_j = a_j^{(1)} + i\,a_j^{(2)}\,, \quad 0 \leqq \mu \leqq 1\,, \quad P_n(v) = \sum_{\nu=0}^{n} \lambda_\nu\,v^{n-\nu} \quad (\lambda_0 = 1, \lambda_\nu \geqq 0, n \geqq 2)$$

sind. Man erhält $\overline{\lim\limits_{m\to\infty}}\,(\log m/(j\,m\,\pi)) = 0$. Somit werden die Abszissen der DIRICHLETschen Reihenfamilie

$$\{h_j(u)\}_1^l = \left\{-\,e^{-\frac{\pi}{2}(u - t_0)}\,[H_j(u) - a_{0j} - a_j\,u]\right\}_1^l$$

für die einfache, absolute, bedingte Konvergenz und die Holomorphieabszisse einander gleich, und zwar $\mathfrak{a}_j = t_0$ $(j = 1, 2, \ldots, l)$. Die Punkte $u = t_0 - i$ und $u = t_0 + i$ sind die singulären Stellen dieser Reihenfamilie nach M. LANDAU, M. FEKETE und M. C. BIGGERI; denn es gilt $\lim\limits_{m\to\infty} \sqrt[jm]{\cos\mu\,\frac{\pi}{4}} = 1$. Ist $n = 2$, so gilt

$$\left(\frac{dz}{du}\right)_{u = t_0 - i} = \infty\,, \quad \left(\frac{dz}{du}\right)_{u = t_0 + i} = \infty\,.$$

Nun haben die Reihen der Familie keine singuläre Stelle in dem Streifengebiet $\bar{u} = u + 2\,i$, $\bar{u} = u - 2\,i$, $\operatorname{Re} u > t_0$, und sie sind eindeutig auf der Grenze des Gebietes. Also sind die Funktionen $H_j(u)$ schlicht in diesem Gebiet nach C. CARATHÉODORY (Bild 1). Sind $a_{0j}^{(1)} = a_{0j}^{(2)}$, $a_j^{(1)} = a_j^{(2)}$, $\mu = 1$, so erhält man zu der Geraden $y = x$ symmetrische Konsolträger (Bild 2).

*) Technische Universität Istanbul, Fakultät für Naturwissenschaften

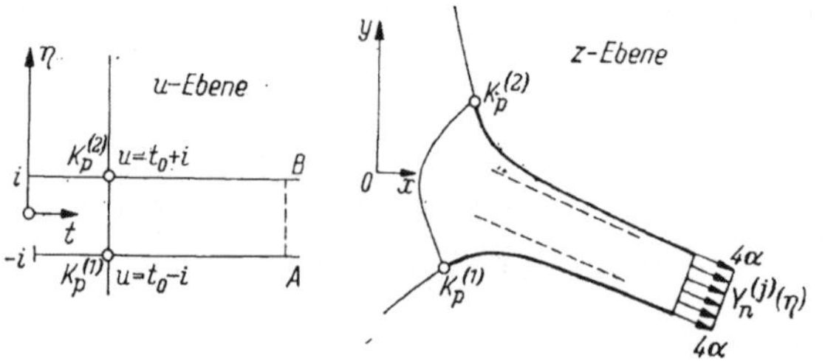

Bild 1

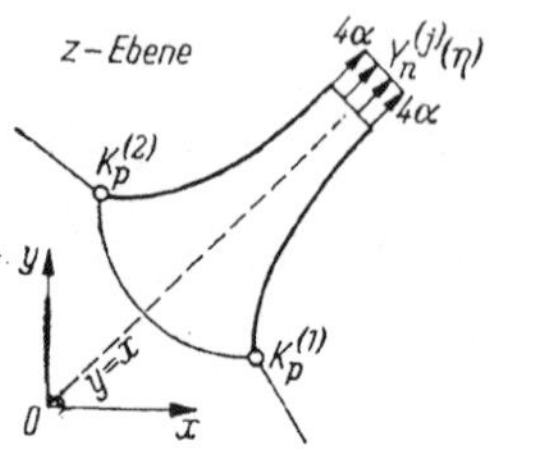

Bild 2

II. Nun betrachten wir als Abbildungsfunktionensystem

$$z = \mathcal{F}_{jl}(u) = a_{0jl} + a_{jl}\, u - M_j\, \mathcal{F}_{1j}(u) + N_l\, \mathcal{F}_{2l}(u) \qquad (j = 1, 2, \dots, p;\ l = 1, 2, \dots, q)\,, \tag{2.1}$$

wobei

$$a_{0jl} = a^{(1)}_{0jl} + i\, a^{(2)}_{0jl}\,, \quad a_{jl} = a^{(1)}_{jl} + i\, a^{(2)}_{jl} \quad (a^{(1)}_{jl} \geqq 0,\ a^{(2)}_{jl} < 0)\,, \quad M_j > 0\,, \quad N_l > 0\,,$$

$$\mathcal{F}_{1j}(u) = e^{-\frac{\pi}{2}(u-t_1)} \sum_{m=1}^{\infty} (-1)^{jm} \frac{e^{i\mu\frac{\pi}{4}}}{P_n(j\, m\, \pi)}\, e^{-j m \pi (u-t_1)} \quad (j = 1, 2, \dots, p) \quad (0 \leqq \mu \leqq 1)\,, \tag{2.2}$$

$$\mathcal{F}_{2l}(u) = e^{\frac{\pi}{2}(u-t_2)} \sum_{m=1}^{\infty} (-1)^{lm} \frac{e^{i\mu'\frac{\pi}{4}}}{P_{n'}(l\, m\, \pi)}\, e^{l m \pi (u-t_2)} \quad (l = 1, 2, \dots, q) \quad (-1 \leqq \mu' \leqq 0)\,, \tag{2.2'}$$

$$P_n(v) = \sum_{\nu=0}^{n} \lambda_\nu\, v^{n-\nu}\,, \quad P_{n'}(v) = \sum_{\nu=0}^{n'} \lambda'_\nu\, v^{n'-\nu} \quad (\lambda_0 = \lambda'_0 = 1;\ \lambda_\nu \geqq 0,\ \lambda'_\nu \geqq 0,\ n \geqq 2,\ n' \geqq 2)$$

und $t_1 < t_2$ gilt. Es ist klar, daß (2.2) in Re $u > t_1$ und (2.2′) in Re $u < t_2$ absolut konvergieren. Nun hat (2.1) keine singuläre Stelle in dem Schachtelgebiet $\bar{u} = u + 2\,i$, $\bar{u} = u - 2\,i$, $t_1 <$ Re $u < t_2$. Die Punkte $u = t_1 - i$, $u = t_1 + i$, $u = t_2 - i$ und $u = t_2 + i$ sind die singulären Stelle von (2.1). Also ist (2.1) schlicht in diesem Gebiet. In diesem Fall erhält man ein elastisches Gebiet wie in Bild 3. Sind $t_1 < 0$, $t_2 = -t_1$, $M_j = N_l$ $(j = l)$, $P_n(v) \equiv P_{n'}(v)$ $(n = n')$, $a^{(1)}_{0jl} = a^{(2)}_{0jl}$, $a^{(1)}_{jl} = a^{(2)}_{jl}$, $\mu = \mu' = 1$, so erhält man zu der Geraden $y = x$ symmetrische Gebiete (Bild 4).

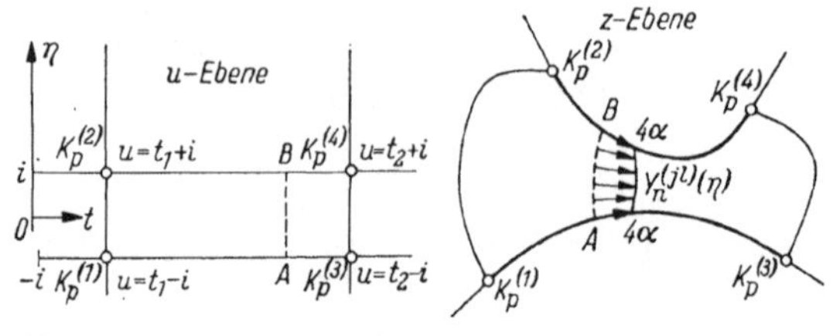

Bild 3

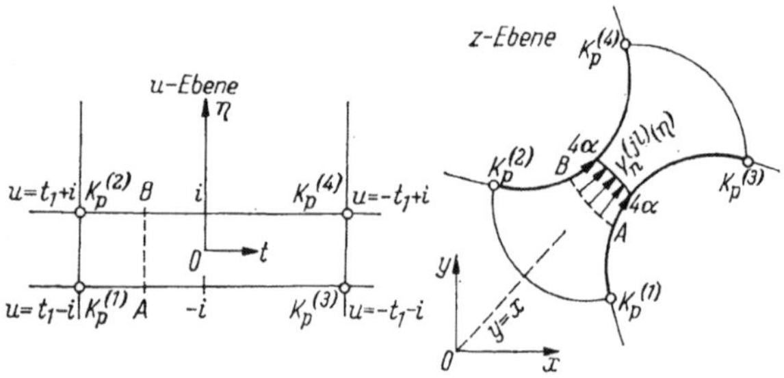

Bild 4

Literatur

1 Arf, C., Sur les frontières libres a tensions constantes d'un milieu élastique plan en équilibre, Revue de la Faculté des Sciences de l'Université d'Istanbul **19**, S. 119—132 (1954).
2 Biggeri, M. C., Sur les singularités des fonctions analytiques définies par des séries potentielles, Comptes Rendus **204**, S. 30.
3 Muskhelishwili, N. I., Some basic problems of the mathematical theory of elasticity, (Überstzg. a. d. Russ.), P. Noordhoff, Groningen 1953.
4 Bernstein, V., Séries de Dirichlet, Gauthier-Villars, Paris 1953.

Anschrift: Doz. Dr. S. B. Samli, Istanbul-Selimiye, Hamam sok. 11. D. 4, Türkei

ZAMM 54, T 99 – T 100 (1974)

L. SCHMIEDER

Eine mathematisch strenge Schalentheorie, hergeleitet aus dem Prinzip der virtuellen Verrückungen

Der Verschiebungsvektor (1) wird als Potenzreihe in w (Entfernung von der Mittelfläche) angesetzt. Da seine Koordinaten v_{α_0} auf die Basis der Mittelfläche bezogen sind, kann die (kovariante) Raumableitung $||_\alpha$ nach NEUBER und NAGHDI [1], [2] in einfacher Weise auf die Flächenableitung $|_\alpha$ bezogen werden (2). Die bezogene elastische Energie (3) der Schale erhält nach Einführen der Spannungsmomente (4) die einfache Gestalt (5). Integration von (5) über die Fläche und Anwenden des GAUSSschen Satzes führt auf die Gleichgewichtsbedingungen (6) der Schale:

$$v_{\alpha_0} = \underset{0}{v_\alpha} + w\,\underset{1}{v_\alpha} + \cdots,$$

$$v_3 = \underset{0}{v_3} + w\,\underset{1}{v_3} + w^2\,\underset{2}{v_3} + \cdots, \tag{1}$$

$$v_{\beta_0}||_\alpha = v_{\beta_0}|_\alpha - b_{\alpha\beta}\,v_3\,, \quad v_3||_\alpha = v_3|_\alpha + b^\lambda_\alpha\,v_{\lambda_0}\,, \quad v_i||_3 = v_i|_3 = v_{i,3}\,, \tag{2}$$

$$\delta W = \int_{-h/2}^{h/2} f\,dw\,\{\sigma^{\lambda\mu_0}\,v_{\mu_0}||_\lambda + \sigma^{\lambda_3}\,\delta v_3||_\lambda + (\sigma^{\lambda_3} - N\,b^\lambda_\varrho\,\sigma^{\varrho 3})\,\delta v_{\lambda_0}||_3 + \sigma^{33}\,\delta v_3||_3\}\,, \tag{3}$$

$$\underset{n}{M^{\lambda\mu}} = \int f\,\sigma^{\lambda\mu_0}\,w^n\,dw\,, \quad \underset{n}{M^{\lambda 3}} = \int f\,\sigma^{\lambda 3}\,w^n\,dw\,, \quad M^{33} = \int f\,\sigma^{33}\,w^n\,dw\,, \tag{4}$$

$$\delta W = \sum_{n=0}^{N}\left\{\underset{n}{M^{\lambda\mu}}\,\delta\underset{n}{v_\mu}\Big|_\lambda + \left[n\,\underset{n-1}{M^{\lambda 3}} - (n-1)\,b^\lambda_\varrho\,\underset{n}{M^{\varrho 3}}\right]\delta\underset{n}{v_\lambda}\right\} + \sum_{n=0}^{N+1}\left\{\underset{n}{M^{\lambda 3}}\left(\delta\underset{n}{v_3}\Big|_\lambda\right) + \left[n\,\underset{n-1}{M^{33}} - b_{\lambda\mu}\,\underset{n}{M^{\lambda\mu}}\right]\delta\underset{n}{v_3}\right\}, \tag{5}$$

$$n\,\underset{n-1}{M^{\alpha 3}} - (n-1)\,b^\alpha_\lambda\,\underset{n}{M^{\lambda 3}} - \underset{n}{M^{\lambda\alpha}}\Big|_\lambda = \underset{n}{m^\alpha}\,, \quad n\,\underset{n-1}{M^{33}} - b_{\lambda\mu}\,\underset{n}{M^{\lambda\mu}} - \underset{n}{M^{\lambda 3}}\Big|_\lambda = \underset{n}{m^3}\,. \tag{6}$$

$$f = 1 - w\,b^\lambda_\lambda + w^2\,b\,, \quad b = \text{Determinante}\,(b^\alpha_\beta)\,, \tag{7}$$

$$S^{\alpha_0}_{\beta} = \delta^\alpha_\beta - w\,b^\alpha_\beta\,, \quad S^\alpha_{\beta_0} = \frac{1}{f}\,\{(1 - w\,b^\lambda_\lambda)\,\delta^\alpha_\beta + w\,b^\alpha_\beta\}\,. \tag{8}$$

f, Gleichung (7), ist das charakteristische Polynom des 2. Haupttensors, und die Shifter (8) vermitteln die Transformation vom Schalenraum auf die Mittelfläche und umgekehrt.

Um die elastische Energie (5) berechnen zu können, muß nach Einführen eines Stoffgesetzes der Spannungstensor σ^α_β in (4) durch den Elastizitätstensor $\gamma_{\alpha\beta}$ ersetzt und dieser wiederum durch die Raumableitungen des Verschiebungsvektors ersetzt werden:

$$f^2\,\gamma^{\alpha\beta_0} = v^{(\beta_0|\alpha)} - b^{\alpha\beta}\,v^3 + 2\,w\left\{-\,b^\varrho_\varrho\,v^{(\beta_0|\alpha)} + b_\lambda{}^{(\alpha}v^{\beta_0)\lambda} + \frac{1}{4}\,(b^\alpha_\lambda\,v^{\lambda_0|\beta} - b^\beta_\lambda\,v^{\alpha_0|\lambda}) + b^{\alpha\beta}\,v^3\right\} +$$
$$+\,w^2\left\{b^\varrho_\varrho\left[b^\varrho_\varrho\,v^{(\beta_0|\alpha)} - b_\lambda{}^{(\alpha}v^{\beta_0)|\lambda}\right] - \frac{1}{2}\,[b\,v^{\beta_0|\alpha} + b^\varrho_\varrho\,b^\alpha_\lambda\,v^{\lambda_0|\beta} - b^\alpha_\lambda\,b^\beta_\mu\,v^{\lambda_0|\mu}] + b\,[b^{\alpha\beta} - b^\varrho_\varrho\,a^{\alpha\beta}]\,v^3\,, \tag{9a}\right.$$

$$f^2\,\gamma^{\alpha 3} = v^{(\alpha_0|3)} + \frac{1}{2}\,b^\alpha_\lambda\,v^{\lambda_0} + w\left\{-\,2\,b^\lambda_\lambda\,v^{(\alpha_0|3)}\,\lambda + 2\,b^\alpha_\lambda\,v^{(3|\lambda)} - b\,v^{\alpha_0} - \frac{1}{2}\,b^\alpha_\lambda\,v^{\lambda_0|3}\right\} +$$
$$+\,w^2\left\{(b^\lambda_\lambda)^2\,v^{(\alpha_0|3)} - b^\varrho_\varrho\,b^\alpha_\lambda\,v^{(3|\lambda)} + \frac{b}{2}\,(v^{\alpha_0|3} - v^{3|\alpha} + b^\varrho_\varrho\,v^{\alpha_0} - b^\alpha_\lambda\,v^{\lambda_0})\right\} + \frac{w^3\,b}{2}\,\{b^\alpha_\lambda\,v^{\lambda_0|3} - b^\lambda_\lambda\,v^{\alpha_0|3}\}\,, \tag{9b}$$

$$f\,\gamma^{\lambda_0}_{\lambda_0} = f\,\gamma^\lambda_\lambda = v_{\lambda_0}|^\lambda - b^\lambda_\lambda\,v_3 + w\,\{-\,b^\varrho_\varrho\,v_{\lambda_0}|^\lambda + b^\mu_\lambda\,v_{\mu_0}|^\lambda + 2\,b\,v_3\}\,. \tag{9c}$$

Nunmehr sind Einschränkungen notwendig durch Abbrechen der unendlichen Potenzreihe (1) und Übergang zu speziellen Schalenformen. Für die lineare Elastizitätstheorie der isotropen Platte gelten die Einschränkungen (10), und nach Einführen des HOOKEschen Gesetzzs (11) folgen aus dem ebenen Spannungszustand Gleichungen für V, so daß die elastische Energie von den Tangentialverschiebungen $\underset{0}{v_\alpha}$ (Scheibenspannungen), den Normalverschiebungen $\underset{0}{v_3}$ und den Verdrehuugen der Flächennormalen $\underset{1}{v_\alpha}$ (Schub- und Biegespannungen) abhängt. Die letzten der drei Variablen lassen sich auf zwei skalare Funktionen zurückführen (13), und mit dem Ansatz (14) ergibt sich für die bezogene Biegeenergie einer schubweichen, rechteckigen Platte der Ausdruck (15), der nach Integration über das Rechteck die Steifigkeitsmatix liefert. $\bar{v}$, $\bar{w}$ sind Koeffizientenvektoren und enthalten die

Werte der Funktion und ihrer Ableitungen in den Eckpunkten, $\bar{H}$ ist der Funktionenvektor und enthält zweidimensionale HERMITEpolynome [4].

$$b_\alpha^\beta \equiv 0\,, \quad f \equiv 1\,, \quad v_{\alpha_0} = v_\alpha\,, \quad N = 1 \tag{10}$$

$$\sigma^{\alpha\beta} = 2\,G\left\{\gamma^{\alpha\beta} + \frac{a_{\alpha\beta}}{m-2}(\gamma_\lambda^\lambda + \gamma_3^3)\right\}, \qquad \sigma^{\alpha 3} = 2\,G\,\gamma^{\alpha 3}, \qquad \sigma^{33} = \frac{2\,G}{m-2}\{\gamma_\lambda^\lambda + (m-1)\,\gamma_3^3\}\,, \tag{11}$$

$$\underset{1}{v^3} = -\frac{1}{m-1}\underset{0}{v_\lambda}\Big|^\lambda, \quad 2\,\underset{2}{v^3} = -\frac{1}{m-1}\underset{1}{v_\lambda}\Big|^\lambda \tag{12}$$

$$\underset{0}{v^3} = V\,, \quad \underset{1}{v^\alpha} = \varepsilon^{\alpha\lambda}\,W\Big|_\lambda - V\Big|^\alpha. \tag{13}$$

$$V = \bar{v}\,\bar{H}(\xi, \eta)\,, \quad W = \bar{w}\,\bar{H}(\xi, \eta)\,. \tag{14}$$

$$\delta W = \frac{B}{a^2\,b^2}[\delta\bar{v}^T\,\delta\bar{w}^T]\left[\begin{array}{l|l}
\frac{1}{\varrho^2}\bar{H}''\,\bar{H}''^T + \varrho^2\,\bar{H}^{\cdot\cdot}\,\bar{H}^{\cdot\cdot T} + 2\,\bar{H}'^{\cdot}\,\bar{H}'^{\cdot T} & (1-v) \quad \{\ldots.\} \\
+ v\,(\bar{H}^{\cdot\cdot}\,\bar{H}''^T + \bar{H}''\,\bar{H}^{\cdot\cdot T} - 2\,\bar{H}'^{\cdot}\,\bar{H}'^{\cdot T}) & + \frac{v}{4} \quad\quad \{\ldots.\} \\
\hline
-(1-v)\Bigl\{\bar{H}'^{\cdot}\Bigl(\frac{1}{\varrho}\bar{H}''^T - \varrho\,\bar{H}^{\cdot\cdot T}\Bigr) - & 6\,(1-v)\,\lambda^2\Bigl(\varrho\,\bar{H}^{\cdot}\,\bar{H}^{\cdot T} + \\
-\Bigl(\frac{1}{\varrho}\bar{H}'' - \varrho\,\bar{H}^{\cdot\cdot}\Bigr)\bar{H}'^{\cdot T}\Bigr\} & + \frac{1}{\varrho}\bar{H}'\,\bar{H}'^T\Bigr) \\
-\frac{v}{4}\Bigl\{\bar{H}^{\cdot}\Bigl(\frac{1}{\varrho}\bar{H}'''^T + \varrho\,\bar{H}'^{\cdot\cdot T}\Bigr) - & \\
-\bar{H}'\Bigl(\varrho\,\bar{H}^{\cdot\cdot\cdot T} + \frac{\bar{H}''^{\cdot T}}{\varrho}\Bigr)\Bigr\} &
\end{array}\right]\left[\begin{array}{c}\bar{v} \\ \bar{w}\end{array}\right]$$

mit $\varrho = \frac{a}{b}$, $\quad \lambda^2 = \frac{a\,b}{h^2}$, $\quad B = \frac{G\,h^3}{6\,(1-v)} = \frac{E\,h^3}{12\,(1-v)}$, $\quad h =$ Plattendicke.

Literatur

1 NEUBER, H., Allgemeine Schalentheorie, ZAMM 29 S. 97–108 und S. 142–146 (1949).

2 NAGHDI, P. M., Foundations of elastic shell theorie, Progress in Solid Mechanics, Vol. IV, Holland Publishing Company, Amsterdam 1963.

3 SCHMIEDER, L., Schalentheorie mit Schubverformungen, Zeitschrift Flugwissenschaften 17, S. 391–404 und S. 434–445 (1969).

4 SCHMIEDER, L., Rekursive Erzeugung, Differentiation und Integration Hermitescher Interpolationspolynome, ZAMM 53, (1973), S. 433–440.

Anschrift: Dr. L. SCHMIEDER, DFVLR-Institut für Dynamik der Flugsysteme,
8031 Oberpfaffenhofen, BRD

ZAMM 54, T 100 – T 102 (1974)

H. SCHOOP

Drehwellenberechnung mit finiten Ort-Zeit-Elementen

Macht ein in der Zeit finites Verfahren bei jedem Zeitschritt einen Fehler von ca. 1%, so könnte im ungünstigen Fall das Ergebnis nach einigen Zeitschritten schon völlig falsch sein. Da die vom Computer errechneten Zahlenergebnisse keine allgemeinen Aussagen bezüglich des Konvergenzverhaltens zulassen, wird hier die einfache, lineare Torsionsschwingung einer Drehwelle untersucht, weil es hier gelingt, geschlossene Lösungen für das entstehende algebraische Gleichungssystem anzugeben und dadurch das Konvergenzverhalten zu diskutieren.

HILLIGES gab in [1] ein Kollokationsverfahren zur Berechnung von Verzögerungen bei signalübertragenden Wellen an. Das analoge finite Raum-Zeit-Verfahren wird hier aus dem HAMILTONschen Prinzip für einen Zeitschritt gewonnen:

$$\int_{j\tau}^{(j+1)\tau}[\delta E + \delta A_i + \delta A_a]\,dt = 0 \quad \text{Nebenbedingung: } \delta\varphi(x, j\,\tau) = 0; \quad \delta\varphi(x, (j+1)\tau) = 0\,. \tag{1a—c}$$

Der (hier eindimensionale) Raum wird in endliche Abschnitte a, die Zeit in endliche Abschnitte τ geteilt:

$$x = i\,a, \quad i = 0, 1, 2, \ldots, m; \quad t = j\,\tau, \quad j = 0, 1, 2, \ldots \tag{2a, b}$$

(i und j sind Zählindizes). Für den Drehwinkel $\varphi(x, t)$ wird innerhalb eines jeden Elementes $\left(i\,a \leqq x \leqq (i+1)\,a;\; j\,\tau \leqq t \leqq (j+1)\,\tau\right)$ ein Näherungsansatz gemacht, der aus 16 Produkten von in x kubischen Polynomen mit in t kubischen Polynomen besteht. Beachtet man die Kompatibilität des Ansatzes für das Gesamtsystem (vgl. [2]), so verbleiben je Rasterpunkt i, j vier Freiwerte, nämlich die Drehwinkel φ_{ij}, die Drehwinkelgeschwindigkeiten $\dot{\varphi}_{ij}$, die (den Torsionsmomenten proportionalen) Drehwinkelneigungen φ'_{ij} sowie deren zeitliche Ableitungen $\dot{\varphi}'_{ij}$. Wegen (1b, c) sind in (1a) nur Variationen der Geschwindigkeiten $\dot{\varphi}_{ij}$, $\dot{\varphi}_{ij+1}$, $\dot{\varphi}'_{ij}$ und $\dot{\varphi}'_{ij+1}$ zulässig. Setzt man noch KELVINsches Materialverhalten voraus,

$$M(x, t) = G\,J_t\left(\varphi'(x, t) + K\,\dot{\varphi}'(x, t)\right), \tag{3}$$

so lassen sich die im HAMILTONschen Prinzip auftretenden Integrationen über Raum und Zeit leicht durchführen, und man erhält nach Koeffizientenvergleich hinsichtlich der variierten Parameter ein lineares Gleichungssystem für die Freiwerte des Ansatzes gemäß Bild 1.

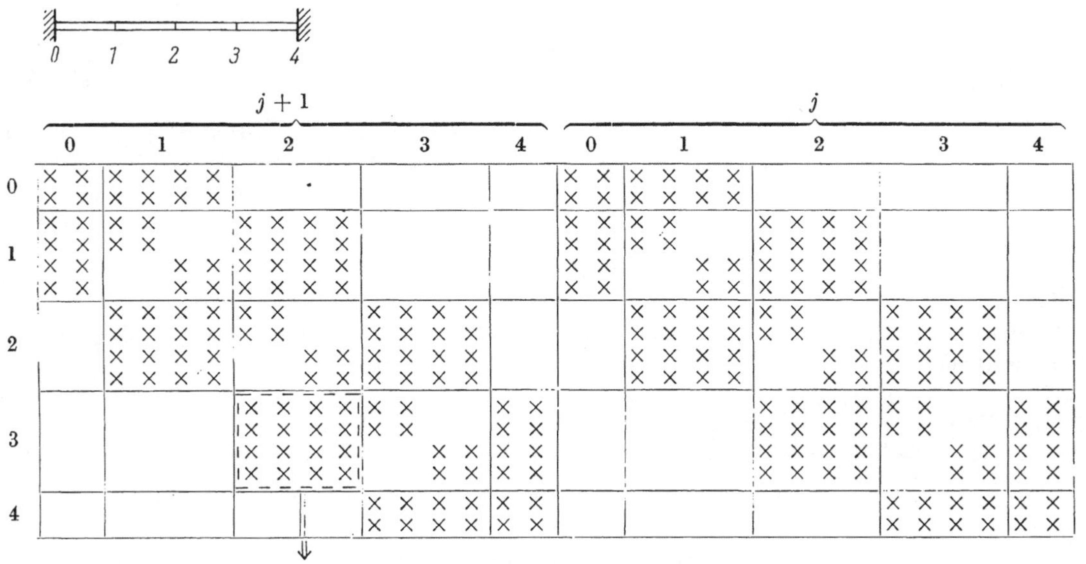

$$\begin{pmatrix} 162 & 54 & 39 & 13 \\ 162 & -216 & 39 & -52 \\ -39 & -13 & -9 & -3 \\ -39 & 52 & -9 & +2 \end{pmatrix} - \frac{c^2\tau^2}{a^2}\begin{pmatrix} 468 & 108 & 39 & -9 \\ -792 & 144 & -66 & 12 \\ -39 & 9 & 13 & -3 \\ 66 & -12 & -22 & 4 \end{pmatrix} - K\,\frac{c^2\tau^2}{a^2}\begin{pmatrix} 1512 & -252 & 126 & -21 \\ -1512 & 0 & -126 & 0 \\ -126 & 21 & 42 & -7 \\ 126 & 0 & -42 & 0 \end{pmatrix}$$

Bild 1. Lineares Gleichungssystem

Liegt ein Anfangswertproblem vor, kann man durch wiederholtes Lösen dieser Gleichungen den gesamten Bewegungsablauf der Welle rekursiv beschreiben. Die numerischen Ergebnisse für Eigenschwingungen und für die Fortpflanzung von Störungen erweisen sich als sehr genau.

Für eine Welle mit konstanten Materialeigenschaften ist das System nach Bild 1 ein zweidimensionales Differenzengleichungssystem mit konstanten Koeffizienten; es wird der Lösungsansatz[1])

$$\varphi_{ij} = c_1\,e^{j\hat{\omega}}\sin i\alpha, \quad \varphi'_{ij} = c_3\,e^{j\hat{\omega}}\cos i\alpha, \quad \dot{\varphi}_{ij} = c_2\,e^{j\hat{\omega}}\sin i\alpha, \quad \dot{\varphi}'_{ij} = c_4\,e^{j\hat{\omega}}\cos i\alpha, \tag{4a—d}$$

gemacht, der mit

$$\alpha = \frac{n}{m}\pi, \quad n = 1, 2, \ldots, m, \tag{5}$$

die Randbedingungen der beidseitigen Einspannung der Welle erfüllt und der unabhängig von der Zahl m der Elemente nur die vier freien Konstanten c_1, c_2, c_3, c_4 und den Eigenwert $\hat{\omega}$ enthält.

Aus dem Nullsetzen der Nennerdeterminante ermittelt man die Eigenwerte $\hat{\omega}$. Das dadurch festgelegte Verhältnis insbesondere der Konstanten c_1 und c_3 zueinander legt Eigenformen fest, die für eine Welle mit drei Ortselementen in Bild 2 dargestellt sind. Die Kurvenstücke zwischen den Elementgrenzen bestehen gemäß Ansatz aus kubischen Parabeln. Sehr ähnlich der exakten Lösung des Torsionsschwingungsproblems und wie bei semifiniten Verfahren kann somit die Arbeitsweise des hier beschriebenen Verfahrens so gedeutet werden, daß vorgegebene Anfangsformen in Eigenformen (Bild 2) zerlegt werden, die sich, jede für sich, mit einem bestimmten

[1]) Entsprechende Ansätze bei Problemen mit einem Zählindex wurden in [3] und [4] benutzt.

Bewegungsgesetz proportional verändern. Das Bewegungsgesetz wird durch $\hat{\omega}$ im Ansatz (4a—d) charakterisiert. In der Regel ergibt sich eine quasiharmonische Bewegung, bei der die Rasterpunkte durch $\cos j\,\omega$ bzw. $\sin j\,\omega$ (ω reell) beschrieben werden; dazwischen herrscht gemäß Ansatz ein kubischer Verlauf. Die so gewinnbaren, zu den Eigenformen von Bild 2 gehörenden Eigenfrequenzen sind, bezogen auf die exakte Eigenfrequenz der Grundschwingung, in Bild 3 für die 2. Oberschwingung in Abhängigkeit von der bezogenen Zeitschrittweite $c\,\tau/a$ dargestellt. Für die schraffierten Bereiche werden die Eigenfrequenzen komplex, d. h., die Auslenkungen wachsen (wenn auch langsam) über alle Grenzen. Dies passiert jedoch nur bei verhältnismäßig

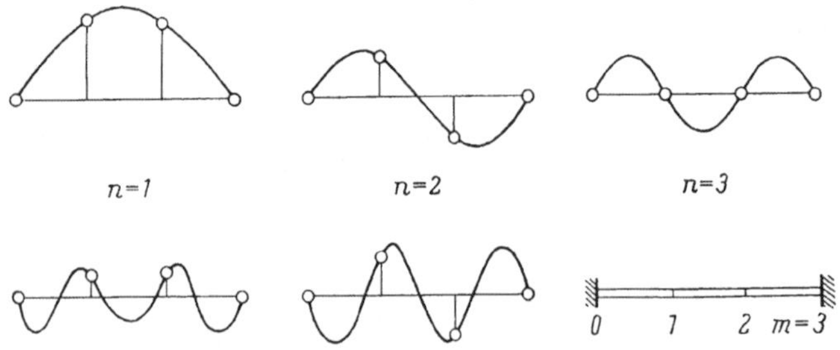

Bild 2. Eigenformen

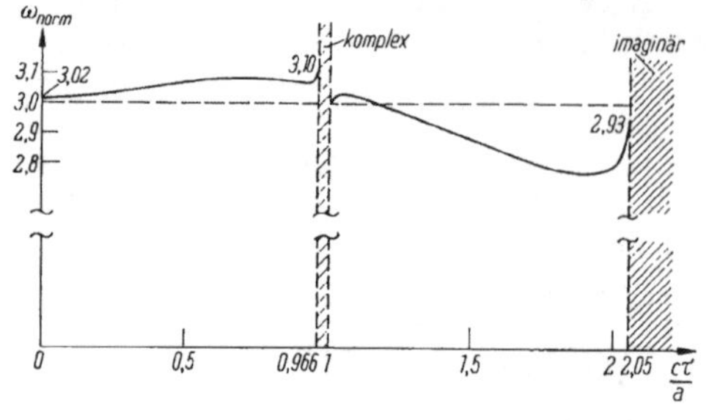

Bild 3. Bezogene Eigenfrequenz der 2. Oberschwingung

großen Zeitschritten: Der erste, schmale divergente Bereich liegt etwa dort, wo ein Zeitschritt bereits eine halbe Schwingungsperiode beschreiben müßte. Wählt man $c\,\tau/a < \sqrt{2/3} \approx 0{,}47$, so vermeidet man diese Bereiche. Aber auch beim quasiharmonischen Verlauf bleibt die Energie im strengen Sinne nicht erhalten; vielmehr erhält man z. B. für die 2. Oberschwingung

$$\frac{E_j + U_j}{E_0 + U_0} = 1 + \frac{\lambda\,(7 - 10\,\lambda)}{2\,(1 - \lambda)\,(21 - 5\,\lambda)} \sin^2 j\,\omega, \qquad \lambda = \frac{c^2\,\tau^2}{a^2}\,. \tag{6}$$

Wegen der Periodizität der Sinusfunktion kann man (insbesondere für kleine λ) von einem quasikonservativem Verhalten sprechen.

Literatur

1 Hilliges, D., Ein numerisches Berechnungsverfahren ..., Aus Theorie und Praxis der Ingenieurwissenschaften, Ernst & Sohn, S. 65—70 (1971).

2 Mason, V., Rectangular Finite Elements for Analysis of Plate Vibration, Journal of Sound and Vibration 7, pp. 437—448 (1968).

3 v. Mises, R., Über Stabilitätsprobleme der Elastizitätstheorie, ZAMM 3, S. 406—422 (1923).

4 Schoop, H. und Hilliges, D., Die Stabilität eines räumlichen Gelenkfachwerkes, Ingenieur-Archiv 36, S. 213—225 (1967).

Anschrift: Prof. Dr.-Ing. Heinrich Schoop, 1 Berlin 45, Morgensternstraße 19a, WB

ZAMM 54, T 102 – T 104 (1974)

S. Spierig

Zur Dynamik des Seiles bei großen Auslenkungen

Die zunehmende Verwendung von Seilen als tragende Elemente hat verstärkt den Wunsch nach rationellen Berechnungsmethoden aufkommen lassen, die das Seil statisch [1], [2] wie auch dynamisch zu untersuchen gestatten. Die Schwierigkeiten liegen darin begründet, daß man im Gegensatz zum klassischen Problem der straff gespannten Saite die Seilspannung nicht mehr als vom Auslenkungszustand unabhängig ansehen darf. Dadurch wird das Problem geometrisch nichtlinear. Unter Umständen ist zusätzlich noch physikalische Nichtlinearität in Betracht zu ziehen, was hier aber nicht geschehen soll. Im folgenden wird das Problem unter konsequenter Anwendung des Matrizenkalküls so formuliert, daß eine relativ einfache Programmierung und Auswertung möglich wird. Dabei wird zwar stets nur von Seilen gesprochen, die Ausdehnung auf Seilnetze ist jedoch ohne zusätzliche Überlegungen ohne weiteres möglich und bringt in der symbolischen Schreibweise keine Unterschiede.

Zunächst wird das ursprünglich infinite Problem dadurch diskretisiert, daß die Kinematik des Seiles durch die auf ein raumfestes Bezugssystem bezogenen Verschiebungen $\hat{v}_k$ endlich vieler repräsentativer Seilpunkte (Knotenpunkte) dargestellt wird, zwischen denen die Verschiebungen der Zwischenpunkte interpoliert werden. Unter Benutzung dieser Knotenverschiebungen als generalisierte Koordinaten kann man das System der LAGRANGEschen Bewegungsgleichungen wie folgt anschreiben:

$$\frac{d}{dt}\left(\frac{\partial T}{\partial \dot{\hat{\boldsymbol{v}}}}\right) - \frac{\partial T}{\partial \hat{\boldsymbol{v}}} + \frac{\partial U}{\partial \hat{\boldsymbol{v}}} = Q\,. \tag{1}$$

Dabei bedeuten $T = T(\dot{\hat{v}}_k, \hat{v}_k)$, $U = U(\hat{v}_k)$ die kinetische bzw. potentielle Energie des Systems und $\boldsymbol{Q} = \{Q_1, Q_2, \ldots, Q_\nu\}^T$ die Spaltenmatrix der den $\hat{v}_k$ zugeordneten generalisierten Kräfte. Außerdem bedeutet

$$\frac{\partial}{\partial \hat{\boldsymbol{v}}} = \left\{\frac{\partial}{\partial \hat{v}_1}, \frac{\partial}{\partial \hat{v}_2}, \ldots, \frac{\partial}{\partial \hat{v}_\nu}\right\}^T$$

eine Operatoren-Spaltenmatrix. Bei n Knotenpunkten ist $\nu = 2\,n$ (ebenes Problem) bzw. $\nu = 3\,n$ (räumliches Problem).

Die kinetische Energie läßt sich in der Form $T = \frac{1}{2}\,\dot{\hat{\boldsymbol{v}}}^T \boldsymbol{M}\,\dot{\hat{\boldsymbol{v}}}$ schreiben, wobei $\boldsymbol{M} = \boldsymbol{M}(\hat{\boldsymbol{v}})$ die symmetrische Massenmatrix ist, deren Elemente i. allg. noch von den Knotenverschiebungen $\hat{\boldsymbol{v}}$ abhängen. Entsprechend gilt für die potentielle Energie, wenn man darunter die im Seil gespeicherte elastische Energie verstehen will, $U = \frac{1}{2}\,\hat{\boldsymbol{v}}^T \boldsymbol{K}\,\hat{\boldsymbol{v}}$ mit $\boldsymbol{K} = \boldsymbol{K}(\hat{\boldsymbol{v}})$ als symmetrischer Steifigkeitsmatrix. Aus diesem Ansatz folgt, daß in der Ausgangslage $\boldsymbol{v} = \boldsymbol{0}$ das Seil entspannt, d. h. ungedehnt ist. Das ist bei der Auswertung bei der Wahl der Anfangskonfiguration zu beachten. Es folgt ferner, daß ein Schlaffwerden des Seils im Verlauf des Bewegungsvorgangs verboten ist, sofern man nicht den Formelapparat zur Erfassung auch dieser Möglichkeit entsprechend erweitert.

Unter Benutzung des KRONECKER-Matrizenproduktes [3]

$$\boldsymbol{A} \times \boldsymbol{B} = \begin{bmatrix} \boldsymbol{A}\,b_{11} & \boldsymbol{A}\,b_{12} & \boldsymbol{A}\,b_{13} & \cdots \\ \boldsymbol{A}\,b_{21} & \boldsymbol{A}\,b_{22} & \boldsymbol{A}\,b_{23} & \cdots \\ \boldsymbol{A}\,b_{31} & \boldsymbol{A}\,b_{32} & \cdots & \\ \vdots & \vdots & & \end{bmatrix} \text{ sowie der Bezeichnung } \lceil \boldsymbol{A} \rfloor = \begin{bmatrix} \boldsymbol{A} & & & 0 \\ & \boldsymbol{A} & & \\ & & \boldsymbol{A} & \\ 0 & & & \ddots \end{bmatrix}$$

ergibt sich schließlich für die LAGRANGEsche Bewegungsgleichung folgender geschlossener Matrizenausdruck ($\boldsymbol{I}$ = Einheitsmatrix vom gleichen Format wie die Massenmatrix $\boldsymbol{M}$):

$$\boldsymbol{M}\,\ddot{\hat{\boldsymbol{v}}} + \left(\boldsymbol{I} \times \dot{\hat{\boldsymbol{v}}}^T + \frac{1}{2}\lceil \dot{\hat{\boldsymbol{v}}}^T \rfloor\right)\frac{\partial \boldsymbol{M}}{\partial \hat{\boldsymbol{v}}}\,\dot{\hat{\boldsymbol{v}}} + \left(\boldsymbol{K} + \frac{1}{2}\lceil \hat{\boldsymbol{v}}^T \rfloor \frac{\partial \boldsymbol{K}}{\partial \hat{\boldsymbol{v}}}\right)\hat{\boldsymbol{v}} = \boldsymbol{Q}\,. \tag{2}$$

Die Erfassung willkürlicher Lasten sowie des Eigengewichtes in der Spaltenmatrix $\boldsymbol{Q}$ der generalisierten Kräfte bereitet keine Schwierigkeiten. Sofern die Verschiebungen zwischen den Knoten linear interpoliert werden und die Massenbelegung dazwischen konstant ist, erscheint stets das Gewicht eines Abschnitts je zur Hälfte als Punktlast in den beiden Nachbarknoten.

Bei der Erfassung des Luftwiderstandes ist zu berücksichtigen, daß die Geschwindigkeit $\dot{\mathfrak{v}}$ der Seilpunkte zunächst in Komponenten $\dot{\mathfrak{v}}_t$ und $\dot{\mathfrak{v}}_n$ tangential bzw. normal zur momentanen Seilachse zerlegt werden muß, weil für beide Komponenten unterschiedliche Widerstandsgesetze gelten. Der die Seilbewegung hindernde Luftwiderstand wird allgemein in folgender Form angenommen:

$$\mathfrak{p} = -\,f_n(\dot{\mathfrak{v}}_n)\,\frac{\dot{\mathfrak{v}}_n}{|\dot{\mathfrak{v}}_n|} - f_t(\dot{\mathfrak{v}}_t)\,\frac{\dot{\mathfrak{v}}_t}{|\dot{\mathfrak{v}}_t|}, \tag{3}$$

bei der die Auswirkungen von Tangential- und Querbewegung entkoppelt erscheinen. Bei zur Geschwindigkeit proportionalem Widerstand vereinfacht sich (3) zu

$$\mathfrak{p} = -\,c_n\,\dot{\mathfrak{v}}_n - c_t\,\dot{\mathfrak{v}}_t\,. \tag{4}$$

In diesem Fall lassen sich die aus dem Luftwiderstand herrührenden generalisierten Kräfte explizit in folgender Form angeben:

$$\boldsymbol{Q}_w = \boldsymbol{\Psi}\,(\hat{\boldsymbol{v}})\,\dot{\hat{\boldsymbol{v}}}\,.$$

Dabei ist $\boldsymbol{\Psi}$ eine quadratische Matrix, die vom jeweiligen Auslenkungszustand $\hat{\boldsymbol{v}}$ abhängig ist.

Bei der Behandlung statischer Probleme reduziert sich das Differentialgleichungssystem (2) wegen $\dot{\hat{\boldsymbol{v}}} = \ddot{\hat{\boldsymbol{v}}} = \boldsymbol{0}$ auf das nichtlineare algebraische Gleichungssystem

$$\left(\boldsymbol{K} + \frac{1}{2}\lceil \hat{\boldsymbol{v}}^T \rfloor \frac{\partial \boldsymbol{K}}{\partial \hat{\boldsymbol{v}}}\right)\hat{\boldsymbol{v}} = \boldsymbol{Q}\,. \tag{5}$$

Die Lösung erfolgt iterativ. Eine brauchbare erste Näherung erhält man meist, wenn man (5) dadurch linearisiert, daß man in $\boldsymbol{K}$ alle vom Verschiebungszustand $\hat{\boldsymbol{v}}$ abhängigen Terme wegläßt [1].

Für das Schwingungsproblem etwa bei periodischer Erregung eine stationäre Lösung zu finden, ist bisher nicht gelungen. Von größerem Interesse für die Praxis sind jedoch auch transiente Vorgänge, die durch plötzliche Be- und Entlastungen ausgelöst werden (z. B. durch Windböen). Solche Vorgänge lassen sich nach Vorgabe der Anfangsbedingungen aus (2) durch numerische Integration, z. B. nach dem RUNGE-KUTTA- bzw. NYSTRÖM-Verfahren [4] berechnen. Auch das Verfahren der Raum-Zeit-Elemente [5] läßt sich anwenden.

Numerische Schwierigkeiten können entstehen, wenn die Dehnsteifigkeit des Seiles sehr groß ist, oder wenn bei großem Durchhang seine Dehnfähigkeit kaum in Anspruch genommen wird. Dann ist es besser, das Seil als undehnbar anzunehmen. In diesem Fall sind in den Gleichungen (1), (2), (5) alle $\boldsymbol{K}$ enthaltenden Terme wegzulassen und die rechten Seiten nach der LAGRANGEschen Multiplikatorenregel [6] durch

$$Q + \frac{\partial \boldsymbol{f}^T}{\partial \hat{\boldsymbol{v}}} \boldsymbol{\lambda} \tag{6}$$

zu ersetzen. Dabei bedeutet $\boldsymbol{\lambda}$ die Spaltenmatrix der LAGRANGEschen Multiplikatoren und $\boldsymbol{f}^T = [f_1, f_2, \ldots, f_m]$ die zu einer Zeilenmatrix zusammengestellten Bindungsgleichungen. Die Bindungsgleichungen

$$f_i(\hat{\boldsymbol{v}}) = 0, \quad i = 1, 2, \ldots, m, \tag{7}$$

drücken aus, daß jeder der m Abschnitte, in die das Seil durch die Knoten unterteilt wird, seine Länge nicht ändert. Die Gleichungen (7) ergeben dann zusammen mit den veränderten Gleichungen (1), (2) bzw. (5) ein System von $\nu + m$ Beziehungen für die ebensovielen Unbekannten $\hat{v}_k$ und λ_i.

Literatur

1 ARGYRIS, J. H. und SCHARPF, D. W., Berechnung vorgespannter Netzwerke, Sitzungsber. d. Bayer. Akad. d. Wissensch., Jg. 1970, S. 25–58.
2 STRICKLIN, J. A., HAISLER, W. E. und v. RIESEMANN, W. A., Geometrically Nonlinear Structural Analysis by Direct Stiffness Method, Proc. A.S.C.E., Journ. of the Structural Div. 97, pp. 2299–2314 (1971).
3 GÖSCHE, G., Einfache geschlossene Matrizendarstellung finiter Elemente in Form einer neuen Systematik, Fortschrittsberichte VDI-Z., Reihe 4, Nr. 21.
4 ZURMÜHL, R., Praktische Mathematik, Springer, Berlin 1965.
5 ARGYRIS, J. H. und SCHARPF, D. W., Finite Elements in Time and Space. Nuclear Engineering and Design 10, pp. 456–464 (1969).
6 PESTEL, E., Technische Mechanik, Teil II, 2. Teil, BI-Hochschultaschenbücher Bd. 207/207a, Mannheim 1971.

Anschrift: Dr.-Ing. SIEGFRIED SPIERIG, 3 Hannover-Herrenhausen, Osteroder Weg 8, BRD

ZAMM 54, T 104 – T 106 (1974)

C. TORRE

Ableitung der Bewegungsgleichung der Plastiko-Dynamik in den Spannungsgrößen

1. Ist $f(\mathfrak{v}) = 0$ die Hodographenfunktion der Geschwindigkeit $\mathfrak{v}$, die eine stetige und stetig differenzierbare Funktion des Ortsvektors $\mathfrak{r}$ ist, dann wird, wie in der Theorie der voneinander abhängigen Funktionen, nach Differenzierbarkeit $\partial f/\partial \mathfrak{v}$ gefragt: $\nabla f \equiv \nabla \left(\frac{\partial f}{\partial \mathfrak{v}} \cdot \mathfrak{v}\right) = 0$. Damit erhalten wir ein System von linearen homogenen Gleichungen in $\partial f/\partial \mathfrak{v}$, das nur dann eine nicht-triviale Lösung besitzt, wenn die Funktionaldeterminante von JACOBI verschwindet: $|\nabla\, \mathfrak{v}| = 0$. Ist $\mathfrak{n}_1 = \frac{\partial f}{\partial \mathfrak{v}} : \sqrt{\Sigma\left(\frac{\partial f}{\partial \mathfrak{v}}\right)^2}$ die Normale zur Hodographenfläche $f(\mathfrak{v}) = 0$, dann erhalten wir aus $\nabla f \equiv \nabla(\mathfrak{n}_1 \cdot \mathfrak{v}) = 0$ mit Hilfe des Entwicklungssatzes $\nabla\, (\mathfrak{n}_1 \cdot \mathfrak{v}) = \mathfrak{n}_1 \cdot (\nabla\, \mathfrak{v}) + \mathfrak{n}_1 \times \times (\nabla \times \mathfrak{v}) = 0$ bzw. (vgl. ZAMM 41 (1961), S. 159, Gl. (6)):

$$\mathfrak{n}_1 \cdot \frac{\partial \mathfrak{v}}{\partial \mathfrak{r}} - 2\, \boldsymbol{\omega} \times \mathfrak{n}_1 = 0 \tag{1}$$

die Bewegungsgleichung der Plastikodynamik (Rheologischen Gasdynamik) in den Geschwindigkeitskomponenten ausgedrückt, wo $2\,\boldsymbol{\omega} = \nabla \times \mathfrak{v}$ der Wirbelvektor ist. Gl. (1) kann noch mit Hilfe der Drehungsdyade $\Omega = (i\,j - j\,i)\,\omega_z + \cdots$ ausgedrückt werden: $\mathfrak{n}_1 \cdot (\nabla\, \mathfrak{v} - 2\,\Omega) = 0$, wo $|\overline{\nabla\, \mathfrak{v}}| = |\nabla\, \mathfrak{v} - 2\,\Omega| = 0$ die Funktionaldeterminante von JACOBI ist. $|\overline{\nabla\, \mathfrak{v}}|$ hat zur Determinante $|\nabla\, \mathfrak{v}|$ vertauschte Spalten und Zeilen.

Der Wirbelvektor $\boldsymbol{\omega}$ wurde hier nicht vom Anfang an angenommen, sondern aus dem Kalkül erhalten. Gl. (1) ist exakt, weil nur Stetigkeit und Differenzierbarkeit vorausgesetzt wurden, ohne empirische Annahmen heranzuziehen. Diese Methode hat es ermöglicht, nachfolgend die Bewegungsgleichung in den Spannungsgrößen auszudrücken.

2. Die Grenzfunktionen werden nachfolgend in drei resultierenden Spannungen, die auf den Koordinatenflächen wirken*), ausgedrückt: $g_i(\mathfrak{p}_i) = 0$, wo $\mathfrak{p}_i$ stetige und stetig differenzierbare Funktionen vom Ortsvektor $\mathfrak{r}$

*) Nachfolgend wird mit den Spannungen $\mathfrak{p}_i$ – wie in Gl. (15), (16) usw. – konsequent gearbeitet.

sind. Hier wird auch, wie im Abschnitt 1, nach Differenzierbarkeit $\partial g_i/\partial \mathfrak{p}_i$ gefragt, woraus folgt:

$$\nabla g_i \equiv \nabla \left(\frac{\partial g_i}{\partial \mathfrak{p}_i} \cdot \mathfrak{p}_i\right) = 0 \quad (i = x, y, z)\,. \tag{2}$$

Gl. (2) stellt ein System von 9 linearen homogenen Gleichungen in $\partial g_i/\partial \mathfrak{p}_i$ dar mit

$$|\overline{\nabla\, \mathfrak{p}_i}| = 0\,. \tag{3}$$

Sind in den drei Spannungsräumen

$$\mathfrak{n}_2^i = \frac{\partial g_i}{\partial \mathfrak{p}_i} : \sqrt{\Sigma \left(\frac{\partial g_i}{\partial \mathfrak{p}_i}\right)^2} \quad (i = x, y, z) \tag{4}$$

die Normalenvektoren zu drei Spannungsflächen $g_i = 0$, dann lautet Gl. (2) mit dem Entwicklungssatz

$$\nabla (\mathfrak{n}_2^i \cdot \mathfrak{p}_i) = \mathfrak{n}_2^i \cdot (\nabla\, \mathfrak{p}_i) + \mathfrak{n}_2^i \times (\nabla \times \mathfrak{p}_i) = 0 \quad (i = x, y, z)\,. \tag{5}$$

Gl. (5/2) stellt die *Bewegungsgleichung der Plastikodynamik in den Spannungsgrößen* dar:

$$\mathfrak{n}_2^i \cdot \frac{\partial \mathfrak{p}_i}{\partial \mathfrak{r}} - 2\, \mathfrak{s}_i \times \mathfrak{n}_2^i = 0 \quad (i = x, y, z), \tag{6}$$

wo, in Anlehnung an Gl. (1), $2\,\mathfrak{s}_i$ an Stelle $\nabla \times \mathfrak{p}_i$ steht mit $\mathfrak{s}_x = j\, \partial\sigma_m^y/\sigma z - k\, \partial \sigma_m^z/\partial y$, usw.; σ_m^i werden nach Gl. (19) berechnet. Auch Gl. (6) kann in der Form: $\mathfrak{n}_2^i \cdot (\nabla\, \mathfrak{p}_i - 2\, \mathfrak{P}_i) = 0$ mit $|\nabla \mathfrak{p}_i - 2\, \mathfrak{P}_i| = |\nabla \mathfrak{p}_i| = 0$ dargestellt werden mit $\mathfrak{P}_x = (k\, i - i\, k)\, \partial \sigma_m^y/\partial z - (i\, j - j\, i)\, \partial \sigma_m^z/\partial y$, usw.

3. Ist dS die charakteristische Bogenlänge, dann lauten die Differentialgleichungen der charakteristischen Richtungen nach Gl. (6) wie folgt:

$$d\mathfrak{r}/dS = \mathfrak{n}_2^i, \quad d\mathfrak{p}_i/dS = 2\, \mathfrak{s}_i \times \mathfrak{n}_2^i\,. \tag{7}$$

Da nach Gl. (7) der Tangentenvektor $\mathfrak{t} = d\mathfrak{r}/dS$ gleich dem Normalenvektor $\mathfrak{n}_2^i$, so folgt

$$\mathfrak{n} \cdot \mathfrak{n}_2^i = 0\,, \tag{8}$$

daß die Normalenvektoren aufeinander senkrecht stehen, wo $\mathfrak{n}$ der Normalenvektor zur charakteristischen Fläche im physikalischen Raum $F(\mathfrak{r}) = 0$ ist. Außerdem gilt nach Gl. (1): $\mathfrak{n} \cdot \mathfrak{n}_1 = 0$, so daß sich hiermit 4 charakteristische Flächen ergeben, deren Normalen senkrecht zur Normale der $F(\mathfrak{r}) = 0$ stehen. Das ist nicht der Fall bei den Hauptnormalspannungen $G(\sigma_i) = 0$, $(i = 1, 2, 3)$, wo das quadratische Gesetz nach Gl. (14) gilt.

4. Gl. (6) sei in den Koordinaten (x, y, z) angegeben:

$$\frac{\partial g_x}{\partial \sigma_x}\frac{\partial \sigma_x}{\partial x} + \frac{\partial g_x}{\partial \tau_{xy}}\frac{\partial \sigma_x}{\partial y} + \frac{\partial g_x}{\partial \tau_{xz}}\frac{\partial \sigma_x}{\partial z} + \frac{\partial g_x}{\partial \tau_{xy}}\left(\frac{\partial \tau_{xy}}{\partial x} - \frac{\partial \sigma_x}{\partial y}\right) + \frac{\partial g_x}{\partial \tau_{xz}}\left(\frac{\partial \tau_{xz}}{\partial x} - \frac{\partial \sigma_x}{\partial z}\right) = 0, \tag{9}$$

... ... usw.

$$\frac{\partial g_x}{\partial \sigma_x}\frac{\partial \tau_{xy}}{\partial x} + \frac{\partial g_x}{\partial \tau_{xy}}\frac{\partial \tau_{xy}}{\partial y} + \frac{\partial g_x}{\partial \tau_{xz}}\frac{\partial \tau_{xy}}{\partial z} + \frac{\partial g_x}{\partial \sigma_x}\left(\frac{\partial \sigma_x}{\partial y} - \frac{\partial \tau_{xy}}{\partial x}\right) + \frac{\partial g_x}{\partial \tau_{xz}}\left(\frac{\partial \tau_{xz}}{\partial y} - \frac{\partial \tau_{xy}}{\partial z}\right) = 0\,,$$

$$\frac{\partial g_y}{\partial \tau_{xy}}\frac{\partial \tau_{xy}}{\partial x} + \frac{\partial g_y}{\partial \sigma_y}\frac{\partial \tau_{xy}}{\partial y} + \frac{\partial g_y}{\partial \tau_{yz}}\frac{\partial \tau_{xy}}{\partial z} + \frac{\partial g_y}{\partial \sigma_y}\left(\frac{\partial \sigma_y}{\partial x} - \frac{\partial \tau_{xy}}{\partial y}\right) + \frac{\partial g_y}{\partial \tau_{yz}}\left(\frac{\partial \tau_{yz}}{\partial x} - \frac{\partial \tau_{xy}}{\partial z}\right) = 0\,, \tag{10}$$

... ... usw.

Nach Gl. (7/1) oder (9) erhalten wir die Differentialgleichungen der charakteristischen Richtungen (in Klammern: *Integrabilitätsbedingungen I*):

$$\frac{dx}{dS} = \left(\frac{\partial g_x}{\partial \sigma_x} = \frac{\partial g_y}{\partial \tau_{xy}} = \frac{\partial g_z}{\partial \tau_{xz}}\right), \quad \frac{dy}{dS} = \left(\frac{\partial g_x}{\partial \tau_{xy}} = \frac{\partial g_y}{\partial \sigma_y} = \frac{\partial g_z}{\partial \tau_{yz}}\right), \quad \frac{dz}{dS} = \left(\frac{\partial g_x}{\partial \tau_{xz}} = \frac{\partial g_y}{\partial \tau_{yz}} = \frac{\partial g_z}{\partial \sigma_z}\right), \tag{11/1}$$

oder nach Eliminierung von dS und Kürzung durch dg_i:

$$\frac{dy}{dx} = \frac{d\sigma_x}{d\tau_{xy}} = \frac{d\tau_{xy}}{d\sigma_y} = \frac{d\tau_{xz}}{d\tau_{yz}}, \quad \frac{dy}{dz} = \frac{d\tau_{xz}}{d\tau_{xy}} = \frac{d\tau_{yz}}{d\sigma_y} = \frac{d\sigma_z}{d\tau_{yz}}, \quad \frac{dz}{dx} = \frac{d\sigma_x}{d\tau_{xz}} = \frac{d\tau_{xy}}{d\tau_{yz}} = \frac{d\tau_{xz}}{d\sigma_z}. \tag{11/2}$$

Nach Gl. (11) sind alle drei vollständigen Differentiale $dg_i = 0$ untereinander gleich. Die Flächen $g_i = 0$ sind dadurch ähnlich. Nach Eliminierung der Differentiale dx_i aus Gl. (11/2) erhalten wir

$$d\sigma_x\, d\sigma_y - d\tau_{xy}^2 = 0, \quad d\sigma_y\, d\sigma_z - d\tau_{yz}^2 = 0, \quad d\sigma_z\, d\sigma_x - d\tau_{zx}^2 = 0\,, \quad \text{usw.} \tag{12}$$

Eliminieren wir nun die Schubspannungen τ_{ik} aus Gl. (11/2), dann folgt

$$\left(\frac{dz}{dx}\right)^2 = \frac{d\sigma_3}{d\sigma_1}, \quad \left(\frac{dz}{dy}\right)^2 = \frac{d\sigma_2}{d\sigma_1}, \quad \left(\frac{dy}{dx}\right)^2 = \frac{d\sigma_3}{d\sigma_2}. \tag{13}$$

Mit Gl. (13), dem vollständigen Differential $d\sigma_1$ der Grenzfunktion $\sigma_1 = \sigma_1(\sigma_2, \sigma_3)$ und Division dieses durch $d\sigma_1$, ergibt sich das quadratische Abbildungsgesetz zu

$$\left(\frac{\partial z}{\partial x}\right)^2 \frac{\partial \sigma_1}{\partial \sigma_3} + \left(\frac{\partial z}{\partial y}\right)^2 \frac{\partial \sigma_1}{\partial \sigma_2} = 1\,, \tag{14}$$

wo $z = z(x, y)$ die charakteristische Fläche im physikalischen Raum ist.

Die *Integrabilitätsbedingung II*

$$\frac{\partial \tau_{xy}}{\partial y} = \frac{\partial \tau_{xz}}{\partial z} = -\frac{\partial \sigma_x}{\partial x}, \quad \frac{\partial \tau_{xy}}{\partial x} = \frac{\partial \tau_{yz}}{\partial z} = -\frac{\partial \sigma_y}{\partial y}, \quad \frac{\partial \tau_{xz}}{\partial x} = \frac{\partial \tau_{yz}}{\partial y} = -\frac{\partial \sigma_z}{\partial z}. \tag{15}$$

stellt in den drei Koordinatenebenen die Gleichgewichtsbedingungen dar, die wir als eine Integrabilitätsbedingung betrachten.

Mit Gl. (15) lauten die Glieder in den Klammern der Gl. (9) rechts:

$$\frac{\partial \tau_{xy}}{\partial x} - \frac{\partial \sigma_x}{\partial y} = -\frac{\partial\,(\sigma_x + \sigma_y)}{\partial y} = -2\frac{\partial \sigma_m^z}{\partial y}, \quad \frac{\partial \tau_{xz}}{\partial x} - \frac{\partial \sigma_x}{\partial z} = -2\frac{\partial \sigma_m^y}{\partial z}, \quad \text{usw.} \tag{16}$$

wo $\sigma_m^y = \frac{1}{2}(\sigma_x + \sigma_z)$ und $\sigma_m^z = \frac{1}{2}(\sigma_x + \sigma_y)$ die mittleren Spannungen sind. Gl. (9) sind nun:

$$\frac{\partial g_x}{\partial \sigma_x}\frac{\partial \sigma_x}{\partial x} + \frac{\partial g_x}{\partial \tau_{xy}}\frac{\partial \sigma_x}{\partial y} + \frac{\partial g_x}{\partial \tau_{xz}}\frac{\partial \sigma_x}{\partial z} - 2\left(\frac{\partial g_x}{\partial \tau_{xz}}\frac{\partial \sigma_m^z}{\partial y} + \frac{\partial g_x}{\partial \tau_{xz}}\frac{\partial \sigma_m^y}{\partial z}\right) = 0\,, \quad \text{usw.} \tag{17}$$

5. Mit Gl. (10) haben wir noch 6 Differentialgleichungen in τ_{ik}, die wegen der Gleichheit $\tau_{ik} = \tau_{ki}$ zu je zwei gleichzusetzen sind. Wegen Gl. (11/1) fallen dann die ersten 3 Glieder in Gl. (10) fort, während die restlichen Glieder 3 neue Gleichungen bilden, in welchen die in Gl. (15) noch nicht definierten indexfremden Schubspannungsableitungen wie folgt zu nehmen sind (*Integrabilitätsbedingung III*)

$$\frac{\partial \tau_{xy}}{\partial z} = \frac{\partial \tau_{yz}}{\partial x} = \frac{\partial \tau_{zx}}{\partial y}\,.^{**)} \tag{18}$$

Damit sind entsprechende Glieder in Gl. (10) gleich Null zu setzen, während die restlichen Glieder unter Berücksichtigung der Gl. (16) folgende 3 Differentialgleichungen in σ_m^i liefern:

$$\frac{\partial g_y}{\partial \sigma_y}\frac{\partial \sigma_m^z}{\partial x} - \frac{\partial g_x}{\partial \sigma_x}\frac{\partial \sigma_m^z}{\partial y} = 0\,, \quad \frac{\partial g_z}{\partial \sigma_z}\frac{\partial \sigma_m^x}{\partial y} - \frac{\partial g_y}{\partial \sigma_y}\frac{\partial \sigma_m^x}{\partial z} = 0\,, \quad \frac{\partial g_x}{\partial \sigma_x}\frac{\partial \sigma_m^y}{\partial z} - \frac{\partial g_z}{\partial \sigma_z}\frac{\partial \sigma_m^y}{\partial x} = 0\,. \tag{19}$$

Die Lösungen der Differentialgleichungen (19) lauten:

$$\sigma_m^x = \Phi_x(\bar{y} + \bar{z}), \quad \sigma_m^y = \Phi_y(\bar{z} + \bar{x}), \quad \sigma_m^z = \Phi_z(\bar{x} + \bar{y})\,, \tag{20}$$

wo Φ_i beliebige Funktionen von $\bar{x}_i + \bar{x}_k$ sind. Unter Berücksichtigung, daß g_i bzw. $\partial g_i/\partial \sigma_i$ Funktionen nur von den Spannungen σ_i und τ_{ik} sind, gilt:

$$\bar{x} = \int \frac{\partial g_x}{\partial \sigma_x}\,dx = \frac{\partial g_x}{\partial \sigma_x}\,x, \quad \bar{y} = \int \frac{\partial g_y}{\partial \sigma_y}\,dy = \frac{\partial g_y}{\partial \sigma_y}\,y, \quad \bar{z} = \int \frac{\partial g_z}{\partial \sigma_z}\,dz = \frac{\partial g_z}{\partial \sigma_z}\,z\,. \tag{21}$$

Da hiermit σ_m^i bekannt sind, so können nun aus den Differentialgleichungen (17) die Spannungen σ_i ($i = x, y, z$) berechnet werden. Die charakteristische Normalspannung ergibt sich nach Gl. (17) zu

$$\frac{d\sigma_x}{dS} = 2\left(\frac{\partial g_x}{\partial \tau_{xy}}\frac{\partial \sigma_m^z}{\partial y} + \frac{\partial g_x}{\partial \tau_{xz}}\frac{\partial \sigma_m^y}{\partial z}\right), \quad \text{usw.} \tag{22}$$

Die Differentialgleichungen für die Schubspannungen erhalten wir nach Gl. (10) unter Beachtung der Gl. (18) sowie der Feststellungen am Anfang des Abschnittes 5:

$$\frac{\partial g_x}{\partial \sigma_x}\frac{\partial \tau_{xy}}{\partial x} - \frac{\partial g_y}{\partial \sigma_y}\frac{\partial \tau_{xy}}{\partial y} - \left(\frac{\partial g_x}{\partial \sigma_x}\frac{\partial \sigma_x}{\partial y} - \frac{\partial g_y}{\partial \sigma_y}\frac{\partial \sigma_y}{\partial x}\right) = 0\,, \quad \text{usw.} \tag{23}$$

mit der charakteristischen Schubspannung

$$\frac{d\tau_{xy}}{dS} = \frac{\partial g_x}{\partial \sigma_x}\frac{\partial \sigma_x}{\partial y} - \frac{\partial g_y}{\partial \sigma_y}\frac{\partial \sigma_y}{\partial x}, \quad \text{usw.} \tag{24}$$

Anschrift: Dr. COSIMO TORRE, A-1190 Wien, Hungerbergstr. 10/11, Österreich

**) Evtl. auch = 0, weil diese Größen in Gl. (15) nicht vorkommen bzw. weil sich der Ausdruck $\partial \tau_{ij}/\partial x_k$ in den rechtwinkligen Koordinaten nicht ändert.

ZAMM 54, T 107 – T 108 (1974)

O. E. WIDERA/E. FRANK

Ein Beitrag zur Analyse der versteiften Kreisringplatte

Introduction

The problem discussed here is the stability of an edgebeam reinforced annular plate loaded simultaneously on both boundaries by uniformly distributed radial loads. The plate is described in the context of classical plane elasticity and plate theories. The edge-beams are assumed to possess a width which is small compared to their radii so that they may be treated by use of elementary beam theory. The fact that each of the beams and the plate may possess different elastic and geometric properties is included in the analysis. By varying the properties of the beams, the complete range of reinforcing (from zero to infinitely stiff) can be represented.

Analysis

Consider an annular plate of thickness t, inner radius a, outer radius b, and made from an elastic material (YOUNG's modulus E, flexural rigidity D) which is reinforced at the inner and outer radii by beams possessing the following properties: cross-sectional areas A_i, A_e; elastic moduli E_i, E_e; dimensionless bending stiffnesses $\varkappa_i$ $(= K_i/a\,D)$, $\varkappa_e$ $(= K_e/a\,D)$. Here, subscript i refers to the inner edge and subscript e refers to the outer. The plate is subjected to constant radial pressures p_i and p_e at the edges.

The in-plane stress state of this plate is given by

$$\sigma_r = \frac{1}{r}\frac{d\Phi}{dr}, \qquad \sigma_\theta = \frac{d^2\Phi}{dr^2}, \tag{1}$$

where Φ is the AIRY stress function

$$\Phi = \frac{p_i}{t}\,(A_1\,r^2 + A_2\,a^2 \log r)\,, \tag{2}$$

and the A_i are constants of integration.

Consider now a circular beam under radial inward loading p. The radial displacement of the beam v_r is given by

$$v_r = -\frac{p\,a^2}{E_b\,A_b}\,. \tag{3}$$

Satisfaction of the continuity conditions at the beam plate interfaces yields the following expression for the radial stress in the reinforced plate:

$$\sigma_r = \frac{1}{t}\left[\frac{\frac{m_i}{n_i}\,a^2\,p_i - \frac{m_e}{n_e}\,b^2\,p_e}{m_e\,b^2 - m_i\,a^2} - \frac{m_i\,m_e\,a^2\,b^2}{r^2}\left(\frac{\frac{p_i}{n_i} - \frac{p_e}{n_e}}{m_e\,b^2 - m_i\,a^2}\right)\right], \tag{4}$$

where

$$\lambda_e = \frac{A_e\,E_e}{b\,t\,E}, \quad \lambda_i = \frac{A_i\,E_i}{a\,t\,E}, \quad m_e = \frac{n_e}{1-(1+\nu)\,\lambda_e},$$
$$m_i = \frac{n_i}{1+(1+\nu)\,\lambda_i}, \quad n_e = 1+(1-\nu)\,\lambda_e, \quad n_i = 1-(1-\nu)\,\lambda_i\,. \tag{5}$$

To determine the critical buckling load, we consider the following equation for the transverse displacement w of a plate under in-plane loading:

$$r^2\frac{d^2\Psi}{dr^2} + r\,\frac{d\Psi}{dr} + \left(\frac{t\,\sigma_r}{D}\,r^2 - 1\right)\Psi = -\frac{Q}{D}\,r^2\,, \tag{6}$$

where Q is the transverse radial shear force, and

$$\Psi = -\frac{dw}{dr}\,. \tag{7}$$

For the problem being considered,

$$Q = \frac{\text{constant}}{2\,\pi\,r}\,, \tag{8}$$

and, thus, on substituting this expression and that for σ_r obtained previously into (6), we obtain

$$x^2 \frac{d^2\Psi}{dx^2} + x \frac{d\Psi}{dx} + (x^2 - n^2)\, \Psi = K\, x\,, \tag{9}$$

where K is a constant, and

$$n^2 = -B,\ x = A^{1/2}\, r,\ A = \frac{\frac{m_i}{n_i} a^2\, p_i - \frac{m_e}{n_e} b^2\, p_e}{D\,(m_e\, b^2 - m_i\, a^2)}\,,$$
$$B = -\frac{m_i\, a^2\, m_e\, b^2 \left(\frac{p_i}{n_i} - \frac{p_e}{n_e}\right)}{D\,(m_e\, b^2 - m_i\, a^2)} - 1\,. \tag{10}$$

The general solution of equation (10) is given by ($n \neq$ integer)

$$\Psi = -K_1\, J_n(x) - K_2\, J_{-n}(x) + \Psi_p\,, \tag{11}$$

where Ψ_p represents the particular solution state. Note that the pressures appear both in the argument as well as in the order of the solution state.

As an example, consider the case where the outer beam is guided while the inner beam is clamped but free to move in the radial direction. The edge conditions in this case are [1]

$$\frac{dw}{dr} = V_e = 0 \ \ (r = b)\,, \quad w = \frac{dw}{dr} = 0 \ \ (r = a)\,, \tag{12}$$

where V_e is the supplemented plate shear force. The critical values of $\gamma = p_e/p_i$ are found from the roots of the function

$$W = J_n(A^{1/2})\, J_{-n}(A^{1/2}\, \beta) - J_n(A^{1/2}\, \beta)\, J_{-n}(A^{1/2}) = 0\,, \quad \beta = b/a\,. \tag{13}$$

The evaluation of the roots can be carried out with the aid of a computer program employing continued fractions [2].

For values of $\alpha = 0, t = 1/20, A_e = A_i = 1/64, a = 1, \beta = 2, \nu = 0.3$, and $E = E_i = E_e = 30 \times 10^6$, this yields

$$[(p_i\, a^2)/D]_{\text{crit}} = 8.675.$$

References

1 Widera, O. E., Amon, R., On the vibration of beam reinforced circular plate type elements, Proc. 6th Conf. on Dynamics of Machines 1, S. 84–93 (1970).

2 Frank, Evelyn, A practical method for the computation of the zeros of complex polynomials, presented for publication.

Anschriften: O. E. Widera, Prof. of Materials Engineering, Materials Engineering Department, University of Illinois at Chicago Circle, Box 4348, Chicago, Ill. 60680, USA

Evelyn Frank, Prof. of Mathematics, Mathematics Department, University of Illinois at Chicago Circle, Box 4348, Chicago, Ill. 60680, USA

ZAMM 54, T 108 – T 109 (1974)

W. Wöbbecke

Allgemeine Differentialgleichungen dünner elastischer Schalen in Matrizendarstellung

Die Grundgleichungen der Biegetheorie allgemeiner dünner Schalen findet man in der Literatur u. a. bei Naghdi [1]. In der dort vorliegenden Form sind die Gleichungen jedoch zur Behandlung von Schalenaufgaben nicht unmittelbar geeignet. Sie werden daher auf ein System von 8 partiellen Differentialgleichungen reduziert, die bezüglich einer der beiden Mittelflächenkoordinaten, beispielsweise x^1, nur Differentialquotienten 1. Ordnung enthalten. Als Unbekannte erscheinen die drei Komponenten des Verschiebungsvektors (v_α, w) und eine Komponente des Drehvektors (β_1) sowie die korrespondierenden 4 Kraftgrößen, die sich als Kombinationen der Schnittgrößen erweisen.

Derartige Schalengleichungen sind besonders zweckmäßig, wenn es gelingt, die Abhängigkeit der Unbekannten von der zweiten Koordinatenrichtung durch Funktionenansätze zu erfassen. In einem solchen Falle läßt sich das partielle Differentialgleichungssystem in Systeme von 8 gewöhnlichen Differentialgleichungen

1. Ordnung überführen, die mit Hilfe von Standardprozeduren auf Digitalrechnern relativ einfach zu integrieren sind. Zudem erweist es sich als vorteilhaft, daß die den Konstrukteur interessierenden Verschiebungs- und Kraftgrößen entweder direkt als Unbekannte vorkommen, oder daraus allein mittels arithmetischer Rechenoperationen zu bestimmen sind.

Die Reduktion der aus der Literatur entnommenen Schalengleichungen steht und fällt mit dem Auffinden der „richtigen" Schnittgrößenkombinationen. WUNDERLICH [2] gelangte bei Rotationsschalen auf anschaulich synthetischem Wege durch Umformen von Gleichgewichts- und Schnittgrößen-Verformungsbeziehungen ans Ziel. Dieses Verfahren erweist sich jedoch bei einer allgemeinen Mittelflächengeometrie als wenig erfolgversprechend. Daher wird die analytische Methode gewählt, bei der man ausgehend von einem Extremalprinzip die gesuchten 8 Differentialgleichungen aus einem System kanonischer Differentialgleichungen gewinnt, das der HAMILTONformalismus liefert.

Zugrunde gelegt wird das Prinzip vom stationären Wert der potentiellen Energie, das sich als Variationsprinzip mit der LAGRANGEfunktion L für dünne Schalen kurz

$$\delta \int\int L(v_\alpha, w, \beta_1)\, dx^1\, dx^2 = 0$$

schreiben läßt. Aus den kanonischen Differentialgleichungen erhält man nach einem aufwendigen Eliminationsprozeß 8 partielle Differentialgleichungen, die in x^1-Richtung nur Ableitungen 1. Ordnung aufweisen. Sie werden wie folgt in Matrixform zusammengestellt

$$\begin{bmatrix} \boldsymbol{v}_{,1} \\ \boldsymbol{P}_{,1} \end{bmatrix} = \boldsymbol{B} \begin{bmatrix} \boldsymbol{v} \\ \boldsymbol{P} \end{bmatrix} - \sqrt{a} \begin{bmatrix} 0 \\ \boldsymbol{p} \end{bmatrix}.$$

Ableitungen nach x^1 sind durch ein Komma gekennzeichnet. Die Spaltenmatrizen $\boldsymbol{v}$, $\boldsymbol{P}$ und $\boldsymbol{p}$ umfassen die Verschiebungsgrößen, die zugehörigen Kraftgrößen und die Flächenlasten der Schale. 0 ist ein Nullvektor, a die Determinante der Schalenmetrik. Die quadratische Matrix $\boldsymbol{B}$ enthält die Schalengeometrie, die Elastizitäts konstanten des Werkstoffs und einen Operator ∂_2, der die Abhängigkeit der 8 Zustandsgrößen von der x^2-Richtung beschreibt.

Die Matrizengleichung wurde angewendet zur Berechnung von Spannungen und Deformationen unendlich langer verwundener Röhren unter axialsymmetrischen Belastungen. Da verwundene Röhren sich insbesondere unter der Wirkung von Manteldruck verdrehen, werden sie als signalgebende Bauelemente in Druckmeßgeräten eingesetzt.

Literatur

1 NAGHDI, P. M., A New Derivation of the General Equations of Elastic Shells, Int. J. Engng. Sci. **1**, pp. 509–522 (1963).
2 WUNDERLICH, W., Zur Berechnung von Rotationsschalen mit Übertragungsmatrizen, Ing.-Archiv **36**, S. 262–279 (1967).

Anschrift: Dipl.-Ing. WERNER WÖBBECKE, 33 Braunschweig, Lägenkamp 2, BRD

FLUIDMECHANIK

ZAMM 54, T 110 – T 111 (1974)

J. BALLMANN*)

Ein Beitrag zum Singularitätenverfahren für Überschallströmungen um schlanke Körper

Zur numerischen Lösung von VOLTERRA-Integralgleichungen (I-Gln.) wird ein Verfahren angegeben, das für Strömungen um schlanke Körper genauere Ergebnisse liefert als die üblichen Verfahren (Summenverfahren, Slender-Body-Theory, [1], [2] u. a.).

Der Körper sei schwach angestellt und seine Oberfläche in Zylinderkoordinaten x, r, ω (x-Achse=Körperachse) durch $r = R(x)$ gegeben (Rotationskörper, Länge L). $R(x)$ sei stetig für $0 \leqq x \leqq L$ und zwischen (ggf. bei $x = x_s^*$, $(s = 1, \ldots, l)$ vorhandenen) Konturknicken beliebig oft stetig differenzierbar. Die Randbedingung am umströmten Körper ist als FOURIERreihe mit nur zwei Summanden der Form $h_m(x) \cos m\omega$ $(m = 0, 1)$ darstellbar und liefert mit den entsprechenden Elementarlösungen der Wellengleichung (Quellen, Dipole, [2], [3] u. a.) die I-Gln.

$$\int_0^{\xi(x)} f_m(\xi)\, k_m\big(x - \xi, r = R(x)\big)\, d\xi = h_m(x) \qquad (m = 0, 1) \tag{1}$$

für die Belegungsfunktionen $f_m(\xi)$. Darin ist mit M = MACHzahl, ε = Anstellwinkel, $\beta = (M^2 - 1)^{1/2}$

$$\begin{gathered} \xi(x) \equiv x - \beta\, R(x), \; [h_0(x_s^*)] \equiv R'(x_s^* + 0) - R'(x_s^* - 0) \text{ (Knick)}, \\ x_{s-1}^* + 0 \leqq x \leqq x_s^* - 0\colon h_0(x) = R'(x), \quad 0 \leqq x \leqq L\colon h_1(x) = \varepsilon\,; \end{gathered} \tag{2}$$

$$k_0 = -\frac{\cosh\lambda}{r \sinh\lambda}, \qquad k_1 = -\frac{\cosh^2\lambda}{r \sinh\lambda}, \qquad \cosh\lambda = \frac{x - \xi}{\beta r}. \tag{3}$$

Bei der Lösung der I-Gln. gehen wir nun ähnlich vor wie bei FREDHOLMschen I-Gln. (Spline-Interpolation, intervallweise Polynomapproximation): Der Bereich $0 \leqq x \leqq L$ des Körpers wird in N Intervalle Δx_i, $(i = 1, \ldots, N)$ eingeteilt, denen wegen $\xi_i = x_i - \beta\, R(x_i)$ in (1) ebenfalls N Integrationsintervalle $\Delta\xi_i$ entsprechen. Dann werden in jedem dieser Intervalle $\xi_{i-1} + 0 \leqq \xi(x) \leqq \xi_i - 0$ mit $x_{i-1} + 0 \leqq x \leqq x_i + 0$ die gesuchten $f_m(\xi)$ durch Interpolationsfunktionen $f_m^i(\xi)$ mit noch unbekannten konstanten Koeffizienten ersetzt. Diese Konstanten werden durch eine entsprechende Auswertung von (1) berechnet. Ist die Körperkontur glatt (Fall a)), so ist die Intervalleinteilung beliebig. Sonst (Fall b)) wird die Intervalleinteilung zweckmäßig so vorgenommen, daß die Konturknicke an Intervallgrenzen liegen, z. B.: $x_{s-1}^* \leqq x \leqq x_s^*$ in N_s Intervalle, $s = 1, \ldots, l$; $N = N_1 + \cdots + N_l$ (Fallunterscheidung nur für $m = 0$ notwendig). Mit der nicht einschränkenden Annahme $f_m^i(\xi_i - 0) = f_m^i(\xi_i + 0) = f_m^i(\xi_i)$ setzen wir an:

$$\begin{aligned} &\text{Fall a)}\colon f_m^i(\xi) = f_m^{i-1}(\xi_{i-1}) + \Delta f_m^i(\xi), \; f_m^0(\xi_0 = +0) \equiv f_m^0 = \text{const}, \\ &\text{Fall b)}\colon \tilde f_0^i(\xi) = f_0^{i-1}(\xi_{i-1}) + \Delta f_0^i(\xi) + \sum_{\sigma=1}^{s} \Delta f_0^{*\sigma}(\xi), \; \tilde f_0^i(\xi) \quad \text{für} \quad i \geqq \sum_{\sigma=1}^{s} N_\sigma + 1)\,. \end{aligned} \tag{4}$$

Darin werden mit Konstanten $a_{m\alpha}^i$, $(\alpha = 0, 1, \ldots, n_i)$, c_0^s und den Kernen nach (3) die Interpolationsfunktionen mit

$$\Delta f_m^i = \sum_{\alpha=0}^{n_i} a_{m\alpha}^i (\xi - \xi_{i-1})^\alpha, \quad \Delta f_0^{*s}(\xi) = c_0^s\,(\xi - \xi(x_s^*))^{-1/2} \tag{5}$$

gewählt. Nach formaler Rechnung folgt mit

$$\begin{aligned} I_m^i(x) \equiv{} & f_m^0 \int_0^{\xi(x)} k_m\big(x - \xi, R(x)\big)\, d\xi + \sum_{\tau=1}^{i-1} \int_{\xi_{\tau-1}}^{\xi_\tau} \Delta f_m^\tau(\xi)\, k_m\big(x - \xi, R(x)\big)\, d\xi + \\ & + \sum_{\tau=1}^{i-1} \Delta f_m^\tau(\xi_\tau) \int_{\xi_\tau}^{\xi(x)} k_m(x - \xi, R(x))\, d\xi + \int_{\xi_{i-1}}^{\xi(x)} \Delta f_m^i(\xi)\, k_m(x - \xi, R(x))\, d\xi, \end{aligned} \tag{6}$$

$$\tilde I_0^i(x) \equiv I_0^i(x) + \sum_{\sigma=1}^{s} c_0^\sigma \int_{\xi(x_\sigma^*)}^{\xi(x)} k_0(x - \xi, R(x))\,(\xi - \xi(x_\sigma^*))^{-1/2}\, d\xi \tag{7}$$

$$\begin{aligned} &\text{im Fall a)}\colon I_m^i(x) = h_m(x), \quad i = 1, \ldots, N\,, \\ &\text{im Fall b)}\colon I_0^i(x) = h_0(x), \; (i \leqq N_1), \; \text{und} \; \tilde I_0^i(x) = h_0(x), \; (i > N_1)\,. \end{aligned} \tag{8}$$

*) Lehrstuhl f. Mechanik an der Rhein.-Westf. Technischen Hochschule in Aachen

Die Integrale in (7) sind Linearkombinationen der vollständigen elliptischen Integrale 1. u. 2. Gattung mit einem konstanten Grenzwert für $x = x_s^* + 0$. Die Lösung der I-Gln. (8) geschieht wie folgt:

$$1.\ f_m^0 \text{ aus } h_m(+0) = f_m^0 \lim_{x\to 0} \int_0^{\xi(x)>0} k_m\,(x-\xi,\, R(x))\, d\xi\,.$$

$$2.\ c_0^s \text{ aus } [h_0(x_s^*)] = \tilde{I}_0^i\,(x_s^* + 0) - \tilde{I}_0^i\,(x_s^* - 0) = c_0^s\,\pi\,\beta\,(2\,\beta\,R(x_s^*))^{-1/2} \quad \text{(s. (4)–(5))}.$$

3. Mit $i = 1$ beginnend werden jeweils nach Wahl von n_i die $a_{m\alpha}^i$, ($\alpha = 0, 1, \ldots, n_i$) für das i-te Intervall berechnet. Die erforderlichen $n_i + 1$ Gleichungen folgen für die Fälle a) bzw. b) aus (8) z. B. durch Diskretisierung für $n_i + 1$ Stützstellen im Intervall $x_{i-1} + 0 \leqq x \leqq x_i - 0$ oder durch Entwicklung der I-Gln. um $x = x_i$ für $x < x_i$.

Beispielrechnungen ergaben selbst für $n_i = 0$ bereits bessere Resultate als die üblichen Verfahren. Das Verfahren löst die Kegelströmung auch dann exakt, wenn auf f_m^0 verzichtet wird.

Literatur

1 v. KÁRMÁN, TH., and MOORE, N. B., Resistance of Slender Bodies Moving with Supersonic Velocities, Trans. Amer. Soc. Mech. Engrs. 54, S. 303–310 (1932).

2 LIGHTHILL, M. J., Supersonic Flow Past Slender Bodies, A.R.C.R. & M. No. 2003 (1945).

3 BALLMANN, J., Berechnung von Überschallströmungen um schlanke Körper mit Hilfe bewegter Singularitäten, Diss. TH Aachen, 1967.

Anschrift: Dozent Dr.-Ing. J. BALLMANN, 51 Aachen-Oberforstbach, Klosterstr. 33, BRD

ZAMM 54, T 111 – T 112 (1974)

G. BÖHME

Die Sekundärströmung „einfacher Fluide" im Spalt zwischen zwei Rotationsflächen

Der Spalt zwischen zwei Rotationsflächen mit gemeinsamer Achse sei vollständig mit einer inkompressiblen Flüssigkeit angefüllt. Es wird angenommen, daß es sich dabei um ein „einfaches Fluid" im Sinne von NOLL handelt, also ausdrücklich zugelassen, daß das Fluid Gedächtnis besitzt. Es soll die Bewegung des Fluids beschrieben werden, die dadurch zustande kommt, daß die beiden Flächen mit verschiedenen Winkelgeschwindigkeiten Ω und $\Omega + \Delta\Omega$ um die gemeinsame Achse rotieren. Die beiden Winkelgeschwindigkeiten werden dabei als hinreichend klein vorausgesetzt, so daß man von „langsamer" Bewegung sprechen kann (kleine REYNOLDS-Zahl und kleine DAMKÖHLER-Zahl). Bei langsamer Bewegung verhalten sich einfache Fluide in erster Näherung wie trägheitslose NEWTONsche Fluide. Es handelt sich also in erster Näherung um die schleichende Strömung eines NEWTONschen Fluids (Scherzähigkeit η), d. h. um eine reine Schleppströmung, bei der jedes Fluidteilchen mit ihm eigener Winkelgeschwindigkeit $\omega^{(1)}$ auf einem Kreis umläuft, dessen Zentrum auf der Drehachse liegt („Primärströmung"). Alle Fluidteilchen, die mit derselben Winkelgeschwindigkeit umlaufen, liegen auf einer Drehfläche und behalten bei der Bewegung ihre relative Lage bei. Die Primärströmung kann also kinematisch charakterisiert werden als das Aufeinander-Abgleiten starrer Flächen und ist deshalb nach YIN und PIPKIN [1] „viskometrisch" im Sinne von COLEMAN. Diese Primärströmung ist nun zwar kinematisch exakt, dynamisch jedoch nur näherungsweise realisierbar. Sie induziert nämlich im Fluid Trägheitskräfte $\varrho\, r(\omega^{(1)})^2\, \boldsymbol{e}_r$ und Extraspannungen der Form (vgl. COLEMAN, MARKOVITZ und NOLL [2])

$$(r \operatorname{grad} \omega^{(1)})^2\, [\nu_1\, \boldsymbol{e}_1 \otimes \boldsymbol{e}_1 + \nu_2\, \boldsymbol{e}_2 \otimes \boldsymbol{e}_2]\,,$$

welche eine Zusatzbewegung, die „Sekundärströmung", verursachen. Die Symbole haben folgende Bedeutung: ϱ — Dichte, r — Abstand von der Drehachse; ν_1, ν_2 — konstante Normalspannungskoeffizienten zweiter Ordnung; $\otimes$ — dyadisches Produkt. Die orthonormierten Vektoren $\boldsymbol{e}_1$, $\boldsymbol{e}_2$ spannen die sogenannte Scherebene auf, wobei $\boldsymbol{e}_1$ die Richtung des Geschwindigkeitsvektors der Primärbewegung angibt.

Die Sekundärströmung findet in der Meridianebene statt und hat die Form eines oder mehrerer Ringwirbel. Bei ihrer Berechnung hat man eine lineare inhomogene partielle Differentialgleichung vierter Ordnung für die Stromfunktion $\Psi^{(2)}$ zu lösen, wobei die Randbedingungen $\Psi^{(2)} = |\operatorname{grad} \Psi^{(2)}| = 0$ auf den drehenden Flächen zu befriedigen sind. Bei gewissen geometrisch einfachen Rändern (konzentrische Kugeln, koaxiale Kegel mit gemeinsamer Spitze) läßt sich die Lösung dieses Problems durch endliche Summen elementarer Funktionen darstellen (vgl. BHATNAGAR [3]). Es wurde jedoch bisher offenbar nicht bemerkt, daß man unter wesentlich allgemeineren Bedingungen, nämlich bei beliebigen Randflächen mit gewissen schwachen Differenzierbarkeitseigenschaften, die Sekundärströmung durch einfache analytische Ausdrücke beschreiben kann, wenn nur der Spalt hinreichend schmal ist. Hierzu führt man zweckmäßigerweise orthogonale Koordinaten u, v in der Meridianebene derart ein, daß die Meridianschnitte der beiden drehenden Flächen Koordinatenlinien $u = U$ bzw. $u = U + \Delta U$ werden (ΔU ist ein Maß für die Breite des Spaltes), und faßt $\Psi^{(2)}$ als Funktion von v und der gestreckten Koordinate $t = (u - U)/\Delta U$ auf. Bei schmalem Spalt kann man sich darauf beschränken, das erste Glied der asymptotischen Darstellung für $\Delta U \to 0$ zu bestimmen. Das Ergebnis lautet

$$\Psi^{(2)} \approx (\Delta U)^3 \frac{\varrho}{\eta} \Delta\Omega\, (5\,\Omega + 2\,\Delta\Omega + \Delta\Omega\, t)\, t^2\, (1 - t)^2\, F(v)$$

bei NEWTONschen Fluiden und

$$\Psi^{(2)} \approx (\Delta U)^2 \frac{\nu_1 + \nu_2}{\eta} (\Delta\Omega)^2\, t^2\, (1 - t)^2\, G(v)$$

bei viskoelastischen Fluiden zweiter Ordnung. Die Funktionen F und G hängen nur von v, jedoch weder von t noch von den physikalischen Konstanten des Problems ab, sind also durch die geometrischen Eigenschaften der beiden Flächen allein bestimmt. Anhand der Formeln läßt sich insbesondere die Frage beantworten, aus wievielen Ringwirbeln die Sekundärströmung bei engem Spalt besteht. Hierzu hat man nur die Zellengrenzen, d. h. die Nullstellen von $\Psi^{(2)}$ und damit insbesondere von $F(v)$ und $G(v)$ aufzusuchen. Die Lage der Zellengrenzen ergibt sich also aus gewissen lokalgeometrischen Eigenschaften der beiden Randflächen. So findet man bei NEWTONschem Fluid Zellengrenzen dort, wo die Tangente an den Meridianschnitt parallel zur Drehachse liegt. Drehen beide Flächen gegensinnig, so verschwindet der Ausdruck $(5\,\Omega + 2\,\Delta\Omega + \Delta\Omega\, t)$ unter Umständen innerhalb des Spaltes, so daß sich die Zahl der Ringwirbel bei NEWTONschem Fluid verdoppelt.

Eine ausführliche Darstellung der Theorie mit numerischen Beispielen erscheint an anderer Stelle.

Literatur

1 YIN, W. L. and PIPKIN, A. C., Kinematics of viscometric flow, Archive Rat. Mech. Anal. 37, pp. 111–135 (1970).
2 COLEMAN, B. D., MARKOVITZ, H. and NOLL, W., Viscometric flows of non-Newtonian fluids, Springer-Verlag, Berlin/Heidelberg/New York 1966.
3 BHATNAGAR, P. L., Secondary flow in non-Newtonian fluids, Proc. 5th Intern. Congr. Rheology (S. Onogi, ed.), Vol. 1, pp. 275–292, University of Tokyo Press, Tokyo 1969.

Anschrift: Doz. Dr. G. BÖHME, Fachbereich für Mechanik der Technischen Hochschule, 61 Darmstadt, Hochschulstraße 1, BRD

ZAMM 54, T 112 (1974)

R. BOHNING

Schallnahe, schwach gestörte Potentialwirbelströmung durch gekrümmte Kanäle*)

Ausgehend von einem Potentialwirbel als ungestörter Grundströmung kann die schallnahe Überschallströmung eines idealen Gases durch einen Kanal mit nicht ganz kreisförmigen Wänden mittels einer Störungstheorie analytisch beschrieben werden. Das hieraus resultierende Rand-Anfangswertproblem läßt sich nach Einführen einer schallnahen Näherung in den nicht konstanten Koeffizienten der linearisierten gasdynamischen Grundgleichung mit Hilfe der FOURIERschen Separationsmethode geschlossen lösen. Nähere Einzelheiten sind der Originalarbeit (Dissertation 1972) oder der bald erscheinenden Veröffentlichung zu entnehmen.

*) Zusammenfassung der von der Fakultät für Maschinenbau der Universität Karlsruhe genehmigten Dissertation (1972)

Anschrift: Dipl.-Phys. RAINER BOHNING, Lehrstuhl für Strömungslehre, im Institut für Strömungslehre und Strömungsmaschinen an der Universität, 75 Karlsruhe, Kaiserstr. 12, BRD

ZAMM 54, T 113 (1974)

K. Burg

Stabilitätsbetrachtungen beim Benard-Problem mit oszillierender Randbedingung

Nach Abspaltung einer oszillierenden Grundströmung wird das Gleichungssystem der Thermokonvektion unter Berücksichtigung der Bousinesq-Approximation als Differentialgleichung in einem geeigneten Funktionen-Raum interpretiert.

Mit Hilfe von Ergebnissen, die auf Judovic [1], [2] zurückgehen, werden einige Aspekte der asymptotischen Stabilität dieser Grundströmung diskutiert.

Es bestehen bemerkenswerte Parallelen zum Taylor-Problem mit oszillierendem Innen-Zylinder, das von Herfort [3] behandelt wurde.

Eine ausführliche Darstellung soll an anderer Stelle erscheinen.

Literatur

1 Judovic, V. I., Über Stabilität erzwungener Schwingungen von Flüssigkeiten, Dokl. Ak. Nauk. SSSR **195**, S. 292–295 (1970).
2 Judovic, V. I., Über Stabilität freier Schwingungen von Flüssigkeiten, Dokl. Ak. Nauk. SSSR **195**, S. 574–576 (1970).
3 Herfort, P., Stabilitätsuntersuchung an einer oszillierenden Couette-Strömung, ZAMP **23**, S. 373–391 (1972).

Anschrift: Priv.-Doz. Dr. Klemens Burg, Institut für Strömungslehre und Strömungsmaschinen, Universität Karlsruhe, 75 Karlsruhe, Kaiserstr. 12, BRD

ZAMM 54, T 113 – T 114 (1974)

R. Emmerling / G. E. A. Meier / A. Dinkelacker

Die momentane Struktur des Wanddruckes einer turbulenten Grenzschichtströmung

Turbulente Strömungen erzeugen an Begrenzungswänden Druckschwankungen. Diese Druckschwankungen führen – meist auf dem Umweg über die Anregung von Wandschwingungen – häufig zu Lärmerzeugung, manchmal auch zu akustischer Materialermüdung. Für ein genaueres Verständnis dieser Mechanismen sind Kenntnisse über die Struktur der turbulenten Wanddruckfelder wesentlich. Bisher (vgl. z.B. [1] und [2]) wurden solche Strukturuntersuchungen mit Hilfe von Druckkorrelationsmessungen durchgeführt, dabei erhält man aber nur Information über zeitliche Mittelwerte. Am Max-Planck-Institut für Strömungsforschung wurde nun ein neues Untersuchungsverfahren entwickelt, das es erlaubt, die momentane Struktur von Druckschwankungsfeldern zu beobachten. Kernstück des Verfahrens ist ein Wandstück (z.B. 30 mm × 50 mm groß), das aus einigen hundert kleinen Kreismembranen besteht und das bündig in die Wand eines geräuscharmen Strömungskanals eingebaut wird. Die Kreismembranen sind aus sehr dünnem, verspiegeltem Gummi hergestellt. Sie reagieren auf die von der Turbulenz erzeugten Druckschwankungen durch kleine Auslenkungen, die interferometrisch (nach der Methode von Michelson) gemessen werden. Die dabei entstehenden Interferenzstreifenbilder werden mit einer Hochgeschwindigkeitsfilmkamera aufgenommen (7000 Bilder pro Sekunde).

Eine mit dieser Methode durchgeführte Untersuchung an einer turbulenten Strömungsgrenzschicht in Luft (Strömungsgeschwindigkeit außerhalb der Grenzschicht $U_\infty = 8{,}5$ m/sec, Verdrängungsdicke $\delta^* = 4{,}6$ mm) brachte insbesondere folgende Ergebnisse:

(a) In unregelmäßigen Zeitabständen treten an der Begrenzungswand Zonen hochamplitudiger Wanddruckschwankungen auf, dazwischen Zonen mit relativ kleinen Schwankungsamplituden.

(b) Die mittlere Frequenz für das Auftreten solcher Zonen ist etwa in Übereinstimmung mit der von Kline und Mitarbeitern [3] gefundenen Frequenz für das Auftreten sogenannter „bursting periods" im Wandbereich turbulenter Strömungen.

(c) In den Zonen mit hochamplitudigen Schwankungen wurden Druckamplituden bis zum 6-fachen Effektivwert der Druckschwankungen festgestellt. Die Längenausdehnung der einzelnen Über- oder Unterdruckgebiete in diesen Zonen beträgt etwa $50 \frac{\nu}{u_\tau}$. Ihre Extrema bewegen sich stromabwärts mit Konvektionsgeschwindigkeiten von etwa 0,4 bis 0,8 · U_∞. Die Bewegung der Extrema konnte stromabwärts über Strecken von etwa $900 \frac{\nu}{u_\tau}$ verfolgt werden. Während des Laufweges wurde sowohl Zunahme als auch Abnahme der Konvektionsgeschwindigkeit beobachtet (ν kinematische Zähigkeit, u_τ Schubspannungsgeschwindigkeit; hier: $\frac{\nu}{u_\tau} = 5 \cdot 10^{-2}$ mm).

(d) Die gemessenen Effektivwerte der Wanddruckschwankungen, bezogen auf den dynamischen Druck der ungestörten Strömung lagen bei mit Mikrofonen durchgeführten Kontrollmessungen je nach Mikrofondurchmesser zwischen $5{,}3 \cdot 10^{-3}$ bis $10{,}9 \cdot 10^{-3}$.

(e) Die Untersuchungen legen die Vermutung nahe, daß sich bei Änderung der Strömungsparameter die Längenausdehnungen der Druckschwankungsstrukturen in erster Näherung mit $\frac{\nu}{u_\tau}$ ändern.

Eine ausführliche Darstellung der Untersuchung wird in [4] gegeben.

Literatur

1 Bull, M. K., Wall pressure fluctuations associated with subsonic turbulent boundary layer flow, J. Fluid Mech. 28, 719–754 (1967).
2 Blake, W. K., Turbulent boundary layer wall pressure fluctuations on smooth and rough walls, J. Fluid Mech. 44, 637–660 (1970).
3 Kline, S. J., Reynolds, W. C., Schraub, F. A. und Runstadler, P. W., The structure of turbulent boundary layers, J. Fluid Mech. 30, 741–773 (1967).
4 Emmerling, R., Die momentane Struktur des Wanddruckes einer turbulenten Grenzschichtströmung, Mitteilungen aus dem Max-Planck-Institut für Strömungsforschung und der Aerodynamischen Versuchsanstalt Nr. 56, Göttingen (1973).

Anschrift: Dr. A. Dinkelacker, Max-Planck-Institut für Strömungsforschung, 3400 Göttingen, Bättingerstr. 6/8, BRD

ZAMM 54, T 114 – T 116 (1974)

R. Friedrich

Exakte Lösung der Boltzmann-Gleichung in der Umgebung einer plötzlich bewegten, halbunendlich langen Platte in freier Molekülströmung

Die exakte Lösung der Boltzmann-Gleichung für das Rayleigh-Problem (1. Stokessches Problem) in freier Molekülströmung ist bekannt [1]. Im folgenden wird die ebenfalls exakte Lösung für die Verteilungsfunktion des entsprechenden Vorderkantenproblems angegeben. Die betrachtete Platte ist unendlich dünn und befindet sich zu allen Zeiten $t < 0$ in Ruhe und im thermodynamischen Gleichgewicht mit dem umgebenden, ruhenden Gas. Zur Zeit $t = 0$ wird sie ruckartig auf die konstante Geschwindigkeit U gebracht und gleichzeitig erhitzt (oder abgekühlt), wobei auch die Wandtemperatur T_w konstant gehalten wird. Zu einem Zeitpunkt $t > 0$ hat die Platte den Weg $U\,t$ zurückgelegt, der eine zeitabhängige Reynoldszahl $Re = \varrho\, U^2 t/\mu$ definiert. Mit der Machzahl $Ma = U/\sqrt{\varkappa\, R\, T}$ und der gaskinetischen Beziehung für die Zähigkeit, $\mu \sim \varrho\, R\, T\, \tau$, folgt für die Knudsenzahl Kn des Problems:

$$Kn = \frac{\tau}{t} \sim \frac{U^2}{\varkappa\, R\, T} \frac{\varrho\, R\, T\, \tau}{U^2\, \varrho\, t} \sim \frac{Ma^2}{Re} . \tag{1}$$

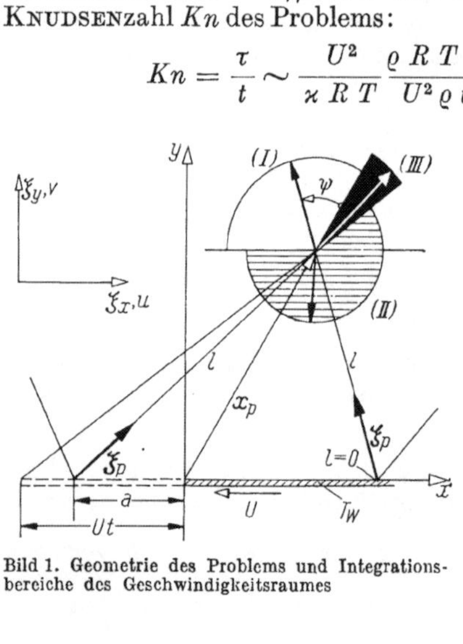

Bild 1. Geometrie des Problems und Integrationsbereiche des Geschwindigkeitsraumes

Freie Molekülströmung herrscht demnach, solange $t \ll \tau$ (τ = mittlere Zeit zwischen zwei aufeinanderfolgenden Stößen). Die Boltzmann-Gleichung mit verschwindendem Stoßintegral lautet für ein Strömungsfeld ohne äußere Kräfte

$$\partial f/\partial t + \xi_p\, \partial f/\partial \boldsymbol{x}_p = 0 . \tag{2}$$

Dabei ist $f = f(\xi, \boldsymbol{x}_p, t)$ die Verteilungsfunktion, ξ_p die Projektion der Teilchengeschwindigkeit $\xi = (\xi_x, \xi_y, \xi_z)$ in die ξ_x, ξ_y-Ebene und $\boldsymbol{x}_p$ der Ortsvektor. Schreibt man $\xi_p\, \partial f/\partial \boldsymbol{x}_p$ in der Form $\xi_p\, \partial f/\partial l$ und versteht unter ξ_p den Betrag von ξ_p sowie unter l den Ort auf der Bahnkurve der Teilchen, dann gilt Gl. (2) jeweils für eine ganz bestimmte Richtung ψ, vgl. Bild 1, und kann mit Hilfe der Laplace-Transformation $\tilde{f} = \int_0^\infty e^{-st} f\, dt$ für gewisse Anfangs- und Randbedingungen gelöst werden. Wir wählen als Anfangsbedingung (Index 0) eine Maxwellverteilung mit raumzeitlich konstanter Anzahldichte n_0 und Temperatur T_0:

$$f(\xi, x_p, 0) = f_0 = n_0 (2\pi R T_0)^{-3/2} \exp\{-\xi^2/(2 R T_0)\}. \tag{3}$$

Bei der Formulierung der Randbedingung unterscheiden wir zwischen positiver und negativer x-Achse:

$$f(\xi, l = 0, t) = \begin{cases} f_w = n_0 \sqrt{T_0/T_w} (2\pi R T_w)^{-3/2} \exp\{-[(\xi_x + U)^2 + \xi_y^2 + \xi_z^2]/(2 R T_w)\} & \text{für} \quad x > 0 \\ f_0 + (f_w - f_0) H(t - a/U) & \text{für} \quad x < 0. \end{cases} \tag{4}$$

Es ist f_w eine konstante MAXWELLverteilung gemäß dem Wandzustand, $H(t - a/U)$ die HEAVISIDE-Funktion und a ein Parameter auf der negativen x-Achse, welcher die Lage des Randpunktes angibt. Unter den Bedingungen (3) und (4) lautet dann die Lösung:

$$f(\xi, l, t) = \begin{cases} f_0 + (f_w - f_0) H(t - l/\xi_p), & \text{Bereich I} \\ f_0, & \text{Bereich II} \\ f_0 + (f_w - f_0) H(t - a/U - l/\xi_p), & \text{Bereich III} \end{cases} \tag{5}$$

Im Bereich I, vgl. Bild 1, besitzt die Verteilungsfunktion zur Zeit t einen Sprung bei Geschwindigkeiten $\xi_p = l/t$ und im Bereich III einen entsprechenden für $\xi_p = l/(t - a/U)$. Makroskopische Feldgrößen lassen sich nun ohne weiteres durch Integration der Verteilungsfunktion (5) über den Geschwindigkeitraum (ψ, ξ_p, ξ_z) ermitteln: Dabei zeigt sich, daß die Integrationen analytisch wohl über ξ_z und ξ_p, jedoch nicht mehr über ψ ausgeführt werden können. Die resultierenden Einfach-Integrale werden numerisch berechnet.

Die Bilder 2—5 zeigen die Tangential- und Normalgeschwindigkeit sowie Dichte und Temperatur über der Ähnlichkeitsvariablen $y/(t\sqrt{2 R T_0})$ der freien Molekülströmung für verschiedene Abstände $x/(t\sqrt{2 R T_0})$ von der Vorderkante, bei einer MACHzahl Ma von 5 und einem Temperaturverhältnis T_w/T_0 von 2. Sämtliche Profile streben mit zunehmendem Abstand von der Vorderkante einem Grenzprofil, nämlich dem RAYLEIGH-Profil zu. In den Bildern 6—8 sind Dichte, Normalgeschwindigkeit und Temperatur für verschiedene Temperaturverhältnisse über der Längskoordinate $x/(t\sqrt{2 R T_0})$ aufgetragen. Während beim RAYLEIGH-Problem Dichteänderungen und Normalgeschwindigkeit allein durch Temperaturdifferenzen $(T_w - T_0)$ hervorgerufen werden, erkennt man hier den zusätzlichen Einfluß der Scherströmung. Zu einem Zeitpunkt t befindet sich die

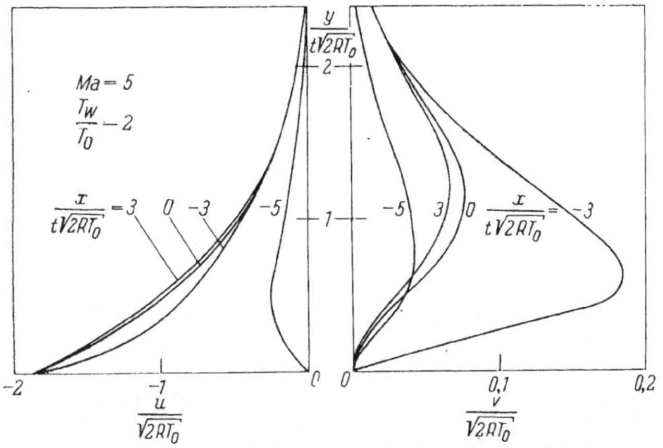

Bild 2. Tangentialgeschwindigkeit

Bild 3. Normalgeschwindigkeit

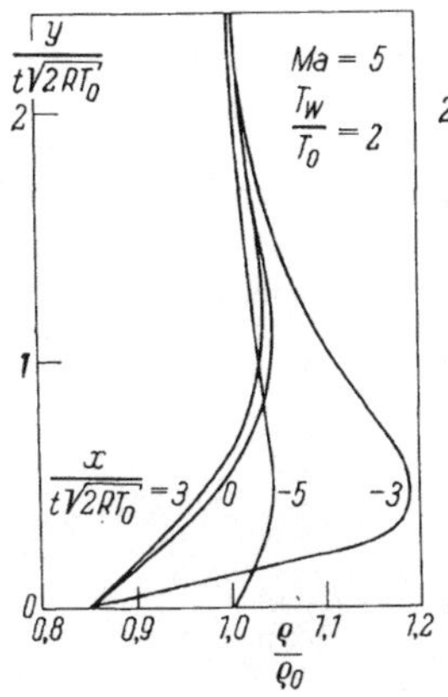

Bild 4. Dichteverlauf

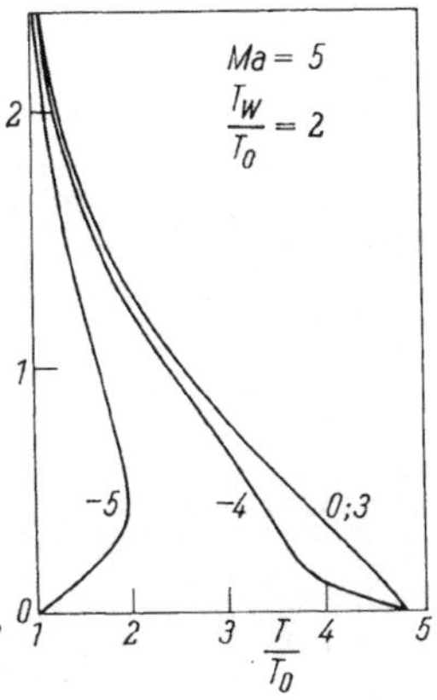

Bild 5. Temperaturverlauf

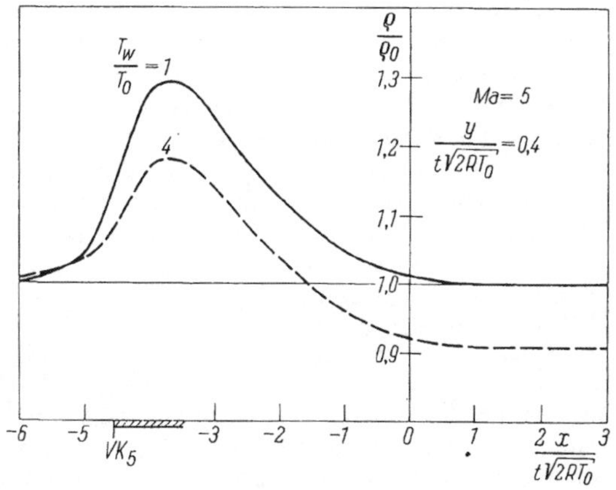

Bild 6. Einfluß des Temperaturverhältnisses T_w/T_0 auf die Dichte

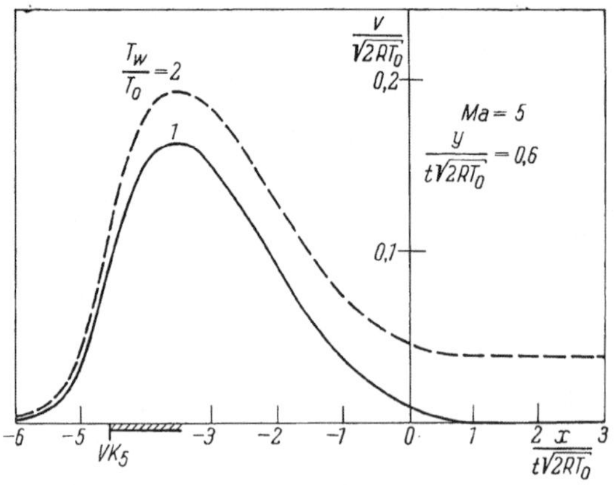

Bild 7. Einfluß des Temperaturverhältnisses T_w/T_0 auf die Normalgeschwindigkeit

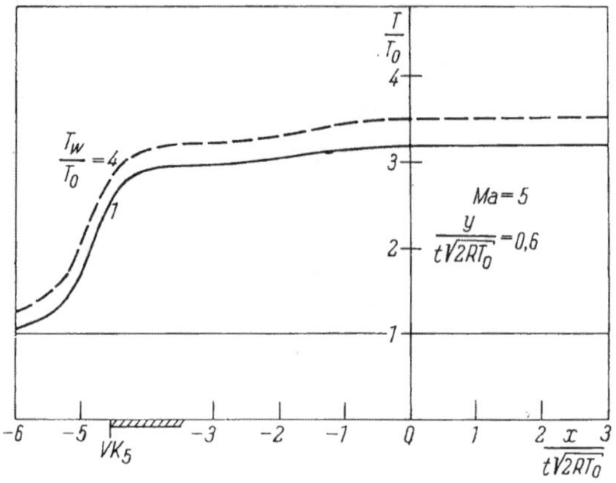

Bild 8. Einfluß des Temperaturverhältnisses T_w/T_0 auf die Temperatur

Plattenvorderkante bei $Ma = 5$ gerade an der mit VK_5 gekennzeichneten Stelle. Die Ausbildung eines Plateaus im Temperaturverlauf bei $-4 < x/(t\sqrt{2RT_0}) < -2$ läßt sich aus dem Verlauf der Strömungsgeschwindigkeit in diesem Gebiet erklären.

Die angegebene Lösung unterliegt keinerlei Einschränkungen hinsichtlich der Plattengeschwindigkeit U und des Temperaturverhältnisses T_w/T_0.

Literatur

1 YANG, H. T. and LEES, L., Rayleigh's Problem at Low Reynolds Number according to the Kinetic Theory of Gases, Rarefied Gas Dynamics, Proc. of the First Int. Symp. (1960).

Anschrift: Dr.-Ing. R. FRIEDRICH, Lehrstuhl und Institut für Strömungsmechanik, Technische Universität München, BRD

ZAMM 54, T 116 – T 117 (1974)

A. FROHN

Lösung der nichtlinearen Integralgleichung der schallnahen Strömung

Zur Berechnung schallnaher Strömungen ist eine Behandlung der Gleichung in Integralform angemessen. Dies gilt besonders dann, wenn die Strömungsgeschwindigkeit nicht nur nahe an die Schallgeschwindigkeit heran reicht, sondern diese erreicht und überschreitet. Die Differentialgleichung ist in diesem Falle vom gemischten Typ, was wegen ihrer Nichtlinearität eine besondere Schwierigkeit darstellt. Darüber hinaus tritt beim Übergang von einem Überschallgebiet zu einem Unterschallgebiet in der Regel ein Verdichtungsstoß auf, so daß eine starke Lösung der Differentialgleichung nicht existiert. Die unstetigen Lösungen der Integralgleichung erfüllen die Bedingungen einer Stoßwelle. Es ist jedoch zu beachten, daß dabei neben Lösungen mit Verdichtungsstößen auch Lösungen mit Verdünnungsstößen enthalten sind, die aber aus physikalischen Gründen nicht auftreten können. Im allgemeinen gibt es in jeder Umgebung der gesuchten Lösung, die nur Verdichtungsstöße enthält, weitere Lösungen mit verschieden starken Verdünnungsstößen. Diese Lösungen müssen durch ein geeignetes Lösungsverfahren ausgeschlossen werden. Ein solches Verfahren wird hier für den Fall zweidimensionaler Strömung über ein Profil mit Unterschallanströmung bei kleinen Störungen angegeben. Das Verfahren ist so angelegt, daß eine Anwendung auf dreidimensionale Strömungsprobleme möglich ist.

Die Integralgleichung, die erstmalig von OSWATITSCH [1] hergeleitet wurde, entsteht aus der Differentialgleichung für schallnahe Strömung mit Hilfe der GREENschen Formel.

Die Differentialgleichung hat nach einer affinen Ähnlichkeitstransformation die Form

$$\Delta\Phi = \frac{\partial}{\partial x}\left(\frac{u^2}{2}\right). \qquad (1)$$

Hierin ist u die transformierte Geschwindigkeitskomponente in Anströmrichtung; sie ist eine dimensionslose Größe, welche im Schallzustand den Wert 1 annimmt. Φ ist das Potential der transformierten Geschwindigkeit. Hinzu kommen die Bedingungen, daß die Normalkomponente der Geschwindigkeit am Profil gleich Null ist und im Unendlichen die Störung der Geschwindigkeit verschwindet.

Nach Anwendung der GREENschen Formel auf Gleichung (1) und anschließender Differentiation nach x sowie partieller Integration auf der rechten Seite erhält man die Integralgleichung

$$u - u_p - \frac{1}{2\pi}\frac{\partial}{\partial x}\int\limits_{\Gamma_{\text{Stoß}}} \Phi_\nu \log r\, ds = \frac{u^2}{2} - \frac{1}{2\pi}\iint\limits_G \frac{\partial^2}{\partial \xi^2}(\log r)\frac{u^2}{2}\, d\xi\, d\eta - \frac{1}{2\pi}\int\limits_{\Gamma_{\text{Stoß}}} \frac{\partial}{\partial \xi}(\log r)\frac{u^2}{2}\, ds \quad (2)$$

mit $r^2 = (x - \xi)^2 + (y - \eta)^2$, wobei das Linienintegral über das Profil mit u_p bezeichnet wird. Der Index ν kennzeichnet die Ableitung normal zur Stoßkurve.

Die Linienintegrale über die Stoßkurve heben sich gegenseitig auf, falls der Stoß senkrecht zur Anströmrichtung ist. Da man dies im zweidimensionalen Fall bei kleinen Störungen im allgemeinen näherungsweise annehmen kann, wird die Integralgleichung üblicherweise ohne diese Linienintegralanteile betrachtet. Bei größeren Störungen sowie im dreidimensionalen Fall müssen sie jedoch mit in Betracht gezogen werden.

Beschränkt man sich auf die Bestimmung der Lösung am Profil, so läßt sich hierfür eine eindimensionale Integralgleichung herleiten. Da der Kern der Integralgleichung sehr schnell abklingt, kann man die y-Abhängigkeit durch einen Ansatz nähern und die Integration über diese Koordinate durchführen. Diese Gleichung hat die Form

$$u(x) - u_p(x) - L_1(x) = \frac{u^2(x)}{2} - \int \frac{u^2(\xi)}{2} E\left(\frac{x - \xi}{u(\xi)}\right) d\xi - L_2(x)\,, \quad (3)$$

wobei $L_1(x)$ und $L_2(x)$ die mit Hilfe des Ansatzes integrierten Linienanteile sind. $L_1(x)$ und $L_2(x)$ sind unstetig an der Stelle des Stoßes, jedoch sind die Funktionen $u(x) - L_1(x)$ und $\frac{u^2(x)}{2} - L_2(x)$ stetig. $u(x) - L_1(x)$ wird als stetiger Anteil u_{stet} bezeichnet (Bild 1).

Die Gleichung (3) wird durch ein Iterationsverfahren gelöst. Wesentlich ist dabei, daß die Linienintegralanteile auch dann beibehalten werden, wenn sie sich in der endgültigen Lösung aufheben. Die Iteration erfolgt nach dem Schema

$$[u - u_p - L_1]_{n+1} = \left[\frac{u^2}{2} - \int \frac{u^2}{2} E - L_2\right]_n . \quad (4)$$

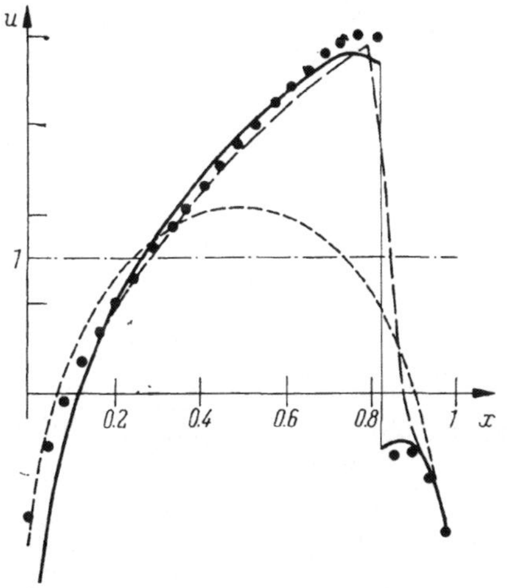

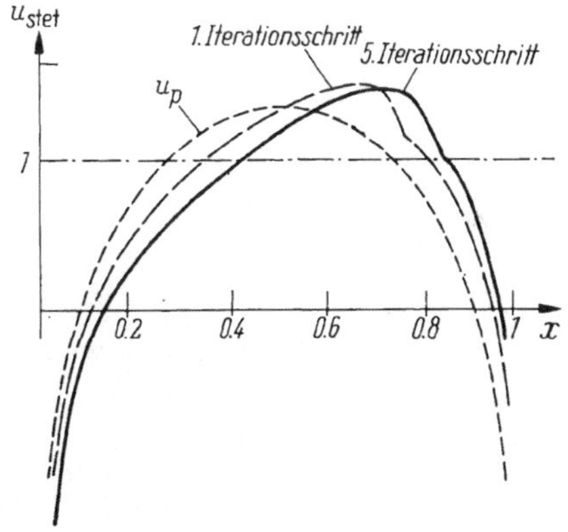

Bild 1. Parabelbogenzweieck: Dickenverhältnis τ = 0,084; Anström-MACHzahl M_∞ = 0.85,
——— Lösung des 5. Iterationsschrittes
– – – – u_p
—— —— MAGNUS-GALAHER-YOSHIHARA
· · · · · · NØRSTRUD

Bild 2

Als Ausgangslösung kann die Funktion $u_p(x)$ gewählt werden. Hat man in einem Iterationsschritt den stetigen Anteil bestimmt, so erhält man $u(x)$ durch Hinzufügen des Linienintegralanteils an der Stelle des Schalldurchganges der jeweiligen Näherung (Bild 2).

Bei der Berechnung des nichtangestellten Parabelbogenzweiecks stellt sich heraus, daß der stetige Anteil u_{stet} sich nicht sehr von der Funktion $u_p(x)$ unterscheidet. Nach dem dritten Iterationsschritt tritt keine nennenswerte Änderung der Lösung mehr auf.

Der Vorteil dieses Verfahrens liegt darin, daß es ziemlich unempfindlich gegenüber der Wahl der Ausgangslösung ist und nur wenige Iterationsschritte erfordert. Außerdem liefert es eine explizite Darstellung der Stoßwelle.

Literatur

1 OSWATITSCH, K., Die Geschwindigkeitsverteilung bei lokalen Überschallgebieten an flachen Profilen, ZAMM 30, S. 17–24 (1950).

Anschrift: Dr. ANNELIESE FROHN, DFVLR-Institut für Theoretische Gasdynamik, 51 Aachen, Theaterstr. 13, BRD

ZAMM 54, T 118 – T 120 (1974)

B. Gampert

Berechnung des Wärmeübergangs an einem in ruhendem Fluid kontinuierlich bewegten schlanken Kreiszylinder für kleine Werte des Krümmungsparameters auf der Basis von Reihenansätzen

Wärmeübergangsdaten für den in ruhendem Fluid kontinuierlich bewegten schlanken Kreiszylinder sind für eine Reihe technischer Prozesse u. a. zur rechnerischen Erfassung des Schmelzspinnprozesses von großem Interesse.

Das Wort „schlanker" Kreiszylinder soll den Fall bezeichnen, daß die Grenzschichtdicke δ von gleicher Größenordnung ist wie der Zylinderradius r_w oder diesen sogar um ein Vielfaches übertrifft, d. h. der Einfluß der transversalen Krümmung muß berücksichtigt werden. Andere Grenzschichteffekte höherer Ordnung werden als vernachlässigbar angenommen.

1. Lösungsweg

Das System der in Zylinderkoordinaten geschriebenen Grenzschichtgleichungen wird für die Randbedingungen des kontinuierlich bewegten Kreiszylinders [1]

$$r = r_w\colon\ u(x, r_w) = u_w,\ v(x, r_w) = 0,\ T(x, r_w) = T_w\,, \tag{1}$$

$$r \to \delta\colon\ u(x, \delta) \to 0\,, \qquad T(x, \delta) \to T_\delta \tag{2}$$

integriert. (r, x = Ortskoordinaten; u, v = Geschwindigkeitskoordinaten, T = Temperatur, Index w = Zylinderoberfläche, Index δ = Grenzschichtrand). Dazu werden die Koordinaten

$$\xi = 4\sqrt{\frac{\nu\, x}{r_w^2\, u_w}}\,,\quad \eta = \frac{1}{4}\sqrt{\frac{u_w}{\nu\, r_w^2}}\,(r^2 - r_w^2)\,,\quad \theta = \frac{T - T_\infty}{T_w - T_\infty} \tag{3}$$

und die Stromfunktion

$$f(\xi, \eta) = \frac{\psi}{r_w \sqrt{\nu\, x\, u_w}} \tag{4}$$

und die Lösungsansätze

$$f(\xi, \eta) = \sum_{n=0}^{\infty} f_n(\eta)\, \xi^n\,,\quad \theta(\zeta, \eta) = \sum_{n=0}^{\infty} \theta_n(\eta)\, \xi^n \tag{5}$$

verwendet. Man erhält ein System gewöhnlicher Differentialgleichungen. Dieses lautet, wenn man nach ξ^2 abbricht:

$$\begin{aligned}
&f_0''' + f_0 f_0'' = 0\\
&f_1''' + f_0 f_1'' + 2 f f_0'' - f_0' f_1' + f_0'' + f_0''' = 0\\
&f_2''' + f_1''' + f_0 f_2'' + 2 f_1 f_1'' + 3 f_2 f_0'' + f_1'' - 2 f_0' f_2' - (f_1')^2 = 0\\
&\frac{1}{Pr}\theta_0'' + f_0\, \theta_0' = 0\\
&\theta_0'\left(2 f_1 + \frac{1}{Pr}\right) + \frac{\eta}{Pr}\theta_0'' - f_0'\, \theta_1 + f_0\, \theta_1' + \frac{1}{Pr}\theta_1'' = 0\\
&3 f_2\, \theta_0' - f_1'\, \theta_1 + \theta_1'\left(2 f_1 + \frac{1}{Pr}\right) + \frac{\eta}{Pr}\theta_1'' - 2 f_0'\, \theta_2 + f_0\, \theta_2' + \frac{1}{Pr}\theta_2'' = 0\,.
\end{aligned} \tag{6}$$

Es gelten die Randbedingungen:

$$\begin{aligned}
\eta = 0\colon\quad &\text{wenn } n = 0\colon\ f_n' = 2,\ f_n = 0,\ \theta_n = 1\,,\\
&\text{wenn } n > 0\colon\ f_n' = 0,\ f_n = 0,\ \theta_n = 0\,,\\
\eta \to \delta\colon\quad &\qquad f_n' = 0 \qquad \theta_n = 0\,.
\end{aligned} \tag{7}$$

Die numerische Integration erfolgte nach dem Verfahren von Runge/Kutta. Die Lösungen wurden bereits in dem unveröffentlichten Bericht [2] angegeben (Tab. 1 bis 3).

Tabelle 1

η	θ_0	θ_0'	θ_0''
0,000	1,00000E+00	−6,98583E−01	−0,
,400	7,29803E−01	−6,32773E−01	2,92970E−01
,800	5,03510E−01	−4,93492E−01	3,72816E−01
1,200	3,35184E−01	−3,51397E−01	3,25538E−01
1,600	2,18507E−01	−2,37558E−01	2,42690E−01
2,000	1,40783E−01	−1,56084E−01	1,67502E−01
2,400	9,01181E−02	−1,00994E−01	1,11158E−01
2,800	5,74730E−02	−6,48183E−02	7,22837E−02
3,200	3,65675E−02	−4,14226E−02	4,65103E−02
3,600	2,32233E−02	−2,64117E−02	2,97618E−02
4,000	1,47200E−02	−1,68206E−02	1,89896E−02
4,400	9,30637E−03	−1,07057E−02	1,20980E−02
4,800	5,86133E−03	−6,81162E−02	7,70142E−03
5,200	3,66958E−03	−4,33322E−03	4,90058E−03
5,600	2,27536E−03	−2,75634E−03	3,11766E−03
6,000	1,38852E−03	−1,75321E−03	1,98318E−03
6,400	8,24441E−04	−1,11513E−03	1,26145E−03
6,800	4,65660E−04	−7,09273E−04	8,02352E−04
7,200	2,37461E−04	−4,51126E−04	5,10332E−04
7,600	9,23168E−05	−2,86933E−04	3,24592E−04
8,000	2,23352E−15	−1,82500E−04	2,06452E−04

Tabelle 2

η	θ_1	θ_1'	θ_1''
0,000	0,	−1,84626E−01	6,98583E−01
,400	−2,16780E−02	5,94692E−02	4,56811E−01
,800	2,82397E−02	1,65134E−01	8,68596E−02
1,200	9,44693E−02	1,52368E−01	−1,18457E−01
1,600	1,43882E−01	9,16275E−02	−1,66017E−01
2,000	1,67716E−01	2,94748E−02	−1,37951E−01
2,400	1,69720E−01	−1,62454E−02	−9,01420E−02
2,800	1,57226E−01	−4,33462E−02	−4,70833E−02
3,200	1,37036E−01	−5,55206E−02	−1,58643E−02
3,600	1,14153E−01	−5,75924E−02	3,76154E−02
4,000	9,17509E−02	−5,37121E−02	1,43846E−02
4,400	7,15686E−02	−4,69041E−02	1,88434E−02
4,800	5,43511E−02	−3,91428E−02	1,94887E−02
5,200	4,02240E−02	−3,15910E−02	1,80306E−02
5,600	2,89692E−02	−2,48454E−02	1,56060E−02
6,000	2,02080E−02	−1.91407E−02	1,29125E−02
6,400	1,35145E−02	−1,44985E−02	1,03390E−02
6,800	8,47938E−03	−1,08280E−02	8,07281E−03
7,200	4,74096E−03	−7,99035E−03	6,17876E−03
7,600	1,99606E−03	−5,83582E−03	4,65270E−03
8,000	−2,68665E−15	−4,22418E−03	3,45635E−03

2. Ergebnisse

Bild 1 (Kurve 1) zeigt, daß die NUSSELTzahl Nu_D, ($Nu_D = 2\, r_w\, h/\lambda$), die in logarithmischer Darstellung für die PRANDTLzahl 0,7 aufgetragen ist, nur vom Krümmungsparameter $K = \nu/(r_w^2\, |u_\delta - u_w|)$, d. h. vom Quotienten Re_x/Re_D^2 abhängt. ($Re_x = u_\delta\, x/\nu$, $Re_D = 2\, r_w\, u_\delta/\nu$). Der Vergleich mit Kurve 2, die mit einem Differenzenverfahren [3] gewonnen wurde, ergibt für den Gültigkeitsbereich der Reihenlösung die Bedingung $K < 0{,}15$. Die NUSSELTzahl steigt bei gleicher Relativgeschwindigkeit zwischen Faden und Fluid mit den Absolutgeschwindigkeiten (Bild 2). $u_w/u_\delta = 0$ entspricht dem longitudinal angeströmten, $u_w/u_\delta = \infty$ dem kontinuierlich bewegten Kreiszylinder. Für kleine K ist der Wärmeübergang am kontinuierlich bewegten Zylinder größer, für große K kehrt sich das Verhältnis um. Der Umschlagpunkt liegt für $Pr = 0{,}7$ bei $\log K \approx -0{,}5$. Dieser Umschlagpunkt verschiebt sich für steigende PRANDTLzahlen zu immer höheren Werten des Krümmungsparameters (Bild 3). (Die Kurven für größere Werte des Krümmungsparameters K wurden mit dem Differenzenverfahren [3] gewonnen). Für PRANDTL-Zahlen, die kleiner als etwa 0,5 sind, ist der Wärmeübergang für den longitudinal angeströmten Zylinder bei allen Werten des Krümmungsparameters größer.

Tabelle 3

η	θ_2	θ_2'	θ_2''
0,000	0,	−2,26193E−02	1,8462E−01
,400	−8,12076E−02	−4,65359E−02	−2,47232E−01
,800	−4,68481E−02	−1.43108E−01	−1,71190E−01
1,200	−1,12131E−01	−1,66637E−01	1,79528E−01
1,600	−1,68455E−01	−1,04821E−01	4,39635E−01
2,000	−1,91550E−01	−1,00597E−02	4,99323E−01
2,400	−1,78260E−01	7,15134E−02	4,18403E−01
2,800	−1,38800E−01	1,19374E−01	2,85667E−01
3,200	−8,72839E−02	1,32827E−01	1,60236E−01
3,600	−3,58608E−02	1,20806E−01	6,71508E−02
4,000	7,51593E−03	9,44265E−02	9,60934E−03
4,400	3,90795E−02	6,31109E−02	−1,91511E−02
4,800	5,82468E−02	3,32861E−02	−2,84278E−02
5,200	6,64088E−02	8,48337E−03	−2,64902E−02
5,600	6,58989E−02	−9,98233E−03	−1,93973E−02
6,000	5,92648E−02	−2,22306E−02	−1,10024E−02
6,400	4,88320E−02	−2,91546E−02	−3,41747E−03
6,800	3,64963E−02	−3,19464E−02	2,44212E−03
7,200	2,36684E−02	−3,18019E−02	6,38958E−03
7,600	1,13080E−02	−2,97633E−02	8,62371E−03
8,000	1,36783E−15	−2,66576E−02	9,50337E−03

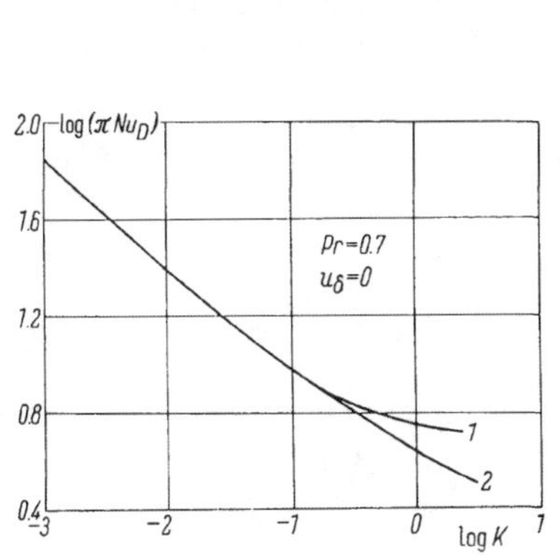

Bild 1

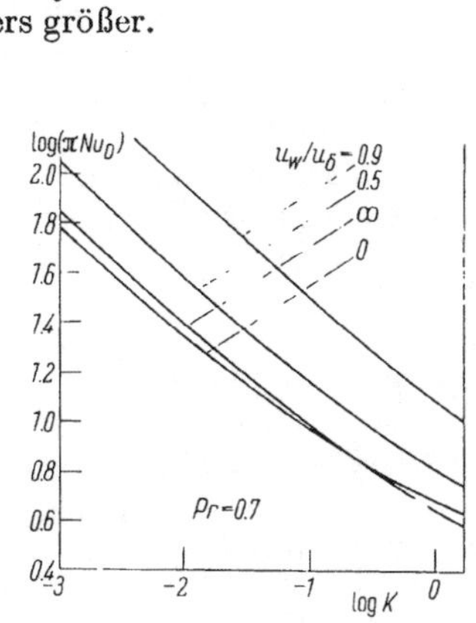

Bild 2

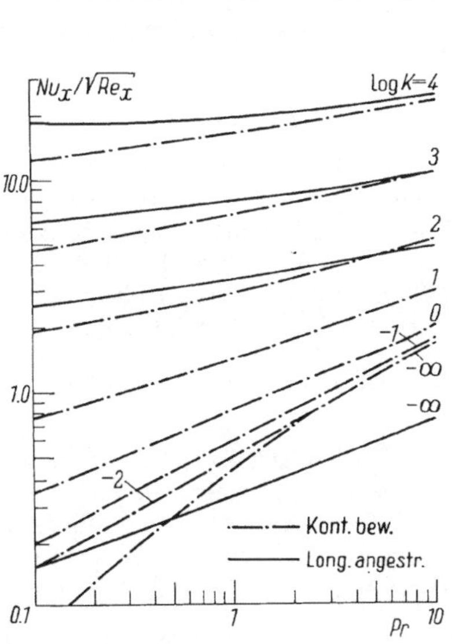

Bild 3

Mit den Ergebnissen des Reihenansatzes erhält man für den kontinuierlich bewegten Zylinder (vgl. die Ergebnisse in [4] für den longitudinal angeströmten Zylinder)

$$\frac{Nu_x}{Re_w} = c_f \frac{0{,}349\left(1 + 2{,}12\sqrt{\frac{\nu x}{r_w^2 u_w}} + 0{,}1\frac{\nu x}{r_w^2 u_w}\right)}{0{,}888\left(1 + 0{,}86\sqrt{\frac{\nu x}{r_w^2 u_w}} - 0{,}16\frac{\nu x}{r_w^2 u_w}\right)} \tag{11}$$

und mit $Pr = 0{,}7$

$$\frac{Nu_x}{Re_x Pr^{1/2}} = c_f \frac{\left(1 + 2{,}12\sqrt{\frac{\nu x}{r_w^2 u_w}} + 0{,}1\frac{\nu x}{r_w^2 u_w}\right)}{\left(1 + 0{,}86\sqrt{\frac{\nu x}{r_w^2 u_w}} - 0{,}16\frac{\nu x}{r_w^2 u_w}\right)} \tag{12}$$

und daraus für kleine K, z. B. $\log K = -2$ (Bild 3):

$$\frac{Nu_x}{Re_x Pr^{1/2}} \approx c_f \tag{13}$$

und für den ebenen Fall:

$$Nu_x = 0{,}444\sqrt{Re_x \cdot Pr} \tag{14}$$

ein Ergebnis, das wie Bild 3 zeigt allgemein nur sehr beschränkt gültig ist.

Literatur

1 Sakiadis, B. C., Boundary-layer behavior on continuos solid surface: III. The boundary layer on a continuos cylindrical surface, A. I. Ch. E. Journal 7, S. 467–472 (1961).
2 Gampert, B., Untersuchung der Möglichkeiten und Grenzen der Anwendung von Überschallgeschwindigkeiten des Treibmediums bei der Herstellung von thermoplastischen Stoffen mit Blasdüsen, DFG-Bericht (1971).
3 Gampert, B., Grenzschichttheoretische Probleme des aerodynamischen Schmelzspinnprozesses; Diss. TU-Berlin (1973).
4 Seban, R. A., and Bond, R., Skin-friction and heat transfer characteristics of a laminar boundary layer on a cylinder in axial incompressible flow, J. Aero. Sci. 18, S. 671–675 (1951).

Anschrift: Dr.-Ing. B. Gampert, Institut für Überschalltechnik, Technische Universität Berlin, 1 Berlin 10, Franklinstraße 29, WB

ZAMM 54, T 120 – T 122 (1974)

G. Grabitz

Der Widerstand der laminaren Rohrströmung einer Flüssigkeit mit Gasblasen

Die Rohrwiderstandszahl wird gewöhnlich durch $\lambda = \frac{\Delta p \, 2R}{\varrho \, \bar{u}^2/2L}$ definiert. Dabei ist Δp die Druckdifferenz (gegebenenfalls mit Berücksichtigung des Einflusses der Schwerkraft), R und L der Radius und die Länge des Rohres, ϱ die Dichte des Strömungsmediums und $\bar{u}$ dessen mittlere Strömungsgeschwindigkeit. Bei der Poiseuille-Strömung ist λ bekanntlich durch die Reynolds-Zahl bestimmt: $\lambda = 64/Re$. Für die Rohrströmung einer Flüssigkeit mit Gasblasen stellt diese Formel bei kleinem Volumenanteil β des Gases in vielen Fällen eine brauchbare Näherung für den Widerstand dar, wenn man für die Dichte der Mischung $\varrho = \varrho_F\,(1 - \beta)$ einsetzt (der Index F bezieht sich auf die Größen der Flüssigkeit) und für die Zähigkeit nach G. I. Taylor [1] $\mu = \mu_F\,(1 + \beta)$ schreibt: $\lambda = \frac{64}{Re_F}\frac{1+\beta}{1-\beta}$.

Abweichungen von dieser Formel ergeben sich durch den Einfluß der Kompressibilität der Gasblasen und der Oberflächenspannung zwischen den Gasblasen und der Flüssigkeit. Diese Effekte berücksichtigen wir in unserer Näherungsrechnung.

Wir setzen voraus, daß zwischen der Flüssigkeit und dem Gas kein Massenaustausch stattfindet. Die wenigen Gasblasen sollen klein gegen den Rohrdurchmesser sein, lokal den gleichen Radius r haben, homogen verteilt sein und keine Relativgeschwindigkeit zur umgebenden Flüssigkeit besitzen. Der Volumenanteil des Gases hängt dann einfach mit dem Radius der Blasen zusammen: $\beta = n\frac{4}{3}\pi r^3$ (n ist die Teilchendichte der

Blasen). Unter der Annahme eines isothermen Gesetzes in den Blasen ergibt sich mit unseren Idealisierungen der Druck in der Blase zu: $p_G = \text{const}\,\frac{1-\beta}{\beta}$.

Wir betrachten nun eine einzelne Blase in einer unendlich ausgedehnten Flüssigkeit und identifizieren den Druck im Unendlichen näherungsweise mit dem Druck der Mischung p. Wenn wir dabei die Trägheitsglieder gegenüber dem Reibungs- und dem Oberflächenspannungsglied vernachlässigen, erhalten wir

$$p = p_G - \frac{4\mu_F}{r}\frac{dr}{dt} - \frac{2\zeta}{r} \tag{1}$$

(d/dt ist die substantielle Ableitung nach der Zeit. ζ ist der Koeffizient der Oberflächenspannung).

Wir machen die vereinfachende Annahme, daß die Dichte nur von der auf den Rohrradius bezogenen Koordinate in Strömungsrichtung ξ abhängt und daß in Analogie zur POISEUILLE-Strömung eine Parallelströmung mit parabolischem Geschwindigkeitsprofil vorliegt:

$$\frac{\varrho}{\varrho_F} = 1 - \beta(\xi)\,, \qquad \frac{u}{u_{m0}} = A(\xi)\,(1 - \eta^2)\,, \tag{2}$$

η ist die auf R bezogene radiale Koordinate und u_{m0} ist die maximale Geschwindigkeit des Anfangsprofils. (Der Index o bezieht sich auch im folgenden auf das Anfangsprofil).

Während die Kontinuitätsgleichung für den Ansatz (2) einfach $A\,(1-\beta) = 1 - \beta_0 = C$ ergibt, läßt sich die NAVIER-STOKESsche Differentialgleichung nicht exakt erfüllen. Wir benutzen statt dessen den nach der Lauflänge differenzierten Impulssatz für die Flüssigkeitsmasse von einer Anfangsstelle $\xi = 0$ im Rohr bis zur Lauflänge ξ. Mit dem Ansatz (2) lassen sich die auftretenden Integrale leicht ausführen und mit Hilfe der Beziehung für den Druck (1) und der Kontinuitätsgleichung gewinnt man folgende Differentialgleichung für die Funktion $A(\xi)$:

$$\frac{1}{Re}\{A''A\,(A-C)\,(6A^2 - 7AC + 3C^2) + A'^2 C\,[3\,(A-C)^2 - 2A^2] - 12A^2\,(2A-C)\,(A-C)^2\} -$$
$$- \frac{2}{We}\beta_0^{1/3}\,C\,A'\,A^{4/3}\,(A-C) + 3\,Eu\,P_{G_0}\beta_0 A'\,A^2 - \frac{\sin\alpha}{Fr^2}\,3\,C\,A\,(A-C)^2 - A'A^2C\,(A-C)^2 = 0 \tag{3}$$

mit den Parametern $Re = \frac{\varrho_F\,u_{m0}\,R}{\mu_F}$, $We = \frac{r\,\varrho_F\,u_{m0}^2}{\zeta}$, $Eu = \frac{p_0}{\varrho_F\,u_{m0}^2}$, $Fr = \frac{u_{m0}}{\sqrt{g\,R}}$, β_0 und $P_{G0} = \frac{p_{G0}}{p_0}$. α ist die Neigung des durchströmten Rohres gegen die Horizontale, g ist die Erdbeschleunigung. Die EULER-Zahl hängt mit der MACH-Zahl näherungsweise durch $Eu = \frac{\beta_0\,(1-\beta_0)}{Ma^2}$ zusammen. (Über die Berechnung der Schallgeschwindigkeit vgl. z.B. [2].)

Für unsere Differentialgleichung (3) benötigen wir neben dem Anfangswert $A(0) = 1$ auch einen Anfangswert $A'(0)$ für die erste Ableitung. Diese Größe hängt mit dem Anfangswert des Druckes in den Blasen p_{G0} zusammen, der nicht bekannt ist. Es zeigt sich nun, daß man diesen Wert deshalb nicht zu kennen braucht, weil die Lösungskurven für verschiedene Anfangswerte schnell ineinander übergehen. Physikalisch kann man

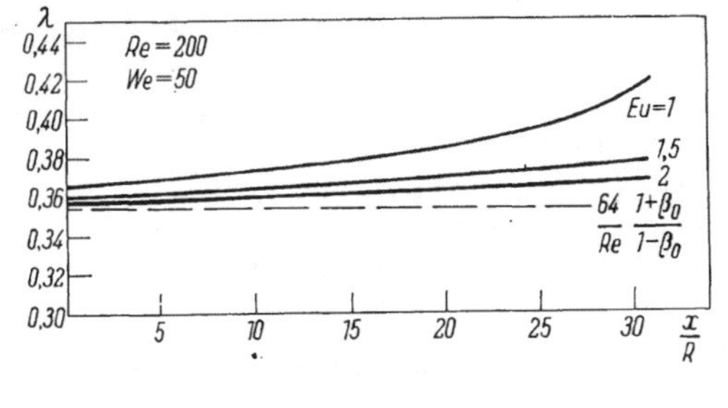

a

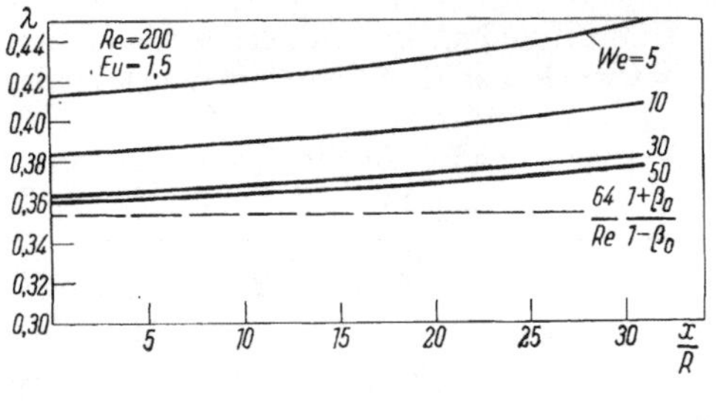

b

Bild 1. Die Rohrwiderstandszahl λ in Abhängigkeit von der Lauflänge für eine Flüssigkeit mit Gasblasen (Volumenanteil $\beta_0 = 0{,}05$) bei verschiedenen Kennzahlen

a) waagerechtes Rohr bei verschiedenen EULER-Zahlen

b) waagerechtes Rohr bei verschiedenen WEBER-Zahlen

c) senkrecht nach oben ↑ und senkrecht nach unten ↓ durchströmtes Rohr bei verschiedenen FROUDE-Zahlen

Die gestrichelte Linie stellt die Näherungsformel dar, die Kompressibilität und Oberflächenspannung nicht berücksichtigt

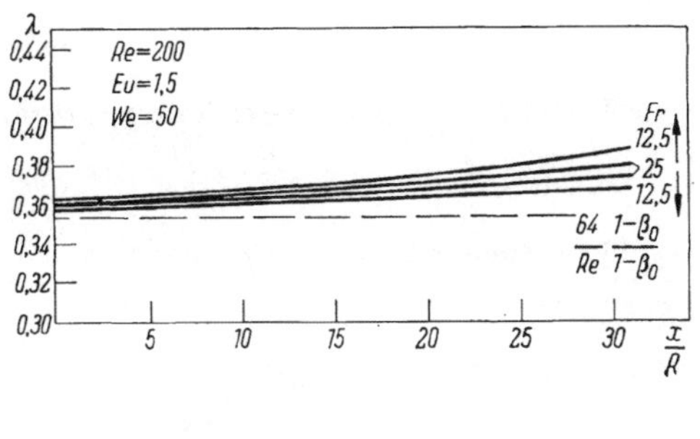

c

sich diesen Sachverhalt folgendermaßen plausibel machen: Wenn man den Druck in den Blasen falsch wählt, geht man von einem Nichtgleichgewichtszustand aus, der nach kurzer Lauflänge einen Gleichgewichtszustand erreicht, der dann den richtigen Wert liefert.

In den Bildern sind Ergebnisse numerischer Rechnungen angegeben, die den Einfluß der verschiedenen Kennzahlen demonstrieren. Das Beispiel mit $Re = 200$, $Eu = 2$, $We = 50$ kann man sich z.B. aus folgenden Werten entstanden denken: $\varrho_F = 1$ g cm^{-3}, $\mu_F = 1$ g cm^{-1} s^{-1}, $\zeta = 50$ dyn cm^{-1}, $R = 0{,}4$ cm, $u_{m0} = 500$ cm s^{-1}, $p_0 = 0{,}5$ bar, $r = 10^{-2}$ cm.

Wir haben unsere Rechenbeispiele so gewählt, daß gleichzeitig die Zähigkeit der Flüssigkeit und die Kompressibilität der Blasen eine Rolle spielen. In diesem Falle erhält man deutlich Abweichungen von der eingangs erwähnten Näherungsformel.

Eine ausführliche Darstellung unserer Rechnung wird in [3] gegeben.

Literatur

1 Taylor, G. I., The Viscosity of a Fluid Containing Smal Drops of another Fluid, Proc. Roy. Soc. A, 138, S. 41–48 (1932).
2 van Wijngaarden, L., One-dimensional Flow of Liquids Containing Smal Gas Bubbles, Ann. Review of Fluid Mechanics, 4, S. 369–396 (1972).
3 Grabitz, G., Die Berechnung der laminaren Rohrströmung einer Flüssigkeit mit Gasblasen, MPI für Strömungsforschung, Göttingen, 5/(1973).

Anschrift: Dr. Georg Grabitz, Max-Planck-Institut für Strömungsforschung, 34 Göttingen, Böttinger Str. 6–8, BRD

ZAMM 54, T 122 – T 123 (1974)

M. Herbeck

Das Temperaturfeld eines geheizten Zylinders in einer Potentialströmung

Symbole:

θ Temperatur im Strömungsfeld
θ_s Temperatur des Strömungsmediums im Unendlichen
θ_a Temperatur an der Zylinderoberfläche
$T = (\theta - \theta_s)/(\theta_a - \theta_s)$ dimensionslose Temperatur
U Strömungsgeschwindigkeit im Unendlichen
ϱ, c_p, λ Dichte, spezifische Wärme und Wärmeleitfähigkeit des Strömungsmediums
r Abstand von der Zylinderachse, φ Zentriwinkel
a Zylinderradius
$q = \varrho c_p a U/\lambda$ Péclét-Zahl, $2n = \varrho c_p/\lambda$
$\Phi = U \cos\varphi \left(r + \frac{a^2}{r}\right)$ Potential, $\Phi_0 = \Phi(a)$
$\Psi = U \sin\varphi \left(r - \frac{a^2}{r}\right)$ Stromfunktion

Entsprechend den Ansätzen von L. V. King [1] kann bei Prandtl-Zahlen $Pr \leqq 1$ mit guter Näherung anstelle des realen Temperaturfeldes eines Hitzdrahtes in einer reibungsbehafteten, ablösungsfreien Strömung das Temperaturfeld eines unendlich langen, auf konstante Oberflächentemperatur erwärmten Kreiszylinders in einer Potentialströmung betrachtet werden. Damit ergeben sich numerisch gut auswertbare Formeln für die Nusselt-Zahl, wie auch für die Temperaturwerte im gesamten Feld.

Unter Annahme konstanter Stoffwerte und mit Benutzung der Boussinesq-Transformation gilt für das Temperaturfeld des Kreiszylinders die Differentialgleichung: $T_{\Phi\Phi} + T_{\Psi\Psi} = 2n\,T_\Phi$, für die folgende Randbedingungen zu erfüllen sind: $T = 1$ für $r = a$; $T \to 0$ für $r \to \infty$; $T_\varphi = 0$ für $\varphi = 0$ und π bei $r \geqq a$.

Vernachlässigt man die Randbedingung $T_\varphi = 0$ für $\varphi = 0$, $r \geqq a$, so läßt sich mit der parabolischen Koordinate $z^2 = +\sqrt{(n\Phi + q)^2 + n^2\Psi^2} - n\Phi - q$ eine sehr einfach gebaute Lösung der Form $T = 1 - (2/\sqrt{\pi}) \int\limits_0^z \exp(-z^2)\,dz$ angeben. Für $q \geqq 1$ stimmt diese Lösung mit den anschließend vorgestellten strengen Lösungen gut überein mit Ausnahme des mit $(1/\sqrt{q})$ abnehmenden Winkelbereiches um $\varphi = 0$. Für die alle Randbedingungen erfüllende strenge Lösung wurde die folgende Form, eine Modifikation des Ansatzes in [2], gewählt:

$$T = \exp(n\Phi) \sum_{l=0}^{\infty} a_l \int_0^{\pi} K_0 \sqrt{((n\Phi - q\cos\beta)^2 + n^2\Psi^2)} \cos(l\beta)\, d\beta\,.$$

Dabei gilt, daß der dimensionslose Temperaturgradient für $r = a$

$$a(T_r)_{r=a} = -\sum_{l=0}^{\infty} a_l \cos(l\varphi) \exp(q\cos\varphi)$$

ist. Die Koeffizienten a_l sind so zu bestimmen, daß auf der Zylinderoberfläche, wo $n\Phi = q\cos\varphi$ ist, die Integralgleichung

$$1 = \exp(q\cos\varphi) \sum_{l=0}^{\infty} a_l \int_0^{\pi} K_0 (q\,|\cos\varphi - \cos\beta|) \cos(l\beta)\, d\beta$$

für alle φ-Werte erfüllt ist. Durch Multiplikation mit $\cos(n\varphi)$ ($n = 0, 1, 2, \ldots$) und Integration über φ von 0 bis π erhält man die beiden unendlichen Gleichungssysteme

$$I_{2n}(q) = \sum_{l=0}^{\infty} a_{2l} A_{2l,2n} \quad \text{und} \quad -I_{2n+1}(q) = \sum_{l=0}^{\infty} a_{2l+1} A_{2l+1,2n+1}$$

mit

$$(2/\pi) A_{n,n+2k} = (-1)^k \int_0^{\pi/2} I_{n+k}(q\cos\vartheta) K_{n+k}(q\cos\vartheta) \cos(2k\vartheta)\, d\vartheta ,$$

wobei die I_{n+k} und K_{n+k} modifizierte BESSEL-Funktionen sind. Die Koeffizienten $A_{n,n+2k}$ wurden im Bereich $0 < q \leqq 4$ entweder unter Benutzung der Reihenentwicklung der BESSEL-Funktionen oder mit Hilfe des Additionstheorems bestimmt. Da die a_{2l} positiv und die a_{2l+1} negativ sind, müssen an der oberen Grenze für q die $A_{n,n+2k}$ auf 5 bis 6 Dezimalen berechnet werden, wenn die Temperaturwerte mit 1% Genauigkeit bestimmt werden sollen. Numerische Werte und die umfangreichen Formeln für die $A_{n,n+2k}$ und die a_l sind aus [3] zu ersehen.

Für $q \geqq 1$ wurden außerdem für den dimensionslosen Temperaturgradienten asymptotische Lösungen abgeleitet:

$$a\,(T_r)_{r=a} = -2\sqrt{q}\sin(\varphi/2)/\sqrt{\pi} \quad \text{für} \quad \sqrt{q}\sin(\varphi/2) \geqq 1/\sqrt{\pi} ,$$

$$a(T_r)_{r=a} = -\frac{1}{\pi}\left(1 + \frac{9\pi q \sin^2(\varphi/2)}{8} - \frac{27\pi^2 q^2 \sin^4(\varphi/2)}{256}\right) \text{für } \sqrt{q}\sin(\varphi/2) \leqq 1/\sqrt{\pi} .$$

Diese Formeln wurden auch zur asymptotischen Berechnung der Temperaturwerte eingesetzt.

Die verschiedenen Formeln für die Temperaturgrößen und ihre numerische Auswertungen sind [3] zu entnehmen. Hier beschränken wir uns auf die Angabe einiger grundsätzlicher Ergebnisse: Während $a(T_r)_{r=a}$ für $q \geqq 1$ im Bereich um $\varphi = \pi$ proportional $\sqrt{q}$ ist, strebt der Gradient für $\varphi = 0$ einem von q unabhängigen Wert $1/\pi$ zu (s. o.). Für $q \geqq 1$ folgt die Temperatur im Bereich um $\varphi = \pi$ einem von q abhängigen Exponentialgesetz (s. Lösung mit parabolischer Koordinate). Dagegen gilt für $\varphi = 0$, $r \geqq a$, asymptotisch $T = (2/\pi)$ arcsin $\left(2\,(r/a)^{0,5}/(1 + r/a)\right)$, ein von q unabhängiges Verhalten; für $q \geqq 4$ weicht diese Lösung maximal 1% von der strengen Lösung ab.

Literatur

1 KING, L. V., On the convection of heat from small cylinders, Phil. Trans. Roy. Soc. **A 214**, S. 373–432 (1914).
2 PIERCY, N. A. V., and WINNY, H. F., Convection of heat from isolated plates and cylinders, Phil. Mag. 7, S. 390–408 (1933).
3 HERBECK, M., Das Temperaturfeld eines geheizten Kreiszylinders in einer Potentialströmung, MPI für Strömungsforschung 117 (1971).

Anschrift: Dr. MARGOT HERBECK, Max-Planck-Institut für Strömungsforschung
34 Göttingen, Böttingerstr. 4–8, BRD

ZAMM 54, T 123 – T 125 (1974)

M. JISCHA

Diskussion der Energiegleichung reagierender Strömungen bei chemischem Gleichgewicht

Chemisch reagierende Strömungen sind generell Nichtgleichgewichtsströmungen. *Eingefrorene* und *Gleichgewichtsströmungen* sind fiktive Grenzfälle, wobei es über den Begriff der *Gleichgewichtsströmung* unterschiedliche Ansichten gibt. Einmal wird die Auffassung vertreten [1], daß die chemischen Produktionsdichten σ_α^* aller Komponenten α (*bedeutet lokales chemisches Gleichgewicht) verschwinden. Es wurde diskutiert, daß dies nur beim Erlöschen aller Austauschvorgänge richtig ist, das kontinuierliche System muß gradientenfrei sein. In dem Vortrag wurde Gleichgewicht nur bezüglich der chemischen Reaktionen angenommen; dies führte zu nicht verschwindenden Produktionsdichten σ_α^*, solange Transportprozesse ablaufen.

Es wurde ausgegangen von der Energiegleichung für die Enthalpie h in kartesischen Koordinaten:

$$\varrho \frac{dh}{dt} - \frac{dp}{dt} = -\pi_{jk}\frac{\partial v_j}{\partial x_k} - \frac{\partial q_k}{\partial x_k} . \tag{1}$$

Es bedeuten p Druck, ϱ Dichte, t Zeit, π_{jk} viskoser Drucktensor, v_j, q_k und x_k Geschwindigkeits-, Energiestrom- und Ortsvektor und d/dt die totale Ableitung. Mit $h = h\,(T, p, c_\alpha)$, wobei c_α die Massenkonzentrationen bedeuten, sowie den Definitionen

$$\bar{c}_p = \left(\frac{\partial h}{\partial T}\right)_{p,c_\alpha} , \quad h_\alpha = \left(\frac{\partial h}{\partial c_\alpha}\right)_{T,p,c_\beta} \tag{2}$$

folgt aus (1) für das Temperaturfeld T:

$$\varrho \bar{c}_p \frac{dT}{dt} + \left[\varrho \left(\frac{\partial h}{\partial p}\right)_{T, c_\alpha} - 1\right] \frac{dp}{dt} + \varrho \sum_\alpha h_\alpha \frac{dc_\alpha}{dt} = -\pi_{jk} \frac{\partial v_j}{\partial x_k} - \frac{\partial q_k}{\partial x_k}. \tag{3}$$

Generell folgen die $(N - 1)$ Konzentrationsfelder c_α aus den $(N - 1)$ partiellen Kontinuitätsgleichungen

$$\varrho \frac{dc_\alpha}{dt} = -\frac{\partial j_{k,\alpha}}{\partial x_k} + \sigma_\alpha , \tag{4}$$

wobei $j_{k,\alpha}$ der Massendiffusionsstromvektor der Komponente α ist. Zur Diskussion der Produktionsdichte σ_α mußten Fallunterscheidungen vorgenommen werden, dazu wurde von den linearen phänomenologischen Gleichungen der irreversiblen Thermodynamik [2], [3] ausgegangen. Bei Vernachlässigung der chemischen Viskositäten lauten diese

$$\sigma_\alpha = -\frac{1}{T} \sum_\beta \Lambda_{\alpha\beta} \mu_\beta \quad (\alpha = 1, 2, \ldots N - 1)$$

bzw.

$$w_r = \frac{1}{T} \sum_q \lambda_{rq} A_q \quad (r = 1, 2, \ldots R) . \tag{5}$$

Der Zusammenhang zwischen den Produktionsdichten σ_α und den Reaktionsgeschwindigkeiten $w_r = d\xi_r/dt$ der R Reaktionen (ξ_r = Reaktionslaufzahl) ist $\sigma_\alpha = M_\alpha \sum_r \nu_{\alpha r} w_r$. Es bedeuten $\Lambda_{\alpha\beta}$ bzw. λ_{rq} phänomenologische Koeffizienten, μ_β das chemische Potential der Komponente β, $A_q = -\sum_\alpha M_\alpha \mu_\alpha \nu_{\alpha q}$ die chemische Affinität der Reaktion q, M_α die Molmasse der Komponente α und $\nu_{\alpha r}$ bzw. $\nu_{\alpha q}$ deren stöchiometrischer Koeffizient in der Reaktion r bzw. q.

In Anlehnung an Haase [3] wurden in (5) Relaxationszeiten τ_r definiert durch

$$\frac{1}{\tau_r} = -\frac{1}{T} \lambda'_{rr} \left(\frac{\partial A'_r}{\partial \xi'_r}\right)_{T,p} \tag{6}$$

eingeführt, wodurch (5) überging in

$$w'_r = -\frac{\xi'_r - \xi'^*_r}{\tau_r} \quad (r = 1, 2, \ldots, R) . \tag{7}$$

Die gestrichenen Größen folgten aus einer Transformation der ungestrichenen Größen, dies diente der Vereinfachung. Wichtig war die Proportionalität $\tau_r \sim 1/\lambda'_{rr} \sim 1/\lambda_{rq}$, die die Basis der folgenden Diskussion darstellte.

Für $\tau_r \to \infty$ gehen λ'_{rr} bzw. $\lambda_{rq} \to 0$, das heißt $w_r \to 0$ nach (5) bzw. $\sigma_\alpha \to 0$. Die Reaktionen sind eingefroren und man bezeichnet derartige Strömungen kurz als *eingefrorene* Strömungen. Die Reaktionen laufen unendlich langsam ab.

Für $\tau_r \to 0$ gehen λ'_{rr} bzw. $\lambda_{rq} \to \infty$. Gleichung (5) kann dann auf zwei Weisen erfüllt werden, entweder durch $w_r \to \infty$ (was zu unendlich großen Konzentrationsänderungen führt und physikalisch unsinnig ist) oder durch $A_q \to 0$ bzw. $\xi'_r \to \xi'^*_r$. Letzteres bedeutet lokales chemisches Gleichgewicht. Man bezeichnet derartige Strömungen kurz als *Gleichgewichtsströmungen* und charakterisiert diese durch $A_q = 0$ bzw. $c^*_\alpha = c^*_\alpha(T, p)$. Damit werden in einer *Gleichgewichtsströmung* die Konzentrationen c_α über die Massenwirkungsgesetze und nicht über die partiellen Kontinuitätsgleichungen (4) festgelegt. Das Gleichungssystem ist dadurch nicht überbestimmt, da die Produktionsdichten in (2) wegen $\lambda_{rq} \to \infty$ und $A_q \to 0$ gegen einen unbestimmten Ausdruck gehen. Daraus folgt zwangsläufig, daß in *Gleichgewichtsströmungen* die Produktionsdichten durch die partiellen Kontinuitätsgleichungen festgelegt werden, siehe auch [4].

Bezüglich Gleichung (3) muß unterschieden werden:

1) Die Konzentrationen werden durch die Gleichungen (4) festgelegt; für *eingefrorene* Strömungen sind die $\sigma_\alpha = 0$. Mit (4) folgt aus (3):

$$\varrho \bar{c}_p \frac{dT}{dt} + \left[\varrho \left(\frac{\partial h}{\partial p}\right)_{T, c_\alpha} - 1\right] \frac{dp}{dt} = -\pi_{jk} \frac{\partial v_j}{\partial x_k} - \frac{\partial q'_k}{\partial x_k} + \sum_\alpha j_{k,\alpha} \frac{\partial h_\alpha}{\partial x_k} - \sum_\alpha h_\alpha \sigma_\alpha , \tag{8}$$

wobei $q'_k = q_k - \sum_\alpha h_\alpha j_{k,\alpha}$ als reduzierter Energiestrom bezeichnet wird.

2) Die Konzentrationen c_α werden über die Gleichgewichtsbedingungen festgelegt. Mit $c^*_\alpha(T, p)$ folgt aus (3):

$$\varrho c_{p,\text{ges}} \frac{dT}{dt} + \left[\varrho \left(\frac{\partial h}{\partial p}\right)_T - 1\right] \frac{dp}{dt} = -\pi_{jk} \frac{\partial v_j}{\partial x_k} - \frac{\partial q_k}{\partial x_k}. \tag{9}$$

Darin sind

$$c_{p,\,\mathrm{gcs}} = \bar{c}_p + \sum_\alpha h_\alpha \left(\frac{\partial c_\alpha^*}{\partial T}\right)_p$$

$$\left(\frac{\partial h}{\partial p}\right)_T = \left(\frac{\partial h}{\partial p}\right)_{T,\,c_\alpha} + \sum_\alpha h_\alpha \left(\frac{\partial c_\alpha^*}{\partial p}\right)_T .$$

Man erhält somit zwei verschiedene Formulierungen der Gleichung für das Temperaturfeld. Gleichung (8) gilt für *eingefrorene* und für Nichtgleichgewichtsströmungen, während Gleichung (9) für *Gleichgewichtsströmungen* gilt. Der Grund für diese Fallunterscheidung liegt allein in der unterschiedlichen Ermittlung der Konzentrationen. Er liegt nicht im Verschwinden der σ_α^*, dies ist (neben dem anderen Grenzfall der eingefrorenen Strömung) erst dann der Fall, wenn das kontinuierliche System gradientenfrei ist, d. h. wenn alle Austauschprozesse erloschen sind.

Eine ausführliche Darstellung erscheint demnächst in der Zeitschrift Acta Mechanica.

Literatur

1 SCHÖNAUER, W., STRAUB, D., WASSNER, L., und ADAMS, E., Diskussion der Energiegleichung für die Hyperschallgrenzschicht bei chemischem Gleichgewicht, ZAMM **50**, T 208–T 211 (1970).
2 MEIXNER, J. und REIK, H. G., Thermodynamik der irreversiblen Prozesse, in S. Flügge, Handbuch der Physik, Band III/2, Springer-Verlag, Berlin (1959).
3 HAASE, R., Thermodynamik der irreversiblen Prozesse, Dr. D. Steinkopff Verlag, Darmstadt (1963).
4 JISCHA, M., Production terms in chemically reacting equilibrium flows, discussed for a binary mixture laminar boundary layer flow, erscheint in der Zeitschrift Int. J. Heat Mass Transfer.

Anschrift: apl. Prof. Dr.-Ing. M. JISCHA, Ruhr-Universität, 4630 Bochum, Postfach 2148, BRD

ZAMM 54, T 125 – T 126 (1974)

J. KELLER

Eine Mastergleichung für Turbulenzströmungen

Wir betrachten ein GIBBS-Ensemble identischer und voneinander unabhängiger Kopien eines fluiden Systems mit turbulenter Strömung im Raumgebiet R.

Das einzelne System läßt sich gemäß der Thermodynamik der irreversiblen Prozesse [1] durch Feldgleichungen der Art

$$\partial_t \varphi_j = Q_j\,[\varphi(x,t)] \qquad j = 1 \ldots n \tag{1}$$

beschreiben. Hier ist $\varphi = (\varphi_l,\ l = 1 \ldots n) = (\varrho, v, T \ldots)$ eine Zusammenfassung aller charakteristischen Felder des Systems,

$\partial_t = \partial/\partial t$ ... Zeitableitung,

$\partial_\alpha = \partial/\partial x_\alpha$ ... Ortsableitung,

Q_j ... algebraischer Ausdruck in φ, $\partial_\alpha\varphi$, $\partial_\alpha\partial_\beta\varphi$, $(\alpha, \beta = 1, 2, 3)$.

Das GIBBS-Ensemble läßt sich — wie in der statistischen Mechanik — durch eine Wahrscheinlichkeitsverteilung

$$f\,[\varphi(x), t]\,\mu(d\varphi)$$

in einem Funktionenraum Ω beschreiben. Diese Größe gibt die Wahrscheinlichkeit dafür an, daß die in einem Ensemblemitglied zur Zeit t tatsächlich realisierten Felder $\varphi(x, t)$ in einer gewissen $d\varphi$-Umgebung eines willkürlich wählbaren Testfeldes $\varphi(x)$ liegen.

Es gilt die LIOUVILLE-Gleichung

$$i\,\partial_t f = \mathcal{L} f \tag{2}$$

mit dem LIOUVILLE-Operator

$$\mathcal{L} \ldots = -\,i \int_R dx \,\frac{\delta}{\delta\varphi_j,\,x}\,(Q_j \ldots) \tag{2a}$$

Aus (2) kann eine geschlossene Gleichung für die Wahrscheinlichkeit $g(a, t)\, da$ dafür, daß der Wert irgendeines stetigen Funktionals $A[\varphi]$ der Felder φ zur Zeit t zwischen den Werten a und $a + da$ liegt, gewonnen werden: Es gilt [2] [3]

$$\partial_t\, g(a, t) + \partial_a(V\, g) = \int_0^t ds \int_{-\infty}^{\infty} da'\, \partial_a\, W\, K(a, a', t - s)\, \partial'_a \left(\frac{g(a', s)}{W(a')}\right) \tag{3}$$

mit

$$W(a) = \int_\Omega \mu(d\varphi)\, \delta(A[\varphi] - a)\,,$$

$$V(a) = \big(i/W(a)\big) \int_\Omega \mu(d\varphi)\, \delta\,(A - a)\,(\mathcal{L}\, A)\,,$$

$$K(a, a', t) = -\, W^{-1}(a) \int_\Omega \mu\,(d\varphi)\, \delta\,(A - a)\,(\mathcal{L}\, A) \exp - i\,t\,(1 - P_A)\, \mathcal{L}\,(1 - P_A)\,(\mathcal{L}\, A)\, \delta\,(A - a')\,,$$

$$P_A \ldots = \frac{1}{W(A)} \int_\Omega \mu(d\varphi')\, \delta\,(A[\varphi'] - A\,[\varphi]) \ldots .$$

Gleichung (3) besitzt für viele Feldgleichungen (1) und Funktionale $A[\varphi]$ stets dieselbe formale Struktur: sie wird deshalb Mastergleichung der statistischen Thermodynamik der Vorgänge in kontinuierlicher Materie genannt. Sie ist in mathematischer Hinsicht eine *lineare* partielle Integro-Differentialgleichung, in physikalischer Hinsicht eine Bilanzgleichung für die Wahrscheinlichkeit $g(a, t)$. Die Berechnung der Hilfsgrößen W, r, K kann durch Invarianzeigenschaften des betrachteten Funktionals $A[\varphi]$ wesentlich erleichtert werden.

Bezüglich eines Anwendungsbeispiels der Gleichungen (3) sei auf [3] verwiesen.

Literatur

1 Meixner, J., Reick, H. G., Handbuch d. Physik, III/2 S. 413, Hrsg. S. Flügge.
2 Zwanzig, R., Phys. Rev. **124**, 983 (1961).
3 Keller, J. U., Acta Physica Austria 37, 132—142 (1973).

Anschrift: Dr. J. Keller, TU Berlin, Lehrstuhl für Thermodynamik,
1 Berlin 12, Straße des 17. Juni 135, WB

ZAMM 54, T 126 – T 128 (1974)

A. Kluwick

Zur Bedeutung der kumulativen Glieder im analytischen Charakteristikenverfahren

Das analytische Charakteristikenverfahren stellt eine Methode zur Berechnung gleichmäßig gültiger Lösungen bei Wellenausbreitungsvorgängen kleiner Amplitude dar, [4]. Die Zustandsgrößen, wie etwa der Geschwindigkeitsvektor $\boldsymbol{w}$, die Schallgeschwindigkeit c, sowie der Ortsvektor $\boldsymbol{x}$ und die Zeit t werden dabei in Reihen der Bauart

$$\boldsymbol{w} = \boldsymbol{w}_0 + \boldsymbol{w}_1(\boldsymbol{x}_0, t_0; \varepsilon) + \boldsymbol{w}_2(\boldsymbol{x}_0, t_0; \varepsilon) + \ldots, \qquad c = c_0 + c_1(\boldsymbol{x}_0, t_0; \varepsilon) + c_2(\boldsymbol{x}_0, t_0; \varepsilon) + \ldots \tag{1}$$

$$\boldsymbol{x} = \boldsymbol{x}_0 + \boldsymbol{x}_1(\boldsymbol{x}_0, t_0; \varepsilon) + \ldots, \qquad t = t_0 + t_1(\boldsymbol{x}, t_0; \varepsilon) + \ldots . \tag{2}$$

entwickelt. Im folgenden sei angenommen, daß $\boldsymbol{w}_0$, c_0 konstant sind und weiter, daß die Störgrößen nur von einem Störparameter ε abhängen. Zwischen den Ansätzen (1) und jenen der akustischen Theorie besteht, wie in [3] ausführlich dargestellt, ein sehr enger Zusammenhang. Werden Größen der akustischen Theorie mit dem Index a gekennzeichnet, dann ist z. B. für die Schallgeschwindigkeit:

$$\begin{aligned} c_1(\boldsymbol{x}_0, t_0; \varepsilon) &= c_1^a(\boldsymbol{x}_0, t_0; \varepsilon)\,, \\ c_2(\boldsymbol{x}_0, t_0; \varepsilon) &= c_2^a(\boldsymbol{x}_0, t_0; \varepsilon) + \boldsymbol{x}_1 \cdot \nabla_0\, c_1^a + t_1 \frac{\partial c_1^a}{\partial t_0}\,. \end{aligned} \tag{3}$$

Eine analoge Beziehung erhält man für $\boldsymbol{w}$, den Druck p, die Dichte ϱ. Gleichung (3) stellt die Lösung der Verträglichkeitsbedingungen in erster und zweiter Näherung dar.

Die Beziehungen für die Störkoordinaten ergeben sich über die Entwicklung der Neigungsbedingungen für Charakteristikenflächen. Damit müssen gleichzeitig die natürlichen Forderungen erfüllt werden, daß $\boldsymbol{w}_2$, c_2, p_2, ϱ_2, keine kumulativen Glieder enthalten. Bezeichnet man kumulative Terme mit $\wedge$, so lautet dies:

$$\hat{\boldsymbol{w}}_2 = 0,\ \hat{c}_2 = \hat{p}_2 = \hat{\varrho}_2 = 0\,. \tag{4}$$

In der akustischen Theorie werden die zu (4) entsprechenden Bedingungen verletzt. Wegen (3) können die kumulativen Glieder der akustischen Theorie auch innerhalb des analytischen Charakteristikenverfahrens gedeutet werden. Man erhält daraus die führenden Glieder der Störkoordinaten und die Beziehungen für die Lage von Verdichtungsstößen.

Der Zusammenhang zwischen (4) und den Neigungsbedingungen 1. Ordnung des analytischen Charakteristikenverfahrens ist nicht unmittelbar zu erkennen. Er ergibt sich aus der Abhängigkeit der akustischen Lösung von charakteristischen Veränderlichen. Dies wird in [3] ausgehend von der Potentialdarstellung für die Zustandsgrößen hergeleitet. Im Rahmen des analytischen Charakteristikenverfahrens ist es jedoch naheliegend, direkt von den Verträglichkeitsbedingungen auszugehen. Gleichzeitig ist damit angedeutet, wie etwa bei nicht drehungsfreier Strömung vorzugehen wäre. Dazu wird eine sich ins ruhende Medium ausbreitende Welle betrachtet. Unter der Annahme, daß die Wellenlänge λ stets klein gegenüber den Hauptkrümmungsradien R_1, R_2 der Wellenfront ist (Bild 1), wurde von GUBKIN, [1] gezeigt, daß die von KELLER, [2] für akustische Stöße angegebenen Beziehungen 1. Ordnung in der gesamten Welle gültig sind:

$$\boldsymbol{w}_1 = v_1 \boldsymbol{n}, \qquad v_1 = \frac{1}{\varrho_0 c_0} p_1, \qquad \varrho_1 = \frac{1}{c_0^2} p_1, \qquad c_1 = \frac{\varkappa - 1}{2} \frac{1}{\varrho_0 c_0} p_1, \tag{5}$$

$$v_1 = A(s_0)\, F'(\xi), \qquad A = \sqrt{\frac{f(0)}{f(s_0)}}, \qquad \xi = t_0 - \int\limits_0^{s_0} \frac{d\bar{s}_0}{c_0}. \tag{6}$$

s_0 bedeutet die Bogenlänge längs Strahlen, $f(s_0)$ den zugehörigen Strahlröhrenquerschnitt, F eine beliebige Funktion der charakteristischen Veränderlichen ξ, die i. allg. von Strahl zu Strahl verschiedene Funktionsgestalt aufweist.

Die führenden Glieder der Lösung 2. Ordnung erfüllen zu Gleichung (5) entsprechende Beziehungen. Für $\hat{v}_2$ kann die Verträglichkeitsbedingung für Charakteristikenflächen $\xi = \text{const}$ dann in folgender Form geschrieben werden. $\left(\frac{d}{dt_0}\right)_\xi$ bedeutet die Ableitung längs Bicharakteristiken der Charakteristikenfläche:

$$\left(\frac{d\hat{v}_2}{dt_0}\right)_\xi - \frac{\hat{v}_2}{v_1}\left(\frac{dv_1}{dt_0}\right)_\xi = - \frac{\varkappa + 1}{2} v_1 \frac{\partial v_1}{\partial s_0}. \tag{7}$$

Die gesuchte Lösung lautet

$$\hat{v}_2 = - \frac{\varkappa + 1}{2} v_1 \int\limits_0^{t_0} \frac{\partial v_1}{\partial s_0} dt_0 . \tag{8}$$

Die Integration ist längs Bicharakteristiken auszuführen.

Da sowohl $\boldsymbol{w}_1, c_1, \ldots$ als auch $\hat{\boldsymbol{w}}_2, \hat{c}_2, \ldots$ die Stoßbedingungen 1. Ordnung nach Gleichung (5) erfüllen, sind die Beziehungen (4) voneinander abhängig und enthalten nur eine Aussage. Es genügt daher, auch nur eine Koordinate, etwa t, zu entwickeln:

$$t_1 = - \frac{\varkappa + 1}{2} F' \int\limits_0^{s} \frac{A(\bar{s})}{c_0^2} d\bar{s}, \quad s = s_0 . \tag{9}$$

Gleichung (9) stellt die Neigungsbedingung 1. Ordnung für die Charakteristikenfläche $\xi = \text{const.}$ dar.

Zur Beschreibung der Lage von Stößen wird von der Möglichkeit Gebrauch gemacht, daß sich in 1. Näherung längs jeder Strahlröhre eine Störstromfunktion ψ einführen läßt. Diese bleibt über Stöße hinweg stetig. Damit ist wieder die Möglichkeit einer Verallgemeinerung auf drehungsbehaftete Strömungen gegeben. Der in 1. Ordnung gleichmäßig gültige Ausdruck ψ_1^* von ψ kann in einfacher Weise durch Integration über die Zu-

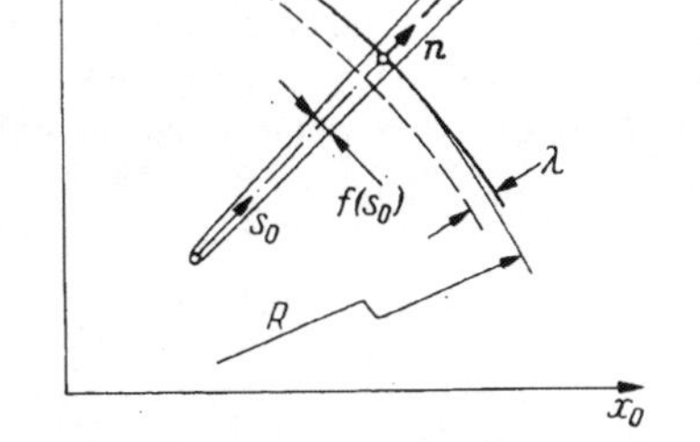

Bild 1. Sich ins ruhende Medium ausbreitende Welle

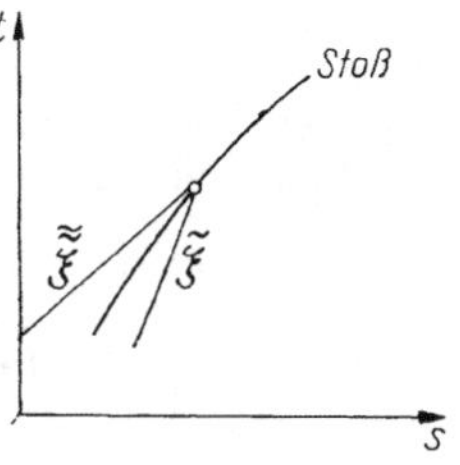

Bild 2. Verdichtungsstoß in der t, s-Ebene

standsgrößen 1. Ordnung gewonnen werden. Es folgt jedoch auch direkt, allein aus dem Verschwinden der kumulativen Glieder 2. Ordnung nach (4) die Beziehung:

$$\psi_1^* = \psi_1 + \hat{\psi}_2 = \psi_1^a + \hat{\psi}_2^a + t_1 \frac{\partial \psi_1^a}{\partial t_0} = \psi_1^a - \hat{\psi}_a^2 . \tag{10}$$

Darin bedeuten ψ_2^a und $\hat{\psi}_2^a$ die Glieder der formalen akustischen Entwicklung:

$$\psi_1^a = f(s)\, \varrho_0\, A(s)\, F(\xi), \qquad \hat{\psi}_2^a = \frac{k+1}{4} f(s)\, \varrho_0\, A(s)\, F^{12}(\xi) \int_0^s \frac{A(\bar{s})}{c_0^2}\, d\bar{s} . \tag{11}$$

Mit den Bezeichnungen von Bild 2 ist die Lage der Stöße dann unmittelbar durch

$$t\,(s, \tilde{\xi}; \varepsilon) = t\,(s, \tilde{\tilde{\xi}}; \varepsilon), \qquad \psi_1^*\,(s, \tilde{\xi}; \varepsilon) = \psi_1^*\,(s\, \tilde{\tilde{\xi}}; \varepsilon) \tag{12}$$

gegeben.

Literatur

1 Gubkin, K. E., Propagation of Discontinuities in Sound Waves PMM, **22**, pp. 561–564 (1958).
2 Keller, J. B., Geometrical Acoustics. I. The Theory of Weak Shock Waves, J. Appl. Phys. **25**, pp. 938–947 (1954).
3 Kluwick, A., Gleichmäßig gültige Störtheorie und kumulative Effekte bei Wellenausbreitungsvorgängen, Journal de mecanique, im Druck.
4 Oswatitsch, K., Die Wellenausbreitung in der Ebene bei kleinen Störungen, Archiwum Mechaniki Stosowanej, **14**, S. 621 bis 637 (1962).

Anschrift: Dr. Alfred Kluwick, Institut für Strömungslehre der TH Wien, A 1040 Wien, Karlsplatz 13, Österreich

ZAMM 54, T 128 (1974)

W. Koch

Wechselwirkung zwischen Strahlung und Konvektion an einer umströmten Platte

Bei höheren Wand- oder Gastemperaturen trägt Wärmestrahlung wesentlich zur Wärmeübertragung durch ein emittierendes und absorbierendes Medium bei. Ist die Reynoldszahl der betrachteten Strömung groß, so kann man intuitiv eine Zweiteilung des Strömungsfeldes in eine durch dissipative Prozesse dominierte Grenzschicht und eine reibungsfreie Außenströmung erwarten. Durch die Fernwirkung der Strahlung treten diese beiden Gebiete in eine enge Wechselwirkung. Dabei bezeichnen wir die Wechselwirkung als schwach, wenn die Außenströmung in erster Näherung als von der Grenzschicht unabhängig betrachtet werden kann, im Gegensatz zur starken Strahlungswechselwirkung, bei der beide Gebiete gleichzeitig berechnet werden müssen.

Eine Lösung des Problems schwacher Wechselwirkung für die laminare Umströmung einer beheizten, schwarzen Platte bei kleiner Eckertzahl, sowie unter der zusätzlichen Annahme eines grauen Gases und kleiner Temperaturstörungen, wurde von Cess [1] angegeben. Dabei wurden allerdings die Gastemperatur und der Strahlungswärmeübergang in der reibungsfreien Außenströmung unter Verwendung des sogenannten „Strahlungsschichtmodells", bei welchem die Vorwärtswirkung der Strahlung vernachlässigt wird, berechnet. Aber gerade der Vorläufereffekt der Strahlung kann das Temperaturfeld und den Wärmeübergang entscheidend verändern. In der vorliegenden Untersuchung wurde deshalb unter Verwendung der Differentialapproximation das zweidimensionale Strahlungsfeld in der Außenströmung beibehalten und für ein seitlich begrenztes Problem damit die Wechselwirkung zwischen Strahlung und Konvektion untersucht. Wegen der starken Anisotropie der Strahlung nahe der Plattenspitze versagt die gewöhnliche Differentialapproximation in diesem Gebiet und es wurde eine nach Olfe modifizierte Differentialapproximation, bei welcher die Wandstrahlung gesondert berücksichtigt wird, angewendet. Die mittels der Wiener-Hopf-Methode erhaltene Lösung zeigt, daß die Gültigkeit des „Strahlungsschichtmodells" von Cess auf schwache Strahlung beschränkt ist, und daß sich bei starker Strahlung ein erheblich veränderter Strahlungswärmeübergang ergibt. Bezüglich der Einzelheiten wird auf die, dem Vortrag zugrunde liegende, ausführliche Arbeit verwiesen, welche beim International Journal of Heat and Mass Transfer zur Veröffentlichung eingereicht wurde.

Literatur

1 Sparrow, E. M., and Cess, R. D., Radiation Heat Transfer, Brooks/Cole, Belmont, California 1966, p. 284ff.

Anschrift: Werner Koch, Ph. D., DFVLR-Institut für Strömungsmechanik, AVA Göttingen,
D 34 Göttingen, Bunsenstraße 10, BRD

ZAMM 54, T 129 (1974)

H.-P. Kreplin/H. Eckelmann

Das Verhalten der Längsschwankungen der Geschwindigkeit einer turbulenten Kanalströmung in Wandnähe

In einem von H. Reichardt gebauten Strömungskanal für Öl, in dem die viskose Unterschicht der turbulenten Strömung eine Stärke von 8 mm ($y^+ = 10$) erreicht, wurden Heißfilmmessungen in Wandnähe durchgeführt. Dabei lagen die mit der mittleren Geschwindigkeit in Kanalmitte und der Kanalbreite gebildeten Reynolds-zahlen Re_U zwischen 4700 und 8200.

Wie von H. Eckelmann [1] gefunden wurde, zeigen die auf die örtliche mittlere Geschwindigkeit $\bar{u}$ bezogenen Längsschwankungen $\sqrt{\overline{u'^2}}$ innerhalb der viskosen Unterschicht ein ausgeprägtes Maximum. Dieses Ergebnis wurde im Ölkanal bei freier Oberfläche gewonnen. Um zu zeigen, daß dieser Verlauf der Längsschwankungen nicht auf den Einfluß der freien Oberfläche zurückzuführen ist, wurde der Ölkanal auf der ganzen Länge mit einem Deckel versehen und der Meßquerschnitt auf die halbe Tiefe zwischen Boden und Deckel verlegt, wo er sich damit außerhalb der Boden- bzw. Deckelgrenzschicht befand. Unter diesen Bedingungen wurde von H.-P. Kreplin [2] der Verlauf der Längsschwankungen erneut ausgemessen.

In Bild 1 sind die auf die mittlere örtliche Geschwindigkeit bezogenen Längsschwankungen über dem dimensionslosen Wandabstand $y^+ = \frac{y\, u_\tau}{\nu}$ aufgetragen. Auf diese Weise lassen sich die Meßwerte unabhängig von der Reynoldszahl darstellen. Die Meßpunkte zeigen wieder deutlich das ausgeprägte Maximum innerhalb der viskosen Unterschicht. Der Grenzwert an der Wand wurde mit einem Wandschubspannungsmesser, der nach einem ähnlichen Prinzip wie eine Heißfilmsonde arbeitet, zu 0,25 gemessen und ebenfalls reproduziert. Erst dieser Wert erlaubt es, die Kurve bis an die Wand zu zeichnen.

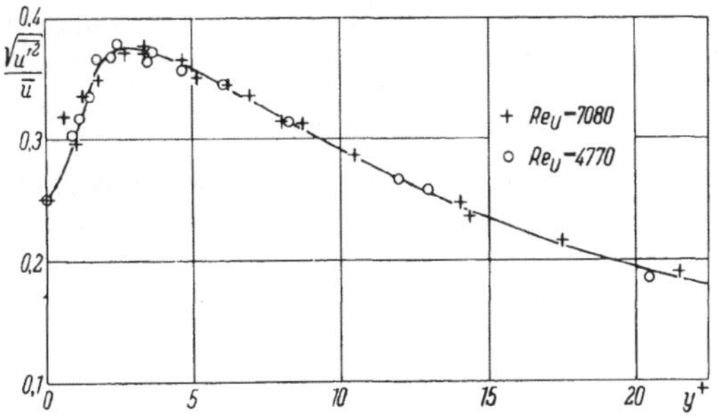

Bild 1. Verteilung der auf die mittlere örtliche Geschwindigkeit bezogenen Längsschwankungen in Wandnähe

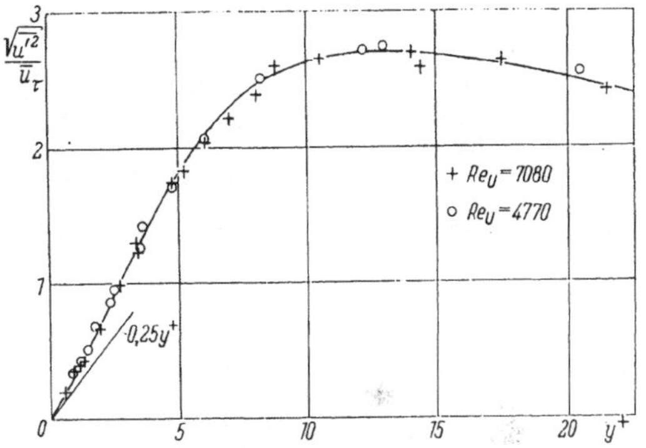

Bild 2. Verteilung der auf die Schubspannungsgeschwindigkeit bezogenen Längsschwankungen in Wandnähe

Aus dem eigentümlichen Verlauf dieser Kurve, speziell aus dem Abfall zur Wand hin folgt, daß zwischen dem Maximum und der Wand sich die Längsschwankungen mit einer stärkeren Potenz als die mittlere Geschwindigkeit ändern. In einer dünnen Schicht in unmittelbarer Wandnähe müssen beide mit gleicher Potenz gegen Null gehen, so daß sich der Wandwert 0,25 ergibt.

Bezieht man die gemessenen Längsschwankungen auf die Schubspannungsgeschwindigkeit u_τ, so würde man nur bei einem konstanten Verlauf von $\sqrt{\overline{u'^2}}/\bar{u}$ in Wandnähe einen linearen Anstieg erhalten. Bild 2 zeigt aber einen leicht S-förmigen Verlauf, wobei das Maximum der Kurve des ersten Bildes sich als Wendepunkt darstellt und der konstante Wandwert als Gerade, in die die Meßpunkte asymptotisch einmünden.

Der gemessene Verlauf der Längsschwankungen wird bis $y^+ \approx 4$ durch eine Theorie von H. Reichardt [4] wiedergegeben. Weitere theoretische Untersuchungen wurden von F. Obermeier [3] durchgeführt.

Literatur

1 Eckelmann, H., Experimentelle Untersuchungen in einer turbulenten Kanalströmung mit starken viskosen Wandschichten, Mitteilungen aus dem Max-Planck-Institut für Strömungsforschung und der Aerodynamischen Versuchsanstalt Nr. 48, Göttingen 1970.

2 Kreplin, H.-P., Eine Methode zur Linearisierung von Heißfilmsignalen mit dem Digitalrechner PDP-15 und ihre Anwendung bei Messungen in einer turbulenten Kanalströmung, Bericht 2/1973, Max-Planck-Institut für Strömungsforschung, Göttingen 1973.

3 Obermeier, F., Einige theoretische Bemerkungen zum Verhalten der viskosen Wandströmung turbulenter Grenzschichten, Zamm 54, T 138 (1974)

4 Reichardt, H., Das Verhalten der viskosen Wandströmung in turbulenten Grenzschichten, Deutsche Luft- und Raumfahrt Mitteilung 71–13.

Anschrift: Hans-Peter Kreplin, Dr. Helmut Eckelmann, Max-Planck-Institut für Strömungsforschung, D 34 Göttingen, Böttingerstraße 4/8, BRD

ZAMM 54, T 130 – T 132 (1974)

H. KÜMMERER

Numerische Untersuchung der Energie kleiner wellenartiger Störungen in laminaren Grenzschichtströmungen

Im Unterschied zur Methode der kleinen Schwingungen ist die Energiemethode ([1] Kap. XVI) zur direkten Stabilitätsuntersuchung laminarer Strömungen nicht geeignet. Man kann die Hauptgleichung der Energiemethode aber dazu verwenden, nähere Aussagen über die Vorgänge zu Beginn des Grenzschichtumschlags zu erhalten, indem man ausgehend von den Ergebnissen der Linearen Stabilitätstheorie die Änderung der Energie kleiner wellenartiger Störungen in der ebenen laminaren Grenzschicht an der längsangeströmten ebenen Platte berechnet. Die x-Koordinate messe die Entfernungen parallel zur Platte in Richtung der Hauptströmung, die y-Achse stehe senkrecht zur Platte. Zur Dimensionsbefreiung werden alle Längen auf die Grenzschichtverdrängungsdicke δ_1 und alle Geschwindigkeiten auf U_∞ bezogen.

Aus den NAVIER-STOKES-Gleichungen für die Geschwindigkeitskomponenten u und v einer in x periodischen Störbewegung, die einer parallelen Grundströmung der Geschwindigkeit U überlagert ist, ergibt sich die Hauptgleichung der *Energiemethode* [2]

$$\frac{\partial J_1}{\partial t} = J_2 - \frac{1}{Re} J_3 \quad \text{mit} \quad J_1 = \iint\limits_\Omega \frac{1}{2}(u^2 + v^2)\, dx\, dy\,, \quad J_2 = \iint\limits_\Omega (-\,u\,v)\frac{\partial U}{\partial y} dx\, dy\,,$$
$$J_3 = \iint\limits_\Omega \left(\frac{\partial u}{\partial y} - \frac{\partial v}{\partial x}\right)^2 dx\, dy\,. \tag{1}$$

Bei Anwendung von (1) auf die nur näherungsweise parallele Grenzschichtströmung ist folgender Integrationsbereich sinnvoll: $\Omega = \{x_0 \leqq x \leqq x_0 + \lambda;\, 0 \leqq y \leqq y_A\}$; λ ist dabei die Wellenlänge der Störung, y_A eine Stelle außerhalb der Grenzschicht, an der die Störung bereits abgeklungen ist. $\dfrac{\partial J_1}{\partial t}$ ist im wesentlichen die zeitliche Änderung der kinetischen Energie der Störung. J_2 repräsentiert die Energie, die zwischen Grund- und Störströmung auf Grund der Wirkung der virtuellen REYNOLDS-Schubspannung ausgetauscht wird. J_3 ist ein Maß für die Energiedissipation.

Bei Stabilitätsuntersuchungen nach der *Methode der kleinen Schwingungen* geht man aus vom ORR-SOMMERFELD-Eigenwertproblem ([1] Kap. XVI)

$$(\alpha\, U - \beta)\,(\varphi'' - \alpha^2 \varphi) - a\, U'' \varphi = -\,\frac{i}{Re}(\varphi'''' - 2\,\alpha^2 \varphi'' + \alpha^4 \varphi), \tag{2}$$

$$y = 0{:}\ \varphi = 0,\ \varphi' = 0, \qquad y \to \infty{:}\ \varphi \to 0,\ \varphi' \to 0\,,$$

das der Linearen Stabilitätstheorie paralleler laminarer Strömungen zugrunde liegt. Hier wird der Fall räumlicher Instabilität mit reeller Frequenz β und komplexer Wellenzahl α betrachtet: Zu gegebenem Wertepaar (Re, β) erhält man aus (2) einen Eigenwert $\alpha = \alpha_r + i\,\alpha_i$ und eine Eigenfunktion $\varphi(y) = \varphi_r + i\,\varphi_i$; der Anfachungsfaktor hat die Form $e^{-\alpha_i x}$, für $\alpha_i \gtrless 0$ ist die Grundströmung stabil (instabil) gegen Störwellen der Frequenz β und der Wellenlänge $\lambda = \dfrac{2\pi}{\alpha_r}$.

Aus den Ergebnissen der Linearen Stabilitätstheorie erhält man für die REYNOLDS-Schubspannung τ_{xy} ([1] Kap. XVIII)

$$\frac{1}{\varrho}\tau_{xy} = \frac{1}{2}\, e^{-2\alpha_i x}\, RS(y), \quad RS(y) = \alpha_r\,(\varphi_r \varphi_i' - \varphi_i \varphi_r') - \alpha_i\,(\varphi_r \varphi_r' - \varphi_i \varphi_i')\,. \tag{3}$$

Unter der Voraussetzung, daß $\dfrac{\partial U}{\partial y}$ näherungsweise nur von y abhängt, läßt sich in (1) die Integration über x geschlossen durchführen; für die Änderung der kinetischen Störenergie in Ω ergibt sich so der Näherungsausdruck

$$\frac{\Delta J_1}{\Delta t} = \frac{e^{-2\alpha_i x_0}}{4\,\alpha_i}\,[1 - e^{-4\alpha_i \pi/\alpha_r}] \int\limits_0^{y_A} E(y)\, dy\,, \quad E(y) = RS\,\frac{\partial U}{\partial y} - \frac{1}{Re}\,\omega_A^2 \tag{4}$$

mit

$$\omega_A^2 = [\varphi_r'' - (\alpha_r^2 - \alpha_i^2)\,\varphi_r + 2\,\alpha_r \alpha_i\, \varphi_i]^2 + [\varphi_i'' - (\alpha_r^2 - \alpha_i^2)\,\varphi_i - 2\,\alpha_r \alpha_i\, \varphi_r]^2\,.$$

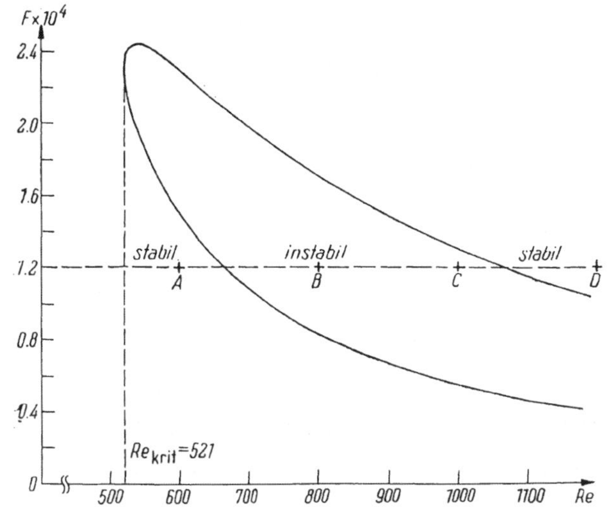

Bild 1. Stabilitätsdiagramm der Plattengrenzschicht — Frequenzparameter $F = \frac{\beta}{Re}$

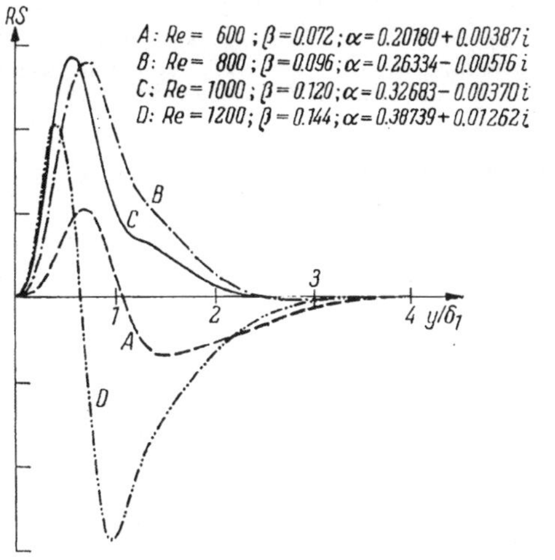

Bild 2. Reynolds-Schubspannung längs $F = 1{,}2 \cdot 10^{-4}$ $[u_{A\,\max} = 1]$

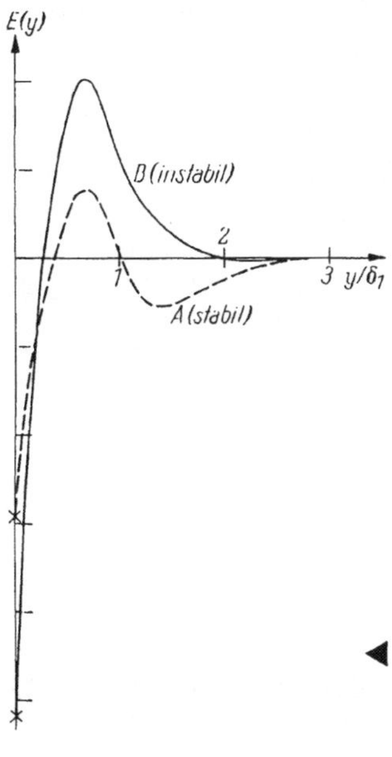

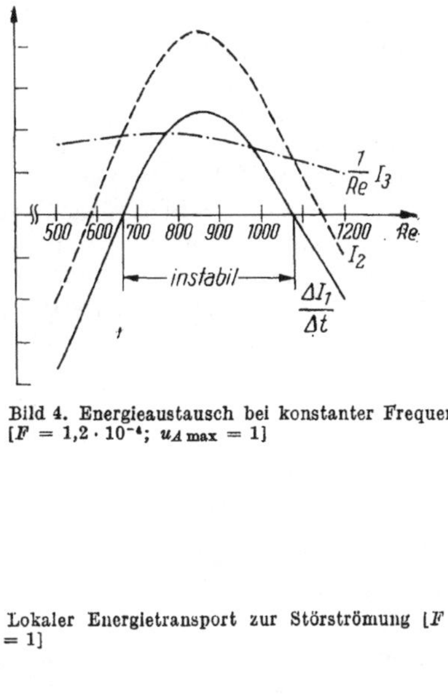

Bild 4. Energieaustausch bei konstanter Frequenz $[F = 1{,}2 \cdot 10^{-4};\ u_{A\,\max} = 1]$

◀ Bild 3. Lokaler Energietransport zur Störströmung $[F = 1{,}2 \cdot 10^{-4};\ u_{A\,\max} = 1]$

Bild 1 enthält das Stabilitätsdiagramm der Plattengrenzschicht in der *Re*, *F*-Ebene. Längs $F = \frac{\beta}{Re} = \text{const}$ ist die dimensionsbehaftete Störfrequenz konstant; es ist deshalb sinnvoll, die Energieberechnungen längs solcher Geraden durchzuführen. Für die vier Punkte $A - D$ mit $F = 1{,}2 \cdot 10^{-4}$ ist in Bild 2 die Reynolds-Spannungsfunktion *RS* aufgezeichnet. Nach (4) ist $RS > 0$ notwendig für Energietransport von der Grund- zur Störströmung; die *RS*-Kurven für *B* und *C* zeigen deutlich diesen instabilen Charakter. Noch deutlicher wird die lokale Energieänderung der Störströmung in Bild 3, wo für die Punkte *A*, *B* die Energiefunktion *E* aufgetragen ist: In einer dünnen Schicht an der Plattenoberfläche, die dem Bereich der laminaren Unterschicht bei turbulenten Grenzschichten entspricht, überwiegt die Energiedissipation bei weitem; erst weiter außen ist lokal Energietransport zur Störströmung möglich. Bild 4 enthält die Werte der Energieintegrale nach (1) bzw. (4): Der Bereich mit $\frac{\Delta J_1}{\Delta t} > 0$, in dem auf Grund der Energiebetrachtung Instabilität vorliegen muß ($662 < Re < 1078$), stimmt recht gut mit dem instabilen Bereich überein, wie er sich nach der Methode der kleinen Schwingungen ergibt ($666 < \mathrm{Re} < 1070$).

Bemerkung: Die bei den Energieberechnungen verwendeten Ergebnisse der Linearen Stabilitätstheorie wurden mit einem Verfahren zur Lösung von (2) ermittelt [3], das im wesentlichen auf Differenzenapproximation und Rückführung auf ein Matrizen-Eigenwertproblem beruht.

Literatur

1 SCHLICHTING, H., Grenzschichttheorie, 5. Aufl., Karlsruhe 1965.
2 PRANDTL, L., The Mechanics of Viscous Fluids, Aerodynamic Theory III, Ed. Durand, W. F., Springer 1935.
3 KÜMMERER, H., Numerische Untersuchungen zur Stabilität ebener laminarer Grenzschichtströmungen, Dissertation, Stuttgart 1973.

Anschrift: Dipl.-Math. HARRO KÜMMERER, Institut A für Mechanik, Keplerstraße 17/9, Universität Stuttgart, BRD

ZAMM 54, T 132 – T 133 (1974)

J. KUX

Kovariante Formulierung der Grenzschichtgleichungen als Grundlage für die Berechnung von Grenzschichten an gekrümmten Wänden

Die Grenzschicht an einer gekrümmten Wand erfüllt einen Bereich des dreidimensionalen physikalischen Raumes, der von einem zweidimensionalen gekrümmten Raum, eben der Wandfläche, berandet wird und dem Strömungsgeschehen seine geometrische Eigenart aufzwingt. Da im praktischen Fall die Wand als eine diskrete Menge von Punkten im Raum oder bestenfalls als Linienriß gegeben sein wird, so sind geometrische Bestimmungsstücke wie etwa Metrik und Krümmung, soweit sie für eine Grenzschichtrechnung notwendig sind, noch zu ermitteln. Für den Unterschallbereich haben sich sogenannte Singularitätenverfahren zur potentialtheoretischen Berechnung der Außenströmung, deren Kenntnis Grundlage für die Grenzschichtrechnung ist, bewährt. Bei ihnen ist die Aufteilung der Oberfläche in — meist ebene — Elemente (panels) weitgehend unkritisch. Krümmungsverhältnisse werden durch Wahl der Elementgröße berücksichtigt.

Berechnet man die Grenzschicht nun in einem Koordinatensystem auf der Fläche, welches sich zwanglos aus der schon vorliegenden Aufteilung ergibt, Basisvektoren z. B. in Richtung der Verbindungslinie der Schwerpunkte benachbarter Elemente, so fällt die Konstruktion eines besonderen, z. B. orthogonalen Koordinatennetzes auf der Fläche fort. Um dies zu erreichen, benötigt man die flächenbezogene Formulierung der Strömungsgleichungen in beliebigen Koordinaten auf der Wand, aus der man dann in gewünschter Näherung die Grenzschichtgleichungen erhält.

Beschreibt $\bar{x}^I = \bar{x}^I(u^1, u^2)$ die Fläche ($I = 1, 2, 3$), so sind $a^I_\alpha = \partial\bar{x}^I/\partial u^\alpha$ ($\alpha = 1, 2$) die Basisvektoren und $a_{\alpha\beta} = a^I a_{I\beta}$ der metrische Tensor. (Summation über gleichlautende Indices in einem Term!) Jede Vektor- oder Tensorfunktion ändert sich nun beim Fortschreiten auf der Fläche in einer bestimmten Richtung einerseits, weil sie eventuell Ortsfunktion ist, andererseits, weil die Basisvektoren sich mit dem Ort ändern. Durch die CHRISTOFFELsymbole

$$\left\{\begin{matrix}\alpha\\ \beta\gamma\end{matrix}\right\} = a^\alpha_I\, a^I_{\beta|\gamma} = \frac{1}{2}\, a^{\alpha\nu}\,(a_{\beta\nu|\gamma} + a_{\gamma\nu|\beta} - a_{\beta\gamma|\nu})$$

werden die Komponenten dieser Änderung in Richtung der Basisvektoren erfaßt. Mit ihnen wird, als einzige legale Ableitung, die kovariante Ableitung

$$v^\alpha{}_{\beta||\gamma} = v^\alpha{}_{\beta|\gamma} + \left\{\begin{matrix}\alpha\\ \nu\gamma\end{matrix}\right\} v^\nu{}_\beta - \left\{\begin{matrix}\mu\\ \beta\gamma\end{matrix}\right\} v^\alpha{}_\mu$$

(hier für einen Tensor 2. Stufe angegeben) definiert. Die Komponente der Änderung der Basisvektoren normal zur Fläche (Normale n^I) wird durch den Tensor $b^\alpha_\beta = n^I\, a^\alpha_{I||\beta}$ erfaßt. Als 3. Koordinatenachse (Koordinate u^3) wird nun in jedem Flächenpunkt eine Gerade in Normalenrichtung hinzugenommen. Im Schichtraum sind dann die Flächen $u^3 = \text{const}$ (Wand ist $u^3 = 0$) und die Regelflächen $u^1 = \text{const}$ und $u^2 = \text{const}$ Koordinatenflächen. Aus dem Ortsvektor eines Raumpunktes $x^I = x^I(u^1, u^2, u^3) = \bar{x}^I(u^1, u^2) + u^3\, n^I(u^1, u^2)$ ermittelt man die Basisvektoren im Raum

$$g^I_\alpha = \frac{\partial x^I}{\partial u^\alpha} = a^I_\alpha - u^3\, b^\nu_\alpha\, a^I_\nu = (\delta^\nu_\alpha - u^3\, b^\nu_\alpha)\, a^I_\nu = s^{\bar{\nu}}_\alpha\, a^I_\nu\,, \quad g^I_3 = n^I\,.$$

Die Versetzer („shifter") $s^{\bar{\nu}}_\alpha$ geben den Zusammenhang der Basisvektoren im Raum mit denen auf der Fläche. Mit metrischem Tensor, CHRISTOFFELsymbolen und kovarianter Ableitung $v^i_{|||j}$ im Raum ist nun für alle Differentialoperatoren der Zusammenhang Raum—Fläche bekannt ($i, j = 1, 2, 3$).

Bewegungsgleichung und Kontinuitätsgleichung im Raum:

$$\varrho\,(v^i_{|t} + v^i_{|||j}\, v^j) = -\,p^{|i} + \tau^{ij}_{|||j}\,,$$

$$\varrho_{|t} + (\varrho\, v_j)_{|||j} = 0$$

lauten nach Versetzung auf die Fläche

$$\varrho\left(v^{\bar\alpha}_{|t} + v^{\bar\alpha}_{||\bar\beta}\,v^{\bar\beta} - b^{\bar\alpha}_{\bar\nu}\,v^{\bar\nu}\,v^3 + v^{\bar\alpha}_{|3}\,v^3\right) = -\,p^{|\bar\alpha} + \frac{1}{J}\,(J\,\tau^{\bar\alpha 3})_{|3} + \tau^{\bar\alpha\bar\beta}_{||\bar\beta} - b^{\bar\alpha}_{\bar\nu}\tau^{\bar\nu 3}\,,$$

$$\varrho\,(v^3_{|t} + v^3_{||\bar\beta}\,v^{\bar\beta} + b_{\bar\nu\bar\mu}\,v^{\bar\nu}\,v^{\bar\mu} + v^3_{|3}\,v^3) = -\,p^{|3} + \frac{1}{J}\,(J\,\tau^{33})_{|3} + \tau^{3\bar\beta}_{||\bar\beta} + b_{\bar\nu\bar\mu}\tau^{\bar\nu\bar\mu}\,,$$

$$\varrho_{|t} + (\varrho\,v^{\bar\gamma})_{||\bar\gamma} + \frac{1}{J}\,(J\,\varrho\,v^3)_{|3} = 0\,,$$

$$J = \det\,(s^{\bar\alpha}_{\beta})$$

Gleichungen, die nur noch geometrische Größen der Fläche enthalten.

Mit einem Querstrich über dem Index ist gekennzeichnet, daß die Größe auf die Fläche versetzt ist: $v^{\bar\alpha} = s^{\bar\alpha}_{\nu}\,v^{\nu}$. Die Grenzschichtvernachlässigungen werden an diesen Gleichungen wie üblich vorgenommen unter Berücksichtigung der Größenordnung der Krümmung und der Größenordnung der Krümmungsänderung, die beide von Ort zu Ort schnell veränderlich sein können.

Bei hinreichend kleiner Krümmung sind auch Raumvektor und Flächenvektor näherungsweise gleich. Ist dies nicht der Fall, so ist jedoch die Formulierung nach Versetzung auf die Fläche auch noch exakt. Weiterhin wird der Einfluß der Änderung der Krümmung auf das Vektorfeld nunmehr richtig mit erfaßt. Der Raumvektor reagiert empfindlich darauf; eine Tatsache, die bisher viel zu wenig Beachtung gefunden hat. Außerdem ist es erst jetzt möglich, integrale Grenzschichtparameter exakt zu definieren. Eine Integration über eine Ortskoordinate ist bei einem Vektor- oder Tensorfeld in einem krummlinigen Koordinatensystem nicht so ohne weiteres möglich. Ist aber die Koordinate senkrecht zur Wand nicht mehr explicit als solche aufzufassen, ist sie nach Versetzung auf die Fläche nur noch ein Parameter des nunmehr Flächenvektor- oder Flächentensorfeldes, so steht einer Integration nichts im Wege.

Der Tensorkalkül mit der hier verwendeten Notation hat sich immer dann als äußerst zweckmäßig erwiesen, wenn man es mit gekrümmten Räumen zu tun hat. Die Grenzschichttheorie hat bisher gut darauf verzichten können, aber die Zweige der Wissenschaft, wie die allgemeine Relativitätstheorie, die Schalentheorie oder die Elastizitätstheorie, für die die Krümmung von Räumen an zentraler Stelle steht, haben sich den Kalkül seit langem zu eigen gemacht. Verglichen mit der Schalentheorie hat es die Grenzschichttheorie schon insofern schwerer, als die Dicke der Schale i. a. vorgegebene Funktion sein wird, bei der Grenzschicht aber zu ermittelnde Unbekannte ist.

Anschrift: Dr. J. Kux, Institut für Schiffbau der Universität Hamburg, 2 Hamburg 33, Lämmersieth 90, BRD

ZAMM 54, T 133 – T 134 (1974)

C. Liess

Einfluß der Machzahl in der Hauptströmung auf die dimensionslose Eigentemperatur einer filmgekühlten Wand

Bei den im folgenden beschriebenen Versuchen[1]) handelt es sich um Messungen der Eigentemperatur einer von Luft parallel angeströmten flachen Platte. In der Platte befindet sich quer zur Hauptströmungsrichtung eine Lochreihe, aus der ein zusätzlicher Luftstrom austritt, dessen Stautemperatur von der Hauptströmungstemperatur verschieden ist (Bild 1). Eine solche Anordnung wird häufig dazu benützt, um Bauteile, die einer heißen Strömung ausgesetzt sind, wie z. B. Gasturbinenschaufeln, durch Ausblasen eines verhältnismäßig kühlen Luftstromes vor dem Aufheizen zu schützen. Man spricht in diesem Fall von Filmkühlung.

Eine schematische Darstellung der Strömungsverhältnisse, der Ausblasgeometrie und der angewandten Meßmethode ist in Bild 1 gegeben. Das Zusammenwirken von Hauptströmung und ausgeblasenen Luftstrahlen führt zur Ausbildung der skizzierten paarweisen Längswirbel. Dadurch entsteht ein kompliziertes dreidimensionales Strömungsfeld, das einer Berechnung zur Zeit noch nicht zugänglich ist. Die Ausblasgeometrie ist für alle Versuche gleich,

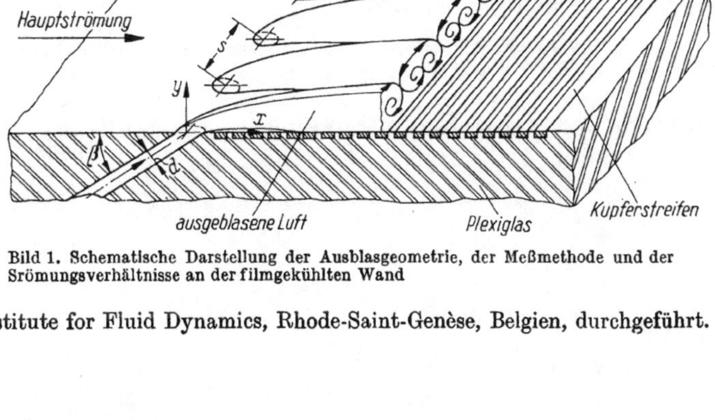

Bild 1. Schematische Darstellung der Ausblasgeometrie, der Meßmethode und der Strömungsverhältnisse an der filmgekühlten Wand

[1]) Die Versuche wurden am Von Karman Institute for Fluid Dynamics, Rhode-Saint-Genèse, Belgien, durchgeführt.

d. h. $\beta = 35°$ und $s/d = 3$ (siehe Bild 1). Die Eigentemperatur der Wand wird mit Hilfe von Kupferstreifen gemessen, die an ihrer Unterseite ein Thermoelement tragen. Diese Kupferstreifen sind quer zur Anströmungsrichtung in die Plexiglasplatte eingelassen. Dadurch werden lokale Werte der Eigentemperatur in Strömungsrichtung x gemessen und gemittelte Werte quer zur Strömungsrichtung (Richtung z).

Während der Versuche wurden folgende Parameter geändert:

— MACHzahl der Hauptströmung $M_G = 0.3, 0.6, 0.9$.

— Verhältnis von Verdrängungsdicke der Hauptströmungsgrenzschicht an der Ausblasstelle zum Durchmesser der Ausblaslöcher $\delta_1/d = 0.044$ bis 0.175.

— Massenstromverhältnis $G^* = (\varrho_{SC}\, V_C)/(\varrho_{SG}\, V_G)$, wobei $\varrho_{SC}\, V_C$ die Dichte und Geschwindigkeit des ausgeblasenen Luftstromes ist und $\varrho_{SG}\, V_G$ die Dichte und Geschwindigkeit der Hauptströmung; $G^* = 0.1$ bis 1.6.

— Art der Hauptströmungsgrenzschicht. Durch Benützung zweier verschieden geformten Plattenvorderkanten konnte eine laminare und eine turbulente Grenzschicht kurz vor der Ausblasstelle erreicht werden.

Die Eigentemperatur der Platte ist in folgender Weise dimensionslos gemacht:

$$\bar{\eta}_r = \frac{T_{aW} - T_{rG}}{T_{oC} - T_{rG}},$$

wobei T_{aW} die quer zur Strömungsrichtung gemittelte Eigentemperatur der Wand in Anwesenheit der Filmströmung darstellt, T_{rG} ist die Eigentemperatur der Wand ohne Ausblasen und T_{oC} ist die Stautemperatur der ausgeblasenen Filmströmung.

Ein Vergleich von Meßergebnissen für die gleiche Massenstromdichte G^* und die gleiche dimensionslose Grenzschichtdicke δ_1/d, aber für drei verschiedene MACHzahlen M_G ist in Bild 2 dargestellt. Die Abweichungen der Meßpunkte von einer mittleren Kurve liegen innerhalb der Meßgenauigkeit. Dies deutet darauf hin, daß kein meßbarer Einfluß der Hauptströmungs-MACHzahl auf die dimensionslose Eigentemperatur einer filmgekühlten Wand besteht.

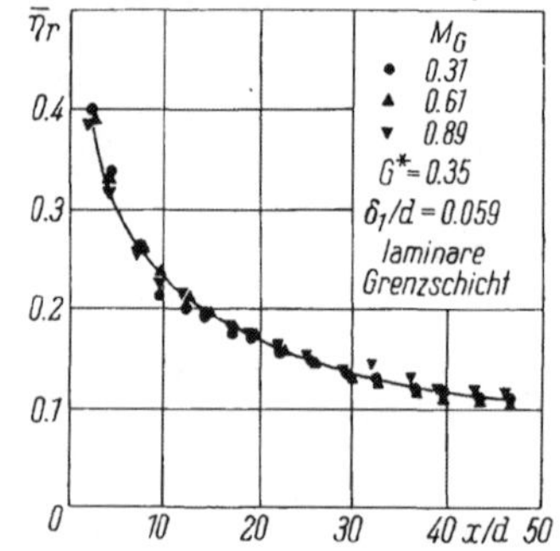

Bild 2. Vergleich der Meßergebnisse für drei MACHzahlen in der Hauptströmung bei konstanten Werten von G^* und δ_1/d

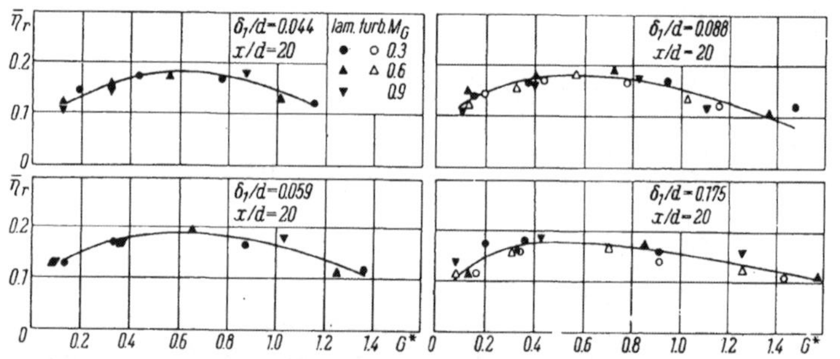

Bild 3. Vergleich der Meßergebnisse für die drei MACHzahlen. Die dimensionslose Eigentemperatur ist als Funktion des Massenstromverhältnisses für eine Stelle x/d für verschiedene Werte von δ_1/d aufgetragen.

Diese Unabhängigkeit gilt für alle untersuchten Massenstromverhältnisse, wie man aus Bild 3 ersehen kann, in dem die dimensionslose Eigentemperatur als Funktion der Massenstromdichte G^* für verschiedene dimensionslose Grenzschichtverdrängungsdicken aufgetragen ist. Man sieht auch, daß sich die Werte der laminaren und der turbulenten Grenzschicht gut durch eine gemeinsame Kurve darstellen lassen, solange die dimensionslose Verdrängungsdicke die gleiche ist. Allerdings ist die Unabhängigkeit der dimensionslosen Eigentemperatur von der Hauptströmungs-MACHzahl nur für die laminare Grenzschicht ganz eindeutig. Manche Werte der turbulenten Grenzschicht weichen stärker von der gemeinsamen Kurve ab, und es muß noch mit Hilfe weiterer Versuche geklärt werden, in welchem Bereich diese Unabhängigkeit auch für die turbulente Grenzschicht gültig ist.

Die vorliegende Arbeit stellt einen Auszug aus einer Dissertation an der Université Libre de Bruxelles dar. Eine ausführliche Veröffentlichung ist in Vorbereitung.

Anschrift: Dr. C. LIESS, Max-Planck-Institut für Strömungsforschung, 34 Göttingen, Böttingerstr. 6/8, BRD

ZAMM 54, T 135 – T 136 (1974)

K. MENZEL / K. ROESNER*)

Zylindrische Couetteströmung mit radialem Temperaturgradienten

Der Einfluß eines radialen Temperaturgradienten auf das Stabilitätsverhalten der Grundströmung einer inkompressiblen Flüssigkeit zwischen rotierenden, vertikalen Zylindern wird numerisch untersucht. Die Spaltbreite — bezogen auf die Zylinderradien — wird nicht auf kleine Werte beschränkt. Der äußere Zylinder sei in Ruhe. Die Wirkung der Schwerkraft auf die rotierende Flüssigkeit wird entsprechend der BOUSSINESQ-Approximation berücksichtigt. Das Eigenwertproblem wird aus einer linearen Stabilitätsuntersuchung hergeleitet. Die theoretischen Ergebnisse bestätigen das von SNYDER und KARLSSON [1] experimentell ermittelte Stabilitätsverhalten.

1. Das Eigenwertproblem

Zur Beschreibung des physikalischen Sachverhalts werden die NAVIER-STOKESschen Gleichungen, die Kontinuitätsgleichung, die Energiegleichung sowie eine geeignete Form der Zustandsgleichung herangezogen. In der Energiegleichung wird die Dissipationsfunktion vernachlässigt. Die rotierende Flüssigkeit sei kalorisch ideal. Gemäß der BOUSSINESQ-Approximation wird die veränderliche Dichte aufgrund von Temperaturänderungen des strömenden Mediums in linearer Näherung nur im Auftriebsterm der NAVIER-STOKESschen Gleichungen berücksichtigt. Der Wärmeleitfähigkeitskoeffizient, die Zähigkeit und die kinematische Zähigkeit werden im betrachteten Temperaturbereich als konstant angesehen. Diese Annahme ist wegen der auf kleine Werte beschränkten Temperaturgradienten im Experiment gerechtfertigt.

Die Grundgleichungen lassen eine exakte, stationäre Lösung (verallgemeinerte COUETTEströmung) zu. Man überlagert dieser Grundströmung eine Störbewegung und linearisiert die Grundgleichungen bezüglich dieser Störbewegung. Daraus folgt ein System gekoppelter, linearer partieller Differentialgleichungen, die nach einem speziellen Ansatz für die Störbewegung in ein System gewöhnlicher Differentialgleichung zweiter Ordnung für die Amplitudenfunktionen übergehen. Zusammen mit den homogenen Randbedingungen erhält man so ein Eigenwertproblem.

2. Das numerische Verfahren

Zur einfacheren numerischen Behandlung wird das System gewöhnlicher Differentialgleichungen zweiter Ordnung auf ein System gekoppelter gewöhnlicher Differentialgleichungen erster Ordnung zurückgeführt, für das man sich durch geeignete Wahl der Anfangswerte am inneren Zylinder ein Fundamentalsystem verschafft. Die ermittelten Lösungen werden dann am äußeren Zylinder derart linear superponiert, daß die homogenen Randbedingungen erfüllt sind. Daraus folgt die gesuchte Eigenwertgleichung

$$F(\gamma, Gr, \alpha, Ta, \beta) = 0$$

zur Bestimmung der Parameter. γ ist die azimutale Wellenzahl, Gr die Grashofzahl, α ist die achsiale Wellenzahl, Ta die TAYLORzahl und β ein komplexer Parameter, der die Phasengeschwindigkeit und den Anfachungs-

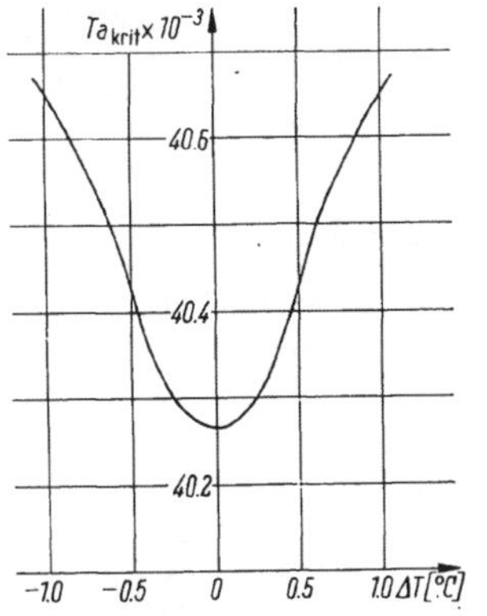

Bild 1. Kritische TAYLORzahl in Abhängigkeit von der Temperaturdifferenz zwischen den Zylindern

$\left(\alpha_{min} = 3{,}13,\ Ta := \left[\frac{\Delta R\, R_1\, \Omega_1}{\nu}\right]^2,\ \Delta R = \text{Spaltbreite},\right.$

R_1 = Radius des inneren Zylinders, Ω_1 Winkelgeschwindigkeit des inneren Zylinders, ν = kinematische Zähigkeit)

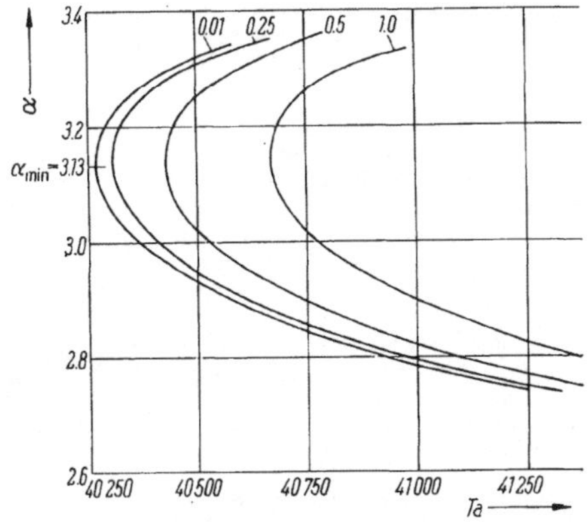

Bild 2. Indifferenzkurven für das verallgemeinerte TAYLORproblem mit Temperatureinflüssen (Parameter: ΔT [°C])

*) Institut für Angewandte Mathematik der Albert-Ludwigs-Universität, Freiburg i. Br.

faktor der Störung enthält. Die numerische Lösung des Systems gewöhnlicher Differentialgleichungen erster Ordnung erfolgt mit Hilfe eines Prediktor-Korrektor-Verfahrens hoher Genauigkeit.

3. Vergleich mit experimentellen Daten

Wie Bild 1 zeigt, liefern die Rechnungen für kleine Temperaturgradienten in der Umgebung der kritischen TAYLORzahl für die COUETTEströmung ohne Temperatureinflüsse ein Ansteigen des kritischen Wertes mit wachsendem Temperaturgradienten. Das Ergebnis ist unabhängig vom Vorzeichen des Temperaturgradienten. Wie schon von SNYDER und KARLSSON [1] experimentell beobachtet wurde, wirkt ein kleiner Temperaturgradient zwischen innerem und äußerem Zylinder stabilisierend auf die Grundströmung.

Bild 2 zeigt einige Indifferenzkurven für verschiedene Werte der Temperaturdifferenz zwischen den beiden Zylindern. Die Parameterwerte für die Rechnungen wurden der Arbeit [1] entnommen.

Literatur

1 SNYDER, H. A., and KARLSSON, S. K. F., Experiments on the Stability of Couette Motion with a Radial Thermal Gradient, Phys. of Fluids, 7, No. 10, (Oct. 1964).

Anschrift: Dr. K. ROESNER, 7802 Merzhausen, Lerchengarten 5, BRD

ZAMM 54, T 136 – T 137 (1974)

J. MESETH

Anwendung einer Staurohrsonde mit sehr kurzer Ansprechzeit zur Untersuchung der Turbulenzentstehung bei einer Rohrströmung

Die neu entwickelte Staurohrsonde dient zur Messung turbulenter Geschwindigkeitsschwankungen. Mit einem Staurohr von 0,25 mm Innendurchmesser liegt ihre Resonanzfrequenz bei etwa 2 kHz. Als Druckwandler dient piezoelektrisches Material. Die davon erzeugten Spannungssignale werden mit Hilfe eines Prozeßrechners digital verarbeitet und bis maximal 1 kHz ausgewertet. Dabei kann die untere Frequenzgrenze der Sonde von etwa 0,1 Hz (bedingt durch die Entladung über den Eingangswiderstand des Spannungsverstärkers) durch rechnerische Korrektur um mindestens eine Größenordnung erniedrigt werden. Aus den Staudrucksignalen werden Geschwindigkeitssignale und Frequenzspektren der Turbulenzenergie errechnet.

Untersucht wird die Strömung von Wasser durch ein Rohr im Bereich $2500 < Re < 15000$. Die ursprünglich laminare Strömung wird durch Injizieren eines feinen Wasserstrahls kurzzeitig gestört. Aus den gestörten Strömungsgebieten entwickeln sich turbulente Strömungsabschnitte. Am Meßort (etwa 360 Rohrdurchmesser nach dem Rohreinlauf) existiert dann abwechselnd laminare oder turbulente Rohrströmung, ohne

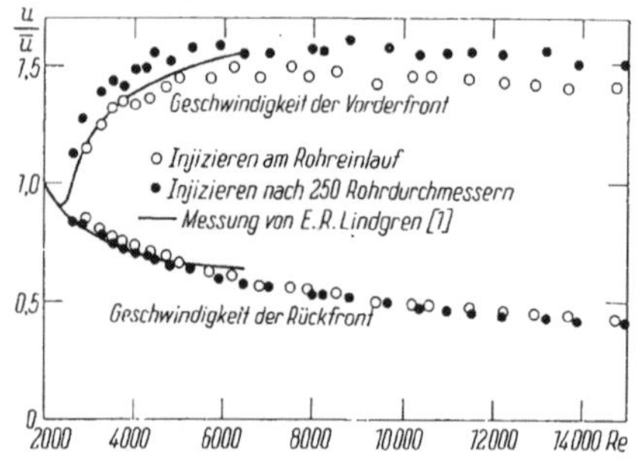

Bild 1. Geschwindigkeit von Vorderfront und Rückfront des turbulenten Strömungsgebietes

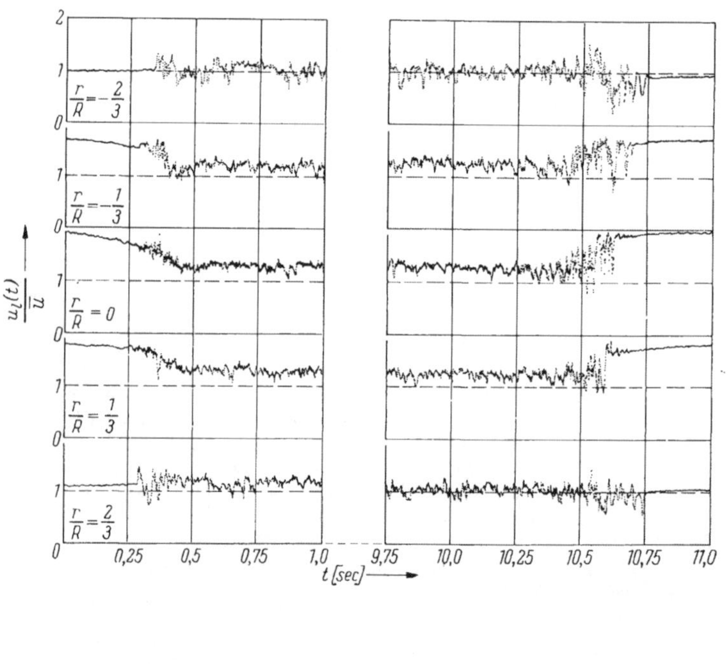

Bild 2. Mit fünf Sonden gleichzeitig registrierte lokale Geschwindigkeiten $u(t)$ beim Übergang laminar – turbulent und beim Übergang turbulent – laminar ($Re = 5850$, $\bar{u} = 42,3$ cm/sec, $R = 6,6$ mm)

daß sich dabei die mittlere Durchflußgeschwindigkeit $\bar{u}$ wesentlich ändert. Aus Laufzeitmessungen werden die Ausbreitungsgeschwindigkeiten der turbulenten Vorder- und Rückfronten bestimmt. Sie sind in Bild 1 über der REYNOLDS-Zahl aufgetragen.

Mit Hilfe von fünf Staurohrsonden werden die lokalen Geschwindigkeiten $u_l(t)$ ermittelt, wobei die Sonden mit dem gegenseitigen Abstand von 1/3 des Rohrradius über den Durchmesser verteilt sind. Dabei werden vor allem die Strömungsabschnitte untersucht, bei denen die Strömung vom laminaren in den turbulenten Zustand (und umgekehrt) übergeht. Ein Beispiel für die derart ermittelten Geschwindigkeitssignale in den Übergangsgebieten zeigt Bild 2. Erste wesentliche Ergebnisse sind:

a) Der Turbulenzgrad im Gebiet der turbulenten Vorder- und Rückfront ist höher als im stationär turbulenten Gebiet. Im Vorderfrontgebiet werden dabei maximale Schwankungsamplituden von etwa $\bar{u}/2$ beobachtet, im Rückfrontgebiet sogar von etwa $\bar{u}$.

b) Die Grenze zwischen laminarer und turbulenter Strömung liegt für beide Fronten in der Rohrmitte weiter stromabwärts als für die wandnahen Bereiche und erstreckt sich über eine Länge von 3 ⋯ 6 Rohrdurchmessern.

Literatur

1 LINDGREN, E. R., Propagation velocity of turbulent slugs and streaks in transition pipe flow, Phys. Fluids 12, pp. 418–425 (1969).

Anschrift: JOHANN MESETH, Max-Planck-Institut für Strömungsforschung, 3400 Göttingen, Böttingerstr. 6/8, BRD

ZAMM 54, T 137 – T 138 (1974)

S. G. NYCHAS / H. C. HERSHEY / R. S. BRODKEY

A Visual Study of Turbulent Shear Flow*)

A visual study was conducted of the outer region of a turbulent boundary layer along a flat plate; in addition, limited observations of the wall area were also made. The technique involved suspending very small solid particles in water and photographing their motions with a high speed camera moving with the flow [1]. The method is basically the same as used by CORINO and BRODKEY [2] to study the wall area of turbulent pipe flow. The emphasis of the study was on visual observations of individual motions occuring in the flow; some velocity measurements and estimations of REYNOLDS stresses were also made.

The single most important event observed in the other region was a fluid motion which in the convected view of the travelling camera appeared as a transverse vortex. This was a large scale motion transported downstream almost parallel to the wall with an average velocity slightly smaller than the local mean $\bar{U}_x$. It was the result of an instability interaction between accelerated and decelerated fluid and it is believed to be closely associated with the wall region ejections.

To put the entire flow picture into proper perspective, the following idealized description is presented. A deterministic sequence of events in the outer region was observed although they did occur randomly in space and time. The first of these events was a decelerated flow exhibiting velocities considerably smaller than the local mean. It was immediately followed by an accelerated flow. Both these events extended from near the wall to the far outer region. Their interaction resulted in the formation of one or more transverse vortices. Although decelerated fluid participated in the formation of the transverse vortex, it was the accelerated fluid that was responsible for its participation. While the transverse vortex was transported downstream, small scale fluid elements, originating in the wall area of the decelerated flow, were ejected outwards (ejection event). After travelling some outward distance, the ejected elements interacted with the oncoming accelerated fluid in the wall region and were subsequently swept downstream (sweep event). The sequence of events closed with two large scale motions. There were inflows (motions toward the wall) and outflows (motions away from the wall); they both extended from the far outer region up to an area adjacent to the wall region. Not all the events appear every time nor in exactly the same order; but for most of the cases they occurred as described. Estimated positive and negative contributions to the instantaneous REYNOLDS stress during the events were many times higher than the local mean averages.

The visual observations and velocity measurements present new insight to the puzzling questions concerning the connection and interaction of the wall and the outer regions in a turbulent boundary layer. They also provide a basic physical picture of the processes for further model studies.

*) This work was completed at the Ohio State University, Columbus, Ohio, USA. The complete paper will be published in the Journal of Fluid Mechanics.

References

1 Nychas, S. G., A Visual Study of Turbulent Shear Flow, Ph. D. thesis, The Ohio State University, Columbus, Ohio 1972.
2 Corino, E. R. and Brodkey, R. S., A Visual Investigation of the Wall Region in Turbulent Flow, J. Fluid Mech. 37, pp.1—30 (1969).

Anschrift: Dr. S. Nychas, Max-Planck-Institut für Strömungsforschung, 3400 Göttingen, Böttingerstr. 6/8, BRD

ZAMM 54, T 138 – T 139 (1974)

F. Obermeier

Einige theoretische Bemerkungen zum Verhalten der viskosen Wandströmung turbulenter Grenzschichten

Es wird ein theoretischer Beitrag geliefert zum Verhalten der fluktuierenden Strömungsgrößen in der viskosen Unterschicht einer inkompressiblen, turbulenten Scherströmung. Angeregt zu dieser Diskussion wurden wir durch die experimentellen Untersuchungen von H. Eckelmann und H.-P. Kreplin [1], [2].

Zunächst ist festzustellen, daß eine allgemeine Lösung zur Beschreibung dieser turbulenten Strömungsvorgänge in Wandnähe aussichtslos erscheint; es wird daher eine singuläre Störungsrechnung vorgeschlagen, die speziell auf das Strömungsfeld der viskosen Unterschicht ausgerichtet ist. Dazu entdimensionalisiert man zweckmäßig die Bewegungsgleichungen mit Hilfe charakteristischer Strömungsgrößen dieses Bereiches und erhält als Ausgangspunkt für die weiteren Überlegungen das folgende Gleichungssystem:

$$\frac{\partial U'}{\partial x} + \frac{\partial V'}{\partial y^+} + \frac{\partial W'}{\partial z} = 0\,, \tag{1}$$

$$\varepsilon\left[\frac{\partial U'}{\partial t} + \overline{U}\frac{\partial U'}{\partial x} + V'\frac{\partial \overline{U}}{\partial y^+} + \frac{\partial}{\partial x}(U')^2 + \frac{\partial}{\partial y^+}(U'\,V' - \overline{U'\,V'}) + \frac{\partial}{\partial z}(U'\,W')\right]$$
$$= -\,\varepsilon\frac{\partial P'}{\partial x} + \frac{\partial^2 U'}{\partial y^{+2}} + \varepsilon^2\left[\frac{\partial^2 U'}{\partial x^2} + \frac{\partial^2 U'}{\partial z^2}\right], \tag{2.1}$$

$$\varepsilon^2\left[\frac{\partial V'}{\partial t} + \overline{U}\frac{\partial V'}{\partial x} + \frac{\partial}{\partial x}(U'\,V') + \frac{\partial}{\partial y^+}(V'^2 - \overline{V'^2}) + \frac{\partial}{\partial z}(V'\,W')\right] = -\frac{\partial P'}{\partial y^+} + \varepsilon\frac{\partial^2 V'}{\partial y^{+2}} + O(\varepsilon^3)\,, \tag{2.2}$$

$$\varepsilon\left[\frac{\partial W'}{\partial t} + \overline{U}\frac{\partial W'}{\partial x} + \frac{\partial}{\partial x}(U'\,W') + \frac{\partial}{\partial y^+}(V'\,W' - \overline{V'\,W'}) + \frac{\partial}{\partial z}(W')^2\right]$$
$$= -\,\varepsilon\frac{\partial P'}{\partial z} + \frac{\partial^2 W'}{\partial y^{+2}} + \varepsilon^2\left[\frac{\partial^2 W'}{\partial x^2} + \frac{\partial^2 W'}{\partial z^2}\right]. \tag{2.3}$$

Hierbei bedeuten U', V', W' die Geschwindigkeitsschwankungen in x, y^+, z-Richtung, P' Druckschwankungen, t die Zeit, $\varepsilon \ll 1$ ein Parameter, gebildet aus dem Quotienten der Länge ν/u_τ und einem charakteristischen Längenmaß in Strömungsrichtung, ν die kinematische Zähigkeit und u_τ die Wandschubspannung; Querstriche weisen auf eine zeitliche Mittelung hin.

Die Näherungslösungen des obigen Systems für die Strömungsgrößen U', V', W' und P' können leicht vermöge asymptotischer Entwicklungen

$$E(x, y^+, z, t; \varepsilon) = \sum_i \eta_i(\varepsilon)\, F_i(y^+)\, G_i(x, z, t)$$

bestimmt werden, wobei sich folgende Gesichtspunkte für die weitere Diskussion der viskosen Wandschicht als wesentlich erweisen:

1) Es ist in keiner Näherung gerechtfertigt, das dreidimensionale Strömungsfeld durch Vernachlässigung des Terms $\partial V'/\partial y^+$ in der Kontinuitätsgleichung (1) auf ein zweidimensionales zu reduzieren.

2) In den Impulsgleichungen (2) können die nichtlinearen Terme nicht gegenüber den Beschleunigungstermen vernachlässigt werden, um dadurch lineare Gleichungen vom Wärmeleitungstyp zu erhalten.

Bei der Beachtung dieser Punkte deuten Detailrechnungen auf die Zweckmäßigkeit hin, die viskose Unterschicht nochmals in zwei Einzelbereiche ($y^+ \leqq 3$, bzw. $y^+ \geqq 3$) zu unterteilen, wobei der „innere" Bereich durch ein gewisses passives Verhalten ausgezeichnet ist. Dies ist in dem Sinne zu verstehen, daß in diesem Bereich den Strömungsgrößen die Zeitabhängigkeit und die Ortsabhängigkeit parallel zur Wand von den entsprechenden Größen des „äußeren" Bereichs der viskosen Unterschicht aufgeprägt werden.

Weitergehende Rechnungen für den inneren Bereich ergeben schließlich effektive Schwankungsgeschwindigkeiten in Strömungsrichtung — jeweils bezogen auf das zeitlich gemittelte, linear mit dem Wandabstand zunehmende Geschwindigkeitsfeld — die ein Verhalten

$$\frac{\sqrt{\overline{U'^2}}}{\overline{U}} = A + \varepsilon B y^{+2} + \cdots$$

aufweisen, in Übereinstimmung mit unserer Interpretation der Ergebnisse aus [1] und [2]. Die Größen A und B in dieser Darstellung sind Konstanten.

Bezüglich einer ausführlichen Diskussion der Untersuchungen wird auf den Bericht [3] des Autors verwiesen.

Literatur

1 Eckelmann, H., Experimentelle Untersuchungen in einer turbulenten Kanalströmung mit starken viskosen Wandschichten. Mitteilungen aus dem MPI für Strömungsforschung und der AVA, Göttingen, Nr. 48 (1970).
2 Kreplin, H.-P., Eckelmann, H., Das Verhalten der Längsschwankungen der Geschwindigkeit einer turbulenten Wandströmung in Wandnähe. Dieses Sonderheft, S. T 129.
3 Obermeier, F., Einige theoretische Bemerkungen zum Verhalten der viskosen Wandströmung turbulenter Grenzschichten. MPI für Strömungsforschung, Bericht 8 (1973).

Anschrift: Dr. Frank Obermeier, Max-Planck-Institut für Strömungsforschung, 34 Göttingen, Böttingerstraße 6/8, BRD

ZAMM 54, T 139 – T 141 (1974)

O. Ohtmer

Berechnung von zwei- und dreidimensionalen Strömungsproblemen nach der Substructure-Theorie mit isoparametrischen finiten Elementen

Nach [1] können die Verfahren von Ritz, Trefftz, Galerkin, sowie die Methode der kleinsten Quadrate in das Prinzip der gewichteten Residuen eingeordnet werden.

Bei linearen Potentialströmungen kann das zugehörige skalare Randwertproblem wie in (1) beschrieben werden. (vgl. (11) in [1]).

$$\int_{\mathfrak{R}} (\text{grad}\,\theta)\,(\text{grad}\,U^\beta)\,dV = -\int_{\mathfrak{R}} q\,U^\beta\,dV - \int_{\Gamma_1} \frac{\partial\theta}{\partial n}\,U^\beta\,dS + \int_{\Gamma_2} (V_n)_\beta\,U^\beta\,dS$$

$$\text{mit}\quad \frac{\partial\theta}{\partial n} = (V_n)_\beta \quad \text{auf } \Gamma_2 \tag{1}$$

U^β = Gewichtsfunktion an der Stützstelle β, θ = Näherungswerte der Potentialfunktion, q = Quellfunktion, n = äußere Normalenrichtung.

Die Idealisierung des Kontinuums erfolgt nun nach der Finite-Element-Methode, indem man das Gebiet $\mathfrak{R}$ aus finiten Elementen, z. B. aus krummlinig berandeten isoparametrischen Elementen mit 20 Knotenpunkten wie in Bild 1 aufbaut. Nach [3] gilt im j-ten Element

$$\theta_j = \sum_{\alpha=1}^{20} N^\alpha\,\overline{\theta}_j^\alpha\,. \tag{2}$$

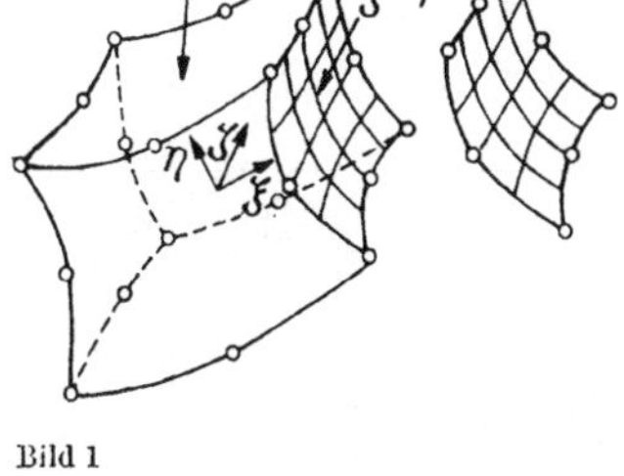

Bild 1

Setzt man nun (2) in (1) ein und erfüllt damit (1) in jedem Element, so erhält man wie in [1] das lineare Gleichungssystem in (3). Bei kompressiblen Strömungen steht für (1) ein nichtlinearer Ausdruck und man erhält ein nichtlineares Gleichungssystem

$$[K]\{\overline{\theta}\} = \{P\}\,. \tag{3}$$

Der Vektor $\{\overline{\theta}\}$ enthält die unbekannten Ordinaten $\overline{\theta}_j^\alpha$. Im Gegensatz zu allen Singularitätenverfahren (vgl. z. B. [5]) hat die Energiematrix $[K]$ in (3) stets Bandstruktur und ist symmetrisch, wenn man U^β wie in (4) definiert,

$$U^\beta = N^\beta = \text{Interpolationspolynome.} \tag{4}$$

Nicht wirbelfreie Strömungen sind als vektorielles Randwertproblem zu definieren. Das zu lösende Gleichungssystem, das dann als Unbekannte die Geschwindigkeiten enthält, hat auch stets Bandstruktur. Definiert man die Gewichtsfunktionen V_1^β und V_2^β wie in (5) und behandelt sie nicht als Konstanten wie in [1], so ist das Gleichungssystem im Gegensatz zu [1] und [2] bezüglich der Untermatrizen pro Knotenpunkt schiefsymmetrisch,

$$\frac{\partial V_1^\beta}{\partial X_k} = \frac{\partial V_2^\beta}{\partial X_k} = N^\beta, \quad k = 1, 2, 3\,. \tag{5}$$

Zur Lösung linearer Gleichungssysteme in der Strömungsmechanik empfiehlt es sich aus Kostengründen, wie in der Strukturmechanik die Substructure-Theorie anzuwenden. Wird das Eliminationsverfahren von GAUSS zur Lösung angewendet, unterscheidet sich die Substructure-Theorie von der durch einen Parameter gesteuerten konstanten Blockung in Untermatrizen zunächst nur dadurch, daß die Gesamtzahl der Knoten in frei wählbare Blöcke (Substructures) aufgeteilt werden kann und nicht alle Blöcke die gleiche Anzahl von Knoten enthalten müssen. Die Knoten auf den Oberflächen der Substructures bezeichnen wir mit dem Index b (boundary), die inneren Knoten in den Substructures, die wir eliminieren wollen, mit dem Index i. Dann ergibt sich aus (3) folgendes partitionierte System für eine Substructure:

$$\begin{bmatrix} [K_{bb}] & [K_{bi}] \\ [K_{ib}] & [K_{ii}] \end{bmatrix}_{\text{Sub}} \begin{Bmatrix} \{\bar\theta_b\} \\ \{\bar\theta_i\} \end{Bmatrix}_{\text{Sub}} = \begin{Bmatrix} \{P_b\} \\ \{P_i\} \end{Bmatrix}_{\text{Sub}}\,. \tag{6}$$

Führt man in (6) den GAUSS-Eliminationsprozeß durch, so ergibt sich folgende kondensierte Matrix $[K_{\text{sub}}^{\text{con}}]$ und kondensierte rechte Seite $\{P_{\text{sub}}^{\text{con}}\}$:

$$[K_{\text{sub}}^{\text{con}}] = [K_{bb}] - [K_{bi}]\,[K_{ii}]^{-1}\,[K_{ib}]\,, \quad [P_{\text{sub}}^{\text{con}}] = \{P_b\} - [K_{bi}]\,[K_{ii}]^{-1}\,\{P_i\}\,. \tag{7}$$

In den Freiheitsgraden aller Oberflächenknoten (boundary nodes) ist dann noch folgendes lineare Gleichungssystem für M substructures zu lösen:

$$\sum_{i=1}^{M} [K_{\text{sub}}^{\text{con}}]_i\,\{\bar\theta\}_b = \sum_{i=1}^{M} \{P_{\text{sub}}^{\text{con}}\}_i\,. \tag{8}$$

Das in Bild 2 skizzierte ebene Umströmungsproblem eines JOUKOWSKI-Profils läßt sich nun wie folgt lösen:

Zunächst wird ein Basiskörper (hier Ellipse) gewählt, indem der zu untersuchende Körper (hier JOUKOWSKI-Profil) ganz enthalten ist. Das Gebiet außerhalb des Basiskörpers wird als Substructure definiert. Mit entsprechenden Randbedingungen und rechten Seiten werden die zugehörige kondensierte Energiematrix und die kondensierte rechte Seite in den boundary-Freiheitsgraden für die Substructure Außengebiet nach (7) ermittelt und gespeichert. Bei der Berechnung von Umströmungsproblemen für verschiedene Profile ist dann lediglich der Raum zwischen Basiskörper und Profil einschließlich deren Oberflächen mit Elementen neu zu idealisieren und nur ein symmetrisches Gleichungssystem von Bandstruktur in den zugehörigen Freiheitsgraden nach (8) neu zu berechnen. Da die Kontur des Basiskörpers frei wählbar ist, kann man auch einen Kreis bzw. eine Kugel wählen und dann besonders einfach das Außengebiet in ein Innengebiet transformieren, ein modifiziertes Randwertproblem aufstellen und auf das zugehörige Gleichungssystem für das Innengebiet (7) anwenden. Auf Grund bekannter Analogien zur Strukturmechanik ist es mit dem ICES-Subsystem STRUDL [4], das für strukturmechanische Probleme entwickelt wurde, möglich, auch Strömungsprobleme zu lösen. Zur automatisierten Eingabe dient ICES-TOPOLOGY [7].

In Bild 2 wurden ebene isoparametrische Elemente mit 12 Punkten verwendet. Gibt man als Spannungs-Dehnungsmatrix nur für $D(1, 1) = D(2, 2) = 1$ Werte $\neq$ null ein, belastet die Scheibe, in der das Profil ein Loch darstellt, wie skizziert, mit einer konstanten Zugkraft und verlangt, daß die Knotenpunkte sich nur in

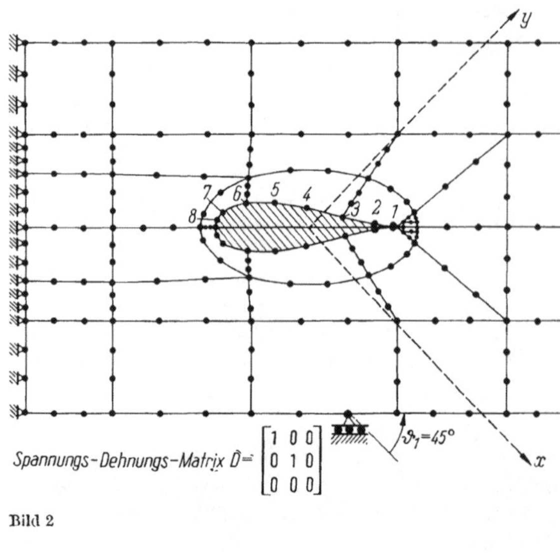

Bild 2

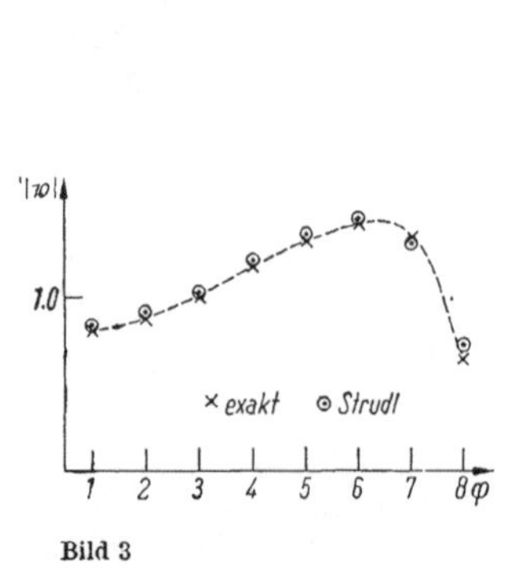

Bild 3

Zugkraftrichtung bewegen dürfen (Verschiebung: $u_x = u_y = u = \Phi$; Φ = Potentialfunktion), dann entspricht die Zugdehnung in x und y-Richtung der Geschwindigkeitsverteilung beim Umströmungsproblem.

In Bild 3 werden die Näherungswerte am Innenrand mit den exakten verglichen (Knoten 1—8 in Bild 2). Die Abweichungen an der Hinterkante treten bei ähnlich groben Idealisierungen auch bei den Singularitätenverfahren auf, wie die Ergebnisse in Tabelle 1 zeigen, die nach [5] berechnet wurden. Erst wenn man, wie in [6] beschrieben, vorher die Ecke aufbiegt, gelangt man schon bei ganz grober Idealisierung auch unmittelbar an der Hinterkante zu den sehr guten Näherungswerten in Tabelle 1.

Tabelle 1

Errechnete Geschwindigkeit nach [5]	Errechnete Geschwindigkeit nach [6]	exakte Werte	Stützstelle
0,06568	0,81143	0,80936	1
0,49895	0,88391	0,88173	2
0,95086	1,01491	1,01321	3
1,18309	1,17481	1,17792	4
1,33974	1,33533	1,33689	5
1,43047	1,42770	1,42919	6
1,32479	1,32277	1,32403	7
0,65656	0,65567	0,65626	8

Literatur

1 SCHMID, G., Die Methode der finiten Elemente als Sonderfall der Methode der gewichteten Residuen, ZAMM 52, 461—469 (1972).
2 DOCTORS, L. J., An Application of the Finite Element Technique to Boundary Value Problems of Potential Flow, Int. Journal for Numerical Methods in Engineering 2, 243—252 (1970).
3 AHMAD, S., IRONS, B. M. and ZIENKIEWICZ, O. C., Analysis of thick and thin shell structures by curved finite elements, Inter. Journal Num. Methods in Engineering 2 (1970).
4 ICES-STRUDL II users manual Vol. 1, 2 MIT, Cambridge USA.
5 MARTENSEN, E., Die Berechnung der Druckverteilung an dicken Gitterprofilen mit Hilfe von Fredholmschen Integralgleichungen 2. Art, Max-Planck-Inst. für Strömungsforschung Nr. 23, Göttingen 1959.
6 OHTMER, O., Zur angenäherten konformen Abbildung von Gebieten mit Ecken und starken Krümmungen der Randkurven auf den Einheitskreis, ZAMM 48, GAMM-Tagung 1968.
7 OHTMER, O., Zur automatisierten Generierung und Kondensierung großer Massen- und Steifigkeitsmatrizen, Zeitschr. Angewandte Informatik 12 (1972).

Anschrift: Dr. ORTWIN OHTMER, D 8 München 83, Isegrimstr. 10, BRD

ZAMM 54, T 141 – T 143 (1974)

L. PRÁŠEK

Mathematische Lösung der Differentialgleichung der Wärmeleitung in einem vollen kreisförmigen Zylinder unter der Voraussetzung konstanter Abkühlung des Zylindermantels

Das vorgelegte Referat behandelt das mathematische Problem, das bei Abkühlung von Stahlblöcken in der Kokille oder an der Luft entsteht. Bei derartigen Prozessen, wo die Stahlblockoberfläche schneller als die inneren Teilchen abgekühlt wird, treten infolge ungleichmäßiger Kühlung Innenrestspannungen ein, die zu einer Rißbildung im Stahlblock führen können. Daher stellt die Kenntnis der Temperaturverteilung und der inneren Spannungen beim Stahlblockkühlen einen wesentlichen Beitrag zur Hüttenpraxis dar. Die mathematische Beschreibung der genannten Erscheinungen ist sehr kompliziert, und darum war es notwendig, nach wesentlichen Vereinfachungen zu greifen, damit eine Lösung überhaupt möglich war.

Hier befassen wir uns lediglich mit dem ersten Teil des Problems, und zwar die Temperaturverteilung in einem vollen kreisförmigen Zylinder endlicher oder unendlicher Länge zu bestimmen, wobei die Zylinderoberfläche mit konstanter Geschwindigkeit in stationärem oder nichtstationärem Zustand abgekühlt wird. Die Werkstoff- und Temperaturparameter betrachtet man als konstant. Das Temperaturfeld ist rotationssymetrisch, der Werkstoff ist homogen und isotrop.

Der Vorgang bei der Lösung ist in fünf Teile unterteilt:

a) Temperaturverteilung im unendlich langen Vollzylinder im nichtstationären Zustand;

b) dieselbe Aufgabe wie unter a) im stationären Zustand;
c) Temperaturverteilung im Vollzylinder mit endlicher Länge in nichtstationärem Zustand;
d) dieselbe Aufgabe wie unter c) im stationären Zustand;
e) Verteilung von Temperaturen im unendlich langen Vollzylinder unter der Voraussetzung der veränderlichen physikalischen Parameter.

In diesem Referat werden wir uns nur mit den Aufgaben a) — d) befassen.

Die Differentialgleichung für die Wärmeleitung im nichtstationären Zustand in einem unendlich langen Zylinder [die Aufgaben a) und b)] in Polarkoordinaten besitzt die allgemeine Form

$$\frac{\partial t}{\partial \tau} = a^2 \left(\frac{\partial^2 t}{\partial r^2} + \frac{1}{r} \frac{\partial t}{\partial r} \right). \tag{1}$$

Gegeben ist ein unendlich langer Zylinder mit dem Halbmesser R, wo in der Zeit $\tau = 0$ die konstante Temperatur t_0 herrscht. Man kühlt die Zylinderoberfläche mit der konstanten Geschwindigkeit h. Es wird also die Lösung $t(r, \tau)$ der Gleichung (1) bei der Anfangsbedingung $t(r, 0) = t_0$ und der Randbedingung $\frac{\partial t}{\partial \tau} = h$ für $r = R$ gesucht.

Die Lösung des genannten Problems kann man in folgender Form schreiben:

$$t(r, \tau) = t_0 + h\tau - \frac{2hR^2}{a^2} \sum_\nu \frac{I_0(\lambda_\nu \xi) \left[1 - \exp\left(- \frac{a^2 \lambda_\nu^2 \tau}{R^2} \right) \right]}{\lambda_\nu^3 I_1(\lambda_\nu)}, \tag{2}$$

wo $\xi = \frac{r}{R}$, $a^2 = \frac{\lambda}{c\gamma}$ der Koeffizient der Wärmeleitfähigkeit und λ_ν die Lösung der charakteristischen Gleichung $I_0(\lambda_\nu) = 0$ bedeuten.

Theoretisch fällt nach unendlich langer Zeit das Exponentialglied in der Formel (2) ab und es tritt der stationäre Zustand ein. Man wird daher eine Annäherung der Formel (2) für den Fall suchen, daß der Einfluß der Anfangsbedingung vernachlässigbar ist. In diesem Falle gilt folgende Differentialgleichung:

$$a^2 \left(\frac{d^2 t}{dr^2} + \frac{1}{r} \frac{dt}{dr} \right) = h \tag{3}$$

mit der Randbedingung $t(R) = t_0 + h\tau$.

Die Lösung dieser Gleichung ist

$$t = t_0 + h\tau - \frac{hR^2}{4a^2}(1 - \xi^2). \tag{4}$$

Aus dieser Gleichung ist ersichtlich, daß jede Partikel des Zylinders durch eine konstante Geschwindigkeit h abgekühlt wird. Mittels des dimensionslosen Parameters $Fo = \frac{a^2\tau}{R^2}$ (FOURIERsche Zahl) kann die Formel (2) wie folgt geändert werden:

$$\frac{t - t_0}{h\tau} = 1 - \frac{2}{Fo} \sum_\nu \frac{I_0(\lambda_\nu \xi)}{\lambda_\nu^3 I_1(\lambda_\nu)} (1 - e^{-Fo\,\lambda_\nu^2}) = A(\xi, Fo), \tag{5}$$

wo die Funktion $A(\xi, Fo)$ tabelliert ist. Man kann also schreiben:

$$t = t_0 + h\tau\, A(\xi, Fo). \tag{6}$$

Die Differenz der Temperaturen an der Oberfläche und in der Achse des Zylinders ist:

$$\Delta t = \frac{2h\tau}{Fo} \sum_\nu \frac{1 - \exp(-Fo\,\lambda_\nu^2)}{\lambda_\nu^3 I_1(\lambda_\nu)} \to \frac{hR^2}{4a^2} \quad \text{für} \quad \tau \to \infty. \tag{7}$$

Die Fälle, in denen es sich um einen endlichen Zylinder handelt [c) und d)], werden in ähnlicher Weise gelöst.

Die Differentialgleichung für die Wärmeleitung lautet in Polarkoordinaten:

$$\frac{\partial t}{\partial \tau} = a^2 \left(\frac{\partial^2 t}{\partial r^2} + \frac{1}{r} \frac{\partial t}{\partial r} + \frac{\partial^2 t}{\partial z^2} \right). \tag{8}$$

Die Anfangsbedingung ist wieder $t(r, z, 0) = t_0$ und die Randbedingung $\frac{\partial t}{\partial \tau} = h$ für $r = R$ bei $-l \leqq z \leqq +l$ und für $z = \pm l$ bei $0 \leqq r \leqq R$, wenn $2l$ die Länge des Zylinders und $\zeta = \frac{z}{l}$ ist.

Die Lösung dieser Aufgabe kann man schreiben:

$$t = t_0 + h\tau - h \sum_{\nu, \mu} \frac{4 \sin \varkappa_\nu\, I_0(\lambda_\mu \xi) \cos(\varkappa_\nu \zeta) \left\{ 1 - \exp\left[-a^2 \left(\frac{\lambda_\mu^2}{R^2} + \frac{\varkappa_\nu^2}{l^2} \right) \right] \tau \right\}}{a^2 \left(\frac{\varkappa_\nu^2}{l^2} + \frac{\lambda_\mu^2}{R^2} \right) (\varkappa_\nu + \sin \varkappa_\nu \cos \varkappa_\nu) \lambda_\mu I_1(\lambda_\mu)}, \tag{9}$$

wo die Parameter λ_μ und $\varkappa_\nu$ als Lösungen der charakteristischen Gleichungen $I_0(\lambda_\mu) = 0$ und $\cos \varkappa_\nu = 0$ gegeben sind.

In ähnlicher Weise wie im vorherigen Falle löst man auch die Aufgabe der Wärmeleitung im stationären Zustand. Hier wird wieder die folgende Gleichung gelöst:

$$a^2 \left(\frac{\partial^2 t}{\partial r^2} + \frac{1}{r}\frac{\partial t}{\partial r} + \frac{\partial^2 t}{\partial z^2}\right) = h \tag{10}$$

bei Gültigkeit der Randbedingung

$$t\,(R, -l \leqq z \leqq +l) = t\,(0 \leqq r \leqq R, \pm l) = t_0 + h\,\tau\,.$$

Die Lösung dieser Gleichung kann man schreiben:

$$t = t_0 + h\,\tau - \frac{h\,R^2}{4\,a^2}(1 - \xi^2)\left[\sum_\nu \left(1 - \frac{\cosh m_\nu \dfrac{\zeta}{\varepsilon}}{\cosh m_\nu \dfrac{1}{\varepsilon}}\right)\right], \tag{11}$$

wo $\varepsilon = \dfrac{R}{l}$ der Schlankheitskoeffizient und m_ν die Lösung der charakteristischen Gleichung $I_0(m_\nu) = 0$ ist. Durch Einsetzen der dimensionslosen Zahl Fo in (9) kann man schreiben:

$$\frac{t - t_0}{h\,\tau} = 1 - \frac{4}{Fo}\sum_{\nu,\mu} \frac{I_0(\lambda_\mu\,\xi)\sin\varkappa_\nu\,(\zeta + 1)\,\{1 - \exp\left[-Fo\,(\lambda_\mu^2 + \varepsilon^2\,\varkappa_\nu^2)\right]\}}{\varkappa_\nu\,\lambda_\mu\,(\lambda_\mu^2 + \varepsilon^2\,\varkappa_\nu^2)\,I_1(\lambda_\mu)} = A(\xi, \zeta, Fo, \varepsilon)\,, \tag{12}$$

wo die Funktion $A(\xi, \zeta, Fo, \varepsilon)$ tabelliert ist.

Die Differenz der Temperaturen in der Zylinderachse und an deren Oberfläche ist

$$\Delta t = t_R - t_{\bar{0}} = \frac{4\,h\,R^2}{a^2}\sum_{\nu,\mu}\frac{\sin\varkappa_\nu(\zeta + 1)\,\{1 - \exp\left[-Fo\,(\lambda_\mu^2 + \varkappa_\nu^2)\right]\}}{\varkappa_\nu\,\lambda_\mu\,(\lambda_\mu^2 + \varkappa_\nu^2)\,I_1(\lambda_\mu)} \to \frac{h\,R^2}{4\,a^2}\sum_\nu\left(1 - \frac{\cosh\lambda_\nu\,\zeta}{\cosh\lambda_\nu}\right)$$

$$\text{für } \tau \to \infty\,. \tag{13}$$

für $\varepsilon = 1$, d. h. für den extremen Fall eines Zylinders, dessen Durchmesser und Länge gleich sind.

Alle praktisch in Frage kommenden Typen von Stahlblöcken zylindrischer Form werden zwischen den zwei Grenztypen liegen: dem unendlich langen Zylinder und dem Zylinder mit der Schlankheit $\varepsilon = 1$. Die Differenzen der Temperaturen an der Oberfläche und in der Mitte des Zylinders im stationären Zustand sind in den Formeln (7) und (13) gegeben. Man kann leicht beweisen, daß die Erwärmung beim endlichen Zylinder schneller als beim unendlichen Zylinder vorgeht.

Wir führen eine neue Funktion ein:

$$\sum_\nu \left(1 - \frac{\cosh m_{\nu'}\cdot\dfrac{\zeta}{\varepsilon}}{\cosh m_{\nu'}\cdot\dfrac{1}{\varepsilon}}\right) = \varphi(\zeta, \varepsilon)\,. \tag{14}$$

Für ζ steigend von 0 zu 1 fällt die Funktion $\varphi(\zeta, \varepsilon)$ von ihrem Maximalwert zu Null. Aus dem Graph der Funktion ist ersichtlich, daß in den Fällen, wo $\varepsilon < 0{,}8$, genauere Ergebnisse der Werte für die maximale Temperaturdifferenz in der Achse und an der Oberfläche des Zylinders durch Berechnung nach den Formeln für den unendlich langen Zylinder erhalten werden; nur in den Fällen, wo $0{,}8 \leqq \varepsilon \leqq 1{,}00$, sind die Formeln für den endlichen Zylinder mit der Schlankheit $\varepsilon = 1$ besser geeignet. Die Temperaturdifferenz ist eine der wichtigsten Charakteristiken für die Berechnungen der Innenspannungen in den Zylindern.

Die dargelegte Lösung bedeutet, daß es nicht notwendig ist, den Wärmeübergangskoeffizienten α zwischen der Umgebung und der Zylinderoberfläche zu kennen. Bei der Temperaturberechnung ist die Temperaturdifferenz zwischen der Oberfläche und der Achse des Zylinders Δt eine wichtige Charakteristik; diese Differenz ist umso größer, je größer die Abkühlungsgeschwindigkeit, je größer der Zylinderhalbmesser und je kleiner der Wärmeleitkoeffizient a^2 ist.

Alle obengenannten Formel lassen sich auch bei den Temperaturberechnungen (und weiter Spannungsberechnungen), die sich bei der Erwärmung großer Schmiedestücke ergeben, anwenden.

Anschrift: Dr. LADISLAV PRÁŠEK CSc, Zentrales Forschungsinstitut, ŠKODA, Plzeň, ČSSR

ZAMM 54, T 144 (1974)

H. Reichardt

Über ein Turbulenzmodell mit festen Körpern

Trotz der Anschaulichkeit der Begriffe *Wirbelballen* und *Mischungsweg*, mit denen Ludwig Prandtl seine phänomenologische Turbulenztheorie begründete, ist es bislang nicht gelungen, nähere Aufschlüsse über die Struktur der Turbulenz zu gewinnen. Die hier zu überwindenden Schwierigkeiten sind durch die besondere Kompliziertheit des turbulenten Geschehens begründet. Im Unterschied zu den in der kinetischen Gastheorie betrachteten Molekülen besitzen die Turbulenzelemente, die Wirbelballen, keine definierbaren Körpereigenschaften. Die Turbulenzballen vermischen sich mit benachbarten Ballen, wodurch neue Wirbelgebilde entstehen. Rotation und Impuls sind also nicht an bestimmte Flüssigkeitsteile gebunden, sondern sie werden in ständiger Folge an andere Flüssigkeitsteile übertragen. Dieser turbulente Prozeß der Fluktuation von Impuls und Rotation über die strömende Flüssigkeit hinweg ist wegen des Fehlens einer körperlichen Wesenheit der Wirbelballen bislang noch ganz undurchsichtig.

Daher hat sich der Verfasser die Frage gestellt, ob es möglich sei, ein Medium herzustellen, das im wesentlichen aus einzelnen festen Körpern besteht, die zur Wahrung der Kontinuität durch etwas Flüssigkeit miteinander verbunden sind. Mit einem solchen Medium sollte eine turbulente Strömung erzeugt werden, bei der dann die turbulente Impulsübertragung — anstatt über undefinierbare Wirbelballen — über erkennbare Einzelkörper erfolgen würde.

Obwohl wir einen Ersatz für die Wirbelballen nicht gefunden haben, ist es uns gelungen, ein Gemisch aus Wasser mit festen Körpern in eine turbulente Strömungsbewegung zu versetzen, wenn der Anteil des Wassers größer ist als der Anteil der festen Körper. Eine solche Art von Turbulenz, die wegen ihres künstlichen Charakters als ein Turbulenzmodell mit festen Körpern bezeichnet wird, dürfte nicht alle Einzelheiten der turbulenten Strömungen einphasiger Medien wiedergeben. Es wird jedoch erwartet, daß in einer turbulenten Strömung eines Gemisches von Flüssigkeit mit festen Körpern die Grundstruktur der Turbulenz aus Beobachtungen der Bewegungen der mitschwimmenden Körpern besser erkennbar sein wird.

Zu diesem Zweck haben wir eine Versuchseinrichtung gebaut, in der eine annähernd ebene freiturbulente Strahlausbreitung eines Gemisches von Wasser mit zylindrischen Körpern erzeugt werden kann. Die aus Kunststoff gefertigten Zylinder haben das spezifische Gewicht des Wassers. Eine weiße Marke auf den schwarzen Körpern dient der Sichtbarmachung ihrer Bewegung, deren Geschwindigkeit auf photographischen Momentaufnahmen in mehr oder weniger langen Strichen zum Ausdruck kommt. Der Raum für die Strahlausbreitung ist ein flaches, horizontal angeordnetes Gehäuse, dessen parallele Wände aus Plexiglas bestehen.

Die von Herrn D. Brandt ausgewerteten Strömungsaufnahmen zeigen, daß sich die Strömung des Gemisches aus Wasser mit Zylinderkörpern in einem gewissen Bereich wie ein ebener turbulenter Freistrahl verhält. Es wurden die Geschwindigkeitsprofile in verschiedenen Abständen von der Düse bestimmt. Auch ermittelten wir die Schwankungen der Längsgeschwindigkeit u', der Quergeschwindigkeit v' sowie der turbulenten Schubspannung $\varrho\,\overline{u'\,v'}$, wofür man in einphasigen Medien Hitzdrahtsonden benötigt. Eine ausführliche Wiedergabe der Meßergebnisse, wie sie auf der Tagung in Bildern vorgeführt wurden, wird in einem Institutsbericht erscheinen.

Anschrift: Dr. Hans Reichardt, Max-Planck-Institut für Strömungsforschung, 3400 Göttingen, Böttingerstr. 6/8, BRD

ZAMM 54, T 144 – T 146 (1974)

D. P. Roy / J. Ballmann

Überschallströmung thermisch relaxierender Gase um Profilvorderkanten und Spitzen

In ebenen bzw. rotationssymmetrischen Überschallströmungen nicht relaxierender Gase um keilförmige Profile bzw. Kegel ergeben sich gerade Stoßfronten. Ist das Profil gekrümmt, so ist auch die Stoßfront gekrümmt. Ihre Krümmung und der Druckabfall hinter dem Stoß sind proportional zur Profilkrümmung an der Vorderkante bzw. Körperspitze [1], [2]. Im folgenden wird der zusätzliche Einfluß thermischer Relaxation der höheren Freiheitsgrade auf die Stoßkrümmung untersucht.

Wir nehmen an, daß sich die nicht relaxierende Freiheitsgradgruppe (Index $\gamma = 1$) wie ein perfektes Gas verhält. Die thermodynamischen Zustände der $(m - 1)$ unabhängigen Relaxationsfreiheitsgradgruppen sollen jeweils nur von einer Zustandsvariablen abhängen (z. B. $\overset{\gamma}{T}$). Der innere Energieaustausch der γ-ten Freiheitsgradgruppe mit allen übrigen insgesamt sei $\overset{\gamma}{q}$. Dann lauten die Differentialgleichungen (Dgln.) für die stationäre Strömung

$$\operatorname{div}(\varrho\,\mathfrak{v}) = 0\,, \qquad \frac{d\mathfrak{v}}{dt} + \frac{1}{\varrho}\nabla p = 0\,, \qquad \overset{\gamma}{T}\,\mathfrak{v}\,\nabla \overset{\gamma}{s} = \overset{\gamma}{q} \qquad (\gamma = 1,\dots,m)\,,$$
$$\text{mit} \quad \sum_{\gamma=1}^{m} \overset{\gamma}{q} = 0 \quad \text{und} \quad \overset{1}{h} + \sum_{\gamma=2}^{m} \overset{\gamma}{e} + \frac{w^2}{2} = h_0 = \text{const.} \tag{1}$$

Der Strömungszustand hänge von zwei Raumvariablen x und y ab. Vor einer Entwicklung der Lösung in Spitzennähe wenden wir, anders als in [1], [2], [3], zuerst die Charakteristikentheorie auf (1) an. Dies führt auf ein (1) äquivalentes System von Dgln. (Verträglichkeitsbedingungen, V. B.), in denen alle Unbekannten jeweils nur noch in einer Richtung differenziert werden. Wir setzen

$$\lambda_\varepsilon \equiv -\varepsilon\,\vartheta - \int_{\pi/2}^{\alpha} 4\cos^2\alpha\,(1/\overset{1}{n} + \sin^2\alpha)^{-1}\,d\alpha \qquad (\varepsilon = \mp 1)\,, \tag{2}$$
$$\mathfrak{v} = w\,(\mathfrak{i}\cos\vartheta + \mathfrak{j}\sin\vartheta)\,, \qquad \mathfrak{m}_0 = \mathfrak{v}/w\,, \qquad \mathfrak{m}_\varepsilon = \mathfrak{i}\cos(\vartheta + \varepsilon\alpha) + \mathfrak{j}\sin(\vartheta + \varepsilon\alpha)$$
$$\text{mit} \quad \alpha = \operatorname{arc\,sin}\frac{a_f}{w}\,, \qquad a_f^2 = R\,\overset{1}{T}\,(\overset{1}{n} + 2)/\overset{1}{n}\,, \qquad \overset{1}{n}\,a_f^2 = 2\,\overset{1}{h}\,.$$

Damit ergeben sich aus (1) die V. B.

$$\mathfrak{m}_\varepsilon\left(\nabla\lambda_\varepsilon + \frac{\overset{1}{n}}{w^2}\,\frac{\sin\alpha\cos\alpha}{1 + \overset{1}{n}\sin^2\alpha}\sum_{\gamma=2}^{m}\overset{\gamma}{T}\,\nabla\overset{\gamma}{s} + \frac{\cot\alpha}{w^2}\,\overset{1}{T}\,\nabla\overset{1}{s}\right)$$
$$= -\frac{2\,\overset{1}{q}}{\overset{1}{n}\,w^2\,a_f} + \frac{\delta}{y}\sin\vartheta\sin\alpha\,, \qquad \mathfrak{m}_0\,\nabla\overset{\gamma}{s} = \overset{\gamma}{q}/(w\,\overset{\gamma}{T})\,. \tag{3}$$

Darin ist $\delta = 0$ für ebene und $\delta = 1$ für rotationssymmetrische Strömungen. Wir betrachten den Aufpunkt mit dem Ortsvektor $\mathfrak{r} = r\,(\mathfrak{i}\cos\eta + \mathfrak{j}\sin\eta) = \mathfrak{i}\,x + \mathfrak{j}\,y$ hinter dem Stoß und setzen in (3)

$$\nabla \equiv (\mathfrak{i}\cos\eta + \mathfrak{j}\sin\eta)\frac{\partial}{\partial r} + (\mathfrak{i}\sin\eta + \mathfrak{j}\cos\eta)\frac{1}{r}\frac{\partial}{\partial\eta}$$

ein. Bei kleinem r setzen wir für eine beliebige Funktion $f(r, \eta)$, z. B. $f = \lambda_\varepsilon$, $f = \overset{\gamma}{s}$ usw., die Entwicklung

$$f(r, \eta) = \sum_{\nu=0}^{\infty}\frac{1}{\nu!}\,r^\nu f^\nu(\eta)\,, \qquad f^\nu(\eta) = \left(\frac{\partial^\nu f}{\partial r^\nu}\right)_{r=0}\,. \tag{4}$$

Wir erhalten damit für jede der Dgln. (3) $(\nu + 1)$ Dgln. für die ν-te Näherung von $f(r, \eta)$:

$$\nu = 0: \quad \overset{\gamma}{s}{}^{0}_{,\eta} = 0\,, \qquad \lambda^0_{\varepsilon,\eta} = \delta\,\frac{\sin\vartheta^\circ\sin\alpha^\circ}{\sin\eta\,\sin(\vartheta^\circ + \varepsilon\alpha^\circ - \eta)}\,, \tag{5}$$

$$\nu = 1: \quad \sin(\vartheta^\circ - \eta)\,\overset{\gamma}{s}{}^{1}_{,\eta} + \cos(\vartheta^\circ - \eta)\,\overset{\gamma}{s}{}^{1} = \overset{\gamma}{q}/(w\,\overset{\gamma}{T})\,,$$
$$\sin(\vartheta^\circ + \varepsilon\alpha^\circ - \eta)\,\lambda^1_{\varepsilon,\eta} + \cos(\vartheta^\circ + \varepsilon\alpha^\circ - \eta)\,\lambda^1_\varepsilon - \tag{6}$$
$$-\frac{\delta}{2}\left\{\frac{\cos(\vartheta^\circ + \varepsilon\alpha^\circ - \eta)}{\sin(\vartheta^\circ + \varepsilon\alpha^\circ - \eta)}\,\frac{\sin\vartheta^\circ\sin\alpha^\circ}{\sin\eta}\left[\varepsilon\,(\lambda^1_\varepsilon - \lambda^1_{-\varepsilon}) + \varepsilon\,\frac{1 + \overset{1}{n}\sin^2\alpha^\circ}{\overset{1}{n}\cos^2\alpha^\circ}(\lambda^1_\varepsilon + \lambda^1_{-\varepsilon})\right] -\right.$$
$$\left. -\frac{1}{\sin\eta}\left[\varepsilon\cos\vartheta^\circ\sin\alpha^\circ\,(\lambda^1_\varepsilon - \lambda^1_{-\varepsilon}) + \sin\vartheta^\circ\,\frac{1 + \overset{1}{n}\sin^2\alpha^\circ}{\overset{1}{n}\cos\alpha^\circ}(\lambda^1_\varepsilon + \lambda^1_{-\varepsilon})\right]\right\}$$
$$= \varepsilon\,\frac{\cos\alpha^\circ}{w^2}\left(\overset{1}{A}\,\overset{1}{T} + \frac{\overset{1}{n}\sin^2\alpha^\circ}{1 + \overset{1}{n}\sin^2\alpha^\circ}\sum_{\gamma=2}^{m}\overset{\gamma}{A}\,\overset{\gamma}{T}\right) + \sum_{\gamma=2}^{m}\overset{\gamma}{q}\,\frac{2 + \overset{1}{n}\,(1 + \sin^2\alpha^\circ)}{\overset{1}{n}\,w^2\,a_f\,(1 + \overset{1}{n}\sin^2\alpha^\circ)}\,.$$

Diese Dgln. werden für die ebenfalls analog zu (4) längs des Stoßes (Index $c = s$) und längs des Körpers (Index $c = k$) entwickelten Randbedingungen

$$f^\circ(\eta) = g(\eta_0)\,, \qquad f^1(\eta_0) = K_c\left[g'(\eta_0) - \frac{1}{2}\,f^{\circ\prime}(\eta_0)\right] \quad \text{mit} \quad f\big(r, \eta_c(r)\big) = g\big(\varphi_c(r)\big)\,, \tag{7}$$

$\varphi_c(r)$ = Steigung von C, K_c = Krümmung von C und $' \equiv \dfrac{d}{d\eta}$

gelöst. Im ebenen Fall ergibt sich die geschlossene Lösung

$$\overset{\gamma}{s}{}^0 = \text{const}\,, \quad \lambda_\varepsilon^0 = \text{const}\,, \quad \overset{\gamma}{s}{}^1 = \overset{\gamma}{A} \sin(\vartheta^\circ - \eta) + \overset{\gamma}{B} \cos(\vartheta^\circ - \eta)$$

und

$$\lambda_\varepsilon^1 = C_\varepsilon \sin(\vartheta^\circ + \varepsilon\alpha^\circ - \eta) + D_\varepsilon \cos(\vartheta^\circ + \varepsilon\alpha^\circ - \eta)\,.$$

Darin ergeben sich die $\overset{\gamma}{B}$ und D_ε aus den Dgln. (6) und die $\overset{\gamma}{A}$ und C_ε mit (7). Die Stoßkrümmung kann explizit angegeben werden. Im drehsymmetrischen Fall müssen die Dgln. numerisch gelöst werden. Nach der Berechnung der Näherung für $\nu = 0$ werden für $\nu = 1$ zwei Stoßkrümmungen jeweils gesetzt und die dazu gehörigen Körperkrümmungen berechnet. Wegen der Linearität der Dgln. folgt dann die wirkliche Stoßkrümmung K_S aus

$$\frac{K_S - K_{S1}}{K_{S2} - K_{S1}} = \frac{K_K - K_{K1}}{K_{K2} - K_{K1}}\,.$$

Literatur

1 Ferri, A., Supersonic Flow with Shock Waves, Article in High Speed Aerodynamics and Jet Propulsion, Vol. **VI** (S. 678), W. Sears, editor. Princeton University Press, 1954.
2 Bianco, E., Cabannes, H., Kuntzmann, J., Curvature of attached shock waves in steady axially symmetric flow, J. Fluid Mech. **7**, S. 610 (1960).
3 Sedney, R., Gerber, N., Shock curvature and gradients at the tip of pointed axisymmetric bodies in non-equilibrium flow, J. Fluid Mech. **29**, S, 765 (1967).

Anschrift: Dipl.-Ing. D. P. Roy, Dr.-Ing. J. Ballmann, RWTH Aachen, Lehrstuhl für Mechanik, 51 Aachen, Templergraben 55, BRD

ZAMM 54, T 146 – T 148 (1974)

V. Saljnikov/Z. Boričić

Die universellen Grenzschichtgleichungen für den Fall der kompressiblen laminaren Strömung

Die vermittels der Stewartsonschen Koordinaten [1] umgeformten Grenzschichtgleichungen der kompressiblen laminaren ebenen und stationären Strömung werden auf eine universelle Form zurückgeführt in dem Sinne, daß weder die Differentialgleichungen noch die Randbedingungen von konkreten Daten spezieller Probleme abhängen.

Dafür werden zunächst die folgenden, schon früher in [2] verwendeten Transformationen

$$X, \quad \eta = g(X)\frac{U_e^{b/2}}{\nu_1\sqrt{2X}}Y, \quad S = \frac{h_0}{h_1} - 1 \quad \Psi(X, Y) = \frac{1}{g(X)}\nu_1 U_e^{1-\frac{b}{2}}\sqrt{2X}\,\Phi(X, \eta) \tag{1}$$

in die Ausgangsgleichungen eingeführt, wobei:

X, Y — Stewartsonschen Koordinaten
U — Geschwindigkeit in der Grenzschicht
U_e — äußere Geschwindigkeit
ν_1 — kinematische Zähigkeit
$g(X)$ — willkürliche Funktion
b — willkürliche Konstante
S — Wärmefunktion
h_1 — Enthalpie des adiabatisch gestauten Gases in der äußeren Strömung
h_0 — Enthalpie in der Grenzschicht
Ψ — Stromfunktion

bedeuten.

Außerdem wird die Impulsgleichung verwendet, welche die folgenden in der Grenzschichttheorie üblichen Größen

$$F = 2[\zeta - (2 + H)f], \quad \zeta = \left[\frac{\partial(U/U_e)}{\partial(Y/\Delta^{**})}\right]_{Y=0}, \quad H = \frac{\Delta^*}{\Delta^{**}},$$

$$f = \frac{U_e'\Delta^{**2}}{\nu}, \quad \Delta^* = \int_0^\infty \left(1 + S - \frac{U}{U_e}\right)dY, \quad \Delta^{**} = \int_0^\infty \frac{U}{U_e}\left(1 - \frac{U}{U_e}\right)dY$$

enthält, wobei Impulsverlustdicke Δ^{**} und Formparameter f, durch Einsetzen der Transformationen (1) wie folgt lauten:

$$\Delta^{**} = \frac{\nu_1 \sqrt{2\,X}\, B(X)}{U_e^{b/2}\, g(X)} \quad \text{mit} \quad B(X) = \int_0^\infty \Phi_{n\eta}\,(1 - \Phi_{n\eta})\, d\eta\,, \tag{2}$$

$$f = \frac{2\,\nu_1\, X\, U_e'}{U_e^b}\, \frac{B^2(X)}{g^2(X)}\,. \tag{3}$$

Die auf diese Weise gewonnenen Differentialgleichungen lassen sich für den Fall der Wärmerandbedingung an der Wand: für $\eta = 0$ $S = S_w = \text{const}$, vermöge der zum erstenmal von LOITSIANSKI [3] eingeführten Formparametermenge

$$f_k = U_e^{k-1} \frac{d^k U_e}{dX^k} (Z^{**})^k \quad \text{mit} \quad f_1 = f \quad (k = 1, 2, \ldots)\,, \tag{4}$$

welche die Rolle der unabhängigen Veränderlichen X übernimmt, bzw. vermittels der Rekursionsformel

$$\frac{U_e f_1}{U_e'} \frac{df_k}{dX} = [(k-1)\, f_1 + k\, F]\, f_k + f_{k+1} = \theta_k \quad (k = 1, 2, \ldots) \tag{5}$$

auf die universelle Form, in oben festgelegtem Sinne, zurückführen.

Die gewonnenen universellen Differentialgleichungen stellen die Verallgemeinerung des für denselben Fall von KAPUSTIANSKI [4] abgeleiteten Systems entsprechender Gleichungen dar, da sie sich im Falle $B = \text{const}$ auf das System von KAPUSTIANSKI zurückführen lassen. Im allgemeinen Falle hängt aber die Verteilung der Funktion $B(X)$ von der Auswahl der bis jetzt noch nicht festgelegten Funktion $g(X)$ ab.

Nimmt man nun den Formparameter f in der folgenden Form an:

$$f(X) = \frac{a_0\, B^2\, U_e'}{U_e^b} \int_0^X U_e^{b-1}\, dX \quad \text{mit} \quad a_0 = \text{const}\,, \tag{6}$$

so folgt aus dem Vergleich der Ausdrücke (3) und (6) die Funktion

$$g(X) = \sqrt{\frac{2\,\nu_1\, X}{a_0 \int_0^X U_e^{b-1}\, dX}}\,. \tag{7}$$

Es soll bemerkt werden, daß man für $a_0 = b = 2$ den Parameter (6) in der Form

$$f(X) = B^2(X)\, \beta(X)$$

erhält, wobei $\beta(X)$ die bekannte GÖRTLERsche „Hauptfunktion“ [5] darstellt.

Die Beziehung (6) macht die nachträgliche Integration der Impulsgleichung, die bei der Anwendung der Methode von LOITSIANSKI [3] auf die speziellen Grenzschichtprobleme unentbehrlich ist, in diesem Falle unnötig.

Setzt man nun die Funktion $g(X)$ aus (7) in (1) ein, so erhält man die endgültige Form der Transformationen

$$X\,, \quad \eta = \frac{U_e^{b/2}\, Y}{\sqrt{a_0\, \nu_1 \int_0^X U_e^{b-1}\, dX}}\,, \quad \Psi = \sqrt{a_0\, \nu_1 \int_0^X U_e^{b-1}\, dX}\; U_e^{1-\frac{b}{2}}\, \Phi(X, \eta)\,, \tag{8}$$

welche sich für $a_0 = b = 2$ auf die GÖRTLERsche [5] Querkoordinate und die entsprechende Stromfunktion zurückführen lassen.

Nach der Umformung der gewonnenen universellen Gleichungen und der entsprechenden Randbedingungen vermittels der Transformationen (8) erhalten sie die folgende endgültige Form:

$$\begin{aligned}
&\Phi_{\eta\eta\eta} + \frac{1}{2\,B^2}[a_0\, B^2 + f_1\,(2-b)]\, \Phi\, \Phi_{\eta\eta} + \frac{f_1}{B^2}(1 + S - \Phi_\eta^2) = \frac{1}{B^2} \sum_{k=0}^\infty \theta_k\, (\Phi_\eta\, \Phi_{\eta f_k} - \Phi_{f_k}\, \Phi_{\eta\eta})\,,\\
&S_{\eta\eta} + \frac{P_r}{2\,B^2}[a_0\, B^2 + f_1\,(2-b)]\, \Phi\, S_\eta + 2\,(P_r - 1)\, f_0\, (\Phi_\eta\, \Phi_{\eta\eta})_\eta = \frac{P_r}{B^2} \sum_{k=0}^\infty \theta_k\, (\Phi_\eta\, S_{f_k} - \Phi_{f_k}\, S_\eta)\,,\\
&\eta = 0\colon\ \Phi = \Phi_\eta = 0\,, \quad S = S_w\,; \quad \eta \to \infty\colon\ \Phi_\eta \to 1\,; \quad S \to 0\,;\\
&\qquad f_0 \neq 0\,; \quad f_1 = f_2 = \cdots = 0\colon\ \Phi = \Phi_0\,; \quad S = S_0\,.
\end{aligned} \tag{9}$$

Als nullten Formparameter f_0 bezeichnet man hier den sogenannten „Kompressibilitätsparameter“ $\varkappa$. Dabei ist θ_0 durch den Ausdruck $\theta_0 = 2\,\varkappa\,(\varkappa - 1)\, f_1$ definiert, während die anderen θ_k $(k = 1, 2, \ldots)$ mit der Formel (5) festgelegt sind.

Im Rahmen unserer bisherigen Untersuchungen ist die numerische Integration des Systems (9) in sogenannter zweiparametriger einmallokalisierter Näherung ($f_0 \neq 0$, $f_1 \neq 0$, $f_2 = f_3 = \cdots = 0$, $\partial/\partial f_0 = 0$) durchgeführt worden, und zwar auf der Rechenanlage IBM 360/44 des Mathematischen Instituts in Belgrad.

Dabei wurde eine Berechnungsmethode verwendet, welche für die Integration der universellen einparametrigen Grenzschichtgleichungen unseres Wissens zum ersten Mal von SIMUNI und TERENTIEW [6] entwickelt wurde.

Wenn man nun die in dieser Näherung aufgeschriebenen Gleichungen auch nach dem Parameter f_1 lokalisiert ($\partial/\partial f_1 = 0$), so erhält man das in zweiparametriger und zweimallokalisierter Näherung dargestellte Gleichungssystem, welches für die Werte $a_0 = b = 2$ mit entsprechenden Gleichungen von COHEN-RESHOTKO [7] übereinstimmt.

Somit kann man die in dieser Arbeit gewonnenen universellen Differentialgleichungen, und zwar für $a_0 = b = 2$, als verallgemeinerte Gleichungen von COHEN-RESHOTKO betrachten und andererseits auch erwarten, daß die Lösung des Gleichungssystems in zweiparametriger einmallokalisierter Näherung eine Verbesserung der Resultate von COHEN-RESHOTKO liefern wird.

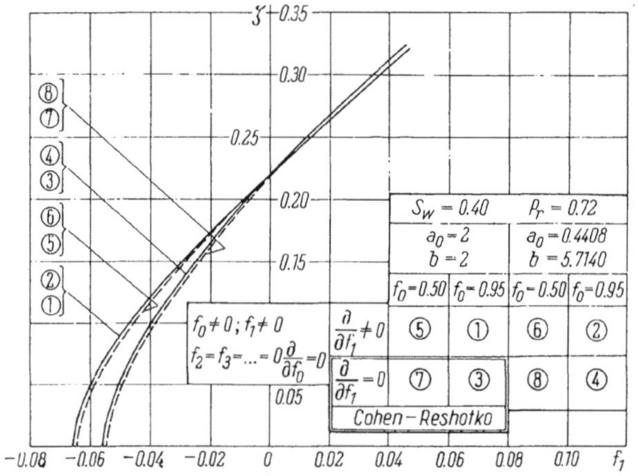

Bild 1

Die Berechnungen, die für die Werte $S_w = 0{,}4$, $Pr = 0{,}72$ und zwei verschiedene Werte des Parameters $f_0 = 0{,}5$ und $f_0 = 0{,}95$ durchgeführt wurden, haben tatsächlich gezeigt, daß die Lösungen unseres Gleichungssystems (in zweiparametriger einmallokalisierter Näherung), die einerseits für die Werte $a_0 = 0{,}4408$; $b = 5{,}714$ und andererseits für $a_0 = b = 2$ gewonnen wurden, sich von den Resultaten wesentlich unterscheiden, die aus den COHEN-RESHOTKOschen Gleichungen folgen. Die Verbesserung der Resultate ist aus der Verteilung der Funktion ζ (s. Bild 1) besonders gut zu erkennen. Die COHEN-RESHOTKOsche Lösung liefert nämlich die Lage des Ablösungspunktes früher, als das aus der Lösung unserer vollständigeren Gleichungen folgt.

Es soll noch bemerkt werden, daß, obwohl die Genauigkeit der aus unseren Gleichungen gewonnenen Resultate dieselbe wie bei KAPUSTIANSKI [8] bleibt, das Berechnungsverfahren selbst, was die Anwendung der universellen Lösungen auf die speziellen Grenzschichtprobleme betrifft, bedeutend vereinfacht wird, da, wie oben gesagt, die nachträgliche Integration der Impulsgleichung, die bei KAPUSTIANSKI notwendig ist, in unserem Falle ausfällt.

Literatur

1 STEWARTSON, K., Correlated incompressible and compressible Boundary Layers, Pros. Roy. Soc. **A 200**, pp. 84–100 (1949).
2 SALJNIKOV, V. N., Verallgemeinerung der universellen Loitsianski-schen Gleichung der laminaren Grenzschichttheorie (in russisch), Publ. de l'Inst. math. **T. 13**, S. 105–116 (1972).
3 LOITSIANSKI, L. G., Die universellen Gleichungen und die parametrigen Näherungen in der Theorie der laminaren Grenzschicht (in russisch), PMM, **B. 29**, S. 70–87 (1965).
4 KAPUSTIANSKI, S. M., Die laminare Grenzschicht in der Gasströmung großer Geschwindigkeiten (in russisch), Trudy LPI, No. **248**, S. 59–64 (1965).
5 GÖRTLER, H., A New Series for the Calculation of Steady Laminar Boundary Layer Flows, Jorn. of Math. and Mech. **6**, pp. 1–66 (1957).
6 SIMUNI, L. M. und TERENTIEW, N. M., Numerische Lösung der Gleichungen der einparametrigen Grenzschichttheorie (in russisch), Trudy LPI, No. **248**, S. 56–58 (1965).
7 COHEN, C. B. and RESHOTKO, E., Similar solution for the compressible laminar Boundary Layer with heat transfer and pressure gradient, NACA Rep. 1293 (1956).
8 KAPUSTIANSKI, S. M., Einparametrige Lösung von Gleichungen der laminaren Grenzschicht in der Gasströmung großer Geschwindigkeiten bei *Pr*-Zahl $\neq 1$ (in russisch), Trudy LPI, No. **265**, S. 24–34 (1966).

Anschriften: Dr. VIKTOR SALJNIKOV, Nevesinjska 17,110000 Beograd, Jugoslawien
Dr. ZORAN BORIČIĆ, Stanka Paunovića 43,18000 Niš, Jugoslawien

ZAMM 54, T 149 – T 150 (1974)

M. SCHILDKNECHT / G. E. A. MEIER

Einflüsse von Querschnittskontraktionen auf eine voll ausgebildete turbulente Rohrströmung

Der Mechanismus, der eine laminare Strömung in eine turbulente überführt und im voll entwickelten turbulenten Zustand die Größe der Schwankungsenergieproduktion, -dissipation, -konvektion und -diffusion bestimmt, ist weitgehend unbekannt. Es ist jedoch gesichert, wie z.B. Versuche von S. J. KLINE et al. [1] an turbulenten Plattengrenzschichten zeigen, daß man durch starke Beschleunigung der Strömung diesen Mechanismus empfindlich stören kann.

In dieser Arbeit soll der Einfluß von Geschwindigkeitsgradienten auf die turbulente Rohrströmung mit Hilfe von Rohrquerschnittskontraktionen unterschiedlicher Länge untersucht werden [2].

Die benutzte Meßanordnung besteht aus einem 117 Rohrdurchmesser langen, mit einer REYNOLDSzahl von $Re = 2{,}5 \cdot 10^4$ turbulent durchströmten Meßrohr, an dessen Ende konische Rohrkontraktionen angesetzt werden, deren Länge im Intervall $0 \leqq l/D \leqq 74$ (l: Kontraktionslänge; D: Rohrdurchmesser) in 6 Stufen variiert werden kann. Das Verhältnis von Anfangs- zu Endquerschnitt beträgt für alle Kontraktionen $K = 3{,}24$. In der Achse der Konen werden Hitzdrahtmessungen der axialen Geschwindigkeitskomponente durchgeführt.

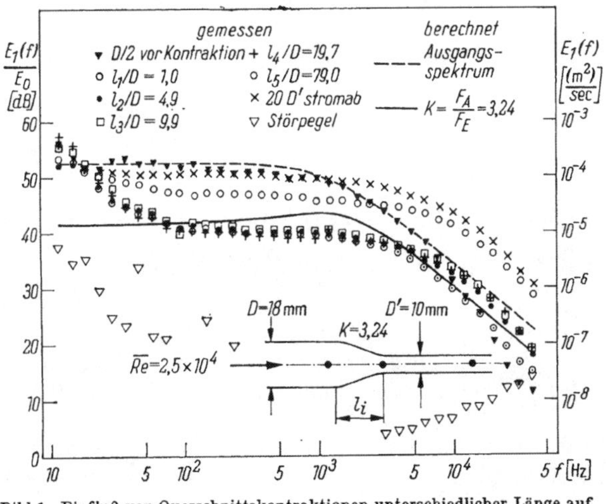

Bild 1. Einfluß von Querschnittskontraktionen unterschiedlicher Länge auf das Energiespektrum der axialen Geschwindigkeitskomponente

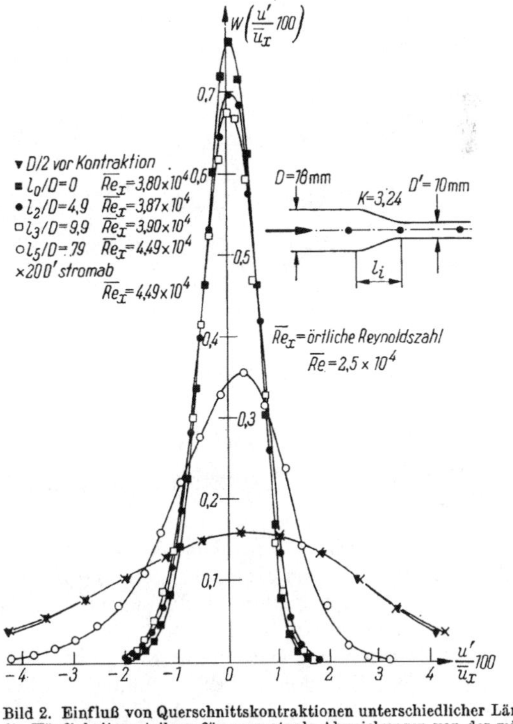

Bild 2. Einfluß von Querschnittskontraktionen unterschiedlicher Länge auf die Häufigkeitsverteilung für prozentuale Abweichungen von der mittleren örtlichen Geschwindigkeit in axialer Richtung

Bild 1 zeigt Energiespektren, die am Ende der 6 Kontraktionen aufgenommen wurden. Zwei zusätzliche Meßpunktscharen zeigen das Spektrum vor der Kontraktion und das in einem zylindrischen Rohr mit dem Enddurchmessser der Kontraktion und der mittleren Strömungsgeschwindigkeit dieser Stelle gemessene Spektrum. Die gestrichelte Kurve stellt ein an das Ausgangsspektrum der axialen Geschwindigkeitsschwankungen durch $E_1(f) = \dfrac{\pi N}{\left(\dfrac{2\pi f}{U}\right)^2 + \gamma^2}$ mit (N, γ: Konstanten; U: mittlere Durchflußgeschwindigkeit; f: Frequenz) angepaßtes Spektrum dar, und die durchgezogene Kurve ist das daraus nach H. S. RIBNER [3] unter den von ihm gemachten Annahmen (u. a. Fehlen von turbulenter Vermischung, Dissipation und Turbulenzenergieproduktion) berechnete Spektrum für $K = 3{,}24$. Die Darstellung zeigt, daß die Variation der Kontraktionslänge in einem Bereich $1 \leqq l/D \leqq 20$ keinen großen Einfluß auf das Spektrum hat. In diesem Bereich stimmt ferner das errechnete Spektrum näherungsweise mit dem gemessenen überein, so daß man davon ausgehen kann, daß hier die geometrische Verformung der in die Kontraktion einfließenden Turbulenz den entscheidenden Einfluß auf die Änderung des Spektrums ausübt. — Die für alle Frequenzen höheren Energien des zum Parameter $l/D = 79$ gehörenden Spektrums zeigen, daß in diesem Fall in der Kontraktionsstrecke neue Schwankungsenergie erzeugt wird. Das Spektrum nähert sich dem durch Kreuze bezeichneten an, das man in einem Rohr mit dem Durchmesser des Endquerschnitts der Kontraktion bei ausgebildeter Turbulenz und gleichem Durchfluß beobachtet.

In Bild 2 ist die Wahrscheinlichkeit für das Auftreten prozentualer Abweichungen von der mittleren Strömungsgeschwindigkeit dargestellt. Alle gemessenen Häufigkeitsverteilungen haben ein zu positiven Abszissenwerten verschobenes Maximum. Die zu Kontraktionslängen aus dem Intervall $0 \leq l/D \leq 9{,}9$ gehörenden Häufigkeitsverteilungen sind fast identisch, die zu $l/D = 79$ gehörende Verteilung nähert sich auch hier der bei ausgebildeter Turbulenz im zylindrischen Rohr gemessenen an.

Die Ergebnisse zeigen, daß in einer Rohrkontraktion mit $K = 3{,}24$, die mit $Re = 2{,}5 \cdot 10^4$ durchströmt wird, in einem Kontraktionslängenbereich $0 \leq l/D \leq 20$ der Turbulenzenergie erzeugende Mechanismus nicht wirksam ist. Hier tritt also ein vergleichbarer Effekt ein wie der, der von Plattengrenzschichten mit Geschwindigkeitsgradienten in Hauptstromrichtung her bekannt ist. Bildet man einen dimensionslosen mittleren Geschwindigkeitsgradienten, so ergeben sich für Kontraktionslängen $l/D < 20$ Gradienten, bei denen nach KLINES Messungen an einer Plattengrenzschicht die *burst*-Aktivität am Rande der viskosen Unterschicht verschwindet. Längen $l/D > 20$ ergeben Gradienten, zu denen bei KLINE ansteigende *burst*-Aktivität gehört. Da für Kontraktionslängen $l/D = 79$ die Schwankungsenergie in der Kontraktion ansteigt, kann man vermuten, daß in einem Rohr die Turbulenzenergieproduktion auf ähnlichen Mechanismen und Gesetzmäßigkeiten beruht wie bei Plattengrenzschichten.

Literatur

1 KLINE, S. J., REYNOLDS, W. C., SCHRAUB, F. A., RUNSTADLER, P. W., The structure of turbulent boundary layers, J. Fluid Mech. **30**, part 4, pp. 741—773 (1967).
2 SCHILDKNECHT, M., MEIER, G. E. A., Experimente zum Verhalten einer turbulenten Rohrströmung in konischen Kontraktionen, Institutsbericht MPI für Strömungsforschung Nr. 6/1973.
3 RIBNER, H. S., TUCKER, M., Spectrum of Turbulence in a Contracting Stream, NACA Report 1113, pp. 99—115.

Anschrift: M. SCHILDKNECHT und G. E. A. MEIER, Max-Planck-Institut für Strömungsforschung, 34 Göttingen, Böttingerstr. 6—8, BRD

ZAMM 54, T 150 (1974)

W. SCHNEIDER*)

Stromaufwärtswirkung von kleinen Störungen in Überschallgrenzschichten unter Berücksichtigung von instationären Vorgängen und Reibung

Es wurde gezeigt, daß sich schwache, fortschreitende Wellen in einer Überschallströmung entlang einer ebenen Wand stromaufwärts über Entfernungen ausbreiten können, die sehr groß gegen die Grenzschichtdicke sind. Diese Wellen sind durch kleine reduzierte Frequenzen, große Wellenlängen und kleine Phasengeschwindigkeiten gekennzeichnet.

Die Wellenlösungen wurden durch asymptotische Entwicklungen für kleine Störungen, große REYNOLDSzahlen der Grundströmung und kleine reduzierte Frequenzen der instationären Störungen gefunden. Es zeigt sich, daß vier verschiedene Gebiete des Strömungsfeldes zu unterscheiden sind: Eine mittlere Schicht, die den Großteil der Grenzschicht umfaßt; eine innere Schicht in der Nähe der Wand; das äußere Strömungsfeld; und eine Übergangsschicht zwischen der mittleren und der äußeren Schicht. Durch Verknüpfung der Entwicklungen für die vier Schichten wird das Problem auf eine einzige partielle Differentialgleichung dritter Ordnung mit geeigneten Randbedingungen reduziert. Diese Gleichung hat Lösungen in der Form von harmonischen Wellen, die entgegengesetzt zur Richtung der Grundströmung fortschreiten. Ergebnisse wurden für die Strömung an einer einzelnen Wand und für die Strömung zwischen zwei parallelen ebenen Wänden (Kanal) angegeben.

Die relative Bedeutung von Zähigkeit und instationären Effekten in bezug auf die Wellen wird durch eine dimensionslose Kennzahl N beschrieben, die sich als Potenzprodukt der reduzierten Frequenz und der REYNOLDSzahl darstellt. Für $N \to \infty$ und eine einzelne Wand erhält man LIGTHILL's stationäre Theorie der Stromaufwärtswirkung in Überschallgrenzschichten als einen Grenzfall der vorgetragenen neuen Theorie. Andererseits liefert $N \to 0$ den reibungsfreien Grenzfall, über den im ZAMM-Sonderheft 1972 (GAMM-Tagung 1971) berichtet wurde.

*) DFVLR-Institut für Theoretische Gasdynamik, Aachen.

Anschrift: Prof. Dr. WILHELM SCHNEIDER, 51 Aachen-Kornelimünster, Alfons-Gerson-Str. 8, BRD

ZAMM 54, T 151 – T 153 (1974)

W. SCHÖNAUER/H. SPREUER/D. STRAUB/E. ADAMS

Beitrag zur numerischen Lösung der Grenzschichtgleichungen bei chemischem Nichtgleichgewicht

Über die numerische Lösung der stationären, laminaren, zweidimensionalen Hyperschall-Grenzschichtgleichungen bei chemischem Gleichgewicht mit Hilfe einer Kombination von NEWTONschem Iterationsverfahren und Differenzenverfahren wurde in [1], [2] berichtet. In [3] wurden die Ausgangsgleichungen und thermodynamischen Beziehungen zusammengestellt.

Beim Problem des Wiedereintritts in die Erdatmosphäre muß die Luft als chemisch reagierendes Gemisch behandelt werden. Zur Beschreibung der Zusammensetzung des Gemischs werden die Molkonzentrationen γ_i für jede Komponente mit Index $i = 1(1)\,N$ des Gemischs verwendet. Durch die Lösung der „transportfreien" Differentialgleichungen seien entlang der Kontur eines Flugkörpers die Geschwindigkeit u_a, der Druck p_a, die Temperatur T_a sowie die Konzentrationen $\gamma_{i,a}$ berechnet. Sie sind die Randwerte am Außenrand der Grenzschicht. Innerhalb der Grenzschicht sind unter Verwendung desselben Chemiemodells die Funktionen u, v, T, γ_i zu berechnen aus Impulsgleichung, (globaler) Kontinuitätsgleichung, Energiegleichung und den Komponentenkontinuitätsgleichungen (wegen $\sum_i \gamma_i = 1$ läßt sich ein γ_i eliminieren); $p = p_a$ ist gegeben.

Die Berechnung von u, v aus Impuls- und Kontinuitätsgleichung erfolgt nach [2], entkoppelt von der Berechnung von T und γ_i. Die *Energiegleichung* für die Hyperschallgrenzschicht und die *Komponentenkontinuitätsgleichungen* für die Grenzschicht

← Konvektion → ← Wärmeleitung →

$$\varrho\, c_p\, A\, f\, T_x + \varrho\, c_p \left[\left(A \frac{\varrho'_\alpha}{\varrho_a} + \Lambda - 1\right) y\, f + g\right] T_y - \frac{\varrho_a^2}{Pr}\, \lambda_y\, T_y - \frac{\varrho_x^2}{Pr}\, \lambda\, T_{yy} +$$

← Thermodiffusion → ← Diffusion → chem. Reaktionen

$$+ \frac{\varrho_a^2}{Sc} \frac{D_A^T}{T} (c_{p,M} - c_{p,A})\, T_y^2 + \frac{\varrho_a^2}{Sc} \frac{\varrho}{M} \Big(\sum_i c_{p,i}\, M_i \sum_{j \neq i} D^{ij}\, \gamma_{i,y}\Big)\, T_y + \delta^2 \sum_r w_r\, H_r -$$

← Diffusions-Thermo-Effekt →

$$- \frac{1}{Sc} \frac{x-1}{\varkappa}\, p\, \varrho_a^2 \left[\left(\frac{k_A^T}{\gamma_A - \gamma_A^2} D_{AM}\right)_y \gamma_{A,y} + \frac{k_A^T}{\gamma_A - \gamma_A^2} D_{AM}\, \gamma_{A,yy}\right] +$$

← Druckkonvektion, Reibung →

$$+ (\varkappa - 1)\, M_a^2\, \varrho_a\, u_a^2\, (\Lambda f - \eta\, \varrho_a\, f_y^2) = 0\,; \qquad c_p = \sum_i c_{p,i} \frac{M_i}{M} \gamma_i$$

← Konvektion →

$$A\, f \frac{M_i}{M} \gamma_{i,x} + \left[\left(A \frac{\varrho'_a}{\varrho_a} + \Lambda - 1\right) y\, f + g\right] \frac{M_i}{M} \gamma_{i,y} +$$

← Konvektion →

$$+ \left\{ A\, f \left(\frac{\varrho}{M}\right)_x \frac{M_i}{\varrho} + \left[\left(A \frac{\varrho'_a}{\varrho_a} + \Lambda - 1\right) y f + g\right] \left(\frac{\varrho}{M}\right)_y \frac{M_i}{\varrho} + \right.$$

$$\left. + \left[\left(\Lambda + \frac{A}{r} r_x\right) f + \left(A \frac{\varrho'_a}{\varrho} + \Lambda - 1\right) y\, f_y + A\, f_x + g_y\right] \frac{M_i}{M} \right\} \gamma_i -$$

← chem. Reaktionen → ← Thermodiffusion →

$$- \frac{\delta^2}{\varrho} \frac{M_i}{M} \sum_r \nu_{i,r}\, w_r - \frac{\varrho_a^2}{Sc} \frac{1}{\varrho\, T} \left(D_{i,y}^T - D_i^T \frac{T_y}{T}\right) T_y - \frac{\varrho_a^2}{Sc} \frac{1}{\varrho\, T} D_i^T\, T_{yy} +$$

← Diffusion →

$$+ \frac{M_i\, \varrho_a^2}{Sc} \sum_{j+1} \frac{1}{M} \left[\left(\frac{\varrho_y}{\varrho} - \frac{M_y}{M}\right) D^{ij} + D_y^{ij}\right] \gamma_{j,y} + \frac{M_i\, \varrho_a^2}{Sc} \sum_{j \neq 1} \frac{D^{ij}}{M} \gamma_{j,yy} = 0$$

erhält man ausgehend von den Gleichungen (6.5) und (3.2) in [3], indem man die in [3] angegebenen Transportgleichungen sowie die Grenzschichttransformation verwendet und dabei alle Größen dimensionslos macht. Schließlich wird noch die in [2], Abschnitt 2 angegebene Ähnlichkeitstransformation angewendet. Es bedeutet x die dimensionslose Koordinate entlang, y die ähnlichkeitstransformierte Koordinate lokal senkrecht zur Kontur, f bzw. g sind die ähnlichkeitstransformierten Geschwindigkeiten u bzw. v. Bezüglich der übrigen Bezeichnungen wird auf [2], [3] verwiesen.

Das parabolische System zur Berechnung von T und γ_i ist insbesondere durch die chemische Reaktionsgeschwindigkeit der r-ten Reaktion, w_r stark nichtlinear. Die Änderung einer Konzentration γ_i um wenige Prozent kann eine Änderung von w_r um Größenordnungen unter Wechsel des Vorzeichens bewirken. Die numerische Lösung des Systems erfolgt wie in [2] mit einem impliziten Differenzenverfahren mit nichtäquidistanter Schrittweite in y-Richtung. Auf der Gitterlinie $x = x_{\alpha-1}$ sei die Lösung gegeben; sie soll auf der nachfolgenden Gitterlinie $x = x_\alpha = x_{\alpha-1} + h$ für alle y_β, $\beta = 0(1)\, m$ berechnet werden. An der Wand, $y_0 = 0$, sind $u = v = 0$, $T = T_w$ gegeben. Es wird nichtkatalytische Wand (siehe [3], Abschnitt 8) vorausgesetzt.

Die „übliche" Linearisierung der Differentialgleichungen, das Ersetzen von Funktionswerten in x_α durch solche in $x_{\alpha-1}$, versagt. Daher wurde zur Linearisierung ein NEWTONsches Iterationsverfahren verwendet. Man macht den Ansatz für den ν-ten Iterationsschritt an der Stelle x_α:

$$T_\alpha^{(\nu)} = T_\alpha^{(\nu-1)} + \Delta T_\alpha^{(\nu)}\,; \qquad T_\alpha^{(0)} = T_{\alpha-1}\,; \tag{1a}$$

$$\gamma_{i,\alpha}^{(\nu)} = \gamma_{i,\alpha}^{(\nu-1)} + \Delta\gamma_{i,\alpha}^{(\nu)}\,; \qquad \gamma_{i,\alpha}^{(0)} = \gamma_{i,\alpha-1} \tag{1b}$$

und linearisiert in ΔT_α, $\Delta\gamma_{i,\alpha}$. Von diesem Iterationsverfahren wird jedoch nur ein einziger Iterationsschritt durchgeführt. Grundsätzlich müßten alle in der Energiegleichung und den Komponentenkontinuitätsgleichungen auftretenden Funktionen von T, γ_i entwickelt werden. Es wird jedoch nur die Reaktionsgeschwindigkeit

$$w_r(T_\alpha, \gamma_{i,\alpha}) \approx w_r(T_{\alpha-1}, \gamma_{i,\alpha-1}) + \frac{\partial w_r}{\partial T}\Delta T + \sum_i \frac{\partial w_r}{\partial \gamma_i}\Delta\gamma_i \tag{2}$$

sowie die spezifische Wärme c_p entwickelt, letztere jedoch nur bezüglich γ_i. Damit erhält man ein lineares System für die Korrekturfunktionen ΔT_α, $\Delta\gamma_{i,\alpha}$, das mit dem Differenzenverfahren gelöst wird. Die Matrix des Systems ist eine verallgemeinerte Tridiagonalmatrix, deren „Elemente" $N \times N$-Matrizen sind.

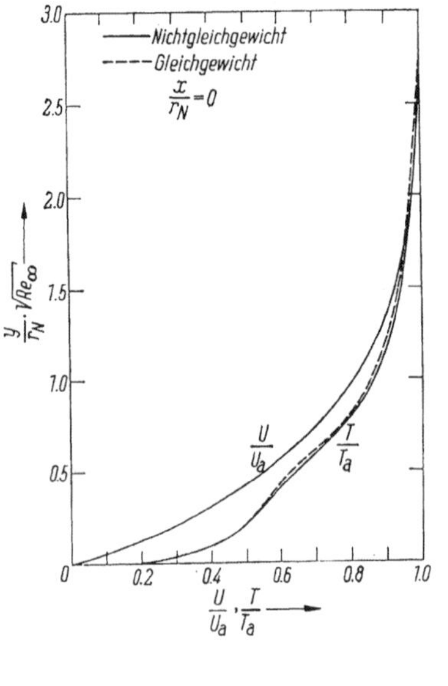

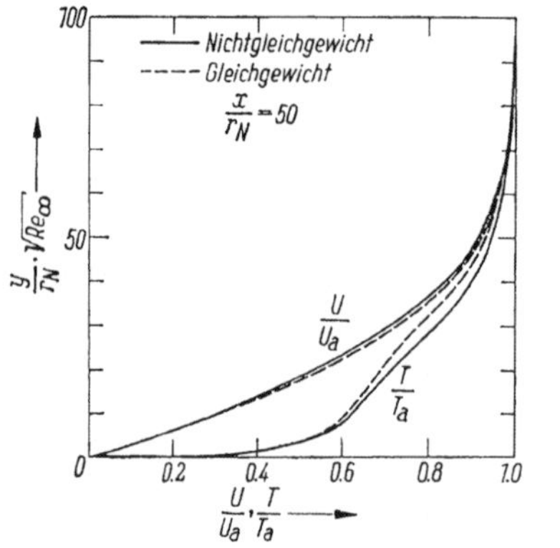

Bild 2. Geschwindigkeits- und Temperaturprofile für $x/r_N = 50$

Bild 1. Geschwindigkeits- und Temperaturprofile für $x/r_N = 0$ (Staupunkt)

In den Bildern 1 und 2 sind Geschwindigkeits- und Temperaturprofile für die Strömung um ein Rotationshyperboloid ($r_N = 1$ inch Nasenradius, 10° halber Öffnungswinkel des Asymptotenkegels, siehe [2]) bei MACHzahl 20 in 30 km Flughöhe angegeben. Die mit r_N und den Anströmdaten gebildete REYNOLDSzahl ist $Re = 1{,}6 \cdot 10^5$. Die Luft wurde als Fünfkomponentenmodell (N_2, O_2, N, O, NO) behandelt, siehe [3]. Zum Vergleich sind gestrichelt die Profile für chemisches Gleichgewicht eingetragen. Die Ergebnisse zeigen, daß auch im Falle des Nichtgleichgewichts die Temperaturprofile eine ausgeprägte „Delle" haben. Der Rechenaufwand, um dieses Beispiel mit einer Genauigkeit von ca. 4% zu lösen, ist sehr hoch. Zur Berechnung der Anfangsprofile an der Stelle $x = 0$ (Staupunkt), die sich als Lösung eines gewöhnlichen Differentialgleichungssystems in y ergeben, waren 1600 Iterationsschritte erforderlich. Für die Rechnung stromabwärts bis $x/r_N = 50$ wurden 150 Streifen in y-Richtung verwendet. Die Schrittweite in x-Richtung betrug $h/r_N = 0{,}0015625$ bis $x/r_N = 2$, dann wurde sie verdoppelt und bei $x/r_N = 10$ erneut verdoppelt. Die Ursache für den hohen Rechenaufwand ist vermutlich die Kopplung von chemischen Reaktionen und Diffusionsvorgängen.

Literatur

1 SCHÖNAUER, W., STRAUB, D., WASSNER, L., ADAMS, E., Diskussion der Energiegleichung für die Hyperschallgrenzschicht bei chemischem Gleichgewicht, ZAMM 50, T 208—T 211 (1970).

2 Schönauer, W., Spreuer, H., Straub, D., Adams, E., Die numerische Lösung der stationären laminaren Hyperschall-Grenzschichtgleichungen unter der Voraussetzung thermochemischen Gleichgewichts, DLR-FB 73-68 (1973).
3 Straub, D., Schönauer, W., Schaber, A., Lin, S., Adams, E., Stationäre laminare Hyperschallgrenzschichten um ein Rotationshyperboloid bei thermochemischem Gleichgewicht der Luft, DLR-FB 72—16 (1972).

Anschriften: Privatdozent Dr.-Ing. Willi Schönauer, Rechenzentrum der Universität (TH), 75 Karlsruhe 1, Zirkel 2, BRD
Dr. rer. nat. Herbert Spreuer, Institut für Angewandte Mathematik der Universität (TH), 75 Karlsruhe 1, Englerstr. 2, BRD
Privatdozent Dr.-Ing. Dieter Straub, DFVLR, Bereich für Raumflugprojekte (GfW), 505 Porz-Wahn, Linder Höhe, BRD
Prof. Dr.-Ing. Ernst Adams, Institut für Angewandte Mathematik der Universität (TH), 75 Karlsruhe 1, Englerstr. 2, BRD

ZAMM 54, T 153 – T 156 (1974)

M. Schorling

Der Überschallknall in einer geschichteten Atmosphäre

Gegenwärtig sind die Arbeiten von Friedmann et al. [1] und von Hayes et al. [2] über die Ausbreitung des Überschallknalls in einer geschichteten Atmosphäre bekannt und häufig benutzt. Obgleich diese Arbeiten den Vorteil haben, auch nichtstationäre Effekte einschließen zu können, haben sie den Nachteil, nicht wirklich nichtlineare Theorien zu sein. Jedoch sind für den Fall, daß die lokale Machzahl gegen eins strebt, nichtlineare Theorien von Interesse.

In der hier vorliegenden Arbeit werden die exakten nichtlinearen Differentialgleichungen für die Überschallströmung für große Entfernungen von angestellten, schlanken Körpern durch einen Störungsansatz gelöst. Diese Arbeit stellt eine Fortführung der Theorie des Autors [3] auf eine geschichtete Atmosphäre dar, in der sich die Schallgeschwindigkeit a mit der Flughöhe z ändert. Druck p und Dichte ϱ sollen dem hydrostatischen Gesetz $dp = -\varrho\, g\, dz$ gehorchen. Das betrachtete ideale Gas sei nicht zäh, stationär, isentropisch sowie homoenergetisch in dem ungestörten wie in dem gestörten Bereich. Die Kopfwelle sei an der Nase der schlanken, vorn spitzen Körpers anliegend. Das Gas sei im Gleichgewicht, es enthalte weder Massen- noch Wärmequellen.

Um den Zustand des Gases zu beschreiben, ist es ausreichend, die Geschwindigkeit $\boldsymbol{w}$, die Dichte ϱ und den Druck p zu berechnen. Diese Größen können aus der Bedingung der Wirbelfreiheit, der Kontinuität sowie einer Gleichung für eine charakteristische Variable ξ, die entlang des Normalenkegels gezählt wird, der senkrecht zum Machkegel steht, bestimmt werden. Das Gleichungssystem lautet in invarianter Form

$$\operatorname{curl} \boldsymbol{w} = 0\,, \quad a^2 \cdot \operatorname{div} \boldsymbol{w} - w\, \boldsymbol{w} \cdot \operatorname{grad} w + \boldsymbol{g} \cdot \boldsymbol{w} = 0\,, \quad a^2\,(\operatorname{grad} \xi \cdot \operatorname{grad} \xi) = (\boldsymbol{w} \cdot \operatorname{grad} \xi)^2\,. \tag{1}$$

Zusätzlich wird die Energiegleichung in der Form $w^2 + n\,a^2 + 2\,g\,z = \text{const}$ benützt, die einen Zusammenhang zwischen Geschwindigkeit $\boldsymbol{w}$ und der Schallgeschwindigkeit a liefert. Das obige System enthält 6 Gleichungen für die 5 Unbekannten $\boldsymbol{w}, a, \xi$. Diese Kombination ist jedoch notwendig, da die Bedingung der Wirbelfreiheit nach Differentiation voneinander linear abhängige Gleichungen gibt.

Das invariante Gleichungssystem werde zunächst in einem System mit den Zylinderkoordinaten (x, r, ψ) ausgeschrieben. Wenn daraufhin eine Vertauschung der abhängigen Variablen ξ mit der unabhängigen Variablen x durchgeführt wird, folgen wir der P. L. K. Methode. Diese Vertauschung ermöglicht es, die Lage x, und nicht den Namen ξ der charakteristischen Fläche zu bestimmen. Die Wahl der Koordinaten (ξ, r, ψ) bedingt die Konstruktion eines neuen Basenfeldes sowie die Übertragung der Differentialoperatoren in diesem neuem Basenfeld. In der neuen nicht holonomen Basis werden ferner der Geschwindigkeitsvektor beschrieben und neue Geschwindigkeitskomponenten definiert. Das partielle, nichtlineare Differentialgleichungssystem, das sich nach den Umformungen ergibt und der Kürze halber hier nicht angeschrieben werde (siehe [4]), wird für große Entfernungen r vom Flugkörper mit Hilfe eines Störungsansatzes gelöst.

Wenn man für die unbekannten Funktionen des Systems einen Störungsansatz der Form

$$A = A^0 + A^1 + A^2 + \cdots \tag{2}$$

sowie eine Fourier-Reihe in ψ der Form

$$A^j(\xi, r, \psi) = \sum_{\nu=-\infty}^{+\infty} A^j_\nu(\xi, r)\, e^{i\nu\psi}\,, \quad j \geqq 1\,, \tag{3}$$

und eine speziellen Ansatz für den Azimutalwinkel φ

$$\varphi^j(\xi, r, \psi) = \sum_{\nu=-\infty}^{+\infty} i\, \varphi^j_\nu(\xi, r)\, e^{i\nu\psi}\,, \quad j \geqq 1\,, \tag{4}$$

in das System einführt, ist man in der Lage, das Differentialgleichungssystem in Größenordnungen (oberer Index) und FOURIER-Zahl (unterer Index) aufzuspalten und die daraus resultierenden Gleichungen Schritt für Schritt zu lösen.

Es sollte betont werden, daß der Störungsansatz zunächst keine Information über Form und Art der Größenordnung enthält; es wird lediglich damit ausgesagt, daß die nullte Größenordnung um eine Größenordnung größer sei als die in erster Ordnung etc. A-priori-Wissen, wie etwa wie bei WHITHAM [5], wird hier bewußt nicht impliziert. Die Art und Form der Größenordnung ergibt sich aus dem Rechenablauf.

Als Lösungen erhalten wir (vgl. (4))

$$x^0 = \frac{n}{2\,g\cos\psi}\left\{a(z)\sqrt{w^{0^2}-a^2(z)} - a(r)\sqrt{w^{0^2}-a^2(r)}\right\} +$$

$$+\frac{n\,w^{0^2}}{2\,g\cos\psi}\left\{\tan^{-1}\sqrt{\frac{a^2(z)}{w^{0^2}-a^2(z)}} - \tan^{-1}\sqrt{\frac{a^2(r)}{w^{0^2}-a^2(r)}}\right\} + \xi \tag{5}$$

oder im Fall $g = 0$ oder $\cos\psi = 0$, wie aus der Charakteristikentheorie bekannt,

$$x^0 = r\sqrt{\frac{w^{0^2}-a^2(r)}{a^2(r)}} + \xi\,. \tag{6}$$

Ferner

$$\vartheta_m^1 = \frac{G_m^1(\xi)}{\sqrt{r}}\,\frac{[a^2(z)]^{3/2}}{[w^{0^2}-a^2(z)]^{1/4}}\cdot\frac{[w^{0^2}-a^2(r)]^{1/4}}{[a^2(r)]^{3/2}}\,, \tag{7}$$

$$x_m^1 = -\frac{n+1}{n}G_m^1(\xi)\,\frac{w^{0^4}}{a^2(z)\,[w^{0^2}-a^2(z)]}\cdot\left\{2\sqrt{r} + \frac{2\,g}{n}\cos\psi\, r^{3/2}\left[\frac{5}{3\,a^2(z)} - \frac{1}{(2\,w^{0^2}-a^2(z))}\right] +\right.$$

$$\left.+\left(\frac{2\,g}{n}\cos\psi\right)^2 r^{5/2}\cdot\left[\frac{7}{4\,a^4(z)} + \frac{21}{80\,(w^{0^2}-a^2(z))^2} - \frac{3}{4\,a^2(z)\,[w^{0^2}-a^2(z)]}\right] + \cdots\right\} \tag{8}$$

Für weitere Lösungen siehe auch [4]. Hier ist $a(r) = \sqrt{a_{\mathrm{gr}}^2 - \frac{2\,g}{n}(z + r\cos\psi)}$ die lokale Schallgeschwindigkeit in der Höhe $(z + r\cos\psi)$ und die Größe $a(z) = \sqrt{a_{\mathrm{gr}}^2 - \frac{2\,g}{n}\,z}$, die Schallgeschwindigkeit in der Flughöhe z. Für den Fall der homogenen Atmosphäre ($g = 0$) lassen sich alle Ergebnisse auf jene in [3] reduzieren.

Die Funktionen $G_m^1(\xi)$ sind Funktionen der Integration, die sich aus der Randbedingung bestimmen lassen. Die Randbedingung wird hier aus der Theorie schlanker Körper abgeleitet. Obgleich diese Theorie eine linearisierte ist und nicht angemessen ist als Randbedingung für eine nicht linearisierte Theorie, hat sie den Vorzug von geschlossenen und kompakten Lösungen. Es ist zum anderen zu bedenken, daß das abgeleitete Differentialgleichungssystem für große Entfernungen vom Körper gelöst worden ist, die Randbedingung dagegen nur am Körper selbst erfüllt werden kann. Entsprechend [3], Bild 7, wurde jedoch gefunden, daß in einem weitem Spektrum die „matching" Entfernung R variiert werden kann, ohne daß die Funktion der Integration $G^1(\xi)$ wesentlich beeinflußt wird. Die Theorie schlanker Körper liefert für angestellte, schlanke Rotationskörper mit der Querschnittsfläche S und dem Anstellwinkel α

$$\frac{\partial\Phi}{\beta\,\partial r} = \Phi_\eta = \frac{1}{2\,\pi\,\eta}\int\limits_0^{x-\eta}\frac{(x-t)\,S''(t)}{\sqrt{(x-t)^2-\eta^2}}\,dt + \frac{\alpha\,\beta}{2\,\pi\,\eta^2}\int\limits_0^{x-\eta}\frac{(x-t)^2\,S''(t)}{\sqrt{(x-t)^2-\eta^2}}\,dt(e^{-i\psi} + e^{-i\psi})\,. \tag{9}$$

Hier ist $\eta = \beta\, r$ und $\beta = \sqrt{M^2-1}$.

Die Neigung der Stromlinien ϑ ist durch $\tan\vartheta = \frac{v}{U_\infty + u}$ gegeben (v vertikale und $U_\infty + u$ horizontale Geschwindigkeitskomponente). Für kleine Störungen gilt

$$\vartheta = \frac{v}{U_\infty} = \beta\,\Phi_\eta \tag{10}$$

Entwickelt man (9) und (10) gleichermaßen in Größenordnungen und eine FOURIER-Reihe in ψ so läßt sich die Funktion der Integration $G_m^j(\xi)$ über die Lösung ϑ bestimmen:

$$G_0^1 = \beta\sqrt{R}\,\Phi_{\eta 0}^1 = \frac{\sqrt{\xi}\,(\xi+\eta)}{2\,\pi\sqrt{R}\sqrt{2\,\eta+\xi}}F(S)\,, \qquad G_1^1 = \beta\sqrt{R}\,\Phi_{\eta 1}^1 = \frac{\alpha\cdot\sqrt{\xi}\,(\xi+\eta)^2}{2\,\pi\,R^{3/2}\sqrt{2\,\eta+\xi}}F(S)\,. \quad (11), (12)$$

Hier ist $F(S)$ eine Funktion der Körperkontur allein, R ist diejenige Entfernung vom Körper, wo die Randbedingung erfüllt wird, somit $\eta = \beta\, R$.

Der Druck ist gegeben durch

$$\frac{\Delta p}{\frac{1}{2}\varrho_{\mathrm{gr}}\,U_\infty^2} = -2\,\Phi_x = -2\left(\frac{w\cos\vartheta}{U_\infty} - 1\right). \tag{13}$$

Der Druckzuwachs Δp in der Höhe $(z + r\cos\psi)$ wird mit Hilfe des dynamischen Drucks am Boden dimensionslos gemacht:

$$\frac{\Delta p}{p_{\mathrm{gr}}} = -\frac{n+2}{n}\left[\left(1 - \frac{\vartheta}{x_r^0}\right)\cos\vartheta - 1\right], \tag{14}$$

n bedeutet die Anzahl der Freiheitsgrade des Gases. In (14) sind die Lösungen für die Neigung ϑ der Stromlinien gegenüber der Horizontalen noch einzuführen.

An dem Ort, an dem die einfallende Stoßwelle durch die Atmosphäre reflektiert wird, ist die lokale MACHzahl gleich eins (Bedingung der Caustic oder des Cutoff Punktes). Die Entfernung der Caustic vom Flugkörper ist

$$r_{\mathrm{caustic}} = \frac{1}{\cos\psi}\left(\frac{a_{\mathrm{gr}}^2 - M^2(z)\,a^2(z)}{\frac{2g}{n}} - z\right). \tag{15}$$

Die vorliegende Theorie bricht für diesen Fall, daß die lokale MACHzahl gleich eins ist, zusammen. So wird hierfür z.B. die Lösung für die Geschwindigkeit $w^{(1)}$ in erster Größenordnung singulär und somit inkonsistent mit dem Ansatz (2).

Bild 1 zeigt einen Vergleich der Größenordnungen der Funktionen der Integration, die den Charakter der Lösungen wesentlich beeinflussen, in erster und zweiter Ordnung.

Bild 2 gibt einen Vergleich der vorliegenden Theorie mit der nach [2] für eine geschichtete Atmosphäre.

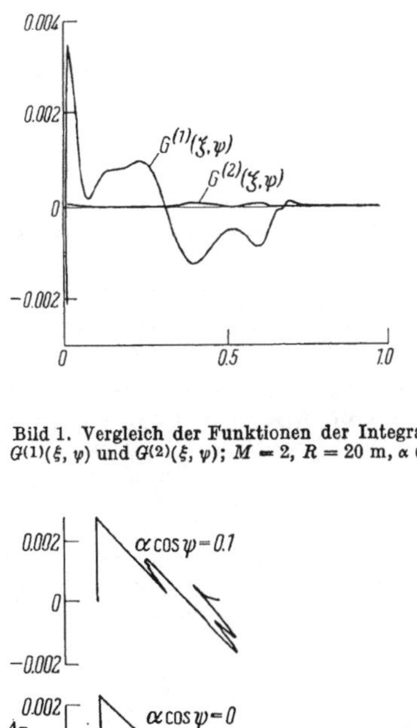

Bild 1. Vergleich der Funktionen der Integration $G^{(1)}(\xi, \psi)$ und $G^{(2)}(\xi, \psi)$; $M = 2$, $R = 20$ m, $\alpha \cos \psi = 0{,}1$

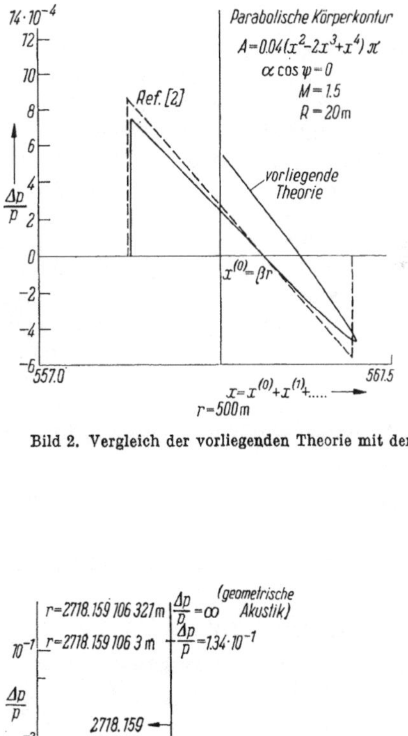

Bild 2. Vergleich der vorliegenden Theorie mit der nach Referenz 2

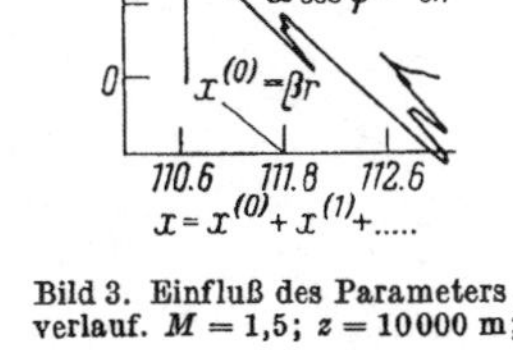

Bild 3. Einfluß des Parameters $\alpha \cos \psi$ auf den Druckverlauf. $M = 1{,}5$; $z = 10000$ m; $R = 20$ m; $r = 100$ m

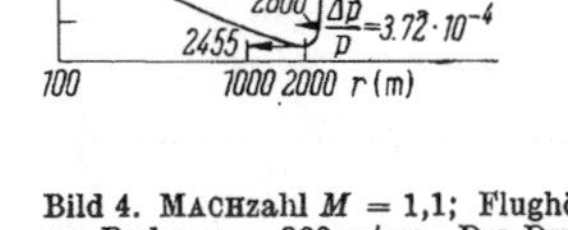

Bild 4. MACHzahl $M = 1{,}1$; Flughöhe $z = 10000$ m; Schallgeschwindigkeit am Boden $a = 330$ m/sec. Der Druckanstieg an der Caustic

Bild 3 enthält eine Darstellung für einige Druckverläufe, wobei der Parameter $\alpha \cos \psi$ variiert ist. Dieser Darstellung ist die realistische Querschnittsflächenverteilung eines Kampfflugzeuges zugrunde gelegt. Hier ist die Bug-Stoßwelle bereits eingezeichnet; dort, wo der Druckverlauf mehrdeutig ist, treten weitere Stöße infolge der Verdickung der Körperkontur auf.

Bild 4 zeigt, daß im Bereich der Caustic innerhalb eines geringen Intervalls von wenigen Zentimetern der Druck um mehrere Zehnerpotenzen anwächst. Für den Cutoff Punkt (d. h. lokale MACHzahl gleich eins) bricht diese Theorie zusammen, dagegen liefert die „Geometrische Akustik" ein unendlich großes Druckverhältnis.

Literatur

1 FRIEDMANN, M., KANE, E., SIGALLA, A., Effects of Atmosphere and Aircraft Motion on the Location and Intensity of a Sonic Boom, AIAA J. 1, pp. 1327–1335 (1963).
2 HAYES, W., HAEFELI, R., KULSRUD, H. E., Sonic Boom Propagation in a Stratified Atmosphere, NASA CR-1229, 1969.
3 SCHORLING, M., Calculation of Supersonic Flows at Large Distances from Slender Lifting Bodies, NASA TN D-6446, 1971.
4 SCHORLING, M., A Nonlinear Theory for Sonic Boom Calculations in a Stratified Atmosphere, NASA TN D-7105.
5 WHITHAM, G. B., The Behaviour of Supersonic Flow past a Body of Revolution, far from the Axis, Proc. Roy. Soc. (London), ser. A, vol. 201, pp. 89–109 (1950).

Anschrift: Dr. MICHAEL SCHORLING, 8155 Westerham, Sudetenstr. 2, BRD

ZAMM 54, T 156 – T 157 (1974)

P. SCHROEDER

On the Validity of the Peripheral Plasma Layer Model for Blood Flow in Narrow Tubes

For blood flow in narrow tubes with diameters less than about 300 μm it was found that the average hematocrit in the tube is smaller than the feed reservoir hematocrit [1], [2]. This FAHRAEUS effect is explained by a non-uniform hematocrit distribution across the tube. The existence of a cell-free plasma layer along the wall of a narrow vessel was often observed [3]. One of the models which were proposed to describe blood flow in smaller tubes is the peripheral plasma layer model which supposes that there exists an axial core with constant hematocrit and a cell-free plasma layer at the wall. This model was used in [4], [5] and [6] to determine the plasma layer thickness. In the present paper blood flow in narrow tubes at higher flow rates is investigated. It will be shown that there exists a limit beyond which the peripheral plasma layer model is no longer valid.

Fig. 1 shows a sketch for the model used in this analysis. The plasma layer and the axial core are taken to be NEWTONian fluids, with viscosities η_p and η_c, respectively. For the red cell suspension this assumption is valid at higher flow rates where the yield stress of blood can be neglected as pointed out in [7], [8] and [9]. The symbols denote: coordinate r, tube radius R, core radius R_0, plasma layer thickness $\delta = R - R_0$, core hematocrit H_c, velocity distribution $u(r)$.

It is assumed that both shear stress and velocity are continuous at the core-layer interface: $(\tau_c)_{R_0} = (\tau_p)_{R_0}$ and $(u_c)_{R_0} = (u_p)_{R_0}$. The viscosity-hematocrit relation for blood flowing in large tubes is taken to be

$$\eta = \eta_p \, e^{aH} \qquad (1)$$

as suggested in [6], where a is a constant; H is the hematocrit.

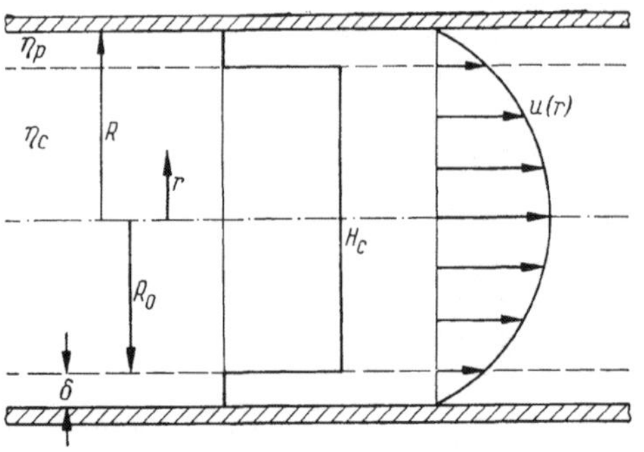

Fig. 1. Definition Sketch

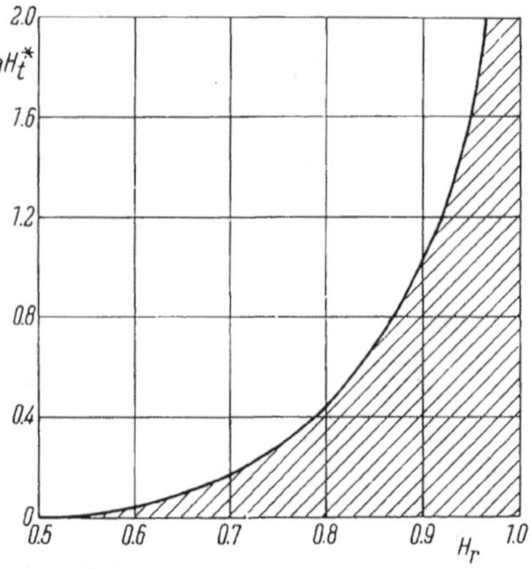

Fig. 2. Limit of Validity

It has been found that data obtained with different flow rates and with tubes of different lengths and diameters can be plotted on one master τ_w versus $\overline{U}$ curve if one uses the experimental tube hematocrit value H_t as an independent variable [7]. Since yield stress effects are neglected, the relation between τ_w and $\overline{U}$ can be written as

$$\tau_w = 8\,\eta_t\,\overline{U} = 8\,\eta_p\,e^{a H_t}\,\overline{U}\,, \tag{2}$$

where τ_w is the wall shear stress; $\overline{U}$ is the average flow velocity of the fluid in the tube divided by the tube diameter: $\overline{U} = \overline{V}/(2\,R)$; H_t is the average hematocrit in the tube; η_t is the viscosity of blood of hematocrit H_t. With (2) the FAHRAEUS-LINDQVIST effect is taken into account, i.e. a decrease in apparent viscosity of blood with decreasing tube diameter. Using two equations which determine the flow rate and the feed reservoir hematocrit one obtains the following equation [10]:

$$1 + \frac{\left(\frac{\eta_p}{\eta_c}\right)^2}{4\left(1 - \frac{\eta_p}{\eta_c}\right)} = \frac{\left(1 - \frac{H_f}{2\,H_t}\,e^{-a H_t}\right)^2}{1 - e^{-a H_t}} = C\,, \tag{3}$$

where H_f is the feed reservoir hematocrit.

With the condition $0 \leqq \eta_p/\eta_c \leqq 1$ a region for the validity of the peripheral plasma layer model is given by $C \geqq 1$. For the limiting case $C = 1$ one obtains from (3)

$$a\,H_t^* = \lim_{(\eta_p/\eta_c)\to 0} (a\,H_t) = -\ln\left[4\,H_r\,(1 - H_r)\right], \tag{4}$$

where the tube relative hematocrit is defined by $H_r = H_t/H_f$.

Fig. 2 shows a plot of (4). Since $(R_0/R)^2$ cannot be negative no solutions are possible for $H_r < 0.5$. Solutions for the system of equations describing the peripheral plasma layer model can be found only for $a\,H_t \leqq a\,H_t^*$ and $H_r \geqq 0.5$ (shaded region in Fig. 2). The range of H_t values for possible solutions is large for large H_r values, i.e., if one considers the results reported in [2], for larger tube diameters where the FAHRAEUS effect is small. In smaller tubes, the marginal layer model can be valid only for very small feed reservoir hematocrits, i.e., for very dilute red cell suspensions in the feed reservoir. If the tube radius R is taken to be constant, the plasma layer thickness δ^* and the hematocrit ratio of H_c^*/H_t^* increase with decreasing H_r. For $H_r = 0.5$ the following result has been found:

$$H_t = H_f = H_c = R_0 = 0\,.$$

According to the definition of the hematocrit the volume fraction of red cells cannot exceed unity.

Acknowledgement

The work reported here was carried out during the author's visit at the Department of Aeronautics and Astronautics, Stanford University, California. The financial support of the Max Kade Foundation is gratefully acknowledged.

References

1 FAHRAEUS, R., The Suspension Stability of Blood, Physiol. Rev. **9**, pp. 241–274 (1929).
2 BARBEE, J. H. and COKELET, G. R., The Fahraeus Effect, Microvasc. Res. **3**, pp. 6–16 (1971).
3 MIDDLEMAN, S., Transport Phenomena in the Cardiovascular System, Interscience, New York 1972.
4 THOMAS, H. W., The Wall Effect in Capillary Instruments, Biorheology **1**, pp. 41–56 (1962).
5 CHARM, S. E., KURLAND, G. S. and BROWN, S. L., The Influence of Radial Distribution and Marginal Plasma Layer on the Flow of Red Cell Suspensions, Biorheology **5**, pp. 15–43 (1968).
6 HAYNES, R. H., Physical Basis of the Dependence of Blood Viscosity on Tube Radius, Am. J. Physiol. **198**, pp. 1193–1200 (1960).
7 BARBEE, J. H. and COKELET, G. R., Prediction of Blood Flow in Tubes with Diameters as Small as 29 μ, Microvasc. Res. **3**, pp. 17–21 (1971).
8 BARBEE, J. H., The Flow of Human Blood Through Capillary Tubes with inside Diameter between 8.7 und 221 Microns, Ph. D. Thesis, California Institute of Technology, Pasadena, California (1971).
9 MERRILL, E. W., BENIS, A. M., GILLILAND, E. R., SHERWOOD, T. K. and SALZMANN, E. W., Pressure-Flow Relations of Human Blood in Hollow Fibers at Low Flow Rates, J. Appl. Physiol. **20**, pp. 954–967 (1965).
10 SCHROEDER, P., Blood Flow in Narrow Tubes in Consideration of the Fahraeus Effect (to be published).

Anschrift: Dr.-Ing. PETER SCHROEDER, Lehrstuhl und Institut für Strömungsmechanik der Technischen Universität, 8 München 2, Arcisstr. 21, BRD

ZAMM 54, T 158 (1974)

B. SCHULZ-JANDER

Ein mehrparametriges Integralverfahren zur Berechnung von turbulenten Temperaturgrenzschichten

Das in dem Forschungsbericht 73—24 der Deutschen Luft- und Raumfahrt ausführlich beschriebene Verfahren stützt sich auf je zwei Integralbedingungen für das Strömungs- und Temperaturfeld. Aus zugänglichen Messungen wurde ein Integral des turbulenten Wärmetransports in inkompressiblen Grenzschichten ermittelt und eine Näherungsbeziehung dafür angegeben. Die Methode liefert zuverlässige Ergebnisse selbst bei starken Druck- und Temperaturgradienten in Strömungsrichtung auch bei lokal variabler effektiver PRANDTL-Zahl, ohne den merklich größeren Rechenaufwand und Speicherbedarf eines Differenzenverfahrens zu erfordern.

Anschrift: Dr.-Ing. B. SCHULZ-JANDER, Inst. f. Angewandte Mathematik der Albert-Ludwigs-Universität, 78 Freiburg i. Br., Hebelstr. 40, BRD

ZAMM 54, T 158 – T 159 (1974)

J. SIEKMANN/U. SCHILLING

Berechnung von Flüssigkeitsschwingungen in rotationssymmetrischen Treibstofftanks nach dem Singularitätenverfahren

Zur angenäherten Bestimmung der Eigenfrequenzen einer in einem starren, drehsymmetrischen Behälter (S) schwingenden homogenen, schweren, dichtebeständigen und reibungsfreien Flüsigkeit mit freier Oberfläche (S_0) wird das Singularitätenverfahren herangezogen. Wenn die freie Flüssigkeitsoberfläche im Gleichgewichtszustand Koordinatenfläche ist (Fig. 1) und man nur kleine Auslenkungen betrachtet, läßt sich bei wirbelfreier Strömung die Randwertaufgabe für das Geschwindigkeitspotential

$$\varphi(x, y, z, t) = \Phi(x, y, z)\, e^{i\omega t} \tag{1}$$

folgendermaßen formulieren [1]:

$$\Phi_{xx} + \Phi_{yy} + \Phi_{zz} = 0\,; \qquad P \in \Omega \tag{2}$$

$$\Phi_n + \lambda\, H\, \Phi = 0\,, \qquad H(P) = \begin{cases} 0\,, & P \in S \\ 1\,, & P \in S_0 \end{cases} \tag{3}$$

mit $\lambda = \omega^2/g$. Dabei wird das von der Flüssigkeit eingenommene Volumen mit Ω bezeichnet; x, y, z sind die Koordinaten des Punktes P. Weiter bedeutet ω die Kreisfrequenz der harmonischen Schwingung, g die Erdbeschleunigung und n die äußere Normale der Berandung $\partial\Omega = S \cup S_0$. Partielle Ableitungen werden durch tiefgestellte Indizes gekennzeichnet. Die Lösung des Problems wird in Form einer kontinuierlichen Quellverteilung der Dichte $\mu(Q)$, $Q \in \partial\Omega$ angesetzt:

$$\Phi(P) = \iint\limits_{\partial\Omega} \frac{\mu(Q)}{r}\, d\sigma\,, \qquad r = |\overrightarrow{PQ}|\,. \tag{4}$$

Aus der Randbedingung (3) resultiert dann eine Integralgleichung für die Belegungsdichte, und zwar

$$\mu(P) = \frac{\lambda}{2\pi} \iint\limits_{\partial\Omega} \frac{\mu(Q)}{r}\, d\sigma - \frac{1}{2\pi} \iint\limits_{\partial\Omega} \frac{\mu(Q)}{r^2} \cos\psi\, d\sigma\,, \qquad P \in S_0\,, \tag{5a}$$

$$\mu(P) = -\frac{1}{2\pi} \iint\limits_{\partial\Omega} \frac{\mu(Q)}{r^2} \cos\psi\, d\sigma\,, \qquad P \in S\,, \tag{5b}$$

mit ψ als dem von r und n eingeschlossenen Winkel. Zur numerischen Behandlung unterteilt man $\partial\Omega$ in eine hinreichend große Anzahl kleiner Flächenelemente $\Delta\sigma$ (Fig. 2), auf denen die Dichteverteilung als konstant angenommen wird. Die Integralgleichung wird demnach auf jedem $\Delta\sigma$ in nur einem Kontrollpunkt befriedigt.

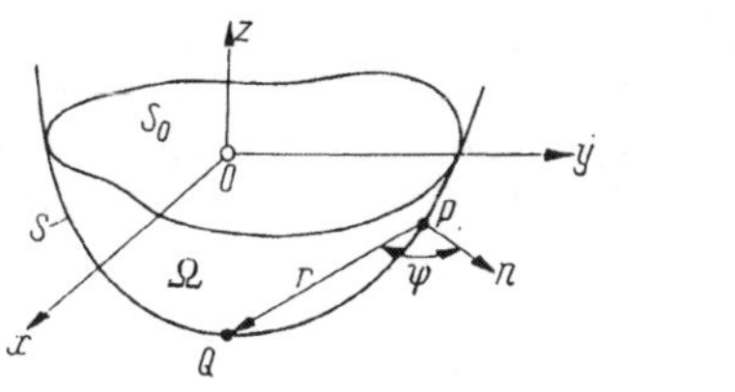

Bild 1. Koordinatensystem und Tankgeometrie

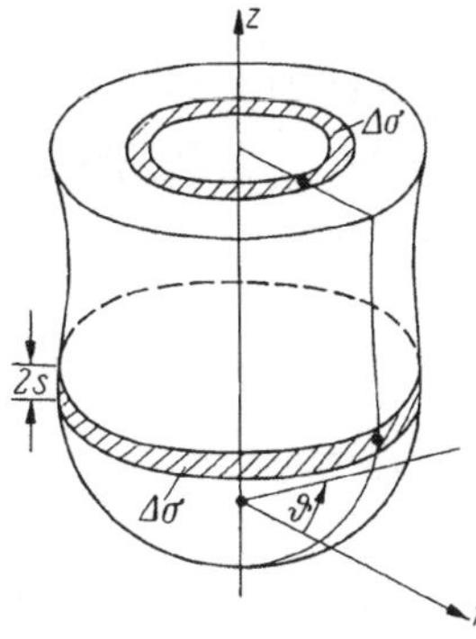

Bild 2. Unterteilung der Berandung in Flächenelemente

Bild 3. Eigenfrequenzen für den Kugeltank in Abhängigkeit von der Füllhöhe h für $2\,s/R = 0{,}1$ ▶

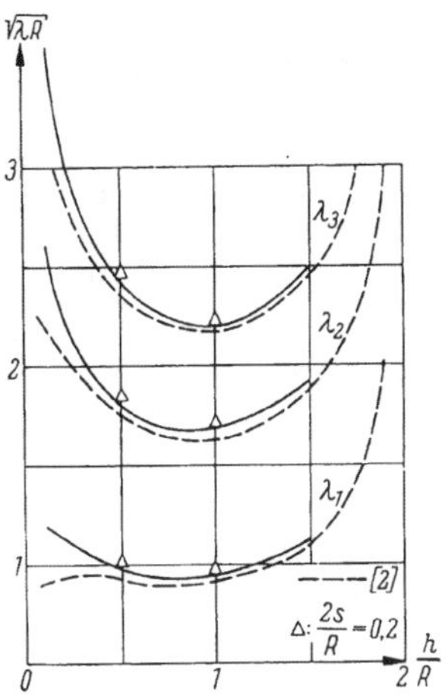

Mit

$$a_{ij} = \frac{H}{2\pi} \iint\limits_{\Delta\sigma_j} \frac{d\sigma}{r}, \qquad b_{ij} = -\frac{1}{2\pi} \iint\limits_{\Delta\sigma_j} \frac{\cos\psi}{r^2}\, d\sigma, \qquad P \in \partial\Omega \tag{6}$$

resultiert das Eigenwertproblem

$$\mu_i = \lambda \sum_{j=1}^{n} a_{ij}\,\mu_j + \sum_{j=1}^{n} b_{ij}\,\mu_j, \qquad i = 1, 2, \ldots, n. \tag{7}$$

Die Anzahl der notwendigen Elemente $\Delta\sigma$ läßt sich erheblich reduzieren, wenn man die Symmetrien der Behältergeometrie ausnützt und sich auf bestimmte Eigenschwingungsformen beschränkt. Für die Berechnung axialsymmetrischer Schwingungen in drehsymmetrischen Gefäßen wird eine Unterteilung von $\partial\Omega$ nach Fig. 2 vorgeschlagen. Die Kontrollpunkte liegen in der Ebene $\vartheta = 0$. Ergebnisse (Fig. 3) für den Kugeltank (Halbmesser R) zeigen gute Übereinstimmung mit anderweitig in der Literatur referierten Werten [2].

Eine ausführliche Veröffentlichung erscheint in der Zeitschrift für Flugwissenschaften unter dem Titel „Calculation of the Free Oscillations of a Liquid in Axisymmetric Motionless Containers of Arbitrary Shape".

Literatur

1 Siekmann, J., Chang, S. C., Note on Liquid Sloshing in a Container of Arbitrary Shape, ZAMP, Vol. **21**, Fasc. 5 (1970) pp. 830–836.
2 Gontkevich, V. S., Ishchenko, L. A., Free Liquid Oscillations in a Spherical Vessel, IZV. ANSSR. Mekhanika Zhidkosti i Gaza, Vol. **3**, No. 6, (1963), pp. 61–65.

Anschrift: Prof. Dr.-Ing. J. Siekmann, Dipl. -Ing. Ulrich Schilling, Fachbereich Mechanik, Technische Hochschule Darmstadt, 61 Darmstadt, Hochschulstraße 1, BRD

ZAMM 54, T 159 – T 160 (1974)

K. Strauss

Stabilität der Strömung einer Newtonschen Flüssigkeit in einem konvergenten Kanal

Für die stationäre Strömung einer inkompressiblen Newtonschen Flüssigkeit im Raum zwischen zwei ebenen, festen Wänden, die einen Winkel 2α miteinander bilden, gibt es die Lösung von Hamel. Beschreibt man diese ebene Strömung in einem Zylinderkoordinatensystem (r, φ, z), dessen z-Achse mit der Schnittgeraden der beiden Kanalwände zusammenfällt, so hat die skalare Stromfunktion dieser Strömung die Form

$$\Psi_H(\varphi) = -2\nu \int [3\,\wp\,(\varphi - \varphi_0) + 1]\, d\varphi = -2\nu\, F(\varphi). \tag{1}$$

ν ist die kinematische Zähigkeit, $\wp\,(\varphi - \varphi_0)$ der Weierstrasssche $\wp$-Funktion und φ_0 eine Integrationskonstante. φ_0 ist durch die Haftbedingungen an den Kanalwänden und die Vorgabe eines Durchflusses

$$q = \Psi(\alpha) - \Psi(-\alpha) = Q\,\nu \tag{2}$$

bestimmt, vergl. [1].

Die Stromfunktion (1) beschreibt Strömungen, die rein radial verlaufen. Für den Fall der Einströmung, bei dem die Flüssigkeit in die durch $r = 0$ gegebene Gerade einfließt, soll nun untersucht werden, ob es außer dieser Lösung noch weitere gibt, insbesondere solche, die Strömungen beschreiben, die mit der Entfernung von der Schnittgeraden abklingen und nicht mehr rein radial verlaufen. Die Stromfunktion einer solchen Strömung kann durch eine asymptotische Reihe der Form

$$\Psi(r, \varphi) = \Psi_H + \sum_{n=\lambda}^{\infty} \frac{\Psi_n(\varphi)}{r^n} \tag{3}$$

dargestellt werden. Geht man mit diesem Ansatz in die NAVIER-STOKESschen Gleichungen ein und führt einen Koeffizientenvergleich bezüglich der Potenzen von r durch, so ergibt sich ein System von Differentialgleichungen zur Bestimmung der einzelnen Terme der Reihe (3).

Für die ersten beiden Glieder erhält man die Gleichungen

$$L_\lambda \Psi_\lambda = \Psi_\lambda^{IV} + [(\lambda + 2)^2 + \lambda^2 + 2(\lambda + 2) F'] \Psi_\lambda'' + 4 F'' \Psi' + \\ + [(\lambda + 2)^2 \lambda^2 + 2\lambda^2 (\lambda + 2) F' - 2\lambda F'''] \Psi_\lambda = 0 , \tag{4}$$

$$L_{2\lambda} \Psi_{2\lambda} = f(\Psi_{H'} \Psi_\lambda) . \tag{5}$$

Als Randbedingungen sind die Haftbedingungen an den Kanalwänden zu erfüllen:

$$\Psi_\lambda(\pm\alpha) = 0; \qquad \Psi_\lambda'(\pm\alpha) = 0; \tag{6}$$

$$\Psi_{2\lambda}(\pm\alpha) = 0; \qquad \Psi_{2\lambda}'(\pm\alpha) = 0 . \tag{7}$$

Durch die Lösung des Eigenwertproblems (4), (6) werden der Parameter λ und, bis auf einen konstanten Faktor, der zweite Term von (3) bestimmt. Das dritte Glied von (3) ist durch die Lösung der Gleichung (5) unter den Bedingungen (7) gegeben.

Als *Beispiele* seien hier für den Fall der geraden Lösungen für die Stromfunktion ein Stromlinienbild und die Eigenrelation mitgeteilt. Die Ergebnisse wurden nach dem GALERKINverfahren mit einem 2-gliedrigem Ansatz bestimmt.

In Bild 1 ist für die angegebenen Werte das Stromlinienbild gezeichnet, das sich ergibt, wenn man die Entwicklung (3) nach dem zweiten Glied abbricht.

Bild 2 zeigt, daß erst ab einem kritischen Durchfluß nichttriviale Lösungen existieren. Diese führen zu Polverteilungen, die das skizzierte asymmetrische Strömungsfeld bewirken, vergl. [2].

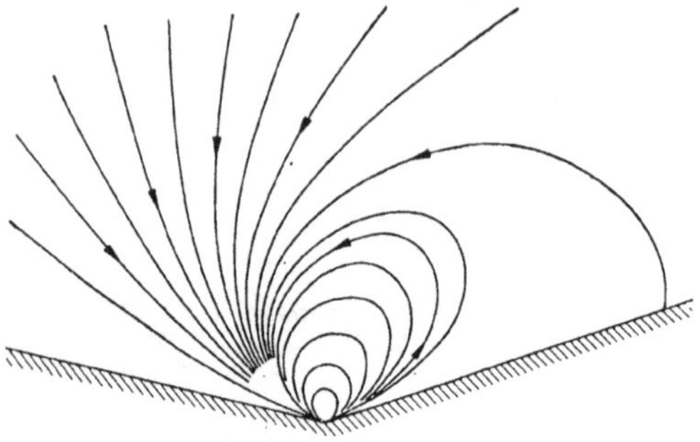

Bild 1. $\alpha = 75°$, $Q = 6{,}08$, $\lambda = 1{,}436$

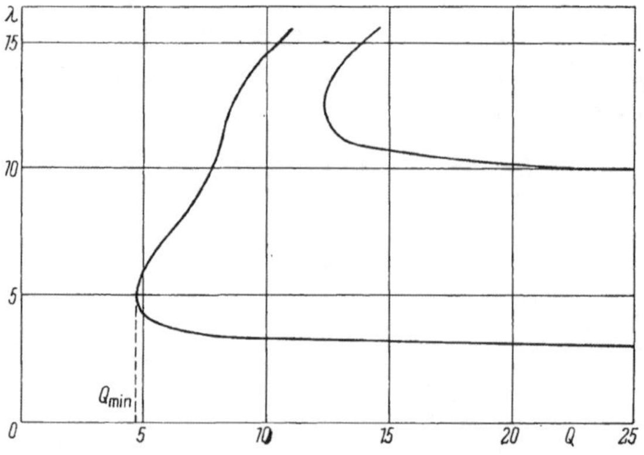

Bild 2. $\alpha = 30°$, asymmetrische Strömung

Literatur

1 ROSENHEAD, L., The steady two-dimensional radial flow of viscous fluid between two inclined walls, Proc. Roy. Soc. London, Vol. 175, p. 436, 1940.
2 STRAUSS, K., Stabilität der Strömung einer einfachen viscoelastischen Flüssigkeit in einem konvergenten Kanal, erscheint in Rheologica Acta.

Anschrift: Dr. KARL STRAUSS, Lehrstuhl für Strömungsmechanik der Universität Dortmund,
46 Dortmund-Hombruch, Postfach 500, BRD

ZAMM 54, T 161 (1974)

I. TEIPEL

Kritische Bemerkungen zur Berechnung von Grenzschichtströmungen nicht-Newtonscher Medien

Nicht-NEWTON'sche Medien haben eine große Bedeutung in der chemischen Verfahrenstechnik erlangt. Eine der verschiedenen Modellvorstellungen führt auf einen Potenzansatz für die Schubspannung. Für den einfachen COUETTEversuch ergibt sich dabei

$$\tau = m \left|\frac{du}{dy}\right|^{n-1} \frac{du}{dy} . \tag{1}$$

Wie man leicht einsieht, erhält man für $n = 1$ wieder den bekannten Ansatz nach NEWTON. Von großer Wichtigkeit ist in (1) das Absolutzeichen, erzwingt es doch, daß Schubspannung und Geschwindigkeitsgradient immer dasselbe Vorzeichen haben.

Es ist nun möglich, mit Hilfe eines Schubspannungsansatzes gemäß (1) Grenzschichtgleichungen abzuleiten. Für spezielle Druckgradienten erhält man wieder Ähnlichkeitslösungen. Dabei treten Schwierigkeiten bei der Erfüllung der äußeren Randbedingungen auf. Hier wird gezeigt, wie bei konsequenter Beachtung des Absolutzeichens diese Schwierigkeit überwunden wird.

Für die Grenzschichtströmung entlang einer ebenen Platte haben ACRIVOS et al. [1] die Differentialgleichung für die transformierte Stromfunktion $f(\eta)$ hergeleitet:

$$f''' + f f'' |f''|^{n-1} = 0 . \tag{2}$$

Da $f = f(\eta) - \eta$ ist eine transformierte y-Koordinate —, bedeutet f' die Differentiation nach η. Für $n = 2$ kann eine analytische Lösung gefunden werden. Die Randbedingungen

$$f(0) = f'(0) = 0; \quad f'(\infty) = 1 \tag{3}$$

können nur dann erfüllt werden, wenn man einen Knick in $f''(\eta)$ zuläßt. Der Ort ist die erste Nullstelle von $f''(\eta)$. Jenseits dieser Knickstelle ist $f''(\eta) = 0$ und $f'''(\eta) = 0$ zu setzen. Damit sind dann im ganzen Bereich sowohl Gl. (2) als auch alle Randbedingungen befriedigt.

Um für die anderen Werte von n festzustellen, ob die äußere Randbedingung erfüllt werden kann, werden asymptotische Entwicklungen angesetzt. Mit der Bedingung $f''(\infty) \to 0$ hat man ein Kriterium in der Hand, mit dem man die Bereiche für n festlegen kann, bei denen glatte Kurven und bei denen Knicke und Sprünge auftreten. Für $n \leq 1$ erhält man glatte Kurven. Sprünge, eventuell in den Ableitungen recht hoher Ordnung, ergeben sich für $1 < n < 2$. In der Kurve $f'''(\eta)$ für $n = 2$ errechnet sich ein endlicher Sprung, während man für $n > 2$ einen Sprung unendlicher Größe für $f'''(\eta)$ erhält.

Literatur

1 ACRIVOS, A., SHAH, M. H. and PETERSEN, E. E., Momentum and Heat Transfer in Laminar Boundary Layer Flows on Non-Newtonian Fluids past External Surfaces. A.I.Ch.E. Journal 6, S. 312—318 (1960).

Anschrift: AV und Prof. Dr.-Ing. I. TEIPEL, 3 Hannover, Appelstr. 24 B, Lehrstuhl A für Mechanik, Technische Universität Hannover, BRD

ZAMM 54, T 161 – T 162 (1974)

V. VASANTA RAM

Die Grenzschicht höherer Ordnung an einem axialangeströmten elliptischen Zylinder in Überschallströmung

Es wird die kompressible laminare Grenzschicht an einer axialangeströmten Zylinderfläche elliptischen Querschnitts betrachtet. Gegenstand der Untersuchungen ist der Einfluß der Transversalkrümmung der Wand auf die Grenzschicht. Als geeignetes mathematisches Mittel zu diesem Zweck bietet sich die Methode der angepaßten asymptotischen Entwicklungen (engl.: Matched Asymptotic Expansions, als MAX-Methode abgekürzt) an, [1], [2].

Nach der MAX-Methode wird das Strömungsgebiet in zwei Bereiche aufgeteilt, in einen äußeren (Außenströmung) und einen inneren (Grenzschicht) Bereich. Die Lösung für diese beiden Bereiche wird durch verschiedene asymptotische Entwicklungen dargestellt, die aneinander anzupassen sind. Für die Wandschubspannung ergibt sich dann aus der inneren Entwicklung der folgende Ausdruck:

$$c_f = \frac{\tau_w}{\varrho_\infty U_\infty^2} = Re^{-1/2} c_{f0} + Re^{-1}\left(\frac{1}{R} c_{fK} + c_{fG}\right) + o\,(Re^{-1})\,,$$

wobei Re die REYNOLDSzahl und R der örtliche Krümmungsradius der Zylinderfläche sind. Der erste Term c_{f0} entspricht der BLASIUS-Lösung für die ebene Platte, ist also von der Krümmung unabhängig. Nach der MAX-Methode sind nämlich Krümmungseffekte von der Ordnung $o(Re^{-1})$. Allgemein lassen sich die Effekte der Ordnung $o(Re^{-1})$ in einen „lokalen" $((1/R)\, c_{fK})$ und einen „globalen" (c_{fG}) unterteilen. Der lokale Effekt ist der örtlichen Wandkrümmung $1/R$ proportional und stimmt überein mit dem lokalen Effekt am axialangeströmten Kreiszylinder vom Radius R, für den die Lösung von K. GERSTEN und J. F. GROSS [4] angegeben wurde. Der globale Effekt, der wegen der Verdrängungswirkung der Grenzschicht entsteht, verursacht an einer axial angeströmten elliptischen Zylinderfläche eine Sekundärströmung. Zur Bestimmung dieser Sekundärströmung ist die Kenntnis der entsprechenden Außenströmung notwendig. Anwendung der MAX-Methode auf die NAVIER-STOKESschen Gleichungen, aufgeschrieben für axial angeströmte Zylinderflächen, führt zu der folgenden Gleichung für das Potential der Außenströmung infolge Verdrängung:

$$(Ma_\infty^2 - 1)\frac{\partial^2 \Phi}{\partial \xi_1^2} - \frac{1}{h_2 h_3}\left\{\frac{\partial}{\partial \xi_2}\left(\frac{h_3}{h_2}\frac{\partial \Phi}{\partial \xi_2}\right) + \frac{\partial \Phi}{\partial \xi_3}\left(\frac{h_2}{h_3}\frac{\partial \Phi}{\partial \xi_3}\right)\right\} = 0$$

mit der Randbedingung

$$\xi_3 = 0\colon\ \frac{\partial \Phi}{\partial \xi_3} = \frac{4}{\sqrt{\xi_1}} K(Ma_\infty, Pr_\infty, T_w)\,,$$

wobei im orthogonalen ξ_1, ξ_2, ξ_3-Koordinatensystem ξ_1 die Anströmrichtung und $\xi_3 = 0$ die Zylinderfläche darstellen, h_2 und h_3 die Metrikkoeffizienten sind $(ds^2 = d\xi_1^2 + h_2^2\, d\xi_2^2 + h_3^2 + d\xi_3^2)$, und K ein von der MACHzahl, PRANDTLzahl und der Wandtemperatur abhängiger Faktor aus der BLASIUS-Lösung ist.

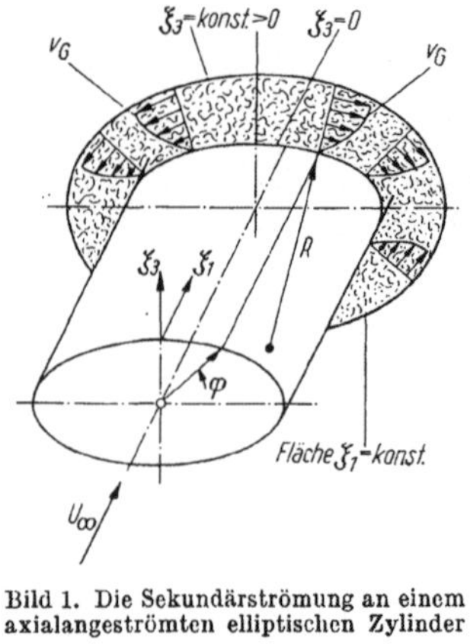

Bild 1. Die Sekundärströmung an einem axialangeströmten elliptischen Zylinder

Für elliptische Zylinderflächen kleiner Exzentrizität $e \to 0$ ist die Lösung dieser Gleichung als asymptotische Reihe $\Phi = \Phi_0 + e^2\, \Phi_s \cos 2\varphi + o(e^2)$ darstellbar, wobei Φ_0 und Φ_s nur von ξ_1 und ξ_3 abhängig sind und φ der Polarwinkel ist. Für die Sekundärströmung in der Grenzschicht ist lediglich der Wert $\Phi_s(\xi_1, 0)$ an der Wand $\xi_3 = 0$ von Interesse, den man mit der Operator-Methode [3] als folgenden Ausdruck erhält:

$$\Phi_s(\xi_1, 0) = K\,(Ma_\infty, Pr_\infty, T_w)\,[(Ma_\infty - 1)^{-1/2}\sqrt{\xi_1} + o\,(\sqrt{\xi_1})]\,,\qquad \xi_1 \to 0\,.$$

Die Sekundärströmung, d. h. das Geschwindigkeitsprofil der Grenzschicht in ξ_2-Richtung ist dann gegeben durch

$$v_G = -\,(Re)^{-1/2}\, 2\, Ke^2 \sin 2\varphi\, [(Ma_\infty^2 - 1)^{-1/2}\sqrt{\xi_1}\, \bar{v}_{G1}\,,$$

wobei $\bar{v}_{G1}$ eine „universelle" Funktion ist. Die Sekundärströmung v_G an der Ellipse ist im Bild 1 dargestellt.

Literatur

1 VAN DYKE, M., Perturbation Methods in Fluid Mechanics, Academic Press, New York 1964.
2 COLE, J. D., Perturbation Methods in Applied Mathematics, Blaisdell Publishing Co., Waltham, Mass. 1968.
3 WARD, G. N., Linearized Theory of Steady High-Speed Flow, Cambridge University Press, 1955.
4 GERSTEN, K. und GROSS, J. F., Die Überschallströmung am längsangeströmten Kreiszylinder, ZAMM 52, T87—T89 (1972).

Anschrift: Dr.-Ing. V. VASANTA RAM, Institut für Thermo- und Fluiddynamik Ruhr-Universität Bochum, 4630 Bochum, Universitätsstraße 150, BRD

ZAMM 54, T 163 – T 164 (1974)

G. WITTEK

Analysis bewegter Singularitäten

1. Einleitung

Gegenstand dieser Untersuchung ist die Analysis bewegter Singularitäten im Sinne der Strömungsakustik: Monopole, Dipole, Quadrupole usw., allgemein Multipole oder genauer 2^n-Pole, $n = 0, 1, 2, 3, \ldots$

Der Ausgangspunkt der Betrachtung ist die Wellengleichung in 3 Dimensionen

$$\Delta p - \frac{1}{c^2} \frac{\partial^2 p}{\partial t^2} = -\sigma(\boldsymbol{r}, t)\,, \tag{1}$$

deren Quellglied die folgende Gestalt hat

$$\sigma(\boldsymbol{r}, t) = (-1)^n \nabla_{\boldsymbol{r}}^n \underbrace{\cdots}_{(n)} \Sigma_{(n)}(t)\, \delta(\boldsymbol{r} - \boldsymbol{r}_Q(t))\,.^{1)} \tag{2}$$

Dabei ist p der Schalldruck, c die Schallgeschwindigkeit des ruhenden Mediums (etwa Luft oder Wasser), und $\Sigma_{(n)}(t)$ ist ein zeitabhängiger Tensor n-ter Stufe, der das Moment eines 2^n-Pols repräsentiert; δ ist die DIRACsche Deltafunktion. Ferner ist $\boldsymbol{r}$ der Ortsvektor des Aufpunktes und $\boldsymbol{r}_Q$ der Ortsvektor der Quelle, d. h. des 2^n-Pols. Es soll ausdrücklich $\boldsymbol{r}_Q$ als zeitabhängig zugelassen sein, so daß i. allg. $\dot{\boldsymbol{r}}_Q = c\,\boldsymbol{M} \neq 0$ gilt, wobei $\boldsymbol{M}$ den MACHzahlvektor der Bahnbewegung des Multipols bedeutet. Durch (1) wird die Schallabstrahlung von einem 2^n-Pol $\Sigma_{(n)}(t)$ beschrieben, der sich mit der Bahngeschwindigkeit $\dot{\boldsymbol{r}}_Q(t)$ durch eine ruhende Flüssigkeit bewegt.

Ist in (1) die Größe $\sigma(\boldsymbol{r}, t)$ bekannt, so läßt sich die Lösung in Form eines Integrals hinschreiben. Die Auswertung dieses Integrals ist bei zeitunabhängigem $\boldsymbol{r}_Q$ leicht durchzuführen. Ist jedoch — wie in (2) eingetragen — $\boldsymbol{r}_Q$ von der Zeit abhängig, wenn sich also die Singularität bewegt, wird die Rechnung verwickelter. Nun treten aber in der Strömungsakustik vielfach bewegte Schallquellen auf, so daß ein großes Interesse an der Analysis bewegter Singularitäten besteht. Dementsprechend ist dieses Problem in der Literatur verschiedentlich behandelt; genannt seien u. a. die Arbeiten von KÜSSNER [1] und LOWSON [2]. Aber diese Arbeiten beschränken sich z. T. auf gleichförmig geradlinige Bewegungen der Singularitäten bzw. auf die Fälle $n = 0$, 1 und 2, d. h. auf Monopole, Dipole und Quadrupole. Eine geschlossene Darstellung für beliebiges n steht noch aus. Diese soll hier angedeutet werden, ohne die Einschränkung auf gleichförmig geradlinige Bewegungen der Singularitäten. Die bekannten Rechnungen — mit der Methode der retardierten Potentiale durchgeführt — sind recht umfangreich. Hier soll ein etwas anderer Weg der Auswertung des Lösungsintegrals von (1) beschrieben werden, der — neben seiner Allgemeinheit — auch weniger Rechenaufwand erfordert.

2. Der bewegte 2^n-Pol

Unter der Voraussetzung, daß außer dem 2^n-Pol keine weiteren Quellen im Raum vorhanden sind und im Endlichen keine Begrenzungsflächen liegen, lautet bei homogenen Anfangsbedingungen das Lösungsintegral der Wellengleichung (1) — vgl. [5] —

$$p(\boldsymbol{r}, t) = (-1)^n \int_0^t dt' \iiint d^3\boldsymbol{r}' \, \frac{\delta\left(t - t' - \frac{1}{c}|\boldsymbol{r} - \boldsymbol{r}'|\right)}{4\pi\,|\boldsymbol{r} - \boldsymbol{r}'|} \, \nabla_{\boldsymbol{r}'}^n \underbrace{\cdots}_{(n)} \Sigma_{(n)}(t')\, \delta(\boldsymbol{r}' - \boldsymbol{r}_Q(t'))\,. \tag{3}$$

Die räumliche Integration ist über den gesamten Raum zu erstrecken.

Wenn in dieser Formel die zeitliche Integration durchgeführt wird, erhält man die bekannte Formel mit den retardierten Potentialen, und man steht vor dem Problem, die örtliche Integrationsvariable in der Retardierung zu verarbeiten. Diese Schwierigkeit läßt sich umgehen, bemüht man sich zunächst um die räumliche Integration.

Durch n-malige Anwendung des GAUSSschen Satzes läßt sich der Operator $\nabla_{\boldsymbol{r}'}^n$ auf die GREENsche Funktion $\delta\left(t - t' - \frac{1}{c}|\boldsymbol{r} - \boldsymbol{r}'|\right)/[4\pi\,|\boldsymbol{r} - \boldsymbol{r}'|]$ überwälzen. Damit ist ein n-maliger Vorzeichenwechsel verbunden. Des weiteren kann, weil die GREENsche Funktion bezüglich des Ortes nur von $|\boldsymbol{r} - \boldsymbol{r}'|$ abhängt, der Operator $\nabla_{\boldsymbol{r}'}^n$ durch $(-1)^n \nabla_{\boldsymbol{r}}^n$ ersetzt werden. Dieser neue Operator kann vor das Integral gezogen werden. Unter dem Integral steht dann kein Differentiationsoperator mehr, und die räumliche Integration läßt sich ohne Schwierigkeiten ausführen:

$$p(\boldsymbol{r}, t) = (-1)^n \nabla_{\boldsymbol{r}}^n \underbrace{\cdots}_{(n)} \int_0^t \frac{\Sigma_{(n)}(t')}{4\pi\,|\boldsymbol{r} - \boldsymbol{r}_Q(t')|}\, \delta\left(t - t' - \frac{1}{c}|\boldsymbol{r} - \boldsymbol{r}_Q(t')|\right) dt'\,. \tag{4}$$

---

1) $\nabla_{\boldsymbol{r}}^n \underbrace{\cdots}_{(n)} \Sigma_{(n)}$ bedeutet das n-fach skalare Produkt des Tensors $\nabla_{\boldsymbol{r}}^n$ mit dem Tensor $\Sigma_{(n)}$, vgl. LAGALLY-FRANZ [4]. Der Index am Nablaoperator bedeutet, daß nach den Koordinaten des Aufpunktes $\boldsymbol{r}$ zu differenzieren ist.

Das Integral auf der rechten Seite liefert nur bei den Nullstellen der Funktion $g(t')$ (Argument der Deltafunktion) einen Beitrag. Wie sich herausstellt, besitzt $g(t')$ im Falle $M < 1$ — worauf wir uns beschränken wollen — lediglich eine einzige und einfache Nullstelle τ mit der folgenden Bestimmungsgleichung:

$$\tau = t - \frac{1}{c}|\boldsymbol{r} - \boldsymbol{r}_Q(\tau)| = t - \frac{1}{c}R(\tau) . \tag{5}$$

Mit der folgenden Beziehung

$$\delta\{g(t')\} = \frac{\delta(t' - \tau)}{|\dot{g}(\tau)|} \tag{6}$$

läßt sich die zeitliche Integration in (4) ausführen. Das Ergebnis lautet

$$p(\boldsymbol{r}, t) = (-1)^n \underbrace{\nabla_{\boldsymbol{r}}^n \cdots\cdots}_{(n)} \frac{\Sigma_{(n)}(\tau)}{4\pi\, s(\tau)} , \tag{7}$$

wobei $s(\tau)$ abkürzend steht für

$$s(\tau) = R(\tau)\,\{1 - \boldsymbol{M}(\tau) \cdot \hat{\boldsymbol{R}}(\tau)\} = R(\tau)\,\{1 - M_R(\tau)\} . \quad ^{2)} \tag{8}$$

Die Formel (7) ist die *Multipolformel*; sie beschreibt das Schallfeld eines 2^n-Pols ($n = 0, 1, 2, \ldots$), der sich beliebig auf der durch $\boldsymbol{r}_Q(t)$ gegebenen Bahn durch den Raum bewegt. Bild 1 soll die Verhältnisse veranschaulichen.

3. Die Formel für das Fernfeld

Zur Berechnung des Fernfeldanteils der Multipolformel (7) kann bei der Ausführung der Differentiation der Ausdruck $\Sigma_{(n)}(\tau)/s(\tau)$ in Abhängigkeit von τ als reine Funktion von $R(\tau)$ betrachtet werden; die Abhängigkeit von dem Winkel zwischen $\boldsymbol{M}$ und $\boldsymbol{R}$ liefert lediglich einen Nahfeldbeitrag. Für die Fernfeldberechnung gilt demnach die Beziehung

$$\nabla_{\boldsymbol{r}} = -\frac{\boldsymbol{R}(\tau)}{c\, s(\tau)} \frac{\partial}{\partial \tau} , \tag{9}$$

und das Fernfeld von (7) berechnet sich wie folgt:

$$p(\boldsymbol{r}, t) = \left(\frac{\boldsymbol{R}(\tau)}{c\, s(\tau)} \frac{\partial}{\partial \tau}\right)^n \underbrace{\cdots\cdots}_{(n)} \frac{\Sigma_{(n)}(\tau)}{4\pi\, s(\tau)} . \tag{10}$$

Es kann die komplizierte n-fache Divergenzbildung durch eine einfachere n-fache zeitliche Differentiation ersetzt werden. Auf diese vereinfachte Berechnung des Fernfeldes hat bereits LIGHTHILL (vgl. [2], S. 570) hingewiesen. Im Rahmen der vorliegenden Betrachtung eröffnete sich aber ein besonders einfacher Zugang zu diesem Ergebnis.

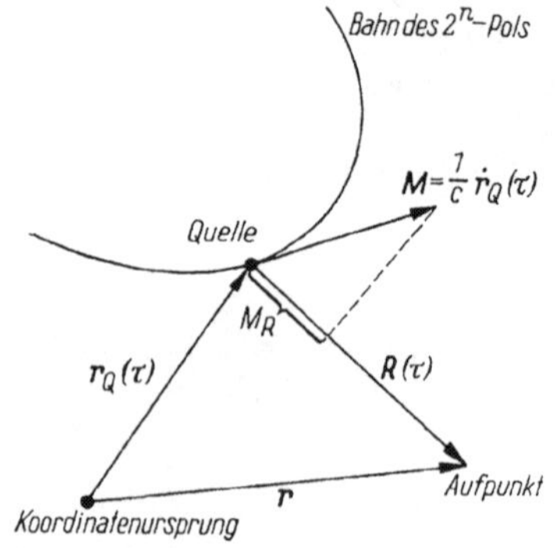

Bild 1. Erläuterungen zur Multipolformel (7)

Zusammenfassend kann festgestellt werden, daß sich durch eine andere Integrationsreihenfolge in (3) — indem anders als allgemein in der Literatur üblich zuerst die räumliche und erst dann die zeitliche Integration ausgeführt wird — die Ergebnisse (7) und (10) mit wenig Rechenaufwand und vor allem mit der eingangs angekündigten Allgemeinheit ergeben.

Literatur

1 KÜSSNER, H. G., Lösungen der klassischen Wellengleichung für bewegte Quellen, ZAMM **24**, S. 59—66 (1944).
2 LOWSON, V. M., The Sound Field for Singularities in Motion, Proc. Roy. Soc. **A 286**, S. 559—572 (1965).
3 HECKL, M., Strömungsgeräusche, Fortschr.-Ber. VDI-Z. 7/20 (1969).
4 LAGALLY, M., FRANZ, W., Vorlesungen über Vektorrechnung, Geest & Portig, Leipzig 1964.
5 MORSE, P. M., FESHBACH, H., Methods of Theoretical Physics, McGraw-Hill, New York 1953.

2) $\hat{\boldsymbol{R}}$ bedeutet den Einheitsvektor in Richtung von $\boldsymbol{R}$.

Anschrift: Dr. GERHARD WITTEK, 8012 Ottobrunn, Waldparkstr. 41, BRD

ZAMM 54, T 165 (1974)

G. ZIMMERMANN

Eine näherungsweise gültige Integralgleichung für die Wandspannungen einer turbulenten Grenzschicht an einer deformierbaren Wand

Ein theoretischer Beitrag zum Problem der Beeinflussung einer turbulenten Grenzschicht durch Deformierbarkeit der Wand wird geleistet.

In voller Allgemeinheit ist dieses Problem hochgradig nichtlinear und praktisch nicht lösbar. Es liegt aber sowohl experimentell als auch theoretisch nahe, zunächst eine geringe Deformierbarkeit der Wand anzunehmen und ihren Einfluß auf die Grenzschicht als kleine Störung der turbulenten Grenzschicht zu starrer Wand zu bestimmen. Für diese Störung gelten dann die um die turbulente Grenzschicht zu starrer Wand linearisierten NAVIER-STOKESschen Differentialgleichungen. Als Randbedingungen treten auf: die Wandwerte der Störgeschwindigkeit am Ort der undeformierten Wand sowie eine Abklingbedingung für große Entfernungen von der Wand. In die Geschwindigkeiten an der Wand gehen sowohl die Grundströmung, d. h. die turbulente Grenzschicht zu starrer Wand, als auch die Wandeigenschaften ein.

In der Störungsdifferentialgleichung tritt nun in den Koeffizienten die zwar als bekannt vorausgesetzte, im Detail aber nicht gegebene Grundströmung auf, so daß auch das Störproblem, obwohl linear, praktisch nicht gelöst werden kann.

Da man im wesentlichen an der Strömung in Wandnähe interessiert ist, liegt es nahe, hierfür eine geeignete Entwicklung anzusetzen. Dies scheitert jedoch daran, daß bezüglich des Wandabstands das Störproblem ein Randwert- und kein Anfangswertproblem ist. Anstelle der Abklingbedingung werden nämlich an der Wand zusätzlich zu den Geschwindigkeiten die Spannungen benötigt. Dies sind aber gerade wesentliche Unbekannte des Problems. Mit ihrer Kenntnis wäre man in der Lage, Aussagen etwa über den Einfluß der Wanddeformierbarkeit auf den Strömungswiderstand zu machen.

Für diese Wandspannungen läßt sich nun eine näherungsweise gültige Integralgleichung angeben. Zu diesem Zweck werden die Störungsdifferentialgleichungen zerlegt in einen Anteil, der für sich genommen lösbar ist, sowie die verbleibenden Terme, im wesentlichen die Konvektivglieder, die formal als Inhomogenität mitgeführt werden. Mit Hilfe einer Art GREENscher Lösung gelangt man von da unmittelbar zu einer Darstellung der gesuchten Wandspannungen als Summe zweier Konvolutionsintegrale. Von diesen ist das erste nur in der Wandebene auszuführen, auf die bekannten Wandgeschwindigkeiten anzuwenden und somit selbst bekannt. Das zweite Integral ist über den gesamten Strömungsraum zu erstrecken und auf die oben formal als Inhomogenität deklarierten, unbekannten Terme anzuwenden. Um hier weiterzukommen, werden diese Terme näherungsweise durch ihren Wandwert ersetzt. Auch das zweite Konvolutionsintegral geht dann über in ein solches, das nur in der Wandebene auszuführen ist, und man erhält damit die erwähnte Integralgleichung für die Wandspannungen. Die hier gemachte Näherung läßt sich begründen als erster Schritt einer Entwicklung und ist damit rational in dem Sinne, daß sie durch Mitnahme weiterer Glieder dieser Entwicklung beliebig genau gemacht werden kann.

Es besteht die Absicht, die Rechnungen weiterzuführen und mit Hilfe der abgleiteten Integralgleichung den Einfluß verschiedener elastischer Wände auf die Grenzschicht zu studieren. Wegen Details der Rechnung siehe auch [1].

Literatur

1 ZIMMERMANN, G., The Interaction of Turbulent Boundary Layers with a Compliant Wall, Preliminary Report, Bericht MPI für Strömungsforschung 127/1972.

Anschrift: Dr. G. ZIMMERMANN, Max-Planck-Institut für Strömungsforschung, 34 Göttingen, Boettingerstraße 6/8, BRD

SPEZIAL- UND RANDGEBIETE DER MECHANIK

ZAMM 54, T 166 – T 167 (1974)

H. Bathelt

Berechnung der Strömungsvorgänge in den Profilrillen eines schnell rollenden Reifens

Die Strömungsvorgänge in der Verdrängungszone der Reifenaufstandsfläche, die bei hohen Fahrgeschwindigkeiten zum völligen Aufschwimmen des Reifens auf der Wasserschicht („Aquaplaning") führen, wurden für den glatten Reifen in [1] bereits behandelt. Beim profilierten Reifen wird ebenfalls von der Modellvorstellung des in der Wasserschicht absinkenden Reifenelements ausgegangen, es ist aber das Absinkmodell, das nun sämtliche Profilparameter enthalten muß, wesentlich komplizierter. Der Betrachtung zugrunde gelegt wird ein Profilmuster aus Längs- und Querrillen (Stollenprofil), das für die Strömungsberechnung den allgemeinsten Fall darstellt und den Spezialfall des Längsrillenprofils bereits mit einschließt.

Von einem mit dem Laufflächenelement des rollenden Reifens fest verbundenen Bezugssystem aus betrachtet, strömt nach dem Kontakt mit der Wasseroberfläche das Wasser praktisch unbehindert nach allen Seiten in die Profilrillen ein. Da die einzelnen Profilstollen meist recht gut durch Rechteckelemente zu ersetzen sind, läßt sich diese Strömung mit dem Modell der absinkenden Rechteckplatte bei allseitig freiem Abströmen berechnen. Die instationäre Strömung unter der absinkenden Rechteckplatte wurde in [3] behandelt und für die ideale Flüssigkeit auch eine analytische Lösung für die Absinkzeit erzielt.

Nach dem Auffüllen der Profilrillen erfolgt eine plötzliche Änderung des Geschwindigkeitsfeldes der Strömung, da von diesem Zeitpunkt an praktisch nur noch das seitliche Ausströmen des Wassers aus der Aufstandfläche möglich ist (Entwässerung der Aufstandsfläche in Reifenlängsrichtung ist demgegenüber i. a. zu vernachlässigen). Die geänderten Randbedingungen der Strömung erfordern daher den Übergang zu einem neuen Absinkmodell, das ähnlich wie beim glatten Reifen die gesamte Laufflächenbreite B_m erfaßt (Bild 1). Dabei spielen vor allem die Querrillen eine Rolle, während die gefüllten Längsrillen (strichliert) kaum zum seitlichen Ausströmen aus der Aufstandsfläche beitragen. In Bild 1 ist weiter die Druckverteilung in der Wasserschicht qualitativ skizziert, wobei sich der Einfluß der Querrille dadurch zeigt, daß auch in Längsrichtung ein Druckgradient auftritt, der zur Erzielung der Strömungsgeschwindigkeit f_L in Längsrichtung (Einströmen in die Querrille) erforderlich ist. Zudem ist die bei der Plattenströmung zeitlich konstante Druckverteilung (konst. Druckbelastung der Platte vorausgesetzt) beim Modell mit Querrillen zeitlich veränderlich, da der Einströmquerschnitt in die Querrille im Zuge des Absinkvorganges laufend kleiner wird, der Ausströmquerschnitt aus der Querrille aber nahezu gleich bleibt. Je kleiner aber der Einströmquerschnitt, desto größer muß zur Aufrechterhaltung der Kontinuität die Strömungsgeschwindigkeit f_L und damit der Druckgradient in Längsrichtung sein, was weiterhin eine Verminderung des Druckgradienten und der Strömungsgeschwindigkeit f_B in der Querrille zur Folge hat. Die entsprechende zeitliche Veränderung der Druckverteilung erfolgt mit Hilfe der Zeitfunktion k_q, und zwar so, daß die Kontinuitätsbedingung für die Querrille erfüllt wird. Für das Geschwindigkeitsfeld der Strömung werden die mit der Funktion k_q entsprechend korrigierten Gleichungen der Plattenströmung verwendet. Als Ergebnis zeigt Bild 2 die mit der Konstanten $\sqrt{q}$ dimensionslos gemachten Strömungsgeschwindigkeiten f_B (aus dem Spalt zwischen Lauffläche und Fahrbahn), $\bar{f}_B$ (aus der Querrille) und f_L (in Reifenlängsrichtung) über der Absinkzeit aufgetragen, wobei zur Demonstration des Querrilleneffekts ein etwas überhöhter Querrillenabstand ($L_p = 6{,}3$ cm) gewählt wurde. Bei üblichem Querrillenabstand ($L_p \approx 3$ cm) fällt gegen Ende des Absinkvorganges $\bar{f}_B$ höchstens um 20% gegenüber f_B ab. Da der Einfluß der Strömungsgeschwindigkeit f_L erst bei sehr kleiner Absinkhöhe h stärker wird, diese durch die Fahrbahnrauheit (charakterisiert durch h_R) aber nach unten hin begrenzt ist, berechtigen diese Ergebnisse die Annahme eines ein-

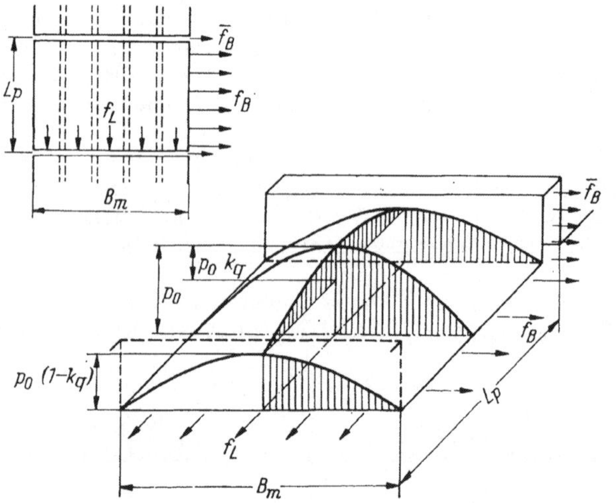

Bild 1. Absinkmodell für die Strömung bei vollen Profilrillen, Druckverteilung in der Wasserschicht

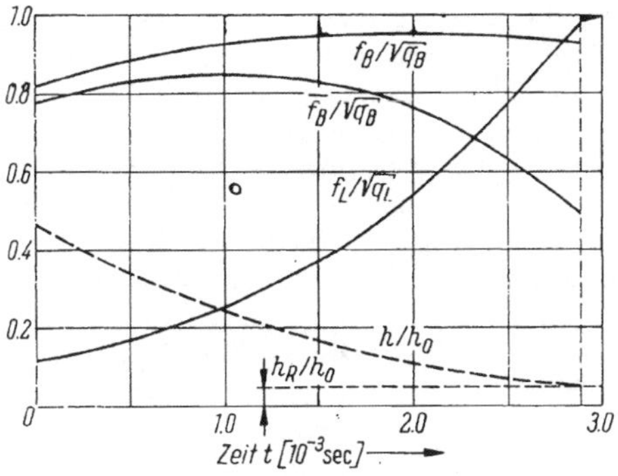

Bild 2. Zeitlicher Verlauf der dimensionslosen Strömungsgeschwindigkeiten beim Absinken des Modells von Bild 1, Absinkhöhe h bezogen auf die Höhe der Wasserschicht h_0

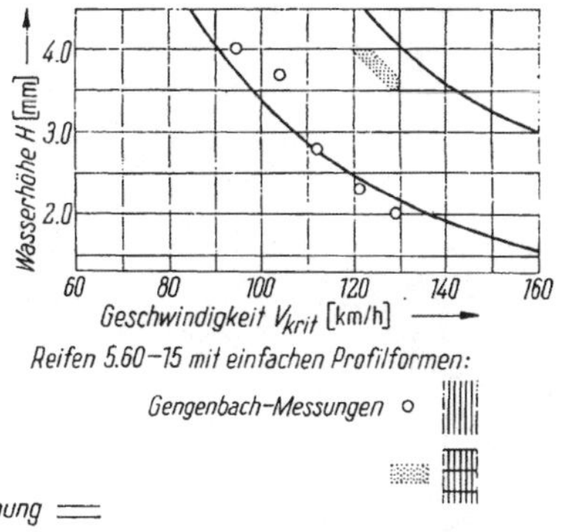

Bild 3. Aufschwimmgeschwindigkeit V_{krit} zweier Reifen mit verschiedenem Profilmuster, Profiltiefe 7 mm, Rillenflächenverhältnis 20%, Radlast 290 kp, Reifeninnendruck 1,7 atü

facheren Modells, bei dem die Strömungsgeschwindigkeit $\bar{f}_B$ aus der Querrille gleich der übrigen Ausströmgeschwindigkeit f_B gesetzt und der Einfluß der Geschwindigkeit f_L in Längsrichtung vernachlässigt wird. Der Einfluß der Querrille drückt sich dann nur in einer Vergrößerung des seitlichen Ausflußquerschnittes aus. Für dieses einfachere Modell kann bei reibungsfreier Strömung eine analytische Lösung für die Absinkzeit angegeben werden [2].

Die Summe der Absinkzeiten der beiden Modelle ergibt die Gesamtabsinkzeit eines Laufflächenelements vom Auftreffen auf der Wasserschicht bis zum Kontakt mit der Fahrbahn, aus der sich nach [1] die Aufschwimmgeschwindigkeit V_{krit} des Reifens ergibt. Bild 3 zeigt die errechneten Ergebnisse für einen längs-, sowie einen längs- und quergerillten Reifen im Vergleich mit Messungen [4].

Literatur

1 Bathelt, H., Modellbetrachtungen in der Verdrängungszone des profillosen Reifens auf geschlossener Wasserschicht, ZAMM 53, T 126–127 (1973).
2 Bathelt, H., Analytische Behandlung der Strömung in der Aufstandsfläche schnell rollender Reifen auf nasser Fahrbahn („Aquaplaning"), Diss., T. H. Wien, 1971.
3 Bathelt, H., Die instationäre Strömung bei Annäherung zweier ebener paralleler Platten mit dazwischenliegender inkompressibler Flüssigkeitsschicht, ZAMM 53, S. 675–684 (1973).
4 Gengenbach, W., Experimentelle Untersuchungen von Reifen auf nasser Fahrbahn, ATZ 70/3, S. 83–89, 70/8, S. 288–293, 70/9, S. 310–316.

Anschrift: Dipl. Ing. Dr. Hartmut Bathelt, D-8070 Ingolstadt, Kupferstr. 10, BRD

ZAMM 54, T 167 (1974)

J. Baumgarte

Zeittransformation zur analytischen Schrittweitenregulierung bei der numerischen Integration gewöhnlicher Differentialgleichungen

Ausführliche Fassung in ZAMM 54, S. 126–127 (1974).

Anschrift: Prof. Dr.-Ing. Joachim Baumgarte, 334 Wolfenbüttel, Lärchenweg 1, BRD

ZAMM 54, T 167 – T 169 (1974)

H. Eschenauer/G. Henning

Modellgleichungen zur Beschreibung des dynamischen Verhaltens von Großantennen

Zur Beobachtung und Verfolgung von Satelliten und Weltraumkörpern sind Bodensysteme erforderlich, die regelbare Parabolantennen als eine wichtige Systemkomponente enthalten. Die Antriebsregelung hat dabei die Aufgabe, die Antenne diesen Zielen so nachzuführen, daß dauernd Signale empfangen werden können. Innerhalb des Antriebsregelkreises stellt die Antennenstruktur einschl. Motor und Getriebe die Regelstrecke dar.

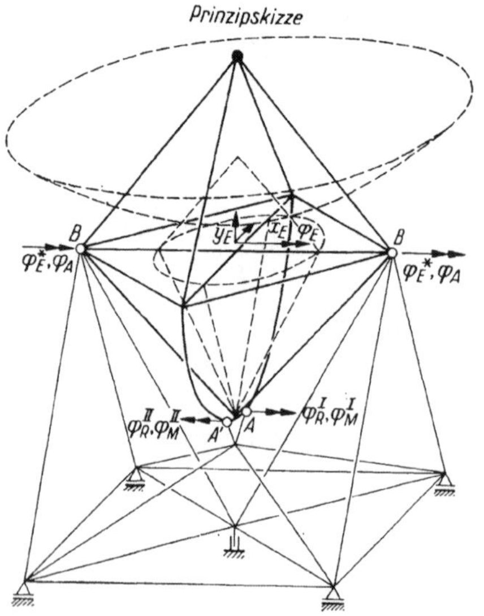

Bild 1. Prinzipskizze eines Radioteleskops
——— Azimutteil „A" (Turm, Pyramide, Grundrahmen)
Elevationsteil „E" {(Elevationstragstruktur) (Reflektortragstruktur)}
Motor „M"
Abtriebsritzel „R"

Da besonders die Radioastronomen Strahlungen im mm-Wellenbereich messen möchten, sind in jüngster Zeit die Anforderungen an die Genauigkeit der Nachführregelung von Antennen stetig gesteigert worden. Es ist deshalb erforderlich, bei der künftigen Entwicklung hochleistungsfähiger Antennen von deren Struktur möglichst genaue Simulationsmodelle zu erstellen, mit deren Hilfe in der Projektphase die gestellten Forderungen für verschiedene Lastzustände durch Variation der Systemparameter überprüft werden können.

Die nebenstehende Prinzipskizze (Bild 1) zeigt ein Radioteleskop mit einer Azimut-Elevation-Lagerung, bestehend aus dem Azimutteil (Turm, Pyramide, Grundrahmen) und dem in $B-B$ gelagerten Elevationsteil (Elevations-, Reflektortragstruktur). Schwingungsberechnungen der Gesamtstruktur haben ergeben, daß die Azimut- und Elevationsbewegungen als nahezu entkoppelt betrachtet werden können. Es genügt deshalb, wenn nachfolgend das Aufstellen der Systemgleichungen eines dynamischen Ersatzmodells am Beispiel des Elevationsantriebs gezeigt wird. Hierbei müssen eine Reihe nichtlinearer Effekte, wie Lose und Coulombsche Reibung, ferner Anregungen durch Windkräfte und Zahnfehler berücksichtigt werden. Die beiden Antriebe für die Elevationsbewegungen sind in den Punkten A und A' des Azimutteils angebracht; ein Antrieb wirkt treibend, der zweite verspannend. Die Getriebegehäuse sind am Elevationszahnkranz aufgehängt.

Für die einzelnen Teilsysteme lassen sich folgende Matrixdifferentialgleichungen angeben:

Teilsystem 1: Motor-Getriebe bis Abtriebsritzel

$$\boldsymbol{M}_M \ddot{\boldsymbol{\varphi}}_M + \frac{r}{i} \boldsymbol{z} + \boldsymbol{m}_{rM} = \boldsymbol{m}_a \,, \tag{1a}$$

$$\boldsymbol{z} = \frac{i}{r} \boldsymbol{m}_0 = \frac{i}{r} [\boldsymbol{D}_M \dot{\boldsymbol{\varphi}}_M + \boldsymbol{C}_M \boldsymbol{\varphi}_M - i(\boldsymbol{D}_M \dot{\boldsymbol{\varphi}}_R + \boldsymbol{C}_M \boldsymbol{\varphi}_R) + \overline{\boldsymbol{C}}_M \boldsymbol{\varepsilon}] \,, \tag{1b}$$

$$\left(\dot{} \mathrel{\hat{=}} \frac{d}{dt}\right).$$

In (1b) ist die Drehmasse des Abtriebsritzels wegen ihrer Kleinheit gegenüber der Motormasse vernachlässigt. $\boldsymbol{M}, \boldsymbol{D}, \boldsymbol{C}, \overline{\boldsymbol{C}}$ sind Massen-, Dämpfungs- und Steifigkeitsmatrizen; $\boldsymbol{\varphi}_M, \boldsymbol{\varphi}_R, \boldsymbol{\varepsilon}, \boldsymbol{m}_r, \boldsymbol{m}_a, \boldsymbol{m}_0, \boldsymbol{z}$ sind Vektoren der Motor- und Abtriebsritzeldrehwinkel, der Getriebelose, Reibungs-, Antriebs- und Rückstellmomente und der tangentialen Zahnkräfte.

Teilsystem 2: Elevations-, Reflektortragstruktur, Azimutturm

$$\boldsymbol{M}_E \ddot{\boldsymbol{x}}_E + \boldsymbol{D}_E \dot{\boldsymbol{x}}_E + \boldsymbol{C}_E \boldsymbol{x}_E + \boldsymbol{m}_{rE} = \boldsymbol{Z}_Z \boldsymbol{z} + \boldsymbol{Z}_n \boldsymbol{n} - \boldsymbol{W} \boldsymbol{f} \,. \tag{2}$$

Der Spaltenvektor $\boldsymbol{x}_E$ enthält die Verschiebungen x_E, y_E und die Verdrehungen φ_E, φ_E^* und φ_A. Das Reibungsmoment in den Elevationslagern muß berücksichtigt werden. Das Gleichungssystem ist gekoppelt mit dem Teilsystem 1 über die Tangential- und Normalkräfte der Zahnkräfte ($\boldsymbol{Z}_Z \boldsymbol{z}$, $\boldsymbol{Z}_n \boldsymbol{n}$). Als äußere Anregung wirkt auf dieses Teilsystem die Windlast ($\boldsymbol{W} \boldsymbol{f}$).

Teilsystem 3: Getriebeaufhängung — Pyramide

$$\boldsymbol{n} = \boldsymbol{N}_Z \boldsymbol{z} + \boldsymbol{N}_m (\boldsymbol{m}_a - \boldsymbol{m}_{rM}) \,, \tag{3a}$$

$$\boldsymbol{g} = \boldsymbol{G}_Z \boldsymbol{z} + \boldsymbol{G}_n \boldsymbol{n} \,. \tag{3b}$$

In (3a) und (3b) können die Beschleunigungsglieder für die Getriebegehäuse vernachlässigt werden. $\boldsymbol{g}, \boldsymbol{n}$ sind Vektoren der Gelenk- und Normalzahnkräfte.

Ergänzend zu den Gleichungen (1) bis (3) müssen noch die kinematischen Verträglichkeitsbeziehungen zwischen den Teilsystemen 1, 2 und 3 aufgestellt werden. Aus der Bedingung, daß die Verschiebungswege der Berührungspunkte auf dem Elevationszahnkranz und Abtriebsritzel in normaler und tangentialer Richtung gleich sein müssen, ergibt sich

$$\boldsymbol{X}_E \boldsymbol{x}_E + \boldsymbol{X}_R \boldsymbol{\varphi}_R + \boldsymbol{X}_G \boldsymbol{x}_G + \overline{\boldsymbol{x}}_Z = \boldsymbol{0} \,, \tag{4}$$

wobei $\overline{\boldsymbol{x}}_Z$ der Vektor der Anregungen durch Zahnfehler und $\boldsymbol{x}_G = \boldsymbol{H} \boldsymbol{g}$ der Vektor der Gelenkverschiebungen sind.

Die Bilanz der Gleichungen ergibt ein nichtlineares Gleichungssystem von 21 Gleichungen mit 21 Unbekannten. Eine exakte Lösung ist hierfür nicht möglich. Zur numerischen Integration mit Hilfe des Runge-Kutta-Verfahrens wurden die Systemgleichungen umgeformt in ein System von Differentialgleichungen 1. Ordnung. Das Verhalten der durch die Systemgleichungen beschriebenen Antennenstruktur bei Vorgabe deterministischer Störsignale (Sprung- und Rampenfunktionen) der Antriebsmomente M_a^{I} und M_a^{II} des treibenden und verspannenden Motors ist für verschiedene Anfangsbedingungen untersucht worden. Über diese Ergebnisse und über den Fortgang der Arbeiten zur Systemidentifikation wird in einer späteren Veröffentlichung berichtet werden.

Anschriften: Dr. H. ESCHENAUER, Krupp Industrie- und Stahlbau, 414 Rheinhausen, Franz-Schubert-Str. 1—3, BRD
Dr. G. HENNING, Krupp Forschungsinstitut, 43 Essen, Münchener Str. 100, BRD

ZAMM 54, T 169 – T 170 (1974)

H. JÄGER

Zur Abhängigkeit der stochastischen Stabilität von der Definition des stochastischen Integrals

Die Lösung der linearen stochastischen Differentialgleichung

$$dx = A(t)\,x\,dt + \sum_{i=1}^{m} B_i(t)\,x\,dw_i(t)\,, \qquad x(t_0) = x_0\,, \qquad t_0 \leqq t \leqq T\,, \tag{1}$$

wobei x ein n-Vektor und w_i skalare WIENER-Prozesse sind, hängt ab von der Definition des stochastischen Integrals [1]. Meist werden die Definitionen von ITÔ bzw. STRATONOVICH benützt. Zur Frage, wie sich die Lösungen der entsprechenden Gleichungen (1) im Stabilitätsverhalten unterscheiden, werden in diesem Beitrag einige Ergebnisse angegeben.

1. Aus der Umrechnungsformel [1] für die stochastischen Integrale folgt: Der nach STRATONOVICH definierten Gleichung (1) ist im Sinne gleicher Lösungen die „ITÔ-Gleichung"

$$dx = [A(t) + A_S(t)]\,x\,dt + \sum_{i=1}^{m} B_i(t)\,x\,dw_i(t)\,, \qquad A_S(t) = \frac{1}{2}\sum_{i=1}^{m} B_i^2(t) \tag{2}$$

äquivalent.

Wegen (2) stimmen ITÔ- und STRATONOVICH-Definition von (1) und damit die Stabilitätsbedingungen überein, falls

$$\sum_{i=1}^{m} B_i^2(t) = 0\,, \qquad t_0 \leqq t \leqq T\,, \tag{3}$$

gilt. Hinreichend hierfür ist: $B_i = \text{const}$, Rg $B_i = 1$, Spur $B_i = 0$. Bei skalarer Störung ($m = 1$) stimmen die Definitionen also überein, falls B_1 nilpotent vom Index 2 in $[t_0, T]$ ist. Bei $B_1 = \text{const}$ ist notwendig hierfür: Das Verschwinden aller Eigenwerte von B_1 und Rg $B_1 \leqq n/2$.

Für die lineare Gleichung n-ter Ordnung ist (3) erfüllt, falls der Koeffizient der zweithöchsten Ableitung ungestört bleibt.

2. Ist (3) nicht erfüllt, so stimmen die Stabilitätsgebiete i. allg. nicht überein. Es werden zwei Beispiele betrachtet. Zugrunde gelegt wird der Begriff der asymptotischen Stabilität im Quadratmittel.

Beim Schwinger

$$\ddot{x} + (a + \alpha\,\dot{w})\,\dot{x} + (b + \beta\,\dot{w})\,x = 0\,, \qquad a > 0\,, \qquad b > 0\,, \tag{4}$$

ergeben sich mit ITÔ- bzw. STRATONOVICH-Definition die Stabilitätsbedingungen

$$\text{(I)}\quad \frac{\alpha^2}{2\,a} + \frac{\beta^2}{2\,a\,b} < 1\,, \qquad \text{(S)}\quad \frac{\alpha^2}{a} + \frac{\beta^2}{2\,a\left(b - \frac{1}{2}\alpha\,\beta\right)} < 1\,. \tag{5}$$

Bild 1 zeigt die Stabilitätsgebiete für drei verschiedene Werte von a. Die ITÔ-Bedingung kann schärfer sein, jedoch höchstens dann, wenn $\alpha\,\beta < 0$ gilt. Bei STRATONOVICH-Definition ist der Stabilitätsbereich für sign $(\alpha\,\beta) < 0$ größer als für sign $(\alpha\,\beta) > 0$. Diese Asymmetrie wächst mit der Dämpfung a.

Für die beiden nur durch verrauschte Größen gekoppelten Gleichungen 2. Ordnung

$$\begin{aligned} \ddot{x}_1 + a_1\,\dot{x}_1 + b_1\,x_1 &= (\alpha_{11}\,\dot{x}_1 + \beta_{11}\,x_1)\,\dot{w}_1 + (\alpha_{21}\,\dot{x}_2 + \beta_{21}\,x_2)\,\dot{w}_2\,, \\ \ddot{x}_2 + a_2\,\dot{x}_2 + b_2\,x_2 &= (\alpha_{12}\,\dot{x}_1 + \beta_{12}\,x_1)\,\dot{w}_1 + (\alpha_{22}\,\dot{x}_2 + \beta_{22}\,x_2)\,\dot{w}_2 \end{aligned} \tag{6}$$

mit $a_k > 0$ und $b_k > 0$ stimmen die Stabilitätsgebiete nach (3) überein, falls $\alpha_{11} = \alpha_{22} = \alpha_{12}\beta_{11} = \alpha_{21}\beta_{22} = 0$ gilt. Insbesondere also dann, wenn nur die Rückstellglieder oder nur die Koppelglieder verrauscht sind.

Als Itô-Bedingung ergibt sich

$$\text{(I)} \quad J_1 J_2 - \frac{1}{4}(\beta_{12}^2 + b_1\alpha_{12}^2)(\beta_{21}^2 + b_2\alpha_{21}^2) > 0 \tag{7}$$

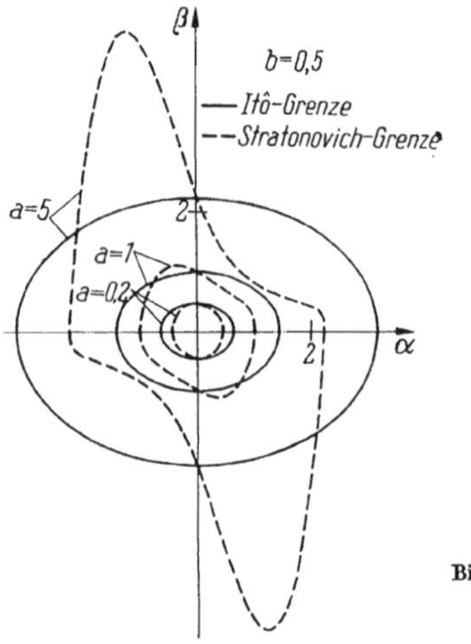

Bild 1. Stabilitätsgebiete für (4)

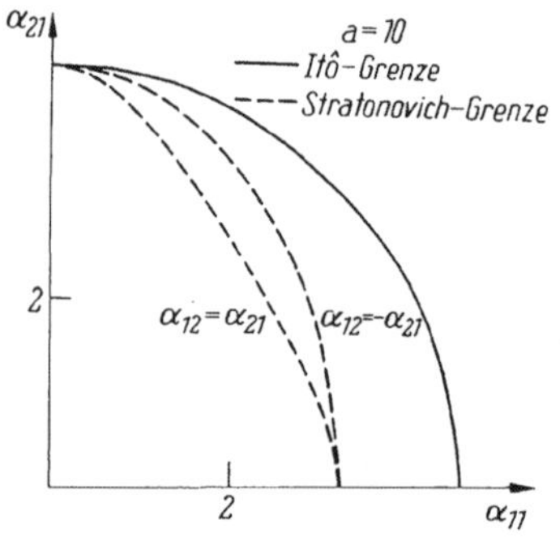

Bild 2. Stabilitätsgebiete für einen Sonderfall von (6)

mit $J_k = \left(a_k - \frac{1}{2}\alpha_{kk}^2\right) b_k - \frac{1}{2}\beta_{kk}^2$, wobei $J_k > 0$ die Itô-Bedingung für die k-te Gleichung darstellt. Die Struktur der Stratonovich-Bedingungen ist i. allg. wesentlich komplizierter. Zum (7) entsprechenden Ausdruck kommen weitere Summanden hinzu. Für das nur in den Dämpfungsgliedern gestörte System ($\beta_{ij} = 0$) hat man z.B.

$$\text{(S)} \quad \Delta\left(S_1 S_2 - \frac{1}{4}\alpha_{12}^2\alpha_{21}^2\right) - \Gamma\alpha_{12}\alpha_{21} > 0 \tag{8}$$

mit $S_k = a_k - \alpha_{kk}^2$, wobei Δ, Γ Funktionen aller Systemparameter sind. Für die beiden Fälle $a_1 = a_2$, $b_1 = b_2$, $\alpha_{11} = \alpha_{22}$, $\alpha_{12} = \pm\alpha_{21}$ sind die Stabilitätsgebiete in Bild 2 dargestellt.

Literatur

1 Jazwinski, A. H., Stochastic Processes and Filtering Theory, Academic Press, New York/London 1970.

Anschrift: Dipl.-Math. Helmut Jäger, 7 Stuttgart 1, Institut A für Mechanik der Universität, Keplerstr. 17, BRD

ZAMM 54, T 170 – T 172 (1974)

H. Kastl / K. Schiffner

Das instationäre Wärmeleitproblem als Variationsaufgabe bei diskreten Zeitschritten

Im Hinblick darauf, daß für die Berechnung von Bauteilen in zunehmendem Maße die Finite-Element-Methode angewandt wird, ist es vorteilhaft, auch das Wärmeleitproblem mit dem gleichen Verfahren zu behandeln, um gleiche Datenblöcke zur Beschreibung der Struktur benutzen zu können [1], [2].

In der vorliegenden Arbeit wird die Variationsaufgabe so beschrieben, daß auch nichtlineare Effekte der Wärmeleitung wie temperaturabhängige Wärmeleitparameter oder Konvektion und Strahlung als Randbedingungen näherungsweise berücksichtigt werden können.

Das Anfangsrandwertproblem läßt sich für ein beliebiges System von Basisvektoren in der Form schreiben:

$$-k\frac{\partial T}{\partial \tau} + (\lambda_{ij} T|^j)|^i + w = 0 \quad \text{in } B \text{ (Fouriersche Wärmeleitgleichung)} \tag{1}$$

Anfangsbedingung

$$T(x_i, 0) = T_A(x_i) \tag{2}$$

Randbedingungen

1. $T = T_w$	bei vorgegebener Wandtemperatur	
2. $\lambda_{ij}\, T\|^j\, n^i + q_w = 0$	bei vorgegebenem Wärmefluß	
3. $\lambda_{ij}\, T\|^j\, n^i + \alpha\,(T - T_F) = 0$	bei linearem Wärmeübergang (NEWTON)	(3)
4. $\lambda_{ij}\, T\|^j\, n^i + \gamma\, \dfrac{(T - T_F)^{5/4}}{T_F^{1/4}} = 0$	bei Wärmeübergang durch freie Konvektion	
5. $\lambda_{ij}\, T\|^j\, n^i + C_{12}\,(T^4 - T_0^4) = 0$	bei Strahlung	

Dabei wurden die folgenden Bezeichnungen und Dimensionen gewählt:

C_{12}	$[\mathrm{W/(K^4m^2)}]$	Strahlungsaustauschkonstante
T	[K]	Temperatur (ohne Index... im Körper; es bedeuten die Indices: w... an der Oberfäche, F... im umgebenden Medium, o... benachbarter strahlender Körper)
x_i	[m]	Koordinate in einem System von Basisvektoren
$k = k(x_i, T)$	$[\mathrm{J/(K\,m^3)}]$	spezifische Wärme
n^i	[m]	Komponenten der äußeren Flächennormalen
$q_w = q_w\,(x_{i\,\mathrm{Rand}}, \tau)$	$[\mathrm{W/m^2}]$	Wärmefluß in Richtung der Flächennormalen
$w = w\,(x_i, \tau, T)$	$[\mathrm{W/m^3}]$	Wärmequellenverteilung im Innern des Körpers
$\tau_{ij} = \lambda_{ji}\,(x_k, T)$	$[\mathrm{W/(K\,m)}]$	Wärmeleitfähigkeit eines anisotropen Materials
λ	[s]	Zeit
α, γ	$[\mathrm{W/(K\,m^3)}]$	konstante Wärmeübergangszahlen.

Durch Einsetzen von Differenzenquotienten für die zeitlichen Ableitungen in (1)

$$\frac{\partial T}{\partial \tau_{(\tau)}} = \Omega_\nu\, T_{(\tau)} + q_\nu\,(T_{(\tau-\Delta\tau)},\, T_{(\tau-2\Delta\tau)} \ldots) + R(\Delta\,\tau^\nu) \tag{4}$$

mit

$$\Omega_\nu = \frac{a_0^{(\nu)}}{\Delta\tau}\,; \qquad q_\nu = \frac{a_{-1}^{(\nu)}}{\Delta\tau}\, T_{(\tau-\Delta\tau)} + \frac{a_{-2}^{(\nu)}}{\Delta\tau}\, T_{(\tau-2\Delta\tau)} + \cdots$$

ν	a_0	a_{-1}	a_{-2}	a_{-3}	a_{-4}	$R(\Delta\,\tau^\nu)$
1	1	−1	—	—	—	$-\dfrac{\Delta\tau}{2}\dfrac{\partial^2 T}{\partial\tau^2}_{(\tau)}$
2	3/2	−2	1/2	—	—	$-\dfrac{(\Delta\tau)^2}{2}\dfrac{\partial^3 T}{\partial\tau^3}_{(\tau)}$
3	11/6	−3	3/2	−1/3	—	$-\dfrac{(\Delta\tau)^3}{4}\dfrac{\partial^4 T}{\partial\tau^4}_{(\tau)}$
4	25/12	−4	3	−4/3	1/4	$-\dfrac{(\Delta\tau)^4}{5}\dfrac{\partial^5 T}{\partial\tau^5}_{(\tau)}$

wird das Anfangsrandwertproblem auf ein Randwertproblem für jeden Zeitschritt zurückgeführt. Die Einführung von Mehrstellenausdrücken bringt bezüglich der Rechenzeit keine Vorteile und kann bei zu kleinen Zeitschritten zu numerisch instabilen Ergebnissen führen.

Die nichtlinearen Glieder der Gleichung (1) werden näherungsweise durch

$$k_{(\tau)} = k(x_k, T_{(\tau-\Delta\tau)})\,; \quad \lambda_{ij} = \lambda_{ij}(x_k, T_{(\tau-\Delta\tau)})\,; \quad w = w(x_k, \tau, T_{(\tau-\Delta\tau)})$$

ersetzt, wodurch sich für jeden Zeitschritt eine lineare Differentialgleichung für $T_{(\tau)}$ der Form

$$(\lambda_{ij}\, T_{(\tau)}|^j)\,|^i - \Omega\, T_{(\tau)} + r = 0 \tag{5}$$

mit

$$\Omega = \Omega_\nu\, k \quad \text{und} \quad r = w - k\, q_\nu$$

ergibt. Werden entsprechende Näherungen auch für die nichtlinearen Terme in den Randbedingungen eingeführt, dann lassen sich die Randbedingungen zu der Form

$$T = T_w \qquad \text{auf } \Gamma_T$$

und

$$\lambda_{ij}\, T|^j\, n^i + \alpha^*\,(T - T_F^*) + q_w^* = 0 \qquad \text{auf } \Gamma_q \tag{6}$$

zusammenfassen. Je nach Randbedingung sind dabei die Koeffizienten α, T_F^* und q_w wie folgt einzusetzen:

Randbed.	α^*	T_F^*	q_w^*
2	0	0	q_w
3	α	T_F	0
4	$\frac{5}{4}(T_{(\tau-\Delta\tau)} - T_F)^{5/4}\,\gamma/T_F^{1/4}$	$\frac{1}{5}(T_{(\tau-\Delta\tau)} + 4\,T_F)$	0
5	$4\,C_{12}\,T^3_{(\tau-\Delta\tau)}$	$\left(3\,T^4_{(\tau-\Delta\tau)} + T_0^4\right)/4\,T^3_{(\tau-\Delta\tau)}$	0

Die lineare Randwertaufgabe (5, 6) läßt sich als Variationsproblem formulieren

$$\sigma L \int_B \{\lambda_{ij}\, T_{(\tau)}|^j\, \delta\, T_{(\tau)}|^i + (\Omega\, T_{(\tau)} - r)\, \delta\, T_{(\tau)}\}\, dV + \int_{\Gamma_q} \{\alpha^* (T_{(\tau)} - T_F^*) + q_w^*\}\, \delta\, T_{(\tau)}\, dS = 0\,. \qquad (7)$$

Das Variationsproblem kann näherungsweise mit Hilfe der Finite-Element-Methode gelöst werden, wodurch die Randwertaufgabe auf die Lösung eines linearen Gleichungssystems für die Knotentemperaturen der endlichen Elemente zurückgeführt wird.

Literatur

1 EMERY, A. F., CARSON, W. W., An Evaluation of the Use of the Finite-Element-Method in the Computation of Temperature, Journal of Heat-Transfer, May 1971, pp. 136–145.

2 ARGYRIS, J. H., MARECZEK, G., Thermomechanical Analysis of Structures, Paper presented at the Fourth Conference of the Hungarian Academy of Sciences on Dimensioning and Strength Calculation, Budapest, October 5–7, 1971.

Anschrift: Prof. Dr.-Ing. K. SCHIFFNER, Technische Hochschule Darmstadt, Fachbereich Mechanik, D-61 Darmstadt, Hochschulstr., BRD

Dipl. Ing. H. KASTL, DFVLR-Institut für Flugzeugbau, Abt. Thermoelastik, D-505 Porz-Wahn, Linder Höhe, BRD

ZAMM 54, T 172 – T 173 (1974)

J. KOLERUS

Reibungsschwingungen als Aisermansches Problem

Die Aufgabe der Unterdrückung von Reibungsschwingungen bei linearen Systemen unter Einfluß trockener Reibung ist in bestimmten Fällen als AISERMANsches Problem der Stabilitätstheorie formulierbar. Das hier behandelte System ist in Bild 1 schematisch dargestellt, wobei $\bar{R}$ die geschwindigkeitsabhängige Reibungskraft und $\bar{v}_0$ eine eingeprägte Geschwindigkeit darstellen. Das System hat die stationäre Lösung

$$\dot{x}_{i0} = v_0, \quad x_{i+1,0} - x_{i0} = \frac{R_0}{c_i}, \qquad i = 1, \ldots, n\,. \qquad (1)$$

Daraus erhält man durch Integration

$$x_{i0} = v_0\, t - \sum_{j=i}^{n} \frac{R_0}{c_j}\,. \qquad (2)$$

Diese Bewegung entspricht einem schwingungsfreien Gleitvorgang. Wenn sie gegenüber beliebig großen Störungen stabil ist, so sind stationäre Reibungsschwingungen nicht möglich.

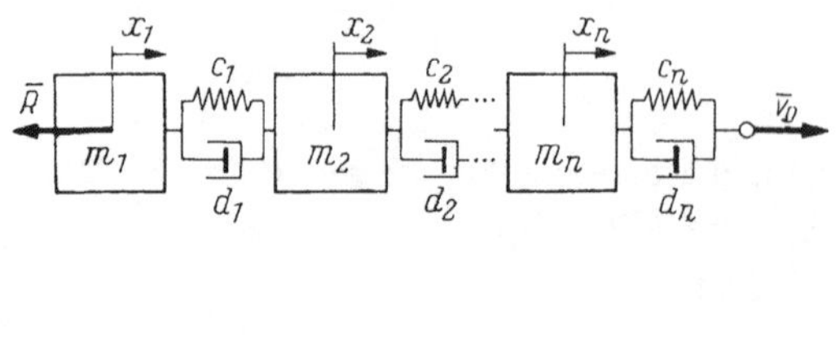

Bild 1

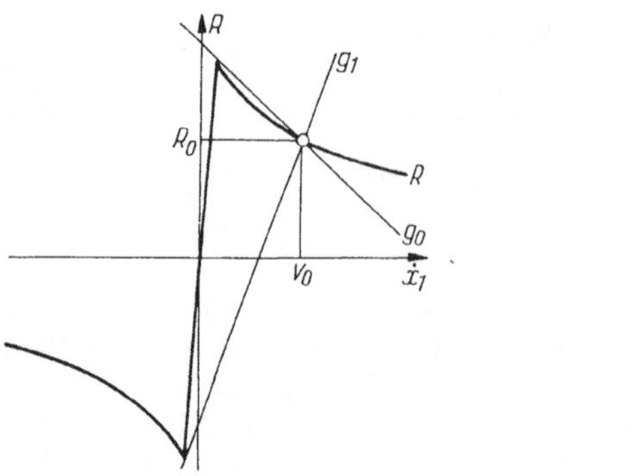

Bild 2

Bild 2 stellt zunächst den Verlauf der Reibungskraft R über der Geschwindigkeit $\dot{x}_1$ dar. Es tritt bei dieser Art der Annahme kein eigentliches Haftgebiet auf, die Kraft R ist im gesamten Bereich eine eindeutige Funktion der Geschwindigkeit. Man erhält dadurch eine einheitliche analytische Darstellung der Differentialgleichungen des Systems für alle Werte von $\dot{x}_1$, insbesondere auch im Nullpunkt. Man kann aus Bild 2 ferner entnehmen, daß die Reibungskennlinie R für alle Argumente in einem der beiden von den Geraden g_0 und g_1 aufgespannten Winkelräume verläuft. Man denke sich nun die Funktion R durch irgendeine im gleichen Winkelraum verlaufende Gerade ersetzt. Das Problem von AISERMAN besteht in seiner einfachsten Formulierung in der Frage, ob aus der Stabilität aller linearen Ersatzsysteme dieser Art die Stabilität des nichtlinearen Systems gegenüber beliebig großen Störungen folgt. Man ersetzt die Reibungskennlinie durch die lineare Gleichung

$$R = R_0 - k\,(\dot{x}_1 - v_0)\,.$$

Nach Einführung der Störungen y_i als neue Variable

$$y_i = x_i - x_{i0}\,, \quad i = 1, \ldots, n,$$

erhält man als Bewegungsgleichungen für das Ersatzsystem

$$\begin{aligned} &m_1\,\ddot{y}_1 - k\,\dot{y}_1 + d_1\,(\dot{y}_1 - \dot{y}_2) + c_1\,(y_1 - y_2) = 0\,,\\ &m_i\,\ddot{y}_i - d_{i-1}\,(\dot{y}_{i-1} - \dot{y}_i) + d_i\,(\dot{y}_i - \dot{y}_{i+1}) - c_{i-1}\,(y_{i-1} - y_i) + c_i\,(y_i - y_{i+1}) = 0\,,\\ &m_n\,\ddot{y}_n - d_{n-1}\,(\dot{y}_{n-1} - \dot{y}_n) + d_n\,\dot{y}_n - c_{n-1}\,(y_{n-1} - y_n) + c_n\,y_n = 0\,,\\ &i = 2, \ldots, n-1\,. \end{aligned} \tag{3}$$

Der Parameter k kann alle Werte zwischen k_0 und k_1 annehmen, wenn dies die Werte für die entsprechend indizierten Grenzgeraden g_0 und g_1 nach Bild 2 sind.

$$k_1 \leqq k \leqq k_0, \qquad k_1 < 0, \qquad k_0 > 0\,. \tag{4}$$

Da das lineare Ersatzsystem sicher stabil ist, wenn die Dämpfungsmatrix von (3) positiv definit ist, kann eine Einschränkung des zu untersuchenden Bereiches erfolgen. Bezeichnet man mit k_d jenen Wert von k, für den die Determinante der Dämpfungsmatrix verschwindet, so ist das System für $k < k_d$ sicher stabil.

Für die Erfüllung der AISERMANschen Voraussetzungen ergeben sich nun zwei Möglichkeiten:

1. Man erfüllt durch entsprechend hohe Dämpfung des Systems die Bedingung

$$k_d \geqq k_0\,. \tag{5}$$

Die Stabilität aller linearen Ersatzsysteme ist damit sichergestellt.

2. Im anderen Fall muß der kritische Bereich

$$k_d \leqq k \leqq k_0$$

untersucht werden.

Man führt nun einen neuen Parameter $\varkappa$ ein:

$$\varkappa = k_0 - k; \quad 0 \leqq \varkappa \leqq k_0 - k_d\,. \tag{6}$$

Die Eigenwertgleichung des Systems (3) hat die Form

$$m_1\,m_2 \cdots m_n\,\lambda^{2n} + \sum_{i=1}^{2n-1} (\alpha_i + \beta_i\,\varkappa)\,\lambda^i + c_1\,c_2 \cdots c_n = 0\,, \quad \beta_i > 0\,. \tag{7}$$

Da der höchste und niedrigste Koeffizient parameterunabhängig und sicher positiv sind, kann das System weder entarten, noch kann ein Eigenwert verschwinden.

Die Stabilität des Bereichsrandes g_0 nach Bild 2 entsprechend $\varkappa = 0$ muß durch Erfüllung der entsprechenden HURWITZ-Bedingungen gesichert werden. Die Stabilität aller Ersatzsysteme ist dann gesichert, wenn im Bereich (6) keine Stabilitätsgrenze liegt. Wegen des nicht verschwindenden konstanten Terms in (7) ist nur das Auftreten einer oszillatorischen Stabilitätsgrenze möglich. Die Bedingung für eine solche ist das Verschwinden der zweithöchsten HURWITZ-Determinante. Es darf also die Gleichung

$$H_{2n-1}(\varkappa) = \sum_{i=0}^{2n-1} b_i\,\varkappa^i = 0$$

im Bereich (6) keine Lösung haben. Eine Bedingung dafür liefert der STURMsche Satz, der jedoch wegen des komplizierten Aufbaus der Größen b_i nicht allgemein analytisch formuliert werden kann.

Die Erfüllung der AISERMANschen Voraussetzung stellt zwar keine hinreichenden, jedoch schon sehr scharfe Bedingungen für die Unterdrückung von Reibungsschwingungen dar. Über die Reibungskennlinie müssen außer der Schranke k_0 keine weiteren Aussagen gemacht werden.

Anschrift: Dipl. Ing. Dr. techn. JOSEF KOLERUS, Technische Hochschule, A-1040 Wien, Karlsplatz 13, Österreich

ZAMM 54, T 174 (1974)

K. KRAEMER*)

Bemerkung zum Kugelapparat von Mariotte

Stößt eine elastische Kugel zentrisch gegen eine Reihe ruhender, gleichartiger Kugeln, dann ist der Zustand nach dem Stoß theoretisch unbestimmt, sofern mindestens drei Kugeln am Vorgang beteiligt sind. Im Experiment beobachtet man, daß „der Stoß die Reihe durchläuft", so daß alle Kugeln ruhend zurückbleiben bis auf die hinterste, die nun die Anfangsgeschwindigkeit der vordersten übernommen hat. Dieses Ergebnis kann formal als eine Folge von Zweierstößen erklärt werden (MARIOTTE, 1676). Elektrische Messungen der Kontaktzeiten zeigen jedoch, daß mehrere Kugeln gleichzeitig in Wechselwirkung stehen (z. B. Stahlkugeln 16 mm ∅: Dauer des Zweierstoßes 70 μs, Dauer des Vorganges bei fünf Kugeln 180 μs).

Eine ausführliche Darstellung wird später veröffentlicht.

*) Max-Planck-Institut für Strömungsforschung, Göttingen

Anschrift: Dr. KURT KRAEMER, 34 Göttingen, Böttingerstr. 4—8, BRD

ZAMM 54, T 174 – T 175 (1974)

H. D. SCHRÄPEL

Verschärfung des Ljapunowschen Stabilitätsbegriffes

Nach LJAPUNOW ist die Ruhelage der Differentialgleichungen

$$\dot{\mathfrak{x}} = \mathfrak{f}(\mathfrak{x}, t), \qquad \mathfrak{f}(0, t) \equiv 0, \qquad t_0 \leqq t < \infty\,, \tag{1}$$

stabil für $t \geqq t_0$, wenn zu jedem $\varepsilon > 0$ ein $\delta > 0$ so existiert, daß aus $|\mathfrak{x}(t_0)| \leqq \delta$ die Ungleichung $|\mathfrak{x}(t)| \leqq \varepsilon$, $t_0 \leqq t < \infty$, folgt. Deshalb genügt für die Stabilität die Existenz eines geeigneten $\delta > 0$ zu jedem vorgegebenen $\varepsilon > 0$, und folgende Verschärfung ist möglich:

Definition: Die Ruhelage von (1) ist verschärft stabil, wenn sie stabil ist und der Quotient ε/δ bei geeigneter Wahl von δ für $\varepsilon \to 0$ beschränkt bleibt.

Diese Definition bedeutet eine echte Verfeinerung des LJAPUNOWschen Stabilitätsbegriffes, wie an Hand zweier Beispiele gezeigt sei:

a) Die Ruhelage eines mathematischen Pendels ist stabil und man kann leicht nachweisen, daß sie auch verschärft stabil ist.

b) Gegeben sei das System

$$\dot{x}_1 = x_2\,, \qquad \dot{x}_2 = -\,2\,x_1^3\,.$$

Dessen Ruhelage ist ebenfalls stabil, aber nicht verschärft stabil. Beides folgt direkt aus der LJAPUNOWschen Funktion

$$v(x_1, x_2) = x_1^4 + x_2^2\,, \qquad \dot{v}(x_1, x_2) \equiv 0\,.$$

Satz: *Die f_i und ihre partiellen Ableitungen* $\dfrac{\partial f_i}{\partial x_k}$ *von* (1) *seien in einem gewissen Gebiet*

$$\mathfrak{K}_{h,t_0} := \{|x_k| \leqq h, \quad k = 1, \ldots, n, t_0 \leqq t < \infty\}$$

stetig. Die Ruhelage ist dann und nur dann verschärft stabil, wenn eine positiv definite und stetige Funktion $v(\mathfrak{x}, t)$ und zwei positiv definite und stetige Formen $F_1(r)$, $F_2(r)$ gleicher Ordnung m existieren, so daß in einem gewissen Gebiet K_ϱ, t_0

$$F_1\,(|\mathfrak{x}|) \leqq v(\mathfrak{x}, t)\,, \qquad v(\mathfrak{x}, t_0) \leqq F_2(|\mathfrak{x}|)\,, \qquad \dot{v}(\mathfrak{x}, t) \leqq 0$$

gilt.

Beweis: Die Bedingungen des Satzes seien erfüllt, und es sei ein $\varepsilon^* < \min(\varrho, h)$ vorgegeben. Dann existiert wegen der Stetigkeit der F_i ein $\delta^* > 0$, so daß aus

$$0 \leqq r \leqq \delta^* \quad \text{die Ungleichung} \quad F_2(r) < F_1(\varepsilon^*)$$

folgt. Weiter ist wegen $v(\mathfrak{x}, t_0) \leqq F_2(|\mathfrak{x}|)$ auch

$$v(\mathfrak{x}_0, t_0) < F_1(\varepsilon^*)\,, \qquad |\mathfrak{x}_0| \leqq \delta^*\,.$$

Damit gilt für jede Lösung $\mathfrak{x}(t)$ von (1) mit $|\mathfrak{x}(t_0)| \leqq \delta^*$

$$|\mathfrak{x}(t)| < \varepsilon^*, \qquad t_0 \leqq t < \infty,$$

da laut Voraussetzung $\dot{v}(\mathfrak{x}, t) \leqq 0$ bleibt.

Die Ruhelage von (1) ist also stabil. Sie ist aber auch verschärft stabil, da nun aus $F_i(\lambda r) = \lambda^m F_i(r)$, $i = 1, 2$, sofort die Gültigkeit der Ungleichungen

$$F_2(r) < F_1(\varepsilon), \qquad 0 \leqq r \leqq \frac{\varepsilon\,\delta^*}{\varepsilon^*}, \qquad \varepsilon < \min(\varrho, \lambda),$$

$$v(\mathfrak{x}_0, t_0) < F_1(\varepsilon), \qquad |\mathfrak{x}_0| \leqq \delta, \qquad |\mathfrak{x}(t_0)| \leqq \delta, \qquad |\mathfrak{x}(t)| < \varepsilon,$$

folgt.

Die Ruhelage von (1) sei verschärft stabil. Dann gibt es zu jedem positiven $\varepsilon \leqq \varepsilon^* < h$ ein $\delta > 0$, so daß aus $|\mathfrak{x}(t_0)| < \delta$ die Ungleichung $|\mathfrak{x}(t)| < \varepsilon$, $t_0 \leqq t < \infty$, folgt, und es existiert ein M mit $\varepsilon \leqq \delta M$. Weiter sei $\mathfrak{x}(t, \mathfrak{a}, \tau)$ diejenige Lösung von (1) zur Zeit t, die zur Zeit τ gleich $\mathfrak{a}$ ist. Dann ist die Funktion

$$v(\mathfrak{a}, \tau) := \gamma\,(|\mathfrak{x}(t_0, \mathfrak{a}, \tau)|) \qquad \text{mit}$$

$$\gamma(r) := \begin{cases} 2\,r^2 - \dfrac{r^4}{\delta^{*2}} & \text{für } 0 \leqq r \leqq \delta^* = \dfrac{\varepsilon^*}{M} \\ \delta^{*2} & \text{für } \delta^* \leqq r \end{cases}$$

in K_{h,t_0} stetig und ihre totale Ableitung nach τ verschwindet für jede Bewegung $\mathfrak{x}(\tau)$, da $v(\mathfrak{x}(\tau), \tau)$ für jede Bewegung konstant ist. Außerdem gilt wegen

$$\frac{\varepsilon}{\delta} \leqq M, \qquad \frac{|\mathfrak{a}|}{M} \leqq |\mathfrak{x}(t_0, \mathfrak{a}, \tau)|, \qquad t_0 \leqq \tau < \infty, \qquad |\mathfrak{a}| \leqq \varepsilon^*.$$

Daraus folgen die Ungleichungen

$$F_1(a) := \frac{\mathfrak{a}^2}{M^2} \leqq \gamma\left(\frac{|\mathfrak{a}|}{M}\right) \leqq v(\mathfrak{a}, \tau), \qquad |\mathfrak{a}| \leqq \varepsilon^*, \qquad t_0 \leqq \tau < \infty,$$

$$v(\mathfrak{a}, t_0) \leqq 2\,\mathfrak{a}^2 = F_2(a),$$

und der Satz ist bewiesen.

Literatur

1 HAHN, W., Theorie und Anwendung der direkten Methode von Ljapunow, 1959.
2 SCHRÄPEL, H. D., Ein Beitrag zur Ljapunowschen Stabilitätstheorie, Beiträge zur Mechanik, Festschrift für Udo Wegner, Institut für Mechanik (Bauwesen), Universität Stuttgart 1972.

Anschrift: Dr.-Ing. H. D. SCHRÄPEL, Institut für Mechanik (Bauwesen) der Universität, 7000 Stuttgart 1, Keplerstr. 11, BRD

ZAMM 54, T 175 – T 177 (1974)

H. SPRINGER

Über die Belastung der Reifen eines Kraftfahrzeuges bei ebenen Schleuderbewegungen

Untersucht wird die ebene, horizontale Schleuderbewegung eines Kraftfahrzeuges mit freien Rädern und mit freier, vom Fahrer nicht beeinflußter Lenkung. Das mechanische Ersatzsystem nach Bild 1 besitzt vier Freiheitsgrade, drei für die ebene Wagenkastenbewegung und einen für die freie Lenkung. Zwischen Fahrbahn und Rädern seien horizontale Seitenkräfte und vertikale Aufstandskräfte, jedoch keine Umfangskräfte wirksam. Der Zusammenhang zwischen der Seitenkraft S_{0i}, der Radaufstandskraft P_i und dem Schräglaufwinkel α_i eines freien Rades i wird bei Vernachlässigung von Sturzeinflüssen im stationären Fall durch eine nichtlineare Beziehung

$$|S_{0i}| = P_i\,\mu_{0s}(\alpha_i, P_i) \tag{1}$$

mit $P_i \geqq 0$ und $0 \leqq |\alpha_i| \leqq \pi/2$ beschrieben. Der sogenannte Seitenkraftschluß μ_{0s} hängt in erster Linie von der Reifen- und Fahrbahnbeschaffenheit ab. Eine mögliche Darstellung für einen Gürtelreifen wird in [2] angegeben. Wird die real stets vorhandene Reifenelastizität vernachlässigt, so kann Gl. (1) wenigstens näherungsweise auch für die vorliegende instationäre Fahrzeugbewegung angewendet werden. Der Fehler wird dann am größten, wenn bei kleinem Reifenschräglaufwinkel sich dieser zeitlich stark ändert. Hingegen wird bei größerem Schräglaufwinkel (z. B. $\alpha > 15°$) der Fehler i. a. gering sein. Eine Möglichkeit der angenäherten Berücksichtigung der Reifenelastizität findet sich in [1].

Zur Ermittlung der beim Schleudervorgang auftretenden Reifenkräfte sind die Bewegungsgleichungen des Fahrzeuges zu lösen. Diese lauten mit Bild 1 für den Fahrzeugaufbau bei beliebigem Driftwinkel ψ

$$m \frac{dVs}{dt} = -\sum_{i=1}^{4} \operatorname{sign}(V_{iQ_i})\, P_i\, \mu_{0s}(\alpha_i, P_i) \cos(\psi - \gamma_i)$$

$$m\, V_S \left(\frac{d\psi}{dt} + \omega\right) = \sum_{i=1}^{4} \operatorname{sign}(V_{iQ_i})\, P_i\, \mu_{0s}(\alpha_i, P_i) \sin(\psi - \gamma_i) \qquad (2a)$$

$$m\, i_H^2 \frac{d\omega}{dt} = -L \sum_{i=1}^{4} \operatorname{sign}(V_{iQ_i})\, P_i\, \mu_{0s}(\alpha_i, P_i)\, [\beta_0 \bar{\beta}_i \sin\gamma_i - \lambda_i \cos\gamma_i]$$

und für das Lenkungssystem

$$I_{L\,red}(\varphi_L) \frac{d^2\varphi_L}{dt^2} = M_{L\,red}(V_S, \psi, \omega, \varphi_L, \dot{\varphi}_L)\,. \qquad (2b)$$

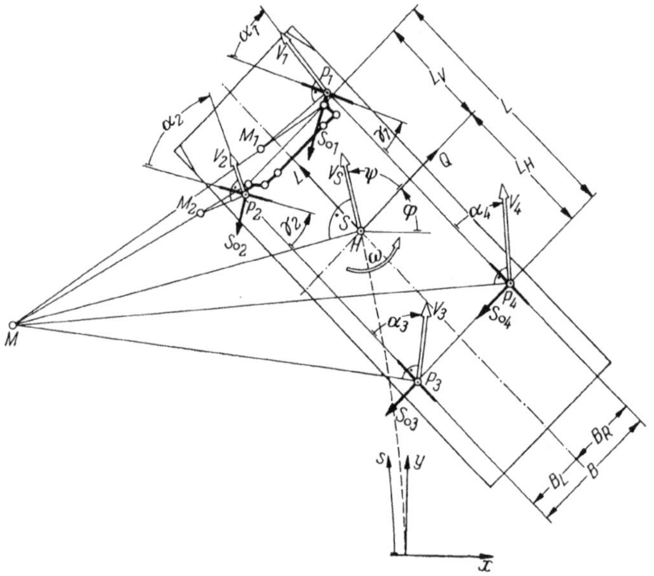

Bild 1. Schema des Fahrzeugersatzsystems

Hier bedeuten $i = 1, 2, 3, 4$ den Radindex, m die Fahrzeuggesamtmasse, V_S die Schwerpunktsgeschwindigkeit des Wagens, $\omega = \dot{\varphi}$ die Winkelgeschwindigkeit und i_H den Trägheitsradius des Fahrzeuges um die Hochachse durch den Schwerpunkt. φ_L ist der Einschlagwinkel des Lenkrades und γ_i sind die zugehörigen Radeinschlagwinkel der Räder mit $\gamma_3 = \gamma_4 \equiv 0$. L bezeichnet den Radstand, $\beta_0, \bar{\beta}_i, \lambda_i$ sind geometrische Fahrzeugparameter und V_{iQ_i} ist die Komponente der Radmittelpunktsgeschwindigkeit V_i normal zur jeweiligen Felgenebene. Die Komponenten V_{iQ_i} sind ebenso wie die Schräglaufwinkel α_i Funktionen der geometrischen und kinematischen Größen ψ, φ_L bzw. V_S, ω, $\dot{\varphi}_L$. Sie sind, zusammen mit dem veränderlichen Massenträgheitsmoment $I_{L\,red}$ und dem veränderlichen Moment $M_{L\,red}$ der Zahnstangenlenkung, in [2] angegeben.

Bei Unterdrückung von Vertikal-, Kipp- und Rollschwingungen des Wagenaufbaues durch entsprechend hohe Dämpfung und Annahme einer linearen Federung der Räder gilt weiters

$$\sum_{i=1}^{4} P_i = m\, g \qquad \sum_{i=1}^{4} \varkappa_i P_i = 0$$

$$\sum_{i=1}^{4} \{\lambda_i P_i - \operatorname{sign}(V_{iQ_i})\, P_i\, \mu_{0s}(\alpha_i, P_i)\, h_0 \sin\gamma_i\} = 0 \qquad (3)$$

$$\sum_{i=1}^{4} \{\beta_0 \beta_i P_i - \operatorname{sign}(V_{iQ_i})\, P_i\, \mu_{0s}(\alpha_i, P_i)\, h_0 \cos\gamma_i\} = 0$$

Hier sind λ_i, β_i, β_0, h_0 geometrische Parameter und $\varkappa_i$ Federungskoeffizienten. Das nichtlineare System (3) liefert durch iterative Auflösung die zu jedem Bewegungszustand des Fahrzeuges gehörigen Aufstandskräfte P_1 bis P_4. Durch Integration des nichtlinearen Systems (2) ergibt sich der Bewegungsablauf und damit der zeitliche Verlauf der gesuchten Radaufstandskräfte und Seitenkräfte über Gl. (1).

Als Beispiel sei die Schleuderbewegung eines Personenkraftwagens auf trockener Fahrbahn mit den Anfangsbedingungen $V_{S_0} = 40$ km/h, $\omega_0 = 2{,}13\, s^{-1}$, $\varphi_0 = \psi_0 = 45°$ und $\varphi_{L0} = 0°$ zur Zeit $t = 0$ untersucht. Die

Integration der Bewegungsgleichungen erfolgte numerisch. Bild 2 zeigt den Verlauf der Schräglaufwinkel und Bild 3 den zugehörigen Verlauf der Radaufstandskräfte an den vier Rädern. Die bei t^* auftretenden Knicke der Linien sind durch die stoßartige Einschlagbegrenzung des Lenkungssystems bedingt. Durch den Rücklauf der Lenkung geht die Fahrzeugbewegung schließlich in eine Translation über, die Schräglaufwinkel verschwinden und die Aufstandskräfte erreichen ihre statischen Werte. In der Anfangsphase der Schleuderbewegung tritt am Rad 1 eine starke Überlastung (etwa 20% über die Betriebstragfähigkeit) bei gleichzeitig hohem Schräglauf auf. Wie Bild 4 zeigt, hat dieses Rad zugleich eine hohe Seitenkraft zu übertragen, was unter Umständen zu einer Beschädigung des Reifens (z. B. Entlüftung) führen kann, wodurch der nachfolgende Bewegungsablauf stark beeinflußt würde. Dies ist besonders bei der Rekonstruktion von Verkehrsunfällen zu beachten.

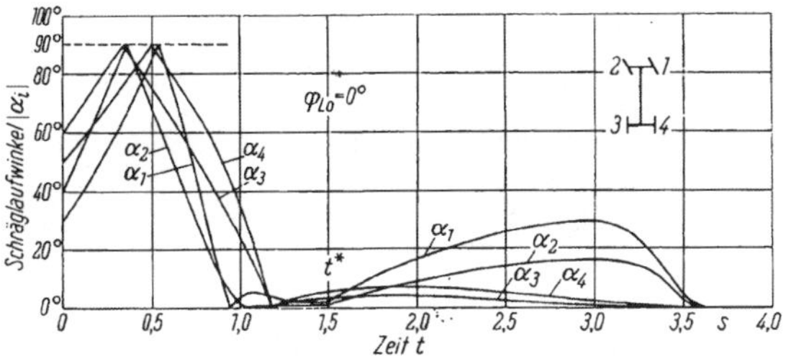

Bild 2. Verlauf der Schräglaufwinkel an den Rädern 1 bis 4 mit $0 \leq |\alpha_i| \leq \pi/2$

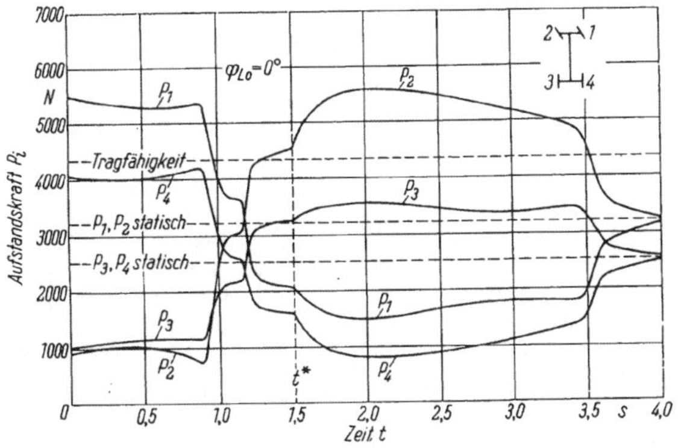

Bild 3. Zeitlicher Verlauf der Radaufstandskräfte

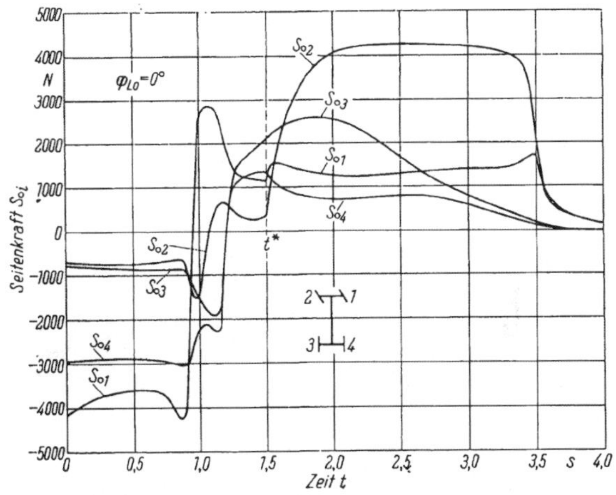

Bild 4. Zeitlicher Verlauf der Radseitenkräfte

Literatur

1 Böhm, F., Zur Mechanik des Luftreifens. Habilitationsschrift, T. H. Stuttgart, 1966.

2 Springer, H., Über den Einfluß des Lenkungssystems auf allgemeine ebene und dissipative Bewegungen eines Kraftfahrzeuges. Vehicle System Dynamics, Vol. 2, Nr. 2, June 1973, S.93–115.

Anschrift: Dipl. Ing. Dr. Helmut Springer, Technische Hochschule, A-1040 Wien, Karlsplatz 13, Österreich

ZAMM 54, T 177 – T 179 (1974)

H. Troger

Zur Einteilung von Sprungeffekten in mechanischen Systemen

Sprunghaftes, unstetiges Verhalten von gesteuerten mechanischen Systemen ist wohlbekannt und in vielen speziellen Untersuchungen behandelt worden. Für Gradientensysteme wurde von R. Thom [1] eine allgemeine Theorie zur Beschreibung der Morphologie des Systems gegeben. Er hat gezeigt, daß für solche Systeme, die durch eine Potentialfunktion V bestimmt sind, für einen 4-dimensionalen Parameterraum (Steuerraum) nur 7 Arten von Verzweigungsmöglichkeiten, die durch 7 spezielle Singularitäten gegeben sind, existieren.

Für die Anwendung auf mechanische Systeme wird nun ein Spezialfall, nämlich die Abhängigkeit des Systems von einem 2-dimensionalen Parameterraum (Steuerebene) betrachtet.

Es gilt dann der folgende (R. Thom, [2], [3])

Satz: *Ist der Steuerraum 2-dimensional, das Systemverhalten im R^n darstellbar und eine stabile Potentialfunktion $V: R^{n+2} \to R$, die das System beschreibt, gegeben, dann erhält man für die Menge der Gleichgewichtslagen des Systems eine Fläche F im R^{n+2}, und die einzigen Singularitäten, die bei der Projektion von F in die Steuerebene* *auftreten können, sind Faltenkurven und Spitzenpunkte. Lokal kann dann* V *durch* $V = V_0 + Q(x_2, \ldots, x_n)$ *dargestellt werden, wobei* Q *eine nichtdegenerierte quadratische Form und* V_0 *eines der beiden folgenden Polynome ist:*

$$\frac{x^3}{3} + a\,x \quad \text{oder} \quad \frac{x^4}{4} + a\frac{x^2}{2} + b\,x\,.$$

a, b *sind von den Parametern (Steuergrößen) abhängig.*

Ist z. B. wie in den folgenden Anwendungen $n = 1$, so ergibt sich

$$V = V_0 = \frac{x^4}{4} + a\frac{x^2}{2} + b\,x \qquad \text{und mit} \qquad \frac{d}{dx}(V_0) = 0 \text{ die Fläche}$$

$$x^3 + a\,x + b = 0 \quad \text{im} \quad R^3\,. \tag{1}$$

Die Gestalt dieser Fläche wird nun am Problem des Durchschlagens eines Stabwerkes (Bild 1) untersucht. Die Parameter sind hier die Belastung P und der Winkel α_0. Der Systemzustand wird durch den Winkel α festgelegt. Die der Gleichung (1) entsprechende Beziehung kann [4] entnommen werden und lautet

$$\alpha^3 - \alpha_0^2\alpha + \frac{P}{E\,F} = 0\,. \tag{2}$$

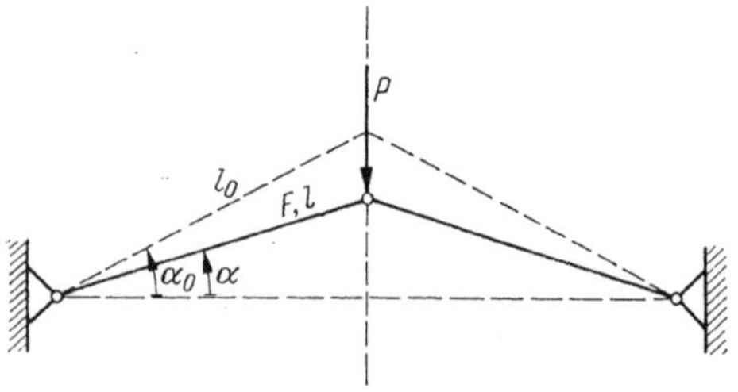

Bild 1. Zweistabsystem

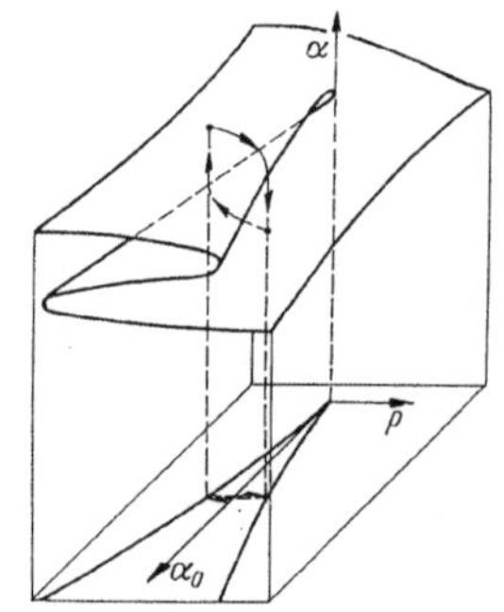

Bild 2. Fläche der Gleichgewichtslagen des Zweistabsystemes im R^3

In Bild 2 ist diese Fläche der Gleichgewichtslagen über der Parameterebene dargestellt. Die Menge der Punkte auf der Fläche, für die das sprunghafte Durchschlagen eintritt, ist die Kurve

$$3\,\alpha^2 - \alpha_0^2 = 0\,. \tag{3}$$

Die Form des Verzweigungsbereiches in der Parameterebene (Faltenkurven mit Spitzen) erhält man durch Elimination von α aus (2) und (3) zu

$$P = \pm\frac{2\,E\,F\,\alpha_0^3}{3\sqrt{3}}\,. \tag{4}$$

Dieselbe Fläche erklärt lokal auch das Verhalten der eingeschwungenen Amplitudenwerte der durch eine periodische Erregerkraft $S\cos\nu t$ erzwungenen Schwingungen einer Einzelmasse bei Zugrundelegung einer nichtlinearen Federkennlinie und schwacher Dämpfung. Aus

$$\ddot{x} + \varepsilon\,k\,\dot{x} + \omega^2\,x + \varepsilon\,x^3 = \varepsilon\frac{S}{m}\cos\nu t \tag{5}$$

folgt mit $\varepsilon \ll 1$, $k = O(\varepsilon)$ und dem Ansatz

$$x = A\cos\nu t + \varepsilon\,\xi(t) \tag{6}$$

für die Amplitude A die der Gleichung (1) entsprechende Beziehung

$$\frac{3}{4}A^3 - 2\,\omega\,\Omega\,A - \frac{S}{m} = 0\,, \tag{7}$$

in der noch ν in der Umgebung der Eigenfrequenz ω des linearen Schwingers durch $\nu = \omega + \varepsilon\,\Omega$ entwickelt wurde. (In Bild 2 ist nun A anstelle von α und S und Ω anstelle von α_0 und P aufzutragen.)

Studiert man die ebene Bewegung eines Pendels mit periodisch erregtem Aufhängepunkt, das noch einem zusätzlichen periodisch schwankenden Magnetfeld ausgesetzt ist (Bild 3), so lautet die Bewegungsgleichung:

$$m\,l^2\,\ddot{\varphi} + D\dot{\varphi} + (m\,g\,l + m\,a\,l\,\nu^2\cos\nu t)\sin\varphi = F_0\,l\cos\Omega\,t\,. \tag{8}$$

Setzt man voraus, daß $a/l \ll 1$ und $\Omega/\nu \ll 1$ sind, liefert das Verfahren der Mittelung nach [5] und [6]

$$\Phi'' + d\Phi' + \left(\lambda + \frac{1}{2}\gamma^2\cos\Phi\right)\sin\Phi = f\cos\frac{\Omega}{\nu}\tau \tag{9}$$

mit

$$\tau = \nu t, \quad f = \frac{F_0}{m\,l\,\nu^2}, \quad \lambda = \frac{g}{l\,\nu^2}, \quad \gamma = \frac{a}{l} \quad \text{und} \quad d = \frac{D}{m\,l^2\,\nu}.$$

Der Zusammenhang zwischen φ und Φ ist durch

$$\varphi = \Phi - \frac{a}{l} \sin \tau \sin \Phi \tag{10}$$

gegeben ([5]). $\Phi = \pi$ liefert mit (10) $\varphi = \pi$ und ist eine Lösung für die homogene Gleichung (9). Führt man mit $\psi = \Phi - \pi$ eine neue Veränderliche ein, die von der vertikalen, aufgerichteten Pendelstellung aus gemessen wird, so erhält man

$$\psi'' + d\psi' + \left(\frac{\gamma^2}{2} \cos \psi - \lambda\right) \sin \psi = f \cos \frac{\Omega}{\nu} \tau. \tag{11}$$

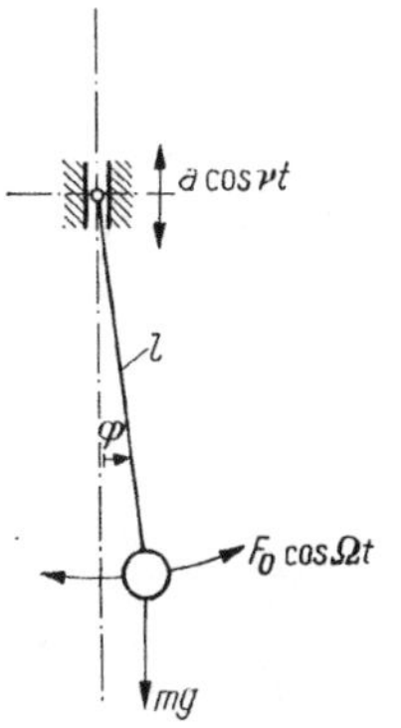

Bild 3. Pendel mit periodisch erregtem Aufhängepunkt in einem periodisch schwankenden Magnetfeld

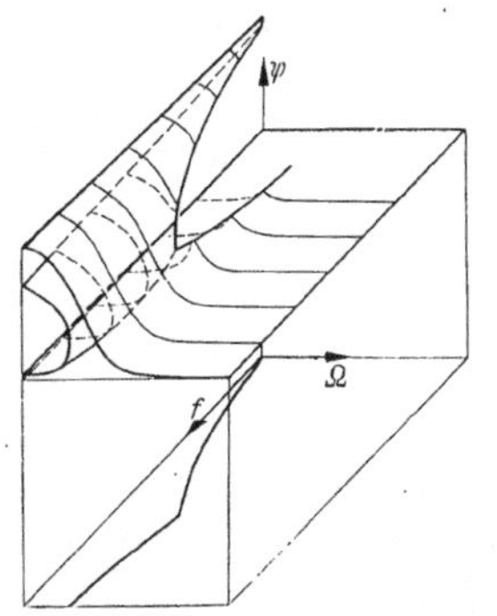

Bild 4. Amplitudenfläche der stationären Bewegung des Pendels um die vertikale, aufgerichtete Gleichgewichtslage

Linearisiert man in (11) und setzt $f = 0$, ergibt sich für die Stabilität der aufgerichteten Gleichgewichtslage die Bedingung für λ und γ, die auch die Kurve C_0 der Struttschen Karte liefert ([7]). Die nichtlineare Gleichung (11) erlaubt nun für Werte f und Ω ungleich null z. B. mit Hilfe des A-Kurven Verfahrens ([8]) die Bewegung des Pendels, um die aufgerichtete Gleichgewichtslage zu untersuchen. Für einen festen Wert von ν ist in Bild 4 die stationäre Amplitude ψ über f und Ω aufgetragen. In der Parameterebene ist die zugehörige Verzweigungslinie eingetragen. Beim Überschreiten der Verzweigungslinie können nun Sprünge im Amplitudenverhalten zum Umkippen des Pendels führen.

Literatur

1 Thom, R., Topological models in biology, Topology 8, S. 313–335 (1969).
2 Zeeman, E. C., Lectures on Dynamical Systems, Summer College on Global Analysis, Triest 1972.
3 Jänich, K., Lectures on Catastrophe Theory, Summer College on Global Analysis, Triest 1972.
4 Parkus, H., Mechanik fester Körper, Springer, Wien 1966, S. 273.
5 Bogoliubov, N. N., Mitropolski, Y. A., Asymptotic Methods in the Theory of Non-Linear Oscillations, Gordon and Breach, New York 1961, S. 406 und 407.
6 Sethna, P. R., An extension of the method of averaging, Q. Appl. Math. 25, S. 205–211 (1967).
7 Magnus, K., Schwingungen, Teubner, Stuttgart 1961, S. 139.
8 Magnus, K., Über ein Verfahren zur Untersuchung nichtlinearer Schwingungs- und Regelungssysteme, VDI-Forschungsheft 451 (1955).

Anschrift: Dipl. Ing. Dr. Hans Troger, II. Institut für Mechanik, Technische Hochschule Wien, A 1040 Wien, Karlsplatz 13, Österreich

ANGEWANDTE ANALYSIS UND MATHEMATISCHE PHYSIK

ZAMM 54, T 180 – T 181 (1974)

W. F. AMES*) **) / E. ADAMS*) ***)

A Family of Exact Solutions for Laminar Boundary Layer Equations

Only a comparatively few nontrivial exact solutions of the laminar boundary layer equations for two dimensional isothermal steady motion of incompressible media are published. Most of the known solutions, as presented in [2], [3], [4], [6], [7], [8] (see also [5] for a comprehensive review of the mathematical theory), are similar (invariant) solutions. Herein a closed-form ad hoc exact solution of the classical PRANDTL–VON MISES form of the differential equation is constructed (for other techniques see [1]), containing two free parameters and one arbitrary function.

With u, Ψ, p, and x denoting velocity component parallel to the wall, stream function, pressure and coordinate parallel to the wall, respectively, the PRANDTL–VON MISES version of the dimensionless boundary layer equations has the form

$$u\,u_x + p_x = u\,(u\,u_\Psi)_\Psi\,. \tag{1}$$

When the ad hoc form (this is not similar unless further restrictions are imposed)

$$u = f(x) + g(x)\,\Psi^a + h(x)\,\Psi^b \tag{2}$$

is substituted into (1), a solution is possible for $a = 2$, $b = 0$, and $a = 2$, $b = 1$. That these cases are closely related will become clear in the sequel. Using the second set of values the following five equations result:

$$g\,g' = 6\,g^3\,,\quad (g\,h)' = 12\,h\,g^2\,,\quad \left(f\,g + \frac{h^2}{2}\right)' = (8\,f\,g^2 + 7\,h^2\,g)\,,\quad (f\,h)' = (h^3 + 8\,f\,g\,h)\,, \tag{3}$$

$$p' + f\,f' = (2\,f^2\,g + h^2\,f)\,. \tag{4}$$

Upon introducing the arbitrary constants A, C and D, where appropriate, integrations yield

$$g(x) = (C - 6\,x)^{-1},\quad h(x) = D\,g(x) \tag{5}$$

since $g(x) = 0$ is trivial. It follows that the third and the fourth differential equation in (3) reduce to the same equation

$$\frac{d(f\,g)}{dx} = 8\,f\,g^2 + D^2\,g^3 \quad \text{or} \quad f' - 2\,f\,g = D^2\,g^2\,. \tag{6}$$

The general solution of (6) is

$$f(x) = A\,(C - 6\,x)^{-1/3} + (C - 6\,x)^{-1}\,D^2/4\,. \tag{7}$$

Lastly, (4) is employed to determine the pressure

$$p(x) = p_0\,,\quad p_0 = \text{const.} \tag{8}$$

Summarizing, the ad hoc solution of (1) is

$$u(x, \Psi) = (C - 6\,x)^{-1/3}\,[A + (C - 6\,x)^{-2/3}\,(\Psi + D/2)^2] \tag{9}$$

which is clearly of similar form. Since $D = 0$ implies $h(x) = 0$ it follows that $a = 2$, $b = 0$ is a special case of $a = 2$, $b = 1$. Boundary layer theory and the VON MISES transformation require that $u \geqq 0$ or $u \leqq 0$.

For definiteness attention is focused on the quarter plane $x > 0$, $y > 0$. To avoid the singularity on $x > 0$ select $C = 0$ and the negative real root of $(-1)^{1/3}$. For $C = L > 0$ no solution is obtained. Since $u = \delta\Psi/\delta y$,

$$\partial\Psi/\partial y + (6\,x)^{-1/3}\,[A + (6\,x)^{-2/3}\,(\Psi + D/2)^2] = 0 \tag{10}$$

must be solved, which is integrated without difficulty for Ψ.

Case 1: All real D, $A > 0$: Here

$$\Psi(x, y) = -\,D/2 + A^{1/2}\,(6\,x)^{1/3}\,\frac{1 - \alpha(x)\tan[\beta(x)\,y]}{\alpha(x) + \tan[\beta(x)\,y]}\,, \tag{11}$$

*) Institut für Angewandte Mathematik der Universität Karlsruhe
**) On leave from the University of Iowa, Iowa City, Iowa, U.S.A.
***) Institut für Angew. Mathematik und Mechanik der DFVLR, Freiburg i. Br.

where $\beta(x) = A^{1/2}\,(6\,x)^{-2/3}$ and $\alpha(x)$ is an arbitrary continuously differentiable function. From (11)

$$u(x, y) = -\frac{A(6\,x)^{-1/3}\,[1+\alpha^2(x)]\sec^2[\beta(x)\,y]}{[\alpha(x) + \tan[\beta(x)\,y]]^2} < 0\,. \tag{12}$$

This solution is of little interest in applications since u oscillates as function of y and $\lim_{y\to\infty} u(x, y)$ does not exist. To show that (12) is similar rewrite it as

$$\begin{aligned} u &= -A(6\,x)^{-1/3}\,[\sin k(x)\cos\beta(x)\,y + \cos k(x)\sin\beta(x)\,y]^{-2} = \\ &= -A(6\,x)^{-1/3}\,\{\sin[\beta(x)\,(y + K\,(x))]\}^{-2}\,, \end{aligned} \tag{13}$$

where $\beta(x)\,K(x) = k(x)$ and $\sin k(x) = \alpha(x)\,[1 + \alpha^2(x)]^{-1/2}$. If $u(x, y)$, $v(x, y)$ are solutions of the boundary layer differential equations only, PRANDTL already knew that

$$\bar{u}(x, y) = u(x, y + \eta(x)),\ \ \bar{v}(x, y) = v(x, y + \eta(x)) - \eta'(x)\,u(x, y + \eta(x)), \tag{14}$$

where η is an arbitrary once differentiable function, are also solutions of the differential equations. From the first of these it follows that (13) is similar.

Case 2: All real D, $A < 0$: By use of $\alpha(x)$ free positive and once differentiable,

$$\Psi = \left\{\left[(-A)^{1/2}\,R(x) - \frac{D}{2}\right] - \alpha(x)\left[(-A)^{1/2}\,R(x) + \frac{D}{2}\right]Q(x, y)\right\}[1 + \alpha(x)\,Q(x, y)]^{-1}\,, \tag{15}$$

$$u = 4\,(-A)\,\alpha(x)\,Q(x, y)\,\{R(x)\,[1 + \alpha(x)\,Q(x, y)]^2\}^{-1}\,,\quad u \geqq 0\,, \tag{16}$$

$$\begin{aligned} v = 2\,(-A)^{1/2}\,\{&[8\,(-A)^{1/2}\alpha(x)\,y\,R^{-2}(x) + 6x\alpha'(x)]\,Q(x, y) + [\alpha(x)\,Q(x, y)]^2 - 1\}\times \\ &\times R^{-2}(x)\,[1 + \alpha(x)\,Q(x, y)]^{-2}\,, \end{aligned} \tag{17}$$

where $R(x) = (6\,x)^{1/3}$ and $Q(x, y) = \exp[-2\,(-A)^{1/2}\,y\,R^{-2}(x)]$. Clearly $u(0, y) = 0$, $\lim_{y\to\infty} u(x, y) = 0$,

$$u(x, 0) = 4\,(-A)\,\alpha(x)\,\{R(x)\,[1 + \alpha(x)]^2\}^{-1}\,,\ v(x, 0) = (-A)^{1/2}\,\frac{6\,x\alpha' + \alpha^2 - 1}{R^2(x)\,[1 + \alpha(x)]^2} \tag{18}$$

so that both velocity components are non-zero at the wall provided $\alpha(x) \neq 0$ and $6\,x\alpha'(x) + \alpha^2(x) \neq 1$. To interpret these results in the framework of boundary layer theory note that $\lim_{y\to\infty} u = 0$ implies that p can be at most constant. Several physical interpretations are possible. First, blowing or suction at an angle; second, $u(x, 0)$ may be interpreted as the velocity of a moving wall. If $u(x, 0) = u_0 = \text{const} > 0$, then $\alpha(x)$ must satisfy

$$\alpha^2 + \left[2 - \frac{4\,(-A)}{u_0\,R(x)}\right]\alpha + 1 = 0\,,\quad \text{i. e.,}\ \ \alpha \sim x^{-1/3} > 0 \text{ and } v(x, 0) \sim x^{-2/3} > 0 \text{ as } x \to 0\,. \tag{19}$$

That (19) is similar follows by an argument analogous to that presented in case 1.

Case 3: $D = A = 0$: Here

$$\Psi = \frac{6\,x}{y + \alpha(x)}\,,\qquad u(x, y) = -\frac{6\,x}{[y + \alpha(x)]^2}\,,\qquad v(x, y) = \frac{6\,(x\alpha'(x) - \alpha(x) - y)}{[y + \alpha(x)]^2} \tag{20}$$

and $p(x) = p_0$. Again, $\alpha(x)$ is arbitrary non-negative and once differentiable. The similar nature of u is obvious, also $u(x, 0) = -6\,x\alpha^{-2}(x) < 0$, $\lim_{y\to\infty} u = 0$, $v(x, 0) = -6\,\partial(x/\alpha)/\partial x$. As in case 2, physical interpretations are possible. For a plate moving with a constant velocity $-u_0 < 0$, $\alpha(x) = (6\,x/u_0)^{1/2}$, whereupon $v(x, 0) = -(3\,u_0/(2\,x))^{1/2}$ represents suction at the wall. Suction or blowing at an angle is also possible. From (20) it is seen that $v(x, 0) = 0$ when $\alpha(x) = E\,x$ for $E = \text{const}$. In such a case, $u(x, 0) = -\dfrac{6}{E^2\,x}$.

Acknowledgement: The authors are indebted to Prof. K. NICKEL for suggesting that these solutions were similar.

References

1 AMES, W. F., Ad hoc methods for nonlinear partial differential equations, Appl. Mech. Rev. 25, S. 1021–1031 (1972).
2 GLAUERT, M. B., On laminar wall jets, S. 72–78 in Grenzschichtforschung, Herausg.: H. Görtler, Berlin-Göttingen-Heidelberg, 1958, Springer; see also: The wall jet, J. Fluid Mech 1, S. 625–643 (1956).
3 LOITSIANSKI, L. G., Laminare Grenzschichten, Akademie-Verlag, Berlin 1967.
4 PUNNIS, B., Zur Differentialgleichung der Plattengrenzschicht von Blasius, Arch. Math. 7, S. 165–171 (1956).
5 NICKEL, K., Prandtl's boundary layer theory from the viewpoint of a mathematician, Annual Review of Fluid Mechanics, S. 405–428 (1973).
6 ROSENHEAD, L., (Herausg.), Laminar Boundary Layers, Oxford Univ. Press, London 1963.
7 SCHLICHTING, H., Boundary Layer Theory, 6. Aufl., McGraw-Hill, New York 1968.
8 WALTER, W., On the asymptotic behavior of solutions of the Prandtl boundary layer equations, Indiana Math. J. 20, S. 829 bis 841 (1971).

Anschriften: Prof. W. F. AMES, 350 Hutchinson Ave., Iowa City, Iowa 52240, U.S.A.
Prof. E. ADAMS, 7501 Etzenrot, Sonnenweg 7, BRD

ZAMM 54, T 182 – T 183 (1974)

H. Antes*)

Plattenberechnung mit Fundamental-Splinefunktionen

1. Einleitung

Die Berechnung der Biegung einer Platte über das Minimalfunktional für die potentielle Energie in der Formulierung mit Verschiebungen ist seit langem bekannt [2].

Zur numerischen Lösung mit Hilfe des Ritzschen Verfahrens ist es notwendig, Basisfunktionen zu haben, die die jeweiligen Randbedingungen und Stetigkeitsanforderungen im Innern erfüllen. Beides ist besonders einfach mit den sogenannten Fundamental-Splinefunktionen [1] möglich. Außerdem haben die sich ergebenden Matrizen, ähnlich dem Verfahren der Finiten Elemente [4] vorteilhafte Bandstruktur.

2. Die Fundamental-Splinefunktion und die Basisfunktionen

Für streng monoton wachsende $n + 1$ Punkte

$$x_j < x_{j+1} < \cdots < x_{j+n}$$

wird mit der abgebrochenen Potenzfunktion

$$x_+^{n-1} = \begin{cases} x^{n-1} & \text{für } x \geqq 0 \\ 0 & \text{für } x < 0 \end{cases}$$

und der Abkürzung $p(x) = (x - x_j)(x - x_{j+1}) \cdots (x - x_{j+n})$

$$M_n(x; x_j, x_{j+1}, \ldots, x_{j+n}) = \sum_{i=j}^{n+j} \frac{n\,(x_i - x)_+^{n-1}}{p'(x_i)}$$

definiert. Sie läßt sich leicht nach den Regeln für dividierte Differenzen [3] aus

$$M_n(x; x_i) = n\,(x_i - x)_+^{n-1}$$

bestimmen und auch entsprechend für α_i-fache Punkte x_i unter der Einschränkung $x_j < x_{j+n}$ verallgemeinern. Die sich danach zu s Punkten $x_1 \leqq x_2 \leqq \cdots \leqq x_s$ ergebenden $s - n$ verschiedenen Fundamental-Splinefunktionen

$$M_j(x) := M_n(x; x_j, \ldots, x_{j+n}), \quad j = 1, 2, \ldots, s - n$$

haben folgende wichtige Eigenschaften:

a) $M_n(x; x_j, x_{j+1}, \ldots, x_{j+n}) = 0$ für $x \notin (x_j, x_{j+n})$

b) $M_n(x; x_j, x_{j+1}, \ldots, x_{j+n}) \in C^{n-1-\alpha_i}$ in der Umgebung von $x = x_i \in \{x_j, \ldots, x_{j+n}\}$

c) Ist die Vielfachheit α von x_j kleiner oder gleich $n - 1$, gilt für $0 \leqq l \leqq n - 1 - \alpha$

$$M_n^{(l)}(x_j; x_j, x_j, \ldots, x_{j+n-1}, x_{j+n}) = 0$$

d) Ist die Vielfachheit α von x_j gleich n, sind die rechtsseitigen Grenzwerte,

$$\lim_{\varepsilon \to 0} \frac{d^l}{dx^l} M_j(x) \bigg|_{x = x_j + \varepsilon} = (-1)^l \frac{n!}{(n-1-l)!} (x_{j+n} - x_j)^{-(1+l)}, \qquad l = 0, 1, \ldots, n - 1.$$

Die Eigenschaften der zweidimensionalen Basisfunktionen

$$M_{nm}^{ij}(x, y) := M_n(x; x_i, \ldots, x_{i+n})\, M_m(y; y_j, \ldots, y_{j+m})$$

ergeben sich wegen ihrer Definition als Produkt von Fundamental-Splinefunktionen sofort aus obigen Ausführungen.

3. Die Wahl der Ansatzfunktionen bei verschiedenen Randbedingungen

Eine dünne Platte unter der Normalbelastung $q(x, y)$ erfährt eine Verschiebung $w(x, y)$ der Mittelebene, die man als die Funktion erhält, die dem Funktional

$$F(w) = \iint_B \left(w_{xx}^2 + 2\,\nu\, w_{xx}\, w_{yy} + w_{yy}^2 + 2\,(1 - \nu)\, w_{xy}^2 - \frac{2q}{D} w \right) df$$

ein Minimum gibt. Dabei bedeutet D die Steifigkeit und ν die Poissonsche Zahl der Platte.

*) Lehrstuhl für Mechanik II der Ruhr-Universität Bochum.

Eine feste Einspannung des Plattenrandes S wird wiedergegeben durch die wesentlichen Randbedingungen

$$w|_S = 0 \quad \text{und} \quad \left.\frac{\partial w}{\partial n}\right|_S = 0 .$$

Außerdem ist an der Einspannung Biegemoment und Querkraft von Null verschieden. Die Erfüllung dieser Bedingungen fordert nach c) sofort für Randpunkte die Vielfachheit $n - 2$ bzw. $m - 2$, also bei bikubischem Ansatz Vielfachheit zwei.

Freie Auflagerung hat nur die eine wesentliche Randbedingung

$$w|_S = 0$$

während das Verschwinden des Biegemoments am Rand S eine natürliche Bedingung darstellt [2]. Notwendig ist hierfür also die Vielfachheit $n - 1$ und $m - 1$ bzw. drei.

An freien Rändern unterliegen die Ansatzfunktionen keiner Einschränkung, da das Verschwinden von Biege- und Torsionsmoment sowie Querkraft natürliche Bedingungen sind. Daraus folgt nach c) bei einem freien Rand z.B. $x = x_R$ die Vielfachheit n für x_R.

4. Die finiten Gleichungen und Ergebnisse

Bei Rechteckplatten liefert der RITZansatz

$$w_{NM}(x, y) = \sum_{i,j} c_{ij} M_i(x) M_j(y)$$

über die notwendige Bedingung für ein Extremum $\dfrac{\partial F}{\partial c_{kl}} = 0$ das Gleichungssystem zur Bestimmung der Konstanten c_{ij} $(i, k = 1, 2, \ldots, s - n;\ j, l = 1, 2, \ldots, t - m)$:

$$\sum_{i,j} c_{ij} \left[D_{ik}^{sn} A_{jl}^{tm} + \nu \left(C_{ik}^{sn} C_{lj}^{tm} + C_{ki}^{sn} C_{jl}^{tm}\right) + A_{ik}^{sn} D_{jl}^{tm} + 2(1-\nu) B_{ik}^{sn} B_{jl}^{tm}\right] = p_{kl}$$

Dabei bedeutet

$$A_{ik}^{sn} = \int_{x_i}^{x_{i+n}} M_i(x) M_k(x)\, dx; \qquad B_{ik}^{sn} = \int_{x_i}^{x_{i+n}} M_i'(x) M_k'(x)\, dx$$

$$C_{ik}^{sn} = \int_{x_i}^{x_{i+n}} M_i(x) M_k''(x)\, dx; \qquad D_{ik}^{sn} = \int_{x_i}^{x_{i+n}} M_i''(x) M_k''(x)\, dx$$

und

$$p_{kl} = D^{-1} \int_{y_l}^{y_{l+m}} \int_{x_k}^{x_{k+n}} q(x, y) M_k(x) M_l(y)\, dx\, dy .$$

Dies läßt sich zusammenfassen zu einer Übermatrixgleichung, die ebenso wie ihre Untermatrizen

$$\boldsymbol{K}_{ik} = D_{ik}^{sn} \boldsymbol{A}_{lm} + \nu \left(C_{ik}^{sn} \boldsymbol{C}^T + C_{ik}^{sn} \boldsymbol{C}\right) + A_{ik}^{sn} \boldsymbol{D} + 2(1-\nu) B_{ik}^{sn} \boldsymbol{B}$$

Bandstruktur besitzt.

Die Erprobung bei einer quadratischen Platte der Seitenlänge a mit gegenüberliegenden eingespannten bzw. frei gestützten Rändern ergab bei konstanter Last bzw. bei einer Einzellast in der Mitte gut konvergierende Werte, z.B.:

		Konstante Last			Einzellast		
Unterteilung		$a/4$	$a/6$	$a/8$	$a/4$	$a/6$	$a/8$
$w\left(\frac{a}{2}, \frac{a}{2}\right)$	$\frac{p\,a^4}{N} 10^{-3}$	1,9149	1,9167	1,9170	6,869	6,965	6,998
$w\left(\frac{a}{4}, \frac{a}{2}\right)$	$\frac{p\,a^4}{N} 10^{-3}$	1,1148	—	1,1165	3,2373	—	3,2517

Literatur

1 CURRY, H. B., SCHOENBERG, I. J., On Polya Frequency Functions, IV, The Fundamental Spline Functions and their Limits, J. Analyse Math. 17, 71—107 (1966).
2 MICHLIN, S. G., Variationsmethoden der mathematischen Physik, Akademie Verlag, Berlin 1962.
3 SAUER, R., SZABO, I., Mathematische Hilfsmittel des Ingenieurs III, Springer Verlag 1968.
4 ZIENKIEWICZ, O. C., The Finite Element Method in Structural and Continuum Mechanics, MacGrw-Hill, London 1967.

Anschrift: Dr. H. ANTES, 463 Bochum, Hustradtring 151, BRD

ZAMM 54, T 184 – T 185 (1974)

E. Bohl

Iterative Behandlung diskreter „elliptischer“ Probleme: Konvergenz und Fehlerabschätzung

1. Es sei $m \in \mathbb{N}$. Die i-te Komponente eines Vektors $t \in \mathbb{R}^m$ bezeichnen wir mit t_i. Seien $t, s \in \mathbb{R}^m$, so definieren wir $t \leqq s$, $|t| \in \mathbb{R}^m$, sign $(t) \in \mathbb{R}^m$ komponentenweise durch

$$t_i \leqq s_i, \; |t|_i = |t_i|, \quad \text{sign}\,(t)_i = \text{sign}\,(t_i) \quad (i = 1, \ldots, m).$$

2. Vorgelegt sei ein Gleichungssystem der Form

$$A\,t = x(t) \tag{G}$$

in $\mathbb{R}^m$. Dabei sei A eine reelle $(m \times m)$-Matrix, deren Elemente A_{ij} die Ungleichungen $A_{ij} \leqq 0$ $(i \neq j)$, $A_{ii} > 0$ $(i, j = 1, \ldots, m)$ erfüllen; man nennt A eine *L-Matrix*. Das Feld x bilde $\mathbb{R}^m$ in sich ab, und es existiere eine reelle $(m \times m)$-Matrix P mit nichtnegativen Elementen P_{ij}, so daß

$$|x(t) - x(s)| \leqq P\,|t - s| \quad \text{für} \quad t, s \in \mathbb{R}^m$$

besteht; man nennt x ein *P-beschränktes Feld auf* $\mathbb{R}^m$.

Gleichungssysteme der Art (G) mit den soeben beschriebenen Voraussetzungen für die Matrix A treten bekanntlich als diskrete Analoga gewöhnlicher und partieller elliptischer Randwertaufgaben auf (vgl. etwa [2], [3]).

3. Zur numerischen Behandlung von (G) betrachten wir Iterationsverfahren der Gestalt

$$B(t^n - t^{n+1}) = A\,t^n - x(t^n)\,, \quad t^0 \in \mathbb{R}^m \tag{I}$$

mit einer reellen $(m \times m)$-Matrix B derart, daß $A = B - (B - A)$ eine reguläre Zerlegung von A liefert. Dies bedeutet, daß B invertierbar ist und daß die Matrizen B^{-1} und $B - A$ lauter nichtnegative Elemente besitzen. Wir wollen B dann kurz *zulässig* nennen. B heiße *konvergent*, falls B zulässig ist und falls die Matrix $B^{-1}(B - A + P)$ einen Spektralradius $\sigma(B^{-1}\,(B - A + P)) < 1$ hat.

4. Die Konvergenz der so definierten Verfahren (I) für die Aufgabe (G) regeln die beiden folgenden Sätze.

Satz 1: *B sei konvergent. Dann konvergiert (I) für jedes $t^0 \in \mathbb{R}^m$ gegen einen Vektor $\bar{t} \in \mathbb{R}^m$, welcher die einzige Lösung von (G) in $\mathbb{R}^m$ ist.*

Satz 2: *Folgende Bedingungen sind äquivalent:*

(I) *$B = A$ ist konvergent;*
(II) *es gibt ein konvergentes B;*
(III) *jedes zulässige B ist konvergent;*
(IV) *$A - P$ besitzt eine Inverse mit lauter nichtnegativen Elementen, oder kürzer: $A - P$ ist eine M-Matrix.*

Dieser Satz besagt speziell, daß sich die zulässigen Matrizen B bezüglich der Konvergenz nicht voneinander unterscheiden. Eine Auszeichnung geschieht erst durch die Feststellung, daß aus dem Bestehen einer der Bedingungen von Satz 2 die Ungleichungen

$$\sigma(A^{-1}\,P) \leqq \sigma(B^{-1}\,(B - A + P)) < 1$$

für jedes B folgen. Orientiert man die Geschwindigkeit von (I) an der Größe von $\sigma(B^{-1}\,(B - A + P))$, so wäre also die Wahl $B = A$ die günstigste. Allerdings kann sich dieses Urteil ändern, wenn man bedenkt, daß das lineare Gleichungssystem, welches in jedem Schritt bei der Vorschrift (I) anfällt, möglichst „einfach“ numerisch lösbar sein sollte. Für den linearen Fall (P = Nullmatrix!) vgl. [3].

5. Für die Angabe einer Fehlerabschätzung werde angenommen, daß mit einem zulässigen B bis zu einem Vektor t^N gemäß (I) gerechnet worden sei.

Satz 3: *Existiert $e \geqq \theta$ mit*

$$\text{sign}\,(|t^{N-1} - t^N|) \leqq \text{sign}\,(B^{-1}\,(A - P)\,e) = \text{sign}\,(e - q)\,, \tag{V}$$

wobei $q = B^{-1}(B - A + P)\,e$ gesetzt ist, so gibt es eine Lösung $\bar{t}$ von (G) *mit*

$$|\bar{t}_i - t_i^N| \leqq q_i \,\text{Max}\left\{\frac{|t_j^{N-1} - t_j^N|}{e_j - q_j}\right\} \qquad (i = 1, \ldots, m)\,,$$

dabei sind bei der Bildung des Maximums alle Indizes j zu berücksichtigen, für welche $q_j < e_j$ gilt.

In [1] sind wir auf die Konstruktion von Vektoren e, welche (V) erfüllen, ausführlich eingegangen. Weitere Methoden werden in [2] auseinandergesetzt. Hier interessiert uns der Zusammenhang von (V) mit den Forderungen (I)—(IV). Dazu gilt der

Satz 4: *Jede der Bedingungen* (I)—(IV) *impliziert die Existenz eines Vektors* $e \geqq \theta$ *mit* (V) *für jedes zulässige* B *und jeden Abbruchvektor* $t^N (N \geqq 1)$. — *Existiert umgekehrt für ein zulässiges* B *und einen Abbruchvektor* $t^N (N \geqq 1)$ *ein* $e \geqq \theta$ *mit* (V), *so besteht jede der Bedingungen* (I)—(IV), *falls entweder* $t_i^{N-1} \neq t_i^N$ $(i = 1, \ldots m)$ *ist oder* $B^{-1}(A - P)$ *nicht zerfällt und gleichzeitig* $t^{N-1} \neq t^N$ *ausfällt.*

Hiernach sind (I)—(V) „im wesentlichen" äquivalente Bedingungen, so daß die Konstruktion eines Vektors $e \geqq \theta$ mit (V) nicht nur die Existenz einer Lösung von (G) zusammen mit einer Fehlerabschätzung liefert, sondern gleichzeitig die Konvergenzfrage für die Verfahren (I) beantwortet.

Weitere Einzelheiten sowie numerische Beispiele und alle Beweise findet der Leser in [2]. An dieser Stelle wird auch darauf hingewiesen, daß man die P-Beschränktheit von x nur auf einer Teilmenge des $\mathbb{R}^m$ annehmen muß, falls die durch (I) konstruierten t^n diese Teilmenge nicht verlassen.

Literatur

1 Bohl, E., Zur Iteration bei nichtlinearen Gleichungssystemen, Comp. 7, S. 53—64 (1971).
2 Bohl, E., Monotonie: Lösbarkeit und Numerik bei Operatorgleichungen, Springer Tracts in Natural Philosophy Bd. 25 (erscheint demnächst).
3 Varga, R., Matrix Iterative Analysis, Prentice Hall 1962.

Anschrift: Prof. Dr. Erich Bohl, Institut für Numerische und instrumentelle Mathematik der Universität, 44 Münster, Roxeler Straße 62 (Mathem. Hochhaus), BRD

ZAMM 54, T 185 – T 186 (1974)

S. Christiansen

On Green's Third Identity as a Basis for Derivation of Integral Equations

Given a *two-dimensional* boundary value problem in a doubly connected region: $u = u(x, y)$, $\Delta u = 0$; $u = u_0$ on the exterior curve Γ_0, $u = u_1$ on the interior curve Γ_1. When u_0 and u_1 are constants Green's third Identity [1] can be used to derive an integral equation [5]

$$\int\limits_{\Gamma_0 \cup \Gamma_1} \psi(\bar{r}) \ln |\bar{r} - \bar{r}_0| \, ds = \begin{Bmatrix} 2\pi (u_1 - u_0), & \bar{r}_0 \in \Gamma_1 \\ 0, & \bar{r}_0 \in \Gamma_0 \end{Bmatrix}, \tag{1}$$

where

$$\psi(\bar{r}) = \frac{\partial u(\bar{r})}{\partial \nu}, \tag{2}$$

is the normal derivative of u on $\Gamma_0 \cup \Gamma_1$. If the *exterior* curve Γ_0 has a certain *critical magnitude* (for a given shape) then the integral equation (1) does not have a unique solution [2], [4], eventhough the boundary value problem has a unique solution.

This peculiarity stems from Green's third Identity [1]: When the integration curve Γ is a circle with radius c, then — using polar coordinates (r, θ), such that $u = u(r, \theta)$ — the identity expresses the function value at the point (R, φ), $0 \leqq R < c$, by means of the boundary values of u and $\partial u/\partial r$ on the circle $r = c$. We assume that these boundary values can be expressed as Fourier-series:

$$u(c, \theta) = a_0 + \sum_{n=1}^{\infty} (\cdots), \qquad \frac{\partial u(c, \theta)}{\partial r} = c^{-1} \left[A_0 + \sum_{n=1}^{\infty} (\cdots) \right]. \tag{3a), (3b}$$

The series (3) are inserted in Green's third Identity [1] written in polar coordinates, and the definite integrals are computed which gives $u(R, \varphi)$ expressed in closed form in terms of the Fourier-coefficients. In this result the limiting process $R \to c$ is carried out, giving

$$\lim_{R \to c} u(R, \varphi) = a_0 - A_0 \ln c + \sum_{n=1}^{\infty} (\cdots). \tag{4}$$

This limiting value must correspond with the boundary value (3a). Comparison gives $A_0 = 0$ *except* when $c = 1$, eventhough separation of variables shows that $A_0 = 0$ for all $c > 0$.

For a certain critical magnitude GREEN's third Identity [1] fails to give the correct boundary value. We overcome this difficulty in considering the identity when the parameterpoint $\bar{r}'$ is placed outside the integration curve Γ, in which case the curve integral along Γ is zero identically. When this curve integral is written in terms of R, where R is the distance between a point inside Γ and the point $\bar{r}'$, we obtain

$$0 \equiv -\frac{1}{2\pi} \ln R \int_{\Gamma} \frac{\partial u}{\partial \nu} ds + o(R^{-1}), \tag{5}$$

where $\frac{\partial}{\partial \nu}$ denotes normal derivative. Letting $R \to \infty$ in (5) we conclude

$$\int_{\Gamma} \frac{\partial u}{\partial \nu} ds = 0. \tag{6}$$

If we in (6) as a special curve Γ choose a circle with radius c, and insert the FOURIER series (3b) in (6) we obtain $A_0 = 0$ independent of c (> 0). The addition of the *auxiliary condition* (6) obviously neutralizes the *exceptional case* $c = 1$. It is only necessary to add the condition (6) in the exceptional case, but it can always be added because it holds when $\Delta u = 0$ inside Γ.

The numerical solution of the integral equation (1) is performed in replacing it by a system of linear algebraic equations using a method [5] which is developed from [6]. The auxiliary condition (6) is here

$$\int_{\Gamma_0 \cup \Gamma_1} \psi(\bar{r})\, ds = 0 \tag{7}$$

because the unknown ψ is equal to $\frac{\partial u}{\partial \nu}$; cf. (2). The condition (7) is replaced by *one* linear algebraic equation such that the total system of linear equations has one more equations than unknowns; the total system is solved by a least squares method [3].

Conclusion: Several numerical examples [7] show that the addition of the auxiliary condition (6) or (7) is an effective and constructive way to eliminate the exceptional geometry, which appears in connection with some integral equations in a *two* dimensional space.

References

1 COURANT, R. and HILBERT, D., Methods of Mathematical Physics. Vol. II Partial Differential Equations. Interscience Publishers, New York/London 1962, pp. 256–257, formula (32').
2 HAYES, J. and KELLNER, R., The Eigenvalue Problem for A Pair of Coupled Integral Equations Arising in the Numerical Solution of Laplace's Equation, SIAM J. Appl. Math. 22, pp. 503–513 (1972).
3 IBM Application Program, System/360 Scientific Subroutine Package, Version III. Programmer's Manual, Program Number 360 A–CM–03X, Fifth Edition August 1970, pp. 160–164, LLSQ: solution of linear least-squares problems.
4 JASWON, M. A., Integral equation methods in potential theory, I, Proc. Roy. Soc. London, Ser. A, 275, pp. 23–32 (1963).
5 RASMUSSEN, H. and CHRISTIANSEN, S., Numerical solution for two-dimensional annular electrochemical machining problems, Danish Center for Applied Mathematics and Mechanics (DCAMM) Report No. 53, The Technical University of Denmark.
6 SYMM, G. T., Integral equation methods in potential theory, II, Proc. Roy. Soc. London, Ser. A, 275, pp. 33–46 (1963).
7 CHRISTIANSEN, S., Integral Equations without a Unique Solution can be made useful for solving some Plane Harmonic Problems. Submitted to: J. Inst. Math. Appl.

Anschrift: Dr. SØREN CHRISTIANSEN, Institute of Technical Mechanics, The Technical University of Aachen, D-51 Aachen, The Federal Republic of Germany; permanent: Laboratory of Applied Mathematical Physics, The Technical University of Denmark, DK-2800 Lyngby, Denmark

ZAMM 54, T 186 – T 188 (1974)

E. EDER

Verallgemeinerungen der Rellichschen Abschätzung und eines Satzes von E. Wienholtz*)

Für nichttriviale Lösungen u der Differentialgleichung $\Delta u + p\,u = 0$ in einem Außenraum G des $\mathbb{R}^n$ mit homogener Randbedingung werden Abschätzungen von $H(R) := \int_{K_R \setminus K_a} |u(x)|^2\, dx$ nach unten für große R angegeben. Dabei sind $p: G \to \mathbb{R}_0^+$ eine einmal HÖLDERstetig differenzierbare Funktion und K_R, K_a die offenen Vollkugeln mit den Radien R bzw. a um den Nullpunkt mit $K_a \supset \mathbb{R}^n \setminus G$.

*) Als Diplom-Arbeit vorgesehen.

Satz: *Sei $\mathbb{R}^n \backslash G$ sternförmig, ∂G hinreichend glatt und u nichttriviale Lösung der homogenen Differentialgleichung mit einer gewissen homogenen Randbedingung (u können wir o. B. d. A. reellwertig annehmen) und p werde folgendermaßen zwischen zwei Funktionen f und g eingeschlossen:*

$$0 \leqq g(|x|) \leqq p(x) \leqq f(|x|) \quad \text{für große } |x|, \text{ und für die Radialableitung } p_r \text{ gelte}$$

$$-p_r(x) \leqq \frac{M}{|x|} p(x), \ \forall\, x \in G \backslash \{0\}, \ M < 2. \tag{1}$$

Es gibt dann ein $\vartheta > 0$, so daß für große $\hat{a}$ und alle a, R, $\hat{R}$ mit $\hat{a} + \frac{1}{\vartheta} < a \leqq R < \hat{R} - \frac{1}{\vartheta}$ die folgende Integro-Differential-Ungleichung für H gilt:

$$P\,\Psi(R) + \int_a^R K(\tau, R)\,H'(\tau)\,d\tau \leqq \int_{\hat{a}}^{\hat{R}} r(\varrho)\,H'(\varrho)\,d\varrho - s(\hat{R})\,H'(\hat{R}) + t(\hat{R})\,H''(\hat{R}) + c,$$

$$P := \int_{K_a \cap G} p(x)\,u(x)^2\,dx. \tag{2}$$

Dabei sind Ψ, K, r, s, t Funktionen, die nur von f und g abhängen.

Zum Beweis des Satzes wurde wie auf dem in [2], Satz 6 beschrittenen Weg der Rand ∂G von G durch Ränder von Teilgebieten von G approximiert, auf die der Gausssche Satz wiederholt angewendet werden konnte, da u nach dem Weylschen Lemma 3-mal Hölderstetig differenzierbar ist. Die weiterführenden Auswertungen wurden durch eine Umformung nach dem Satz von Fubini ermöglicht.

Folgerung: *Es seien die Voraussetzungen des Satzes erfüllt und dabei sei f so beschaffen, daß $s(\varrho) \geqq 0$ ist für alle ϱ (dies ist z. B. dann der Fall, wenn f monoton wachsend ist). Aus (2) folgt dann unmittelbar die Ungleichung*

$$P\,\Psi(R) + \int_a^R K(\tau, R)\,H'(\tau)\,d\tau \leqq \tilde{r}(\hat{R})\,(H(\hat{R}) - H(\hat{a})) + t(\hat{R})\,H''(\hat{R}) + c,$$

$$\tilde{r}(\varrho) := \sup_{\tau \leqq \varrho} r(\tau). \tag{3}$$

Durch Spezialisierung von (3) erhält man folgende Spezialfälle:

Fall 1: Es sei $g \equiv 0$. Dann wird $K \equiv 0$ und die Auswertung von (3) wird besonders einfach, da man aus dem Verhalten von H unmittelbar Rückschlüsse auf H'' und daraus wieder auf den weiteren Verlauf von H ziehen kann. Es gibt dann für jedes Q_f, das bestimmten von f abhängigen Bedingungen genügt, ein $C > 0$, so daß folgende explizite Abschätzung für H gilt:

$$H(R) \geqq C\,Q_f(R) \quad \text{für große } R. \tag{4}$$

Fall 1.1: Ist speziell $f(\varrho) = M_1 (\ln \varrho)^\alpha$ und ist dabei p so beschaffen, daß für alle Lösungen u der Differentialgleichung mit homogener Randbedingung $\int_{K_a \cap G} p(x)\,u(x)^2\,dx > 0$ für hinreichend große a ist, so kann man $Q_f(\varrho) := (\ln \varrho)^{1-\alpha}$ wählen und erhält die Ungleichung

$$H(R) = C\,(\ln R)^{1-\alpha} \quad \text{für große } R. \tag{5}$$

Dies ist eine Verschärfung und Verallgemeinerung eines Satzes von E. Wienholtz ([2], Satz 6), bei dem in der Ungleichung auf der rechten Seite im Exponenten nur $1-2\alpha$ steht und der unter etwas stärkeren Voraussetzungen die Ungleichung nur auf einer gegen Unendlich konvergenten Folge behauptet.

Fall 2: Nun sei g konstant und positiv ($g \equiv g_0$, $g_0 > 0$). Da hier wegen (1) $p(x)$ für große $|x|$ oberhalb einer positiven Konstanten g_0 liegt, ergibt sich eine bessere Abschätzung als in (1). Für jedes $Q_{g_0,f}$, das bestimmten von g_0 und f abhängigen (nun gegenüber (1) schwächeren) Bedingungen genügt, gibt es ein $C > 0$, so daß folgende Ungleichung gilt:

$$H(R) \geqq C\,Q_{g_0,f}(R) \quad \text{für große } R. \tag{6}$$

Die Herleitung der Ungleichung (6) ist allerdings wesentlich komplizierter als die von (4), da hier (3) eine echte Integro-Differential-Ungleichung darstellt.

Fall 2.1: Setzt man weiter voraus, daß auch f konstant ist ($f \equiv f_0$, $g \equiv g_0$, $f_0 > g_0 > 0$), so kann man für jedes $\gamma < \frac{2-M}{3\,(f_0/g_0) - 1}$ $Q_{g_0,f}(R) := R^\gamma$ wählen. Man erhält so die Abschätzung

$$H(R) \geqq C\,R^\gamma \quad \text{für große } R. \tag{7}$$

Dies ist für Lösungen der Differentialgleichung mit homogener Randbedingung eine Verallgemeinerung der nur für konstantes p von RELLICH bewiesenen Abschätzung $H(R) \geqq C\,R$ für große R ([1], Satz 1). (In diesem Fall ist nämlich $f_0 = g_0$ und $M = 0$, und es wird somit $\frac{2 - M}{3\,(f_0/g_0) - 1} = 1$.)

Literatur

1 RELLICH, F., Über das asymptotische Verhalten der Lösungen von $\Delta u + \lambda u = 0$ in unendlichen Gebieten, Jber. Dtsch. Math.-Verein **53**, S. 57–65 (1943).

2 WIENHOLTZ, E., Halbbeschränkte partielle Differentialoperatoren zweiter Ordnung vom elliptischen Typus, Math. Annalen **135**, S. 50–80 (1958).

Anschrift: ELMAR EDER, 8046 Garching/München, Echinger Weg 1, BRD

ZAMM 54, T 188 – T 189 (1974)

H. FISCHER

Über vektorielle Normen und den Zusammenhang mit Pseudometriken

Vektorielle Normen wurden von KANTOROWITSCH [6] eingeführt und in letzter Zeit insbesondere von FIEDLER-PTÁK [5], ROBERT [11], [12] und DEUTSCH [3], [4] verwendet bzw. untersucht. Pseudometriken wurden von KUREPA [8] definiert, ihre Verwendung in der numerischen Mathematik ist bekannt, siehe COLLATZ [2]. Ein formaler Zusammenhang dieser beiden Begriffe wird bei Strukturuntersuchungen in der Intervallrechnung [7], [10] nützlich sein. Die Frage nämlich „Wie soll ein Element x einer Menge M charakterisiert werden, wenn x nicht genau bekannt ist oder nicht exakt berechnet werden kann?“ wird von der Intervallrechnung — kurz gesagt — so beantwortet: „Man schließe x in ein Intervall ein!“. Solche x einschließende „Intervalle“ können nun verschiedene Gestalten haben, z. B.

(1) $x \in \{z | z \in M,\ a \leqq z \leqq b\}$, wenn in M eine Ordnung $\leqq$ vorhanden ist,

(2) $x \in \{z | z \in M,\ d(z, z_0) \leqq r\}$, wenn in M eine Metrik d vorhanden ist,

(3) $x \in \{z | z \in M,\ ||z - z_*|| \leqq t\}$, wenn in M eine Norm $||\cdot||$ vorhanden ist.

Wählt man $M = \mathbb{R}$, für $\leqq$ die natürliche Ordnung, für d den üblichen Abstand und für $||\cdot||$ den üblichen Betrag, so sind die in (1), (2), und (3) angegebenen Darstellungen von „Intervallen“ gleichwertig. Jedoch schon für $M = \mathbb{R}^n$ mit komponentenweiser Ordnung kann nicht jedes „Intervall“ der Gestalt (1) auch in den Gestalten (2) bzw. (3) geschrieben werden. Wir wollen daher vektorielle Normen heranziehen.

Definition: Sei L ein linearer Raum über dem Körper $K = \mathbb{R}$ oder $K = \mathbb{C}$, H ein partiell-geordneter linearer Raum über $\mathbb{R}$ und $v\colon L \to H$. Wir nennen v eine *vektorielle Norm* genau dann, wenn für $x, y \in L$ gilt

(N1) $\theta_H \leqq v(x)$ und $v(x) = \theta_H \to x = \theta_L$ (θ_H = Null in H, θ_L = Null in L),

(N2) $v\,(x + y) \leqq v(x) + v(y)$,

(N3) $v\,(\lambda\,x) = \lambda\,v(x)$ für $0 \leqq \lambda \in \mathbb{R}$.

v heißt *symmetrisch* bzw. *strikt homogen*, wenn zusätzlich gilt

(N4) $v\,(-x) = v(x)$,

(N5) $v(\lambda\,x) = |\lambda|\,v(x)$ für alle $\lambda \in K$.

Für $K = \mathbb{R}$ sind (N4) und (N5) äquivalent, für $K = \mathbb{C}$ ist (N5) schärfer als (N4), siehe BAUER [1]. Für $H = \mathbb{R}$ ergibt sich die übliche reellwertige Norm (als spezielle vektorielle Norm).

Beispiel: Sei $K = \mathbb{R}$, $L = \mathbb{R}^n$, $H = \mathbb{R}^n$ komponentenweise geordnet. Die Abbildung $v\colon L \to H$ mit $v(x_1, \ldots, x_n) = (|x_1|, \ldots, |x_n|)$ ist eine symmetrische, strikt homogene, vektorielle Norm. Für $z_* \in L$, $\theta_H \leqq t \in H$ gilt

$$\{z | z \in L,\ v\,(z - z_*) \leqq t\} = \{z | z \in L,\ z_* - t \leqq z \leqq z_* + t\}\ .$$

Diese Gleichung deutet eine Übergangsmöglichkeit zwischen (1) und (3) an, wenn man geeignete vektorielle Normen verwendet. Entsprechend ergibt sich eine Übergangsmöglichkeit zwischen (1) und (2), wenn man geeignete Pseudometriken verwendet.

Es läßt sich nun folgender Zusammenhang zwischen vektoriellen Normen und Pseudometriken zeigen:

Satz: *Sei L ein linearer Raum über $\mathbb{R}$ oder $\mathbb{C}$, θ_L die Null in L und H ein partiell-geordneter linearer Raum über $\mathbb{R}$. Dann gilt:*

(α) *Ist $v: L \to H$ eine symmetrische vektorielle Norm, so wird durch $p(x, y) := v(y - x)$ eine Pseudometrik $p: L \times L \to H$ induziert.*

(β) *Ist $p: L \times L \to H$ eine homogene*[1]) *supermetrische*[2]) *Pseudometrik, so wird durch $v(x) := p(\theta_L, x)$ eine vektorielle Norm $v: L \to H$ induziert.*

Mit diesem Satz ergeben sich Übergangsmöglichkeiten zwischen (2) und (3), wenn man vektorielle Normen bzw. Pseudometriken verwendet.

In der Intervallrechnung treten Strukturen auf, die etwas allgemeiner sind als lineare Räume, nämlich die von MAYER [9] eingeführten quasilinearen Räume. Für diese kann der Begriff „vektorielle Norm" entsprechend erklärt werden. Für den Zusammenhang zwischen vektorieller Norm und Pseudometrik in quasilinearen Räumen gilt allerdings nur noch die Aussage (β) des obigen Satzes.

Literatur

1 BAUER, F. L., Theory of Norms, Technical Report No. CS75, Computer Science Department, Stanford University, 1967.
2 COLLATZ, L., Funktionalanalysis und Numerische Mathematik, Springer-Verlag, Berlin/Göttingen/Heidelberg 1964.
3 DEUTSCH, E., On Vectorial Norms and Pseudonorms, Proc. Amer. Math. Soc. 28, p. 18–24 (1971).
4 DEUTSCH, E., On Matricial Norms Subordinate to Vectorial Norms, Math. Zeitschr. 122, p. 142–150 (1971).
5 FIEDLER, M. and PTAK, V., Generalized Norms of Matrices and the Location of the Spectrum, Czech. Math. J. 12 (87), p. 558–571 (1962).
6 KANTOROVITCH, L., The Method of Successive Approximations for Functional Equations, Acta Math. 71, p. 63–97 (1939).
7 KULISCH, U., Grundzüge der Intervallrechnung, Erschienen in Überblicke Mathematik 2, hrsg. von D. Laugwitz, BI, Mannheim, 1969.
8 KUREPA, G., Tableaux ramifiés d'esembles, Espaces pseudodistanciés, C. R. 198, p. 1563–1565 (1934).
9 MAYER, O., Algebraische und metrische Strukturen in der Intervallrechnung und einige Anwendungen, Computing 5, p. 144–162 (1970).
10 MOORE, R. E., Interval Analysis, Englewood Cliffs, N. J., Prentice Hall, 1966.
11 ROBERT, F., Sur les normes vectorielles régulières sur un espace vectoriel de dimension finie, C. R. 261, p. 5173–5176 (1965).
12 ROBERT, F., Blocs-H-Matrices et Convergence des Methodes Iteratives Classiques par Blocs, Lin. Alg. Appl. 2, p. 223–265 (1969).

[1]) p homogen $\Leftrightarrow p(\lambda x, \lambda y) = \lambda p(x, y)$ für $0 \leqq \lambda \in R$
[2]) p supermetrisch $\Leftrightarrow p(x + z_1, y + z_2) \leqq p(x, y) + p(z_1, z_2)$.

Anschrift: Dr. HERBERT FISCHER, Technische Universität, Inst. f. Angewandte Mathematik, 8 München 2, Arcisstraße 21, BRD

ZAMM 54, T 189 – T 190 (1974)

Z. JANKOVIĆ

On the Geodesic and Autoparallel Curves in a Generalized Metric Space

It is very well known that the geodesic and autoparallel curves play an important role in differential geometry and in many fields of its application, especially in the general theory of relativity. There the geodesic and autoparallel curves represent the same family of curves which should be considered as a characteristic of the RIEMANNian geometry. Therefore, it seemed worthwhile to study certain families of curves in the frame of a generalized scheme, recently developed by the author in the papers [1]–[6], especially to investigate the circumstances under which the geodesic and autoparallel curves become identical.

A (differentiable) manifold with the structure determined by the fundamental and transposition tensor fields [1], [2], [4] may be called a space if the dimension of the manifold and the dimension of the vector spaces, attached to the points of the manifold, are equal [3]. The real metric space is obtained by defining the distance between the points $P(x^k)$ and $Q\,(x^k + dx^k)$ of the manifold in terms of the displacement vector norm, all quantities being assumed real

$$\overline{PQ}^2 = ds^2 = (dx)_< \, {}^>(dx) = v_< \, {}^>v \, dt^2 = dx^i \, dx^j \, {}_{ij}T = v^i \, v^j \, {}_{ij}T \, dt^2 \, .$$

Here $v_<(t)$ is the tangent vector on the curve $x^k = x^k(t) \in C^N\,([t_0, t_1])$ $N \geqq 2$, $k = 1, 2, \ldots, n$, passing through the neighbouring points P and Q.

Three families of curves and their mutual relations are discussed:

a) The constant (tangent vector) norm curves C_c, defined as curves along which

$$\left(\frac{ds}{dt}\right)^2 = \text{const}\,, \quad \text{i. e.,} \quad \frac{d}{dt}\left(\frac{ds}{dt}\right)^2 = 0\,.$$

b) The autoparallel curves C_a are defined as curves along which the tangent vector parallelly displaced remains tangent to them. This requirement is expressed with the help of absolute and covariant differentials ([2], Ch. 1) in the form

$$\Delta v_< = \alpha(t)\, dt\, v_< , \quad Dv^i = \alpha(t)\, dt\, v^i ,$$

and for the canonical parameter τ in the simplest form

$$\Delta v(\tau)_< = 0 , \quad Dv^i(\tau) = 0 .$$

c) The geodesic curves C_g, defined as extremals of the variational problem

$$\delta S = \delta \int_A^B L^{1/2}\, dt = 0; \quad L^{1/2} = \frac{ds}{dt}, \quad \delta t = 0 , \quad \delta x^i|_A = \delta x^i|_B = 0 ,$$

the extremals being identical for the homogeneous LAGRANGEan functions L and $L^{1/2}$.

In analogy to the absolute (Δ), covariant (D) and parallel displacement (δ_p) differentials the notions of the absolute ($\bar{\Delta}$), covariant ($\bar{D}$) and parallel displacement ($\bar{\delta}_p$) variations can be introduced through the definition

$$\bar{\Delta} A = A(P') - A(P)_{P'} = \nabla_k A\, \delta x^k \quad P(x^k) \in C_g , \quad P'(x^k + \delta x^k) \in C_g'$$

and the variational problem can be treated in the equivalent forms

$$\bar{\Delta} S = \int_A^B \bar{\Delta} L\, dt = 0 , \quad \bar{D} S = \int_A^B \bar{D} L\, dt = 0 ; \; \delta t = 0 , \quad \delta x^i|_A = 0 , \quad \delta x^i|_B = 0 .$$

The differential equations for the families of curves C_c, C_a, C_g being obtained, the main result is that in our generalized metric space the autoparallel curves C_a and the geodesic curves C_g are two distinct families of constant (tangent vector) norm curves. The autoparallel and geodesic curves become identical in a metric space with symmetric (in outer indices) coefficients of connection, $(\Gamma^g)^A_{ik} \equiv 0$. Particularly, for the real case A [3], i. e., for the RIEMANNian space, the transposition and fundamental operator are connected in this way ${}_{ji}T \equiv {}_{ji}T^S \equiv {}_i g_j^S \equiv {}_i g_j$ [1], [4] and the above condition is fulfilled because the coefficients of connections are symmetric in outer indices $(\Gamma_j)_{ki} \equiv (\Gamma_j)^S_{ki} = \left\{ {j \atop k\, i} \right\}$ [3].

It may be expected that the generalized metric spaces and the corresponding geodesic and autoparallel curves will be of some importance for unified theory.

Here, we quoted only the most important results, while a separate, recently published paper [7] contains a complete presentation.

References

1 JANKOVIĆ, Z., A contribution to the vector and tensor algebra, Tensor, N. S., 21, 151—166 (1970).
2 JANKOVIĆ, Z., A contribution to the vector and tensor analysis I, Tensor, N. S., 21, 167—185 (1970).
3 JANKOVIĆ, Z., A contribution to the vector and tensor analysis II, Tensor, N. S., 22, 189—203 (1970).
4 JANKOVIĆ, Z., On the transposition operators in a generalized vector and tensor calculus scheme, Tensor, N. S., 22, 205—216 (1971).
5 JANKOVIĆ, Z., Tensors as vectors in the direct product vector space of a generalized scheme, Tensor, N. S., 22, 379—386 (1971).
6 JANKOVIĆ, Z., On the differential operators in a generalized vector and tensor calculus scheme, Tensor, N. S., 23, 11—16 (1972).
7 JANKOVIĆ, Z., On the autoparallel and geodesic curves in a generalized case, Tensor, N. S., 25, 171—178 (1972).

Anschrift: Prof. Z. JANKOVIĆ, Faculty of Science, Marulićev trg 19, 41001 Zagreb, Yugoslavia

ZAMM 54, T 190—T 191 (1974)

U. KIRCHGRABER

Das Transformationsverhalten von Störungsgleichungen

Unterwirft man das Differentialgleichungssystem

$$\frac{dy}{dt} = F(y)$$

der Transformation

$$y = V(z) ,$$

so erhält man das neue Differentialgleichungssystem

$$\frac{dz}{dt} = G(z)\,,$$

wobei

$$G(z) \equiv \mathcal{T}_V\, F \equiv V_z^{-1}\, F(V(z))\,. \tag{1}$$

V_z ist die zu V gehörige JAKOBI-Matrix, V_z^{-1} deren Inverse.
Seien F, G durch die folgenden (formalen) Potenzreihen nach einem Parameter ε (Störparameter) gegeben:

$$F(y) = F^0(y) + \varepsilon\, F^1(y) + \varepsilon^2\, F^2(y) + \dots,$$

$$G(z) = G^0(z) + \varepsilon\, G^1(z) + \varepsilon^2\, G^2(z) + \dots,$$

V hingegen durch eine (formale) LIE-Reihe:

$$V(z) = z + \frac{1}{1!}\, v + \frac{1}{2!}\, v \circ v + \frac{1}{3!}\, (v \circ v) \circ v + \dots, \qquad v = \varepsilon\, V^1 + \varepsilon^2\, V^2 + \dots,$$

$$v \circ \mu = v_z \cdot \mu\,.$$

Führt man diese Ausdrücke in (1) ein, entwickelt die rechte Seite (formal) nach Potenzen von ε, ergibt ein Koeffizientenvergleich Beziehungen der Form:

$$G^k(z) = \mathcal{P}_k\,(F^0(z), \dots, F^k(z), V^1(z), \dots, V^k(z))\,, \quad k = 0, 1, 2, \dots, \tag{2}$$

wobei $\mathcal{P}_k$ ein Differentialoperator ist.

Das System (2) kann man einen Satz von *Störungsgleichungen* nennen. Es gilt nun der folgende

Satz: *Seien $F^0, F^1, F^2, \dots; G^0, G^1, G^2, \dots; V^1, V^2, \dots$; ein Satz von Funktionen, so daß die Gleichungen* (2) *erfüllt werden. Sei $B(z)$ eine beliebige Funktion, für die B_z^{-1} existiert. Dann erfüllen auch die Funktionen*

$$\mathcal{T}_B\, F^0, \mathcal{T}_B\, F^1, \dots; \mathcal{T}_B\, G^0, \mathcal{T}_B\, G^1, \dots; \mathcal{T}_B\, V^1, \mathcal{T}_B\, V^2, \dots \qquad (\mathcal{T}_B\, H = B_z^{-1}\, H(B(z)))$$

das System (2).

Bemerkungen:

1. Einen Beweis des Satzes findet der Leser in [2].
2. Die Idee, V durch eine LIE-Reihe (statt auch durch eine Potenzreihe) zu geben, stammt von G. HORI [1].
3. Auf der Aussage des Satzes kann ein *Integrationsverfahren der Störungsgleichungen* (2) gegründet werden [2].
4. Gegenüber anderen Integrationsverfahren gestattet das auf dem oben zitierten Satz gegründete die *Vermeidung gewisser Singularitäten* [2], [3].

Literatur

1 HORI, G., Publ. Astr. Soc. Japan **23**, 567 (1971).
2 KIRCHGRABER, U., The Transformational Behaviour of Perturbation Theories, Celestial Mechanics 1973, 7, 474.
3 KUNZ, R., Über die Behebung von Singularitäten in der unkanonischen Störungstheorie, wird erscheinen.

Anschrift: Dr. U. KIRCHGRABER, Seminar f. Angewandte Mathematik der ETH, Clausiusstr. 55, CH-8006 Zürich, Schweiz

ZAMM 54, T 191 – T 192 (1974)

H. LANGE

Über ein Problem aus der Theorie der laminaren Grenzschichten

Die Längsanströmung einer ebenen Platte durch ein zähes homogenes Gas bei großen REYNOLDSschen Zahlen und nicht allzu großen MACHschen Zahlen kann durch das folgende nichtlineare singuläre Differentialgleichungssystem

$$(h^m\, g'')' + g\, g'' = 0\,, \tag{1}$$

$$(h^m\, h')' + \alpha\, g\, h' + \beta\, h^m\, g''^2 = 0 \qquad (\alpha > 0)\,, \tag{2}$$

$$g(0) = g'(0) = 0\,, \quad g'(\infty) = 2\,, \tag{3}$$

$$h(0) = a\,, \quad h(\infty) = 1 \qquad (a > 0) \tag{4}$$

beschrieben werden (s. LOITSIANSKI [1], Kap. 10). Es ist hierbei $g(t)$ porportional zur Stromfunktion und $g'(t)$ proportional zur Längsgeschwindigkeit der Strömung (t ist die Ähnlichkeitsvariable), während $h(t)$ die Enthalpie (oder Temperatur) des Systems beschreibt. Die Bedingungen $h(0) = a$ und $h(\infty) = 1$ sind die Enthalpievorgaben an der Wand. Die Konstanten α und β haben folgende Bedeutung: α = PRANDTL-Zahl, $\beta = (\alpha/4) \times (k - 1) M_\infty^2$, worin $k = c_p/c_v$ das Verhältnis der spezifischen Wärme des Gases bei konstantem Druck (c_p) und konstantem Volumen (c_v) ist, und M_∞ die MACHsche Zahl bedeutet. Der Parameter m beschreibt die Abhängigkeit von der Enthalpie durch ein Potenzgesetz, und zwar ist m der in diesem Zusammenhang auftretende, um eins vermehrte Exponent.

Wir können die folgenden Existenzsätze beweisen:

Satz 1: *Zu je zwei Konstanten $c, d > 0$ mit $c < a$, $d > 1$ (im Falle $0 < a \leqq 1$) oder mit $c < 1$, $d > a$ (im Falle $a > 1$) existieren ein $\beta_0 > 0$ und ein $C_0 > 0$ derart, daß zu jedem β mit $|\beta| \leqq \beta_0$ mindestens eine Lösung $\{g_\beta, h_\beta\}$ von (1), (2), (3), (4) existiert, die den zusätzlichen Bedingungen genügt:*

$$0 \leqq g'(t) < 2\,, \quad g''(t) > 0 \qquad (0 \leqq t < \infty)\,,$$
$$c \leqq h(t) \leqq d\,, \quad |h'(t)| \leqq C_0\,.$$

Für den Fall vernachlässigbar kleiner Strömungsgeschwindigkeiten ($\beta = 0$) gilt:

Satz 2: *Es existieren Funktionen g, h, die das Problem (1)—(4) für den Fall $\beta = 0$ lösen und für die gilt*

$$0 \leqq g'(t) < 2\,, \quad g''(t) > 0\,,$$
$$a \leqq h(t) < 1\,, \quad h'(t) \geqq 0 \quad (\text{für } 0 < a < 1)\,, \qquad (t \in [0, \infty))\,.$$
$$1 < h(t) \leqq a\,, \quad h'(t) \leqq 0 \quad (\text{für } a \geqq 1)\,,$$

Die Beweise von Satz 1 und Satz 2 werden mit folgender Methode durchgeführt: Wir betrachten zunächst die Gleichung (1) mit den Randbedingungen (3) und einer vorgegebenen Funktion $h \in H$, wobei H eine gewisse Teilmenge von $X = C^1\,[0, \infty)$ ist, und lösen diese Randwertaufgabe nach $g = g_h$. Dies geschieht im Fall von Satz 1 mit einem „shooting"-Verfahren: Wir lösen zuerst das Anfangswertproblem (1) mit den Anfangsbedingungen $g(0) = g'(0) = 0$, $g''(0) = b$, und bestimmen dann b so, daß $g'(\infty) = 2$ wird; im Fall von Satz 2 lösen wir das Randwertproblem (1), (3) mit einem gegenläufig konvergenten Iterationsverfahren, das H. WEYL [2] in analoger Weise zur Lösung der BLASIUSschen Gleichung benutzt hat. In jedem Fall bekommen wir eine stetige Abbildung $h \mapsto g_h$ innerhalb des Raumes X, den wir mit der lokalkonvexen Topologie der kompakten Konvergenz (bis zur ersten Ableitung) versehen. Dann zeigen wir, daß das Randwertproblem (5), (4) bei vorgegebenem $g \in X$ äquivalent ist mit dem Auffinden eines Fixpunktes einer nichtlinearen Integralgleichung der Form

$$h = S(g)h\,,$$

wobei $S(g)$ ein nichtlinearer Integraloperator auf X ist, der auch von g in nichtlinearer Weise abhängt. Das Problem (1)—(4) ist dann äquivalent mit der Existenz eines Fixpunktes ber Abbildung $h \mapsto S(g_h)h$. Diese Abbildung erweist sich als stetig und kompakt innerhalb einer konvexen abgeschlossenen Teilmenge von X, die sie in sich überführt. Die Richtigkeit der Aussagen von Satz 1 und Satz 2 ergibt sich dann durch Anwendung des Fixpunktsatzes von SCHAUDER-TYCHONOV für lokalkonvexe topologische lineare Räume.

Literatur

1 LOITSIANSKI, L. G., Laminare Grenzschichten, Akademie Verlag, Berlin 1967.
2 WEYL, H., On the differential equations of the simplest boundary-layer problems. Annals of Math. 43, S. 381—407 (1942).

Anschrift: Dr. H. LANGE, Inst. f. Angew. Mathematik der Albert-Ludwigs-Universität, 78 Freiburg i. Br., Hebelstr. 40, BRD

ZAMM 54, T 192 – T 194 (1974)

W. MÖHRMANN*)

Schranken, Existenz und Eindeutigkeit für ein freies Randwertproblem

In dem Gebiet $G := \{(x, t) \mid \tilde{s}(t) < x < \infty, 0 < t < t_\infty\}$ sei gegeben:

$$T_t = b^2\, T_{xx} \qquad (x, t) \in G,\ b \text{ reell}, \tag{1}$$
$$T(x, 0) = g_1(x) \qquad (0 \leqq x < \infty)\,, \tag{2}$$
$$T(\tilde{s}(t), t) = g_2(t) \qquad (0 \leqq t \leqq t_\infty)\,, \tag{3}$$
$$T_x(\tilde{s}(t), t) = a\,\tilde{s}'(t) - g_3(t) \qquad (0 \leqq t \leqq t_\infty),\ a > 0\,, \tag{4}$$
$$\lim_{x \to \infty} T(x, t) = 0 \qquad (0 \leqq t \leqq t_\infty)\,, \tag{5}$$
$$\tilde{s}(0) = 0\,. \tag{6}$$

*) Inst. f. Angewandte Mathematik der Universität (TH) Karlsruhe.

Gesucht sind der Rand $x = \tilde{s}(t)$ und $T(x, t)$. Es beschreibt (1)—(6) z. B. die Temperatur in einem schmelzenden Eisstab, dessen Anfangstemperatur $g_1(x)$ ist und dessen Schmelztemperatur von $g_2(t)$ beschrieben wird. Es wird angenommen, daß das „Schmelzwasser" durch äußere Einwirkungen (Ablauf, Verdunstung, ...) sofort beseitigt sei.

Für $i = 1, 2, 3$ soll gelten:

$$g_i \in C^2, \quad g_1' \leqq 0, \quad g_2' \geqq 0, \quad g_3' \geqq 0, \quad g_1(0) = g_2(0) > 0, \quad g_3 > 0, \quad g_3(0) = -g_1'(0), \quad \lim_{x\to\infty} g_1(x) = 0. \tag{7}$$

Die Lösungsidee besteht darin, eine Integralgleichung für $\tilde{s}'(t)$ herzuleiten und mit Hilfe des BANACHschen Fixpunktsatzes die eindeutige Existenz von $\tilde{s}'(t)$, wegen (6) damit auch von $\tilde{s}(t)$ zu zeigen. Daraus wird auf die eindeutige Existenz von $T(x, t)$ zurückgeschlossen. Mit Hilfe der Integralgleichung werden dann gegen die Lösung konvergierende Schrankenfolgen konstruiert. Zur Konstruktion einer solchen Integralgleichung kann nach [1] (wobei allerdings die stückweise Existenz von $\tilde{s}^{-1}$ benötigt wird), nach [2] oder nach [3] vorgegangen werden.

Die zuletzt erwähnte Methode soll kurz näher geschildert werden:

Durch

$$z := \frac{x - \tilde{s}(t)}{b\sqrt{t_0}}, \qquad y := \frac{t}{t_0}, \qquad v(z, y) := \frac{T(x, t)}{\sqrt{\pi}\, g_1(0)}, \qquad s(y) := \frac{\tilde{s}(t)}{s_0} \tag{8}$$

mit t_0, s_0 als Normierungsgrößen, geht das (x, t)-Koordinatensystem in ein dimensionsloses, an $x = \tilde{s}(t)$ „befestigtes" (z, y)-System über. Damit ergibt sich das zu (1)—(6) äquivalente Problem

$$v_y = v_{zz} + f(y)\, v_z \qquad (0 < z < \infty, \quad 0 < y < Y), \tag{9}$$

$$v(z, 0) = \Lambda(z) \qquad (0 \leqq z < \infty), \tag{10}$$

$$v(0, y) = \chi(y) \qquad (0 \leqq y \leqq Y), \tag{11}$$

$$v_z(0, y) = \frac{f(y)}{2m} - \frac{1}{2} h(y) \qquad (0 \leqq y \leqq Y), \tag{12}$$

$$\lim_{z\to\infty} v(z, y) = 0 \qquad (0 \leqq y \leqq Y), \tag{13}$$

$$s(0) = 0. \tag{14}$$

Λ, χ, h hängen dabei — in dieser Reihenfolge — über (8) mit g_1, g_2, g_3 zusammen; m ist eine positive Konstante. Es ist (12) — nach $f(y)$ aufgelöst — die Definitionsgleichung für $f(y)$, einer Funktion, welche eingeführt worden ist, um auf (9)—(13) eine LAPLACE-Transformation bzgl. z anwenden zu können. Diese liefert für die Bildfunktion von $v(z, y)$ ein leicht lösbares Anfangswertproblem 1. Ordnung. Anwendung des Umkehrsatzes der LAPLACE-Transformation auf dessen Lösung ergibt

$$v(z, y) = F\,(f(y), y, z) \qquad (0 \leqq z < \infty, \quad 0 \leqq y \leqq Y). \tag{15}$$

Differentiation von (15) nach z und Grenzübergang $z \to +0$ liefert die gesuchte Integralgleichung für $f(y)$:

$$f(y) = m\, h(y) - \frac{m}{2\sqrt{\pi}} \int_0^y \left(h(\xi) - \frac{f(\xi)}{m}\right)(y - \xi)^{-3/2} \left(\int_\xi^y f(\alpha)\, d\alpha\right) \exp\left(-\frac{\left(\int_\xi^y f(\alpha)\, d\alpha\right)^2}{4\,(y - \xi)}\right) d\xi \pm \cdots \tag{16}$$

Mit Hilfe des BANACHschen Fixpunktsatzes läßt sich die lokale — mittels bekannter Schlüsse auch die globale — Existenz und Eindeutigkeit von $f(y)$, über (15) auch von $v(z, y)$ und daher wegen (8) für $\tilde{s}(t)$ und $T(x, t)$ zeigen ([3]).

Im Fall $\chi'(\xi) \equiv 0$ gilt [3]

$$0 \leqq f(y) \leqq m\, h(y) \qquad (0 \leqq y \leqq Y). \tag{17}$$

Auch $\chi'(\xi) \geqq 0$ bzw. $\chi'(\xi) \leqq 0$ führen — modifiziert — auf ähnliche Ungleichungen.

Zur Konstruktion von Schrankenfolgen (der Einfachheit halber im Fall $\chi'(\xi) \equiv 0$) wird in der rechten Seite von (16) überall dort f durch eine Funktion Φ (bzw. Ψ) ersetzt, wo eine Verkleinerung (bzw. Vergrößerung) von f eine Verkleinerung der gesamten rechten Seite zur Folge hat. Dadurch ist ein Operator $\underline{K}$ definiert:

$$\underline{K}[\Phi, \Psi](y) := m\, h(y) - $$

$$- \frac{m}{2\sqrt{\pi}} \int_0^y \left(h(\xi) - \frac{\Phi(\xi)}{m}\right)(y - \xi)^{-3/2} \left(\int_\xi^y \Psi(\alpha)\, d\alpha\right) \exp\left(-\frac{\left(\int_\xi^y \Phi(\alpha)\, d\alpha\right)^2}{4\,(y - \xi)}\right) d\xi \pm \cdots. \tag{18}$$

Analog wird definiert:

$$\overline{K}[\Phi, \Psi](y) := \underline{K}[\Psi, \Phi](y) \quad \text{für} \quad 0 \leqq y \leqq Y. \tag{19}$$

Satz: $\Phi_0 := 0$, $\Psi_0(y) := m\,h(y)$,

$$\Phi_n(y) := \max\{0, \underline{K}[\Phi_{n-1}, \Psi_{n-1}](y)\}, \; \Psi_n(y) := \overline{K}[\Phi_{n-1}, \Psi_{n-1}](y) \tag{20}$$

$$\Rightarrow 0 \leqq \Phi_{n-1}(y) \leqq \Phi_n(y) \leqq f(y) \leqq \Psi_n(y) \leqq \Psi_{n-1}(y) \leqq m\,h(y)$$

$$\text{für } 0 \leqq y \leqq Y, \; \|\Phi_n - \Psi_n\| \leqq L \, \|\Phi_{n-1} - \Psi_{n-1}\| \text{ mit } L < 1, \text{ also } (\Phi_n) \uparrow \to f, \; (\Psi_n) \downarrow \to f.$$

Beweis: siehe [3].

Analog läßt sich (15) so abändern, daß

$$\underline{F}(\Phi_n, \Psi_n, y, z) \leqq v(z, y) \leqq \overline{F}(\Phi_n, \Psi_n, y, z) \quad \text{für} \quad 0 \leqq z < \infty, \; 0 \leqq y \leqq Y \tag{21}$$

gilt und auch hier für $n \to \infty$ beide Seiten gegen $v(z, y)$ konvergieren. Wegen $f(y) = \text{const} \cdot s'(y)$ und $s(0) = 0$ folgen hieraus konvergierende Schrankenfolgen für $s(y)$ und über (8) auch für $T(x, t)$.

Ein numerisches Beispiel hierzu ist in [3] angegeben.

Literatur

1 FRIEDMAN, A., Free Boundary Problems for Parabolic Equations, Jour. math. mech. 4, S. 499–517 (1959).

2 KOLODNEOR, I., Free Boundary Problem for the Heat Equation with Applications to Problems of Change of Phase, Comm. pure a. appl. math. IX, S. 1–31 (1956).

3 MÖHRMANN, W., Existenz, Eindeutigkeit und Folgen von Schranken für die Lösung eines Stefan-Problems, Dissertation Karlsruhe (1973).

Anschrift: WALTER MÖHRMANN, 7 Stuttgart-Uhlbach, Uhlbacherstraße 220, BRD

ZAMM 54, T 194 – T 195 (1974)

H. NEUNZERT/J. WICK

Zur numerischen Lösung von Erhaltungsgleichungen

Die spezielle Erhaltungsgleichung

$$f_t + y\,f_x + E\,f_y = 0 \tag{1}$$

mit

$$E(t, x) = a \int_{-\infty}^{x} \int_{-\infty}^{\infty} f(t, z, y)\,dy\,dz + b$$

spielt als „eindimensionale", elektrostatische, stoßfreie VLASOV-Gleichung mit festem Ionenhintergrund eine wichtige Rolle in der Plasmaphysik. Für das Anfangswertproblem dieser Gleichung haben DAWSON vgl. [1] und MORSE vgl. [1] ein numerisches Verfahren angegeben, das aus der physikalischen Bedeutung dieser Gleichung entwickelt wurde vgl. [6]. Ausgangspunkt ist die Tatsache, daß $f(t, x, y)$ die Dichte der Elektronen im Orts-Geschwindigkeitsraum zur Zeit t angibt. Die Elektronen bewegen sich dabei längs der Charakteristiken von Gleichung (1). Man versucht daher, diese Dichte $f(t, x, y)$ durch eine endliche Anzahl von Punktpositionen im (x, y)-Raum darzustellen. Dazu werden m Positionen (x_i, y_i) $i = 1, \ldots, m$; bestimmt, die die Anfangsdichte approximieren. Dann berechnet man die Bahnkurven der m Teilchen als Lösung des Systems

$$\dot{x}_i = y_i\,, \qquad \dot{y}_i = E(t, x_i)\,,$$

wobei man $E(t, x_i)$ aus den Punktladungen $(x_i(t), y_i(t))$ bestimmt.

Zur Untersuchung der Konvergenz verallgemeinern wir [8] aus der Theorie der asymptotischen Verteilung modulo Eins bekannte Begriffe und Sätze [4].

Eine Folge $\Omega_m(t) = \{P_{1m}(t), \ldots, P_{mm}(t)\}$, $m = 1, 2, \ldots$ von m-Tupeln stetiger Kurven im $\mathbb{R}^n$ heißt asymptotisch mit der Schar $f(t, P)$ von im Unendlichen verschwindenden Dichten verteilt, wenn für alle achsenparallelen Recktecke R gilt

$$\lim_{m\to\infty} \frac{1}{m} \sum_{i=1}^{m} \chi_R\left(P_{im}(t)\right) = \int_R f(t, P)\,dP\,, \tag{2}$$

wobei χ_R die charakteristische Funktion von R bezeichnet.

Bekanntlich vgl. [9] gilt diese Limesbeziehung (2) gleichmäßig bzgl. R. Man nennt

$$D[\Omega_m, f](t) = \sup_R \left| \frac{1}{m} \sum_{i=1}^{m} \chi_R\left(P_{im}(t)\right) - \int_R f(t, P)\,dP \right|$$

die Diskrepanz von Ω_m bzgl. der Dichte f.

Als Übertragung eines bekannten Satzes von HLAWKA [2] auf den gesamten $\mathbb{R}^n$ gilt dann der

Satz: *Seien $\Omega_m(t)$ und $f(t, P)$ wie oben und das Vektorfeld $G(P, Q)$ bzgl. Q von beschränkter Hardy-Krause-Variation $V[G(P, \cdot)]$* [vgl. 3], *dann ist*

$$\left|\frac{1}{m}\sum_{i=1}^{m} G(P, P_{im}(t)) - \int_{\mathbb{R}^n} G(P, Q)\, f(t, Q)\, dQ\right| < V\,[G(P, \cdot)]\, D[\Omega_m, f]\,(t)\,.$$

Mittels dieses Satzes gelingt der Konvergenzbeweis für das eingangs skizzierte Verfahren zur Lösung der VLASOV-Gleichung [7].

Betrachten wir nun allgemeiner die Erhaltungsgleichung

$$\frac{\partial}{\partial t} f + \operatorname{div}\,(K\, f) = 0 \tag{3}$$

mit dem Vektorfeld

$$K = K[f(t, \cdot)]\,(P) = \int_{\mathbb{R}^n} G(P, Q)\, f(t, Q)\, dQ$$

und der Anfangsbedingung $f(0, P) = f_0(P)$. Ist $P = T_{\sigma\tau}[f]\, Q$ die Lösung von

$$\dot{P} = K[f(t, \cdot)]\,(P)$$

zur Zeit σ mit dem Anfangswert Q zur Zeit τ, so ist die Lösung von (3) in der Gestalt

$$f(t, P) = f_0\,(T_{0t}[f]\, P)\,\det\left(\frac{\partial (T_{0t}[f]\, P)_i}{\partial P_j}\right)$$

darstellbar [vgl. 5].

Lemma: Sei $f(t, P)$ eine Lösung von (3) und für $0 \leqq t \leqq T$

$$\lim_{n\to\infty} D[\Omega_m, f]\,(t) = 0\,, \tag{4}$$

so gilt für die Lösung $\hat{\Omega}_m(t) = \{\hat{P}_{1m}(t), \ldots, \hat{P}_{mm}(t)\}$ von

$$\dot{P} = \frac{1}{m}\sum_{i=1}^{m} F(P, P_{im}\,(t))$$

mit den Anfangswerten $\hat{P}_{im}(0)$ ebenfalls

$$\lim_{m\to\infty} D[\hat{\Omega}_m, f]\,(t) = 0\,,$$

sofern dies für $t = 0$ richtig ist.

Damit ergibt sich eine Möglichkeit, aus einer asymptotisch mit der Lösung $f(t, P)$ verteilten Folge $\Omega_m(t)$ weitere ebenso verteilte Folgen zu gewinnen.

Sei nun lediglich die Limesbeziehung (4) für die Anfangswerte erfüllt, so wird man erwarten, daß auch für die Lösung $\Omega_m(t)$ des Systems

$$\dot{P}_{im}(t) = \frac{1}{m}\sum_{j=1}^{m} G(P_{im}(t), P_{jm}(t))$$

für ein Intervall $0 \leqq t \leqq T$ die Beziehung (4) gilt.

Die genauen Voraussetzungen an G und f_0, unter denen sich diese Vermutung bestätigt, werden wir demnächst veröffentlichen.

Literatur

1 ALDER, B., FERNBACH, S., ROTENBERG, M. (Herg.), Methods of computational physics, Bd. IX, Academic Press, New York/London 1970.
2 HLAWKA, E., Funktionen von beschränkter Variation in der Theorie der Gleichverteilung, Ann. Mat. Pura Appl. 54, S. 325–333 (1961).
3 HOBSON, E. W., The theory of functions of a real variable, Dover Publications, New York 1957.
4 KOKSMA, J. F., The theory of asymptotic distribution modulo one, Compositio Math. 16, S. 1–22 (1964).
5 KURTH, R., Axiomatics of classical statistical mechanics, Pergmon Press, Oxford/London/New York/Paris, 1960.
6 NEUNZERT, H. und WICK, J., Theoretische und numerische Ergebnisse zur nichtlinearen Vlasov-Gleichung in „Numerische Lösung nichtlinearer partieller Differential- und Integrodifferentialgleichungen“ herausgegeben von R. Ansorge und W. Törnig, Lecture Notes in Mathematics Bd. 267, Springer-Verlag Berlin/Heidelberg/New York 1972.
7 NEUNZERT, H. und WICK, J., Die Theorie der asymptotischen Verteilung und die numerische Lösung von Integrodifferentialgleichungen, erscheint in Num. Math.
8 NEUNZERT, H. und WICK, J., Die Darstellung von Funktionen mehrerer Variabler durch Punktmengen, Berichte der Kernforschungsanlage Jülich, JÜL-996 MA (1973).
9 WEYL, H., Über Gleichverteilung von Zahlen mod. Eins, Math. Ann. 77, S. 313–352 (1916).

Anschriften: H. NEUNZERT, 517 Jülich, Barbarastr. 6, BRD
J. WICK, 517 Jülich, Robert-Koch-Str. 9, BRD

ZAMM 54, T 196 – T 197 (1974)

K. Nixdorff

Ein Lösungsverfahren für einige gewöhnliche, nichtlineare Differentialgleichungen

1. Problemstellung

E. Pinney [1], J. M. Thomas [2], R. T. Herbst [3], F. G. Dressel und J. J. Gergen [4], M. Shahinpoor [5] behandeln folgendes: Es sei ein Fundamentalsystem von Lösungen $u_1(x), \ldots, u_n(x)$ von

$$\sum_{i=0}^{n} a_1(x)\, u^{(i)}(x) = 0 \tag{1}$$

bekannt. Dann werden nichtlineare Differentialgleichungen n-ter Ordnung für $y(x)$ gesucht, bei denen sich Lösungen als

$$y(x) = F\big(u_1(x)\,, \ldots, u_n(x)\big)$$

schreiben lassen. Die bisherigen Ergebnisse lassen sich auf drei Spezialisierungen zurückführen:

1) $$y(x) = F(u)\,, \tag{2a}$$

$$u = \sum_{i=1}^{n} c_i\, u_i(x)\,, \quad \text{alle } c_i \text{ konst., alle } c_i \neq 0\,, \quad n = 1 \text{ oder } n = 2\,, \tag{2b}$$

$$u(x) \neq 0\,, \quad F'(u) \neq 0 \tag{2c}$$

2) $$y(x) = F\big(u_1(x), \ldots, u_n(x)\big)\,, \tag{3a}$$

$$\frac{\partial F}{\partial u_i} \neq 0\,, \quad i = 1, \ldots, n\,, \quad n = 2 \text{ oder } n = 3\,, \tag{3b}$$

$$\sum_{i=1}^{n} u_i \frac{\partial F}{\partial u_i} = R(F)\,, \quad R \neq 0\,, \quad R' \neq 1 \tag{3c}$$

$$\frac{\partial^2 F}{\partial u_i\, \partial u_j} \Bigg/ \left(\frac{\partial F}{\partial u_i}\frac{\partial F}{\partial u_j}\right) = S(F)\,, \quad i = 1, \ldots, n\,, \quad j = 1, \ldots, n\,, \tag{3d}$$

$$R' - 1 = R\, S \tag{3e}$$

3) $$y(x) = [u_1(x)\, u_2(x)]^k\,, \quad k \text{ konst.}, \quad k \neq 0\,, \tag{4a}$$

$$u_1(x) \neq 0\,, \quad u_2(x) \neq 0\,. \tag{4b}$$

Im folgenden soll gezeigt werden, daß die ersten beiden Spezialisierungen für beliebiges n verwendbar und gleich sind und warum die dritte Spezialisierung nicht erweiterbar ist.

2. Erweiterung der ersten beiden Spezialisierungen

Nach (2c) kann

$$u\, F'(u) = Z(F) \tag{5}$$

gesetzt werden. Daraus folgen mit (2c)

$$F' = Z/u\,, \quad F'' = (Z' - 1)\, Z/u^2\,. \tag{6}$$

Aus (2a) folgt mit (6)

$$y^{(m)} = u^{(m)}\, F' + Z^{-m+1}\, g_m\left(y', y'', \ldots, y^{(m-1)}, Z(y), Z'(y), \ldots, Z^{(m-1)}(y)\right), \quad m = 1, \ldots, n \tag{7}$$

wobei die g_m bestimmte Polynome der angegebenen Veränderlichen sind. Aus (7) folgt mit (1) und (5) als gesuchte nichtlineare Differentialgleichung

$$\sum_{i=1}^{n} a_i\, y^{(i)} + a_0\, Z - \sum_{i=2}^{n} a_i\, Z^{1-i}\, g_i = 0\,. \tag{8}$$

Aus (3a) folgt mit (3c), (3d) und (1) entsprechend als gesuchte nichtlineare Differentialgleichung

$$\sum_{i=1}^{n} a_i\, y^{(i)} + a_0\, R - \sum_{i=2}^{n} a_i\, h_i = 0\,, \quad R = R(y)\,, \tag{9}$$

$$h_i = h_i(y', y'', \ldots, y^{(i-1)}, S, S', \ldots, S^{(i-2)})\,, \quad S = S(y)\,, \tag{10}$$

wobei die h_i bestimmte Polynome der angegebenen Veränderlichen sind.

3. Äquivalenz der ersten beiden Spezialisierungen

Der Ansatz (2a) bis (2c) erfüllt sofort die Voraussetzungen (3a) bis (3e). Aus (3a) bis (3e) folgt aber auch (2a) bis (2c). Dazu werden aus (3d) $\frac{\partial}{\partial u_i} \frac{\partial^2 F}{\partial u_i \, \partial u_j}$ und $\frac{\partial}{\partial u_j} \frac{\partial^2 F}{\partial u_i^2}$ hergeleitet und gleichgesetzt. Dies ergibt

$$\det \begin{pmatrix} \frac{\partial F}{\partial u_i} & \frac{\partial F}{\partial u_j} \\ \frac{\partial^2 F}{\partial u_i^2} & \frac{\partial^2 F}{\partial u_j \, \partial u_i} \end{pmatrix} = 0 \,, \tag{11}$$

also sind $\frac{\partial F}{\partial u_i}$ und $\frac{\partial F}{\partial u_j}$ voneinander linear abhängig. Daraus folgt

$$F = F\,(c_i \, u_i + c_j \, u_j) \,. \tag{12}$$

Dies gilt für beliebige i und j, also muß F von der Bauart (2a) sein. Alles weitere ist dann wieder sofort zu sehen.

4. Die dritte Spezialisierung

Von (4a) ausgehend werden y' und y'' gebildet. Das bei y'' auftretende Produkt $(u_1'/u_1)\,(u_2'/u_2)$ wird eliminiert mit der Wronskideterminante w von u_1 und u_2 über

$$[y'/(k\,y)]^2 - (w/\sqrt[k]{y})^2 = 4\,(u_1'/u_1)\,(u_2'/u_2) \,. \tag{13}$$

Als gesuchte nichtlineare Differentialgleichung ergibt sich

$$a_2 \, y'' + a_1 \, y' + 2\,k\,a_0\,y - [1 - 1/(2\,k)]\,y'^2/y + (k/2)\,w^2\,y^{1-2/k} \,. \tag{14}$$

Eine Erweiterung dieses Verfahrens scheitert an den höheren Ableitungen in der Wronskideterminante.

Literatur

1 Pinney, E., The Nonlinear Differential Equation $Y'' + p(x)\,y + C\,y^{-3} = 0$, Proc. Amer. Math. Soc. 1, S. 381 (1950).
2 Thomas, J. M., Equations Equivalent to a Linear Differential Equation, Proc. Amer. Math. Soc., 3, S. 899–903 (1950).
3 Herbst, R. T., The Equivalence of Linear and Nonlinear Differential Equations, Proc. Amer. Math. Soc., 7, S. 95–97 (1956).
4 Dressel, F. G. und Gergen, J. J., Some Nonlinear Systems of Differential Equations Equivalent to Linear Systems, Int. Symp. on Nonlinear Differential Equations and Nonlinear Mechanics, Herausgeber: La Salle, J. P., und Lefschetz, S., Academic Press, New York/London 1963, S. 218–223.
5 Shahinpoor, M., Non-Linear Differential Equations Reducible to Linear Ones, Iranian J. Sci. & Tech., 1, S. 99–112 (1971).

Anschrift: Dr.-Ing. K. Nixdorff, Institut für Mathematik, Ruhr-Universität Bochum, 463 Bochum, Universitätsstr. 150, BRD

ZAMM 54, T 197 – T 199 (1974)

R. Rautmann*)

Zur iterativen Lösung spezieller Systeme partieller Differentialgleichungen

1. Zur Aufgabenstellung

Die Existenz klassischer globaler Lösungen der dreidimensionalen Anfangswertaufgabe der hydrodynamischen Grundgleichungen ist immer noch ein offenes Problem. Von Interesse dürfte daher die Untersuchung vereinfachter Modellaufgaben sein, die jeweils nur eine der charakteristischen Schwierigkeiten der hydrodynamischen Gleichungen enthalten.

Es sei $J = [0, a]$ ein kompaktes Intervall der Länge $a > 0$, $t \in J$, $y = (y^1, \ldots, y^n)$ der Koordinatenvektor im euklidischen n-dimensionalen Raum R^n. Wir betrachten Anfangswertaufgaben der Gestalt

$$\frac{\partial}{\partial t} u + (f \cdot \nabla)\,u = h \quad \text{für} \quad t > 0, \; u = u_0 \quad \text{für} \quad t = 0 \tag{1.1}$$

für gesuchte Vektorfunktionen $u(t, y) = (u^1, \ldots, u^m)$. Vorgegeben auf dem R^n sei die Vektorfunktion u_0, auf $J \times R^n$ die Vektorfunktion h. Im Fall (a) sei die Vektorfunktion f in der Form

$$f(t, y) \equiv g\big(t, y, u(t, y)\big) \equiv (g \circ u)\,(t, y) \tag{1.2}$$

*) Institut für Angewandte Mathematik der Universität Hamburg.

durch eine auf $J \times R^{n+m}$ definierte Funktion g in Abhängigkeit von u vorgeschrieben. Im Fall (b) soll f jeweils durch eine gegebene Funktionaloperation

$$f(t, y) \equiv (K\,u)(t, y) \equiv \int_{R^n} \nabla \gamma_n (y - y')\, c \cdot u(t, y')\, dy' \tag{1.3}$$

aus der gesuchten Vektorfunktion u gebildet werden. Darin bezeichnet $\gamma_n(y)$ die Grundlösung der Potentialgleichung im R^n, $n \geqq 2$, ferner $c = (c^1, \ldots, c^m)$ einen vorgegebenen konstanten Vektor. Die Form (1.1) mit f aus (1.2) eines quasilinearen Systems erster Ordnung mit gleichem Hauptteil besitzen die EULERschen Gleichungen (für das Geschwindigkeitsfeld u einer Strömung zu gegebenem Druck und gegebener Dichte). Auch die allgemeine nichtlineare partielle Differentialgleichung erster Ordnung läßt sich in diese Form bringen [2], S. 142. Aufgaben der Gestalt (1.1) mit f aus (1.3) ergeben vereinfachte Modelle für die Wirbeltransportgleichung, die HELMHOLTZsche Wirbelgleichung und die VLASOV-Gleichung. Speziell für die Anfangswertaufaufgabe der HELMHOLTZschen Wirbelgleichung im R^2 enthält das folgende Ergebnis einen globalen Existenzsatz von E. HÖLDER [3].

Mit $L: f \to Y = L\,f$ bezeichnen wir den Lösungsoperator der Charakteristiken-Differentialgleichung

$$\frac{d}{dt} y = f(t, y) \quad \text{für} \quad t \in J,\ y = y_s \quad \text{für} \quad t = s,\ (s, y_s) \in J \times R^n \tag{1.4}$$

zu (1.1) und entsprechend mit $L_0: f \to Y_0 = L_0 f$ den Übergang von f zu der Einschränkung $Y_0(s, y) \equiv Y(0, s, y)$ der allgemeinen Lösung $Y(t, s, y_s)$ von (1.4) auf $t = 0$. Wir gehen von der linearen Form der Anfangswertaufgabe (1.1) aus. Die bekannte Darstellungsformel

$$u(t, y) = u_0\big(Y(0, t, y)\big) + \int_0^t h\big(t', Y(t', t, y)\big)\, dt' \tag{1.5}$$

liefert unter entsprechenden Voraussetzungen (z. B. wie in [5], S. 196) zumindest eine verallgemeinerte Lösung u von (1.1). Der Kürze halber betrachten wir im folgenden allein den Fall $h = 0$.

2. Fall (a): Systeme quasilinearer partieller Differentialgleichungen erster Ordnung mit gleichem Hauptteil

Die in sämtlichen Variablen $t \in J$, $y \in R^n$ lokale Theorie der quasilinearen Aufgabe (1.1) mit $f = g \circ u$ aus (1.2) ist wohlbekannt [2]. Ein in t lokales, in y jedoch globales Lösungsverfahren erhalten wir in einfacher Weise aus (1.5): Wir setzen dazu voraus, daß g bzw. u_0 zur Klasse $C_{\alpha;1\alpha}$ bzw. $C_{1\alpha}$ gehören, d. h. mit ihren räumlichen ersten partiellen Ableitungen auf $J \times R^{n+m}$ bzw. auf R^n gleichmäßig HÖLDERstetig und beschränkt sind. Außerdem verschwinde $|\nabla u_0(y)|$ asymptotisch wie $|y|^{-\lambda}$, $\lambda > 0$. Für eine C_1-Lösung von (1.1) ergibt (1.5) die Fixpunktgleichung

$$u = S\,u \equiv u_0 \circ L_0\,(g \circ u)\,. \tag{2.1}$$

Eine Konstruktion mit den Hilfsmitteln aus [9], S. 17, 20 führt auf den

Satz 1: *Unter der Einschränkung* $0 < a \leqq c\,\{(1 + |\nabla u_0|_{0\alpha})\, |\nabla g|_{0\alpha}\}^{-1} = a^*$ *besitzt die Anfangswertaufgabe* (1.1) *mit f aus* (1.2) *genau eine Lösung* $u \in C_{\alpha;1\alpha} \cap C_1$. *$u$ kann als Fixpunkt des Operators S nach dem Kontraktionssatz* [12] *berechnet werden.*

Die Norm $|\nabla g|_{0\alpha} = |\nabla g|_0 + \sup_t\, [\nabla g\,(t, \cdot\,)]_{0\alpha}$ wird mit der üblichen Supremumnorm $|\cdot|_0$ und der Schranke $[\,\cdot\,]_{0\alpha}$ für die HÖLDERquotienten von $\nabla g(t, \cdot)$ auf R^{n+m} gebildet. Der Wert der Konstanten c hängt von der Bildungsvorschrift für die HÖLDERnorm $|\cdot|_{0\alpha}$ ab. Für den Spezialfall $m = 1$ werden Schranken des Existenzbereichs in einer zu a^* analogen Form (mit $\alpha = 0$) in [4], S. 37, angegeben. Globale klassische Lösungen von (1.1) gibt es im allgemeinen nicht [2], S. 148, [6].

3. Fall (b): Systeme partieller Differentialgleichungen mit speziellen Operatoren

Im Fall $f = K\,u$ mit dem schwach singulären Integraloperator K aus (1.3) erhalten wir für eine C_1-Lösung von (1.1) aus (1.5) die Fixpunktgleichung

$$u = S\,u \equiv u_0 \circ L_0(K\,u)\,. \tag{3.1}$$

Wir setzen $u_0 \in C_1$ sowie $|u_0|_0^p = \sup_y \{|u_0(y)|\, p(y)\} < \infty$ voraus mit $p(y) = (1 + y\,y)^\nu$, $\nu \in (1/2, 1)$. Der Operator S ist jedenfalls definiert auf der abgeschlossenen Teilmenge

$$D = \{u\, |u \in C_0,\ |\, u(t, \cdot)\,|_0^p \leqq N(t)\},\ N(t) = |u_0|_0^p \exp\,(c_0\, |u_0|_0^p \cdot t) \tag{3.2}$$

des BANACHraumes C_0 der auf $J \times R^n$ stetigen und beschränkten Funktionen mit der Norm $|\cdot|_0$. Anhand der Methoden aus [9], S. 15, 17, 20, 37 erhalten wir mit einer Anwendung des SCHAUDERschen Fixpunktsatzes[1]) den

Satz 2: *Die Anfangswertaufgabe* (1.1) *mit f aus* (1.3) *besitzt mindestens eine globale Lösung* $u \in D \cap C_1$.

[1]) Die Elemente v der Bildmenge $K\,D$ sind stetig und beschränkt auf $J \times R^n$ und erfüllen eine einheitliche „Quasi-LIPSCHITZbedingung" $|v(t, y_1) - v(t, y_2)| \leqq \lambda \cdot l\,(|y_1 - y_2|)$ mit der speziellen Vergleichsfunktion $l(r) = -r \ln r$ für $r \in (0, 1/e)$, $l(r) = 1/e$ für $r \geqq 1/e$, $l(0) = 0$ und einer Konstanten $\lambda > 0$, [5], [8]. Da die Funktion $\lambda\, l$ zu der WALTERschen Eindeutigkeitsklasse $\mathfrak{E}_4$ gehört, ist der Operator L bzw L_0 auf $K\,D \subset C_0$ stetig definiert und die entsprechenden allgem. Lösungen $Y = L\,v$ von (1.4) besitzen einen einheitlichen Stetigkeitsmodul auf $J \times J \times R^n$ [11], S. 81.

Unter der zusätzlichen Annahme $|\nabla u_0|_0^p < \infty$ sind auch die Voraussetzungen des Kontraktionssatzes (bezüglich der Norm $|\cdot|_0^p$ auf einer mittels einheitlicher HÖLDERnormschranke festgelegten Teilmenge $D' \supset S\,D$ von D) erfüllt. Die innerhalb von D' eindeutig bestimmte Lösung von (3.1) bzw. (1.1) läßt sich also wiederum iterativ und mit Fehlerabschätzungen für die Näherungslösungen berechnen. Die globale Existenzaussage im Fall (b) beruht wesentlich auf den glättenden Eigenschaften des Operators K. Sie ermöglichen es, den Definitionsbereich von S in (3.2) allein mittels einer Betragsnorm festzulegen [8]. Die Forderung $S\,D \subset D$ führt daher auf eine lineare Integralungleichung mit der speziellen Lösung $N(t)$ aus (3.2).

Literatur

1 BATT, J., Ein Existenzbeweis für die Vlasov-Gleichung der Stellardynamik bei gemittelter Dichte, Arch. Rational Mech. Anal. 13, 296–308 (1963).
2 COURANT-HILBERT, Methods of Mathematical Physics, Vol. II, New York 1962.
3 HÖLDER, E., Über die unbeschränkte Fortsetzbarkeit einer stetigen ebenen Bewegung in einer unbegrenzten Flüssigkeit, Math. Z. 37, 727–738 (1933).
4 KAMKE, E., Differentialgleichungen, Bd. II, 4. Aufl., Leipzig 1962.
5 KATO, T., On Classical Solutions of the Two-dimensional Non-stationary Euler Equation, Arch. Rat. Mech. An. 25, 188–200 (1967).
6 LAX, P. D., Nonlinear Partial Differential Equations of Evolution, Actes, Congrès intern. Math., Paris 1970, Tome 2, 831–840.
7 RAUTMANN, R., Zur globalen Lösung der Vlasovschen Gleichung für Medien geringer Dichte mit relativistischer Korrektur, ZAMM 48, T 276–T 279 (1968).
8 RAUTMANN, R., Über Quasi-Lipschitzbedingungen für die Gradienten Newtonscher Potentiale, ZAMM, 52, T 101–T 104 (1972).
9 RAUTMANN, R., Ein Näherungsverfahren für spezielle parabolische Anfangswertaufgaben mit Operatoren, aus: „Numerische Lösung nichtlinearer partieller Differential- und Integrodifferentialgleichungen", herausgegeben von R. Ansorge und W. Törnig, Lecture Notes in Mathematics Bd. 267, 187–231, Springer, Berlin Heidelberg 1972.
10 WALTER, W., Über sukzessive Approximation bei Volterra-Integralgleichungen in mehreren Veränderlichen, Ann. Acad. Sci. Fenn., Ser. A., I. Math. 345, Helsinki 1965.
11 WALTER, W., Differential and Integral Inequalities, Springer, Berlin 1970.
12 WEISSINGER, J., Zur Theorie und Anwendung des Iterationsverfahrens, Mathematische Nachrichten 8, 193–212 (1952).

Anschrift: Priv. Doz. Dr. REIMUND RAUTMANN, 2 Hamburg 13, Rothenbaumchaussee 41, BRD

ZAMM 54, T 199 – T 201 (1974)

G. SCHEU*)

Schrankenkonstruktion für die Lösung einer Regelungsaufgabe bei zwei unabhängigen Variablen

Es werden Schranken konstruiert für die Lösung der Randwertaufgabe

$$P[u] := \frac{\partial u}{\partial t} - \sum_{i=1}^{n} a_i^2 \frac{\partial^2 u}{\partial x_i^2} = f\,, \quad (x, t) \in D := W^n \times (0, t_0], \quad W^n := \prod_{i=1}^{n} (0, l_i)\,, \tag{1a}$$

$$l_i,\, t_0 \in \mathbb{R}^+, \quad a_i \in \mathbb{R}, \quad i = 1(1)\,n\,,$$

$$AB: \quad u(x, 0) = g(x), \; x \in \overline{W^n}\,, \tag{1b}$$

$$RB: \quad R[u]_{\partial D_R} := k \frac{\partial u\,(\bar{x}, t)}{\partial n} + h\,u(\bar{x}, t) = \Psi(\bar{x})\,\Phi(t)\,, \quad (\bar{x}, t) \in \partial D_R := \partial W^n \times (0, t_0]\,, \tag{1c}$$

$$k, h \in \mathbb{R}_0^+, \; k + h \neq 0\,,$$

$$\Phi(t) := \varkappa\,\{T(t) - u(c, t)\}, \quad c \in \overline{W^n}, \quad \varkappa \in \mathbb{R}^+\,. \tag{1d}$$

Die Heiztemperatur Φ ist proportional der Differenz einer gegebenen Steuertemperatur T und der gesuchten Temperatur u in einem Punkte c des Quaders $\overline{W^n}$.

Es seien

i) $f \in C^{2,1}(\overline{D})$, ii) $g \in C^2(\overline{W^n})$, iii) $\Psi \in C(\partial W^n)$, iv) $\Phi \in C^1([0, t_0])$,
v) $R[g]\,(\bar{x}) = \Psi(\bar{x})\,\Phi(0) = \Psi(\bar{x})\,\varkappa\{T(0) - g(c)\}$, $\bar{x} \in \partial W^n$.

Es genügt, die Konstruktion der numerischen Lösung an einem einfachen Beispiel zu betrachten, vgl. [1], [2].

---

*) Inst. für Angewandte Mathematik der Universität Karlsruhe.

Gegeben sei ein Regelkreis, der durch die Randwertaufgabe

$$P[u] := \frac{\partial u}{\partial t} - a^2 \frac{\partial^2 u}{\partial x^2} = 0, \quad (x, t) \in D := J \times (0, t_0], \ J: = (0, l), \ l, ,t_0 \in \mathbb{R}^+, \ a \in \mathbb{R}, \tag{2a}$$

$$AB: \quad u(x, 0) = 0, \ x \in \bar{J}, \tag{2b}$$

$$RB: \ -\frac{\partial u(0, t)}{\partial x} = \Phi(t), \qquad \frac{\partial u(l, t)}{\partial x} = 0, \quad t \in (0, t_0], \tag{2c}$$

$$\Phi(t) = \varkappa\{T(t) - u(c, t)\}, \ c \in \bar{J}, \text{ wobei } \Phi(0) = 0, \text{ beschrieben wird.} \tag{2d}$$

Gesucht ist die Kontrolle der sich in $x = 0$ befindenden Heizung des in $x = l$ isolierten Stabes.

Die Lösung u von Aufgabe (2) läßt sich mit Hilfe der GREENschen Funktion G in folgender Form darstellen:

$$u(x, t) = Q(x)\, \Phi(t) + \frac{a^2}{l} \int_0^t \Phi(\tau)\, d\tau - \int_0^t \int_0^l Q(\xi)\, \Phi(\tau)\, G(x, \xi, t - \tau)\, d\xi\, d\tau \tag{3}$$

mit

$$Q(x) := \frac{x^2}{2l} - x - \frac{l}{60} \text{ (gewählt)},$$

$$G(x, \xi, t) := \sum_{\nu=0}^{\infty} \frac{1}{N_\nu^2} \cos \lambda_\nu x \cos \lambda_\nu \xi \exp(-a^2 \lambda_\nu^2 t), \tag{4}$$

wobei

$$N_0^2 := l, \ N_\nu^2 := \frac{l}{2}, \ \nu \in \mathbb{N}, \quad \text{und} \quad \lambda_\nu := \frac{\nu \pi}{l}, \ \nu \in \mathbb{N}_0.$$

Eine für numerische Berechnungen geeignete Näherungslösung ist

$$\bar{u}_N(x, t) := Q(x)\, \Phi(t) + \frac{a^2}{l} \int_0^t \Phi(\tau)\, d\tau - \int_0^t \int_0^l Q(\xi)\, \Phi(\tau)\, G_N(x, \xi, t - \tau)\, d\xi\, d\tau, \tag{5}$$

da sie nur endlich viele Summanden enthält. Die Funktion G_N ist die N-te Partialsumme der GREENschen Funktion G. Zur Behandlung der Regelung betrachtet man die Lösung u an der Stelle $x = c$ und erhält durch Differentiation nach t die VOLTERRAsche Intgeralgleichung (VIGL)

$$\dot{\Phi}(t) = \varkappa\, \dot{T}(t) - \varkappa\, a^2 \int_0^t \sum_{\nu=0}^{\infty} B_\nu \cos \lambda_\nu c \exp(-a^2 \lambda_\nu^2 \{t - \tau\})\, \dot{\Phi}(\tau)\, d\tau \tag{6}$$

für die Funktion $\dot{\Phi}$, wobei der Kern durch eine unendliche Reihe dargestellt wird. Dabei bedeuten

$$B_0 := \frac{1}{l}, \qquad B_\nu := \frac{2}{l}, \qquad \nu \in \mathbb{N}.$$

Ersetzt man den Kern durch seine N-te Partialsumme, so erhält man die VIGL

$$\dot{\Phi}_N(t) = \varkappa\, \dot{T}(t) - \varkappa\, a^2 \int_0^t \sum_{\nu=0}^{N} B_\nu \cos \lambda_\nu c \exp(-a^2 \lambda_\nu^2 \{t - \tau\})\, \dot{\Phi}_N(\tau)\, d\tau \tag{7}$$

für die Funktion $\dot{\Phi}_N$, die für numerische Berechnungen geeignet ist. Mittels eines Fixpunktsatzes erhält man die Existenz und Eindeutigkeit der Lösungen dieser VIGLen und gleichzeitig die Abschätzung

$$|\dot{\Phi}(t) - \dot{\Phi}_N(t)| \leqq d_N(t), \ t \in [0, t_0], \tag{8}$$

mit

$$\lim_{N \to \infty} d_N(t) = 0, \quad t \in [0, t_0] \tag{9}$$

und damit

$$\lim_{N \to \infty} \dot{\Phi}_N(t) = \dot{\Phi}(t), \quad t \in [0, t_0], \tag{10}$$

d. h., die Schranken sind für geeignetes N beliebig genau konstruierbar. Setzt man die Schranken der Funktionen $\dot{\Phi}$ bzw. Φ in die Randwertaufgabe (2) ein, so erhält man eine Aufgabe zur Berechnung der oberen (unteren) Schranke für die Temperatur u, wobei $\dot{\Phi} := \dot{\Phi}_N \overset{+}{(-)} d_N$ ist. Dazu macht man den Ansatz

$$u_N := \bar{u}_N + c_N \tag{11}$$

mit der Funktion $\bar{u}_N$ aus (5) und bestimmt die Funktion c_N mit Hilfe der Theorie der Differentialungleichungen z. B. im Falle der oberen Schranke aus den Ungleichungen

$$P[c_N] = \frac{\partial c_N}{\partial t} - a^2 \frac{\partial^2 c_N}{\partial x^2} \geqq \dot{\Phi}(t)\, r_N(x), \quad (x, t) \in D, \tag{12a}$$

$$AB: \quad c_N(x, 0) \geqq 0, \quad x \in \bar{J}, \tag{12b}$$

$$RB: \quad -\frac{\partial c_N(0, t)}{\partial x} \geqq 0, \qquad \frac{\partial c_N(l, t)}{\partial x} \geqq 0, \quad t \in (0, t_0], \tag{12c}$$

wobei die Funktion

$$r_N(x) := Q(x) - \int_0^l Q(\xi)\, G_N(x, \xi, 0)\, d\xi = \frac{x^2}{2\,l} - x - \frac{l}{60} - \left\{ -\frac{7\,l}{20} + \frac{2}{l} \sum_{\nu=0}^{N} \frac{1}{\lambda_\nu^2} \cos \lambda_\nu\, x \right\} \tag{13}$$

die Differenz zwischen der Funktion Q und der N-ten Partialsumme ihrer FOURIERreihe bedeutet. Es gilt

a) im Fall $\dot{\Phi}(t) \geqq 0,\ t \in [0, t_0]$ leistet die Funktion

$$c_N := c_N(t) = \Phi(t) \operatorname*{Max}_{x \in \bar{J}} r_N(x)\ , \quad t \in [0, t_0] \text{ und} \tag{14}$$

b) im Fall $\dot{\Phi}(t) \leqq 0,\ t \in [0, t_0]$ leistet die Funktion

$$c_N := c_N(t) = \Phi(t) \operatorname*{Min}_{x \in \bar{J}} r_N(x)\ , \quad t \in [0, t_0] \text{ das Gewünschte.} \tag{15}$$

Ferner gilt

$$\lim_{N \to \infty} c_N(t) = 0\ , \quad t \in [0, t_0] \tag{16}$$

und damit

$$\lim_{N \to \infty} u_N(x, t) = u(x, t)\ , \quad (x, t) \in \bar{D}\ , \tag{17}$$

d. h., die Schranken sind für geeignetes N beliebig genau berechenbar. Analoge Ergebnisse erhält man bei der Konstruktion von unteren Schranken.

Das Verfahren lieferte bei mehreren Beispielen gute Schrankenfolgen.

Literatur

1 BUTKOVSKIY, A. G., Distributed Control Systems, American Elsevier Publ. Comp., New/York/London/Amsterdam 1969.
2 PARKS, P. C., Some Applications of Liapunov Functionals, in: Instability of Continuous Systems, Herausgeber: H. Leipholz, Springer Verlag, Berlin/Göttingen/Heidelberg/New York 1971, p. 129.

Anschrift: GÜNTER SCHEU, 75 Karlsruhe 41, Baslertorstr. 76, BRD

ZAMM 54, T 201 – T 202 (1974)

B. WERNER

Abschätzungen von Projektionen und Näherungen von Eigenelementen

Ist A ein selbstadjungierter Operator in einem HILBERTraum $\mathcal{H}$ mit Definitionsbereich $\mathcal{D}_A$ und ist $\hat{u}$ eine Näherung für ein Eigenelement zum Eigenwert ε_0 von A, so kann die Güte der Näherung durch obere Schranken des Abstands d des Eigenraums $\mathcal{N}(\lambda_0)$ zu $\hat{u}$ oder — hiermit äquivalent — durch untere Schranken von $p := ||P\,\hat{u}||$ abgeschätzt werden ($d^2 = 1 - p^2$), wobei P die orthogonale Projektion auf $\mathcal{N}(\lambda_0)$ ist.

Die allgemeinere Frage, wie gut $\hat{u}$ durch eine Linearkombination von Eigenelementen benachbarter Eigenwerte approximiert werden kann, ist zumindest für dicht benachbarte Eigenwerte von Interesse und führt auf folgende Problemstellung (s. auch [1]):

Das Spektrum $\sigma(A)$ lasse sich disjunkt in

$$\sigma(A) = \sigma_1 \cup \sigma_2$$

mit $I_1 \cap \sigma_2 = \emptyset$ zerlegen, wo $I_1 = [\alpha_1, \alpha_2]$ die konvexe Hülle von σ_1 ist. Gefragt ist nach unteren Schranken von $||P\,\hat{u}||$ mit der orthogonalen Projektion

$$P = \int_{\alpha_1 - 0}^{\alpha_2} dE(\lambda)\ ,$$

bzw. nach oberen Schranken für den Abstand von $\hat{u}$ zum invarianten Teilraum $P(\mathcal{H})$ von A. (Mit $E(\lambda)$ wird die zu A gehörende Zerlegung der Einheit bezeichnet). An Informationen über $\hat{u}$ sollen wie in [1]—[4] nur

$$\hat{u} \in \mathcal{X} = \{u \in \mathcal{D}_A |\ ||u|| = 1,\quad (A\,u, u) = a_1,\ ||A\,u - a_1\,u|| = \varepsilon\}$$

verwendet werden, d. h., es sind Schranken gesucht, die nur vom RAYLEIGH-Quotienten a_1 und dem Defekt ε abhängen.

Mit

$$\beta_1 = \sup\{\lambda \in \sigma(A),\ \ \lambda < \alpha_1\},\quad \beta_2 = \inf\{\lambda \in \sigma(A),\ \ \lambda > \alpha_2\}$$

läßt sich beweisen:

Satz 1: *Seien* $\beta_1 > -\infty$, $\beta_2 < +\infty$, $q(\lambda) = (\lambda - \beta_1)(\beta_2 - \lambda)$, $q(a_1) > \varepsilon^2$ *und* μ_1 *die (einfach zu berechnende) Zahl, die* $q(\lambda)$ *auf* $\left[a_1 - \frac{\varepsilon^2}{\beta_2 - a_1}, a_1 + \frac{\varepsilon^2}{a_1 - \beta_1}\right] \cap I_1$ *maximiert. Dann gilt für* $u \in \mathcal{X}$:

$$||P\,u||^2 \geqq \frac{q(a_1) - \varepsilon^2}{q(\mu_1)}. \tag{1}$$

Ersetzt man in (1) μ_1 durch die $q(\lambda)$ auf ganz I_1 maximierende Zahl γ_1, so erhält man eine i. allg. etwas schwächere Abschätzung von HADELER [1]. Ist $\beta_1 = -\infty$, σ_1 also ein Randteil von $\sigma(A)$, so kann man in (1) einen Grenzübergang $\beta_1 \to -\infty$ durchführen. Jedoch können die so erhaltenen Schranken verbessert werden, wenn A ein beschränkter Operator ist und die Zahl

$$\gamma := \sup \sigma(A)$$

herangezogen wird:

Satz 2: *Seien* $\beta_1 = -\infty$, $\beta_2 \leqq \gamma < \infty$, $r(\lambda) = (\gamma - \lambda)(\beta_2 - \lambda)$, $a_1 \leqq \beta_2$ *und* μ_2 *die Zahl, die* $r(\lambda)$ *auf* $\left[a_1 - \frac{\varepsilon^2}{\beta_2 - a_1}, a_1\right] \cap I_1$ *maximiert. Dann gilt für* $u \in \mathcal{X}$

$$||P\,u||^2 \geqq \frac{r(a_1) + \varepsilon^2}{r(\mu_2)}. \tag{2}$$

Bemerkungen:

1. Zur numerischen Auswertung können in (1), (2) α_1, β_2 durch untere und α_2, β_1, γ durch obere Schranken ersetzt werden: man muß die spektralfreien Bereiche abschätzen.
2. Die Schranken (1) und (2) können unter alleiniger Ausnutzung der Information $u \in \mathcal{X}$ nicht weiter verbessert werden, wenn über σ_1 nur $\sigma_1 \subset I_1 = [\alpha_1, \alpha_2]$ bekannt ist.
3. Für $\alpha_1 = \alpha_2$ und diskretes Spektrum $\sigma(A)$ sind diese Resultate in [4] zu finden.

Literatur

1 HADELER, K. P., Einschließungssätze bei normalen und bei positiven Operatoren, Arch. of Rat. Mech. and Anal. 21, 58—88 (1965).
2 KATO, T., On the upper and lower bounds of eigenvalues, J. Phys. Soc. Japan 4, 334—339 (1949).
3 RIEDER, G., Elementargeometrische Herleitung von Einschließungssätzen für Eigenwerte, ZAMM 48, 207—210 (1968).
4 WERNER, B., Optimale Schranken für Eigenelemente selbstadjungierter Operatoren in der Hilbertraumnorm, erscheint im ISNM.

Anschrift: Dr. B. WERNER, Institut für Angewandte Mathematik der Universität, 2000 Hamburg 13, Rothenbaumchaussee 41, BRD

ZAMM 54, T 202 – T 204 (1974)

P. WILDENAUER

Tschebyscheff-Verfahren in halbgeordneten topologischen Vektorräumen

Das TSCHEBYSCHEFF-Verfahren zur Lösung nichtlinearer Operatorgleichungen $F(z) = 0$, das in BANACH-Räumen bekannt ist ([1], [2]), wird auf halbgeordnete topologische Vektorräume übertragen. Der angegebene Einschließungssatz enthält Existenz- und Eindeutigkeitsaussagen und wird auf eine CHANDRASEKHAR-Integralgleichung angewandt.

Eine Iterationsfolge (z_n) heiße TSCHEBYSCHEFF-*Folge*, wenn sie für alle $n \in N_0 := \{0, 1, 2, \ldots\}$ den folgenden Gleichungen genügt:

$$(F\colon D \subset Z \to W,\ A\colon W \to Z):$$

$$A\big(F(z_n) + F'[z_n](\bar{z}_{n+1} - z_n)\big) = 0\,, \tag{1}$$

$$A\left(F(z_n) + F'[z_n](z_{n+1} - z_n) + \frac{1}{2}F''[z_n](\bar{z}_{n+1} - z_n)^2\right) = 0\,. \tag{2}$$

Es handelt sich insofern um eine Verallgemeinerung, als durch Einführung eines Operators A die Existenz inverser Operatoren vermieden wird, und zwar entsprechend [4] für NEWTON-ähnliche Verfahren.

Die übrigen benötigten Begriffe findet man bei VANDERGRAFT [3] definiert. Jedoch heiße ein halbgeordneter topologischer Vektorraum Z bereits dann *normal*, wenn für je zwei Folgen (x_n), (y_n) in Z mit der Eigenschaft $0 \leqq x_n \leqq y_n$ der Schluß $(\lim y_n = 0 \Rightarrow \lim x_n = 0)$ gilt.

Satz: *Sei $F: D \subset Z \to W$ (Z, W halbgeordnete topologische Vektorräume, Z regulär und normal, W normal, D offen). Für den Kegel K_Z von Z gelte $K_Z + (-K_Z) = Z$. Es existiere ein Intervall $[z_0, \tilde{z}] \subset D$, so daß die Voraussetzungen* (V 1) *und* (V 2) *erfüllt sind.*

(V 1) *F sei in $[z_0, \tilde{z}]$ stetig, in D differenzierbar*[1]) *und auf allen Segmenten in $[z_0, \tilde{z}]$ zweimal gleichmäßig differenzierbar.*
$F''[z_0] \geqq 0$.
Für alle $x, y \in [z_0, \tilde{z}]$, $x \leqq y$ gelte $F''[x] \leqq F''[y]$.

(V 2) *Es existiere ein stetiger, linearer, positiver Operator $A: W \to Z$ mit $I + A\,F'[z_0] \geqq 0$ (I Identität).*
Aus $z \in [z_0, \tilde{z}]$, $A\,F(z) = 0$ folge $F(z) = 0$.
$A\,F(z_0) \geqq 0 \geqq A\,F(\tilde{z})$.

Dann gelten die Aussagen (A 1) *bis* (A 5):

(A 1) *Die Tschebyscheff-Folge (z_n) existiert und wächst monoton in $[z_0, \tilde{z}]$.*

(A 2) *(z_n) konvergiert gegen ein Element z^* aus $[z_0, \tilde{z}]$.*

(A 3) *$F(z^*) = 0$.*

(A 4) *Im Intervall $[z_0, z^*]$ existiert keine weitere Lösung von $F(z) = 0$.*

(A 5) *$\tilde{z}_{n+1} := \tilde{z}_n + A\,F(\tilde{z}_n)$ ($n \in \mathbb{N}_0$, $\tilde{z}_0 := \tilde{z}$) definiert eine monoton fallende Folge $(\tilde{z}_n)$ in $[z^*, \tilde{z}]$, die gegen ein Element $\tilde{z}^*$ aus $[z^*, \tilde{z}]$ mit $F(\tilde{z}^*) = 0$ konvergiert. Im Intervall $[\tilde{z}^*, \tilde{z}]$ existiert keine weitere Lösung von $F(z) = 0$.*

Bemerkungen:

1) Das Verfahren hat in halbgeordneten topologischen Vektorräumen einige für die Anwendung günstige Eigenschaften:

a) Die Voraussetzungen sind einfach zu verifizieren.

b) Eine geeignete Anfangsnäherung z_0 zu finden, bereitet meist keine Schwierigkeit.

c) Die Einschließung der Lösung ermöglicht eine dem Problem angepaßte Fehlerangabe.

2) Wenn $-(F'[z_0])^{-1}$ existiert, stetig und positiv ist, dann reduziert sich (V 2) auf $-(F'[z_0])^{-1} F(z_0) \geqq 0 \geqq -(F'[z_0])^{-1} F(\tilde{z})$ und die Tschebyscheff-Folge (z_n) erfüllt die beiden Gleichungen:

$$F(z_n) + F'[z_n]\,(\bar{z}_{n+1} - z_n) = 0\,, \tag{3}$$

$$F(z_n) + F'[z_n]\,(z_{n+1} - z_n) + \frac{1}{2} F''\,[z_n]\,(\bar{z}_{n+1} - z_n)^2 = 0\,. \tag{4}$$

Anwendung: Der vorliegende Satz eignet sich zur Lösung der Chandrasekhar-Integralgleichung

$$F(z)(t) := 1 + t\,z(t) \int_0^1 \frac{f(s)\,z(s)}{t+s}\,ds - z(t) = 0 \qquad (t \in [0, 1])\,, \tag{5}$$

wobei die Funktion f mit $f(t) \geqq 0$ ($t \in [0, 1]$) vorgegeben sei. Für $f(t) \leqq \frac{1}{4}$ ($t \in [0, 1]$) sind die Voraussetzungen des Satzes mit $z_0(t) := 1$, $\tilde{z}(t) := 2$ erfüllbar [3]. Für $f_1(t) := \frac{1}{4}$ und $f_2(t) := \frac{1}{4}t$ wurden numerische Werte durch Diskretisierung (25 Stützstellen in [0, 1]) und Simpson-Quadratur errechnet, und zwar zum Vergleich sowohl mit dem Newton- als auch mit dem Tschebyscheff-Verfahren. Dabei ergab sich im Mittel das Verhältnis der CPU-Zeiten von ca. 1.6:1 für Newton- und Tschebyscheff-Verfahren bei gleicher Genauigkeit.

		Tschebyscheff-Verfahren		Newton-Verfahren		
		$n = 1$	$n = 2$	$n = 1$	$n = 2$	$n = 3$
	$z_n(.25)$	1.1295322	1.1296445	1.1271957	1.1296431	1.1296445
	$z_n(.50)$	1.1874485	1.1877242	1.1825734	1.1877202	1.1877242
f_1	$z_n(.75)$	1.2244853	1.2249208	1.2175054	1.2249139	1.2249208
	$z_n(1.0)$	1.2506679	1.2512471	1.2419763	1.2512374	1.2512471
	$z_n(.25)$	1.0414695	1.0414704	1.0413517	1.0414704	
	$z_n(.50)$	1.0640029	1.0640055	1.0637265	1.0640055	
f_2	$z_n(.75)$	1.0787942	1.0787986	1.0783764	1.0787986	
	$z_n(1.0)$	1.0893481	1.0893541	1.0888112	1.0893541	

[1]) Differenzierbar wird in dieser Arbeit immer im Sinne von Gateaux verstanden.

Literatur

1 Döring, B., Das Tschebyscheff-Verfahren in Banach-Räumen, Numer. Math. **15**, S. 175–195 (1970).
2 Ehrmann, H., Konstruktion und Durchführung von Iterationsverfahren höherer Ordnung, Arch. Rat. Mech. Anal. **4**, S. 65–88 (1959/60).
3 Vandergraft, J. S., Newton's method for convex operators in partially ordered spaces, SIAM J. Numer. Anal. **4**, S. 406–432 (1967).
4 Wildenauer, P., Newton-ähnliche Verfahren in Banach-Räumen und halbgeordneten topologischen Vektorräumen, Dissertation an der Universität Düsseldorf 1973.

Anschrift: Dr. Peter Wildenauer, Mathematisches Institut der Universität Düsseldorf, 4 Düsseldorf, Moorenstraße 5, BRD

ZAMM 54, T 204 (1974)

F. Wille

Borsuk's Antipodensatz für mehrwertige monotone Operatoren mit Störungen

K. Borsuk bewies 1933 den folgenden Satz, vgl. [1], [7].

Satz 1: *Ist* $F: K^n \to R^n$ *eine stetige Abbildung* ($K^n = \{x \in R^n \mid |x| \leq 1\}$ *Einheitskugel*) *mit* $F(x) \neq t \cdot F(-x)$ *für alle* $t \geqq 0$ *und* $|x| = 1$, *so hat F eine Nullstelle* $x_0 \in K^n$: $F(x_0) = 0$.

Er wird auf monotone Operatoren mit Störungen übertragen. Die im folgenden benutzten Begriffe werden z.B. in [8] definiert.

Es sei X ein reflexiver Banachraum über R, X^* sein Dualraum und $\langle y, x\rangle = y(x)$ die *Paarung* zwischen $y \in X^*$ und $x \in X$. Wir betrachten Operatoren der Form $F = T + G$, wobei $T: X \to X^*$ und $G: X \to X^*$ *mehrwertige Operatoren* sind (Unter einem mehrwertigen Operatoren verstehen wir hier eine eindeutige Abbildung von X in die Potenzmenge von X^*). T sei *maximal monoton* und besitze die *Eigenschaft* (S), während G *vollstetig von oben* sei.

T maximal monoton bedeutet (A): $\langle T[x] - T[y], x - y\rangle \geqq 0$ für alle $x, y \in X$, $T[x] \in T(x)$, $T[y] \in T(y)$, sowie (B): Es gibt keinen mehrwertigen Operator $T_1: X \to X^*$ mit Eigenschaft (A), dessen Graph den Graphen von T echt umfaßt. *Eigenschaft* (S) bedeutet: Aus $\langle T[x_n] - T[x_0], x_n - x_0\rangle \to 0$, $T[x_i] \in T(x_i)$, folgt stets $x_n \to x_0$. *G vollstetig von oben* heißt: $G(A) = \bigcup_{x \in A} G(x)$ ist relativ kompakt für jedes beschränkte $A \subset X$, G ist semistetig von oben, und $G(x)$ ist konvex und abgeschlossen für jedes $x \in X$.

Satz 2: (*Borsuk-Typ*): *Ist* $F = T + G$ *gleichmäßig beschränkt auf der Einheitskugel* $K = \{x \in X \mid \|x\| \leq 1\}$ *und gilt* $F(x) \cap t\,F(-x) = \emptyset$ *für alle* $t \geqq 0$ *und* $\|x\| = 1$, *so hat F eine Nullstelle in K, d. h. es gibt ein* x_0 *in K mit* $0 \in F(x_0)$.

Ähnliche Sätze für eindeutige Operatoren sind in [3]–[6] enthalten. Verallgemeinerungen von Operatoren der Form F werden mit anderer Stoßrichtung in [2] behandelt. Die meisten Sätze der Abbildungsgradtheorie (Leray-Schauder) lassen sich auf Operatoren der Art F übertragen. Stellvertretend nennen wir zwei Sätze, von denen Satz 3 auch für die Leray-Schauder-Theorie (analog auf vollstetige Vektorfelder umformuliert) bisher unbekannt ist. Für den R^n ist er in [7] bewiesen.

Satz 3: *Ist* $F = T + G$ *auf ganz X lokal beschränkt, existiert ein* $\alpha > 0$ *mit* $F(x) \cap F(y) = \emptyset$, *falls* $\|x - y\| = \alpha$, *und ist* $F(X)$ *abgeschlossen* (z.B. $F[x_n] \to \infty$, *wenn* $\|x_n\| \to \infty$, $F[x_n] \in F(x_n)$), *so besitzt die Beziehung* $y \in F(x)$ *für jedes* $y \in X^*$ *eine Lösung* $x \in X$.

Satz 4 (*Birkhoff-Kellog-Typ*): $F = T + G$ *erfülle die Voraussetzungen von Satz 2,* $H: X \to X^*$ *sei vollstetig von oben und es gelte* $\liminf_{\|x\|=1} \|H(x)\| > 0$.

Dann existiert ein $x \in X$ *mit* $\|x\| = 1$ *und ein „Eigenwert"* $\lambda > 0$ *mit* $F(x) \cap \lambda\,H(x) \neq \emptyset$.

Literatur

1 Borsuk, K., Drei Sätze über die n-dimensionale Sphäre, Fundamenta Math. **20**, 177–190 (1933).
2 Browder, F. E., Hess, P., Nonlinear mappings of monotone type in Banach spaces, J. Functional Anal. **11**, 251–294 (1972).
3 de Figueiredo, D. G., Gupka, C. P., A Borsuk type theorem for monotone mappings, Notices Amer. Math. Soc. 17, 439 (1970).
4 de Figueiredo, D. G., Gupka, C. P., Borsuk type theorems for noncompact mappings in Banach spaces, erscheint demnächst.
5 Hess, P., On nonlinear mappings of monotone type homotopic to odd operators, J. Functional Anal. **11**, 138–167 (1972).
6 Pokhozhaev, S. I., Solvability of nonlinear equations with odd operators, J. Functional Anal. Appl. **1**, 227–233 (1967).
7 Wille, F., Verallgemeinerung der Sätze von Borsuk-Ulam und Lusternik-Schnirelmann-Borsuk auf nichtantipodische Punktepaare, Monatsh. Math. **74**, 351–370 (1970).
8 Wille, F., Monotone Operatoren mit Störungen, Arch. Rat. Mech. Anal. **46**, 369–388 (1972).

Anschrift: Prof. Dr. Friedrich Wille, Gesamthochschule Kassel, 35 Kassel, Heinrich-Plett-Str. 40, BRD

ZAMM 54, T 205 (1974)

H. Wimmer

Trägheitssätze für Matrizen, Steuerbarkeit und lineare Schwingungen

Der folgende Trägheitssatz für Matrizen wird angegeben: Ist für die reelle $n \times n$ Matrix A und für die symmetrischen Matrizen W und H die Gleichung $A\,H + H\,A^T = W$ erfüllt und ist W positiv semidefinit und (A, W) steuerbar, so ist die Zahl der Eigenwerte in der rechten, bzw. in der linken Halbebene bei A und H gleich.

Dieser Satz läßt sich auf die Schwingungsgleichung

$$M\,\ddot{x} + (D + G)\,\dot{x} + K\,x = 0 \qquad (L)$$

anwenden. Vorausgesetzt wird: M, D, K symmetrisch, G schiefsymmetrisch und D positiv semidefinit. Ist das Paar $(\hat{A}, \hat{D})$ mit

$$\hat{A} = \begin{pmatrix} 0 & -K\,M^{-1} \\ E & G\,M^{-1} \end{pmatrix} \quad \text{und} \quad \hat{D} = \begin{pmatrix} 0 \\ D \end{pmatrix}$$

steuerbar, so hat (L) keine periodischen Lösungen und die Anzahl der asymptotisch stabilen Lösungen ist gleich der Anzahl der positiven Eigenwerte von M und K.

Diese Ergebnisse sind in einer Arbeit enthalten, die in „Journal of Linear Algebra and its Applications“ erscheinen wird.

Anschrift: Dr. Harald Wimmer, 2. Math. Institut, Technische Hochschule in Graz, Kopernikusgasse 24, A-8010 Graz, Österreich

NUMERISCHE ANALYSIS

ZAMM 54, T 206 (1974)

G. ALEFELD / J. HERZBERGER

Über die Konvergenzordnung einiger Verfahren zur simultanen Berechnung von Polynomwurzeln

Die Nullstellen eines Polynoms lassen sich bekanntlich mit Hilfe von Gesamtschrittverfahren, welche von zweiter bzw. dritter Ordnung konvergent sind, gleichzeitig berechnen. Für die entsprechenden Einzelschrittverfahren wurde gezeigt, daß sie schneller als quadratisch bzw. kubisch konvergent sind. Für die R-Konvergenzordnung wurde jeweils eine untere Schranke angegeben.

Eine ausführliche Darstellung dieser Ergebnisse erscheint in SIAM Journal on Numerical Analysis.

Anschrift: Priv.-Doz. Dr. G. ALEFELD, Priv.-Doz. Dr. J. HERZBERGER, Institut für Angewandte Mathematik, Universität Karlsruhe, 7500 Karlsruhe, Postfach 6380, BRD

ZAMM 54, T 206 – T 207 (1974)

E. L. ALLGOWER

Numerische Approximation von Lösungen nichtlinearer Randwertaufgaben mit mehreren Lösungen

Es sei $\boldsymbol{f} = (f_1, \ldots, f_n)$ eine beliebige stetige Selbstabbildung des Einheitswürfels $B^n = \prod_1^n [0, 1]$. Sei $||\boldsymbol{x}|| = \max_{i=1,\ldots,n} |x_i|$ die Norm für $\boldsymbol{x} \in B^n$ und ferner $B_r(\boldsymbol{x}) = \{\boldsymbol{y} \in B^n \mid ||\boldsymbol{x} - \boldsymbol{y}|| < r\}$. Durch $\boldsymbol{f}$ wird B^n in $n + 1$ abgeschlossene Mengen A_i unterteilt, wobei

$$A_0 = \text{Abs. } \{\boldsymbol{x} \in B^n \mid f_1(\boldsymbol{x}) \geqq x_1 \neq 1\},$$

$$A_i = \text{Abs. } \{\boldsymbol{x} \in B^n \mid f_j(\boldsymbol{x}) \leqq x_j \neq 0,\ j = 1, \ldots, i \text{ und } f_{i+1}(\boldsymbol{x}) > x_{i+1} \text{ oder } x_{i+1} = 0\},\ i = 1, \ldots, n - 1$$

und

$$A_n = \text{Abs. } \{\boldsymbol{x} \in B^n \mid f_j(\boldsymbol{x}) \leqq x_j \neq 0,\ j = 1, \ldots, n\}\,;\ (\text{Abs.} = \text{Abschließung}).$$

Es folgt, daß $\bigcap_{i=0}^{n} A_j \neq \Phi$, und ferner gilt $\boldsymbol{f}(\boldsymbol{x}) = \boldsymbol{x}$ für alle $\boldsymbol{x} \in \bigcap_{i=0}^{n} A_i$. Punkte von $\bigcap_{i=0}^{n} A_i$ werden approximiert durch n-dimensionale Simplexe $S_n(P)$ (genannt *Sperner-Simplexe*), die die folgenden Eigenschaften haben:

(a) jede Menge A_i enthält genau eine Ecke von $S_n(P)$,
(b) seien $\boldsymbol{x}, \boldsymbol{y} \in S_n(P)$, dann gilt $||\boldsymbol{x} - \boldsymbol{y}|| \leqq 1/P$, wo P eine ganze positive Zahl ist.

Eine ausführliche Beschreibung eines Algorithmus (und des zugehörigen Computerprogramms), welcher SPERNER-Simplexe liefert, findet sich in [1], [2], [5]. Im folgenden Satz wird festgestellt, welche Fixpunkte von $\boldsymbol{f}$ durch den Algorithmus approximiert werden können.

Satz: *Sei $\boldsymbol{x} \in \bigcap_{i=0}^{n} A_i$, so daß für jedes $r > 0$ alle Mengen $B_r(\boldsymbol{x}) \cap A_i$, $i = 0, \ldots, n$ eine offene Menge enthalten. Dann existiert für eine genügend große ganze Zahl P_0 eine Folge von Sperner-Simplexen $\{S_n(P)\}_{P>P_0}$ so, daß $S_n(P) \to \boldsymbol{x}$ falls $P \to \infty$.*

Der Vorteil dieses Algorithmus ist es, daß alle Fixpunkte, die die Voraussetzung des Satzes erfüllen, approximiert werden können. Gewisse Fixpunkte können unter Umständen mit anderen Verfahren nicht approximiert werden; (z. B. magnetisches Verhalten der Fixpunkte). Dies wird in [4] und [5] illustriert. Somit können wir diesen Algorithmus auf nichtlineare Randwertaufgaben anwenden, welche mehrere Lösungen haben können. Es gibt einige Beispiele dieser Art, die interessante und wichtige Anwendungen haben. Darunter finden sich

$$u'' + (k/x)\,u' + f(x, u, u') = 0,\; u'(0) = 0 = u(1),\; k \text{ eine konstante Zahl mit } -2 < k < 4, \qquad (1)$$
$$u'' + f(x, u, u') = 0,\; u(0) = 0 = u(1);$$

$$\Delta u + f(Q, u, Du) = 0,\; Q \in \Omega,\quad \Omega = \text{Kreis oder Quadrat} \qquad (2)$$
$$u/\partial\Omega = 0$$

wo f beschränkt und genügend glatt ist, so daß Lösungen existieren. Hierbei kann man $f = \lambda \sin u$, $f = \lambda\, u/\sqrt{x^2 + u^2}$, $f = \lambda\,(\beta - u)\, e^{-\gamma/u}$ (wo λ, β, γ positive Zahlen sind) wählen. Obwohl $f = \lambda\, e^u$ nicht eine beschränkte Abbildung ist, eignet sich auch hier der obige Algorithmus zur Bestimmung der Fixpunkte. Numerische Beispiele und Konvergenzbeweise für (1) und (2) sind in [3] und [4] gegeben. Die Randwertaufgaben werden durch gewöhnliche Differenzenverfahren behandelt und sodann wird das resultierende Differenzengleichungssystem als Fixpunktproblem interpretiert. Es kann auch gezeigt werden, daß dieser Fixpunktalgorithmus auf gewisse Randwertaufgaben höheren Grades und auf HAMMERSTEINsche Integralgleichungen anwendbar ist.

Numerische Beispiele:	N	P	G	Zeit in Sekunden
$u'' + (1/x)\,u' + e^u = 0,\; u'(0) = 0 = u(1)$	4	32	0.01	9.63 mit CDC 6400
$u'' + (1/2)\,e^u = 0,\; u(0) = 0 = u(1)$	25	128	0.01	218.6 mit CDC 6600

In diesen beiden Beispielen gibt es zwei Lösungen und im ersten Beispiel lassen sich die Lösungen in geschlossener Form angeben. Hier bedeuten: N die Anzahl der innern Gitterpunkte $x_i = i/N + 1$, $i = 1, \ldots, N$ und G die Genauigkeit der Approximation der beiden Lösungen.

Literatur

1 ALLGOWER, E. und KELLER, C., A search for a Sperner simplex, Computing 8, 157—165 (1971).
2 ALLGOWER, E., KELLER, C. und REEVES, T., A programm for the numerical approximation of a fixed point of an arbitrary continuous mapping of the n-cube or n-simplex into itself, Aerospace Research Laboratories Tech. Rep. 71—0257, Wright-Patterson AFB, Ohio, November 1971.
3 ALLGOWER, E. und JEPPSON, M., The Approximation of solution of nonlinear elliptic boundary value problems having several solutions, erscheint demnächst in Springer Lecture Notes, R. Ansorge und W. Törnig, Numerische, insbesondere approximationstheoretische Behandlung von Funktionalgleichungen, 1973.
4 ALLGOWER, E. und JEPPSON, M., Numerical Solution of nonlinear boundary value problems with several solutions (erscheint demnächst).
5 JEPPSON, M., A search for the fixed points of a continuous mapping, Mathematical Topics in Economic Theory and Computation, SIAM (1972).

Anschrift: E. L. ALLGOWER, Forschungsinstitut für Mathematik, Eidgenössische Technische Hochschule Zürich, Schweiz

ZAMM 54, T 207 – T 208 (1974)

W. APPELT

Fehlereinschließung für die Lösungen einer Klasse elliptischer Randwertaufgaben

Gegeben sei ein Differentialoperator D der Form

$$D\,u := \sum_{\substack{i+k=2\\ i,k\geq 0}} a_{ik}(x, y)\,\frac{\partial^2 u}{\partial x^i\,\partial y^k} + a_1(x, y)\,\frac{\partial u}{\partial x} + a_2(x, y)\,\frac{\partial u}{\partial y}\,.$$

Der Operator D sei in einem Gebiet $G \subset R^2$ gleichmäßig elliptisch; die Koeffizienten a_{ik} und a_i seien stetig in $\bar{G}$ ($\bar{G} = G \cup \partial G$; ∂G Rand des Gebietes G). Das Normalgebiet G werde von endlich vielen rechtwinkligen Polygonzügen begrenzt. Gesucht ist eine Funktion

$$u(x, y) \in C(\bar{G}) \cap C^2(G)\,,$$

die folgende Randwertaufgabe löst:

$$D\,u = f \text{ in } G\; (f \in C(\bar{G})) \qquad (1)$$
$$u = g \text{ auf } \partial G\; (g \in C(\partial G))\,.$$

Durch ein numerisches Verfahren sei eine Näherungslösung

$$\tilde{u}(x, y) \in C(\bar{G}) \cap C^2(G) \tag{2}$$

gefunden worden, die folgende Gleichungen erfüllt:

$$\begin{aligned} D\,\tilde{u} &= \tilde{f} \text{ in } G \\ \tilde{u} &= \tilde{g} \text{ auf } \partial G\,. \end{aligned} \tag{3}$$

Dann gilt die Fehlerabschätzung:

$$\bigwedge_{(x,y)\in\bar{G}} |u(x, y) - \tilde{u}(x, y)| \leqq \max_{\partial G} |g - \tilde{g}| + t(x, y) \max_{\bar{G}} |f - \tilde{f}|$$

für jede Funktion $t(x, y)$, die folgenden Bedingungen genügt:

$$t(x, y) \in C(\bar{G}) \cap C^2(G)\,, \qquad D\,t \leqq -1 \text{ in } G\,, \qquad t \geqq 0 \text{ auf } \partial G\,.$$

Die Funktionen $g - \tilde{g}$ und $f - \tilde{f}$ bezeichnet man als Defekt der Näherungslösung $\tilde{u}(x, y)$ zur exakten Lösung $u(x, y)$ der Randwertaufgabe (1). Es wird davon ausgegangen, daß man durch ein numerisches Verfahren zur Lösung von (1) nur endlich viele Werte $\tilde{u}_{ik}$ an den Punkten (x_i, y_k) eines rechtwinkligen Gitters für das Gebiet G erhält. Mit Hilfe dieser Werte muß zur Anwendung der Fehlerabschätzung nun eine Funktion konstruiert werden, die (2) erfüllt. Aus numerischen Gründen erscheinen bikubische Spline-Funktionen dazu besonders geeignet.

Bei dem bisher bekannten numerischen Verfahren [1] wird der Spline in jedem Teilrechteck $[x_i, x_{i+1}] \times \times [y_k, y_{k+1}]$ dargestellt als

$$s_{ik}(x, y) = \sum_{m,n=0}^{3} \gamma_{mn}^{ik} (x - x_i)^m (y - y_k)^n\,,$$

wobei die Polynomkoeffizienten γ_{mn}^{ik} als Lösungen linearer Gleichungssysteme bestimmt werden. Da man auf Grund von dabei auftretenden Rundungsfehlern nur Näherungswerte $\tilde{\gamma}_{mn}^{ik}$ erhält, ist jedoch nicht gesichert, daß die mit den Werten $\tilde{\gamma}_{mn}^{ik}$ aufgestellte Spline-Funktion die Differenzierbarkeitsforderung (2) erfüllt. Mit Hilfe intervallarithmetischer Methoden gelingt es jedoch, in jedem Teilrechteck $[x_i, x_{i+1}] \times [y_k, y_{k+1}]$ ein bikubisches Intervallpolynom zu konstruieren

$$\underset{\sim}{s}_{ik}(x, y) = \sum_{m,n=0}^{3} \underset{\sim}{\gamma}_{mn}^{ik} (x - x_i)^m (y - y_k)^n\,,$$

das eine ableitungsverträgliche Einschließung für die Spline-Funktion darstellt:

$$\frac{\partial^{m+n}}{\partial x^m\,\partial y^n} s_{ik}(x, y) \in \frac{\partial^{m+n}}{\partial x^m\,\partial y^n} \underset{\sim}{s}_{ik}(x, y) \quad \text{für} \quad 0 \leqq m, n \leqq 2\,.$$

Mit Hilfe der Funktionen $\underset{\sim}{s}_{ik}(x, y)$ läßt sich eine Defektabschätzung unter Einschluß aller Rundungsfehler durchführen, und man erhält eine Intervallfunktion $\underset{\sim}{u}(x, y)$, die die exakte Lösung der Randwertaufgabe (1) einschließt.

Das Verfahren wurde mit gutem Erfolg an mehreren Beispielen getestet [2].

Literatur

1 Carlson, R. E., Hall, C. A., On piecewise polynomial interpolation in rectangular polygons; J. Approx. Theorie 4, S. 37–53 (1971).

2 Appelt, W., Fehlereinschließung bei der numerischen Lösung elliptischer Differentialgleichungen unter Verwendung eines intervallarithmetischen Defektverfahren; erscheint in „Berichte der Gesellschaft für Mathematik und Datenverarbeitung".

Anschrift: Dr. W. Appelt, 5205 St. Augustin 1, Eibenweg 5, BRD

ZAMM 54, T 208 – T 209 (1974)

H. Beeck*)

Zur scharfen Außenabschätzung der Lösungsmenge bei linearen Intervallgleichungssystemen

1. Problemstellung

Ausgangspunkt sind lineare Intervallgleichungssysteme in Normal- und in Iterationsgestalt:

(PA) *geg.*: $A^I = \langle \underline{A}, \bar{A} \rangle := \{A \mid \underline{A} \leqq A \leqq \bar{A}\}$, $b^I = \langle \underline{b}, \bar{b} \rangle := \{b \mid \underline{b} \leqq b \leqq \bar{b}\}$ [1])

$A^I x = b^I$ [2]), A^I regulär

*) Institut für Angewandte Mathematik, TU München.

[1]) $A, \underline{A}, \bar{A} \in M_{n,n}(R)$, $b, \underline{b}, \bar{b} \in V_n(R)$, $\leqq$ komponentenweise.

[2]) formale Schreibweise.

ges.: Die Hülle x^H der Lösungsmenge $x^K := \{x \mid x = A^{-1} b \mid A \in A^I, b \in b^I\}$:
$x^H = \langle \underline{x}^H, \bar{x}^H \rangle$, $x^H \supset x^K$, $\bar{x}_i^H - \underline{x}_i^H \to \min \Lambda i$.

(PB)[3]*geg.*: $B^I = \langle \underline{B}, \bar{B} \rangle$, $d^I = \langle \underline{d}, \bar{d} \rangle$,
$y = B^I y + d^I$[2]), $\varrho(|B^I|) < 1$,

ges.: Die Hülle y^H der Lösungsmenge $y^K := \{y \mid y = (E - B)^{-1} d, B \in B^I, d \in d^I\}$.

Bezüglich einer vollständigen Charakterisierung von x^K, Diskussion von Lösungsbegriffen und Innenabschätzungen sei auf [2], [3] verwiesen.

Zu beachten ist, daß i. allg. eine Transformation von (PA) auf (PB) analog zu der bei Punktsystemen üblichen Umformung

$$A x = b \to x = S^{-1} b + (E - S^{-1} A) x, S \text{ so, daß } \varrho(B) = \varrho (E - S^{-1} A) < 1$$

wegen auftretender Abhängigkeiten die Lösungsmenge und damit auch die Hülle vergröbert.[4])

2. Verfahren zur Hüllenbestimmung

Es ist bekannt, daß die in der Literatur vorgeschlagenen Verfahren, teils Iterationsverfahren, teils direkte Verfahren ([1], [4], [5], [8]) i. allg. nur vergröbernde Oberhüllen liefern. Bei größerem n und „größeren" (praktisch durchaus noch sinnvollen) Ausgangsintervallen sind die gelieferten Ergebnisse nicht mehr sehr brauchbar. Ansatzpunkte zur Bestimmung scharfer Abschätzungen sind in den Verfahren von Oettli ([6]) und Hansen-Wisskirchen ([4], [8]) zu finden. Wesentlich ist jedoch, Kriterien zu finden, unter denen die dort geforderten Voraussetzungen erfüllt sind (siehe auch ([3]). Eine große Rolle spielen dabei Matrizen monotoner Art.

Def. A^I, regulär, heißt V^+-Matrix, falls für alle $B \in (A^I)^{-1}$ gilt: $B = |B|$.[5]) Die Menge aller V^+-Matrizen wird mit $M(V^+)$ bezeichnet.

Satz 1: $A^I = \langle \underline{A}, \bar{A} \rangle$,
$\underline{A}$ *sei M-Matrix*, $\bigwedge i \neq j \quad \bar{a}_{ij} \leqq 0 \Rightarrow A^I \in M(V^+)$[6])

Satz 2: *geg.*: (PA),

$$A^I \in M(V^+), \begin{bmatrix} b^I \geqq 0 & x^H = \langle \bar{A}^{-1} \underline{b}, \underline{A}^{-1} \bar{b} \rangle \\ b^I \leqq 0 \Rightarrow & x^H = \langle \underline{A}^{-1} \underline{b}, \bar{A}^{-1} \bar{b} \rangle \\ 0 \in b^I & x^H = \underline{A}^{-1} \odot b^I \end{bmatrix}$$
[7])

Satz 2 folgt aus: $A, B \in M_{n,n}(R)$, $A \leqq B$, $A^{-1} \geqq 0$, $B^{-1} \geqq 0 \Rightarrow 0 \leqq B^{-1} \leqq A^{-1}$.[8])

Satz 3: *geg.*: (PA)
Gibt es Diagonalmatrizen D^l, D^r *derart, daß* $C^I y = h^I$ *mit* $C^I := D^l A^I D^r$, $h^I = D^l b^I$ *die Voraussetzungen von Satz 2 erfüllt, so gilt*: $x^H = D^r y^H$.

Wesentlich erscheint es, weitere einfache Kriterien zu finden, wann für eine Matrix A^I gilt: $A^I \in M(V^+)$.

In einem weiteren Satz halten wir fest, wann die Iterationsverfahren die Hülle liefern. Dazu werde mit $y^I = \langle \underline{y}^I, \bar{y}^I \rangle$ der Fixpunkt von $y \to B^I y + d^I$ bezeichnet.

Satz 4: *geg.*: (PB), $B^I \geqq 0 \Rightarrow y^I = y^H$[9]).

Abschließend sei noch folgendes Ergebnis angegeben:

Satz 5: *geg.*: (PA), $\underline{A} = \bar{A} = A \Rightarrow x^H = A^{-1} \odot b^I$.

Literatur

1 Alefeld, G., Herzberger, J., Algol-60 Algorithmen zur Auflösung linearer Gleichungssysteme mit Intervallkoeffizienten, Computing **6**, 1—2 (1970).
2 Beeck, H., Über intervallanalytische Methoden bei linearen Gleichungssystemen mit Intervallkoeffizienten und Zusammenhänge mit der Fehleranalysis, Diss., TU München 1971.
3 Beeck, H., Über Struktur und Abschätzungen der Lösungsmenge von linearen Gleichungssystemen mit Intervallkoeffizienten, Computing **10**, 231—244 (1972).
4 Hansen, E., Topics in Interval Analysis. Clarendon Press, Oxford (1969).
5 Mayer, O., Über die in der Intervallrechnung auftretenden Räume und einige Anwendungen. Diss., Univ. Karlsruhe (1968).
6 Oettli, W., On the solution set of a linear system with inaccurate coefficients. J. SIAM Numer. Anal. *2*, 1, 115 (1965).
7 Varga, R. S., Matrix Iterative Analysis, Prentice Hall (1962).
8 Wisskirchen, P., Ein Steuerungsprinzip der Intervallrechnung und dessen Anwendung auf den Gaußschen Algorithmus. Berichte der Ges. für Mathematik und Datenverarbeitung, Bonn, Nr. 20 (1969).

Anschrift: Dr. Helmut Beeck, 8 München 19, Hilblestraße 38, BRD

[3]) Bezeichnungen analog zu (*PA*).
[4]) So auch die in der Literatur vorgeschlagene Umformung mit $S = C$, $C \in A^I$.
[5]) d. h. $\bigwedge A \in A^I$ gilt: $A^{-1} \geqq 0$.
[6]) Die Beweise der angegebenen Sätze sind in [2] zu finden. Siehe auch [7]. $\underline{A}$ ist M-Matrix wenn $\underline{a}_{ii} \geqq \sum_{j \neq i} |\underline{a}_{ij}|$, $i = 1, \ldots n$, für mindestens ein i strikte Ungleichung, $\underline{a}_{ii} > 0 \bigwedge i$, $\underline{a}_{ij} \leqq 0 \bigwedge i \neq j$.
[7]) intervallarithmetrische Multiplikation.
[8]) Mit diesem Satz läßt sich auch, falls $A^I \in M(V^+)$, sehr einfach eine scharfe Abschätzung für $(A^I)^{-1}$ angeben.
[9]) Einen interessanten Beweis für Satz 4 trug E. Nuding auf der Intervallrechnungs-Tagung 1973 Anfang Mai in Oberwolfach vor.

ZAMM 54, T 210 (1974)

H.-P. Blatt

Eine Verallgemeinerung des Remez-Algorithmus für lineare Simultanapproximation

f^+ sei eine oberhalbstetige und f^- eine unterhalbstetige Funktion über dem reellen Intervall $[a, b]$ mit $f^+(x) \geqq f^-(x)$ für alle $x \in [a, b]$, V ein n-dimensionaler Haarscher Unterraum von $C[a, b]$. Wir suchen nun ein $v_0 \in V$, das die Zahl

$$\Delta(v) := \max \{||f^+ - v||, ||f^- - v||\}$$

bezüglich $v \in V$ minimiert. Dabei verstehen wir unter $|| \cdot ||$ die Tschebyscheff-Norm über $[a, b]$. Setzen wir

$$f = \frac{f^+ + f^-}{2}$$

und

$$Z = \frac{f^+ - f^-}{2},$$

so können wir $\Delta(v)$ auch als

$$\Delta(v) = \max_{x \in [a,b]} \{|f(x) - v(x)| + Z(x)\}$$

schreiben.

Remez [2] charakterisierte die Minimallösungen folgendermaßen:

v_0 ist genau dann Minimallösung, wenn entweder $\Delta(v_0) = ||Z||$ ist oder eine Alternante der Länge $n + 1$ existiert, d. h. wenn es $n + 1$ Punkte

$$a \leqq x_0 < x_1 < \cdots < x_n \leqq b$$

gibt mit den Eigenschaften:

$$|f(x_i) - v_0(x_i)| + Z(x_i) = \Delta(v_0) \text{ für } 0 \leqq i \leqq n. \quad (1)$$

$$\operatorname{sgn}(f(x_i) - v_0(x_i)) = - \operatorname{sgn}(f(x_{i+1}) - v_0(x_{i+1})) \text{ für } 0 \leqq i \leqq n - 1. \quad (2)$$

Remez leitete diesen Satz konstruktiv über ein Abstiegsverfahren her, das aber in der Praxis schwer zu handhaben ist. Eine andere Möglichkeit, eine Minimallösung iterativ zu bestimmen, ist der von der T-Approximation einer stetigen Funktion her bekannte Austauschalgorithmus. Gerade hier macht sich die Schwierigkeit bemerkbar, daß nicht in jedem Fall eine Minimallösung durch eine Alternante charakterisiert ist. Es zeigt sich nämlich (siehe Remez [2]), daß die Konvergenz dieses Austauschverfahrens nur dann gesichert ist, wenn

(1) die Minimalabweichung größer als $||Z||$ ist und
(2) man eine „Referenz" gefunden hat, deren Referenzabweichung größer als $||Z||$ ist.

Durch Einführen einer „strikten Minimallösung" zu f^+ und f^- auf endlichen Punktmengen läßt sich dieses Austauschverfahren so verallgemeinern, daß in jedem Fall die Konvergenz gesichert ist.

Eine ausführliche Darstellung erscheint in [1].

Literatur

1 Blatt, H.-P., Zur Konstruktion einer Minimallösung bei linearer Simultanapproximation, erscheint in „Numerische Methoden der Approximationstheorie", Vortragsauszüge einer Tagung vom 3.—9. Juni 1973 in Oberwolfach, herausgegeben von L. Collatz und G. Meinardus, Birkhäuser Verlag Basel.
2 Remez, E., Sur la détermination des polynomes d'approximation de degré donné, Comm. soc. math. Kharkov **10**, 41—63 (1934).

Anschrift: Dr. Hans-Peter Blatt, Institut für Angewandte Mathematik I der Universität Erlangen-Nürnberg, 8520 Erlangen, Martensstraße 1, BRD

ZAMM 54, T 211 – T 212 (1974)

K. Böhmer

Über die stetige Abhängigkeit von Interpolations- und Ausgleichssplines

In den bisherigen Arbeiten über Splinefunktionen wird, mit wenigen Ausnahmen, die Existenz von Splines unter Bedingungen nachgewiesen, die zugleich die Eindeutigkeit garantieren. Wir diskutieren hier diese fundamentalen Fragestellungen unabhängig voneinander. Darüber hinaus wird die stetige Abhängigkeit von Splines von gewissen Eingangsdaten untersucht und die numerische Brauchbarkeit von Ausgleichssplines und Ausgleichspolynomen verglichen. (Diese Ergebnisse sind Auszüge von [1]. Dort ist weitere Literatur angegeben.)

Unter der Bedingung

$$\begin{aligned} &X,\ Y,\ Z\ \text{Hilbert-Räume}, \\ &T: X \to Y,\ A: X \to Z\ \text{stetig, linear, auf} \\ &N_A + N_T\ \text{abgeschlossen in } X,\ N_A := \ker A,\ N_T := \ker T \\ &\emptyset \neq K\ \text{konvex, abgeschlossen, beschränkt, } K \subset Z \end{aligned} \tag{1}$$

geben wir die folgenden Definitionen:

Definition 1: *$s \in X$ heißt Interpolationsspline zu $z \in Z$ bez. T, A genau dann, wenn*

$$\|Ts\|_Y = \min_{s,\, x A^{-1}(z)} \|Tx\| \quad \text{mit} \quad A^{-1}(z) := \{x \in X \mid A\,x = z\}\,. \tag{2}$$

Definition 2: *$\sigma \in X$ heißt Spline auf K bez. T, A genau dann, wenn*

$$\|T\,\sigma\|_Y = \min_{\sigma,\, x A^{-1}(K)} \|T\,x\|_Y \quad \text{mit} \quad A^{-1}(K) := \{x \in X \mid A\,x \in K\}\,. \tag{3}$$

Mit $W := Y \times Z = \{w := (y, z)\,(y, z) \mid y \in Y \wedge z \in Z\}$ und $(w', w'') := (y', y'') + \varrho(z', z'')$ für $\varrho \in \mathbb{R}_+$, $w' = (y', z')$, $w'' = (y'', z'')$ ist W ein Hilbert-Raum und $S: x \in X \mapsto S\,w := (T\,x, A\,x)$ eine stetige lineare Abbildung.

Definition 3: *$s_\varrho \in X$ heißt Ausgleichsspline zu $z \in Z$ bez. T, A, $\varrho \in \mathbb{R}_+$, genau dann, wenn* $(p := (0, z))$

$$\|S\,s_\varrho - p\| = \min_{x \in X} \|S\,x - p\|\,. \tag{4}$$

Dann gilt

Satz 1: *Unter der Voraussetzung* (1) *sind* (2), (3), (4) *lösbar.*

s *löst* (2) $\Leftrightarrow s \in A^{-1}(z) \wedge (Ts, Tx) = 0$ *für alle* $x \in N_A$.

s_ϱ *löst* (4) $\Leftrightarrow \big(S\,s_\varrho - (0, z), S\,x\big) = 0$ *für alle* $x \in X$.

σ *löst* (3) $\Leftrightarrow \sigma \in A^{-1}(K) \wedge \big(T\,\sigma, T\,(\sigma - x)\big) \leqq 0$ *für alle* $x \in A^{-1}(K)$.

(2), (4) *eindeutig lösbar* $\Leftrightarrow N_A \cap N_T = \{0\}$.

(3) *eindeutig lösbar für ein* $K \Leftrightarrow \{x' - \sigma_0 \mid x' \in A^{-1}(K) \wedge \sigma_0$ *spezielle Lösung von* (3)$\} \cap N_A = \{0\}$.

Satz 2: *Sind $s(z)$, $s_\varrho(z)$, $s(\bar z)$, $s_\varrho(\bar z)$ die in $(N_A \cap N_T)^\perp$ eindeutig bestimmten Lösungen von* (2), (4) *zu z bzw. $\bar z$, so gilt*

$$\|s(z) - s(\bar z)\| \leqq k\,\|z - \bar z\|,\ \|s_\varrho(z) - s_\varrho(\bar z)\| \leqq k'\,\|z - \bar z\|,\ k,\ k' \in \mathbb{R}_+\,.$$

Satz 3: *Sind $s(z)$, $s_\varrho(z) \in (N_A \cap N_T)^\perp$ und ist* $\dim (A\,N_T)^\perp = \dim (N_A^\perp \cap N_T^\perp) < \infty$, *so gilt*

$$\|s(z) - s_\varrho(z)\| \leqq k'' \frac{\|z\|}{\varrho},\ \|s_\varrho(z) - s_{\bar\varrho}(z)\| \leqq k''' \left|\frac{1}{\varrho} - \frac{1}{\bar\varrho}\right| \|z\|$$

$$\|s_\varrho(z) - s_{\bar\varrho}(\bar z)\| \leqq k^{\mathrm{IV}} \frac{\|z - \bar z\|}{\varrho} + k^{\mathrm{V}} \left|\frac{1}{\varrho} - \frac{1}{\bar\varrho}\right| \cdot \|\bar z\|,\ k^{(i)} \in \mathbb{R}_+\,.$$

Wir betrachten im weiteren kubische Ausgleichssplines. Zum Zweck numerischer Experimente verfälschen wir die Funktionswerte einer vorgegebenen Funktion f an $N + 1$ Stützstellen x_i. s_q sei der zugehörige Ausgleichsspline zum Parameter $q = q(\varrho)$ (definiert durch ein zu (4) äquivalentes Problem [2]) und p_n das Ausgleichspolynom vom Grad n. Mit

$$„\|g\|“ := \max \left\{ |g(x_i)|_{i=0}^{N} \left| g\left(\frac{x_i + x_{i+1}}{2}\right) \right|_{i=0}^{N-1} \right\}$$

findet man, daß „$||f - p_n||$" stark von n, „$||f - s_q||$" für $q \in [-\sqrt{N+1} + N + 1,\ N + 1 + \sqrt{N+1}]$ ziemlich schwach von q abhängig ist. Für „$||f - p_{n_0}||$" $\leqq$ „$||f - p_n||$" und „$||f - s_{q_0}||$" $\leqq$ „$||f - s_q||$" und $\frac{\max\limits_{i=0}^{N} |\delta f(x_i)|}{\max |f(x)|} \approx 10^{-k}$ findet man für die meisten untersuchten Funktionen f (f darf kein Polynom sein) in Übereinstimmung mit Resultaten von [3]

$$\frac{„||f - s_{q_0}||“}{„||f - p_{n_0}||“} \approx 10^{-k}, \quad k = 0, 1, 2, 3 .$$

Die Rechenzeiten für Splines sind um etwa 60% höher als bei Polynomen.

Literatur

1 BÖHMER, K., Über Existenz, Eindeutigkeit und Berechnungen von Splines, erscheint demnächst.
2 REINSCH, C. H., Smoothing by spline functions, Num. Math. **10**, 177—183 (1967).
3 SCHWARTZ, B. K., VARGA, R. S., Error bounds for spline and L-spline interpolation, J. Approx. Theory, 6, 6—49 (1972).

Anschrift: KLAUS BÖHMER, Institut für Praktische Mathematik der Universität Karlsruhe, 7500 Karlsruhe, Englerstraße 2 BRD

ZAMM 54, T 212 – T 213 (1974)

B. BRAUNLEDER

Modifikation des Ritzschen Verfahrens für Operatoren in Banachräumen

Betrachtet man einen linearen, selbstadjungierten Operator A, der den HILBERT-Raum H in sich abbildet und der positiv nach unten beschränkt ist, so ist ein Element $x \in D(A)$ Lösung der Gleichung

$$A x = y \tag{1}$$

genau dann, wenn x Minimum des Funktionals $F(z) = (A z, z) - 2 (z, y)$ bzgl. $D(A)$ ist. Die RITZsche Methode besteht bekanntlich darin, eine Folge von Elementen z_n^R zu bestimmen, die gegen dieses Minimum konvergiert. Die z_n^R werden dabei als Minimum von $F(z)$ bzgl. eines geeigneten n-dimensionalen, linearen Teilraumes H_n von H berechnet. Dies ist äquivalent zu der entsprechenden Approximationsaufgabe in der Norm $||z||_R = \left\|\sqrt{A}\, z\right\|$, d. h. es ist $||x - z_n^R||_R = \inf\{||x - z||_R | z \in H_n\}$. Ersetzt man nun $||\cdot||_R$ durch $||\cdot||_g$ mit $||z||_g = ||g(A)\, z||$, so erhält man ähnliche Methoden (vgl. [1], [2]); für $g(A) = A$ ergibt sich die Fehlerquadratmethode. Damit ist klar, daß man modifizierte RITZ-Verfahren auch in einem BANACHraum E formulieren kann.

Definition: Ist A ein linearer Operator, $A: E \to E$ und g eine komplexwertige Funktion, so daß $g(A)$ einen Sinn hat und $||g(A)\, z|| \geqq \gamma^{-1} ||z||$ für $z \in D(g(A))$; ist $x \in D(g(A))$, dann besteht das modifizierte RITZ-Verfahren zur Lösung von (1) in der sukzessiven Bestimmung von Elementen $z_n^g \in E_n \subset D(g(A))$ ($\dim E_n = n$, $n \to \infty$) mit $||x - z_n^g||_g = \inf\{||x - z||_g | z \in E_n\}$.

Für eine Anwendung des Verfahrens muß dabei gewährleistet sein, daß $g(A)\, x$ ohne Kenntnis von x berechnet werden kann. Die Folge $\{E_n\}_{n \in N}$ n-dimensionaler, linearer Teilräume wird so gewählt, daß $||x - z_n^g||_g \to 0$. Ist E HILBERT-Raum und $H_{g(A)}$ der HILBERT-Raum, den man erhält, wenn man $D(g(A))$ bzgl. $||\cdot||_g$ vervollständigt, mit einer HILBERT-Raumbasis M, so besitzt x die Darstellung $x = \sum\limits_{i=1}^{\infty} (g(A)\, x, g(A)\, y_i) y_i$ mit $\{y_i\} \subset M$. Es liegt also nahe $E_n = \mathrm{sp}\,\{y_1, \ldots, y_n\}$ zu wählen. Auf Grund von

$$||z|| \leqq ||g(A)^{-1}||\, ||z||_g \leqq \gamma ||z||_g \tag{2}$$

folgt auf jeden Fall $||x - z_n^g|| \to 0$, und man sieht gleichzeitig, wie die Wahl von g die Konvergenz $z_n^g \to x$ in H beeinflußt.

Ist $||I\,d - g(A)|| \leqq \varrho < 1$, so ergibt sich außer der Gegenrichtung von (2) noch die folgende Abschätzung, die einen genauen Vergleich der Normen $||\cdot||$ und $||\cdot||_g$ ermöglicht und aus der zugleich eine Bedingung für die optimale Wahl von g folgt. Und zwar ist

$$||z|| \leqq ||I\,d - g(A)||\, ||z|| + ||z||_g, \text{ also } (1 - ||I\,d - g(A)||)\, ||z|| \leqq ||z||_g \quad \text{bzw.}$$

$$||z|| \geqq ||z||_g - ||I\,d - g(A)||\, ||z||, \text{ also } (1 + ||I\,d - g(A)||)\, ||z|| \geqq ||z||_g \quad \text{damit}$$

$$||z|| \leqq (1 - \varrho)^{-1} ||z||_g \text{ und } ||z|| \geqq (1 + \varrho)^{-1} ||z||_g . \tag{3}$$

Die Normen sind in diesem Fall also äquivalent, d. h., E ist auch bzgl. $\|\cdot\|_g$ vollständig. Im Sinne einer guten Eingrenzung ist g so zu wählen, daß ϱ möglichst klein wird.

Für einen linearen, selbstadjungierten Operator A und eine reellwertige Funktion g ist $\|I\,d - g(A)\| \leqq \leqq \sup\{|1 - g(u)| \mid u \in \sigma(A)\} =: \varrho$, man erhält in diesem Fall den folgenden

Satz: *Ist A ein linearer, selbstadjungierter Operator, $A: H \to H$, und g eine reellwertige, auf $\sigma(A)$ beschränkte und stetige Funktion; ist g so gewählt, daß $\varrho := \sup\{|1 - g(u)| \mid u \in \sigma(A)\} < 1$, dann gilt für die durch das modifizierte Ritz-Verfahren bestimmten Elemente z_n^g*

$$\|x - z_n^g\| \leqq (1 - \varrho)^{-1} \|x - z_n^g\|_g , \quad \|x - z_n^g\| \geqq (1 + \varrho)^{-1} \|x - z_n^g\|_g .$$

Betrachtet man eine Algebra $\mathfrak{A}$ von komplexwertigen, auf einer Teilmenge der komplexen Ebene definierten Funktionen mit den üblichen punktweisen Operationen der Art, daß $\mathfrak{A}$ die Einschränkung der Polynome auf diese Teilmenge enthält, und einen Homomorphismus ψ von $\mathfrak{A}$ in $B(E)$, die BANACHalgebra der linearen, stetigen Operatoren, die einen Banachraum E in sich abbilden. Ist A der Operator mit $\psi(h) = A$ für $h(w) = w$, und bezeichnet $f(A)$ das Bild einer Funktion $f \in \mathfrak{A}$ unter ψ, so ergibt sich meist unmittelbar aus einer konkreten Darstellung von ψ eine Abschätzung der Norm von $f(A)$ und damit eine Abschätzung der Form (2) bzw. (3).

Ist z. B. $A \in B(E)$ Element einer kommutativen B^*-Algebra, so ist die kleinste, abgeschlossene B^*-Teilalgebra, die A und $I\,d$ enthält, nach dem Satz von GELFAND-NEUMARK isometrisch $*$-isomorph zu $C(\sigma(A))$. Für $f \in C(\sigma(A))$ ergibt sich damit $\|I\,d - f(A)\| = \sup\{|1 - f(w)| \mid w \in \sigma(A)\}$. Das gilt also etwa für normale Operatoren im HILBERTraum.

Ist A ein sogenannter wohlbeschränkter Operator, so gilt für $f \in A\,S\,[a, b]$, die BANACHalgebra der komplexwertigen, auf $[a, b]$ absolut stetigen Funktionen mit der Norm $|||f||| = |f(b)| + \operatorname*{var}_{[a,b]} f$, mit einer positiven Konstante K: $\|I\,d - f(A)\| \leqq K\,|||1 - f|||$. Für $E = L_1[0, 1]$ ist $(T\,z)(t) = t\,z(t) + \int_0^t z(u)\,du$ ein Beispiel eines wohlbeschränkten Operators mit der Konstante $K = 2$.

Eine weitere, wichtige Klasse von Operatoren, mit der man ebenfalls auf diese Art vorgehen kann, sind die Spektraloperatoren.

Ein gerechnetes Beispiel für $C[0, 1]$ mit einem Vergleich verschiedener Modifikationen gegenüber der Kollokationsmethode findet sich in [1].

Literatur

1 BRAUNLEDER, B., Modifizierte Ritz Verfahren in Banachräumen, Ber. Ges. Math. Datenverarb., Bonn, (erscheint demnächst).
2 SCHOCK, E., Modifizierte Ritz Verfahren, Computing 7, S. 46–52 (1971).

Anschrift: Dr. BRUNO BRAUNLEDER, Institut für angew. Math. und Inf. der Universität Bonn, 53 Bonn 1, Wegelerstr. 6, BRD

ZAMM 54, T 213–T 215 (1974)

U. ECKHARDT

Ein Iterationsverfahren zur Berechnung nichtnegativer Lösungen eines linearen Gleichungssystems

Gegeben seien Vektoren $a_1, a_2, \ldots, a_n$; $b \in R^d$, gesucht sind Zahlen $p_1, p_2, \ldots, p_n$ mit

$$\sum_{j=1}^{n} p_j\,a_j = b\,, \qquad \sum_{j=1}^{n} p_j = 1\,, \qquad p_j \geqq 0 \text{ für } j = 1, 2, \ldots, n\,. \tag{A}$$

Aufgaben dieser Art treten in der numerischen Mathematik etwa bei der Konstruktion spezieller Quadraturformeln auf [3]. Die numerische Lösung solcher Aufgaben bereitet spezielle Schwierigkeiten, denn zunächst ist es nicht von vornherein klar, ob eine Aufgabe der Art (A) überhaupt lösbar ist. Ist sie lösbar, dann im allgemeinen nicht eindeutig. Diese speziellen Eigenschaften sind bei der Konstruktion von Lösungsverfahren zu berücksichtigen.

Das hier beschriebene Verfahren besitzt eine gewisse Verwandtschaft mit einer Methode von MITČELL, DEM'JANOV und MALOZEMOV [8]. Es ist eine Spezialisierung des in [4] beschriebenen allgemeinen Iterationsverfahrens. Ohne Einschränkung der Allgemeinheit sei der Einfachheit halber angenommen, daß $b = \theta_d$ das Nullelement des R^d ist. Für den r-ten Iterationsschritt ($r = 1, 2, \ldots$) seien bereits Zahlen $p_1^{(r)}, p_2^{(r)}, \ldots, p_n^{(r)}$ berechnet mit

$$\sum_{j=1}^{n} p_j^{(r)} = 1\,, \quad p_j^{(r)} \geqq 0 \text{ für } j = 1, 2, \ldots, n\,. \tag{1}$$

Damit bilden wir

$$z^{(r)} = \sum_{j=1}^{n} p_j^{(r)} a_j \tag{2}$$

und bestimmen j_r so, daß

$$(z^{(r)}, a_{j_r}) = \min_{j=1,\ldots,n} (z^{(r)}, a_j) = : \alpha_r . \tag{3}$$

Ist die so ermittelte Zahl $\alpha_r > 0$, dann löst $z^{(r)}$ die folgende Aufgabe: Gesucht ist ein $y \in R^d$ mit

$$(y, a_j) > 0 \text{ für } j = 1, 2, \ldots, n . \tag{D}$$

Der bekannte Satz von GORDAN [7], Ch. 2.4, sagt aus, daß genau eine der beiden Aufgaben (A) und (D) lösbar ist. Wird also $\alpha_r < 0$ für irgendein r, dann wissen wir zunächst, daß (A) nicht lösbar ist, und zudem haben wir noch die Aufgabe (D) gelöst. Aufgaben der Form (D) spielen ebenfalls eine große Rolle in der numerischen Mathematik (vgl. [4], § 12).

Man kann für das beschriebene Verfahren eine Reihe von Konvergenzaussagen beweisen. Diese Aussagen haben die Form: Ist (A) lösbar, dann gilt $\lim_{r \to \infty} z^{(r)} = \theta_d$. Außerdem kann man noch Schranken für die Konvergenzgeschwindigkeit finden. Wie bei ähnlichen Methoden erhält man auch hier im Normalfall lineare Konvergenz. Unabhängig davon kann man zeigen, daß das Verfahren auf jeden Fall nach endlich vielen Schritten eine Lösung von (A) oder (D) liefert. Derartige Aussagen werden in [4] bewiesen.

Bei dem bekannten Verfahren von AGMON [1] zur iterativen Lösung von Aufgaben, die in der Form (D) vorliegen, muß man Lösbarkeit voraussetzen, um Konvergenzaussagen zu erhalten. Dagegen ist die hier beschriebene Methode völlig unabhängig von irgendwelchen Lösbarkeitsvoraussetzungen.

Man kann versuchen, die in manchen Fällen recht langsame Konvergenz des Verfahrens zu beschleunigen. Dazu wurden verschiedene Möglichkeiten numerisch getestet. Für die Durchführung der sehr umfangreichen Testrechnungen danke ich Herrn A. SIEVERS. Die bei allen Tests erfolgreichsten Varianten sollen hier kurz dargestellt werden. Zunächst kann man linear extrapolieren, so daß (1) erfüllt bleibt, indem man setzt

$$q_j = p_j^{(k)} + t\,(p_j^{(1)} - p_j^{(k)}) , \quad j = 1, 2, \ldots, n , \tag{4}$$

wobei $t \geqq 0$ maximal gewählt wird, so daß noch $q_j \geqq 0$ bleibt für alle j. Die q_j werden dann als Startvektoren für eine neue Iteration benutzt (Extrapolation I).

Eine weitere Möglichkeit ist, nach k Iterationsschritten $q_j = 0$ zu setzen, falls $j \neq j_r$ für $r = 1, 2, \ldots, k$ und $q_j = t\, p_j^{(k)}$ sonst. t wird dabei so gewählt, daß $\sum_{j=1}^{n} q_j = 1$ ist (Extrapolation II).

Beide Extrapolationsverfahren wurden u. a. an einem Beispiel getestet, das eine geringe numerische Stabilität aufwies. Bei diesem Beispiel war $n = 19$ und $d = 8$. Es wurde $p_j^{(1)} = 1/19$ für $j = 1, 2, \ldots, n$ gesetzt. Nach 34 Iterationen ist die Aufgabe (A) gelöst. Wenn man weiter iteriert, dann stellt sich heraus, daß die Konvergenz sehr langsam ist. Daraus läßt sich schließen, daß die Aufgabenstellung eine geringe Stabilität gegen Änderungen der Ausgangsdaten aufweist (vgl. dazu [4], Beispiel 10.1). In allen durchgerechneten Fällen und bei allen betrachteten Beispielen war das zweite Extrapolationsverfahren dem ersten deutlich überlegen. Ein typisches Beispiel ist in Bild 1 aufgeführt. Bei diesem Beispiel war $k = 40$.

Gegenüber der bei solchen Problemstellungen häufig verwendeten Simplex-Methode zur linearen Optimierung (vgl. [2]) ist bei der hier vorgestellten iterativen Methode von Vorteil, daß sie eine große numerische Stabilität besitzt, daß bei den Iterationen nur die Ausgangsdaten verwendet werden, daß man vorhandene gute Näherungslösungen verwenden kann und daß das Verfahren einfach programmierbar ist. Wie man sich leicht überlegt, hängt der Rechenaufwand pro Iteration linear von d und nur unwesentlich von n ab. Man kann die Methode sogar verwenden, wenn n nicht endlich ist [4].

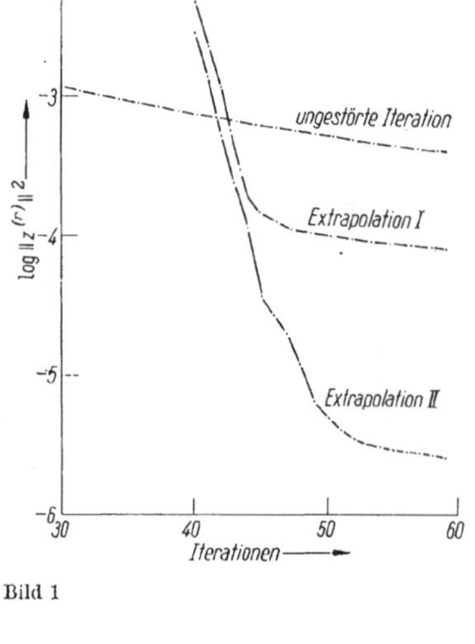

Bild 1

Es gibt eine Reihe von Anwendungen der beiden Aufgaben (A) und (D). Zunächst denkt man natürlich an lineare Optimierungsaufgaben. Hier kann das Verfahren dazu benutzt werden, zulässige Startlösungen zu finden. Solche Startlösungen können dann durch ein Pseudokomplementärverfahren zur Optimierung benutzt werden [5].

Neben den in [4] aufgeführten Anwendungen sei noch eine besonders aktuelle Problemstellung erwähnt [6]. In einer gewissen Region mögen sich an bestimmten Punkten Quellen befinden, die Schadstoffe in die Atmosphäre abgeben. Fordert man, daß an vorgegebenen Meßpunkten der Schadstoffgehalt gewisse zulässige Höchstmengen nicht überschreitet, und daß zudem ökonomische Nebenbedingungen in Form linearer Ungleichungen eingehalten werden, dann erhält man ein Ungleichungssystem der Form (D). Mit dem beschriebenen Verfahren kann man untersuchen, ob es überhaupt eine Lösung gibt, die allen Bedingungen genügt. Anschließend kann man dann versuchen, eine in einem gewissen Sinne bestmögliche Lösung zu finden, wobei man sich eines der Verfahren aus [5] bedienen kann. Attraktiv an dieser Vorgehensweise ist, daß die dabei benutzten Verfahren auch dann noch durchführbar sind, wenn die Anzahl der Meßpunkte nicht mehr endlich ist.

Literatur

1 AGMON, S., The relaxation method for linear inequalities, Canadian J. Math. 6, S. 382—392 (1954).
2 COLLATZ, L. und WETTERLING, W., Optimierungsaufgaben, Heidelberger Taschenbücher Bd. 15. Springer-Verlag, Berlin/Heidelberg/New York 1966.
3 DAVIS, P. J., A construction of nonnegative approximate quadratures, Math. Comp. 21, S. 578—582 (1967).
4 ECKHARDT, U., Iterative Lösung linearer Ungleichungssysteme, Berichte der KFA Jülich, Jül-880-MA, August 1972.
5 ECKHARDT, U., Pseudo-complementary algorithms for mathematical programming, In: F. Lootsma, ed., Numerical Methods for Non-Linear Optimization, Academic Press, London/New York 1972, p. 301—312.
6 GORR, W., GUSTAFSON, S.-A. und KORTANEK, K. O., Optimal control strategies for air quality standards and regulatory policy, School of Urban and Public Affairs, Institute of Physical Planning, Carnegie-Mellon University, Research Report No. 18, August 1971.
7 MANGASARIAN, O. L., Nonlinear Programming. McGraw-Hill Book Company, New York/St. Louis/San Francisco/London/Sydney/Toronto/Mexico/Panama 1969.
8 Митчелл, Б. Ф., Демьянов, В. Ф., и Малоземов, В. Н., Нахождение ближайшей к началу координат точки многогранника, Вестник Ленинградского Университета, № 13, с. 38—45 (1971).

Anschrift: ULRICH ECKHARDT, Zentralinstitut für Angewandte Mathematik, Kernforschungsanlage Jülich GmbH, 517 Jülich, BRD

ZAMM 54, T 215 – T 217 (1974)

H. ENGELS

Allgemeine interpolierende Splines dritten Grades

1. Einleitung

Gegeben seien n paarweise voneinander verschiedene Zahlen $x_i \in \mathbb{R}$, $i = 1(1)\,n$, die Stützstellen oder Interpolationsabszissen. Mit Hilfe eines HERMITEschen Interpolationsoperators der Gestalt

$$H_n f(x) = \sum_{i=1}^{n} \left(A_i(x)\, f(x_i) + B_i(x)\, f'(x_i)\right) \quad \text{mit} \quad H_n^{(k)} f(x_i) = f^{(k)}(x_i)\,, \quad k = 0, 1\,, \tag{1}$$

läßt sich stets ein interpolierender Spline $S_n f(x)$ vom Grade 3 konstruieren, d. h. ein Spline, der folgenden Bedingungen genügt (dabei bedeute $S_n f(x)_i$ die Einschränkung von $S_n f(x)$ auf das Intervall $[x_i, x_{i+1}]$):

a) $S_n f(x)_i \in C^2[x_i, x_{i+1}]$,

b) Interpolationseigenschaft:
$S_n f(x_i)_i = f(x_i) \equiv f_i$ für $i = 1(1)\,n-1$,
$S_n f(x_n)_{n-1} = f(x_n) \equiv f_n$,

c) Stetigkeit in den Stützstellen:
$S_n f(x_i)_i = S_n f(x_i)_{i-1}$ für $i = 2(1)\,n-1$,

d) Glattheit in den Stützstellen:
$S'_n f(x_i)_i = S'_n f(x_i)_{i-1}$ für $i = 2(1)\,n-1$,

e) stetige Krümmung in den Stützstellen:
$S''_n f(x_i)_i = S''_n f(x_i)_{i-1}$ für $i = 2(1)\,n-1$.

Im folgenden wird ein ziemlich allgemeiner Operator der Gestalt (1) angegeben und die Frage nach Existenz und Eindeutigkeit sowie Konvergenz der daraus resultierenden interpolierenden Splines vom Grade 3 beantwortet.

2. Konstruktion des interpolierenden Splines

In [1] bzw. [2] wurden lineare HERMITEsche Interpolationsoperatoren angegeben, die an den Stützstellen x_i, $i = 1(1)\,n$, eine Funktion $f(x)$ samt ihren Ableitungen bis zur Ordnung k interpolieren. Im Falle $k = 1$ hat der Operator die Gestalt

$$H_n f(x) = \sum_{i=1}^{n} \left\{\left[1 - 2\,\lambda'_i(x_i)\,\frac{h_i(x)}{h'_i(x_i)}\right] f(x_i) + \frac{h_i(x)}{h'_i(x_i)}\, f'(x_i)\right\} \lambda_i^2(x)$$

mit

$$\lambda_i(x) = \frac{\omega_n(x)\, h'_i(x_i)}{h_i(x)\, \omega'_n(x_i)}\,, \quad i = 1(1)\,n \quad \text{und} \quad \omega_n(x) = \prod_{i=1}^{n} h_i(x)\,.$$

Dabei gelte für die „Basisfunktionen“ $h_i(x)$:

$$h_i(x) \in C^n[a, b] \text{ mit } a = \min_i (x_i),\ b = \max_i (x_i),\ i = 1(1)\,n\,,$$

$$h_i(x_i) = 0\,, \qquad i = 1(1)\,n\,,$$

$$h_i(x_k) \neq 0, \qquad i \neq k, \qquad i, k = 1(1)\,n\,,$$

$$h_i'(x_i) = 0, \qquad i = 1(1)\,n\,.$$

Sei $f'(x_i) = m_i$, $i = 1(1)\,n$.
Nun erfüllt

$$H_2\, f(x)_i = \sum_{j=i}^{i+1} \left\{\left(1 - 2\,\lambda_j'(x_j)\,\frac{h_j(x)}{h_j'(x_j)}\right) f_j + \frac{h_j(x)}{h_j'(x_j)}\, m_j\right\} \lambda_j^2(x)$$

im Intervall $[x_i, x_{i+1}]$ bereits die Forderungen a) — d) automatisch. Der Index i zeigt die Einschränkung auf das Intervall $[x_i, x_{i+1}]$ an. Um die unbekannten Anstiege m_i berechnen zu können, nutzt man nun die Forderung e) aus.

Damit erhält die HERMITE-Interpolierende für das Intervall $[x_i, x_{i+1}]$ die spezielle Gestalt

$$H_2\, f(x)_i = \left(1 - 2\,\frac{h_i(x)\, h_{i+1}'(x_i)}{h_i'(x_i)\, h_{i+1}(x_i)}\right) \frac{h_{i+1}^2(x)}{h_{i+1}^2(x_i)}\, f_i + \frac{h_i(x)}{h_i'(x_i)}\, \frac{h_{i+1}^2(x)}{h_{i+1}^2(x_i)}\, m_i +$$

$$+ \left(1 - 2\,\frac{h_{i+1}(x)\, h_i'(x_{i+1})}{h_{i+1}'(x_{i+1})\, h_i(x_{i+1})}\right) \frac{h_i^2(x)}{h_i^2(x_{i+1})}\, f_{i+1} + \frac{h_{i+1}(x)}{h_{i+1}'(x_{i+1})}\, \frac{h_i^2(x)}{h_i^2(x_{i+1})}\, m_{i+1}\,.$$

Von diesem Ausdruck ist die zweite Ableitung zu bilden und

$$H_2''\, f(x_i)_i = H_2''\, f(x_i)_{i+1}$$

zu setzen. Das ergibt nach längerer Rechnung und geeignetem Ordnen nach Anstiegen und Funktionswerten

$$\frac{h_{i+1}(x_i)}{h_{i+1}'(x_{i+1})} \left[\frac{h_i'(x_i)}{h_i(x_{i+1})}\right]^2 m_{i+1} + 2\left[\frac{h_{i+1}'(x_i)}{h_{i+1}(x_i)} - \frac{h_{i-1}'(x_i)}{h_{i-1}(x_i)}\right] m_i - \frac{h_{i-1}(x_i)}{h_{i-1}'(x_{i-1})} \left[\frac{h_i'(x_i)}{h_i(x_{i-1})}\right]^2 m_{i-1}$$

$$= - \left[\frac{h_i'(x_i)}{h_i(x_{i+1})}\right]^2 \cdot \left[1 - 2\,\frac{h_{i+1}(x_i)\, h_i'(x_{i+1})}{h_i(x_{i+1})\, h_{i+1}'(x_{i+1})}\right] f_{i+1}$$

$$+ \left[\frac{h_{i-1}''(x_i)}{h_{i-1}(x_i)} - \frac{h_{i+1}''(x_i)}{h_{i+1}(x_i)} + 3\left\{\left[\frac{h_{i+1}'(x_i)}{h_{i+1}(x_i)}\right]^2 - \left[\frac{h_{i-1}'(x_i)}{h_{i-1}(x_i)}\right]^2\right\} + \frac{h_i''(x_i)}{h_i'(x_i)} \left\{\frac{h_{i+1}'(x_i)}{h_{i+1}(x_i)} - \frac{h_{i-1}'(x_i)}{h_{i-1}(x_i)}\right\}\right] f_i$$

$$+ \left[\frac{h_i'(x_i)}{h_i(x_{i-1})}\right]^2 \cdot \left[1 - 2\,\frac{h_{i-1}(x_i)\, h_i'(x_{i-1})}{h_i(x_{i-1})\, h_{i-1}'(x_{i-1})}\right] f_{i-1}\,, \qquad i = 2(1)\,n-1\,,$$

Randbedingungen: $m_1 + A\, m_2 = d_1$; $B\, m_{n-1} + m_n = d_n$,

mit den freien Parametern A, B, d_1 und d_n, die man im konkreten Fall geeignet wählt. Die Randbedingungen sind erforderlich, um die Lösung (falls vorhanden) eindeutig zu machen.

Im Intervall $[x_i, x_{i+1}]$ ist nun

$$S_n\, f(x)_i = H_2\, f(x)_i\,,$$

und $S_n\, f(x_i)$ ist der gesuchte interpolierende Spline dritten Grades, der also aus HERMITE-Interpolierenden zusammengestückelt ist.

3. Existenz und Eindeutigkeit des interpolierenden Splines

Im konkreten Falle kann man stets nachprüfen, ob die Matrix für die Berechnung der Anstiege m_i eine Inverse besitzt und damit eine eindeutige Lösung für die m_i existiert. Darüber hinaus ist man natürlich an Bedingungen interessiert, die allein aus der Kenntnis der Basisfunktionen $h_i(x)$ und des Stützintervalles die Existenz und Eindeutigkeit des interpolierenden Splines sichern. Der folgende Satz gibt eine hinreichende Bedingung an.

Satz: *Sei* $|A| < 1$ *und* $|B| < 1$. *Seien* $\alpha_1, \alpha_2, \beta_1$ *und* β_2 *positive, reelle Konstanten mit den Eigenschaften*

a) $\alpha_1\,|x - x_i| \leqq |h_i(x)| \leqq \alpha_2\,|x - x_i|$, b) $\beta_1 \leqq |h_i'(x)| \leqq \beta_2$, $i = 1(1)\,n$

c) $\alpha_1\,\beta_1 < \sqrt{2}\,\alpha_2\,\beta_2$ *und sei* d) $\dfrac{h_{i+1}'(x_i)}{h_{i+1}(x_i)} \neq \dfrac{h_{i-1}'(x_i)}{h_{i-1}(x_i)}$, $i = 2(1)\,n-1$.

Dann existiert ein interpolierender Spline, und dieser Spline ist eindeutig bestimmt, wenn die Randbedingungen fest vorgegeben sind.

Den Beweis und ein Beispiel mit $h_i(x) = \dfrac{x - x_i}{1 - x\,x_i}$, $i = 1(1)\,n$, $x_i \in (0, 1)$, findet man in [4].

4. Konvergenz der interpolierenden Splines

Die Konvergenzfrage ist in fast trivialer Weise positiv zu beantworten.

Satz: *Sei $S_n f(x)$ der allgemeine interpolierende Spline, und $\lim_{n\to\infty} S_n f(x)$ sei stetig im Stützintervall. Dann gilt unter den Randbedingungen der kubischen, polynomialen Spline-Interpolation (vgl. [3]) für jedes, mindestens stetige $f(x)$*

$$\lim_{n\to\infty} S_n f(x) = f(x) ,$$

falls

$$\lim_{n\to\infty} ||\Delta_n|| \equiv \lim_{n\to\infty} \left(\sup_i |x_i - x_{i+1}|\right) = 0 \quad \textit{und} \quad 0 < \frac{||\Delta_n||}{|x_i - x_{i+1}|} < \beta < \infty \quad \textit{für} \quad i = 1(1)\, n-1 .$$

Den einfachen Beweis findet man in [4].

Literatur

1 Engels, H., Über einige lineare Interpolationsoperatoren und ihre Anwendung auf Quadratur und Richardsonextrapolation, Bericht der KFA Jülich: Jül-831-MA (1972).
2 Engels, H., Über allgemeine Gauß'sche Quadraturen, Computing 10, S. 83—95 (1972)
3 Ahlberg, J. H., Nilson, E. N. und Walsh, J. L., The Theory of Splines and their Applications, Academic Press, 1967.
4 Engels, H., Allgemeine interpolierende Splines vom Grade 3, Computing 10, S. 365—374 (1972)

Anschrift: Priv.-Doz. Dr. Hermann Engels, Kernforschungsanlage Jülich GmbH, Zentralinstitut für Angewandte Mathematik 517 Jülich, Postfach 365, BRD

ZAMM 54, T 217 – T 218 (1974)

H. Fischer

Normbälle in der Intervallrechnung

Sei $(M, \leqq)$ eine partiell-geordnete Menge und $[a, b] := \{x | x \in M,\ a \leqq x \leqq b\}$ für $a, b \in M$ mit $a \leqq b$. $[a, b]$ heißt Intervall, $I(M, \leqq) := \{[a, b] \mid a, b \in M, a \leqq b\}$ ist die Menge aller Intervalle in $(M, \leqq)$. Diese Konstruktion liefert die in der Intervallrechnung verwendeten reellen und komplexen Intervalle, Intervallvektoren, Intervallmatrizen, Intervallfunktionen etc. Die Kreisscheiben $\{z | z \in \mathbb{C},\ |z - z_0| \leqq r\}$ für $z_0 \in \mathbb{C}$, $r \in \mathbb{R}$ mit $0 \leqq r$, wie sie Gargantini und Henrici [1] verwenden, passen jedoch nicht in diesen Rahmen. Sie geben aber Anlaß, in normierten linearen Räumen Normbälle zu definieren und mit diesen zu rechnen.

Definition 1: Sei $(L, ||\cdot||)$ ein normierter[1]) linearer Raum über $\mathbb{R}$. Für $x_m \in L$, $x_t \in \mathbb{R}$ mit $0 \leqq x_t$ sei

$$\langle x_m, x_t\rangle := \{x | x \in L,\ ||x - x_m|| \leqq x_t\} .$$

Eine Punktmenge dieser Gestalt heißt *Normball.*

Die oben genannten Kreisscheiben sind Normbälle in $(\mathbb{C}, |\cdot|)$, denn $\mathbb{C}$ ist ein linearer Raum über $\mathbb{R}$ und der Betrag $|\cdot|$ in $\mathbb{C}$ ist eine strikt homogene Norm.

Normbälle können dazu dienen, Elemente $x, y, \ldots$ zu charakterisieren, von denen Näherungswerte x_n, y_n, ... und Normabschätzungen $||x - x_n|| \leqq \xi$, $||y - y_n|| \leqq \eta, \ldots$ bekannt sind. Es gilt dann $x \in \langle x_n, \xi\rangle$, $y \in \langle y_n, \eta\rangle$, ...; in der Notation für die Normbälle ist die gegebene Information über $x, y, \ldots$ enthalten. Wir erklären nun

Definition 2: Sei L ein linearer Raum über $\mathbb{R}$ und $P(L)$ die Potenzmenge von L. Für $A, B \in P(L)$ und $\lambda \in \mathbb{R}$ sei

$$A + B := \{a + b \mid a \in A, b \in B\} \text{ und } \lambda A := \{\lambda a | a \in A\} .$$

Da Normbälle in einem normierten linearen Raum $(L, ||\cdot||)$ Elemente von $P(L)$ sind, enthält die Definition 2 insbesondere eine Addition von Normbällen sowie eine Multiplikation eines Normballes mit einer reellen Zahl, und es gilt

$$x \in \langle x_n, \xi\rangle,\ y \in \langle y_n, \eta\rangle \to x + y \in \langle x_n, \xi\rangle + \langle y_n, \eta\rangle ,$$

$$\lambda \in \mathbb{R},\ x \in \langle x_n, \xi\rangle \to \lambda x \in \lambda \langle x_n, \xi\rangle .$$

---

[1]) Die Norm sei strikt homogen, d. h. $||\lambda x|| = |\lambda|\, ||x||$ für alle $\lambda \in \mathbb{R}$.

Weiter gilt folgender

Satz: *Sei* $(L, \|\cdot\|)$ *ein normierter linearer Raum über* $\mathbb{R}$. *Die Menge* $N(L, \|\cdot\|)$ *aller Normbälle in* $(L, \|\cdot\|)$ *zusammen mit den in Definition 2 erklärten Operationen ist ein quasilinearer Raum, wie ihn Mayer* [4] *definiert hat.*

Zum Beweis zeigt man, daß für $\langle x_m, x_t\rangle$, $\langle y_m, y_t\rangle \in N(L, \|.\|)$ und $\lambda \in \mathbb{R}$ die Gleichungen

$$\langle x_m, x_t\rangle + \langle y_m, y_t\rangle = \langle x_m + y_m, x_t + y_t\rangle$$

$$\lambda \cdot \langle x_m, x_t\rangle = \langle \lambda \cdot x_m, |\lambda| \cdot x_t\rangle$$

gelten und verifiziert damit die Axiome des quasilinearen Raumes. Das geforderte neutrale Element ist der Normball $\langle \Theta, 0\rangle$ wobei Θ die Null in L ist.

Die Konstruktion von Normbällen gemäß Definition 1 kann verallgemeinert werden: Verwendet man die von Kantorowitsch [2] eingeführten vektorwertigen Normen, insbesondere die von Robert [5] als regulär bezeichneten, so erhält man „Hypernormbälle". Die bislang in der Intervallrechnung verwendeten reellen und komplexen Intervalle, Intervallvektoren etc. sind spezielle Hypernormbälle.

Literatur

1 Gargantini, I. and Henrici, P., Circular Arithmetic and the Determination of Polynomial Zeros, Numer. Math. **18**, p. 305—320 (1972).

2 Kantorovitch, L., The Method of Successive Approximations for Functional Equations, Acta Math. **71**, p. 63—97 (1939).

3 Kulisch, U., Grundzüge der Intervallrechnung, p. 51—98 in „Überblicke Mathematik" Band 2, herausgegeben von D. Laugwitz, Bibliographisches Institut, Mannheim 1969.

4 Mayer, O., Algebraische und metrische Strukturen in der Intervallrechnung und einige Anwendungen, Computing **5**, p. 144—162 (1970).

5 Robert, F., Sur les normes vectorielles régulières sur un espace vectoriel de dimension finie, C. R. Acad. Sc. Paris **261**, p. 5173—5176 (1965).

Anschrift: Dr. Herbert Fischer, Technische Universität, Inst. f. Angewandte Mathematik, 8 München 2, Arcisstraße 21, BRD

ZAMM 54, T 218 — T 219 (1974

K. Glashoff

Pseudo-Solutions of Optimization Problems

1. Pseudo-solutions and penalty-method

Let f be a real valued functional defined on the vector space $R^n (n \geqq 1)$ and let $g\colon R^n \to R^m$ be a mapping $(m \geqq 1)$. If Q is a non void convex and closed subset of R^m, we denote by $d(\cdot\,, Q)$ the distance functional belonging to Q, i.e. $d(z, Q) = \inf\limits_{q\in Q} \|z - q\|$ (with $\|y\| = (\sum y_i^2)^{1/2}$ for $y \in R^m$).

Def. 1: $\bar{x} \in R^n$ is called pseudo-solution of the optimization problem (P): $f(x) = \min!$, $g(x) \in Q$, *if* $d(g(\bar{x}), Q) = \inf\limits_{x\in R^n} d(g(x), Q) =. \gamma$ and $f(\bar{x}) \leqq f(\tilde{x})$ for all $\tilde{x} \in R^n$ with $d(g(\tilde{x}), Q) = \gamma$.

Def. 2: $\hat{x} \in R^n$ is called a local pseudo-solution of (P), if $d(g(\hat{x}), Q) = \gamma$ and if there is a neighbourhood $U(\hat{x})$ of $\hat{x}$ with $f(\hat{x}) \leqq f(\tilde{x})$ for each $\tilde{x}$ with $\tilde{x} \in U(\hat{x})$ and $d(g(\tilde{x}), Q) = \gamma$.

Let $\{\alpha_\nu\}_{\nu\geqq 1}$ be a sequence of positive real numbers with $\lim\limits_{\nu\to\infty} 1/\alpha_\nu = 0$. For each $\nu \geqq 1$ we consider the optimization problem (P_ν): $f_\nu(x) .= f(x) + \alpha_\nu\, d(g(x), Q)^2 = \min!$, $x \in R^n$.

Theorem 1: *Let f and g be continuous and suppose that $f(x) \to +\infty$ for $\|x\| \to +\infty$. Suppose that* $\gamma = \inf\limits_{x\in R^n} d(g(x), Q) > -\infty$. *Then there exists a sequence $\{x_\nu\}_{\nu\geqq 1}$ of solutions of the problems (P_ν). Every sequence of solutions has accumulation points and each accumulation point is a pseudo-solution of (P). If $\bar{x}$ is the unique pseudo-solution then every sequence $\{x_\nu\}_{\nu\geqq 1}$ of solutions of (P_ν) converges to $\bar{x}$.*

Theorem 2: *Let $\bar{x}$ be a local pseudo-solution of (P). If the functional f is bounded from below on the subset $X = \{x \in R^n / d(g(x), Q) = \gamma\}$, then there exists a functional f^0 with $f^0(\hat{x}) = f(\hat{x})$ such that the optimization problem (P) (with f^0 instead of f) has the pseudo-solution $\hat{x}$. f^0 is continuous and $f^0(x) \to +\infty$ for $\|x\| \to +\infty$. If f is differentiable, the same is true for f^0, and we have $f^{0\prime}(\hat{x}) = f'(\hat{x})$.*

2. Lagrange-multipliers

Let $\hat{x}$ again be a local pseudo-solution of (P). f and g are supposed to be continuously differentiable in a neighbourhood $U(\hat{x})$. We denote the n-vector of partial derivatives of f by $f'(x)$ and the matrix of partial derivatives of g by $G(x)$. Let us suppose that there exists a sequence $\{x_\nu\}_{\nu \geq 1}$ of solutions of the optimization problems (P_ν) with

$$\lim_{\nu \to \infty} x_\nu = \hat{x}\,.$$

Let P_Q be the projection operator belonging to the convex and closed subset $Q \subset R^m$.

Theorem 3: *If there is a neighbourhood $U(\hat{x})$ of $\hat{x}$ in which rank $G(x)$ is invariant then there exists $\lambda \in R^m$ with*

$$f'(x) + G^*(x)\,\lambda = 0\,,$$

where

$$\lambda = 2 \lim_{\nu \to \infty} G(x_\nu)\, G^+(x_\nu)\, \{g(x_\nu) - P_Q\, g(x_\nu)\}\,.$$

($G^+(x_\nu)$ is the Moore-Penrose pseudoinverse of $G(x_\nu)$).

Remarks: a) Pseudo-solutions are solutions of two-step optimization problems ([4]) with functionals $d(g(\cdot), Q)$ and f.

b) The approximate calculation of pseudo-solutions by means of the solutions of the problems (P_ν) is an application of the method of regularization ([7]). For $\gamma = 0$ it is a generalization of Courant's penalty-method ([2], [3]).

c) The term pseudo-solution is in accordance with the wellknown concept of pseudo-solutions of linear equations ([6]).

d) Theorem 3 is a generalization of the results given by Beltrami [1].

e) Proofs of the Theorems 1—3 appeared in [5] which is available from the author.

References

1 Beltrami, E. J., A constructive proof of the Kuhn-Tucker multiplier rule, J. Math. Anal. Appl. 26, 297—306 (1969).
2 Courant, R., Variational Methods for the Solution of Problems of Equilibrium and Vibrations, Bull. Am. Math. Soc. 49, 1—23 (1943).
3 Glashoff, K., Über eine Penalty-Methode, Computing 10, 1—2, 157—166 (1973).
4 Glashoff, K., Mehrstufige Optimierungsaufgaben, Methods of Op. Res. XVI ed. R. Henn (1973).
5 Glashoff, K., Pseudo-solutions of optimization problems and Lagrange-multipliers, Preprint Nr. 59, Technische Hochschule Darmstadt, April 1973.
6 Holmes, R. B., A course on optimization and best approximation, Springer-Verlag, Berlin/Heidelberg/New York, Lecture Notes in Mathematics 257 (1972).
7 Tychonoff, A. N., On stability of an optimization problem for functionals, Zh. vychisl. Mat. mat Fiz. 6, 631—634 (1966).

Anschrift: Klaus Glashoff, Fachbereich Mathematik, Arbeitsgruppe 10, Approximation u. Kontrolltheorie, Technische Hochschule, 61 Darmstadt, Kantplatz 1, BRD

ZAMM 54, T 219 – T 220 (1974)

K.-H. Hoffmann

Tschebyscheff-Approximation unter Nebenbedingungen via Kontroll-Theorie

Bei zahlreichen Problemen der numerischen Mathematik wird man auf ein Approximationsproblem unter Nebenbedingungen geführt (vgl. etwa L. Collatz [2]). In dieser Note soll gezeigt werden, daß man zur Lösung solcher Aufgaben als Hilfsmittel die Kontroll-Theorie heranziehen kann, wenn man eine entsprechende Theorie für gewisse nicht glatte Kostenfunktionale zur Verfügung hat. Zunächst wird ein abgeschwächter Differenzierbarkeitsbegriff eingeführt, der von K.-H. Hoffmann und I. Kolumban [3] untersucht wurde und sich zur Behandlung solcher Aufgaben anbietet.

1. Variationskegel und ein Ableitungsbegriff

Sei $(E, \|\cdot\|)$ ein normierter linearer Raum, $A \subset E$ und $e_0 \in E$. Dann benutzen wir die bereits von G. Bouligand [1] eingeführten offenen bzw. abgeschlossenen Variationskegel

$$K(A, e_0) := \{e \in E \mid \bigvee U \in \mathfrak{U}(e) \bigvee \varepsilon > 0 \bigwedge u \in U \bigwedge 0 < \alpha < \varepsilon \quad e_0 + \alpha\, u \in A\}$$

bzw.

$$K[A, e_0] := \{e \in E \mid \bigwedge U \in \mathfrak{U}(e) \bigwedge \varepsilon > 0 \bigvee u \in U \bigvee 0 < \alpha < \varepsilon \quad e_0 + \alpha\, u \in A\}$$

und definieren:

Definition: Sei $A \subset B \subset E$, $e_0 \in B$, $K[A, e_0] \neq \emptyset$ und $F: B \to G$, $(G, \|\cdot\|)$ ein normierter linearer Raum. Ferner sei $e \in K[A, e_0]$, $e \neq \theta$. Existiert für jede gegen e_0 konvergierende Folge $(e_i) \subset A$ und $(r_i) \subset \mathbb{R}_0^+$ mit

$r_i\,(e_i - e_0) \to e$ der Grenzwert

$$f'_A(e_0)\,(e) := \lim r_i\big(f(e_i) - f(e_0)\big)\,,$$

so heißt $f'_A(e_0)\,(e)$ die Richtungsableitung von f bzgl. A an der Stelle e_0 in Richtung von e.

Es lassen sich leicht Beispiele angeben, in denen f weder FRÉCHET- noch richtungsdifferenzierbar im gewöhnlichen Sinne, wohl aber differenzierbar gemäß obiger Definition ist. Um Kostenfunktionale der Gestalt $F(e) := \max_{q \in Q} \Lambda(e, q)$ mit $\Lambda : B \times Q \to \mathbb{R}$ betrachten zu können, definieren wir:

Definition: Sei Q ein kompakter HAUSDORFF-Raum. $\Lambda\,(\cdot, q)$ heißt Q-gleichmäßig differenzierbar bzgl. A an der Stelle e_0 in Richtung von e, wenn gilt: Für jede Folge $(e_i) \subset A$ und $(r_i) \subset \mathbb{R}_0^+$ mit $e_i \to e_0$ und $r_i\,(e_i - e_0) \to e$ und für jedes $\varepsilon > 0$ existiert ein $i_0 \in \mathbb{N}$ mit der Eigenschaft:

$$\bigwedge q \in Q \bigwedge i > i_0 \quad r_i\,[\Lambda(e_i, q) - \Lambda(e_0, q)] - \Lambda'_A(e_0, q)\,(e) < \varepsilon\,.$$

Dann gilt der

Satz (*Hoffmann-Kolumban* [3]): *Unter den Voraussetzungen, $\Lambda(\cdot, q)$ stetig für $q \in Q$, $\Lambda(\cdot, e)$ oberhalb stetig für $e \in B$, $\Lambda(\cdot, q)$ ist Q-gleichmäßig differenzierbar bzgl. A an der Stelle e_0 in Richtung von e und $\Lambda'_A(e_0, \cdot)\,(e)$ oberhalb stetig existiert $F'_A(e_0)\,(e)$, und es gilt:*

$$F'_A(e_0)\,(e) = \max_{q \in Q(e_0)} \Lambda'_A(e_0, q)\,(e)\,, \quad Q(e_0) := \{q \in Q \mid F(e_0) = \Lambda(e_0, q)\}\,.$$

2. Ein einfaches nichtglattes Kontrollproblem

Seien $E := C_n[0, T] \times L_r^\infty[0, T]$, $\mathfrak{A}$ bzw. $\mathfrak{B}$ $(n \times n)$- bzw. $(n \times r)$-Matrizen, $U \subset \mathbb{R}^r$ und $\mathfrak{U} \subset L_r^\infty[0, T]$. Setze $D := \{u \in \mathfrak{U} \mid u(t) \in U$ fast überall$\}$. Sei $0 = t_0 < t_1 \cdots < t_{m-1} = T$ und $\underline{x}_0, \ldots, \underline{x}_{m-1} \in \mathbb{R}^n$. Dann betrachten wir die Kontrollaufgabe: Gesucht: $(x_0, u_0) \in C_n[0, T] \times D$ mit den Eigenschaften:

(I) $\quad \dot{x}_0(t) = \mathfrak{A}(t)\,x_0(t) + \mathfrak{B}(t)\,u_0(t)$

(II) $\quad x_0(t_i) = \underline{x}_i\,, \quad 0 \leq i \leq m-1$

(III) $\quad F(x_0) = \min\,\{F(x) \mid (x, u) \in B \times D\,, \quad x(t_i) = \underline{x}_i\,, \quad i = 0, 1, \ldots, m-1\}\,.$

Hierbei ist $B := \Psi(D)$, $\Psi(t) := \Phi(t)\,\underline{x}_0 + \Phi(t) \int_0^t \Phi^{-1}(\tau)\,\mathfrak{B}(\tau)\,u(\tau)\,d\tau$, mit $\Phi(t)$ Lösung von $\dot{\Phi}(t) = \mathfrak{A}(t)\,\Phi(t)$, $\Phi(0) = I$ und $F(x) = \max_{t \in [0, T]} \Lambda\big(x(t), t\big)$.

Satz: *Unter den Voraussetzungen, $K[D, u_0]$ konvex, Λ und Λ'_B erfüllt die Voraussetzungen des vorangehenden Satzes und $\Lambda'_B\big(x_0(t), t\big) : K[B, x_0] \to \mathbb{R}$ konvex für alle $t \in [0, T]$ gilt: (x_0, u_0) Lösung der Kontrollaufgabe, folgt: Es gibt eine reelle Zahl $\lambda_0 \geq 0$ und Vektoren $\lambda_1, \ldots, \lambda_{m-1} \in \mathbb{R}^n$, nicht alle sind Null, mit*

$$\lambda_0 \max_{t \in Q(x_0)} \Lambda'_B\big(x_0(t), t\big) \left(\Phi(t) \int_0^t \Phi^{-1}(\tau)\,\mathfrak{B}(\tau)\,u(\tau)\,d\tau\right) + \sum_{i=1}^{m-1} \lambda_i\,\Phi(t_i) \int_0^{t_i} \Phi^{-1}(\tau)\,\mathfrak{B}(\tau)\,u(\tau)\,d\tau \geq 0$$

für alle $u \in K[D, u_0]$.

3. Monotone Approximation mit Interpolation

Wir wenden den vorangehenden Satz auf ein einfaches Approximationsproblem an:

Setze: $n := r := 1$, $\mathfrak{A} := 0$, $\mathfrak{B} := 1$, $\mathfrak{U} \subset L^\infty[0, T]$ linearer Teilraum, $U := [0, \infty)$ und $\Lambda\big(x(t), t\big) := |f(t) - x(t)|$ mit $f \in C[0, T]$ fest. Dann folgt $\Psi(t) = x_0 + \int_0^t u(\tau)\,d\tau$, $D = \{u \in \mathfrak{U} \mid u \geqq \theta\}$, $\lambda\,(u - u_0) \in K[D, u_0]$ für $\lambda \geqq 0$ und $u \in D$.

Satz: *Wenn $x_0 \in B$ eine beste Tschebyscheff-Approximation für f bzgl. B mit $x_0(t_i) = f(t_i)$ ist, so folgt*

$$\bigwedge u \in \mathfrak{U}\,, \quad u \geqq \theta$$

$$\lambda_0 \min_{t \in M_{f-x_0}} \left\{\operatorname{sgn}\big(f(t) - x_0(t)\big) \int_0^t \big(u(\tau) - u_0(\tau)\big)\,d\tau\right\} + \sum_{i=1}^{m-1} \lambda_i \int_0^{t_i} \big(u(\tau) - u_0(\tau)\big)\,d\tau \leqq 0$$

für Zahlen $\lambda_0, \ldots, \lambda_{m-1}$ wie im vorangehenden Satz. Hierbei wurde $M_{f-x_0} := \{t \in [0, T] \mid |f(t) - x_0(t)| = \|f - x_0\|_\infty\}$ gesetzt.

Literatur

1 BOULIGAND, G., Introduction à la Géométrie Infinitésimale directe, Paris, 1932.

2 COLLATZ, L., Einseitige Tschebyscheff-Approximation bei Differentialgleichungen, Meth. Verf. der Math. Phys., BI Mannheim, 1971.

3 HOFFMANN, K.-H., KOLUMBAN, I., Verallgemeinerte Differenzierbarkeitsbegriffe und ihre Anwendung in der Optimierungstheorie, erscheint in Computing

Anschrift: Dr. KARL-HEINZ HOFFMANN, Mathematisches Institut der Universität München, 8000 München 2, Theresienstr. 39, BRD

ZAMM 54, T 221 (1974)

A. Huťa

Eine Verallgemeinerung des Runge-Kutta Verfahrens zur numerischen Lösung der Gleichung $y' = f(x, y)$

Der Zweck dieser Zusammenfassung ist, ein Formelsystem des Runge-Kutta-Typs n-ter Ordnung mit lauter rationalen Koeffizienten der Gleichung

$$y' = f(x, y) \tag{1}$$

anzugeben.

Durch Einführung der Ausdrücke

$$D^n f_i = \sum_{j=0}^{n} \binom{n}{j} f^j \cdot {}_{n-j}f_{i+j}, \quad \text{wobei} \quad {}_pf_q = \frac{\partial^{p+q} f}{\partial x^p \, \partial y^q} \tag{2}$$

ist, läßt sich der Zuwachs K der unbekannten Funktion $y(x)$ folgendermaßen schreiben:

$$K = y(x + h) - y(x) = f h + \frac{1}{2!} h^2 Df + \frac{1}{3!} h^3 (D^2 f + f_1 Df) + \dots . \tag{3}$$

Die Entwicklung (3) kann durch den folgenden Ausdruck ersetzt werden:

$$k = \sum_{i=0}^{s} p_i k_i \quad \text{wobei} \quad k_0 = f(x, y) h \quad \text{und} \quad k_i = f\left(x + a_i h, y_0 + \sum_{t=1}^{i} b_{i,t} k_{t-1}\right) h \quad \text{für } i = 1, 2, \dots, s \tag{4}$$

mit

$$a_i = \sum_{t=1}^{i} b_{i,t} \tag{5}$$

s ist die Anzahl der Auswertungen der Funktion $f(x, y)$ [es gibt $s + 1$ Auswertungen].

Durch Vergleich der Koeffizienten der Glieder in (3) mit denen bei dem Ausdruck, der durch die ausgeführten Operationen in (4) entsteht, bekommt man ein nichtlineares Gleichungssystem für a_i und $b_{i,t}$ mit nur einer linearen Gleichung, wobei die Anzahl der Gleichungen kleiner ist als die der Unbekannten.

Nach dem Beispiel der Formel (5), die auch folgendermaßen geschrieben werden kann:

$$c(i, 1) = \sum_{k=1}^{i} b_{i,k} , \tag{6}$$

können nach Erweiterung auch andere neue Unbekannte eingeführt werden, die folgende Kurzform besitzen:

$$C(i, u) = \sum_{k=u}^{i} b_{i,k} \prod_{t=1}^{u-1} C^{m_t} (k - 1, t) , \tag{7}$$

wobei wir die $C(i, u)$ als *Ausdrücke u-ter Ordnung* bezeichnen können, durch die das oben erwähnte Gleichungssystem eine wesentlich einfachere Form annimmt.

(Bei *vollständigen Formen* haben die C selbstverständlich mehrere Argumente.) Die Gleichungen des Gleichungssystems sind durch Summen gegeben, deren obere Grenze (sogenannte *Höhe*) immer s ist und deren untere Grenze (sog. *Tiefe*) sich zwischen 0 und $n - 1$ ändert (wenn es sich um ein Gleichungssystem handelt, das zu Formeln n-ter Ordnung führt).

Dieses nichtlineare Gleichungssystem kann in bestimmtem Sinne durch mehrere Transformationen *linearisiert* werden. Einer q-ten Transformation sind Summen nur mit der Tiefe wenigstens $q + 1$ fähig. Diese Transformation läßt sich in der Kurzform

$$T(i, q) = \sum_{k=i+1}^{s-q+1} b_{k,i+1} T(k, q - 1) \prod_{t=1}^{u-1} C^{m_t} (k - 1, t) \tag{8}$$

schreiben.

Da die Anzahl der Unbekannten größer ist als die der Gleichungen, sind einige Unbekannte frei wählbar. Durch passende Wahl der überschüssigen Unbekannten läßt sich das ursprüngliche Gleichungssystem in eines mit überwiegend linearen Gleichungen überführen, was die Bestimmung der rationalen Koeffizienten bedeutend erleichtert.

Anschrift: Prof. RNDr. Anton Huťa, Bratislava, 81631 Mlynská Dolina Matematický pavilon, Katedra numerickej matematiky a matematickej štatistiky, Prírodovedeckej fakulty Univerzity Komenského, ČSSR

ZAMM 54, T 222 (1974)

K. KANSY*)

Intervallarithmetische Darstellung von Funktionen und ihren Ableitungen

Für numerische Zwecke ist es häufig sehr nützlich, eine komplizierte Funktion durch ein Intervallpolynom darzustellen. Benötigt man für einen Algorithmus nicht nur die Funktion selbst, sondern auch deren Ableitungen bis zur Ordnung m, so ist es günstig, eine m-fach ableitungsverträgliche Polynomeinschließung zu verwenden.

Definition: Das Intervallpolynom $\underline{P}$ ist m-fach ableitungsverträgliche Polynomeinschließung von $f \in C_m\,[a, b]$, wenn gilt:

$$\bigwedge_{0 \leqq r \leqq m} \; \bigwedge_{a \leqq x \leqq b} f^{(r)}(x) \in \underline{P}^{(r)}(x)$$

mit

$$\underline{P}(x) = \sum_{i=0}^{n} \underline{a_i}\,(x - x_0)^i\,, \qquad \underline{P}^{(r)}(x) = \sum_{i=0}^{n-r} \frac{(i + r)!}{i!}\,\underline{a_{i+r}}\,(x - x_0)^i\,. \tag{1}$$

Die Menge $A_m(\underline{P})$ der Funktionen, die m-fach ableitungsverträglich in $\underline{P}$ liegen, läßt sich durch eine intervallarithmetische Anfangswertaufgabe charakterisieren, die für $m = n$ die Gestalt

$$\bigwedge_{a \leqq x \leqq b} f^{(n)}(x) \in n!\,\underline{a_n}\,, \qquad \bigwedge_{0 \leqq r \leqq n-1} f^{(r)}(x_0) \in r!\,\underline{a_r}$$

besitzt. Kennt man von einer vorgelegten Funktion f nicht nur gewisse TAYLORkoeffizienten an der Stelle x_0, sondern auch TAYLORkoeffizienten an verschiedenen Stellen x_i, so ist das übliche Intervallpolynom $\underline{P}$ keine günstige Darstellung.

Die Lösungsmenge der intervallarithmetischen Randwertaufgabe

$$\bigwedge_{a \leqq x \leqq b} f^{(n)}(x) \in \underline{w}\,, \qquad n = \sum_{i=1}^{n} n_i\,,$$

$$\bigwedge_{1 \leqq i \leqq m} \; \bigwedge_{0 \leqq j \leqq n_i - 1} f^{(j)}(x_i) \in \underline{c_{ij}}$$

kann aber durch das intervallarithmetische HERMITE-Interpolationspolynom

$$\underline{Q}(x) = \sum_{i=1}^{m} \sum_{j=0}^{n_i - 1} \underline{c_{ij}} \cdot h_{ij}(x) + \frac{\underline{w}}{n!} \prod_{i=1}^{n} (x - x_i)^{n_i}$$

beschrieben werden, wobei die h_{ij} Polynome $(n-1)$-ten Grades sind, die durch

$$h_{ij}^{(r)}(x_s) = \delta_{is} \cdot \delta_{jr} \; (1 \leqq i \leqq m,\; 1 \leqq s \leqq m,\; 0 \leqq j < n_i,\; 0 \leqq r < n_i)$$

eindeutig bestimmt werden. Für die Ableitungen gilt hier im allgemeinen nicht mehr: $f^{(r)}(x) \in \underline{Q}^{(r)}(x)$, wobei $\underline{Q}^{(r)}$ die formale Ableitung von $\underline{Q}$ bezeichnen soll. Es ist gelungen, Intervallpolynome

$$\underline{Q}^{[r]}(x) = \sum_{i=1}^{m} \sum_{j=0}^{n_i - 1} \underline{c_{ij}} \cdot h_{ij}^{(r)}(x) + \frac{\underline{w}}{(n - r)!} \prod_{i=1}^{n-r} (x - [z_i, z_{i+r}]) \tag{2}$$

mit $z_1 = \cdots = z_{n_1} = x_1\,,\; z_{n_1+1} = \cdots = z_{n_1+n_2} = z_2\,, \ldots$

zu definieren, die man als Pseudo-Ableitungen von $\underline{Q}$ auffassen kann und für die

$$\bigwedge_{0 \leqq r \leqq n} \; \bigwedge_{a \leqq x \leqq b} f^{(r)}(x) \in \underline{Q}^{[r]}(x)$$

gilt. Die Intervallpolynome (2) erlauben eine viel schärfere Darstellung von Funktionen und ihren Ableitungen als die Intervallpolynome (1).

Beispiel 1:

$$f(x) = e^x,\; n = 10,\; n_i = 2,\; x_i = \frac{i - 1}{8}\; (1 \leqq i \leqq 5)\,.$$

Ableitungsordnung		0	1	2	3	4	5	6	7	8	9	10
Darstellungs-	(1)	10^{-3}	10^{-2}	0,33	—	—	—	—	—	—	—	—
genauigkeit	(2)	10^{-15}	10^{-12}	10^{-9}	10^{-8}	10^{-6}	10^{-5}	10^{-4}	10^{-3}	10^{-2}	0,17	0,33

Literatur

1 KANSY, K., Ableitungsverträgliche Verallgemeinerung der Intervallpolynome, Berichte der Gesellschaft für Mathematik und Datenverarbeitung, Nr. 70 (1973).

Anschrift: Dr. K. KANSY, 53 Bonn-Ippendorf, Gudenauer Weg 31, BRD

*) Institut für Numerische Datenverarbeitung der Gesellschaft für Mathematik und Datenverarbeitung Bonn, 5205 St. Augustin 1, Schloß Birlinghoven.

ZAMM 54, T 223 (1974)

A. Kiełbasiński / J. Jankowska

Fehleranalyse der Schmidtschen und Powellschen Orthonormalisierungsverfahren

1.

Aus dem Schmidtschen Verfahren mit Nachorthogonalisierungen erwachsen zwei Fragen:

1° Wieviel Nachorthogonalisierungen soll man durchführen, um die größtmögliche Genauigkeit zu erreichen?
2° Wie kann man a priori diese größtmögliche Genauigkeit charakterisieren?

Die reelle $(n \times r)$-Matrix X habe den Rang r, $r \leqq n$. Gesucht ist die Unitär-Dreieckszerlegung:

(i) $X = Y\,C$,

mit (ii) $Y^T Y = I$, $Y\,(n \times r)$,

und (iii) $i > j \Rightarrow c_{ij} = 0$, $c_{ii} > 0$, $C\,(r \times r)$.

Das numerische Rechnen in der Gleitpunktarithmetik mit höchstens zwei Nachorthogonalisierungen in jedem Schritt ergibt Faktoren $\tilde{Y}$, $\tilde{C}$, die nur angenähert den Gleichungen (i) und (ii) genügen:

$$||X - \tilde{Y}\,\tilde{C}||_E \leqq 2^{-t} K_2\,||X||_E\,, \quad ||\tilde{Y}^T \tilde{Y} - I||_E \leqq 2^{-t} K_1\,.$$

Dabei hängen die Konstanten K_i von der Art der Arithmetik ab:

	fl	$\widetilde{fl}$	fl_2
K_1	$(r + 2)(n + 1)$	$4.2\,(r + 3)$	$5.7\sqrt{r}$
K_2	$2\,(r + \sqrt{r}) + 3$	$4\sqrt{r - 1} + 5$	5

Darin bedeutet (vergl. [5], [2]):

fl — Standardgleitpunktarithmetik mit t binären Mantissenziffern,
$\widetilde{fl}$ — fl mit Møller-Verfahren für die Berechnung der inneren Produkte,
fl_2 — fl mit Aufsummierung der inneren Produkte in dem doppeltlangen Register

(für fl_2 findet man ähnliche Betrachtungen bei Voevodin [4]). Falls $\hat{Y}$, $\hat{C}$ die genauen Faktoren der Unitär-Dreieckszerlegung von $\hat{X} \underset{\text{def}}{=} \tilde{Y}\,\tilde{C}$ sind, so folgt:

$$||X - \hat{X}||_E \leqq 2^{-t} K_2\,||X||_E\,, \quad ||\,\tilde{Y} - \hat{Y}||_E \leqq \frac{2^{-t} K_1}{\sqrt{2\,r}}\,||\hat{Y}||_E\,, \qquad ||\tilde{C} - \hat{C}||_E \leqq \frac{2^{-t} K_1}{\sqrt{2}}\,||\hat{C}||_E\,,$$

was, nach Kahan (vrgl. [1]), als numerische Stabilität des Verfahrens bezeichnet wird.

2.

Zur Orthonormalisierung des Systems $\left[\sum_{i=1}^{n} \boldsymbol{d}_i \alpha_i, \boldsymbol{d}_1, \ldots, \boldsymbol{d}_{n-1}\right]$ mit $\alpha_n \neq 0$, $D = [\boldsymbol{d}_1, \boldsymbol{d}_2, \ldots, \boldsymbol{d}_n]$ orthogonal, empfiehlt Powell sein Verfahren [3]. Man kann eine Version des Powellschen Verfahrens angeben, die mit $3\,n^2$ Operationen auskommt, Unterlauf und Überlauf vermeidet und numerisch stabil ist: Falls $||D^T D - I||_E \ll 1$ ist, so ist auch das berechnete System $\tilde{G}$ angenähert orthonormal:

$$||\tilde{G}^T \tilde{G} - I||_E \leqq ||D^T D - I||_E + 2^{-t} K_3$$

und

	fl	$\widetilde{fl}$	fl_2
K_3	$2\,n^2 + n^{3/2} + 15$	$4\,n + 23\,n^{1/2}$	$15\,n^{1/2}$

Literatur

1 Kahan, W., A survey of error analysis, IFIP Congress 1971, I, pp. 200—206.
2 Kiełbasiński, A., Über die Anwendungen des Summierungsverfahren von Møller, ZAMM 52, T 209—210 (1972).
3 Powell, M. J. D., On the calculation of orthogonal vectors, Comp. Journ. 1968.
4 Voevodin, V. V., Ошибки округления и устойчивость..., МГУ, Москва 1969
5 Wilkinson, J. H., Rounding errors in algebraic processes, London 1963.

Anschrift: Dr. Andrzej Kiełbasiński, Janina Jankowska, Instytut Maszyn Matematycznych, Uniwersytet Warszawski, Warszawa, PKiN 850, Polen

ZAMM 54, T 224 – T 225 (1974)

K. Kilberth

Über Typen von kubischen Splinefunktionen

I.

Sei $[a, b]$ ein reelles Intervall, $\Delta: a = x_1 < \cdots < x_n = b$ eine Zerlegung von $[a, b]$. Ein kubischer Spline $S_\Delta(x)$ ist eine auf $[a, b]$ zweimal stetig differenzierbare Funktion, die auf jedem Teilintervall $[x_{i-1}, x_i]$, $i = 2(1)n$, ein Polynom vom Grade 3 ist, und erfordert somit die Berechnung von $4(n-1)$ Koeffizienten. $3(n-2)$ Koeffizienten ergeben sich aus den Stetigkeitsforderungen an den inneren Punkten des Intervalls. Mit Stützwerten f_i definiert man weitere $n-2$ Bedingungen

$$S_\Delta(x_i) = f_i \qquad i = 2(1)\,n\ .$$

Ist $f \in C^3[a, b]$ mit $f_i = f(x_i)$, so erhält man mit den noch fehlenden 4 Bedingungen folgende Typen des interpolierenden Splines $S_\Delta(x; f)$:

$$\begin{aligned} S_\Delta^{(p_i)}(x_i; f) &= f_i^{(p_i)} \\ S_\Delta^{(q_i)}(x_i; f) &= f_i^{(q_i)}\ . \end{aligned} \qquad p_i, q_i \in \{0, 1, 2, 3\}\ ,\ p_i \neq q_i\ ,\ i = 1, n \tag{1.1}$$

Splines mit $p_i, q_i > 0$ sind also interpolierende Splines im weiteren Sinne, da nur an den inneren Punkten des Intervalles Funktionswerte vorgeschrieben sind.

Bei äquidistanter Zerlegung Δ mit Schrittweite $h = (b-a)/(n-1)$ berechnet man die Momente $M_j := S''_\Delta(x_j; f)$, $j = 1(1)\,n$, für $p_i = 2$, $q_i = 3$ aus folgendem Gleichungssystem:

$$\begin{bmatrix} 1 & & & & & & 0 \\ -1 & 1 & & & & & \\ & 1 & 4 & 1 & & & \\ & & \cdots & & & & \\ & & & \cdots & & & \\ & & & 1 & 4 & 1 & \\ & & & & & 1 & -1 \\ 0 & & & & & & 1 \end{bmatrix} \cdot \begin{bmatrix} M_1 \\ \\ \\ \\ \\ \\ \\ M_n \end{bmatrix} = \begin{bmatrix} f_1'' \\ -h f_1''' \\ \\ 6 f_{j-1}^{\mathrm{II}} \\ \\ h f_n''' \\ \\ f_n'' \end{bmatrix} \tag{1.2}$$

$$\text{mit } f_{j-1}^{\mathrm{II}} = \frac{1}{h^2}(f_{j-1} - 2 f_j + f_{j+1})\ .$$

Das Gleichungssystem läßt sich auf ein System mit streng diagonaldominanter Koeffizienten-Matrix reduzieren und ist somit eindeutig lösbar.

II.

Für die Konvergenzordnung bei der Approximation von hinreichend glatten Funktionen mit kubischen Splines gilt folgender Satz:

Satz: *Sei $f \in C^3[a, b]$, $x_j = a + (j-1)\,h$, $j = 1(1)\,n$, $h = (b-a)/(n-1)$, $S_h(x; f)$ der kubische Spline mit den Randbedingungen (1.1), der f über $[a, b]$ zur äquidistanten Zerlegung mit Schrittweite h interpoliert, dann gilt gleichmäßig auf $[a, b]$:*

$$|S_h^{(r)}(x; f) - f^{(r)}(x)| = o(h^{3-r}) \qquad r = 0(1)3\ .$$

Beweis:

Für $p_i = 0$, $q_i \in \{1, 2, 3\}$ vgl. [1]; $p_i = 2$, $q_i = 3$, $r = 3$:

Definiert man $N_j := S_h'''(x_j; f) = \frac{1}{h}(M_j - M_{j-1}) \qquad j = 2(1)\,n\ ,$

so erhält man aus (1.2) für $(N_j)_{j=3}^{n-1}$ das $(n-3) \times (n-3)$-Gleichungssystem: $C \cdot N = 6\,c$ mit $c = (c_j)_{j=3}^{n-1}$, und es gilt die Abschätzung:

$$\|N - c\| \leq 2 \cdot \|C^{-1}\| \cdot \max_{j=3}^{n-2} \|c_{j+1} - c_j\| \quad \text{mit}$$

$$c_3 = \frac{1}{h}(f_2^{\mathrm{II}} - f_1'') - f_1'''\ , \qquad c_{n-1} = f_n''' - \frac{1}{h}(f_{n-2}^{\mathrm{II}} - f_n'')\ ,$$

$$c_j = \frac{1}{h}(f_{j-1}^{\mathrm{II}} - f_{j-2}^{\mathrm{II}}) \qquad j = 4(1)\,n-2\ .$$

Weiter gilt: $|c_{j+1} - c_j| \leq K_1 \mu(f'''; h)$, wobei μ der Stetigkeitsmodul für f''' ist. Somit ist $|N_j - c_j| \leq K_2 \mu(f'''; h)$, und da außerdem $|c_j - f'''_{j-1}| \leq K_3 \mu(f'''; h)$, erhält man $|S_h^{(3)}(x; f) - f^{(3)}(x)| \leq K \mu(f'''; h)$. Da $\mu(f'''; h) = o(1)$ für $f \in C^3[a, b]$ und $h \to 0$, folgt die Behauptung für $r = 3$. Den Rest der Behauptung für $r < 3$ erhält man durch Integration und Abschätzen der Integrationskonstanten (vgl. [3]). Der Beweis für $p_i = 1$, $q_i \in \{2, 3\}$ verläuft analog. Die ersten beiden Gleichungen in (1.2) lauten dann:

$$p_1 = 1, \quad q_1 = 2: \begin{cases} M_1 = f_1'' \\ 3\, M_1 + 5\, M_2 + M_3 = \dfrac{6}{h}\left(\dfrac{f_3 - f_2}{h} - f_1'\right) \end{cases}$$

$$p_1 = 1, \quad q_1 = 3: \begin{cases} M_1 - M_2 = -\, h f_1''' \\ 3\, M_1 + 5\, M_2 + M_3 = \dfrac{6}{h}\left(\dfrac{f_3 - f_2}{h} - f_1'\right) \end{cases}$$

Die beiden letzten Gleichungen lauten entsprechend.

III.

Einen Überblick über die Güte der Approximation liefert folgende Tabelle der relativen Fehler bei der Interpolation der Funktion $f(x) = x^5 + x^2 + 1$ über dem Intervall [1, 2]. In jedem Teilintervall wurde der Spline mit der Funktion an 7 weiteren Teilpunkten verglichen.

n	$p_i = 0$ $q_i = 1$	$p_i = 0$ $q_i = 2$	$p_i = 0$ $q_i = 3$	$p_i = 1$ $q_i = 2$	$p_i = 1$ $q_i = 3$	$p_i = 2$ $q_i = 3$
5	6.5_{-5}	1.6_{-4}	5.3_{-4}	4.6_{-4}	1.7_{-3}	5.9_{-3}
9	4.1_{-6}	1.0_{-5}	3.4_{-5}	2.9_{-5}	1.1_{-4}	3.9_{-4}
17	2.6_{-7}	6.3_{-7}	2.1_{-6}	1.8_{-6}	6.8_{-6}	2.4_{-5}
33	1.6_{-8}	4.0_{-8}	1.3_{-7}	1.2_{-7}	4.3_{-7}	1.5_{-6}
65	1.0_{-9}	2.5_{-9}	8.4_{-9}	7.3_{-9}	2.7_{-8}	9.5_{-8}

Benutzt man doppelt-kubische Cardinalsplines $\varphi_{\mu\nu}(x, y)$ mit Randbedingung (1.1) als Basisfunktionen für das Verfahren von Ritz-Galerkin bei der Lösung der Plattengleichung

$\Delta\Delta u = q/D$ für eine Rechteckplatte R,

so führt das auf folgendes Gleichungssystem für die diskreten Werte $u_{\mu\nu}$ der Durchbiegung u:

$$\sum_{\mu\nu} u_{\mu\nu}\, a(\varphi_{\mu\nu}, \varphi_{ij}) = \int_R \frac{q}{D} \varphi_{ij}\, dx\, dy\,.$$

Dabei ist $a(u, v) = \int_R (u_{xx} + 4\, u_{xx} u_{yy} + u_{yy})\, dx\, dy$ die zugeordnete Dirichletform.

Bei verschiedenen Lagerungsarten der Platte verwendet man entsprechende Typen von Cardinalsplines mit speziellen Werten für p_i und q_i in (1.1)

1) fest eingespannt: $p_i = 0\,, \quad q_i = 1$
2) frei aufliegend: $p_i = 0\,, \quad q_i = 2$
3) freier Rand: $p_i = 2\,, \quad q_i = 3\,.$

Die natürlichen Randbedingungen beim freien Rand lassen sich mit diesen Cardinalsplines nur näherungsweise erfüllen. Besser geeignet sind hierfür die bikubischen Splines (vgl. [2]) mit ensprechenden Randbedingungen.

Literatur

1 Ahlberg, J. H., Nilson, E. N. und Walsh, J. L., The Theory of Splines and Their Applications, Academic Press, New York-London 1967.
2 Boor, C. de, Bicubic Spline Interpolation. J. Math. and Phys. 41, 212—218 (1962).
3 Kilberth, K., Eine Randbedingung für kubische Splinefunktionen. Erscheint in Computing.

Anschrift: K. Kilberth, Mathematisches Institut der Universität, D-4000, Düsseldorf, Moorenstraße 5, IA, BRD

ZAMM 54, T 225 – T 226 (1974)

N. Krier

Komplexe Kreisarithmetik

Eine komplexe Kreisarithmetik wurde von Gargantini und Henrici in [1] angegeben. Im folgenden soll eine optimal-abschätzende Kreisarithmetik, eine weitere Fehlerschrankenarithmetik (siehe etwa Nickel [2], [3]) über den komplexen Zahlen, erklärt werden. Zu diesem Zweck geben wir die nachstehenden Definitionen.

Definition 1: Die abgeschlossene Menge komplexer Zahlen

$$K := \{z \in \mathbb{C} \,|\, |z - z_m| \leq r\}$$

bezeichnen wir als *komplexen Kreis*, den wir kurz in der Form

$$K := (z_m, r)$$

schreiben. Dabei heiße $z_m \in \mathbb{C}$ der *Mittelpunkt*, $r \in \mathbb{R}$ mit $r \geqq 0$ der *Radius* von K.

Die Menge aller komplexen Kreise bezeichnen wir mit $\mathsf{K}(\mathbb{C})$. Zwei Kreise $K_1 = (z_1, r_1)$, $K_2 = (z_2, r_2) \in \mathsf{K}(\mathbb{C})$ fassen wir als *gleich* auf, d. h. $K_1 = K_2$, wenn sie in ihren Mittelpunkten und in ihren Radien übereinstimmen.

Definition 2: Es sei $A \subset \mathbb{C}$ eine nichtleere, beschränkte Menge. Ein Kreis $K \in \mathsf{K}(\mathbb{C})$, der Obermenge von A ist, heiße *A-Abschätzung*. Die flächenkleinste A-Abschätzung mit vorgegebenem Mittelpunkt $z_0 \in \mathbb{C}$ werde *z_0-optimale A-Abschätzung* genannt. Die flächenkleinste z-optimale A-Abschätzung bezeichnen wir als *optimale Abschätzung bezüglich A*.

Für diese Abschätzungen gilt ein Satz, den wir ohne Beweis hier anführen.

Satz: *Es sei $A \subset \mathbb{C}$ eine nichtleere, beschränkte Menge. Dann gibt es zu jedem $z \in \mathbb{C}$ genau eine z-optimale A-Abschätzung, und es existiert genau ein Kreis, der optimal bezüglich A ist.*

Für komplexe Kreise aus $\mathsf{K}(\mathbb{C})$ erklären wir Summe, Differenz, Produkt und Quotient: Das Ergebnis der Verknüpfung zweier Kreise sei die Menge aller möglichen Verknüpfungsergebnisse für komplexe Zahlen aus diesen Kreisen. Diese Menge ist im allgemeinen kein Kreis, sie kann jedoch durch ein Element aus $\mathsf{K}(\mathbb{C})$ optimal abgeschätzt werden.

Definition 3: Es seien K_1, K_2 zwei Kreise. Die optimale Abschätzung bezüglich $K_1 * K_2$ für $* \in \{+, -, \cdot, :\}$ bezeichnen wir mit $K_1 \circledast K_2$. Bei der Division werde vorausgesetzt, daß der Divisor K_2 die Zahl $z = 0$ nicht enthält.

Die Rechenregeln zur Bestimmung der Kreise $K_1 \circledast K_2 \in \mathsf{K}(\mathbb{C})$ können folgendermaßen hergeleitet werden: Man bestimme zunächst die Berandungskurve von $K_1 * K_2$ in Parameterform $p(t) + i\,q(t)$, $t \in [0, 1]$. Zu gegebenem $z_0 \in \mathbb{C}$ kann mit Hilfe dieser Kurve die z_0-optimale $K_1 * K_2$-Abschätzung

$$K_{z_0} = \left(z_0, \max_t |p(t) + i\,q(t) - z_0|\right)$$

ermittelt werden. Daraus läßt sich die optimale Abschätzung $K_1 \circledast K_2$ berechnen, $* \in \{+, -, \cdot, :\}$.

Die auf diesem Weg hergeleiteten Rechenregeln lauten:

1. für die *Kreisaddition* und *Kreissubtraktion*

$$K_1 \oplus K_2 := (z_1 + z_2, r_1 + r_2)\,, \quad K_1 \ominus K_2 := (z_1 - z_2, r_1 + r_2) \tag{1}$$

2. für die *Kreismultiplikation*

$$K_1 \odot K_2 := \big(z_1 \cdot z_2 \cdot (1 + x_0)\,, \quad (3\,|z_1 \cdot z_2|^2\, x_0^2 + 2\,(|z_1 \cdot z_2|^2 + |r_1 \cdot z_2|^2 + |r_2 \cdot z_1|^2)\, x_0 + |r_1 \cdot z_2|^2 + |r_2 \cdot z_1|^2 + (r_1 \cdot r_2)^2)^{1/2}\big)\,, \tag{2}$$

wobei x_0 die nichtnegative Nullstelle des Polynoms

$$P(x) = 2\,|z_1 \cdot z_2|^2\, x^3 + (|z_1 \cdot z_2|^2 + |r_1 \cdot z_2|^2 + |r_2 \cdot z_1|^2)\, x^2 - (r_1 \cdot r_2)^2$$

ist, falls Grad $P \geqq 2$, und sonst $x_0 := 0$ gelte,

3. für die *Kreisdivision*

$$K_1 \oslash K_2 := K_1 \odot K_2^{-1}\,, \quad 0 \notin K_2 \tag{3}$$

wobei K_2^{-1} den *Reziprokwert* von K_2 bezeichnet,

$$K_2^{-1} := \left(\frac{\bar{z}_2}{|z_2|^2 - r_2^2}\,, \ \frac{r_2}{|z_2|^2 - r_2^2}\right).$$

Die Rechenregeln (1)—(3) definieren eine Arithmetik in $\mathsf{K}(\mathbb{C})$, die wir als *optimal-abschätzende Kreisarithmetik* bezeichnen.

Die Additions- und Subtraktionsregeln stimmen mit denen in [1] überein. Die Multiplikationsvorschrift (2) liefert flächenkleinere Abschätzungen als die entsprechende Operation in [1]. Man kann zeigen, daß die relative Flächenüberschätzung bei der optimal-abschätzenden Kreismultiplikation (2) höchstens 12,5%, bei der Multiplikation nach [1] höchstens 50% beträgt.

Literatur

1 Gargantini, I. and Henrici, P., Circular Arithmetic and the Determination of Polynomial Zeros, Num. Math. **18**, 305—320 (1972).
2 Nickel, K., Über die Notwendigkeit einer Fehlerschrankenarithmetik für Rechenautomaten, Num. Math. **9**, 69—79 (1966).
3 Nickel, K., Zeros of Polynomials and other Topics, Topics in Interval Analysis, Clarendon Press 1969, 10—24.

Anschrift: Dr. Norbert Krier, Rechenzentrum der Universität Ulm, D-7900 Ulm-Wiblingen, Schloßbau, BRD

ZAMM 54, T 227 – T 228 (1974)

F. Locher

Numerische Quadratur von Funktionen mit Singularitäten

Bei der Tschebyscheff-Approximation einer Funktion f, die in einem Gebiet der komplexen Ebene, welche das Intervall $[-1, 1]$ enthält, holomorph ist, wird bekanntlich die Güte der Approximation entscheidend durch die Größe der Regularitätsellipse bestimmt. Man betrachtet dabei Ellipsen mit Brennpunkten in 1 und -1 und der Summe der Halbachsen $\varrho = a + b$, so daß f im Innern der Ellipse $\mathscr{E}_\varrho$ holomorph und in der abgeschlossenen Ellipsenfläche stetig ist. Für die Approximationsgüte gilt dann (vgl. [3], S. 84f.)

$$E_n(f) \leqq \frac{2\,M(\varrho)}{(\varrho - 1)\,\varrho^n} \quad \text{mit} \quad M(\varrho) = \sup_{z \in \mathscr{E}_\varrho} |f(z)| \,.$$

Dieses Resultat ist an die geometrische Abnahmegeschwindigkeit der Koeffizienten in der Tschebyscheff-Entwicklung gekoppelt. Es ist außerdem bekannt, daß die Approximationsgüte ein gutes Maß für den Fehler in einer Quadraturformel des Typs

$$\int_{-1}^{1} f(x)\,dx = \sum_{k=0}^{m} a_k\, f(x_k) + R_n(f), \quad a_k \text{ reell}, \quad -1 \leqq x_0 < x_1 < \cdots < x_m \leqq 1\,,$$

$$R_n(p) = 0 \quad \text{für Polynome } p \text{ mit Grad } p \leqq n\,,$$

liefert. Es gilt nämlich (s. [1], [2])

$$|R_n(f)| \leqq \left\{2 + \sum_{k=0}^{m} |a_k|\right\} E_n(f)\,.$$

Es liegt nun nahe, eine Transformation $z = h(w)$ (mit $z = x + i\,y$, $w = s + i\,t$) einzuführen derart, daß die transformierte Funktion $g(w) := f(h(w))$ eine größere Regularitätsellipse besitzt. Da man g ebenfalls im Intervall $[-1, 1]$ approximiert, sollte dieses Intervall bei der Transformation in sich übergehen. Die einfachste Abbildung, die dann in Betracht kommt, ist eine gebrochen lineare:

$$w = \frac{z\,(1+q) - q + 1}{z\,(1-q) + q + 1} \quad \text{oder} \quad z = -\frac{w\,(1+q) + q - 1}{w\,(1-q) - q - 1} \quad \text{mit einem reellen Parameter } q > 0\,.$$

Durch Wahl von q wird man somit erreichen können, daß die Tschebyscheff-Entwicklung von g schneller konvergiert und g sich besser approximieren läßt als f.

Wendet man diese Transformation auf ein Integral an, so erhält man

$$I = \int_{-1}^{1} f(x)\,dx = \frac{4\,q}{(1-q)^2} \int_{-1}^{1} g(s) \frac{d\,s}{\left\{s - \dfrac{1+q}{1-q}\right\}^2} \quad \text{für} \quad q \neq 1$$

($q = 1$ liefert die identische Abbildung und kann außer Betracht bleiben). Hier wird man $h'(s) = \left\{s - \dfrac{1+q}{1-q}\right\}^{-2}$ als Gewichtsfunktion auffassen und das Integral mit einer zugehörigen Quadraturformel numerisch berechnen:

$$I = \frac{4\,q}{(1-q)^2} \sum_{k=0}^{m} \alpha_k\, g(s_k) + R_n(g), \quad \alpha_k \text{ reell}, \quad -1 \leqq s_0 < s_1 < \cdots < s_m \leqq 1\,,$$

$$R_n(p) = 0 \quad \text{für Polynome } p \text{ mit Grad } p \leqq n\,.$$

Der Quadraturfehler läßt sich dann abschätzen durch

$$|R_n(g)| \leqq \frac{4\,q}{(1-q)^2} \left\{\int_{-1}^{1} h'(s)\,ds + \sum_{k=0}^{m} |\alpha_k|\right\} E_n(g)\,.$$

Bei nichtnegativen Gewichten α_k erhält man $|R_n(g)| \leqq 4\,E_n(g)$; dies deutet darauf hin, daß man bei geeigneter Wahl von q auch ein günstiges Quadraturverfahren erhält.

Den optimalen Parameter q kann man nach dem Vorgehen von Scraton [4] bestimmen, der diese Transformation zur Konvergenzbeschleunigung von Tschebyscheff-Entwicklungen verwendet hat. Die vorgeschlagene Methode ist vor allem bei Formeln hoher Ordnung (etwa den Gauss- oder Clenshaw-Curtis-Formeln) angebracht, weil sich dann die bessere Approximationsgüte bei g stärker auswirkt.

Literatur

1 Locher, F., Approximationsverfahren zur Gewinnung von ableitungsfreien Schranken für Quadraturfehler, Dissertation Tübingen (1968).
2 Locher, F. und Zeller, K., Approximationsgüte und numerische Integration, Math. Z. **104**, 249—251 (1968).
3 Meinardus, G., Approximation von Funktionen und ihre numerische Behandlung, Springer-Verlag, Berlin/Göttingen/Heidelberg/New York 1964.
4 Scraton, R. E., A method for improving the convergence of Chebyshev series, Comp. J. **13**, 202—203 (1970).

Anschrift: Dozent Dr. Franz Locher, 7400 Tübingen, Hausserstraße 140, BRD

ZAMM 54, T 228 – T 229 (1974)

A. Louis

Rundungsfehler beim expliziten Differenzenverfahren zur Integration der Wellengleichung

Ich betrachte das Anfangsrandwertproblem

$$u_{tt} - u_{xx} = 0 \text{ in } I := [0, 1], t \geqq 0 \tag{1}$$
$$u(x, 0) = f_0(x)$$
$$u_t(x, 0) = f_1(x), x \in I, f_i \in C^{2-i}(I), i = 0, 1$$
$$u(0, t) = u(1, t) = 0 \text{ für alle } t \geqq 0 .$$

In üblicher Weise wird dieses Problem diskretisiert, es sei λ der Quotient der Schrittweiten

$$\lambda := \frac{\Delta t}{\Delta x} \qquad \text{mit} \quad \lambda < 1, \tag{2}$$

und es entsteht die finite Differenzengleichung zu (1)

$$u_{i,n+1} = 2 u_{i,n} - u_{i,n-1} + \lambda^2 (u_{i+1,n} - 2 u_{i,n} + u_{i-1,n}) \qquad 1 \leqq i \leqq N, \qquad n \leqq 1. \tag{3}$$

Die Rechnung werde wie bei Henrici [2] in binärer Festkommaarithmetik mit s Stellen hinter dem Komma durchgeführt. Nach Wilkinson [4] ist bekannt, daß nur ein Rundungsfehler bei der Multiplikation des Parameters λ^2 und des Klammerterms in (3) auftritt. Mit „*" werden die durch Rundungsfehler verfälschten Werte bezeichnet

$$u^*_{i,n+1} = 2 u^*_{i,n} - u^*_{i,n-1} + \lambda^2 (u^*_{i+1,n} - 2 u^*_{i,n} + u^*_{i-1,n}) + \varepsilon_{i,n+1} . \tag{4}$$

Dabei ist $\varepsilon_{i,n+1}$ der lokale Rundungsfehler. In Matrizenform gilt für (4)

$$u^*_{n+1} = A u^*_n - u^*_{n-1} + \varepsilon_{n+1}$$

$$\text{mit } A = \begin{pmatrix} 2(1-\lambda^2) & \lambda^2 & & 0 \\ \lambda^2 & \cdot & \cdot & \\ \cdot & & \cdot & \cdot \\ & & \cdot & \lambda^2 \\ 0 & & \lambda^2 & 2(1-\lambda^2) \end{pmatrix}.$$

Gesucht ist eine Schranke für den akkumulierten Rundungsfehler — ohne Diskretisierungsfehler —

$$r_n := u^*_n - u_n \tag{6}$$

Zur Abschätzung dieser Größe bestehen mehrere Möglichkeiten. Zunächst kann man den pessimistischen Fall betrachten. Man nimmt an, alle Rundungsfehler seien maximal und haben das gleiche Vorzeichen. Es sei

$$||x|| := \max \{|x_i| , 1 \leqq i \leqq N\} .$$

Dann gilt folgendes Ergebnis

Satz 1:

$$||r_n|| \leqq \frac{1}{4} n (n + 1) v \textit{ mit } v := 2^{-s}, \textit{der Maschineneinheit.} \tag{7}$$

Es wäre nun sehr optimistisch, anzunehmen, die Rundungsfehler würden sich ganz auslöschen, man kann aber erwarten, daß sie sich zum Teil aufheben. Mathematisch verifiziert man diese Tatsache durch folgendes Modell:

die Rundungsfehler sind unabhängige, in gleicher Weise verteilte zufällige Variablen, auf die man einen zentralen Grenzwertsatz anwenden will.

Das liefert folgende Voraussetzungen:

1) ε_n sei zufällige Variable,

2) $|E(\varepsilon_n)| = \frac{1}{2} v\, w\, e\,, \quad e = (1, \ldots, 1)^T \in \mathbb{R}\,, \quad w := 2^{-q}\,, \quad q =$ Anzahl der Stellen zur Darstellung von λ^2, $|x| := (|x_1|, \ldots, |x_N|)$,

3) die ε_n sind unkorreliert,

4) die Komponenten der ε_n sind unkorreliert,

5) $\operatorname{covar}(\varepsilon_n) = \frac{1}{12} v^2 (1 - w^2)\, E\,.$

Die Bedingungen 2) und 5) gehen auf Henrici [2] zurück. Damit ergibt sich folgendes Ergebnis:

Satz 2: *Unter den Voraussetzungen* 1) *bis* 5) *gilt*

$$||E(r_n)|| \leqq \frac{1}{4} n\,(n + 1)\, v\, w \tag{8}$$

$$||\operatorname{covar}(r_n)|| \leqq \frac{1}{72} n\,(2\,n^2 + 3\,n + 1)\, v^2\,(1 - w^2)\,. \tag{9}$$

Zur Lokalisierung des akkumulierten Rundungsfehlers dient noch folgendes Ergebnis von Henrici [2].

Satz 3: *Unter* 1) *bis* 5) *gilt für* $n \to \infty$: *die Verteilung der Komponenten des akkumulierten Rundungsfehlers strebt gegen die Normalverteilung.*

Für große n kann man schließlich folgern

1) $||r_n|| \leqq \left\{\frac{1}{4} n\,(n + 1)\, w + \sqrt{\frac{1}{8} n\,(2\,n^2 + 3\,n + 1)\,(1 - w^2)}\right\} v$

mindestens mit 99,7%-iger Sicherheit.

2) $\dfrac{\text{stat. Abschätzung}}{\text{pess. Abschätzung}} \approx w = 2^{-q}.$

Folgerung: Das Ergebnis ist um so günstiger, je mehr Stellen benötigt werden, um den Parameter λ^2 darzustellen.

Zahlreiche numerische Tests haben diese theoretischen Ergebnisse bestätigt.

Literatur

1 Collatz, L., The Numerical Treatment of Differential Equations, Springer, Berlin/Heidelberg/New York 1960.
2 Henrici, P., Discrete Variable Methods in Ordinary Differential Equations, John Wiley, New York, 1962.
3 Lowan, A. N., On the Propagation of Round-Off Errors in the Numerical Treatment of the Wave Equation, Math. Comp. **14**, S. 223–228 (1960).
4 Wilkinson, J. H., Rundungsfehler, Springer, Berlin/Heidelberg/New York 1969.

Anschrift: Dipl.-Math. Alfred Louis, Universität des Saarlandes, Fachbereich Angew. Mathematik und Informatik, D-6600 Saarbrücken, BRD

ZAMM 54, T 229 – T 230 (1974)

H. Ratschek

Mittelwertsatz für Intervallfunktionen

Bei Betrachtung des Mittelwertsatzes für reelle differenzierbare Funktionen,

$$f(x + h) = f(x) + h\, f'(x + \vartheta h) \quad \text{mit} \quad 0 < \vartheta < 1\,,$$

erhebt sich die Frage, ob derartige Formeln auch für Intervallfunktionen $F: R \to I(R)$ gelten (R bedeutet die Menge der reellen Zahlen, $I(R)$ die Menge der reellen kompakten Intervalle). Zur Behandlung dieser Frage erweist sich die Verwendung einer vereinfachten Version eines in [3] beschriebenen Differenzierbarkeitsbegriffs als zweckmäßig. Nach dieser heißt F *differenzierbar*, wenn eine Intervallfunktion $G: R \to I(R)$, abzählbar viele Intervalle F_ν und eine Überdeckung $\bigcup I_\nu$ von R durch abzählbar viele (auch offene) Intervalle I_ν derart existieren, daß für alle ν und geeignete $a_\nu \in I_\nu$

$$F(x) = \int_{a_\nu}^{x} G(\xi)\, d\xi + F_\nu \qquad \text{für alle} \qquad x \in I_\nu$$

gilt. (Das Integral ist im Sinne von Moore [1] aufzufassen.) Es läßt sich zeigen, daß G bei Existenz *eindeutig bis auf abzählbar viele Stellen* bestimmt ist, und man bezeichnet $G = F'$ als die *Ableitungsfunktion* (kurz *Ableitung*) von F. Wird die *Stetigkeit* von F' gefordert, so ist F' bei Existenz *eindeutig* bestimmt. Ist F differenzierbar und $F(x) = [f(x), g(x)]$ in R mit $f, g\colon R \to R$, so gilt $F'(x) = f'(x) \vee g'(x)$ mit Ausnahme abzählbar vieler Stellen. (Kennt man von einem Intervall A nur die Eckpunkte a und b, nicht aber ihre Anordnung, so schreibt man $A = a \vee b$ nach [4].)

Zur Entwicklung von Mittelwertsätzen für Intervallfunktionen setzen wir die stetige Differenzierbarkeit von F und die Differenzierbarkeit der Randfunktionen f und g im Innern des Intervalles $X = x \vee (x + h)$ voraus. Dann gilt

$$F\,(x + h) = [f\,(x + h), g\,(x + h)] = [f(x) + h\, f'\,(x + \vartheta h), g(x) + h\, g'\,(x + \bar{\vartheta}\, h)]$$
$$\text{mit} \quad 0 < \vartheta < 1,\ 0 < \bar{\vartheta} < 1\,, \tag{1}$$

und hieraus folgt der *Mittetwertsatz für Intervallfunktionen,*

$$F\,(x + h) \subset F(x) + h\, F'\,(X)\,. \tag{2}$$

Zur Frage, ob (2) eine brauchbare Abschätzung ist, betrachte man die Bilder 1 und 2.

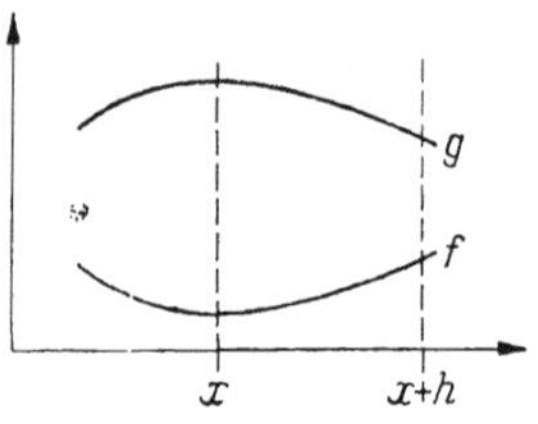

Bild 1

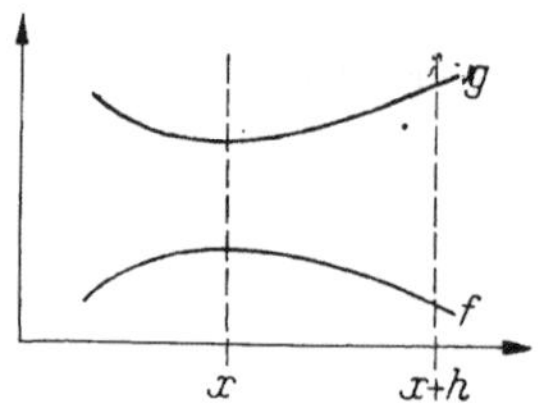

Bild 2

In Bild 1 gilt bereits $F\,(x + h) \subset F(x)$, eine offenbar bessere Abschätzung als (2). Für die Funktion des Bildes 1 ist demnach (2) nicht sinnvoll, wohl aber für die Funktion des Bildes 2. Darüber hinaus läßt sich zeigen, daß (2) eine *wirkungsvolle Abschätzung* liefert, wenn

$$\lambda\, F\,(x + h) \geqq \lambda\, F(x)$$

ist ($\lambda\,[a, b] = b - a$ bedeutet die Länge des Intervalles $[a, b]$).

Um auch für die Funktion des Bildes 2 eine brauchbare Abschätzung $F\,(x + h) \subset Z \subset F(x)$ zu bekommen, benötigt man eine intervallarithmetische Operation, die es gestattet, das Intervall $F(x)$ auf ein angemessenes Intervall Z zu verkleinern. Dies kann mit Hilfe der Umkehroperation „$\dotplus$" der Intervallsubtraktion erfolgen: Für $A, B \in I(R)$ wird die (binäre partielle) Verknüpfung $\dotplus$ durch $X = B \dotplus A$ erklärt, wenn X die Lösung der Gleichung $-A + X = B$ ist (X existiert genau dann, wenn $\lambda\, A \leqq \lambda\, B$ ist, vgl. [2]).

Aus (1) erhält man dann die für Intervallfunktionen F mit $F\,(x + h) \subset F(x)$ *brauchbare Abschätzung*

$$F\,(x + h) \subset F(x) \dotplus h \bigcap_{\xi \in X} F'(\xi)\,, \tag{3}$$

wobei der Durchschnitt durch $[0, 0]$ zu ersetzen ist, wenn er leer ist. Unter Benutzung der *Mittelpunktsfunktion* $F = (f + g)/2$, der *Querschnittsfunktion* $F = g - f$ von F und der Beziehung

$$F(x) = [1, 1]\, \varphi\, F(x) + [-1/2, 1/2]\, \lambda\, F(x) \qquad \text{für alle} \qquad x \in R$$

(vgl. [2]) gelangt man schließlich zu der für die Fälle

$$\lambda\, F\,(x + h) \leqq \lambda\, F(x)$$

brauchbaren Version des Mittelwertsatzes,

$$F\,(x + h) \subset (F(x) + h\,[1, 1]\, \varphi\, F'(X)) \dotplus \bigcap_{\xi \in X} [-1/2, 1/2]\, \lambda\, F'(\xi)\,. \tag{4}$$

Literatur

1 Moore, R. E., Interval analysis, Prentice-Hall, Englewood Cliffs 1966.
2 Ratschek, H., Teilbarkeitskriterien der Intervallarithmetik, J. reine angew. Math. 252, S. 128–138 (1972).
3 Ratschek, H. und Schröder, G., Über die Ableitung von intervallwertigen Funktionen, Computing 7, S. 172–187 (1972).
4 Sunaga, T., Theory of an intervall algebra and its applications to numerical analysis, RAAG Memoirs 2, S. 547–564 (1958).

Anschrift: Prof. Dr. H. Ratschek, Math. Inst. der Universität, 4 Düsseldorf, Moorenstr. 5, BRD

ZAMM 54, T 231 – T 232 (1974)

E. SCHÄFER

Eine Fehlerabschätzung für lineare Funktionale auf Sobolev-Räumen

Zu einem Quader Q im $\mathbb{R}^N$ betrachten wir den SOBOLEV-Raum $W^r := W_2^r(Q)$ [3]. Auf lineare Funktionale $l\colon W^r \to \mathbb{R}$ wenden wir die Methode von DAVIS an, die die explizite Kenntnis eines vollständigen Orthonormalsystems (V. O. N. S.) erfordert. Deshalb betrachten wir neben der üblichen SOBOLEV-Norm

$$||f||_r := \Big(\sum_{|\alpha|\leq r} ||D^\alpha f||^2_{L_2(Q)}\Big)^{1/2}$$

die folgende stetige Seminorm

$$|f|_r := \left(\sum_{i=1}^N \left\|\frac{\partial^r f}{\partial x_i^r}\right\|^2_{L_2(Q)}\right)^{1/2}.$$

Zur Vereinfachung der Darstellung betrachten wir den eindimensionalen Fall $N = 1$ und ohne Einschränkung $Q := \{t \in \mathbb{R}\colon |t| \leq 1\}$. Die Übertragung auf den mehrdimensionalen Fall, die im wesentlichen auf der expliziten Angabe eines V. O. N. S. beruht, läßt sich durchführen mit Hilfe von Tensorprodukten der im folgenden beschriebenen Funktionen l_j^r. Wir definieren mittels der LEGENDREschen Polynome L_j, normiert auf $||L_j||_{L_2(Q)} = 1$, rekursiv $l_j^0 := L_j$ und $l_j^{k+1}(t) := \int_{-1}^{t} l_j^k(s)\,ds$. Dann gilt

Satz 1: *$\{l_j^r \mid j = 0, 1, \ldots\}$ ist bezüglich $|\cdot|_r$ ein V. O. N. S. in W^r.*

Betrachten wir nun ein lineares Funktional $L\colon W^r \to \mathbb{R}$, das bezüglich der durch $|\cdot|_r$ auf W^r induzierten Topologie stetig ist, so folgt

Satz 2: *$L\colon (W^r, |\ |_r) \to \mathbb{R}$ linear und stetig, dann gilt für*

$$|L|_r := \sup\{|L(f)|\colon |f|_r \leq 1\}$$

die Darstellung

$$|L|_r^2 = \sum_{j=0}^{\infty} |L(l_j^r)|^2 .$$

Diese Identität ergibt sich aus dem RIESZschen Darstellungssatz. Die daraus folgende Abschätzungsmöglichkeit für $||L||$ findet sich erstmals bei DAVIS und wurde etwa für das Fehlerfunktional R bei näherungsweiser Integration holomorpher Funktionen in [1] durchgeführt. Die Anwendung von Satz 2 auf konkrete Probleme ergibt Fehlerabschätzungen, etwa für den Quadraturfehler

$$R(f) := \int_{-1}^{1} f(t)\,dt - Q(f)$$

(mit einer Quadraturformel Q), von der Form

$$|R(f)| \leq |R|_r \left(\int_{-1}^{1} |f^{(r)}(t)|^2\,dt\right)^{1/2}.$$

Dabei läßt sich $|R|_r$ nach Satz 2 darstellen. Für den angegebenen Spezialfall tauchen in den klassischen Fehlerabschätzungen Ableitungen des Integranden f von der Ordnung $(k + 1)$ auf, falls Q interpolatorisch vom Grad k ist. Unsere Art der Fehlerabschätzung vermeidet also die Berechnung hoher Ableitungen, was für die praktische Anwendung einen erheblichen Vorteil bedeutet.

Die durch Satz 2 gegebene neue Art der Darstellung von Normen von Funktionalen eröffnet viele Anwendungsmöglichkeiten und wird zu einer praktisch verwertbaren und auch numerisch konkurrenzfähigen Abschätzung, wenn es gelingt, die Terme $|L(l_j^r)|$ in Satz 2 geeignet abzuschätzen. Für eine große Klasse von Näherungsformeln liefert der folgende Satz ein geeignetes Hilfsmittel.

Satz 3: *Für $j > r$ gilt $\max\limits_{-1\leq t\leq 1} |l_j^r(t)| \leq c_r\,(j - r)^{-r}$.*

Damit erhält man

Satz 4: *Es gelte für $L\colon W^r \to \mathbb{R}$ die Abschätzung $|L(f)| \leq c_1 \max\limits_{-1\leq t\leq 1} |f(t)|$ und $L \mid P_k = 0$, $k > r$. Dann folgt $|L|_r \leq c_2\,c_r\,(k - r)^{r-(1/2)}$.*

Für Funktionale L mit den in Satz 4 beschriebenen Eigenschaften lassen sich auf approximationstheoretischem Weg ebenfalls Fehlerabschätzungen von der Form wie in Satz 2 angeben (vgl. [2]). Ein Vergleich zeigt, daß die in Satz 4 angegebenen Abschätzungen asymptotisch um den Exponenten 1/2 schlechter sind. Die Anwendung von Satz 4 auf das Fehlerfunktional bei näherungsweiser Integration nach GAUSS ergibt jedoch für $r \geqq 3$ und realistische Stützstellenzahlen (ungefähr kleiner 100) bessere Werte.

Für eindimensionale Probleme ($N = 1$) lassen sich die Ergebnisse von Satz 4 fast unmittelbar auf Funktionale übertragen, die bezüglich der üblichen SOBOLEV-Norm von W^r stetig sind. Für höhere Dimensionen muß man in geeigneter Weise Einbettungssätze vom SOBOLEVschen Typ benutzen, wie in einer folgenden Arbeit des Autors gezeigt werden soll.

Literatur

1 HÄMMERLIN, G., Fehlerabschätzung bei numerischer Integration nach Gauss, In Methoden und Verfahren der Mathematischen Physik, Bd. 6 (1972), Mannheim.
2 LOCHER, F., Approximationsverfahren zur Gewinnung von ableitungsfreien Schranken für Quadraturfehler, Diss. Tübingen 1968.
3 SMIRNOW, W. I., Lehrgang der höheren Mathematik, Teil V, Berlin 1966.

Anschrift: Dr. EUGEN SCHÄFER, Mathematisches Institut der Universität, 8 München 2, Theresienstraße 39, BRD

ZAMM 54, T 232 – T 233 (1974)

A. SACHS

Zur globalen Konvergenz eines impliziten Differenzenverfahrens für ein freies Randwertproblem der Wärmeleitungsgleichung

Vorgelegt sei das freie Randwertproblem

$$F[u, s]\,(x, t) := \begin{pmatrix} u_{xx}(x, t) - u_t(x, t) \\ u_x(0, t) - g(t) \\ u\big(s(t), t\big) \\ \dot{s}(t) + u_x\big(s(t), t\big) \\ s(0) \end{pmatrix} = \begin{pmatrix} 0 \\ 0 \\ 0 \\ 0 \\ 0 \end{pmatrix} \begin{matrix} ,\ t > 0\,,\ \ 0 < x < s(t) \\ ,\ t > 0 \\ ,\ t > 0 \\ ,\ t > 0 \\ , \end{matrix} \tag{1}$$

ein mathematisches Modell für Wärmeleitung bei Schmelz- oder Kristallisationsvorgängen. Falls g stückweise stetig, beschränkt und nichtpositiv ist, existiert eine eindeutig bestimmte Lösung u, s von (1), vgl. etwa [1]. Zur numerischen Behandlung von (1) $\big(g(t) \equiv -1\big)$ wurde in [2] ein implizites Differenzenverfahren vorgeschlagen und gleichmäßige Konvergenz im Bereich $0 \leqq s(t) \leqq 1 - \varepsilon$, $0 < \varepsilon < 1$, gezeigt.
Das Verfahren hat die Form

$$\Delta x > 0 \text{ beliebig, } \Delta t_0 := \Delta x/|g(0)|\,, \quad t_n := \sum_{\nu=0}^{n-1} \Delta t_\nu \tag{2}$$

$$w_{01} := |g(0)|\,\Delta x\,, \quad w_{11} := 0\,.$$

Für $n \geqq 1$ und $i = 1, \ldots, n$ sei

$$(w_{i,n+1} - w_{in})\,\Delta x^2 = \Delta t_{n-1}\,(w_{i-1,n+1} - 2\,w_{i,n+1} + w_{i+1,n+1})$$

$$w_{1,n+1} - w_{0,n+1} = \Delta x\, g(t_n)\,, \quad w_{n+1,n+1} := 0\,,$$

$$\Delta t_n := \frac{1}{|g(t_n)|} \left\{ \left[n + 1 + \sum_{i=1}^{n} w_{i,n+1} \right] \Delta x + \sum_{\nu=0}^{n-1} \Delta t_\nu\, g(t_\nu) \right\}.$$

Es kann zur Verbesserung von Δt_n noch iteriert werden. Durch Modifikation des Beweises in [2] $\big($Untersuchung von $s(t)$ anstatt $t(s)\big)$ kann das folgende globale Resultat gezeigt werden:

Satz 1: *Sei $T > 0$, $g \in C[0, T]$, $\max\,\{g(t) | t \in [0, T]\} < 0$. Dann konvergieren die Differenzenlösungen $(n\,\Delta x, t_n)$ resp. w_{ik} für $\Delta x \to 0$ gleichmäßig in $0 \leqq x \leqq s(t)$, $0 \leqq t \leqq T$ gegen die Lösungen $s(t)$ resp. $u(x, t)$ von (1); die Konvergenz ist linear.*

Da lediglich lineare Konvergenz vorliegt, benötigt eine genauere Berechnung von $s(t)$ für große t^* erhebliche Rechenzeit und umfangreichen Speicherplatz. Zur Konvergenzbeschleunigung bietet sich RICHARDSON- Extrapolation an, denn es gilt

Satz 2: *Sei $n\,\Delta x \equiv c^* > 0$, $n \in \mathbb{N}$, $g \in C^{N+1}$. Dann existiert folgende asymptotische Entwicklung mit von Δx unabhängigen Koeffizienten $\alpha_\nu^{(N)}$*

$$t_n = t_n\,(\Delta x) = t(c^*) + \sum_{\nu=1}^{N} \alpha_\nu^{(N)}\,\Delta x^\nu + O\,(\Delta x^{N+1})\,. \tag{3}$$

Der Beweis kann mit Hilfe eines allgemeinen Satzes in [3] erbracht werden. Dazu sind drei Voraussetzungen nachzuprüfen:

a) Entwickelbarkeit des lokalen Abbrechfehlers nach Potenzen von Δx; folgt aus [1], ref. {[5], [8]}.
b) Stabilität; folgt aus den Abschätzungen in [2].
c) Eindeutige Auflösbarkeit von $dF_{u,s}[u^*, s^*](x, t) = c(x, t)$ nach u^*, s^* für alle c aus einer dichten Teilmenge eines geeigneten BANACH-Raums, wobei u, s die Lösung von (1) ist.

Dies zeigt man folgendermaßen: sei $c \in C_1$ und $\tilde{u} = \tilde{u}[s^*](x, t)$ die wegen $\dot{s} > 0$ für $s^* \in C_1$ eindeutige Lösung von $u_{xx} - u_t = c_1(x, t), 0 < t < T, 0 < x < s(t), u_x(0, t) = c_2(t), 0 < t < T, u(s, t) + u_x(s, t)\, s^* = c_3(t), 0 < t < T, s^*(0) = 0$. Mit $\tilde{c}_3 := \tilde{u} + \tilde{u}_x s^*$ ist dann die Integralgleichung

$$s^*(t) = \int_{c_5}^{t} \left[c_4(\tau) - \frac{\partial}{\partial x} \tilde{c}_3 (s^*(\tau), \tau) \right] d\tau \qquad (4)$$

eindeutig lösbar, da $\tilde{c}_3$ LIPSCHITZ-stetig von s^* abhängt; damit wird c) in ein klassisches CAUCHY-Randwertproblem transformiert, dessen eindeutige Lösbarkeit aus [1], ref. [8] folgt.

Mit $g(t) \equiv -1$, $n\,\Delta x \equiv c^* = 4$ und $\{\Delta a_k\} := \{0.8 \times 2^{-k}, k = 0, \ldots, 6\}$ erhält man durch Extrapolation der Werte $t_n(\Delta x_k)$ mit dem NEVILLE-AITKEN Algorithmus auf $\Delta x = 0$:

k	t_n						
0	7.0367598						
1	7.6821010	8.3274422					
2	7.9979048	8.3137085	8.3091306				
3	8.1549436	9.3119824	8.3114070	8.3117322			
4	8.2332856	8.3116277	8.3115095	8.3115241	8.3115102		
5	8.2724158	8.3115460	8.3115188	8.3115201	8.3115198	8.3115201	
6	8.2919712	8.3115269	8.3115201	8.3115203	8.3115203	8.3115203	8.3115203

wodurch die asymptotische Entwicklung (3) numerisch bestätigt wird.

Herrn stud. math. K. HULEK danke ich für Unterstützung bei der Berechnung der numerischen Resultate auf der Rechenanlage Telefunken TR 440 des LEIBNIZ-Rechenzentrums der Bayerischen Akademie der Wissenschaften, München.

Literatur

1 CANNON, J. R., PRIMICERIO, M., Remarks on the one-phase Stefan problem for the heat equation with the flux prescribed on the fixed boundary, J. Math. Anal. Appl. **35**, 361–373 (1971).
2 DOUGLAS, Jr., J., GALLIE Jr., T. M., On the numerical integration of a parabolic differential equation subject to a moving boundary condition, Duke Math. J. **22**, 557–571 (1955).
3 STETTER, H. J., Asymptotic expansions for the error of discretization algorithms for non-linear functional equations, Num. Math. 7, 18–31 (1965).

Anschrift: Dr. A. SACHS, Mathematisches Institut der Universität, 8000 München 2, Theresienstr. 39, BRD

ZAMM 54, T 233 – T 234 (1974)

H. TH. SCHEURING

Einbettung bei elliptischen Differentialgleichungen mit nichtlinearen Randbedingungen

Die Idee der Einbettung besteht darin, ein vorgelegtes Problem $T(x) = 0$ so in eine Problemschar $T(s, x) = 0$ mit $s \in [0, 1]$ einzubetten, daß $T(0, x) = 0$ einfach lösbar ist und $T(1, x) = 0$ das ursprüngliche Problem ergibt. Die Einbettung ist so vorzunehmen, daß die Lösung der Schar lokal eindeutig ist und stetig von s abhängt. Ausgehend von der Lösung für $s = 0$ berechnet man nun die Lösung für die Stufen $s_1 < s_2 < \cdots < s_n = 1$. Dabei ist die Lösung von $T(s_{i-1}, x) = 0$ Näherung für die Berechnung von $T(s_i, x) = 0$. Diese Methode soll hier angewandt werden auf elliptische Differentialgleichungen mit nichtlinearen Randbedingungen.

Sei L eine glatte geschlossene Kurve in der komplexen Zahlenebene $\mathbb{C}$. Gesucht wird eine Funktion $u^+(z)$, die im Inneren von L regulär ist, sowie eine Funktion $u^-(z)$, die im Äußeren von L regulär und im Unendlichen von endlicher Ordnung ist. Beide Funktionen sollen bis auf L heran stetig sein und auf L der Randbedingung $B(u^+, u^-) := B\,u = g$ genügen. Hat die Bedingung $B\,u = g$ die lineare Form

$$u^+(t) - h(t)\,u^-(t) = g(t), \qquad t \in L\,, \qquad (1)$$

wobei $h(t) \neq 0$ und $g(t)$ auf L vorgegebene Funktionen sind, die dort einer HÖLDER-Bedingung genügen, so handelt es sich um das HILBERT-Problem. Dieses ist lösbar, vgl. z. B. GAKHOV [1], MUSCHELISCHWILI [2]. Ist nun die Bedingung $B\,u = g$ nichtlinear in u^+ und u^-, so wählt man die Einbettung so, daß im Zuge dieses Verfahrens jeweils ein lineares Problem der Form (1) entsteht. Der Eindeutigkeit halber wird noch gefordert, daß $u^-(z)$ im Unendlichen verschwindet. Man sucht also die Lösung $u = (u^+, u^-)$ des Randwertproblems

$$\Delta u = 0 \quad \text{in } \mathbb{C}\backslash L =: G, \quad B\,u = g \quad \text{auf } L \tag{2}$$

oder der Operatorgleichung $A\,u := (\Delta u, B\,u) = b$ mit $A\colon W_p^l(G) \to W_p^l(G) \times C^{l+\alpha}(L)$ und $b = (0, g)$.

Für die praktische Rechnung soll die Form (2) beibehalten werden, für die theoretische Untersuchung der Bedingungen, unter denen dieses Verfahren anwendbar ist, ist die letztere Darstellung günstiger.

Mit der Einbettung

$$(1 - s)\,u^+ - (1 - s)\,u^- + s\,B(u^+, u^-) = g \tag{3}$$

erhält man für $s = 0$ das leicht zu lösende Anfangsproblem $u_0^+ - u_0^- = g$ und für $s = 1$ das ursprüngliche Problem. Es wird nun angenommen, daß man für $s = \bar{s}$ bereits Lösungen $\bar{u}^+$ und $\bar{u}^-$ erhalten habe. Beim Übergang von $\bar{s}$ und $\bar{u}^+$ bzw. $\bar{u}^-$ zu $\bar{s} + \Delta s$ und $\bar{u}^+ + w^+$ bzw. $\bar{u}^- + w^-$ erhält man mit TAYLOR-Entwicklung und unter Vernachlässigung der Glieder zweiter und höherer Ordnung das in w^+ und w^- lineare Problem

$$(1 - \bar{s} + \bar{s}\,B'_{\bar{u}^+})\,w^+ = (1 - \bar{s} - \bar{s}\,B'_{\bar{u}^-})\,w^- + \Delta s\,\big(\bar{u}^+ - \bar{u}^- - B\,(\bar{u}^+, \bar{u}^-)\big)\,. \tag{4}$$

Sind die Koeffizienten a von w^+ und b von w^- von Null verschieden, so erhält man also mit dem NEWTON-Verfahren ein Problem der Gestalt (1):

$$w^+ = a^{-1}\,b\,w^- + a^{-1}\,c\,, \tag{5}$$

wobei $\Delta s\,\big(\bar{u}^+ - \bar{u}^- - B(\bar{u}^+, \bar{u}^-)\big)$ gleich c gesetzt wurde.

Ein weiteres Anwendungsgebiet in dieser Problemklasse soll noch kurz skizziert werden: Ein beschränktes Gebiet G des n-dimensionalen euklidischen Raumes E_n der Punkte $x = (x_1, \ldots, x_n)$ mit Rand Γ wird durch die Hyperfläche L, die mit Γ keine Punkte gemeinsam hat, in die Gebiete G^+ und G^- zerlegt. Gesucht sind wieder Funktionen $u^+(x)$ und $u^-(x)$, die in diesen Gebieten jeweils einer elliptischen Gleichung der Ordnung $2\,m$ genügen. Auf Γ sind m Randbedingungen vorgegeben und auf L $2m$ Übergangsbedingungen der Gestalt

$$\sum_{|\mu| \leq 2m} a_{j\mu}^+(x)\,D^\mu\,u^+(x) - \sum_{|\mu| \leq 2m} a_{j\mu}^-(x)\,D^\mu\,u^-(x) = \varphi_j, \qquad j = 1, \ldots, 2\,m. \tag{6}$$

SCHEFTEL [3] hat die Bedingungen diskutiert, unter denen diese Aufgabe lösbar ist. Auch hier kann man in u^+ und u^- nichtlineare Übergangsbedingungen betrachten und diese so einbetten, daß jeweils wieder lösbare lineare Beziehungen der Gestalt (6) entstehen.

Literatur

1 GAKHOV, F. D., Boundary Value Problems, Pergamon Press, Oxford 1968.
2 MUSCHELISCHWILI, N. I., Singuläre Integralgleichungen, Akademie-Verlag, Berlin 1965.
3 SCHEFTEL, S. G., Energetische Ungleichungen und allgemeine Randwertaufgaben für elliptische Gleichungen mit unstetigen Koeffizienten (Russisch), Sib. Mat. Žurn. 6, No. 3, S. 636–668 (1965).
4 FEILMEIER, M., LORY, P., SCHEURING, H. TH. und WACKER, H. J., Untersuchung von Einbettungsmethoden und praktische Anwendungen, Institutsbericht Nr. 112, Inst. f. Angewandte Mathematik der TU München, 1973.

Anschrift: Dipl. Math. HANS TH. SCHEURING, Inst. f. Angewandte Mathematik der TU, 8 München 2, Arcisstr. 21, BRD

ZAMM 54, T 234 – T 235 (1974)

H. SPÄTH

Verallgemeinerte kubische Spline-Interpolation

Die Spline-Interpolation von vorgegebenen Punkten (x_k, y_k) $(k = 1, \ldots, n;\ x_1 < \cdots < x_n)$ mit kubischen Polynomen hat gegenüber dem Polygonzugverfahren (Spline ersten Grades) den Vorteil der zweimaligen stetigen Differenzierbarkeit und den Nachteil einer möglicherweise in gewissen Intervallen unerwünscht starken Schwankung, die mit höherem Polynomgrad noch zunehmen würde.

Bei der verallgemeinerten kubischen Spline-Interpolation werden die Vorteile beider Verfahren intervallabhängig gewichtet kombiniert. Die Wahl der Gewichte erfolgt nicht nach einem Optimalitätskriterium sondern subjektiv, am besten im interaktiven Verkehr mittels eines Computer-Display. Man hat somit große Flexibilität.

Einen kubischen Spline kann man in $[x_k, x_{k+1}]$ ansetzen als

$$f_k(x) = A_k\,(x - x_k)^3 + B_k\,(x - x_k)^2 + C_k\,(x - x_k) + D_k \tag{1}$$

oder mit den Abkürzungen

$$t = t_k = \frac{x - x_k}{\Delta x_k}, \qquad u = u_k = 1 - t_k$$

auch als

$$f_k(x) = A_k\, u + B_k\, t + C_k\, u^3 + D_k\, t^3 . \tag{2}$$

Ein dem gesteckten Ziel entsprechender Ansatz könnte dann

$$f_k(x) = A_k\, u + B_k\, t + C_k\, e^{-p_k t}\, u^3 + D_k\, e^{-p_k u}\, t^3 \tag{3}$$

sein; denn für $p_k \to 0$ wird aus (3) der Ansatz (2) und für $p_k \to \infty$ ergibt sich der Polygonansatz.

Allgemeiner kann man statt (3)

$$f_k(x) = A_k\, u + B_k\, t + C_k\, \varphi(p_k, u) + D_k\, \varphi(p_k, t) \tag{4}$$

ansetzen. Zum Beispiel erhält man dann für

$$\varphi(p_k, u) = \frac{\sinh\,(p_k\, u) - u \sinh p_k}{\sinh p_k - p_k} . \tag{5}$$

die exponentielle Spline-Interpolation [1].

Aus den Eigenschaften von (5) leiten wir nun die folgenden Forderungen bezüglich φ für die verallgemeinerte kubische Spline-Interpolation (4) her:

$$[\varphi'(p_k, 0)]^2 - [\varphi'(p, 1)]^2 \neq 0 \tag{6}$$

(Einführung der Werte für die ersten Ableitungen in den x_k als Unbekannte soll möglich sein; y_1' und y_n' müssen vorgegeben werden)

$$\varphi''(p_k, t) \geqq 0 \text{ für alle } t \in [0, 1] \quad (\varphi \text{ konvex}) \tag{7}$$

$$|\varphi'(p_k, 0)\, \varphi''(p_k, 0) + \varphi'(p_k, 1)\, \varphi''(p_k, 1)| \geqq |\varphi'(p_k, 0)\, \varphi''(p_k, 1) + \varphi'(p_k, 1)\, \varphi''(p_k, 0)| \tag{8}$$

(Diagonale Dominanz des entstehenden tridiagonalen Gleichungssystems, was die Existenz des entsprechenden Splines gewährleistet).

$$\lim_{p_k \to 0} \varphi(p_k, t) = \text{Polynom dritten Grades in } t \tag{9}$$

$$\lim_{p_k \to \infty} \varphi(p_k, t) = \text{Polynom ersten Grades in } t \tag{10}$$

$$\text{Aus } 0 \leqq \bar{p}_k < p_k < \infty \text{ folgt } \varphi(p_k, t) \geqq \varphi(\bar{p}_k, t) \text{ für alle } t \in [0, 1]. \tag{11}$$

(Monotoner Übergang von kubischen Polynom auf den Polygonzug).

Eine aus Gründen der numerischen Stabilität und der Rechenzeit der Funktion (5) vorzuziehende Funktion, die (6) bis (11) genügt, ist dann

$$\varphi(p_k, u) = \frac{u^3}{p_k\, t + 1} . \tag{12}$$

In (12) steuert p_k die Lage des Pols außerhalb des Intervalls $[x_k, x_{k+1}]$. Setzt man $p_k = p$ $(k = 1, \ldots, n)$ so erhält man aus der Spline-Bedingung für die ersten Ableitungen y_k' in x_k folgende Beziehungen

$$\frac{1}{\Delta x_{k-1}}\, y_{k-1}' + (2 + p)\left(\frac{1}{\Delta x_{k-1}} + \frac{1}{\Delta x_k}\right) y_k' + \frac{1}{\Delta x_k}\, y_{k+1}' = (3 + p)\left[\frac{\Delta y_{k-1}}{(\Delta x_{k-1})^2} + \frac{\Delta y_k}{(\Delta x_k)^2}\right]$$

$$(k = 2, \ldots, n - 1)\,, \tag{13}$$

die für $p = 0$ in das von den kubischen Splines her wohl bekannte System übergehen.

Ausführlich und auch für zwei Dimensionen wird die verallgemeinerte kubische Spline-Interpolation in [2] behandelt. Dort sind ebenfalls FORTRAN-Programme und damit gerechnete Beispiele angegeben.

Literatur

1 SPÄTH, H., Exponential Spline Interpolation, Computing **4**, S. 225–233 (1969).
2 SPÄTH, H., Spline-Algorithmen zur Konstruktion glatter Kurven und Flächen, R. Oldenbourg-Verlag, München 1973.

Anschrift: Dr. H. SPÄTH, 851 Fürth, Max-Planck-Str. 23, BRD

ZAMM 54, T 236 – T 237 (1974)

Hj. Wacker

Übergangsmöglichkeiten zwischen verschiedenen Iterationsverfahren

1. Problemstellung: Die meisten Iterationsverfahren für nichtlineare Operatorgleichungen sind lokal in dem Sinne, daß nur Startelemente aus einer relativ kleinen Umgebung einer Lösung Konvergenz erzwingen. Zur Globalisierung eines solchen lokalen Verfahrens zerlegt man den Iterationsprozeß in eine Reihe lokaler Schritte. Zur Erhöhung der Konvergenzgeschwindigkeit ist es notwendig, den Übergang zwischen zwei Iterationsverfahren lokal vollziehen zu können.

Die Beantwortung dieser Fragestellung erfolgt mit Hilfe der Einbettung. Wir betrachten der Einfachheit halber nur Stufenverfahren:

$$T(x) = 0 \Rightarrow T(s, x) = 0, \quad s \in [0, 1] .$$

Lösung von $T(s_i, x_i) = \theta$ mit der Näherung x_{i-1}; $(i = 1, 2, \ldots, n)$. Siehe [2].

2. Übergänge zwischen verschiedenen Verfahren: Wir gehen von Verfahren der sukzessiven Approximation (S. A.) aus und suchen Bedingungen, die den lokalen (d. h. stufenweisen) Übergang zum Verfahren des minimalen Residuums (M. R.) und zum Newtonverfahren (N. V.) ermöglichen. Zunächst betrachten wir Fixpunktgleichungen $x = A(x)$ mit kontraktiven A.

Satz 1: *In einer Kugel $K(0, R(\Delta s))$ gelte*

(1) $A(x)$ *sei stetig und* $||A(x)|| \leqq M$,

(2) A *sei Fréchet-differenzierbar mit*

$$||A'(x)|| \leqq 0 < 1 \text{ und } ||A'(x) - A'(y)|| \leqq N \, ||x - y|| .$$

Löst man die Gleichung $x = A(x)$ mit der linearen Einbettung $x = s\,A(x)$ über ein Stufenverfahren bei gleichmäßiger Stufenbreite $0 < \Delta s < S_0$, so gilt:

I) (N. V.) *konvergiert stufenweise, falls*

$$R(\Delta s) := \frac{2\,(1 + \Delta s)\,M}{1 - P} \quad \text{und} \quad S_0 := \frac{(1 - P)^2}{M\,N} .$$

II) *Das Verfahren* (M. R.) *konvergiert stufenweise, falls*

$$R(\Delta s) = \frac{2\,(\Delta s + 1)\,M\,(1 - P^2)}{2\,(1 - \sqrt{P})^2\,(1 - P)^2 - M\,N\,(1 + P)\,\Delta s} \quad \text{und} \quad S_0 = \frac{2\,(1 - \sqrt{P})^2\,(1 - P)^2}{(1 + P)\,M\,N} ,$$

$$x_{i+1}\colon x^{n+1} = x^n - \frac{\left(T'(x^n)\,T(x^n),\, T(x^n)\right)}{||T'(x^n)\,T(x^n)||^2}\,T(x^n); \quad x^0 = x_i .$$

Bemerkung 1: S_0 ist verfahrensabhängig. Man kann zeigen: Für $P \in (0, \bar{P})$ mit $\bar{P} \approx 1/14$ läßt (M. R.) eine größere Stufenbreite zu, sonst (N. V.).

Bemerkung 2: Aus dem Beweisgang [1] folgt: Es genügt, die Gültigkeit von (1), (2) in einer Kugel $K(0, R(0) + \varepsilon)$ zu fordern $(\varepsilon > 0)$.

Bemerkung 3: Bei dem i. allg. linear konvergenten Verfahren (M. R.) erhebt sich die Frage, ob überhaupt P-Werte existieren, für welche (M. R.) lokal schneller konvergiert als (S. A.). Ergebnis: $\vee\, P \in (0, 1)$ $\vee\, \bar{s}(P)\colon \wedge\, s \in [0, \bar{s}(P)]$ (M. R.) konvergiert schneller als (S. A.).

Für die allgemeine Problemstellung $T(x) = 0$ erhalten wir:

Satz 2: *Für $(s, x) \in [0, 1] \times K(R(\Delta s))$ seien folgende Bedingungen erfüllt:*

(1) $T(s, x)$ *sei stetig und* $||T(s, x)|| \leqq M$,

(2) $T(s, x)$ *sei stetig Fréchet-differenzierbar mit*

$$||T'_x(s, x)|| \leqq A \text{ und } ||T'_s(s, x)|| \leqq B ,$$

(3) T''_x *existiere und sei stetig mit* $||T''_x(s, x)|| \leqq N$,

(4) $T'_x(s, x)^{-1}$ *existiere und es gelte* $||T''_x(s, x)^{-1}|| \leqq D$.

Dann gilt für alle $\Delta s \in (0, S_0)$: (N. V.), (M. R.) *und* (S. A.) (Siehe [3], Seite 335, 20. 41) *konvergieren stufenweise. Wie in Satz 1 ist S_0 jeweils verfahrensabhängig.*

Beweis siehe [1].

Bemerkung 4: Das Verfahren (N. V.) erbringt die schnellste Konvergenz. (M. R.) bringt den geringsten Rechenaufwand.

Literatur

1 FEILMEIER, M., LORY, P., SCHEURING, H. und WACKER, HJ., Untersuchungen von Einbettungsmethoden und praktische Anwendungen, TU München, Institut für Angewandte Mathematik, Institutsbericht Nr. 112 (1973).
2 WACKER, HJ., Konstruktion von Iterationsketten und Auftreten von Verzweigungen, Math. u. Verf. d. Math. Physik Bd. 6 (1972).
3 KRASNOSELSKI, Approximate Solution of Operator Equations, Wolters-Noordhoff, Groningen (1972).

Anschrift: o. Prof. Dr. HANSJÖRG WACKER, Math. Institut d. Hochschule Linz (Numerik), 4045 Linz-Anhof, Österreich.

ZAMM 54, T 237 – T 238 (1974)

U. WAUSCHKUHN

Bestimmung periodischer Lösungen von Systemen gewöhnlicher Differentialgleichungen mit intervallanalytischen Methoden

Gegeben sei das System von n gewöhnlichen Differentialgleichungen erster Ordnung

$$\frac{dy(t)}{dt} = f(t, y(t)) . \tag{1}$$

Als Anfangswertaufgabe betrachtet sei das System (1) für eine Anfangswertmenge U_a eindeutig lösbar.

Weiterhin sei die Periode p, $p > 0$ fest vorgegeben. Seien $y_1(t)$ und $y_2(t)$ zwei Lösungskurven aus der Lösungsmenge, so gilt, wenn $s(t) := y_2(t) - y_1(t)$ ist, mit dem Mittelwertsatz

$$\dot{s}(t) = f(t, y_2(t)) - f(t, y_1(t)) = L(t)\, s(t) . \tag{2}$$

Das lineare homogene Differentialgleichungssystem (2) beschreibt die Störungsfortpflanzung.

Die Lösung des Systems (2) hat die Form

$$s(t) = M(t, t_a)\, s_a \tag{3}$$

$M(t, t_a)$ bezeichnet man als Matrizanten [1].

Jede Lösung des Systems (1) kann man wegen (3) als Ergebnis einer Störung einer festen Lösung $y_0(t)$ des Systems (1) auffassen. Diese Tatsache wird zur Lösung des Periodizitätsproblems [3] benutzt: Man wählt einen festen Anfangswert $y_0 = y_0(t_0)$ und integriert das Differentialgleichungssystem (1) über die fest gegebene Periode, erhält also i. a. einen Endwert $y_0\,(t_0 + p) \neq y_0(t_0)$.

Um den Anfangswert $y_0(t_0)$ legt man eine Umgebung $U_a(y_0)$ von Störungen und untersucht nun, wie der Anfangswert gestört werden muß, damit aus einer Lösung eine periodische Lösung wird.

Zu jeder Störung $s_a \in U_a(y_0)$ existiert ein eindeutig bestimmter Matrizant. Mit (3) wird die Endstörung s_p nach der Zeit p berechnet.

Sei $d := y_0\,(t_0 + p) - y_0(t_0)$, dann gilt für das Periodizitätsproblem:

$$s_p = M\,(t_0 + p, t_0)\, s_a$$

$$d = s_a - s_p.$$

Daraus folgt:

$$(E - M\,(t_0 + p, t_0))\, s_a = d . \tag{4}$$

Die Existenz einer periodischen Lösung ist also gesichert, wenn man eine Anfangsstörung s_a findet, welche die Gleichung (4) erfüllt. Mit $y(t_0) = y_0(t_0) + s_a$ ist dann ein Anfangswert für die periodische Lösung gegeben.

Bei einem linearen Differentialgleichungssystem (1) besteht die Gesamtheit aller Matrizanten bezüglich der Ausgangslösung und der Störungen $U_a(y_0)$ aus genau einer Matrix. Hat diese Matrix Eigenwerte $\lambda_i \neq 1$, so ist (4) eindeutig lösbar.

Im allgemeinen besteht die Gesamtheit aller Matrizanten $U_a(y_0)$ aus mehr als einer Matrix; jeder Matrizant hängt von der zur Zeit t_0 angebrachten Anfangsstörung s_a ab. In diesem Fall kann man (4) durch ein Iterationsverfahren lösen.

Sei N_0 eine reguläre konstante Matrix und $(E - M\,(t_0 + p, t_0)) = N(s_a) + N_0$ dann gilt nach (4):

$$s_a = N_0^{-1}\, d - N_0^{-1}\, N(s_a)\, s_a .$$

Mit $u = N_0^{-1}\, d$ und $H(s_a) = -\, N_0^{-1}\, N(s_a)$ kann man zeigen, daß für das Iterationsverfahren

$$s_{a,\,n+1} := T\, s_{a,\,n} = u + H(s_{a,\,n})\, s_{a,\,n}$$

unter der Voraussetzung, daß für alle $s_a \in U_a(y_0) \subset R^n$ $||H(s_a)|| < \alpha$ mit $0 \leqq \alpha < 1$ und weiterhin $Q \subset U_a(y_0)$ mit $q_i = \left[-\frac{u}{1-\alpha}, \frac{u}{1+\alpha}\right]$ $i = 1, 2, \ldots, n$ erfüllt ist, gilt:

Es existiert ein $s_0 \in Q$, welches Fixpunkt von T ist. In [3] sind Beispiele nach dieser Methode gerechnet worden. Bei der numerischen Realisierung wurden die Matrizanten und die Integrationen [2] mit intervallanalytischen Methoden berechnet und die Anfangswerte durch enge Intervalle beschrieben.

Literatur

1 Gantmacher, F. R., Matrizenrechnung II., VEB Deutscher Verlag der Wissenschaften, Berlin 1966, p. 110.
2 Krückeberg, F., Ordinary differential equations, s. E. R. Hansen (Herausgeber), Topics in Interval Analysis, Oxford University Press 1969.
3 Wauschkuhn, U., Intervallanalytische Methoden zum Existenznachweis und zur Konstruktion der Lösung von Periodizitätsproblemen bei gewöhnlichen Differentialgleichungen, erscheint in Berichte der Gesellschaft für Methematik und Datenverarbeitung.

Anschrift: Dr. U. Wauschkuhn, Gesellschaft für Mathematik und Datenverarbeitung, 5205 St. Augustin 1, Schloß Birlinghoven, BRD

ZAMM 54, T 238 – T 239 (1974)

P. Weidner

Die Minimalkugel als Optimierungsproblem

Das Problem, zu einer gegebenen endlichen Punktmenge in R^n eine einhüllende Kugel mit minimalem Volumen zu bestimmen, wurde von Bass und Schubert [1] für den Fall $n = 2$ behandelt. Dort wird ein kombinatorisches Suchverfahren zur Lösung benutzt.

Es liegt nahe, das Problem als Optimierungsaufgabe zu formulieren. Im folgenden soll gezeigt werden, wie durch eine geeignete Formulierung sowohl Existenz und Eindeutigkeit der Lösung gezeigt werden können als auch das Problem der numerischen Behandlung zugänglich gemacht wird.

Durch $\overset{i}{x} = (\overset{i}{x}_1, \overset{i}{x}_2, \ldots, \overset{i}{x}_n)$, $(i = 1, 2, \ldots, m)$ seien m Punkte im R^n gegeben. Die Gleichung der Kugel mit Mittelpunkt $\overset{0}{x} = (\overset{0}{x}_1, \overset{0}{x}_2, \ldots, \overset{0}{x}_n)$ und Radius r lautet $(x_1 - \overset{0}{x}_1)^2 + \cdots + (x_n - \overset{0}{x}_n)^2 - r^2 = 0$, das Volumen dieser Kugel ist

$$V = \frac{\pi^{n/2}}{\Gamma\left(\frac{n}{2}+1\right)} r^n = c\, r^n .$$

Die Optimierungsaufgabe lautet dann

$$V = \text{Minimum}$$

mit

$$(\overset{i}{x}_1 - \overset{0}{x}_1)^2 + \cdots + (\overset{i}{x}_n - \overset{0}{x}_n)^2 - r^2 \leqq 0 \quad (i = 1, \ldots, m) . \tag{1}$$

Die Variablen sind also $\overset{0}{x}_1, \ldots, \overset{0}{x}_n, r$.
Wählt man statt dessen die Variablen

$$w_j = \overset{0}{x}_j \; (j = 1, \ldots, n), \quad w_{n+1} = \overset{0}{x}{}_1^2 + \cdots + \overset{0}{x}{}_n^2 - r^2$$

und beachtet, daß die Funktion $\widetilde{V} = c\, r^2$ an den gleichen Stellen minimal wird wie V, so lautet die Aufgabe

$$\widetilde{V}(w) = c\,(w_1^2 + w_2^2 + \cdots + w_n^2 - w_{n+1}) = \text{Minimum}$$

mit

$$g_i(w) \equiv -2\,\overset{i}{x}_1 w_1 - \cdots - 2\,\overset{i}{x}_n w_n + w_{n+1} + \overset{i}{x}{}_1^2 + \cdots + \overset{i}{x}{}_n^2 \leqq 0 \quad (i = 1, \ldots, m) . \tag{2}$$

Die Existenz einer Lösung ist aus Stetigkeitsgründen klar. Die Eindeutigkeit ergibt sich folgendermaßen: Nimmt man an, es gäbe zwei verschiedene Minimalpunkte $\overset{1}{w} \neq \overset{2}{w}$ mit $\widetilde{V}(\overset{1}{w}) = \widetilde{V}(\overset{2}{w})$, so sind alle Punkte auf der Verbindungsstrecke ebenfalls Minimalpunkte, da $\widetilde{V}$ konvex ist. Betrachtet man nun $\widetilde{V}$ längs dieser Strecke, also $\widetilde{V}\left((1-\lambda)\,\overset{1}{w} + \lambda\,\overset{2}{w}\right)$, $0 \leqq \lambda \leqq 1$, so erhält man für die erste und zweite Ableitung

$$\frac{\partial \widetilde{V}}{\partial \lambda} = 2\,c\,[(1-\lambda)\,\overset{1}{w}_1 + \lambda\,\overset{2}{w}_1]\,(\overset{2}{w}_1 - \overset{1}{w}_1) + 2\,c\,[(1-\lambda)\,\overset{1}{w}_2 + \lambda\,\overset{2}{w}_2]\,(\overset{2}{w}_2 - \overset{1}{w}_2) + c(\overset{1}{w}_3 - \overset{2}{w}_3)$$

und

$$\frac{\partial^2 \tilde{V}}{\partial \lambda^2} = 2\,c\,[(\overset{2}{w}_1 - \overset{1}{w}_1)^2 + (\overset{2}{w}_2 - \overset{1}{w}_2)^2]\,.$$

Da $\tilde{V}$ aber längs der Verbindungsstrecke konstant ist, müssen beide Ableitungen verschwinden, d. h. es muß $\overset{1}{w} = \overset{2}{w}$ sein, das Minimum ist also eindeutig.

Die Formulierung (2) ist aber auch für die numerische Bestimmung des Minimums sehr vorteilhaft, da die Zielfunktion $\tilde{V}$ konvex und die Restriktionen g_i linear sind. Für diesen Typ von Aufgaben steht eine ganze Reihe von brauchbaren Verfahren zur Verfügung [2]. Wir wählten das MAP-Verfahren von GRIFFITH und STEWART, das zu guten Ergebnissen führte. Insbesondere ist das geringe Anwachsen der Rechenzeit mit der Anzahl der gegebenen Punkte zu erwähnen, im Gegensatz zur kombinatorischen Vorgehensweise von BASS und SCHUBERT [1].

Literatur

1 BASS, L. J. und SCHUBERT, S. R., On Finding the Disc of Minimum Radius Containing a Given Set of Points, Math. of Computation 21, p. 712—714 (1967).
2 HIMMELBLAU, D. M., Applied Nonlinear Programming, Mc Graw-Hill, New York, 1972.

Anschrift: Dr. rer. nat. PETER WEIDNER, Zentralinstitut für Angewandte Mathematik der Kernforschungsanlage, Jülich, BRD

ZAMM 54, T 239 – T 240 (1974)

K. WEINMANN

Optimierungsprobleme mit nichtlinearen Gleichungsrestriktionen

Für das nichtlineare Optimierungsproblem

(MP) $\quad \min\limits_{x \in X} \theta(x); \; X = \{x \in X^0 \subset E^n;\; g(x) \leqq 0,\; h(x) = 0\}$

mit

$$\theta\colon X^0 \to E,\; g\colon X^0 \to E^m,\; h\colon X^0 \to E^k$$

soll ein hinreichendes Optimalitätskriterium vom KUHN-TUCKER-Typ angegeben werden, wobei h eine nicht gleichzeitig quasi-konvexe und quasi-konkave Funktion ist.

Für $x_0 \in X$ seien folgende Bezeichnungen erklärt:

(a) $M := \{1, 2, \ldots, m\}; \qquad K := \{1, 2, \ldots, k\}$,
(b) $I := \{i \in M;\; g_i(x_0) = 0\}; \qquad J := \{j \in M;\; g_j(x_0) < 0\}$,
(c) $C_0 := \{z \in E^n;\; \nabla g_i(x_0) \cdot z \leqq 0,\; i \in I\}$,
(d) $B_0 := \{z \in E^n;\; z = \sum\limits_{i \in I} \lambda_i \nabla g_i(x_0),\; \lambda_i \geqq 0\}$,
(e) $L_0 := \{z \in E^n;\; z = v^T \nabla h(x_0),\; v \in E^k\}$.

Für eine beliebige Teilmenge A des E^n sei der Polarkegel A' definiert durch: $x \in A' :\Leftrightarrow x^T y \leqq 0$ für alle $y \in A$.
Dann gilt der folgende Hilfssatz:
Lemma: $B_0 = C_0'$.

Ein Beweis findet man bei ABADIE [1] oder GOULD und TOLLE [3].

Mit diesen Hilfsmitteln läßt sich nun ein hinreichendes Kriterium formulieren.

Satz: *Sei X^0 eine offene Teilmenge des E^n und $x_0 \in X^0$. θ sei pseudokonvex in x_0 und g_i $(i \in I)$ differenzierbar und quasikonvex in x_0. Ferner sei h differenzierbar in x_0 und $L_0 \subseteqq C_0'$. Existiert dann ein $u_0 \in E^m$ und ein $v_0 \in E^k$ mit*

(I) $\nabla\theta(x_0) + u_0^T \nabla g(x_0) + v_0^T \nabla h(x_0) = 0$,
(II) $u_0^T g(x_0) = 0$,
(III) $g(x_0) \leqq 0$,
(IV) $h(x_0) = 0$,
(V) $u_0 \geqq 0$,

dann ist x_0 eine Lösung von (MP).

Beweis: Da $L_0 \subseteqq C'_0$ und nach dem Lemma $C'_0 = B_0$, läßt sich $v_0^T \nabla h(x_0)$ schreiben als

$$v_0^T \nabla h(x_0) = \sum_{i \in I} \lambda_i \nabla g_i(x_0), \quad \lambda_i \geqq 0 \ (i \in I).$$

Definiert man nun $q_0 \in E^m$ als $q_0^i = \begin{cases} \lambda_i & \text{für} \quad i \in I \\ 0 & \text{für} \quad i \in J \end{cases}$,

dann folgt aus (I):

$$\nabla \theta(x_0) + u_0^T \nabla g(x_0) + q_0^T \nabla g(x_0) = 0.$$

Setzt man noch $w_0 := u_0 + q_0$, so erhält man

$$\nabla \theta(x_0) + w_0^T \nabla g(x_0) = 0, \tag{1}$$

$$w_0^T g(x_0) = u_0^T g(x_0) + q_0^T g(x_0) = 0 \quad \text{(wegen (II) und der Definition von } q_0), \tag{2}$$

$$g(x_0) \leqq 0, \quad h(x_0) = 0, \quad w_0 = u_0 + q_0 \geqq 0. \qquad (3), (4), (5)$$

Aus den Bedingungen (1)—(5) läßt sich nun in gewohnter Weise schließen, daß $\theta(x_0) \leqq \theta(x)$ für alle $x \in X$ (vgl. dazu etwa MANGASARIAN [4], S. 151ff.). Da aber wegen (3) und (4) $x_0 \in X$, folgt die Behauptung.

Literatur

1 ABADIE, J., On the Kuhn-Tucker Theorem, in Abadie, J. eds.: Nonlinear Programming, North-Holland Publishing Company, Amsterdam 1967.
2 GOULD, F. J., TOLLE, J. W., Geometry of Optimality Conditions and Constraint Qualifications, Mathematical Programming **2**, S. 1—17 (1972).
3 GOULD, F. J., TOLLE, J. W., A Necessary and Sufficient Qualification for Constrained Optimization, SIAM J. Appl. Math. **20**, S. 164—172 (1971).
4 MANGASARIAN, O. L., Nonlinear Programming, McGraw-Hill Book Company, New York 1969.

Anschrift: KARLHEINZ WEINMANN, 6602 Dudweiler, Im Birkenfeld 5, BRD

INFORMATIK

ZAMM 54, T 241 – T 242 (1974)

M. FEILMEIER

CSSL-M und DARE II-M, zwei Simulationssprachen für kontinuierliche Systeme

1. Einleitung

Unter zeitkontinuierlichen Systemen verstehen wir solche Systeme, die sich mathematisch durch gewöhnliche Differentialgleichungen (DGL) sowie algebraische und logische Hilfsgleichungen beschreiben lassen. Ein solches System zu simulieren, heißt sein Verhalten im Zeitbereich zu untersuchen. Simulationssprachen sind Programmiersprachen, die speziell zur Lösung von Simulationsaufgaben dienen. Simulationen lassen sich analog/hybrid oder digital durchführen. Die nun zu beschreibenden Arbeiten sind Teile eines größeren Projekts, das sich mit Programmiersystemen für hybride *und* digitale Simulation beschäftigt.

2. CSSL.

CSSL (Continuous System Simulation Language) wurde 1967/68 definiert [7]. CSSL ist so aufgebaut, daß es die Beschreibung des zu simulierenden Modells und die Vorgabe des Simulationsablaufes ermöglicht. Dementsprechend wird von einer algorithmischen Sprache ausgegangen (meist FORTRAN) und diese durch deskriptive Teile (Modell*beschreibungs*anweisungen) erweitert. Wir haben somit vier Gruppen von Anweisungen:

a) Modellbeschreibungsanweisungen. Wir erläutern diese an einem einfachen

Beispiel: Dem zu simulierenden Modell entspreche die Differentialgleichung

$$\ddot{Y} = \dot{Y}^2 + Y; \quad Y(0) = V0,\ Y(0) = V1; \tag{1}$$

Mittels des Simulationsoperators

$$Z = \text{INTEG}\,(W, V) \Leftrightarrow Z(t) = \int_0^t W(s)\,ds + V\ ;$$

W, V reelle Ausdrücke, läßt sich (1) z. B. in der Form beschreiben:

$$Y2 = Y1 * Y1 + Y;\ Y1 = \text{INTEG}\,(Y2, V2);\ Y = \text{INTEG}\,(Y1, V1).$$

Durch eine große Zahl von Simulationsoperatoren, die vom Benutzer über Makros ergänzt und modifiziert werden können, und durch eine flexible Syntax ergeben sich so vielfältige Möglichkeiten zur Modellbeschreibung.

b) Kontrollanweisungen. Diese Anweisungen betreffen die Ein/Ausgabe-Vorgänge und die Kontrolle der im Programmiersystem enthaltenen numerischen Verfahren, z. B. Auswahl unter den vorhandenen numerischen Integrationsverfahren, Schrittweitenvorgabe, etc. . . .

c) Strukturanweisungen. Hier geht es um die Zusammenfassung von Anweisungen zu Blöcken. Die flexible Blockstruktur in CSSL ist ein wesentlicher Fortschritt gegenüber den früheren, oftmals starren Simulationssprachen und läßt z. B. Modelle zu, die durch alternierende oder ineinandergeschachtelte Systeme von DGL festgelegt sind.

d) Anweisungen in der zugrunde gelegten algorithmischen Sprache. Diese dürfen überall im Programm vorkommen außer in den Blöcken, in denen das Modell bzw. Teilmodelle beschrieben werden (DERIVATIVE SECTIONS).

3. CSSL-M.

[2] und [3]. CSSL–M ist eine FORTRAN zugrunde legende Teilmenge von CSSL. CSSL–M weist aus implementierungstechnischen Gründen folgende Einschränkungen gegenüber CSSL auf:

a) Es gibt keine indizierten Variablen. (Aber das ARRAY-Konzept von CSSL selbst ist bereits enger als das von APACHE [4]!)

b) Da CSSL–M keine Makros und Pseudoblöcke zuläßt, kann der Benutzer keine weiteren, eigenen Simulationsoperatoren einführen.

c) Die Blockstruktur ist etwas eingeschränkt.

d) Die Kontrollanweisungen und die Simulationsoperatoren sind stark eingeschränkt; dafür wurde eine recht nützliche, verallgemeinerte Art von Modellbeschreibungsanweisung eingeführt; z. B.

$$X = .\text{IF. B. THEN. 0. ELSE. SIN (INTEG (Z, 1.0))}$$

$$X = \begin{cases} 0 & \text{falls } B \text{ wahr} \\ \sin\left(\int_0^t z(s)\, ds + 1.0\right) & \text{sonst}. \end{cases}$$

Der CSSL—M Übersetzer besteht aus ca. 3000 FORTRAN-Anweisungen und wurde manuell erstellt. Er läuft auf einem TR 440.

4. DARE II-M.

[5]. DARE II—M ist eine Variante der niederen Simulationssprache DARE II [6]. Es wird u. a. zur Skalierung von Analogschaltbildern und als Eingabesprache für die automatische Beschaltungsvorrichtung unseres EAI-Analogteils verwendet. Außerdem untersuchen wir hiermit Möglichkeiten zur automatischen Umwandlung der beim Sortieren entdeckten „algebraischen Schleifen" in Iterationsvorschriften. Ein DARE II—M Programm kann direkt vom Benutzer geschrieben oder (wahlweise) vom CSSL—M Übersetzer erzeugt werden. Der DARE II—M Übersetzer ist ein spezieller einfacher Makroprozessor.

5. Ein CSSL-M Beispiel.

Als Testbeispiel betrachten wir die einfache parabolische Differentialgleichung

$$u_t = 0.5\, u_{xx}\,, \quad 0 \leqq x \leqq 1\,, \quad 0 \leqq t\,, \tag{2}$$

$$u(t, 0) = 0.25\, t\,, \quad u(t, 1) = 0.25\ (t + 1)\,, \quad u(0, x) = 0.25\, x^2\,. \tag{3}$$

Eine näherungsweise Lösung von (2), (3) nach der Semikollokationsmethode, d. h. Kollokation nach x und zwar an den Stellen $x = 0.0$, $x = 0.25$, $x = 0.75$, $x = 1.0$ führt mit dem Ansatz

$$u_4(t, x) = \sum_{i=1}^{4} a_i(t)\, x^{i-1} \tag{4}$$

auf ein Differentialgleichungssystem 1. Ordnung für $a_1(t), \ldots, a_4(t)$. Das CSSL—M Programm hierfür lautet:

```
      PROGRAM
C     LOESUNG EINES DGL-SYSTEMS 1. ORDNUNG IN VIER KOMPONENTEN
      READ (5, 10) TE
   10 FORMAT (F 7.3)
      INITIAL
      CINTERVAL (0.1)
      NSTEPS (10)
      WRITE (6, 100)
  100 FORMAT (1HO, 3X, 1HT, 10X, 2HA1, 12X, 2HA2, 12X, 2HA3, 12X, 2HA4)
      END
      DYNAMIC
      IF (T. GT. TE) GOTO 1
      WRITE (6, 200) T, A1, A2, A3, A4
  200 FORMAT (1HO, F7.3, 4 (2X, F12.5))
      DERIVATIVE
      A1 = INTEG (0.25, 0.)
      A2 = INTEG (16. * A3/3.—4./3., 0.)
      A3 = INTEG (—16. * A3/3. + 16. * A 4 + 4./3., 0.25)
      A4 = INTEG (—16. * A4, 0.)
      END
      END
    1 CONTINUE
      END
```

Literatur

1 BECKERT, D., Wege zu einem automatisierten hybriden Simulationssystem, Elektron. Rechenanl. 15, H. 1, S. 29 (1973)
2 HARBICH, C., MASANETZ, P. und SPEIMANN, W., CSSL-M Syntax, Fortgeschrittenenprakt. an der TU München, 1972.
3 HARBICH, C., MASANETZ, P. und SPEIMANN, W., CSSL-M Beschreibung, Fortgeschrittenenprakt. an der TU München, 1972.
4 D'HOOP, Present state of the APACHE code. AICA-Kongr. 1964.
5 KROENIGER und NEURATH, DARE II-M. Fortgeschrittenenprakt. TU München, 1972.
6 LIEBERT, TH. A., DARE II: Fast on-line simulation on a small computer, AICA-Annalen, Nr. 4, S. 150 (1971).
7 STRAUSS u. a., The SCi Continuous System Simulation Language, SIMULATION 9, S. 281 (1967).

Anschrift: Priv. Doz. Dr. M. FEILMEIER, Institut für Angewandte Mathematik, Technische Universität, 8 München 2, Arcisstr. 21, BRD

UNTERNEHMENSFORSCHUNG UND ANGEWANDTE STATISTIK

ZAMM 54, T 243 (1974)

J. H. Ahrens/U. Dieter

Zusammengesetzte Verfahren zur Erzeugung von Poisson- und binomialverteilten Zufallszahlen

Es werden folgende Verfahren zur Erzeugung von Zufallszahlen k der genannten Verteilungen vorgeschlagen:

I. Die Poisson-Verteilung, $p_k = \frac{\mu^k}{k!} e^{-\mu}$.

Man wähle zuerst eine ganze Zahl m, die ein wenig kleiner als μ ist.

1. Erzeuge eine Stichprobe s der Gamma(m)-Verteilung.
2. Ist $s > \mu$, so erzeuge eine Stichprobe j der Binomialverteilung mit Parametern $m - 1$ und μ/s. Setze $k = j$.
3. Ist $s \leqq \mu$, so erzeuge eine Stichprobe j der Poisson-Verteilung mit Parameter $\mu - s$. Setze $k = m + j$.

II. Die Binomialverteilung, $p_k = \binom{n}{k} p^k (1-p)^{n-k}$.

Man bestimme zuerst ganze Zahlen a, b mit $n = a + b - 1$.

1. Erzeuge eine Stichprobe s der Beta(a, b)-Verteilung.
2. Ist $s > p$, so erzeuge eine Stichprobe j der Binomialverteilung mit Parametern $a - 1, p/s$. Setze $k = j$.
3. Ist $s \leqq p$, so erzeuge eine Stichprobe j der Binomialverteilung mit Parametern $b - 1$, $(p - s)/(1 - s)$. Setze $k = a + j$.

III. Die negative Binomialverteilung, $p_k = \binom{a+k-1}{k} p^a (1-p)^k$.

1. Erzeuge eine Stichprobe s der Gamma(a)-Verteilung.
2. Erzeuge eine Stichprobe k der Poisson-Verteilung mit Parameter $s(1-p)/p$.

Bei allen drei Verfahren werden binomial- bzw. Poisson-verteilte Zufallszahlen mit neuen Parametern n' bzw. μ' benötigt. Ist der Parameter groß, so wiederhole man den Prozeß. Ist das neue n' der Binomialverteilung klein, so simuliere man den Bernoulli-Prozeß direkt. Ist der Parameter μ' der Poisson-Verteilung klein, so empfiehlt sich der Algorithmus Q in Knuth [4], der den Poisson-Prozeß nachvollzieht.

Die Verfahren benötigen schnelle Methoden zur Erzeugung Gamma- bzw. Beta-verteilter Zufallszahlen. Für die Beta-Verteilung findet sich ein derartiges Verfahren in Ahrens-Dieter [1]; es ist besonders schnell, wenn $a = b$ gewählt werden kann. Dies legt die Aufspaltung $n = \left[\frac{n+1}{2}\right] + \left[\frac{n+1}{2}\right] - 1$ für ungerades n der Binomialverteilung nahe. Ist n gerade, so reduziere man zuerst n zu $n - 1$ durch direkte Erzeugung einer Zufallszahl k' mit $P(k' = 1) = p$, $P(k' = 0) = 1 - p$; k' wird zur später erzeugten Zufallszahl k addiert. Der Parameter n der Binomialverteilung läßt sich aber auch so aufspalten, daß $a/(a + b) \approx p$ ist. Dann liegen die neuen Parameter p' der Binomialverteilungen in II,2 bzw. II,3 meist nahe bei 0 oder 1, so daß ein direkter Abfragmechanismus für diese Binomialverteilungen zu empfehlen ist.

Auch für die Gamma-Verteilung finden sich in [1] Erzeugungsvorschriften; inzwischen haben die Autoren eine Methode entwickelt, bei der das Zentrum der Gamma-Verteilung ($> 99\%$) mit der Normalverteilung $N\left(a - 1, \sqrt{a + \sqrt{8/3}\sqrt{a}}\right)$ und der Schwanz mit einer geeigneten Exponentialverteilung verglichen werden. Für das Verfahren, das für großes a etwa dreimal so schnell wie die Cauchy-Methode in [1] ist, sei auf [2] und [3] verwiesen.

Literatur

1 Ahrens, J. H. und Dieter, U., Neuere Methoden zur Erzeugung von nicht-gleichverteilten Zufallsvariablen. ZAMM 53 T 221—T 223 (1973).

2 Ahrens, J. H. und Dieter, U., Computer Methods for Sampling from Gamma, Beta, Poisson and Binomial Distributions. Computing 13 (1974).

3 Dieter, U. and Ahrens, J. H., Acceptance-Rejection Techniques for Sampling from the Gamma and Beta Distributions. to appear.

4 Knuth, D. E., The Art of Computer Programming, Vol. 2/Seminumerical Algorithms. Addison-Wesley Publishing Company, Reading, Mass. 1969.

Anschriften: Prof. Dr. Joachim H. Ahrens, Department of Applied Mathematics, Nova Scotia Technical College, Halifax, N. S. Canada

Prof. Dr. Ulrich Dieter, Lehrkanzel und Institut für Math. Statistik, Technische Hochschule in Graz, A-8010 Graz, Hamerlinggasse 6, VI, Österreich

ZAMM 54, T 244 (1974)

U. CLAUSS

Zur Lösung bilinearer diskreter Differentialspiele

Untersucht werden Differentialspiele der Form

$$x^{k+1} = \left(A + \sum_{i=1}^{r} u_i^k C_i + \sum_{j=1}^{s} v_j^k D_j\right) x^k + E\, u^k + F\, v^k + b^k \qquad (k = 0, \ldots, N-1)\,, \tag{1}$$

$$0 \leqq u_i^k \leqq 1, \quad 0 \leqq v_j^k \leqq 1 \quad (i = 1, \ldots, r;\ j = 1, \ldots, s)\,, \tag{2}$$

$$J = g(x^N). \tag{3}$$

Dabei ist x der n-dimensionale Zustandsvektor, und es wurde zur Abkürzung $x(t_k) = x^k$ gesetzt (analog für u, v, b); u_i und v_j sind die Komponenten der r- bzw. s-dimensionalen Steuervektoren u bzw. v, die durch (2) beschränkt sind; A, C_i, D_j, E und F sind konstante Matrizen passender Dimension; b ist ein n-Vektor. Der Anfangszustand x^0 sei gegeben. Gesucht sind optimale Steuervektoren derart, daß die Kostenfunktion (3) maximal bezüglich u und minimal bezüglich v wird.

Zur Lösung dieses Problems werden notwendige Optimalitätsbedingungen herangezogen [1]. Man führt dabei die adjungierten Zustandsgleichungen ein:

$$p^{k-1} = \frac{\partial H(p^k, u^k, v^k, x^k)}{\partial x^k}\,, \quad p^{N-1} = \frac{\mathrm{d}g(x^N)}{\mathrm{d}x^N} \tag{4}$$

und betrachtet die HAMILTONfunktion

$$H(p^k, u^k, v^k, x^k) = p^k \cdot \left[\left(A + \sum_{i=1}^{r} u_i^k C_i + \sum_{j=1}^{s} v_j^k D_j\right) x^k + E\, u^k + F\, v^k + b^k\right], \tag{5}$$

wobei der Punkt skalare Multiplikation bedeutet. Die notwendigen Optimalitätsbedingungen besagen, daß H für optimale Steuervektoren maximal bezüglich u^k und minimal bezüglich v^k ist.

Die Schwierigkeit bei der Anwendung dieser Bedingungen liegt darin, daß (1) und (4) gekoppelt sind und (1) in der Reihenfolge $k = 0, 1, 2, \ldots, N-1$ („vorwärts"), (4) dagegen in umgekehrter Reihenfolge („rückwärts") zu lösen ist; es liegt also ein diskretes Zweipunkt-Randwertproblem vor.

Zur Lösung dieses Problems wird ein Iterationsverfahren vorgeschlagen. Man geht dabei von Rohwerten für die optimalen Strategien aus, den sogenannten Nominalstrategien; sie müssen (2) erfüllen, können aber sonst frei gewählt werden. Zur Abkürzung wird $\{u\} = \{u^0, u^1, \ldots, u^{N-1}\}$, $\{v\} = \{v^0, v^1, \ldots, v^{N-1}\}$ gesetzt (analog für $\{x\}$); die Nominalstrategien seien dann mit $\{u\}_1$, $\{v\}_1$ bezeichnet. Sie liefern durch Einsetzen in (1) die zugehörige Trajektorie $\{x\}_1$. Durch Anwendung der notwendigen Optimalitätsbedingungen berechnet man daraus ein neues Strategienpaar $\{u\}_2$, $\{v\}_2$. Dieses ist i. allg. nicht optimal, da $\{x\}_1$ nicht die optimale Trajektorie war; man kann jedoch damit das Vorgehen wiederholen und erhält so ein Iterationsverfahren:

$$\{u\}_i, \{v\}_i \to \{x\}_i \to \{u\}_{i+1}, \{v\}_{i+1} \text{ usw.}$$

Es läßt sich zeigen, daß diese Iteration — angewandt auf das Differentialspiel (1)—(3) — stets nach endlich vielen Schritten abgebrochen werden kann. Dabei sind zwei Fälle zu unterscheiden:

1. Konvergenz: Man erhält in zwei aufeinanderfolgenden Iterationsschritten dasselbe Strategienpaar, d. h., es ist $\{u\}_i = \{u\}_{i+1}$, $\{v\}_i = \{v\}_{i+1}$. Dann liefert auch die weitere Fortsetzung der Iteration immer wieder diese Strategien. Die so gefundenen Strategien erfüllen die notwendigen Optimalitätsbedingungen.

2. Divergenz: Man springt bei der Iteration zurück auf ein schon früher aufgetretenes Strategienpaar, d. h., es gilt $\{u\}_{i+j} = \{u\}_i$, $\{v\}_{i+j} = \{v\}_i$ mit $j \geqq 2$. Bei weiterer Fortsetzung der Iteration wird dann die Folge $\{u\}_i, \{v\}_i; \{u\}_{i+1}, \{v\}_{i+1}; \ldots; \{u\}_{i+j-1}, \{v\}_{i+j-1}$ dauernd zyklisch durchlaufen. Keines der dabei auftretenden Strategienpaare erfüllt die notwendigen Optimalitätsbedingungen. Trotzdem existieren i. allg. optimale Strategien, und zwar handelt es sich um sogenannte singuläre Strategien; bei diesen liegen einzelne Steuerungen nicht am Rand, sondern im Innern der durch (2) gegebenen Intervalle. Durch eine sehr sorgfältige Diskussion der HAMILTONfunktion (5) gelingt es, diese singulären Steuerungen zu bestimmen; die Ergebnisse der Iteration können dabei vorteilhaft verwendet werden.

Manchmal kommt es vor, daß das Iterationsverfahren, ausgehend von verschiedenen Nominalstrategien, verschiedene Ergebnisse liefert. Das bedeutet nicht, daß dann das Differentialspiel mehrere Lösungen besitzt; vielmehr liegen dann Strategienpaare vor, die nur im lokalen Sinne optimal sind. Es wurden Verfahren entwickelt, die es gestatten, das globale Optimum unter diesen lokalen Optima herauszusuchen.

Literatur

1 SHIMEMURA, E. and MATSUMOTO, T., The Kuhn-Tucker Conditions and Multistage Games, Journ. of Math. Analysis and Appl. 23, pp. 269—283 (1968).

Anschrift: Dipl.-Math. ULRICH CLAUSS, 7 Stuttgart 1, Keplerstraße 17, BRD

ZAMM 54, T 245 (1974)

L. FAHRMEIR

Schwache Konvergenz gegen Diffusionsprozesse*)

Wir betrachten Diffusionsprozesse $(x_t)_{t\geqq 0} = (x_t^1, \ldots, x_t^n)_{t\geqq 0}$, die durch eine stochastische Integralgleichung

$$x_t = x + \int_0^t f(s, x_s)\, ds + \int_0^t g(s, x_s)\, dw_s \tag{1}$$

f. ü. eindeutig festgelegt sind, falls $f = (f_i)$ und $g = (g_{ij})$, $1 \leqq i, j \leqq n$, schwachen Bedingungen unterliegen und die Integrale als ITO-Integrale interpretiert werden [3]; w_s ist der WIENER-Prozeß mit unabhängigen Komponenten w_s^i.

Die Pfade $\big(x_t(\omega)\big)_{t\geqq 0}$ sind jedoch über (1) numerisch nicht erhältlich, und es entsteht für Anwendungen die Frage nach numerisch realisierbaren Näherungsprozessen. Dieses Problem beschäftigte verschiedene Autoren ([2], [5]), wir geben ein auf [2] aufbauendes Ergebnis an. $(n_t^a) = (n_t^{a,1}, \ldots, n_t^{a,n})_{t\geqq 0}$ sei ein stochastischer Prozeß mit stückweise stetigen Pfaden, $n_t^{a,i}$ sei darstellbar durch

$$n_t^{a,i} = \int_0^t h_i\,(a, t, s)\, dw_s^i\,, \quad i = 1, \ldots, n;\ a > 0\,, \tag{2}$$

h_i erfülle neben anderen Bedingungen ([2], [4])

$$|h_i\,(a, t, s)| \leqq a\, c_i\, \exp\,\big(-a\,(t-s)\big) \quad \text{für} \quad t \geqq s, \quad 0 \text{ sonst}; \quad c_i > 0\,. \tag{3}$$

Durch (2) lassen sich u. a. digitale und physikalische Rauschgeneratoren beschreiben. Der stochastische Prozeß $(x_t^a) = (x_t^{a,1}, \ldots, x_t^{a,n})_{t\geqq 0}$ sei nun Lösung folgenden Differentialgleichungs-Systems für die Pfade:

$$\frac{dx_t^a}{dt} = f(t, x_t^a) - \frac{1}{2}\, g_x\,(t, x_t^a) \otimes g(t, x_t^a) + g(t, x_t^a)\, n_t^a, \quad x_0^a = x \tag{4}$$

mit

$$(g_x \otimes g)_i := \sum_{j,k=1}^{n} \frac{\partial g_{ij}}{\partial x_k}\, g_{kj}\,, \quad 1 \leqq i \leqq n\,. \tag{5}$$

Die Pfade von $(x_t)_{t\geqq 0}$ bzw. $(x_t^a)_{t\geqq 0}$ sind stetig, also Elemente von $C\,[0, \infty)$. Dieser Raum läßt sich so metrisieren, daß die Topologie der kompakten Konvergenz induziert wird [4]. B_C sei die σ-Algebra der BORELschen Teilmengen. Die (meßbaren) Abbildungen x^a bzw. x: $(\Omega, A, p) \to (C, B_C)$, die ω die Pfade $x_t^a(\omega)$ bzw. $x_t(\omega)$ zuordnen, erzeugen auf (C, B_C) die Bildmaße P^a bzw. P bezüglich p, diese heißen *Verteilungen* von x_t^a bzw. x_t. Damit formulieren wir nun den

Satz: *f_i bzw. g_{ij} seien einmal bzw. zweimal stetig differenzierbar und samt diesen Ableitungen beschränkt. Dann konvergieren für $a \to \infty$ die Prozesse x_t^a von (4) schwach gegen den Diffusionsprozeß x_t von (1), d. h. die Verteilungen P^a konvergieren schwach gegen P: $P^a \Rightarrow P$.*

Beweisprinzip (vgl. [4]): 1. Man zeigt mit Hilfe der Theorie von W-Maßen auf metrischen Räumen, daß $P^a \Rightarrow P$ genau dann gilt, wenn a) die endlich-dim. Verteilungen schwach konvergieren und b) für alle $i \in N$ Konstanten $a_i, b_i, c_i \in R_+$ existieren mit

$$E\,\{\|x_t^a - x_s^a\|^{a_i}\} \leqq c_i\,|t - s|^{1+b_i}, \quad t, s \in [0, i]\,. \tag{6}$$

2. Man folgert 1a) leicht aus [2], (6) folgt nach längerer Rechnung — unter Verwendung von (2), (3) — mit $a_i = 4$, $b_i = 1$ und geeignetem c_i.

Bemerkung: Der Satz eignet sich besonders zur Behandlung von Austrittsproblemen. Außerdem läßt sich damit aus [3] eine Monte-Carlo-Methode zur Lösung des DIRICHLETproblems herleiten, wobei die Zusatzterme (5) eine wichtige Rolle spielen [4].

Literatur

1 BILLINGSLEY, P., Convergence of Probability Measures, John Wiley & Sons, New York 1968.
2 CLARK, J., The Representation of Nonlinear Stochastic Systems with Applications to Filtering, Ph. D. Thesis, Imperial College, London 1966.
3 DYNKIN, E. B., Markov Prozesses, Vol I, II. Springer Verl., Berlin 1965.
4 FAHRMEIR, L., Schwache Konvergenz von Wahrscheinlichkeitsmaßen und ein hybrides Monte-Carlo-Verfahren für lineare Randwertaufgaben. Dissertation TU München 1972.
5 WONG, E. and ZAKAI, M., Riemann-Stieltjes Approximations of Stochastic Integrals, Z. Wahrsch. verw. Geb. 12, S. 87—97 (1969).

Anschrift: Dr. LUDWIG FAHRMEIR, Institut für Angewandte Mathematik der Technischen Universität, D — 8000 München 2, Arcisstr. 21, BRD

*) Diese Arbeit ist Teil der Dissertation des Autors bei Prof. J. HEINHOLD TU München.

ZAMM 54, T 246 – T 247 (1974)

M. Köhler

Diskrete Approximation eines zeitoptimalen Kontrollproblems

1. Problemstellung

Vorgelegt sei das zeitoptimale Kontrollproblem

$$\text{Min}: T_u$$

bzgl.

$$\frac{d}{dt} x(t) = f\left(x(t), u(t), t\right) \quad \text{fast überall auf} \quad [0, T_u], \tag{1}$$

$$x(0) = x^0, \ x(T_u) = x^1, \ u(t) \in U \subset R^r \quad \text{für} \quad t \in [0, T_u], \ \text{kompakt},$$

wobei für die Steuerungen $u(\,.\,)$ stückweise Stetigkeit mit endlich vielen Sprungstellen vorausgesetzt wird. $f: R^n \times R^r \times [0, \infty) \to R^n$ sei dabei für festes $t \in [0, \infty)$ stetig differenzierbar in $x \in R^n$ und $u \in U$ und stetig in $t \in [0, \infty)$ für festes $(x, u) \in R^n \times U$.

Führt man eine neue Zeitvariable τ durch

$$t = t(\tau) := \tau\, T_u \quad \text{mit} \quad \tau \in [0, 1]$$

ein, so schreibt sich das dem obigen Problem (1) äquivalente Kontrollproblem mit festem Zeitintervall bezogen auf τ in der Form

$$\text{Min}: y\left(1; 0, \hat{x}^0, \hat{u}(\,.\,)\right), \ u(\,.\,) \in \widehat{ZU}\,.$$

Hierbei bezeichnet $\hat{x}(\,.\,; 0, \hat{x}^0, \hat{u}(\,.\,)) = \begin{pmatrix} y\left(.\,; 0, \hat{x}^0, \hat{u}(\,.\,)\right) \\ x\left(.\,; 0, \hat{x}^0, \hat{u}(\,.\,)\right) \end{pmatrix}$ die Lösung der Anfangswertaufgabe

$$\frac{d}{d\tau} \hat{x}(\tau) = u_0 \hat{f}(x(\tau), u(\tau), \tau) = u_0 \begin{pmatrix} 1 \\ f\left(x(\tau), u(\tau), \tau\right) \end{pmatrix}, \qquad \hat{x}(0) = \hat{x}^0 = \begin{pmatrix} 0 \\ x^0 \end{pmatrix} \tag{3), (4}$$

zur Steuerung $\hat{u}(\,.\,)$ mit $u_0 := T_u$ und $\hat{u}(\tau) := \begin{pmatrix} u_0 \\ u(\tau) \end{pmatrix}$. $\widehat{Z\,U}$ ist dann gegeben durch

$$\widehat{ZU} := \left\{ \hat{u} : [0, \infty) \to R^r \,\middle|\, \begin{matrix} \hat{u}(.) \text{ stückweise stetig mit endlich vielen Sprungstellen, } u_0 \in [0, \infty), \\ u(\tau) \in U \text{ für } \tau \in [0, 1],\ x(1, 0; \hat{x}^0, \hat{u}(\,.\,)) = x^1\,. \end{matrix} \right\}.$$

2. Diskrete Approximation

Die Diskretisierung des Problems (2) erfolgt zunächst durch äquidistante Unterteilung des Intervalls [0, 1]. Zu beliebigem $N \in N :=$ {Menge der natürlichen Zahlen} werden vermöge der Schrittweite $h := 1/N_m$ mit $N_m := 2^m N$, $m \in N \cup \{0\}$, die Stützstellen

$$\tau_\nu = \nu\, h, \quad \nu = 0, 1, \ldots, N_m,$$

festgelegt. Definiert man die Menge der zulässigen diskreten Steuerungen $\widehat{ZU}^{N_m}$ durch

$$\widehat{ZU}^{N_m} := \{\hat{U}^{N_m} := (\hat{u}^0, \hat{u}^1, \hat{u}^2, \ldots, \hat{u}^{N_m}) \mid \text{es ex. } \hat{u}(\,.\,) \in \widehat{ZU} \text{ mit } \hat{u}^\nu = \hat{u}(\tau_\nu) \quad \nu = 0, 1, \ldots, N_m\}\,,$$

und ersetzt das Anfangswertproblem (3), (4) bzgl. einer Steuerung $\hat{u}(\,.\,) \in Z\,U$ durch ein Differenzenverfahren der Art

$$\hat{x}^{\nu+1} = \hat{x}^\nu + h\, u_0 \hat{f}(x^\nu, u^\nu, \tau_\nu), \qquad \nu = 0, 1, \ldots, N_m - 1\,, \tag{5}$$

mit vorgegebenem Anfangswert $\hat{x}^0$ bzgl. einer diskreten Steuerung $\hat{U}^{N_m} \in \widehat{ZU}^{N_m}$, so läßt sich für jedes $m \in N \cup \{0\}$ folgendes diskrete Kontrollproblem aufstellen:

$$\text{Min}: y^{N_m} (\hat{X}^{N_m - 1}, \hat{U}^{N_m - 1}), \ \hat{U}^{N_m} \in \widehat{ZU}^{N_m}\,. \tag{6}$$

Die Lösung der Rekursionsgleichung (5) zur Steuerung $\hat{U}^{N_m}$ im Zeitpunkt τ_ν wird dabei mit

$$\hat{x}^\nu (\hat{X}^{\nu-1}, \hat{U}^{\nu-1}), \ \hat{X}^\nu := (\hat{x}^0, \ldots, \hat{x}^\nu), \ \hat{U}^\nu := (\hat{u}^0, \ldots, \hat{u}^\nu),$$

bezeichnet. Es gilt der

Satz 1: *Es gilt*

$$\lim_{m\to\infty} |y^* - y^{*N_m}| = 0\,,$$

wobei

$$y^* := \inf\{y(1; 0, \hat{x}^0, \hat{u}(\,.\,)) \mid \hat{u}(\,.\,) \in Z\hat{U}\} \text{ und}$$

$$y^{*N_m} := \inf\{y^{N_m}(\hat{X}^{N_m-1}, \hat{U}^{N_m-1}) \mid \hat{U}^{N_m} \in Z\hat{U}^{N_m}\}$$

ist.

Bemerkung: y^* ist gleich dem Extremalwert des Problems (1). Als notwendige Bedingung für die Optimalität diskreter Steuerungen des Problems (6) formulieren wir den

Satz 2: *U sei ein Polyeder. Dann existiert ein* $m^* \in N \cup \{0\}$ *mit der Eigenschaft, daß für alle* $m \geqq m^*$ *gilt: Gibt es eine optimale diskrete Steuerung* $\hat{U}^{*N_m} \in Z\hat{U}^{N_m}$ *und sind die* τ_ν, $\nu = 1, 2, \ldots, N_m - 1$, *„nicht degeneriert", so folgt*

$$u^{*\nu}, \quad \nu = 1, 2, \ldots, N_m - 1, \quad \text{ist Eckpunkt von } U.$$

Beispiel:

Min: T_u

bzgl. $\ddot{x}(t) = u(t)$, $\quad U = [-1, 1]$,

$x(0) = -1$, $\quad x(T_u) = 0$,

$\dot{x}(0) = 0$, $\quad \dot{x}(T_u) = 0$.

Die Durchführung des Diskretisierungsprozesses führt zu einem ganzzahligen linearen Optimierungsproblem, woraus die optimale Steuerung

$$u^{*i} = 1 \quad \text{für} \quad i = 0, 1, 2, \ldots, N-1$$

$$u^{*i} = -1 \quad \text{für} \quad i = N, N+1, \ldots, 2N-1$$

bei Schrittweite $h = 1/(2N)$ und die minimale Prozeßdauer $T_u^* = 2$ folgen.

Literatur

1 Budak, B. M., Berkovich, E. M. and Soloveva, E. N., Difference Approximations in Optimal Control Problems, SIAM J. Control 7 (1969).
2 Cullum, J., Discrete Approximations to Continuous Optimal Control Problems, SIAM J. Control 7 (1969).
3 Pontryagin, L. S. et al., The Mathematical Theory of Optimal Prozesses, Interscience, New York 1962.

Anschrift: Dr. Michael Köhler, Institut für Operations Research der Universität Zürich, CH-8006 Zürich, Weinbergstraße 59, Schweiz

ZAMM 54, T 247 – T 248 (1974)

K. Marti

Über ein Verfahren zur Lösung einer Klasse linearer Entscheidungsprobleme

Es sei X ein normierter Raum, $Z = \mathbb{R}^m$, $L(X, Z)$ der Raum der linearen, stetigen Operatoren von X in Z, versehen mit der uniformen Operatortopologie, $(\Omega, \mathfrak{A}, \mu)$ ein Wahrscheinlichkeitsraum, T bzw. v meßbare Abbildungen von Ω in $L(X, Z)$ bzw. Z, so daß $m_1 = \int \|T(\omega)\| \mu(d\omega) < \infty$ und $m_2 = \int \|v(\omega)\| \mu(d\omega) < \infty$, ferner sei p ein nichtnegatives, stetiges, positiv homogenes, subadditives Funktional auf Z und $\|p\| = \sup\{|p(z)| : \|z\| \leqq 1\}$. Wir betrachten die Klasse der Entscheidungsprobleme (U, Z, e), wobei die Menge U der (zulässigen) Aktionen in X liegt und die Ergebnisfunktion $e: \Omega \times X \to Z$ definiert ist durch

$$e(\omega, x) = T(\omega)\, x - v(\omega)\ ;$$

diese Differenz kann aufgefaßt werden als Abweichung des Outputs $T(\omega)\, x$ des linearen stochastischen Systems $x \to Tx$ von der vorgegebenen Sollgröße $v(\omega)$.

Das Ergebnis $z = e(\omega, x)$ verursache die Kosten $p(z)$ und die Entscheidungen seien geordnet durch die Risikofunktion

$$R(x) = \int p\,(e\,(\omega, x))\, \mu\,(d\omega), \qquad x \in X.$$

Eine optimale Aktion ist demnach eine Lösung des Optimierungsproblems

$$\text{„minimiere } R(x) \text{ bezüglich } x \in U\text{"}, \qquad (1)$$

das durch Approximation von μ behandelt werden soll. Zunächst gilt der

Satz 1: a) *Die Risikofunktion R ist eine konvexe, stetige Abbildung von X in* $\mathbb{R}$ *mit*

$$0 \leqq R(x) \leqq \|p\|\,(m_1 \|x\| + m_2), \qquad x \in X$$

und

$$|R(x) - R(y)| \leqq ||p|| \, N(x-y), \qquad x, y \in X,$$

wobei $N(x) = \int ||T(\omega)\, x|| \, \mu(d\omega)$.

b) *Ist* $p(z) \geqq a\, ||z||$, $z \in Z$ *mit einem festen* $a > 0$ *und* N *äquivalent zur Norm von* X, *so gilt* $R(x) \to \infty$, $||x|| \to \infty$ *und die Lösungen von* (1) *liegen alle in einer Kugel von* X.

c) *Hat die Verteilung von* $Tx - v$ *auf der Menge* $\mathfrak{M}$ *der Elemente von* Z, *in denen* p *nicht Gâteaux(G)-differenzierbar ist, den Wert Null, so ist* R *in* x *G-differenzierbar und es gilt*

(wenn $f'(x, h)$ *die G-Ableitung einer Funktion* f *in* x *und in Richtung* h *bezeichnet)*

$$R'(x, h) = \int_{T(\omega)x - v(\omega) \notin \mathfrak{M}} p'(T(\omega)\, x - v(\omega), T(\omega)\, h) \, \mu(d\omega),$$

sowie $R'(x) \equiv R'(x, .) \in X^* = L(X, \mathbb{R})$ *und* $||R'(x)|| \leqq ||p|| \, m_1$.

Im folgenden sei nun (1) lösbar; wegen Teil b) des obigen Satzes setzen wir $\varrho = \sup\{||x|| : x \in U\} < \infty$ voraus.

Zur Konstruktion minimierender Folgen von (1), d. h. Folgen (x_n) mit $x_n \in U$ und

$$R(x_n) \to I(R, U) = \inf\{R(x) : x \in U\}, \qquad n \to \infty,$$

oder

$$R'(x_n) \to 0, \; n \to \infty,$$

sei (μ_n) eine Folge von Maßen auf $(\Omega, \mathfrak{A})$, so daß

$$\left.\begin{aligned} m_{1n} &= \int ||T(\omega)|| \, \delta(\mu_n - \mu, d\omega) \to 0 \\ m_{2n} &= \int ||v(\omega)|| \, \delta(\mu_n - \mu, d\omega) \to 0 \end{aligned}\right\} n \to \infty.$$ [1])

Für

$$R_n(x) = \int p\,(e(\omega, x)) \, \mu_n(d\omega), \quad x \in X,$$

und

$$(R')_n\,(x)\, h = \int_{T(\omega)x - v(\omega) \notin \mathfrak{M}} p'(T(\omega)\, x - v(\omega), \; T(\omega)\, h) \, \mu_n(d\omega), \quad x, h \in X,$$

gilt dann $(R')_n(x) \in X^*$,

$$|R_n(x) - R(x)| \leqq ||p|| \, (||x|| \, m_{1n} + m_{2n}), \qquad x \in X, \quad n = 1, 2, \ldots, \tag{2a}$$

und

$$||(R')_n\,(x) - R'(x)|| \leqq ||p|| \, m_{1n}, \qquad x \in X, \quad n = 1, 2, \ldots, \tag{2b}$$

also $R_n(x) \to R(x)$ bzw. $(R')_n\,(x) \to R'(x)$, $n \to \infty$, gleichmäßig auf beschränkten Teilmengen von X bzw. gleichmäßig auf ganz X.

Hat p die Form $p(z) = \max\{0, \varphi_1 z, \varphi_2 z, \ldots, \varphi_k z\}$, $z \in Z$, $\varphi_i \in Z^*$ und ist μ_n ein direktes Maß, so ist R_n bzw. $(R')_n$ stückweise linear bzw. stückweise konstant.

Nach (2a) gilt dann

$$|I(R_n, U) - I(R, U)| \leqq ||p|| \, (\varrho\, m_{1n} + m_{2n}), \qquad n = 1, 2, \ldots,$$

und damit

Satz 2a: *Jede Folge* (x_n), *so daß* x_n *eine Lösung von*

minimiere $R_n(x)$ *bezüglich* $x \in U$

ist, stellt eine minimierende Folge von (1) *dar, und es gilt*

$$|R(x_n) - I(R, U)| \leqq 2\, ||p|| (\varrho\, m_{1n} + m_{2n}), \qquad n = 1, 2, \ldots.$$

Aus (2b) folgt der

Satz 2b: *Hat* R *ein absolutes Minimum in* U *und ist* x_n *eine Lösung von*

minimiere $||(R')_n\,(x)||$ *bezüglich* $x \in U$,

so gilt

$$||R'(x_n)|| \leqq 2\, ||p|| \, m_{1n},$$

also $R'(x_n) \to 0$, $n \to \infty$.

Literatur

1 Karreman, H. F. (editor), Stochastic optimization and control, Wiley, New York 1968.
2 Marti, K., Entscheidungsprobleme mit linearem Aktionen- und Ergebnisraum. Z. Wahrscheinlichkeitstheorie verw. Geb. **23**, S. 133–147 (1972).

[1]) $\delta(\mu_n - \mu, .)$ ist die totale Variation des signierten Maßes $\mu_n - \mu$.

Anschrift: Dr. Kurt Marti, Institut für Operations Research der Universität, Weinbergstraße 59, CH-8006 Zürich, Schweiz

ZAMM 54, T 249 (1974)

B. SCHIPS/W. STIER

Über eine Klasse nicht-stationärer Prozesse als Grundlage zur Saisonbereinigung ökonomischer Zeitreihen

Eine Reihe von Saisonbereinigungsverfahren, wie z. B. das „Berliner Verfahren" [1], basieren auf der Theorie stationärer stochastischer Prozesse. Eine solche Modellvorstellung erweist sich jedoch für praktische Zwecke als zu restriktiv, dies gilt insbesondere für die dadurch implizierte konstante Varianz des Prozesses. Methodische Schwierigkeiten ergeben sich bei den bekannten Verfahren darüber hinaus durch die in aller Regel angewandte sukzessive Schätzung einzelner Komponenten der betrachteten Zeitreihe, die strenggenommen ja auf einen pragmatischen Zirkel hinauslaufen [2]. Diese Probleme können dadurch gelöst werden, daß eine Zeitreihe als eine Realisation eines nicht-stationären stochastischen Prozesses aufgefaßt wird.

Eine dafür geeignete Klasse von solchen Prozessen läßt sich wie folgt definieren: Sei $X(t)$ ein stationärer Prozeß, der abzählbar oft linear transformiert wird. Für die k-te Transformation ergibt sich mit der Transferfunktion $H(k, \omega)$ die Spektraldarstellung

$$X_k(t) = \int_{-\pi}^{\pi} e^{it\omega} H(k, \omega)\, dZ(\omega) \quad [\text{mit } Z(\omega)\text{: orthogonaler Zufallsprozeß}].$$

Für $k = t = 1, 2, 3, \ldots$ ist so eine Klasse nicht-stationärer Prozesse $X_t(t) = Y(t)$ mit nicht-konstanter Varianz definiert. Es gilt

$$\mathscr{E}\,[|Y(t)|^2] = \int_{-\pi}^{\pi} |H(t, \omega)|^2\, dF(\omega) \quad [\text{mit } F(\omega)\text{: spektrale Verteilungsfunktion}].$$

Die Saisonkomponente ergibt sich dann durch Superposition der Komponenten mit den Frequenzen

$$\omega_j = \frac{2\pi j}{12}, \quad j = 1, \ldots, 6 \qquad [\text{bei Monatsdaten}].$$

Die einzelnen Komponenten können nach entsprechender Transformation des Prozesses, d. h. Multiplikation mit $e^{it\omega_j}$ (Demodulation) mittels eines einzigen low-pass-Filters ausgefiltert werden. Dies läßt sich leicht am Beispiel eines stationären Prozesses $X(t)$ demonstrieren. Für die Autokovarianzfunktion $R^*(\tau)$ und das Spektrum $S^*(\omega)$ des Prozesses $X^*(t) = X(t)\, e^{i\tau\omega_j}$ gilt

$$R^*(\tau) = e^{-i\tau\omega_j} R(\tau)\,, \quad S^*(\omega) = S(\omega + \omega_j)$$

und damit speziell

$$S^*(0) = S(\omega_j).$$

Die einzelnen Komponenten können dann durch Rücktransformation (Remodulation) geschätzt werden.

Das hier vorgeschlagene Verfahren ermöglicht eine direkte Schätzung einer saisonbereinigten Reihe ohne vorherige Schätzung nicht-saisonaler Komponenten. Dabei ist es durch geeignete Spezifikation des low-pass-Filters möglich, alternativen Zielsetzungen eines Saisonbereinigungsverfahren jeweils adäquat zu entsprechen.

Literatur

1 WETZEL, W., (Hrsg.), Neuere Entwicklungen auf dem Gebiet der Zeitreihenanalyse, Göttingen 1970, S. 67ff.
2 THÜRING, B., Die Gravitation und die philosophischen Grundlagen der Physik, Berlin 1967, S. 30ff.

Anschrift: Prof. Dr. B. SCHIPS und Dr. W. STIER, Ruhr-Universität, Seminar für Theoretische Wirtschaftslehre, 463 Bochum-Querenburg, Buscheystr. Gebäude GC, BRD

ZAMM 54, T 249 – T 251 (1974)

B. SCHORR

On the Choice of the Class Intervals for the Chi-Square Test of Goodness of Fit

Let C be the set of all one-dimensional continuous distribution functions on the interval [0, 1]. We assume that C is a metric space with a metric d to be specialised later.

Let X be a random variable with distribution function $F \in C$. We consider the null hypothesis

$$H_0\colon F(x) = F_0(x) = x, \quad 0 \leqq x \leqq 1\,,$$

and the set of alternatives

$$H_1\colon\ F \in C(\Delta)\,,\quad \Delta > 0\,,$$

where

$$C(\Delta) = \{F\colon F \in C,\ d(F_0, F) \geqq \Delta\}\,.$$

To apply the χ^2-test for testing H_0, the interval [0, 1] is divided into k different class intervals by choosing the corresponding end points as

$$0 = x_0 < x_1 < \cdots < x_{k-1} < x_k = 1\,.$$

Suppose we have a random sample of size n from X. Let N_i, $i = 1, 2, \ldots, k$, be the number of sample elements in the i-th class interval. Then the test statistic is given by

$$X^2 := \sum_{i=1}^{k} \frac{(N_i - n\,\pi_i)^2}{n\,\pi_i}$$

with

$$\pi_i = x_i - x_{i-1}\,,\qquad i = 1, 2, \ldots, k\,.$$

Under the assumption that H_0 is true, X^2 is asymptotically χ^2_{k-1}-distributed. To test the null hypothesis, the upper tail of the χ^2_{k-1}-distribution is used as a critical region.

Let

$$\beta(F; n, \alpha, k, \pi_1, \ldots, \pi_k) = Pr\,(X^2 > \chi^2_{\alpha, k-1}\,|F)$$

be the power function of the χ^2-test with

$$\beta(F_0; n, \alpha, k, \pi_1, \ldots, \pi_k) = \alpha$$

for given $\alpha > 0$. Then it is reasonable to ask the following question:

For given $\alpha > 0$, $\Delta > 0$ and n, how do we choose k and $\pi_1, \ldots, \pi_k$ such that

$$\inf_{F \in C(\Delta)} \beta(F; n, \alpha, k, \pi_1, \ldots, \pi_k) \tag{1}$$

is maximal?

This question was raised for the first time in 1942 by Mann and Wald [1]. They chose the special metric

$$d(F_0, F) = \sup_{x \in (0,1)} |F(x) - F_0(x)|\,, \tag{2}$$

and they found out that in this case the χ^2-test is locally unbiased, if

$$\pi_i = \frac{1}{k}\,,\qquad i = 1, 2, \ldots, k\,. \tag{3}$$

Therefore they changed the problem given by the above mentioned question in the following way. Under condition (3) they tried to determine k such that (1) takes its maximum. Their result is summarised in the following

Theorem. *Under the condition* (3) *let*

$$\beta_0(\Delta; n, \alpha, k) = \inf_{F \in C(\Delta)} \beta(F; n, \alpha, k)$$

be the minimal power, and let k_n be that k which maximises $\beta_0(\Delta; n, \alpha, k)$. Then, for

$$\Delta = \Delta_n = \frac{5}{k_n} - \frac{4}{k_n^2}$$

and

$$k_n = \left[4\sqrt[5]{\frac{2\,(n-1)^2}{c_\alpha^2}}\right] \tag{4}$$

we have

$$\lim_{n \to \infty} \beta_0\,(\Delta_n; n, \alpha, k_n) = \frac{1}{2}\,,$$

where c_α is the upper α-point of the standardised normal distribution.

It turned out that k_n, given by (4), is rather large. Williams [2] found out by numerical calculations that for $n > 200$, k_n may be multiplied by the factor 1/2 without changing the power of the test significantly.

To prove the Theorem Mann and Wald used the asymptotic normality of X^2. In 1970 Beier-Kuechler and Neumann [3] tried to improve the results of the theorem by using an approximation of the non-central χ^2-distribution for X^2 which was given by Patnaik [4]. By numerical methods they found for practical purposes the following rule of thumb: If $\alpha = 0.05$ and condition (3) is satisfied, the choice of $k = 16$ leads to as few as possible wrong decisions. The choice of k too large is disadvantageous.

The author investigated in [5] the above mentioned question for alternatives in the subset $K \subset C$ of distribution functions with continuous density function on [0, 1] and with the metric

$$d(F_0, F) = \int_0^1 |F(x) - F_0(x)|\, dx . \tag{5}$$

Using again PATNAIK's approximation for the power function, it can be shown that for fixed k and $\pi_1, \ldots, \pi_k$, the approximated power is a monotonically increasing function of

$$\delta^2 = \sum_{i=1}^{k} \frac{(p_i - \pi_i)^2}{\pi_i} , \tag{6}$$

where

$$p_i = \int_{x_{i-1}}^{x_i} dF(x) .$$

Therefore (1) is equivalent to the determination of $\inf\limits_{F \in K(\xi)} \delta^2$,

where, for $0 < \xi \leqq 1/2$,

$$K(\xi) = \{F : F \in K, d(x, F) \geqq \xi\} .$$

In [5] it is shown that this problem is equivalent to finding $p_1, \ldots, p_k$ such that $\delta^2 = \delta^2(p_1, \ldots, p_k)$ given in (6) takes its maximum under the conditions

$$p_i \geqq 0 , \quad i = 1, 2, \ldots, k , \quad \sum_{i=1}^{k} p_i - 1 = 0 ,$$

$$\sum_{i=1}^{r} (p_i - \pi_i) \geqq 0 , \quad r = 1, 2, \ldots, k-1 ,$$

$$\sum_{i=1}^{k} x_{i-1}\, p_i - \left(\frac{1}{2} - \xi\right) = 0 .$$

This is a problem of convex programming. Its analytic solution is given in [5] by using the KUHN-TUCKER theorem.

Taking the special case of equal π_i, $i = 1, 2, \ldots, k$, numerical results are also given for the choice of optimal k in dependence of the sample size n ($50 \leqq n \leqq 2000$) and the probabilities α, β of errors of first and second kind, respectively, ($\alpha = 0.1, 0.05, 0.01$; $\beta = 0.5, 0.4, 0.3, 0.2, 0.1, 0.05$). Particularly it is found that BEIER-KUECHLER's and NEUMANN's rule of thumb is also valid for the metric (5) in the range $50 \leqq n < 200$ for all considered combinations (α, β).

References

1 MANN, H. B. and WALD, A., On the choice of the number of class intervals in the application of the chi-square test, Ann. Math. Stat. **13**, 306–317 (1942)
2 WILLIAMS, C. A., On the choice of the number and width of classes for the chi-square test of goodness of fit, Ann. Math. Stat. **45**, 77–86 (1950).
3 BEIER-KUECHLER, I. and NEUMANN, P., Über die Klassenwahl beim χ^2-Anpassungstest, Math. OF Stat. **1**, 55–68 (1970).
4 PATNAIK, P. B., The non-central χ^2- and F-distributions and their applications, Biometrika **36**, 202–232 (1949).
5 SCHORR, B., On the choice of the class intervals in the application of the chi-sqare test, to appear in Math. OF Stat., Heft 4 (1974).

Anschrift: Dr. B. SCHORR, CERN, CH-1211 Genève 23, Switzerland

Bestellungen sind an das zuständige Postamt oder eine Buchhandlung zu richten, Bestellungen aus dem Ausland an die Firma Buchexport, Volkseigener Außenhandelsbetrieb der DDR, 701 Leipzig, Leninstr. 72, oder direkt an den Akademie-Verlag, DDR-108 Berlin, Leipziger Str. 3–4

Herausgeber und Hauptschriftleiter: Prof. Dr.-Ing. habil. Dr. techn. h.c. H. Heinrich, 8027 Dresden, Friedrich-Hegel-Str. 31. Verlag: Akademie-Verlag, DDR-108 Berlin, Leipziger Straße 3–4; Fernsprecher: 220441, Telex-Nr. 112020, Postscheckkonto: Berlin 35021. Bestellnummer dieses Heftes: 1009/54/4. Die Zeitschrift für Angewandte Mathematik und Mechanik erscheint jährlich mit 12 Heften, einschließlich Tagungsheft. Bezugspreis je Heft 22,– M (Sonderpreis für die DDR 18,– M); Bezugspreis eines Bandes 264,– M zuzüglich Versandkosten (Sonderpreis für die DDR 216,– M). Veröffentlicht unter Lizenznummer 1282 des Presseamtes beim Vorsitzenden des Ministerrates der Deutschen Demokratischen Republik. Gesamtherstellung: VEB Druckerei „Thomas Müntzer", 582 Bad Langensalza
Printed in the German Democratic Republic.

Spezial- und Randgebiete der Mechanik

Angewandte Analysis und Mathematische Physik

Numerische Analysis

34115

Informatik

Unternehmensforschung und Angewandte Statistik

Der Inhalt des Sonderheftes unterliegt nicht der Verantwortung des Herausgebers.

FSC
www.fsc.org
MIX
Papier | Fördert gute Waldnutzung
FSC® C083411

Kolibri 360 GmbH
Ferdinand-Jühlke-Straße 7
99095 Erfurt, Deutschland
produktsicherheit@kolibri360.de